개념+유형 라이트

공부 계획표

1주	1. 분수의 덧셈과 뺄셈				
	개념책 6~11쪽	개념책 12~15쪽	개념책 16~19쪽	개념책 20~23쪽	개념책 24~27쪽
	월 일	월 일	월 일	월 일	월 일

2주	1. 분수의 덧셈과 뺄셈				
	개념책 28~33쪽	복습책 3~7쪽	복습책 8~11쪽	복습책 12~14쪽	평가책 2~4쪽
	월 일	월 일	월 일	월 일	월 일

3주	1. 분수의 덧셈과 뺄셈	2. 삼각형			
	평가책 5~9쪽	개념책 34~39쪽	개념책 40~43쪽	개념책 44~45쪽	개념책 46~51쪽
	월 일	월 일	월 일	월 일	월 일

4주	2. 삼각형				
	복습책 15~18쪽	복습책 19~21쪽	복습책 22~24쪽	평가책 10~12쪽	평가책 13~17쪽
	월 일	월 일	월 일	월 일	월 일

5주	3. 소수의 덧셈과 뺄셈				
	개념책 52~57쪽	개념책 58~63쪽	개념책 64~67쪽	개념책 68~71쪽	개념책 72~75쪽
	월 일	월 일	월 일	월 일	월 일

6주	3. 소수의 덧셈과 뺄셈				
	개념책 76~81쪽	복습책 26~31쪽	복습책 32~35쪽	복습책 36~38쪽	평가책 18~20쪽
	월 일	월 일	월 일	월 일	월 일

공부 계획표 12주 완성에 맞추어 공부하면
단원별로 개념책, 복습책, 평가책을 번갈아 공부하며
기본 실력을 완성할 수 있어요!

7주	3. 소수의 덧셈과 뺄셈	4. 사각형			
	평가책 21~25쪽	개념책 82~87쪽	개념책 88~91쪽	개념책 92~95쪽	개념책 96~99쪽
	월 일	월 일	월 일	월 일	월 일

8주	4. 사각형				
	개념책 100~101쪽	개념책 102~107쪽	복습책 39~44쪽	복습책 45~49쪽	복습책 50~52쪽
	월 일	월 일	월 일	월 일	월 일

9주	4. 사각형		5. 꺾은선그래프		
	평가책 26~28쪽	평가책 29~33쪽	개념책 108~113쪽	개념책 114~117쪽	개념책 118~119쪽
	월 일	월 일	월 일	월 일	월 일

10주	5. 꺾은선그래프				
	개념책 120~125쪽	복습책 53~56쪽	복습책 57~59쪽	복습책 60~62쪽	평가책 34~36쪽
	월 일	월 일	월 일	월 일	월 일

11주	5. 꺾은선그래프	6. 다각형			
	평가책 37~41쪽	개념책 126~131쪽	개념책 132~135쪽	개념책 136~137쪽	개념책 138~143쪽
	월 일	월 일	월 일	월 일	월 일

12주	6. 다각형				
	복습책 63~65쪽	복습책 66~68쪽	복습책 69~71쪽	평가책 42~44쪽	평가책 45~49쪽
	월 일	월 일	월 일	월 일	월 일

'6. 다각형' 단원에 사용하세요.

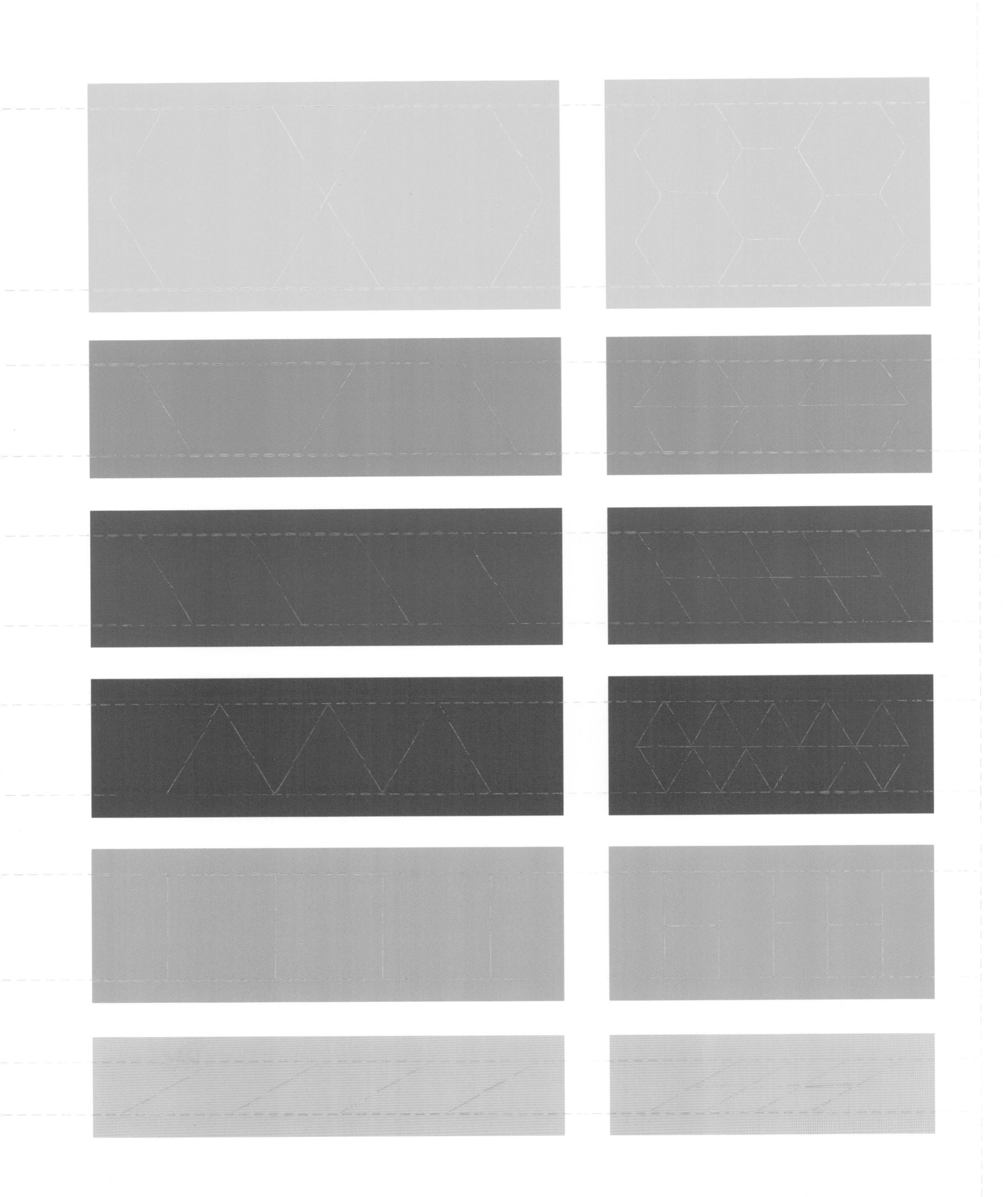

개념+유형

라이트

개념책

초등 수학

4·2

개념+유형 라이트

구성과 특징

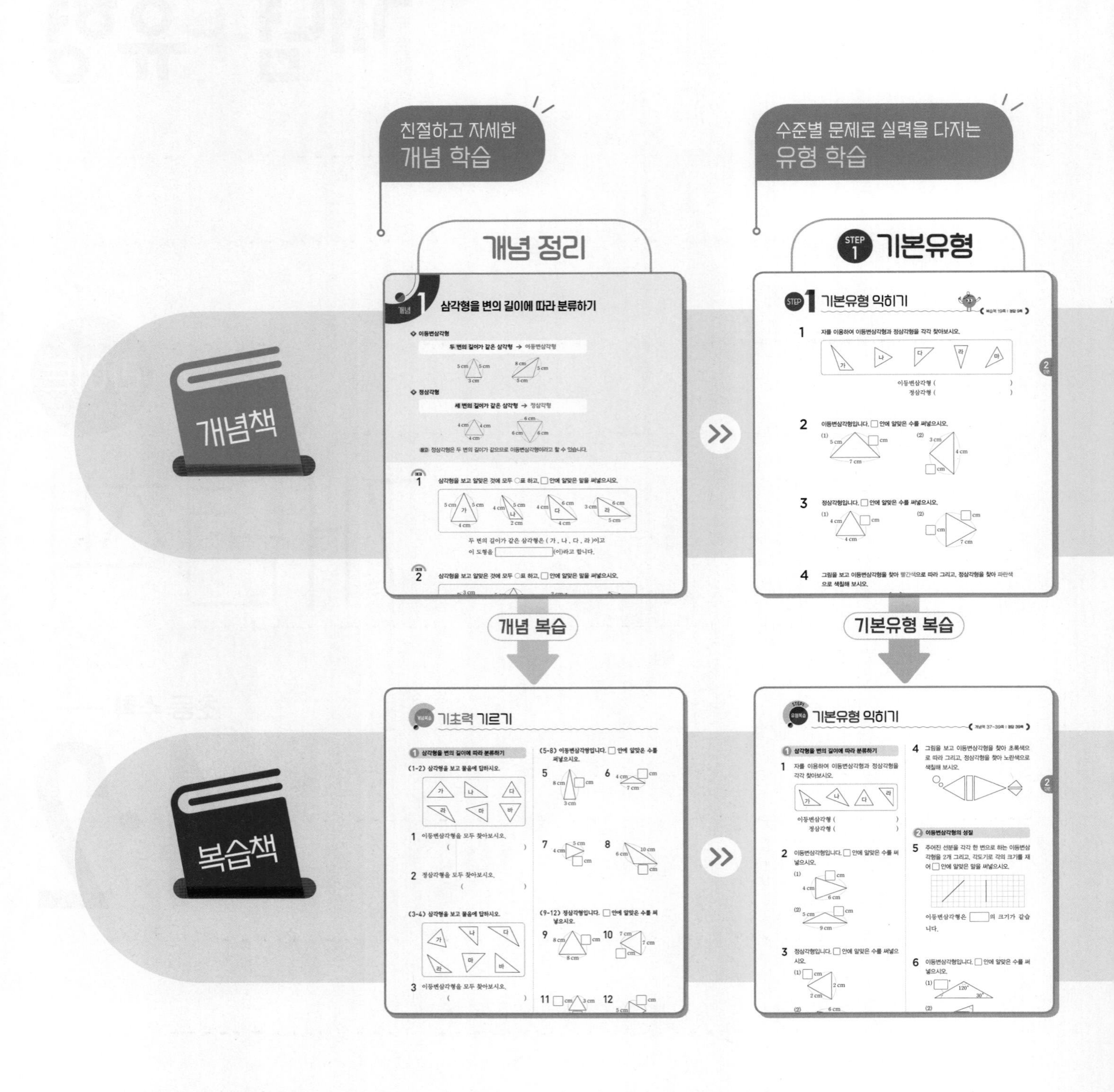
친절하고 자세한
개념 학습
수준별 문제로 실력을 다지는
유형 학습
개념 정리
STEP 1 기본유형
개념책
개념 복습
기본유형 복습
복습책
삼각형을 변의 길이에 따라 분류하기
기본유형 익히기
기초력 기르기

"개념책의 문제를 복습책에서 1:1로 복습하여 기본 완성!"

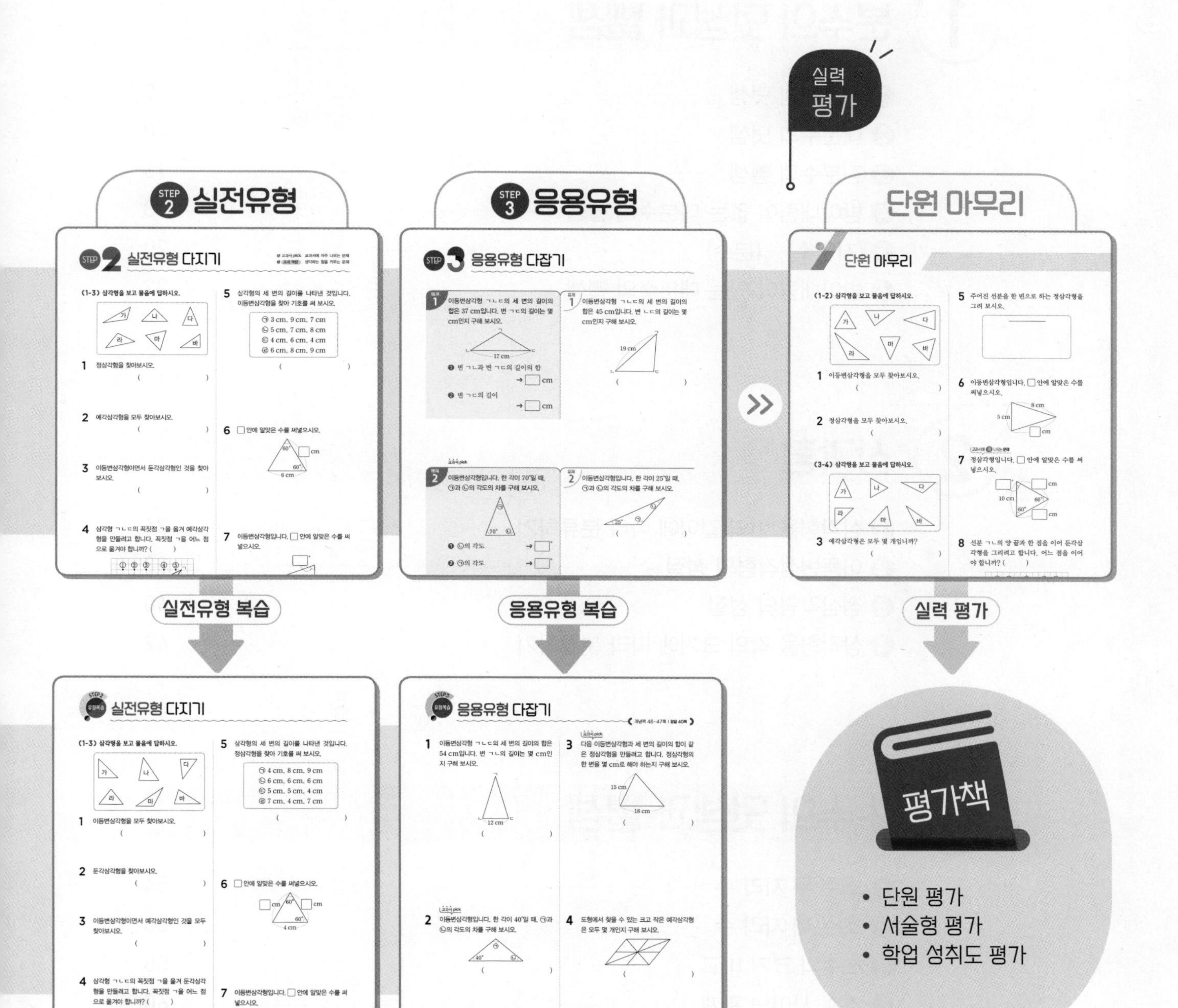

개념+유형 라이트

차례

1 분수의 덧셈과 뺄셈

2 삼각형

3 소수의 덧셈과 뺄셈

라이트에서 공부할 내용을 알아보아요

4 사각형

5 꺾은선그래프

6 다각형

1
분수의 덧셈과 뺄셈

이전에 배운 내용	이번에 배울 내용	이후에 배울 내용
3-1 분수와 소수 • 분수의 의미 • 분수의 크기 비교 **3-2 분수** • 대분수와 가분수 • 분수의 크기 비교	1 진분수의 덧셈 2 대분수의 덧셈 3 진분수의 뺄셈 4 받아내림이 없는 대분수의 뺄셈 5 (자연수)−(분수) 6 받아내림이 있는 대분수의 뺄셈	**4-2 소수의 덧셈과 뺄셈** 소수의 덧셈과 뺄셈 **5-1 분수의 덧셈과 뺄셈** 분수의 덧셈과 뺄셈 **5-2 분수의 곱셈** 분수의 곱셈 **5-2 소수의 곱셈** 소수의 곱셈

준비학습

1 가분수는 대분수로, 대분수는 가분수로 나타내어 보시오.

(1) $\frac{17}{3}=\square$　　(2) $2\frac{6}{7}=\square$

2 두 수의 크기를 비교하여 ○ 안에 $>$, $=$, $<$를 알맞게 써넣으시오.

(1) $\frac{7}{4}$ ○ $2\frac{1}{4}$　　(2) $3\frac{5}{6}$ ○ $\frac{29}{6}$　　(3) $\frac{40}{9}$ ○ 4

정답 1 (1) $5\frac{2}{3}$ (2) $\frac{20}{7}$ 2 (1) $<$ (2) $<$ (3) $>$

진분수의 덧셈

◆ $\frac{1}{5}+\frac{2}{5}$의 계산 → 합이 1보다 작은 진분수의 덧셈

분모는 그대로 두고 분자끼리 더합니다.

분자끼리 더하기

$$\frac{1}{5}+\frac{2}{5}=\frac{1+2}{5}=\frac{3}{5}$$

분모는 그대로 두기

◆ $\frac{5}{7}+\frac{4}{7}$의 계산 → 합이 1보다 큰 진분수의 덧셈

분모는 그대로 두고 분자끼리 더한 다음 가분수이면 대분수로 바꿉니다.

분자끼리 더하기

$$\frac{5}{7}+\frac{4}{7}=\frac{5+4}{7}=\frac{9}{7}=1\frac{2}{7}$$

분모는 그대로 두기　가분수이면 대분수로 바꾸기

예제 1

그림을 보고 $\frac{3}{6}+\frac{2}{6}$가 얼마인지 알아보시오.

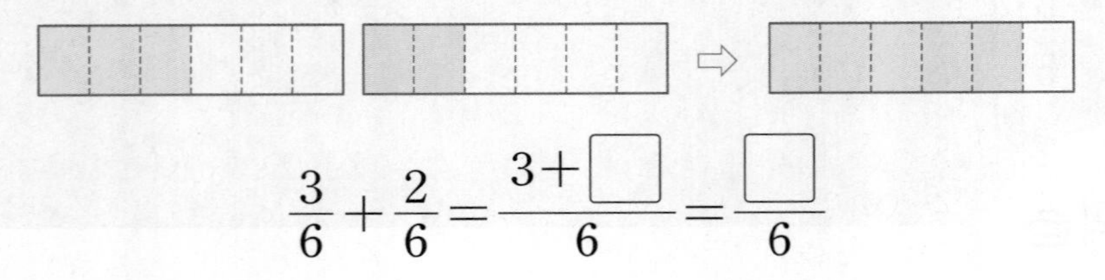

$$\frac{3}{6}+\frac{2}{6}=\frac{3+\square}{6}=\frac{\square}{6}$$

예제 2

수직선을 이용하여 $\frac{4}{5}+\frac{3}{5}$이 얼마인지 알아보시오.

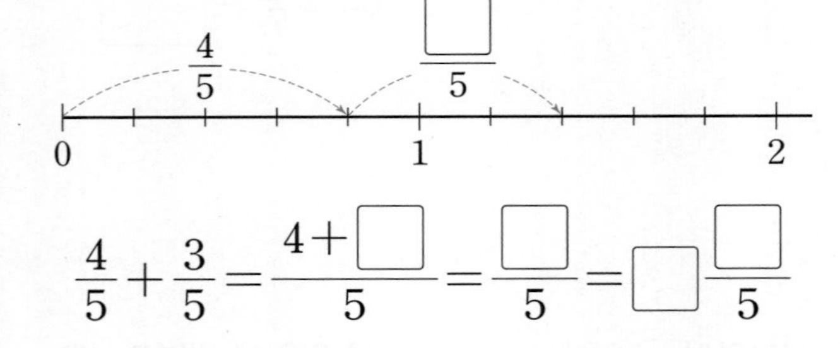

$$\frac{4}{5}+\frac{3}{5}=\frac{4+\square}{5}=\frac{\square}{5}=\square\frac{\square}{5}$$

예제 3

□ 안에 알맞은 수를 써넣으시오.

(1) $\frac{1}{3}+\frac{1}{3}=\frac{1+\square}{3}=\frac{\square}{3}$

(2) $\frac{5}{9}+\frac{5}{9}=\frac{5+\square}{9}=\frac{\square}{9}=\square\frac{\square}{9}$

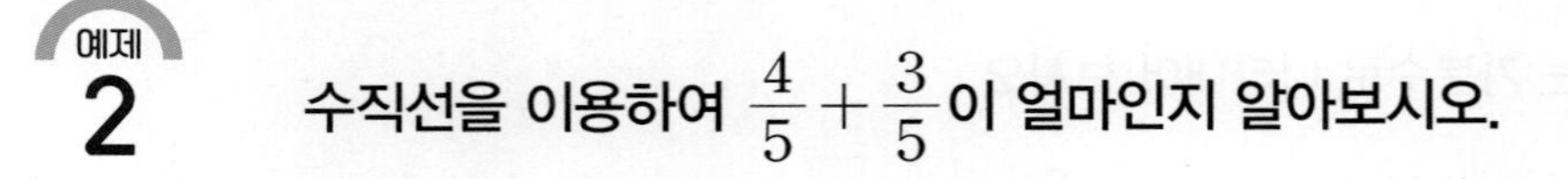

STEP 1 기본유형 익히기

복습책 7쪽 | 정답 2쪽

1 □ 안에 알맞은 수를 써넣으시오.

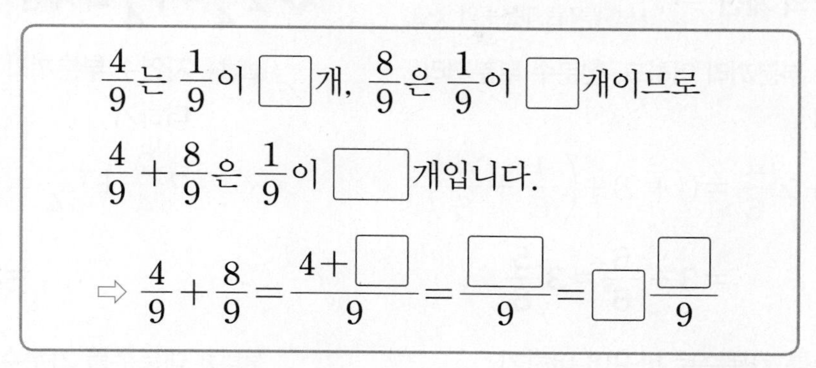

$\frac{4}{9}$는 $\frac{1}{9}$이 □개, $\frac{8}{9}$은 $\frac{1}{9}$이 □개이므로

$\frac{4}{9}+\frac{8}{9}$은 $\frac{1}{9}$이 □개입니다.

⇨ $\frac{4}{9}+\frac{8}{9}=\frac{4+\square}{9}=\frac{\square}{9}=\square\frac{\square}{9}$

2 계산해 보시오.

(1) $\frac{2}{5}+\frac{2}{5}$

(2) $\frac{1}{8}+\frac{4}{8}$

(3) $\frac{2}{4}+\frac{3}{4}$

(4) $\frac{6}{7}+\frac{1}{7}$

3 빈칸에 알맞은 수를 써넣으시오.

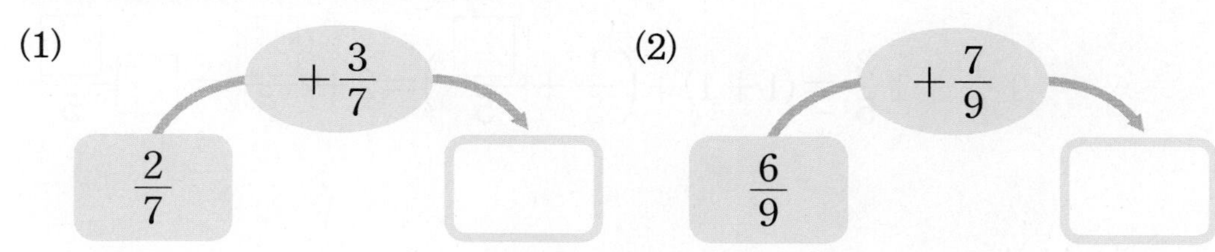

4 농장에서 고구마를 지혜는 $\frac{1}{4}$ kg 캤고, 영수는 $\frac{2}{4}$ kg 캤습니다. 지혜와 영수가 캔 고구마는 모두 몇 kg입니까?

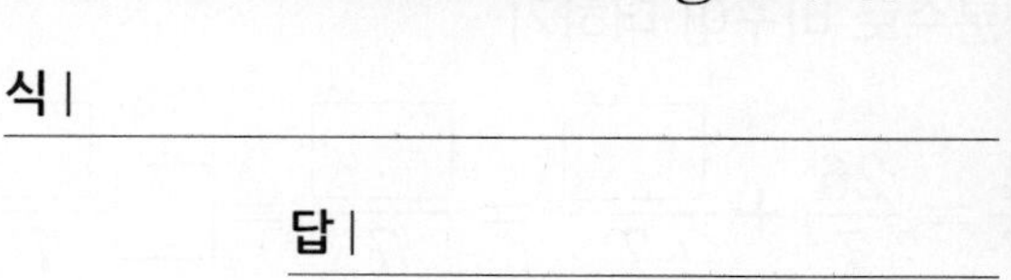

대분수의 덧셈

◇ $1\frac{1}{6}+2\frac{4}{6}$의 계산 → 진분수 부분의 합이 1보다 작은 대분수의 덧셈

방법 1 자연수 부분끼리 더하고, 진분수 부분끼리 더하기

$$1\frac{1}{6}+2\frac{4}{6}=(1+2)+\left(\frac{1}{6}+\frac{4}{6}\right)=3+\frac{5}{6}=3\frac{5}{6}$$

방법 2 대분수를 가분수로 바꾸어 더하기

$$1\frac{1}{6}+2\frac{4}{6}=\frac{7}{6}+\frac{16}{6}=\frac{23}{6}=3\frac{5}{6}$$

◇ $2\frac{2}{4}+1\frac{3}{4}$의 계산 → 진분수 부분의 합이 1보다 큰 대분수의 덧셈

방법 1 자연수 부분끼리 더하고, 진분수 부분끼리 더하기

$$2\frac{2}{4}+1\frac{3}{4}=(2+1)+\left(\frac{2}{4}+\frac{3}{4}\right)=3+\frac{5}{4}=3+1\frac{1}{4}=4\frac{1}{4}$$

방법 2 대분수를 가분수로 바꾸어 더하기

$$2\frac{2}{4}+1\frac{3}{4}=\frac{10}{4}+\frac{7}{4}=\frac{17}{4}=4\frac{1}{4}$$

그림을 보고 $1\frac{1}{5}+1\frac{3}{5}$이 얼마인지 알아보시오.

$1\frac{1}{5}$ [1] [ ]

$1\frac{3}{5}$ [1] [ ]

⇨ $1\frac{1}{5}+1\frac{3}{5}$

$$1\frac{1}{5}+1\frac{3}{5}=(1+1)+\left(\frac{1}{5}+\frac{\square}{5}\right)=2+\frac{\square}{5}=\square\frac{\square}{5}$$

$3\frac{5}{7}+1\frac{4}{7}$를 어떻게 계산하는지 두 가지 방법으로 알아보시오.

방법 1 자연수 부분끼리 더하고, 진분수 부분끼리 더하기

$$3\frac{5}{7}+1\frac{4}{7}=(3+\square)+\left(\frac{5}{7}+\frac{\square}{7}\right)=4+\frac{\square}{7}=4+1\frac{\square}{7}=\square\frac{\square}{7}$$

방법 2 대분수를 가분수로 바꾸어 더하기

$$3\frac{5}{7}+1\frac{4}{7}=\frac{26}{7}+\frac{\square}{7}=\frac{\square}{7}=\square\frac{\square}{7}$$

STEP 1 기본유형 익히기

복습책 7쪽 | 정답 2쪽

1단원

1 수직선을 이용하여 $1\frac{2}{3}+\frac{2}{3}$가 얼마인지 알아보시오.

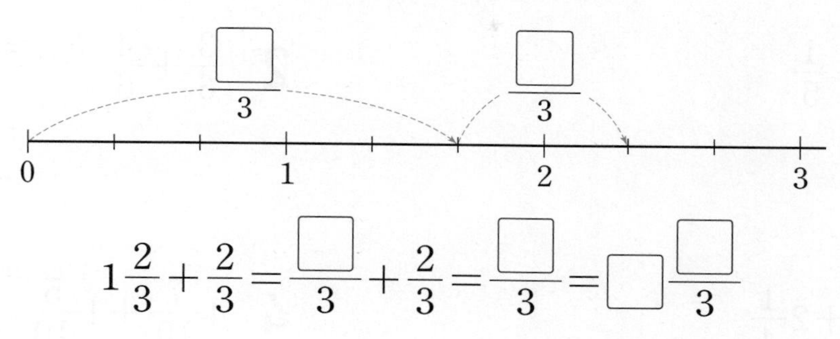

$$1\frac{2}{3}+\frac{2}{3}=\frac{\square}{3}+\frac{2}{3}=\frac{\square}{3}=\square\frac{\square}{3}$$

2 계산해 보시오.

(1) $3\frac{2}{4}+2\frac{1}{4}$

(2) $5\frac{2}{9}+\frac{3}{9}$

(3) $1\frac{5}{8}+3\frac{4}{8}$

(4) $2\frac{5}{7}+\frac{11}{7}$

3 빈칸에 알맞은 수를 써넣으시오.

(1)

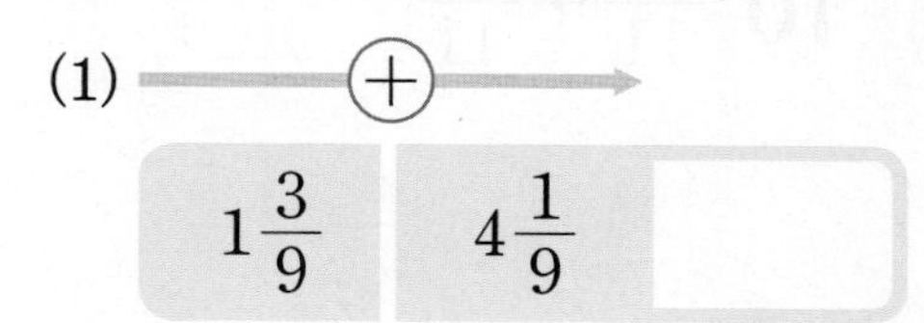

(2)

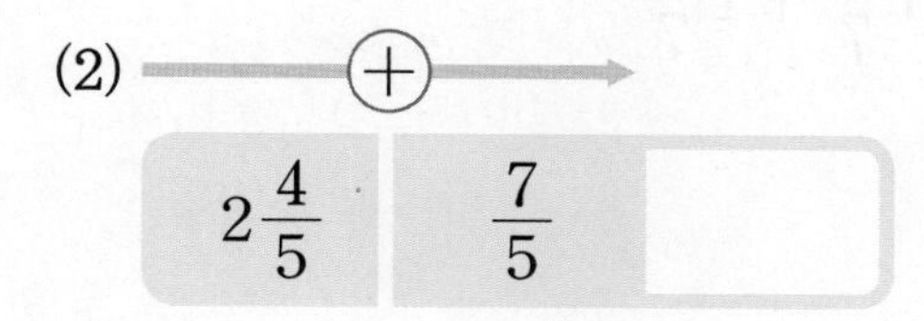

4 지현이는 책을 어제 $1\frac{4}{6}$시간, 오늘 $1\frac{3}{6}$시간 읽었습니다. 지현이가 어제와 오늘 책을 읽은 시간은 모두 몇 시간입니까?

식 |

답 |

❶~❷ 분수의 덧셈

1 $\frac{3}{5}+\frac{1}{5}$

2 $\frac{3}{6}+\frac{4}{6}$

3 $1\frac{2}{4}+2\frac{1}{4}$

4 $4\frac{7}{10}+1\frac{5}{10}$

5 $\frac{5}{8}+\frac{2}{8}$

6 $2\frac{1}{3}+\frac{7}{3}$

7 $\frac{1}{4}+\frac{3}{4}$

8 $2\frac{3}{5}+4\frac{1}{5}$

9 $1\frac{3}{7}+1\frac{4}{7}$

10 $\frac{6}{11}+\frac{2}{11}$

11 $\frac{5}{7}+\frac{5}{7}$

12 $5\frac{4}{8}+1\frac{2}{8}$

13 $2\frac{3}{4}+3\frac{3}{4}$

14 $\frac{3}{14}+\frac{7}{14}$

정답 2쪽

1 단원

15 $\frac{6}{7}+4\frac{2}{7}$

16 $1\frac{5}{8}+3\frac{3}{8}$

17 $\frac{5}{10}+\frac{9}{10}$

18 $\frac{4}{9}+\frac{5}{9}$

19 $3\frac{2}{5}+5\frac{4}{5}$

20 $\frac{3}{4}+\frac{2}{4}$

21 $3\frac{5}{9}+2\frac{6}{9}$

22 $\frac{1}{7}+\frac{3}{7}$

23 $\frac{8}{12}+\frac{4}{12}$

24 $3\frac{2}{10}+\frac{7}{10}$

25 $\frac{6}{17}+\frac{3}{17}$

26 $\frac{15}{11}+2\frac{9}{11}$

27 $\frac{9}{15}+\frac{8}{15}$

28 $1\frac{4}{9}+\frac{11}{9}$

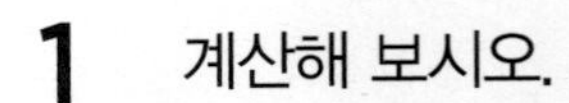

실전유형 다지기

교과서 pick 교과서에 자주 나오는 문제
교과 역량 생각하는 힘을 키우는 문제

1 계산해 보시오.

(1) $\frac{3}{7}+\frac{1}{7}$

(2) $2\frac{2}{6}+2\frac{3}{6}$

2 빈칸에 두 분수의 합을 써넣으시오.

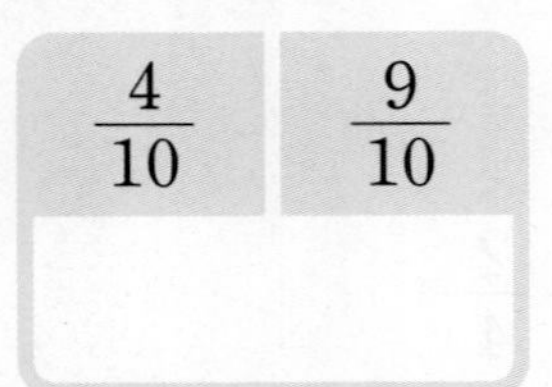

3 설명하는 수를 구해 보시오.

$3\frac{7}{8}$보다 $2\frac{4}{8}$만큼 더 큰 수

(　　　　　　　　)

4 계산 결과에 맞게 선으로 이어 보시오.

$\frac{2}{6}+\frac{3}{6}$	$6\frac{1}{6}$
$2\frac{5}{6}+3\frac{2}{6}$	$\frac{25}{6}$
	$\frac{5}{6}$

5 빈칸에 알맞은 수를 써넣으시오.

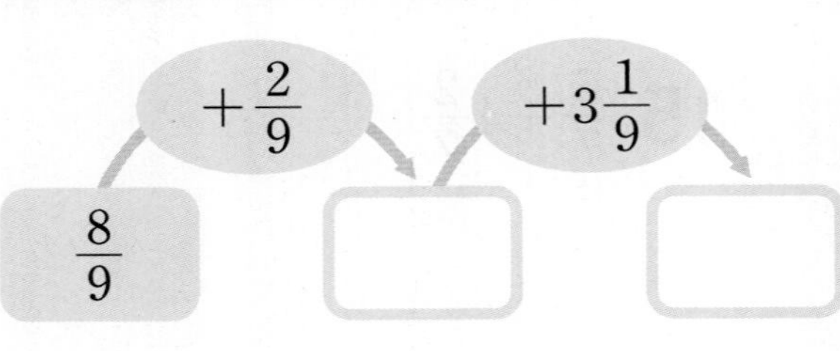

6 계산 결과의 크기를 비교하여 ◯ 안에 >, =, <를 알맞게 써넣으시오.

$\frac{3}{5}+\frac{6}{5}$ ◯ $1\frac{2}{5}+\frac{1}{5}$

개념 확인 서술형

7 선우의 질문에 대한 답을 써 보시오.

분모가 같은 분수를 더할 때 왜 분모는 그대로 두고 분자만 더하지? 예를 들어 왜 $\frac{2}{7}+\frac{4}{7}$는 $\frac{6}{14}$이 아닐까?

선우

답 |

8 계산 결과가 1보다 큰 덧셈식을 찾아 기호를 써 보시오.

㉠ $\frac{1}{5}+\frac{3}{5}$	㉡ $\frac{7}{11}+\frac{1}{11}$
㉢ $\frac{6}{9}+\frac{4}{9}$	㉣ $\frac{5}{14}+\frac{8}{14}$

(　　　　　　　　　)

9 민영이는 우유를 매일 $\frac{4}{9}$ L씩 마셨습니다. 민영이가 2일 동안 마신 우유는 모두 몇 L입니까?

(　　　　　　　　　)

10 학교에서 도서관을 지나 병원까지의 거리는 몇 km입니까?

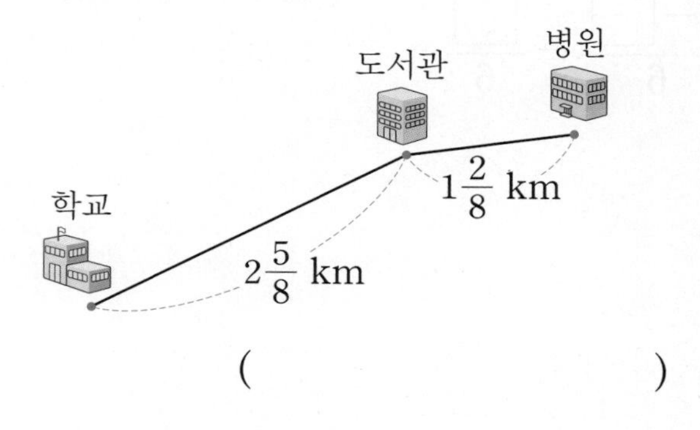

(　　　　　　　　　)

11 □ 안에 알맞은 수를 써넣으시오.

(1) $\frac{3}{12}+\frac{\square}{12}=\frac{10}{12}$

(2) $\frac{\square}{7}+\frac{9}{7}=1\frac{4}{7}$

교과 역량 추론

12 분모가 13인 진분수 중에서 $\frac{10}{13}$보다 큰 분수들의 합을 구해 보시오.

(　　　　　　　　　)

교과서 pick

13 수 카드 3장 중에서 2장을 뽑아 합이 가장 큰 덧셈식을 만들고, 계산해 보시오.

$3\frac{4}{5}$　　$4\frac{3}{5}$　　$\frac{21}{5}$

$\square+\square=\square$

진분수의 뺄셈

◇ $\frac{2}{3}-\frac{1}{3}$의 계산

분모는 그대로 두고 분자끼리 뺍니다.

분자끼리 빼기

$$\frac{2}{3}-\frac{1}{3}=\frac{2-1}{3}=\frac{1}{3}$$

분모는 그대로 두기

예제 1

그림을 보고 $\frac{4}{5}-\frac{2}{5}$가 얼마인지 알아보시오.

$$\frac{4}{5}-\frac{2}{5}=\frac{4-\square}{5}=\frac{\square}{5}$$

예제 2

수직선을 이용하여 $\frac{5}{6}-\frac{3}{6}$이 얼마인지 알아보시오.

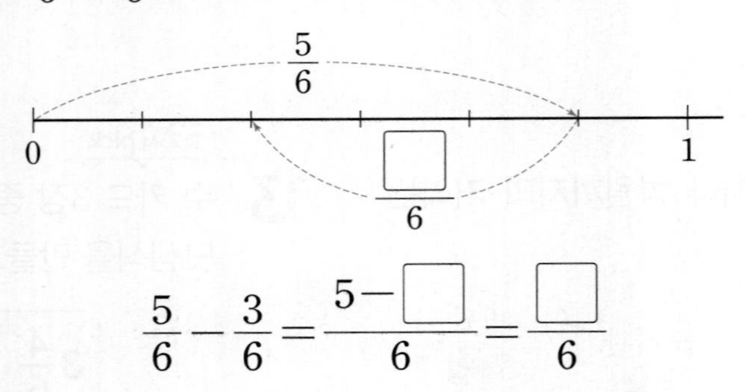

$$\frac{5}{6}-\frac{3}{6}=\frac{5-\square}{6}=\frac{\square}{6}$$

예제 3

□ 안에 알맞은 수를 써넣으시오.

(1) $\frac{8}{9}-\frac{7}{9}=\frac{8-\square}{9}=\frac{\square}{9}$

(2) $\frac{10}{12}-\frac{5}{12}=\frac{10-\square}{12}=\frac{\square}{12}$

STEP 1 기본유형 익히기

복습책 10쪽 | 정답 4쪽

1 □ 안에 알맞은 수를 써넣으시오.

$\frac{5}{7}$는 $\frac{1}{7}$이 □개, $\frac{4}{7}$는 $\frac{1}{7}$이 □개이므로

$\frac{5}{7}-\frac{4}{7}$는 $\frac{1}{7}$이 □개입니다.

⇨ $\frac{5}{7}-\frac{4}{7}=\frac{5-\square}{7}=\frac{\square}{7}$

2 계산해 보시오.

(1) $\frac{3}{4}-\frac{2}{4}$

(2) $\frac{7}{10}-\frac{4}{10}$

(3) $\frac{5}{8}-\frac{1}{8}$

(4) $\frac{14}{15}-\frac{9}{15}$

3 빈칸에 알맞은 수를 써넣으시오.

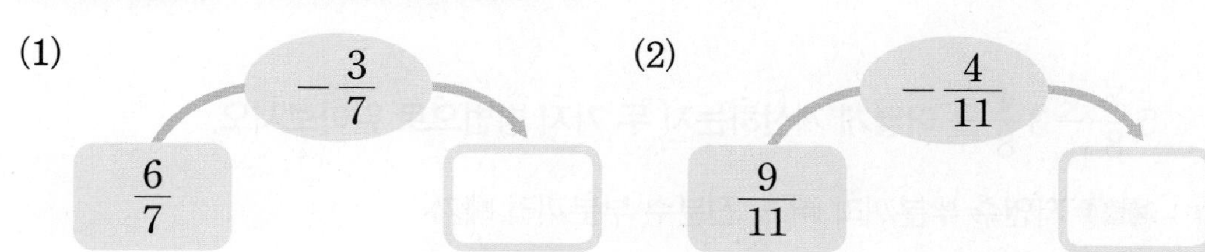

4 리본 $\frac{7}{8}$ m 중에서 선물을 포장하는 데 $\frac{2}{8}$ m를 사용했습니다. 선물을 포장하고 남은 리본은 몇 m입니까?

식 |

답 |

받아내림이 없는 대분수의 뺄셈

◆ $2\frac{2}{4}-1\frac{1}{4}$의 계산

방법 1 자연수 부분끼리 빼고, 진분수 부분끼리 빼기

$$2\frac{2}{4}-1\frac{1}{4}=(2-1)+\left(\frac{2}{4}-\frac{1}{4}\right)=1+\frac{1}{4}=1\frac{1}{4}$$

방법 2 대분수를 가분수로 바꾸어 빼기

$$2\frac{2}{4}-1\frac{1}{4}=\frac{10}{4}-\frac{5}{4}=\frac{5}{4}=1\frac{1}{4}$$

예제 1

그림을 보고 $2\frac{2}{6}-1\frac{1}{6}$이 얼마인지 알아보시오.

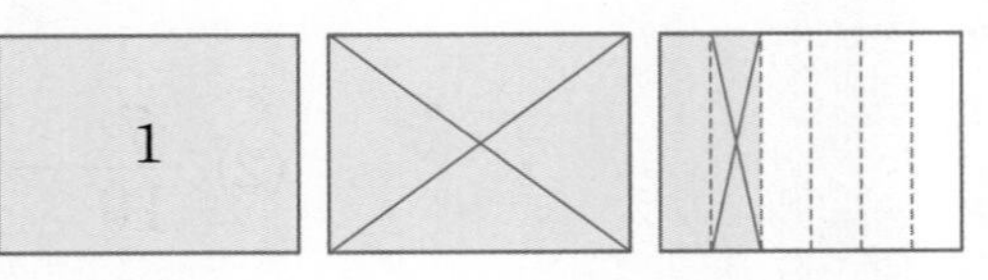

$$2\frac{2}{6}-1\frac{1}{6}=(2-1)+\left(\frac{2}{6}-\frac{\square}{6}\right)=1+\frac{\square}{6}=\square\frac{\square}{6}$$

예제 2

$5\frac{7}{8}-3\frac{4}{8}$를 어떻게 계산하는지 두 가지 방법으로 알아보시오.

방법 1 자연수 부분끼리 빼고, 진분수 부분끼리 빼기

$$5\frac{7}{8}-3\frac{4}{8}=(5-\square)+\left(\frac{7}{8}-\frac{\square}{8}\right)=2+\frac{\square}{8}=\square\frac{\square}{8}$$

방법 2 대분수를 가분수로 바꾸어 빼기

$$5\frac{7}{8}-3\frac{4}{8}=\frac{47}{8}-\frac{\square}{8}=\frac{\square}{8}=\square\frac{\square}{8}$$

STEP 1 기본유형 익히기

복습책 10쪽 | 정답 4쪽

1 수직선을 이용하여 $2\frac{3}{5}-1\frac{1}{5}$이 얼마인지 알아보시오.

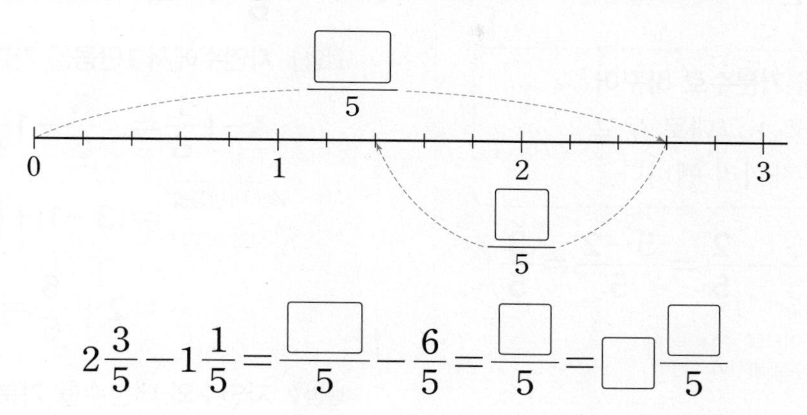

$$2\frac{3}{5}-1\frac{1}{5}=\frac{\square}{5}-\frac{6}{5}=\frac{\square}{5}=\square\frac{\square}{5}$$

2 계산해 보시오.

(1) $3\frac{4}{6}-2\frac{3}{6}$

(2) $4\frac{6}{7}-\frac{2}{7}$

(3) $4\frac{2}{3}-1\frac{1}{3}$

(4) $8\frac{6}{9}-\frac{20}{9}$

3 빈칸에 알맞은 수를 써넣으시오.

(1)

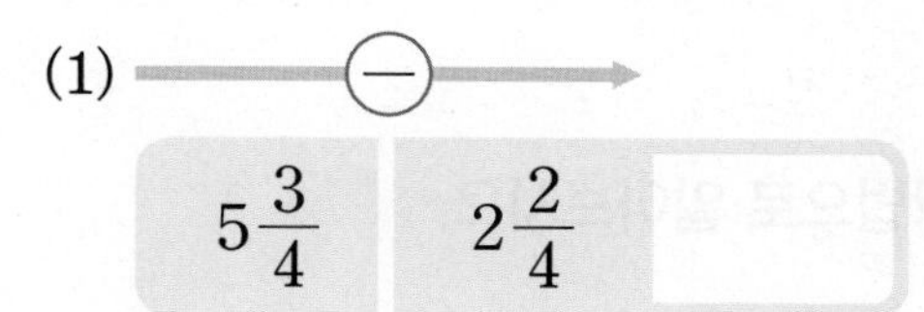

(2)

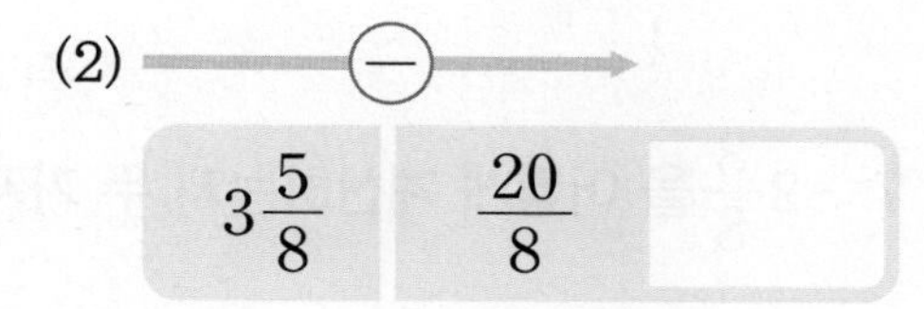

4 케이크를 만드는 데 밀가루는 $2\frac{4}{8}$ kg, 설탕은 $1\frac{3}{8}$ kg 필요합니다. 밀가루는 설탕보다 몇 kg 더 많이 필요합니까?

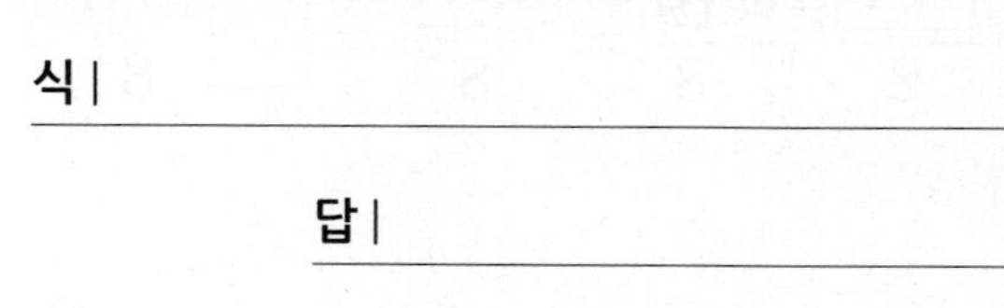

(자연수)−(분수)

◆ $1-\frac{2}{5}$의 계산 → 1−(진분수)

1을 가분수로 바꾸어
분모는 그대로 두고
분자끼리 뺍니다.

$$1-\frac{2}{5}=\frac{5}{5}-\frac{2}{5}=\frac{5-2}{5}=\frac{3}{5}$$

빼는 분수의 분모가 5이므로
1을 분모가 5인 가분수로 바꾸기

◆ $4-1\frac{1}{6}$의 계산 → (자연수)−(분수)

방법 1 자연수에서 1만큼을 가분수로 바꾸어 빼기

$$4-1\frac{1}{6}=3\frac{6}{6}-1\frac{1}{6}$$
$$=(3-1)+\left(\frac{6}{6}-\frac{1}{6}\right)$$
$$=2+\frac{5}{6}=2\frac{5}{6}$$

4에서 1만큼을 $\frac{6}{6}$으로 바꾸기

방법 2 자연수와 대분수를 가분수로 바꾸어 빼기

$$4-1\frac{1}{6}=\frac{24}{6}-\frac{7}{6}=\frac{17}{6}=2\frac{5}{6}$$

예제 1

그림을 보고 $1-\frac{1}{4}$이 얼마인지 알아보시오.

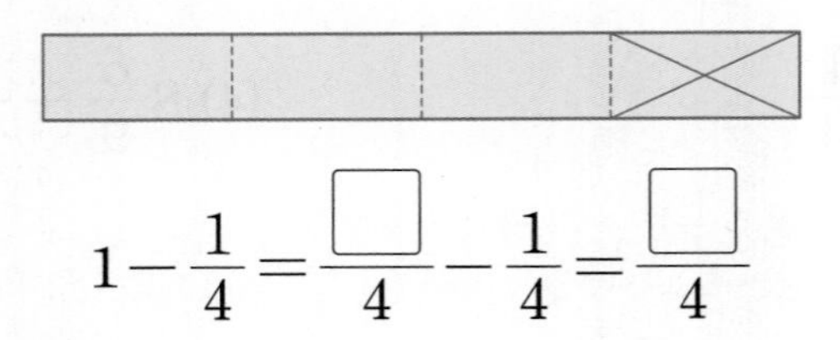

$$1-\frac{1}{4}=\frac{\square}{4}-\frac{1}{4}=\frac{\square}{4}$$

예제 2

$7-2\frac{3}{8}$을 어떻게 계산하는지 두 가지 방법으로 알아보시오.

방법 1 자연수에서 1만큼을 가분수로 바꾸어 빼기

$$7-2\frac{3}{8}=6\frac{\square}{8}-2\frac{3}{8}=(6-2)+\left(\frac{\square}{8}-\frac{3}{8}\right)=4+\frac{\square}{8}=\square\frac{\square}{8}$$

방법 2 자연수와 대분수를 가분수로 바꾸어 빼기

$$7-2\frac{3}{8}=\frac{\square}{8}-\frac{19}{8}=\frac{\square}{8}=\square\frac{\square}{8}$$

기본유형 익히기

복습책 11쪽 | 정답 4쪽

1 수직선을 이용하여 $3-1\frac{1}{2}$이 얼마인지 알아보시오.

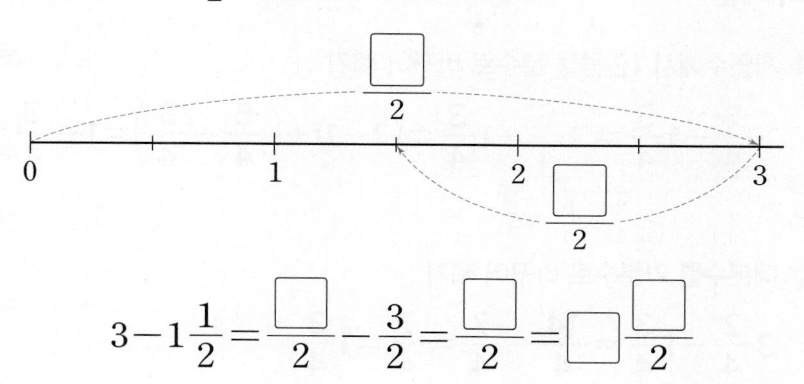

$$3-1\frac{1}{2}=\frac{\square}{2}-\frac{3}{2}=\frac{\square}{2}=\square\frac{\square}{2}$$

2 계산해 보시오.

(1) $1-\frac{3}{4}$

(2) $6-\frac{1}{9}$

(3) $4-1\frac{5}{6}$

(4) $8-7\frac{2}{5}$

3 빈칸에 알맞은 수를 써넣으시오.

(1) 1 → $-\frac{4}{9}$ → $\square$

(2) 9 → $-2\frac{2}{3}$ → $\square$

4 연주가 어제는 3시간, 오늘은 $1\frac{5}{6}$시간 동안 공부했습니다. 어제는 오늘보다 몇 시간 더 오래 공부했습니까?

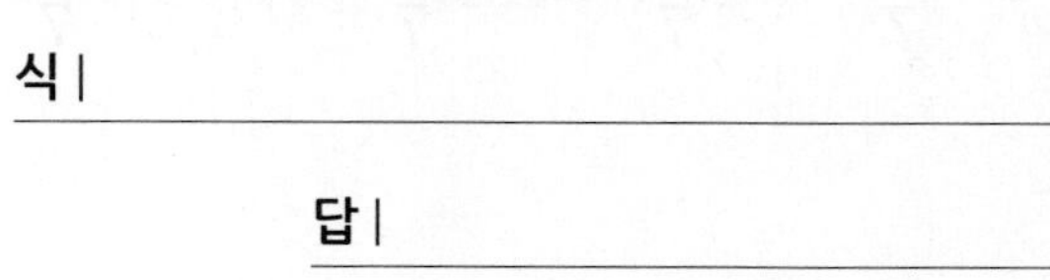

식 |

답 |

받아내림이 있는 대분수의 뺄셈

◆ $3\frac{2}{4}-1\frac{3}{4}$의 계산

방법 1 자연수에서 1만큼을 분수로 바꾸어 빼기

$$3\frac{2}{4}-1\frac{3}{4}=2\frac{6}{4}-1\frac{3}{4}=(2-1)+\left(\frac{6}{4}-\frac{3}{4}\right)=1+\frac{3}{4}=1\frac{3}{4}$$

$3\frac{2}{4}=2\frac{2}{4}+1=2\frac{2}{4}+\frac{4}{4}=2\frac{6}{4}$

방법 2 대분수를 가분수로 바꾸어 빼기

$$3\frac{2}{4}-1\frac{3}{4}=\frac{14}{4}-\frac{7}{4}=\frac{7}{4}=1\frac{3}{4}$$

예제 1

그림을 보고 $3\frac{2}{5}-1\frac{4}{5}$가 얼마인지 알아보시오.

1			

$$3\frac{2}{5}-1\frac{4}{5}=2\frac{\square}{5}-1\frac{4}{5}=(2-1)+\left(\frac{\square}{5}-\frac{4}{5}\right)=1+\frac{\square}{5}=\square\frac{\square}{5}$$

예제 2

$4\frac{2}{7}-2\frac{5}{7}$를 어떻게 계산하는지 두 가지 방법으로 알아보시오.

방법 1 자연수에서 1만큼을 분수로 바꾸어 빼기

$$4\frac{2}{7}-2\frac{5}{7}=3\frac{\square}{7}-2\frac{5}{7}=(3-2)+\left(\frac{\square}{7}-\frac{5}{7}\right)=1+\frac{\square}{7}=\square\frac{\square}{7}$$

방법 2 대분수를 가분수로 바꾸어 빼기

$$4\frac{2}{7}-2\frac{5}{7}=\frac{30}{7}-\frac{\square}{7}=\frac{\square}{7}=\square\frac{\square}{7}$$

STEP 1 기본유형 익히기

복습책 11쪽 | 정답 5쪽

1 수직선을 이용하여 $4\frac{1}{3}-1\frac{2}{3}$가 얼마인지 알아보시오.

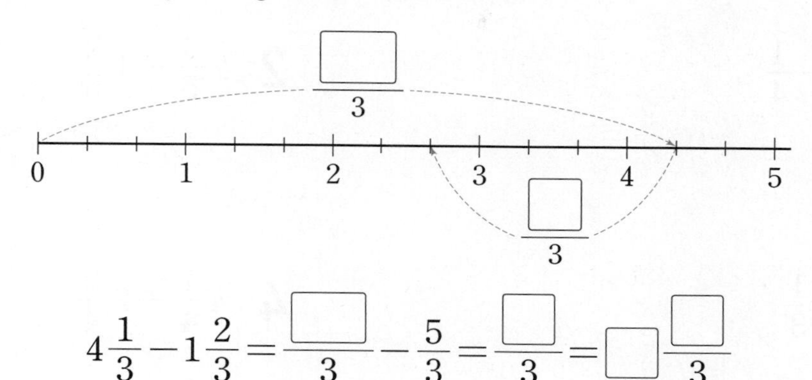

$$4\frac{1}{3}-1\frac{2}{3}=\frac{\square}{3}-\frac{5}{3}=\frac{\square}{3}=\square\frac{\square}{3}$$

2 계산해 보시오.

(1) $3\frac{2}{4}-2\frac{3}{4}$

(2) $5\frac{5}{9}-\frac{7}{9}$

(3) $2\frac{3}{6}-1\frac{4}{6}$

(4) $4\frac{3}{11}-\frac{19}{11}$

3 빈칸에 두 분수의 차를 써넣으시오.

(1)

$4\frac{4}{8}$	$2\frac{7}{8}$

(2)

$\frac{9}{7}$	$5\frac{1}{7}$

4 성우는 귤을 $3\frac{1}{5}$ kg 따서 그중 $2\frac{4}{5}$ kg을 할아버지께 드렸습니다. 할아버지께 드리고 남은 귤은 몇 kg입니까?

식 |

답 |

❸~❻ 분수의 뺄셈

1 $\frac{3}{4}-\frac{1}{4}$

2 $2\frac{4}{5}-1\frac{2}{5}$

3 $1-\frac{1}{3}$

4 $4\frac{1}{4}-2\frac{2}{4}$

5 $2-\frac{1}{3}$

6 $\frac{5}{6}-\frac{3}{6}$

7 $4-1\frac{1}{4}$

8 $3\frac{5}{7}-1\frac{4}{7}$

9 $1-\frac{2}{5}$

10 $\frac{6}{8}-\frac{5}{8}$

11 $3-\frac{4}{5}$

12 $5\frac{3}{7}-2\frac{6}{7}$

13 $1-\frac{4}{8}$

14 $3-\frac{12}{8}$

정답 5쪽

15 $3\frac{2}{9}-\frac{14}{9}$

16 $4\frac{3}{4}-\frac{13}{4}$

17 $5-\frac{2}{7}$

18 $7\frac{4}{10}-6\frac{9}{10}$

19 $4\frac{5}{6}-\frac{19}{6}$

20 $6-\frac{22}{6}$

21 $5\frac{8}{9}-2\frac{3}{9}$

22 $8\frac{1}{3}-\frac{17}{3}$

23 $1-\frac{7}{10}$

24 $5\frac{3}{6}-3\frac{5}{6}$

25 $\frac{9}{10}-\frac{4}{10}$

26 $2\frac{7}{8}-\frac{10}{8}$

27 $8-6\frac{7}{9}$

28 $6\frac{3}{5}-\frac{19}{5}$

STEP 2 실전유형 다지기

교과서 pick 교과서에 자주 나오는 문제
교과 역량 생각하는 힘을 키우는 문제

1 계산해 보시오.

(1) $\frac{4}{5}-\frac{3}{5}$

(2) $5\frac{2}{3}-2\frac{1}{3}$

2 〈보기〉와 같은 방법으로 계산해 보시오.

〈보기〉
$4\frac{1}{4}-1\frac{2}{4}=\frac{17}{4}-\frac{6}{4}=\frac{11}{4}=2\frac{3}{4}$

$5\frac{2}{7}-1\frac{5}{7}$

3 빈칸에 알맞은 수를 써넣으시오.

$5\frac{7}{9}$ → $-1\frac{3}{9}$ → ☐ → $-1\frac{8}{9}$ → ☐

4 두 막대의 길이의 차는 몇 m입니까?

$\frac{6}{7}$ m

$\frac{4}{7}$ m

(　　　　　　　)

5 계산 결과의 크기를 비교하여 ◯ 안에 >, =, <를 알맞게 써넣으시오.

$6\frac{4}{5}-3\frac{1}{5}$ ◯ $5-\frac{9}{5}$

6 두 사람이 설명하는 분수의 차를 구해 보시오.

- 유나: $\frac{1}{12}$이 7개인 수
- 진호: $\frac{1}{12}$이 9개인 수

(　　　　　　　)

교과 역량 추론, 의사소통　　개념 확인 서술형

7 잘못 계산한 곳을 찾아 이유를 쓰고, 바르게 계산해 보시오.

$2\frac{3}{8}-1\frac{7}{8}=2\frac{11}{8}-1\frac{7}{8}=1\frac{4}{8}$

이유 |

바른 계산 |

복습책 12~13쪽 | 정답 6쪽

8 민희네 집에서 우체국까지의 거리는 몇 km입니까?

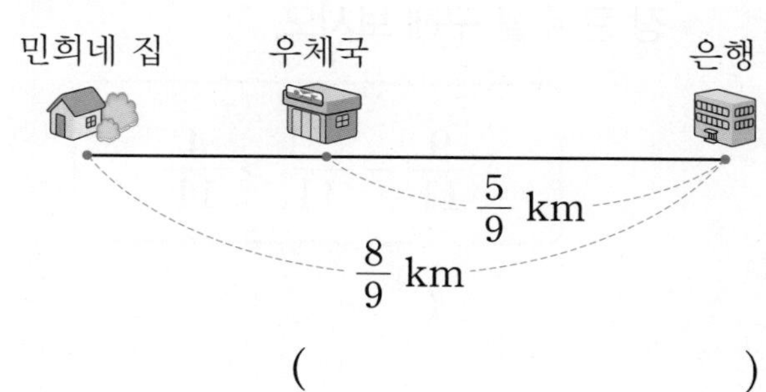

(　　　　　　　　)

9 진우가 던진 공은 $9\frac{4}{8}$ m, 빛나가 던진 공은 $7\frac{7}{8}$ m를 갔습니다. 진우가 던진 공은 빛나보다 몇 m 더 멀리 갔습니까?

(　　　　　　　　)

10 계산 결과가 1과 2 사이인 뺄셈식을 찾아 ○표 하시오.

$\frac{12}{5}-\frac{8}{5}$	$3\frac{5}{6}-1\frac{2}{6}$	$3-\frac{11}{9}$
(　　)	(　　)	(　　)

교과 역량 문제 해결, 추론

11 □ 안에 들어갈 수 있는 수를 모두 찾아 ○표 하시오.

$$5\frac{1}{11}-2\frac{6}{11}<2\frac{\square}{11}$$

(1 , 2 , 3 , 4 , 5 , 6 , 7 , 8 , 9)

12 쌀이 1 kg 있었습니다. 어제는 $\frac{3}{10}$ kg, 오늘은 $\frac{4}{10}$ kg 먹었습니다. 어제와 오늘 먹고 남은 쌀은 몇 kg입니까?

(　　　　　　　　)

13 어떤 대분수에 $2\frac{2}{7}$를 더했더니 $5\frac{6}{7}$이 되었습니다. 어떤 대분수는 얼마입니까?

(　　　　　　　　)

교과서 pick

14 수 카드 3장 중에서 2장을 뽑아 차가 가장 큰 뺄셈식을 만들고, 계산해 보시오.

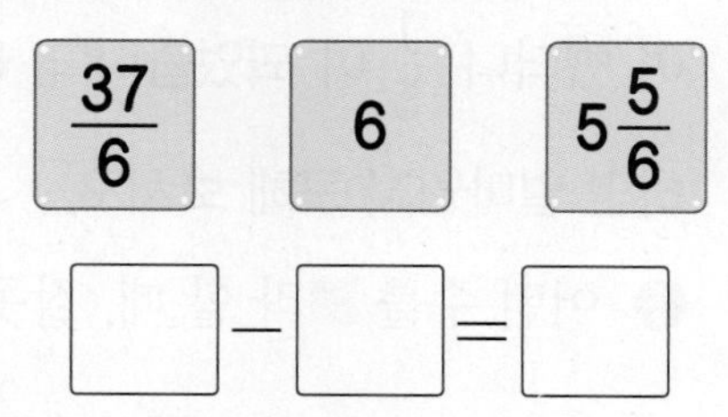

□ − □ = □

STEP 3 응용유형 다잡기

교과서 pick

예제 1

㉠에 들어갈 수 있는 자연수를 모두 구해 보시오.

$$\frac{4}{9}+\frac{㉠}{9}<1\frac{1}{9}$$

❶ $\frac{4}{9}+\frac{㉠}{9}=1\frac{1}{9}$일 때, ㉠에 알맞은 수 → □

❷ 알맞은 말에 ○표 하기

㉠에 들어갈 수 있는 자연수는 6보다 (큽니다 , 작습니다).

❸ ㉠에 들어갈 수 있는 자연수 모두 구하기

유제 1

□ 안에 들어갈 수 있는 자연수 중에서 가장 큰 수를 구해 보시오.

$$\frac{9}{11}-\frac{\square}{11}>\frac{4}{11}$$

(   )

예제 2

어떤 수에 $1\frac{2}{5}$를 더해야 할 것을 잘못하여 뺐더니 $\frac{1}{5}$이 되었습니다. 바르게 계산하면 얼마인지 구해 보시오.

❶ 어떤 수를 ■라 할 때, 잘못 계산한 식

→ ■$-1\frac{2}{5}=$ □

❷ 어떤 수(■) → □

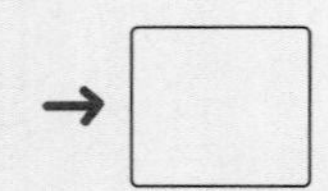

❸ 바르게 계산한 값 → □

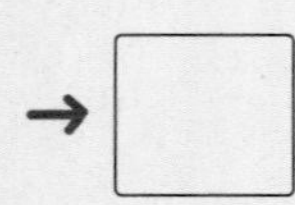

유제 2

어떤 수에서 $\frac{6}{8}$을 빼야 할 것을 잘못하여 더했더니 $3\frac{3}{8}$이 되었습니다. 바르게 계산하면 얼마인지 구해 보시오.

(   )

예제 3

수 카드 3장 중에서 2장을 뽑아 한 번씩만 사용하여 차가 가장 큰 뺄셈식을 만들고, 계산해 보시오.

$6-\square\frac{\square}{9}=\square$

❶ 알맞은 말에 ○표 하기

차가 가장 크려면 빼는 수가 가장 (커야 , 작아야) 합니다.

❷ 위 □ 안에 알맞은 수를 써넣어 차가 가장 큰 뺄셈식을 만들고, 계산하기

유제 3

수 카드 3장 중에서 2장을 뽑아 한 번씩만 사용하여 차가 가장 작은 뺄셈식을 만들고, 계산해 보시오.

1 3 6

$8-\square\frac{\square}{10}=\square$

교과서 pick

예제 4

길이가 $3\frac{2}{3}$ cm인 색 테이프 2장을 그림과 같이 $1\frac{1}{3}$ cm만큼 겹쳐서 이어 붙였습니다. 이어 붙인 색 테이프의 전체 길이는 몇 cm인지 구해 보시오.

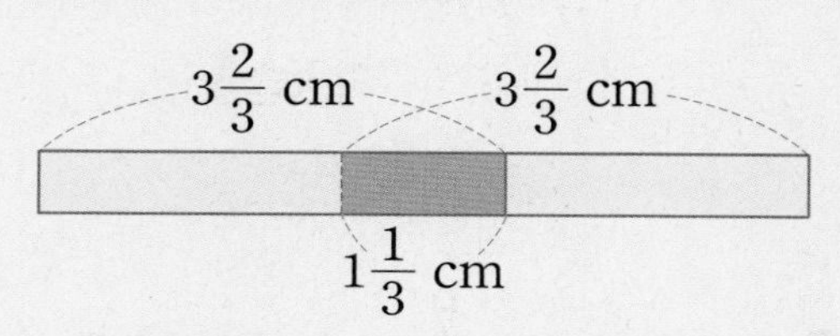

❶ 색 테이프 2장의 길이의 합

→  cm

❷ 이어 붙인 색 테이프의 전체 길이

→  cm

유제 4

길이가 8 cm인 색 테이프 3장을 그림과 같이 $1\frac{4}{7}$ cm씩 겹쳐서 이어 붙였습니다. 이어 붙인 색 테이프의 전체 길이는 몇 cm인지 구해 보시오.

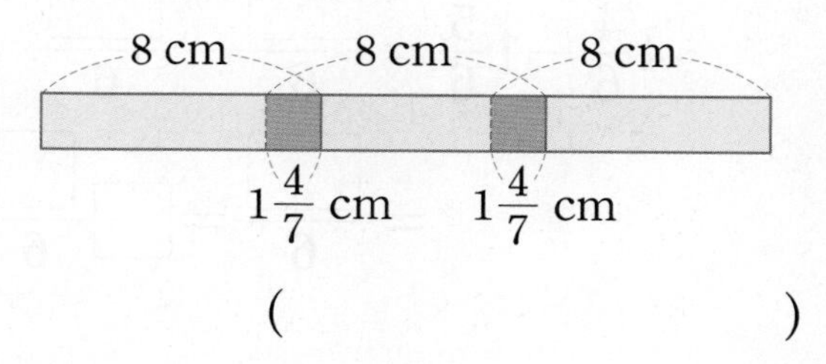

(   )

단원 마무리

1 그림을 보고 □ 안에 알맞은 수를 써넣으시오.

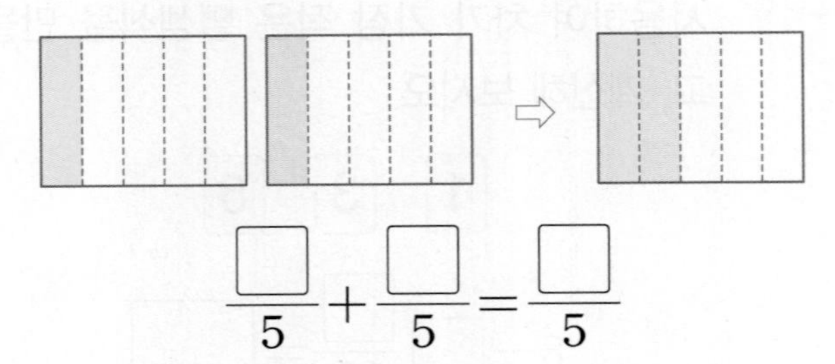

$$\frac{\square}{5}+\frac{\square}{5}=\frac{\square}{5}$$

2 □ 안에 알맞은 수를 써넣으시오.

$\frac{6}{9}$은 $\frac{1}{9}$이 □개, $\frac{2}{9}$는 $\frac{1}{9}$이 □개 이므로 $\frac{6}{9}-\frac{2}{9}$는 $\frac{1}{9}$이 □개입니다.

⇨ $\frac{6}{9}-\frac{2}{9}=\frac{\square}{9}$

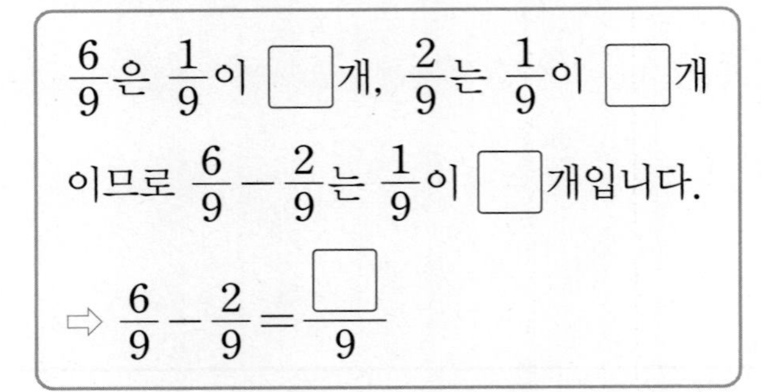

3 □ 안에 알맞은 수를 써넣으시오.

$$4\frac{4}{6}-1\frac{5}{6}=\frac{\square}{6}-\frac{\square}{6}$$
$$=\frac{\square}{6}=\square\frac{\square}{6}$$

4 계산해 보시오.

$1-\frac{2}{3}$

5 설명하는 수를 구해 보시오.

$2\frac{5}{9}$보다 $1\frac{8}{9}$만큼 더 큰 수

(　　　　　　)

6 계산 결과에 맞게 선으로 이어 보시오.

$\frac{6}{7}+\frac{2}{7}$ •　　　　• $1\frac{3}{7}$

$2\frac{5}{7}-\frac{9}{7}$ •　　　　• $1\frac{1}{7}$

교과서에 꼭 나오는 문제

7 빈칸에 알맞은 수를 써넣으시오.

$4\frac{3}{11}$ → $-1\frac{9}{11}$ → □ → $+3\frac{5}{11}$ → □

8 계산 결과가 $\frac{7}{9}$보다 작은 것에 ○표 하시오.

$2-1\frac{4}{9}$	$2\frac{1}{9}-\frac{11}{9}$
(　　　)	(　　　)

9 가장 큰 수와 가장 작은 수의 합을 구해 보시오.

$\frac{4}{8}$ $\frac{7}{8}$ $\frac{5}{8}$

(　　　　　　　)

10 준수는 끈 $\frac{4}{7}$ m 중에서 $\frac{2}{7}$ m를 사용하여 꽃 모양을 만들었습니다. 남은 끈은 몇 m입니까?

(　　　　　　　)

11 물이 큰 그릇에는 $3\frac{2}{3}$ L 들어 있고, 작은 그릇에는 $1\frac{2}{3}$ L 들어 있습니다. 두 그릇에 들어 있는 물은 모두 몇 L입니까?

(　　　　　　　)

교과서에 꼭 나오는 문제

12 계산 결과가 2와 3 사이인 식을 찾아 ○표 하시오.

$5\frac{1}{4}-2\frac{3}{4}$	$1\frac{5}{6}+\frac{8}{6}$	$2\frac{2}{5}-\frac{6}{5}$
(　　)	(　　)	(　　)

잘 틀리는 문제

13 □ 안에 알맞은 대분수를 구해 보시오.

$\square+2\frac{4}{7}=5$

(　　　　　　　)

14 계산 결과가 큰 것부터 차례대로 기호를 써 보시오.

㉠ $1\frac{1}{8}+2\frac{2}{8}$　　㉡ $4-1\frac{3}{8}$

㉢ $2\frac{3}{8}+1\frac{6}{8}$　　㉣ $5\frac{1}{8}-2\frac{7}{8}$

(　　　　　　　)

15 설탕이 1 kg 있었습니다. 과자를 만드는 데 $\frac{5}{12}$ kg, 케이크를 만드는 데 $\frac{3}{12}$ kg 사용했습니다. 과자와 케이크를 만들고 남은 설탕은 몇 kg입니까?

( )

잘 틀리는 문제

16 수 카드 3장 중에서 2장을 뽑아 차가 가장 큰 뺄셈식을 만들고, 계산해 보시오.

$\frac{11}{9}$ $1\frac{4}{9}$ $2\frac{7}{9}$

$\square - \square = \square$

17 어떤 수에 $\frac{5}{7}$를 더해야 할 것을 잘못하여 뺐더니 $\frac{4}{7}$가 되었습니다. 바르게 계산하면 얼마입니까?

( )

서술형 문제

18 가장 큰 수와 가장 작은 수의 차는 얼마인지 풀이 과정을 쓰고 답을 구해 보시오.

4 $\frac{5}{6}$ $2\frac{1}{6}$

풀이 |

답 |

19 사과 주스가 $3\frac{1}{8}$ L, 포도 주스가 $2\frac{6}{8}$ L 있습니다. 어느 주스가 몇 L 더 많은지 풀이 과정을 쓰고 답을 구해 보시오.

풀이 |

답 | ,

20 □ 안에 들어갈 수 있는 자연수를 모두 구하려고 합니다. 풀이 과정을 쓰고 답을 구해 보시오.

$$\frac{4}{5}+\frac{\square}{5}<1\frac{2}{5}$$

풀이 |

답 |

같은 그림을 찾아라!

서로 똑같은 그림 2개를 찾아보세요.

①

②

③

④

⑤

⑥

⑦

⑧

⑨

정답 ②, ⑦

2
삼각형

이전에 배운 내용	이번에 배울 내용	이후에 배울 내용
3-1 평면도형 직각삼각형 **4-1 각도** • 예각과 둔각 • 삼각형의 세 각의 크기의 합	**1** 삼각형을 변의 길이에 따라 분류하기 **2** 이등변삼각형의 성질 **3** 정삼각형의 성질 **4** 삼각형을 각의 크기에 따라 분류하기	**4-2 사각형** 여러 가지 사각형 **4-2 다각형** • 다각형과 정다각형 • 여러 가지 모양 만들기

준비학습

1 □ 안에 예각, 직각, 둔각 중 알맞은 것을 각각 써넣으시오.

(1) □

(2) □

(3) □

2 □ 안에 알맞은 수를 써넣으시오.

(1)

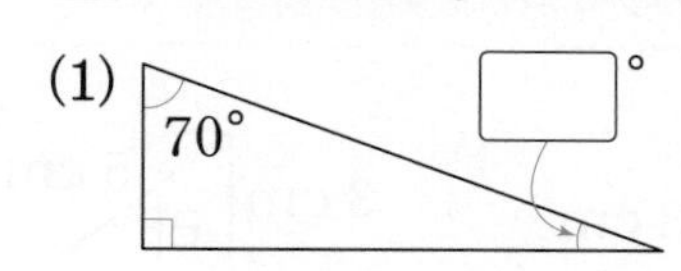

(2) 80°, □°, 40°

정답 1 (1) 직각 (2) 예각 (3) 둔각 2 (1) 20 (2) 60

삼각형을 변의 길이에 따라 분류하기

◆ 이등변삼각형

두 변의 길이가 같은 삼각형 → 이등변삼각형

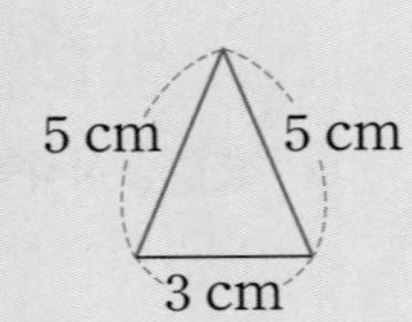

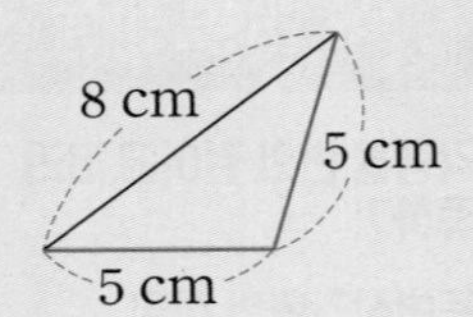

◆ 정삼각형

세 변의 길이가 같은 삼각형 → 정삼각형

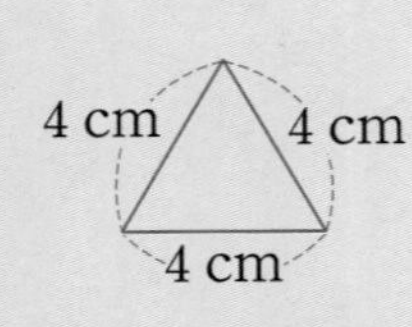

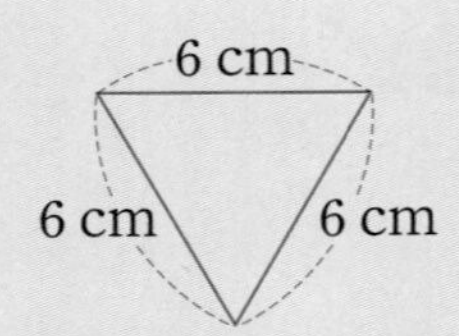

참고 정삼각형은 두 변의 길이가 같으므로 이등변삼각형이라고 할 수 있습니다.

예제 1

삼각형을 보고 알맞은 것에 모두 ○표 하고, □ 안에 알맞은 말을 써넣으시오.

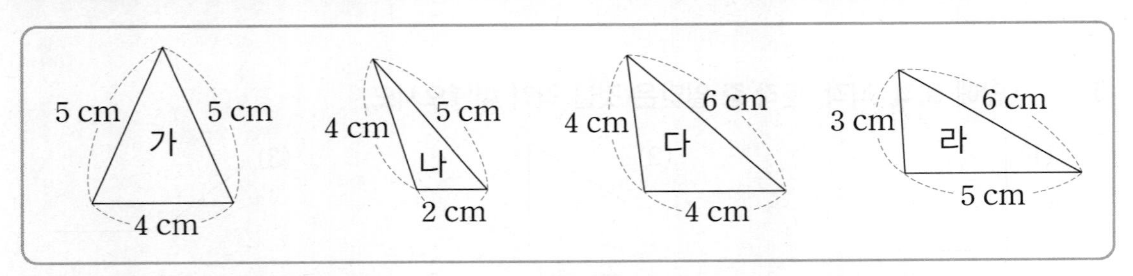

두 변의 길이가 같은 삼각형은 (가 , 나 , 다 , 라)이고

이 도형을 □(이)라고 합니다.

삼각형을 보고 알맞은 것에 모두 ○표 하고, □ 안에 알맞은 말을 써넣으시오.

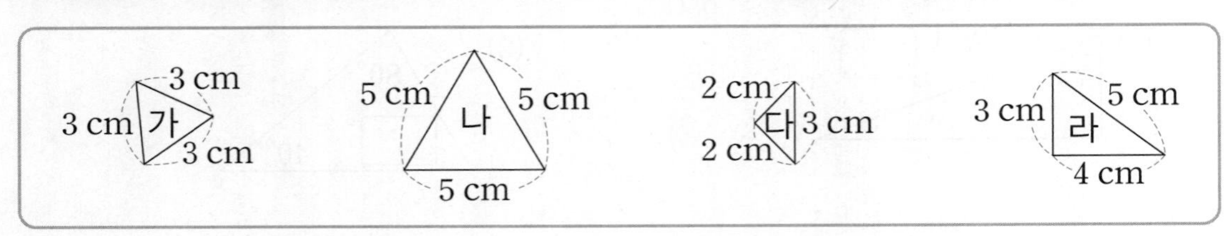

세 변의 길이가 같은 삼각형은 (가 , 나 , 다 , 라)이고

이 도형을 □(이)라고 합니다.

기본유형 익히기

복습책 19쪽 | 정답 9쪽

1 자를 이용하여 이등변삼각형과 정삼각형을 각각 찾아보시오.

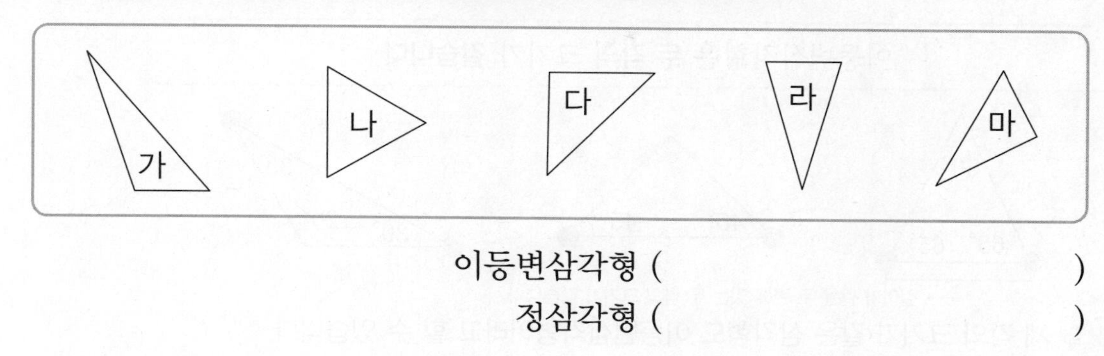

이등변삼각형 (　　　　　　　　　　　　)

정삼각형 (　　　　　　　　　　　　)

2 이등변삼각형입니다. □ 안에 알맞은 수를 써넣으시오.

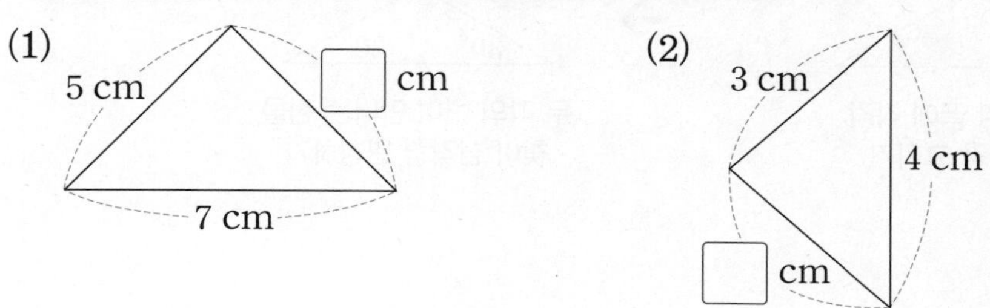

3 정삼각형입니다. □ 안에 알맞은 수를 써넣으시오.

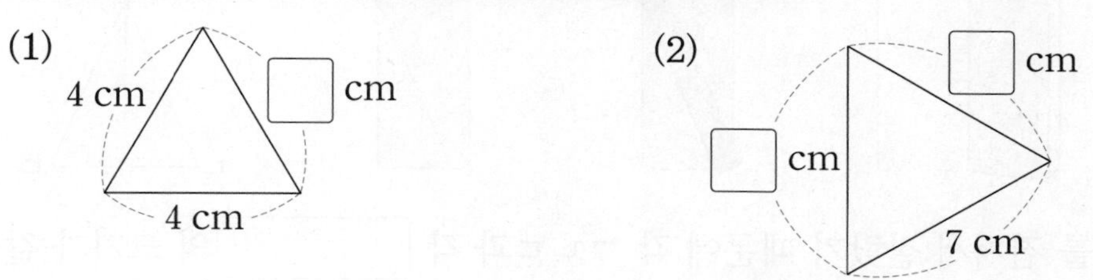

4 그림을 보고 이등변삼각형을 찾아 빨간색으로 따라 그리고, 정삼각형을 찾아 파란색으로 색칠해 보시오.

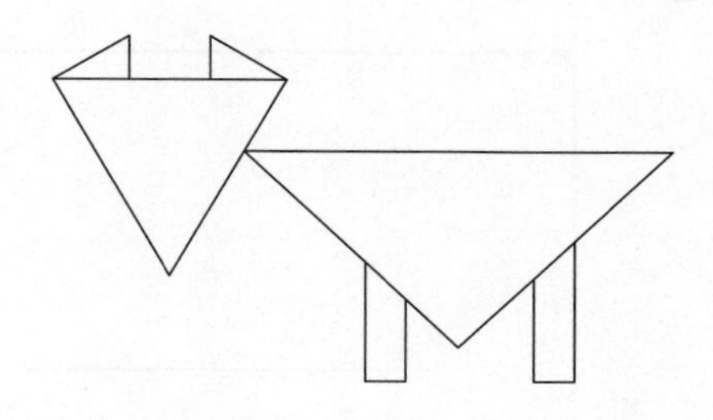

이등변삼각형의 성질

◆ **이등변삼각형의 성질**

이등변삼각형은 **두 각의** 크기가 **같습니다.**

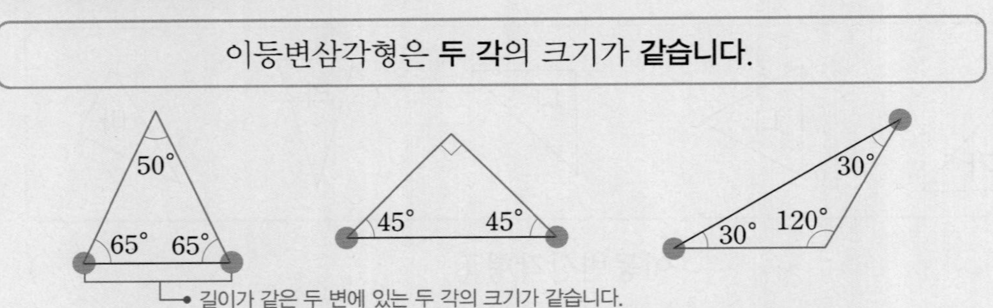

참고 세 각의 크기가 같은 삼각형도 이등변삼각형이라고 할 수 있습니다.

◆ **각도기와 자를 이용하여 주어진 선분을 한 변으로 하고 두 각의 크기가 각각 30°인 이등변삼각형 그리기**

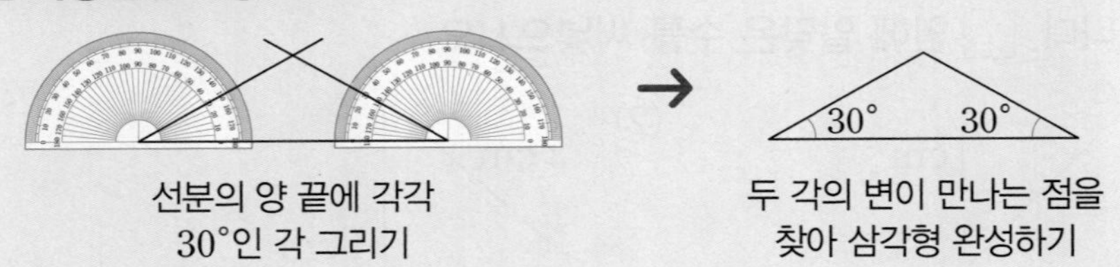

예제 1

그림과 같이 색종이를 반으로 접어서 자른 후 펼쳐 이등변삼각형을 만들었습니다. □ 안에 알맞게 써넣고, 알맞은 말에 ○표 하시오.

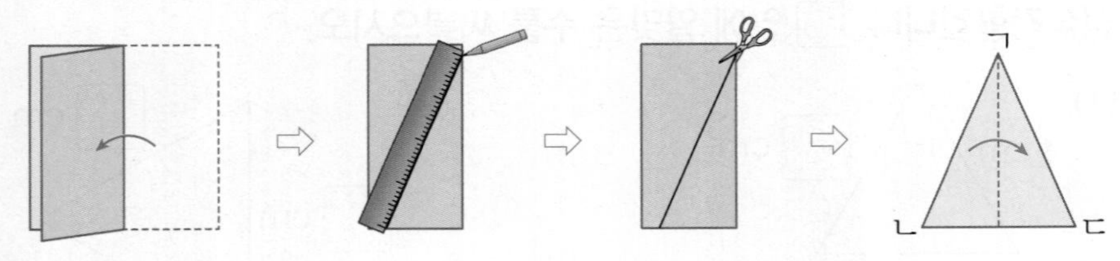

색종이를 겹쳐서 잘랐기 때문에 각 ㄱㄴㄷ과 각 □의 크기가 같습니다.

⇨ 이등변삼각형은 두 각의 크기가 (같습니다 , 다릅니다).

예제 2

주어진 선분의 양 끝에 각각 50°인 각을 그리고, 두 각의 변이 만나는 점을 찾아 이등변삼각형을 완성해 보시오.

STEP 1

기본유형 익히기

복습책 19쪽 | 정답 9쪽

1 주어진 선분을 각각 한 변으로 하는 이등변삼각형을 2개 그리고, 각도기로 각의 크기를 재어 알맞은 말에 ○표 하시오.

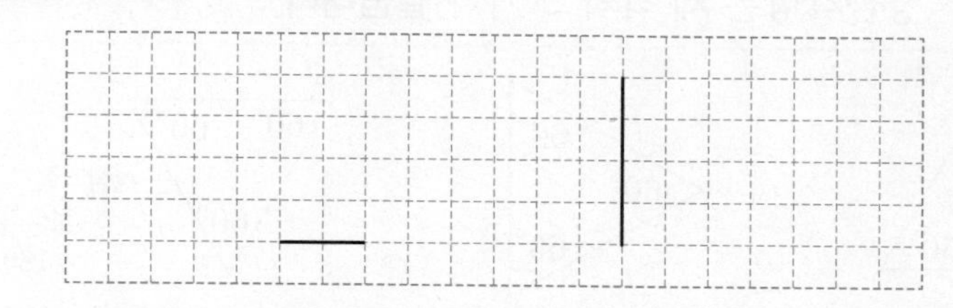

이등변삼각형은 (두 , 세) 각의 크기가 같습니다.

2 이등변삼각형입니다. □ 안에 알맞은 수를 써넣으시오.

(1)

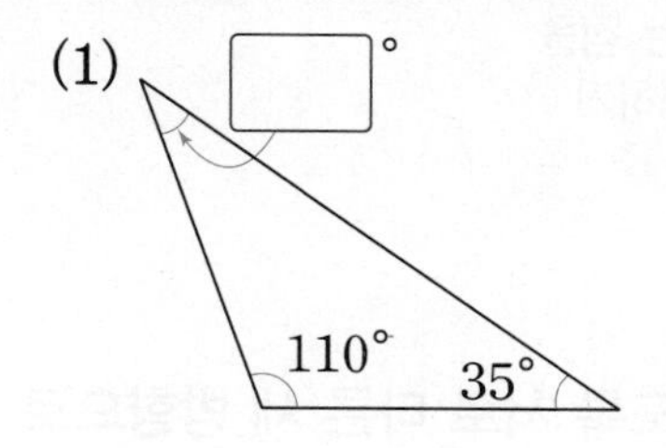

(2)

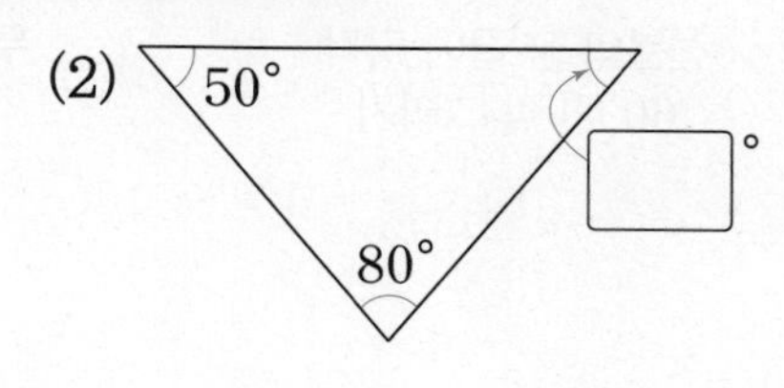

3 □ 안에 알맞은 수를 써넣으시오.

(1)

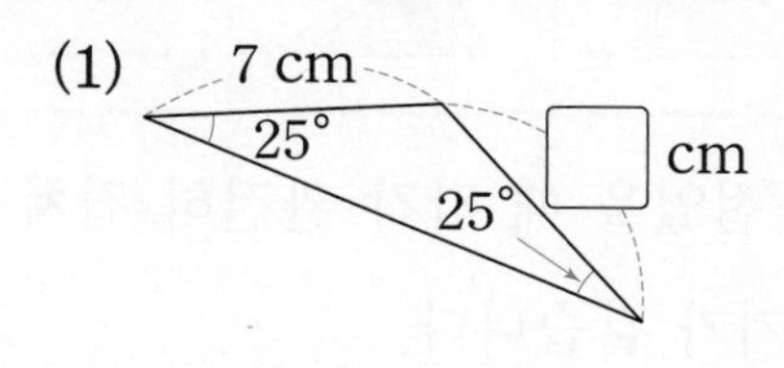

(2)

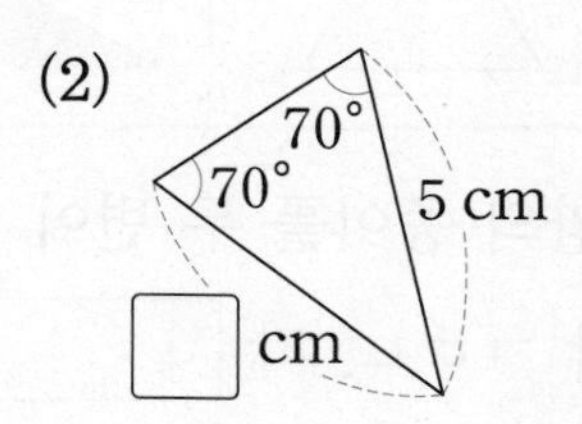

4 각도기와 자를 이용하여 이등변삼각형을 그려 보시오.

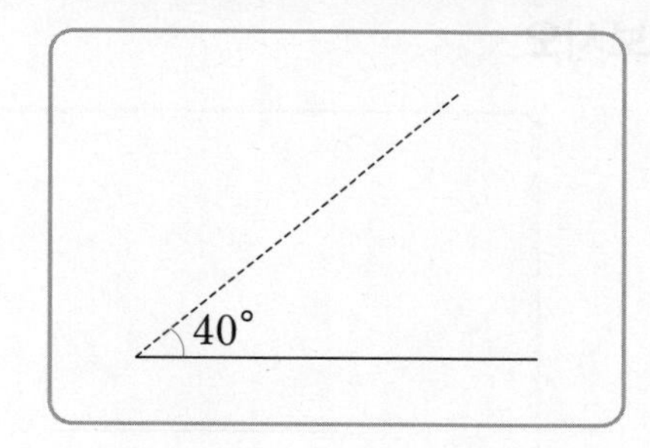

2 단원

개념 3

정삼각형의 성질

◆ 정삼각형의 성질

정삼각형은 **세 각의 크기가 같습니다.**

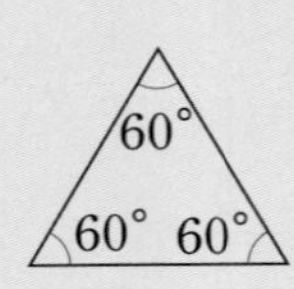

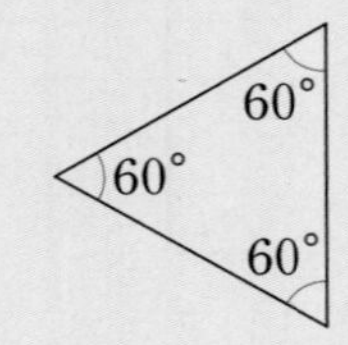

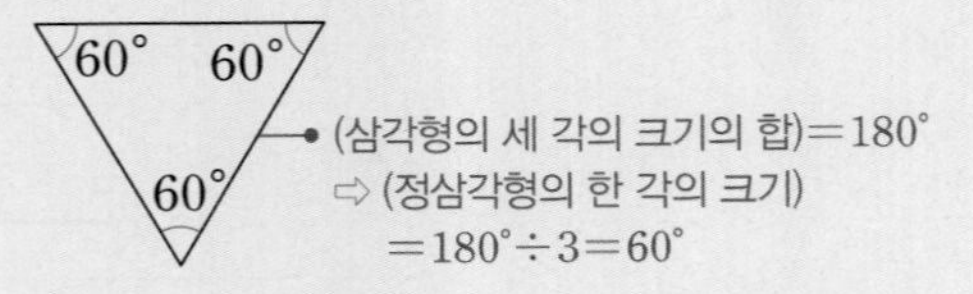

◆ 각도기와 자를 이용하여 주어진 선분을 한 변으로 하는 정삼각형 그리기

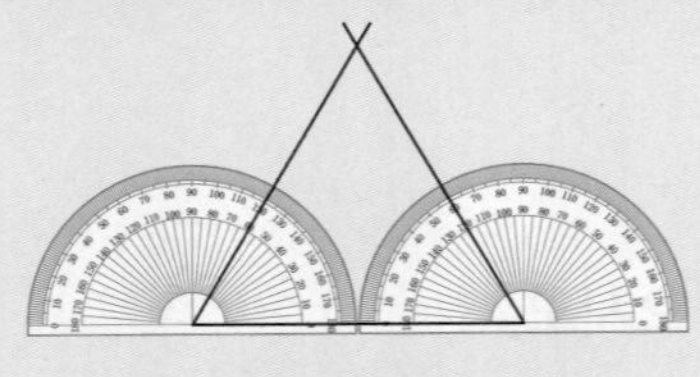

선분의 양 끝에 각각 60°인 각 그리기

→

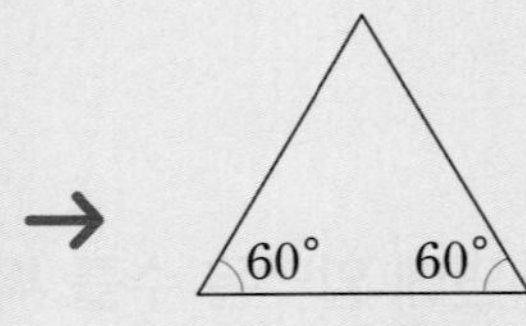

두 각의 변이 만나는 점을 찾아 삼각형 완성하기

예제 **1**

그림과 같이 정삼각형 모양의 종이를 두 변이 만나도록 서로 다른 세 방향으로 접었습니다. □ 안에 알맞게 써넣고, 알맞은 말에 ○표 하시오.

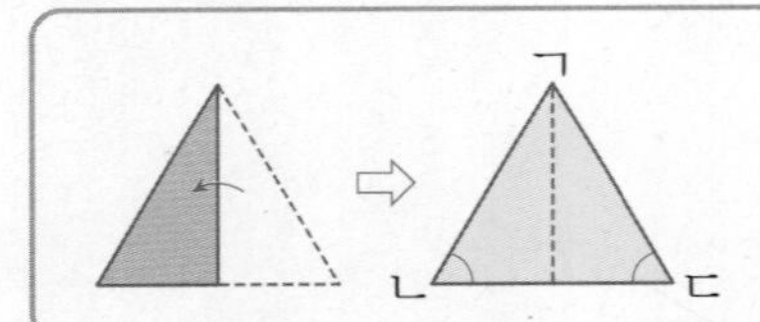

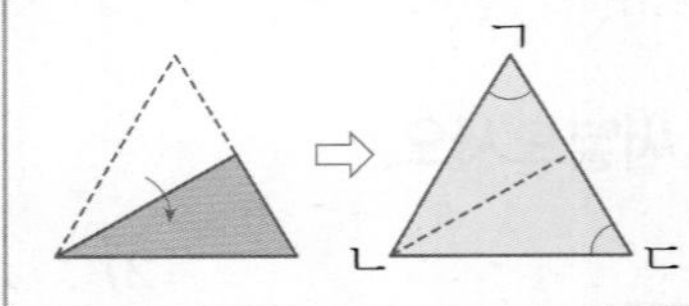

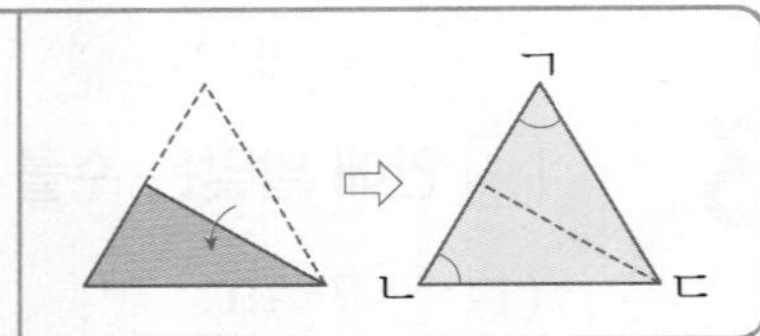

정삼각형 모양의 종이를 두 변이 만나도록 접었을 때 각각 완전히 겹쳐지므로

각 ㄱㄴㄷ, 각 ㄱㄷㄴ, 각 □의 크기가 같습니다.

⇨ 정삼각형은 세 각의 크기가 (같습니다 , 다릅니다).

예제 **2**

주어진 선분의 양 끝에 각각 60°인 각을 그리고, 두 각의 변이 만나는 점을 찾아 정삼각형을 완성해 보시오.

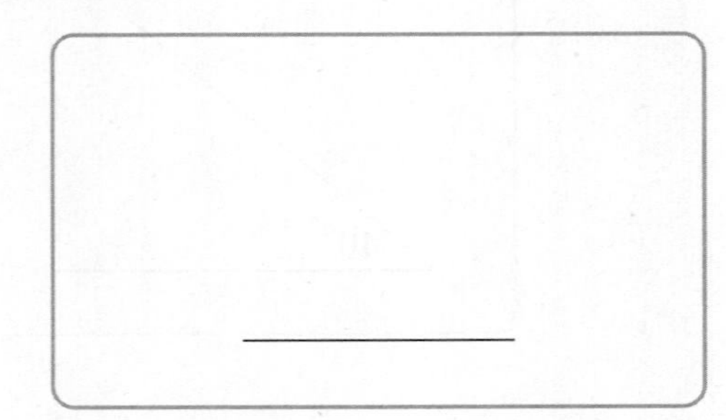

기본유형 익히기

복습책 20쪽 | 정답 9쪽

1 주어진 선분을 각각 한 변으로 하는 정삼각형을 2개 그리고, 각도기로 각의 크기를 재어 알맞은 말에 ○표 하시오.

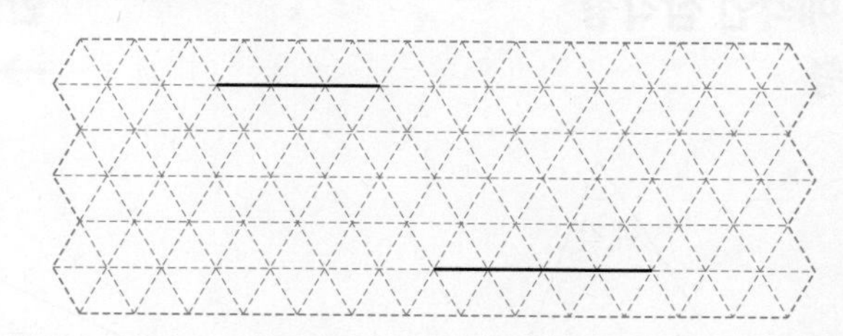

정삼각형은 (두 , 세) 각의 크기가 같습니다.

2 정삼각형입니다. □ 안에 알맞은 수를 써넣으시오.

(1)

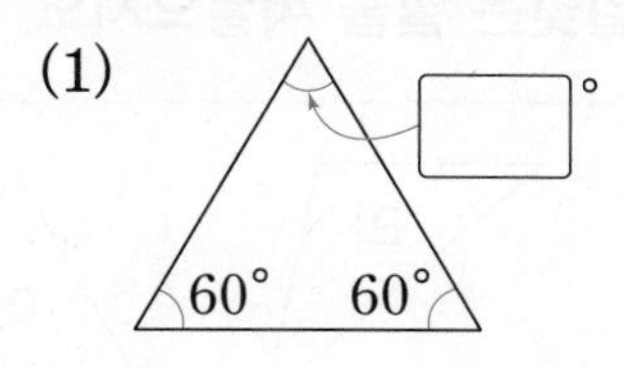

(2)

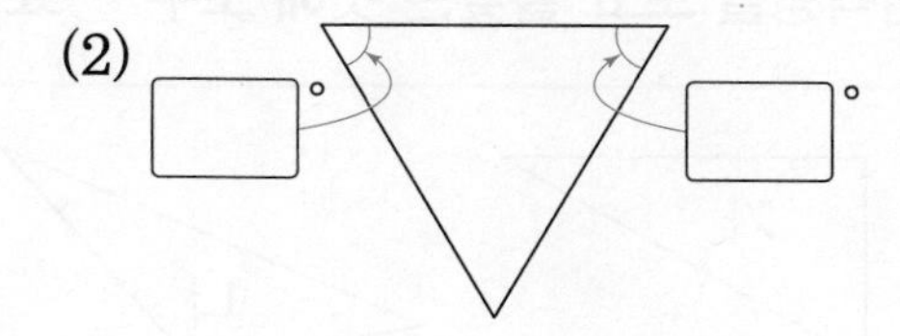

3 □ 안에 알맞은 수를 써넣으시오.

(1)

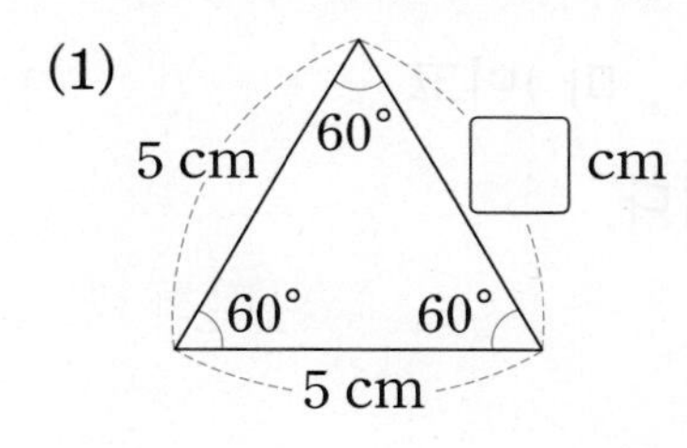

(2)

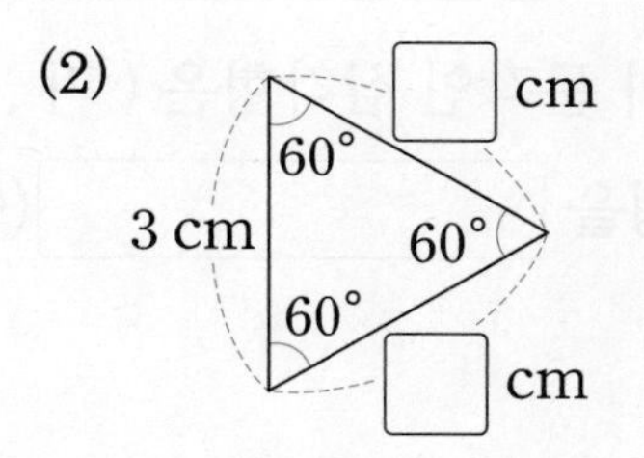

4 각도기와 자를 이용하여 정삼각형을 그려 보시오.

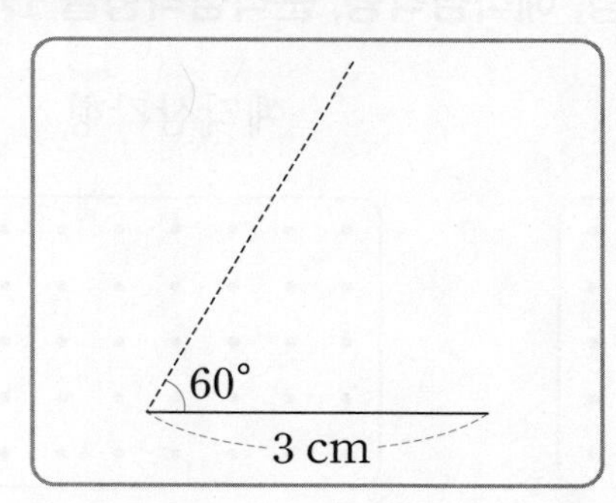

개념 4

삼각형을 각의 크기에 따라 분류하기

◆ **예각삼각형**

세 각이 모두 예각인 삼각형
→ 예각삼각형

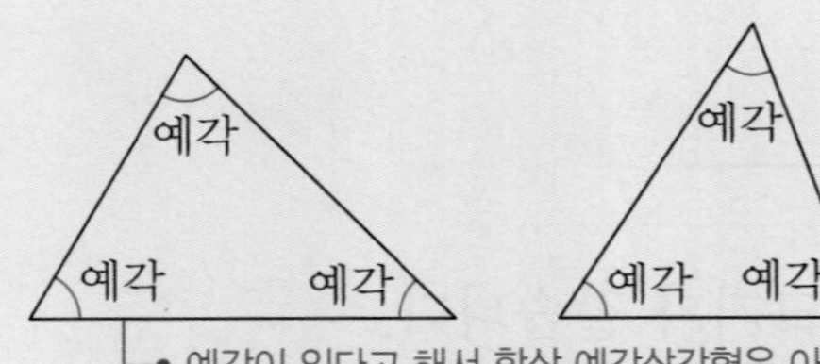

◆ **둔각삼각형**

한 각이 둔각인 삼각형
→ 둔각삼각형

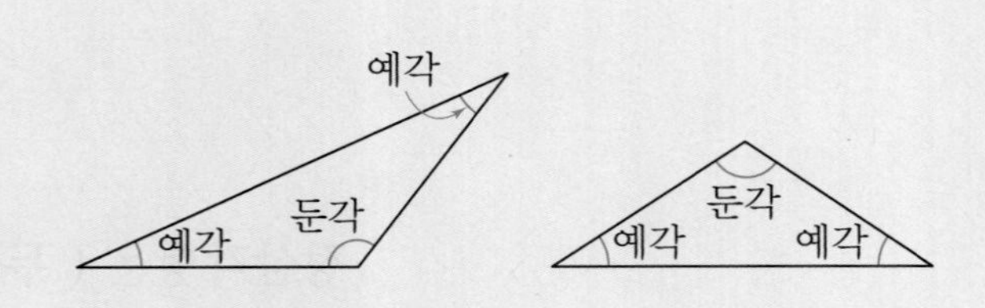

예제 1

삼각형을 보고 알맞은 것에 모두 ○표 하고, □ 안에 알맞은 말을 써넣으시오.

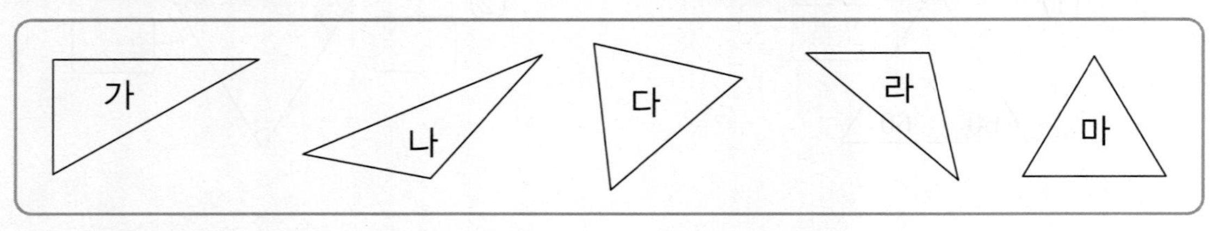

(1) 세 각이 모두 예각인 삼각형은 (가 , 나 , 다 , 라 , 마)이고

이 도형을 □(이)라고 합니다.

(2) 한 각이 둔각인 삼각형은 (가 , 나 , 다 , 라 , 마)이고

이 도형을 □(이)라고 합니다.

예제 2

점 종이에 직각삼각형, 예각삼각형, 둔각삼각형을 1개씩 그려 보시오.

직각삼각형	예각삼각형	둔각삼각형

기본유형 익히기

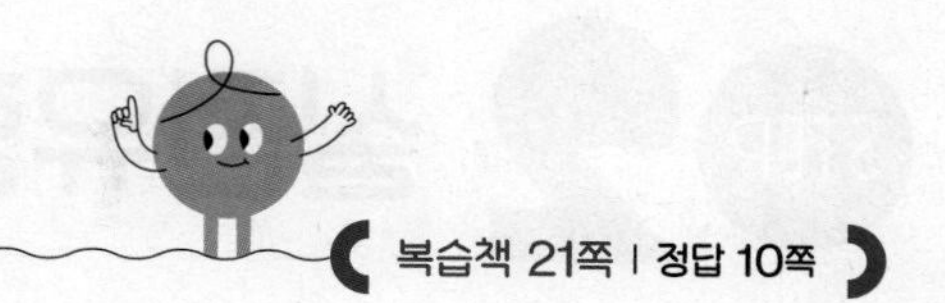

복습책 21쪽 | 정답 10쪽

1 알맞은 것끼리 선으로 이어 보시오.

이등변삼각형 •

정삼각형 •

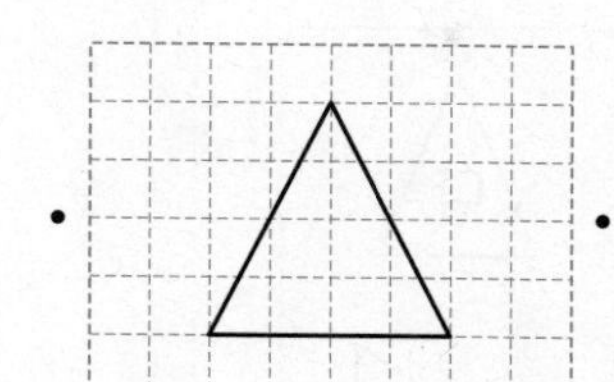

• 예각삼각형

• 둔각삼각형

• 직각삼각형

2 삼각형을 보고 물음에 답하시오.

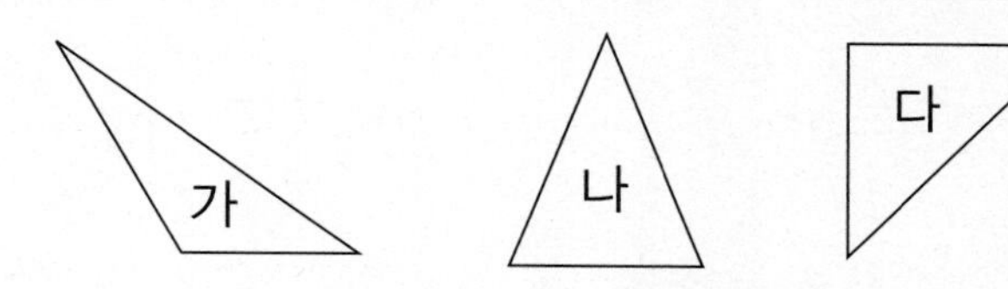

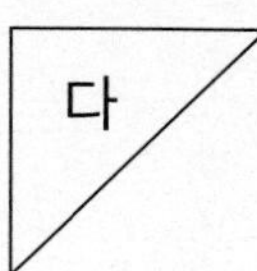

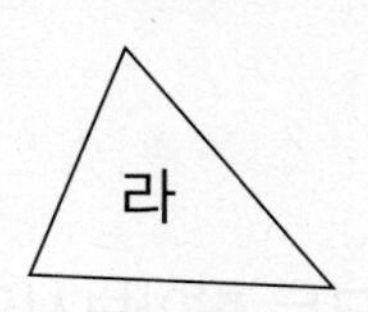

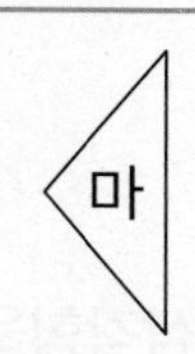

(1) 예각삼각형을 모두 찾아보시오.

( )

(2) 둔각삼각형을 모두 찾아보시오.

( )

(3) 이등변삼각형이면서 직각삼각형인 것을 찾아보시오.

( )

(4) 이등변삼각형이면서 둔각삼각형인 것을 찾아보시오.

( )

3 삼각형을 그려 보시오.

(1) 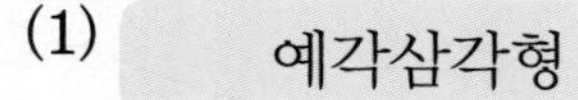
예각삼각형

(2) 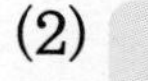
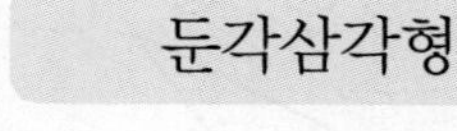
둔각삼각형

2 단원

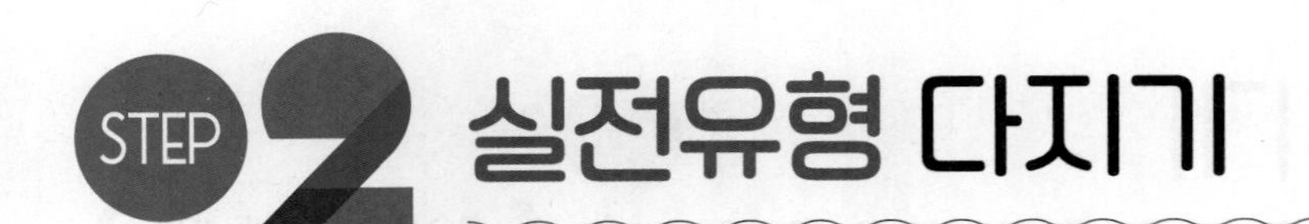

교과서 pick 교과서에 자주 나오는 문제
교과 역량 생각하는 힘을 키우는 문제

(1~3) 삼각형을 보고 물음에 답하시오.

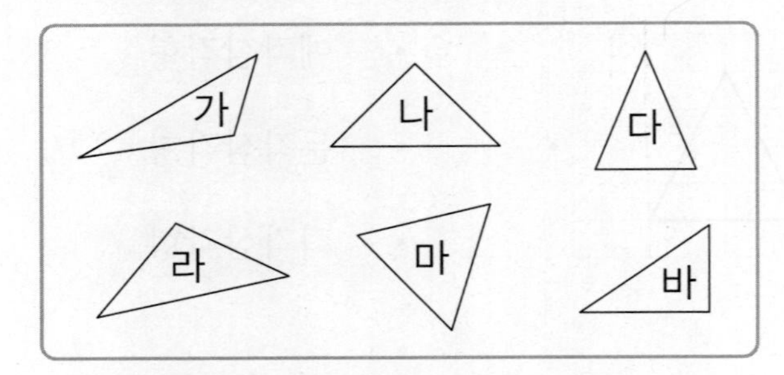

1 정삼각형을 찾아보시오.

( )

2 예각삼각형을 모두 찾아보시오.

( )

3 이등변삼각형이면서 둔각삼각형인 것을 찾아보시오.

( )

4 삼각형 ㄱㄴㄷ의 꼭짓점 ㄱ을 옮겨 예각삼각형을 만들려고 합니다. 꼭짓점 ㄱ을 어느 점으로 옮겨야 합니까? ( )

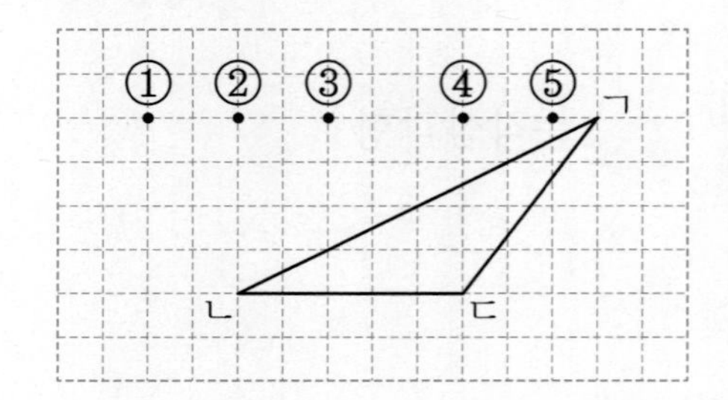

5 삼각형의 세 변의 길이를 나타낸 것입니다. 이등변삼각형을 찾아 기호를 써 보시오.

㉠ 3 cm, 9 cm, 7 cm
㉡ 5 cm, 7 cm, 8 cm
㉢ 4 cm, 6 cm, 4 cm
㉣ 6 cm, 8 cm, 9 cm

( )

6 □ 안에 알맞은 수를 써넣으시오.

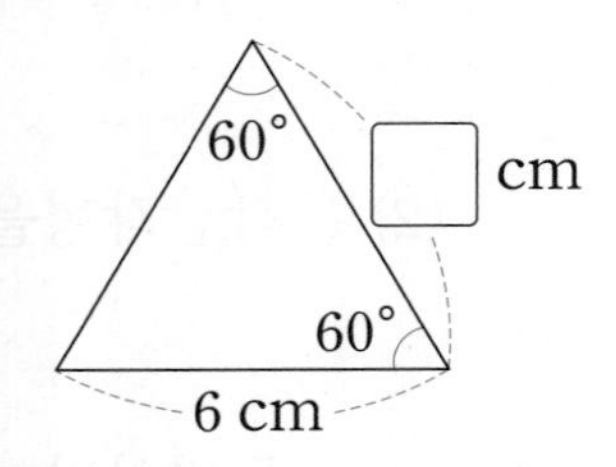

7 이등변삼각형입니다. □ 안에 알맞은 수를 써넣으시오.

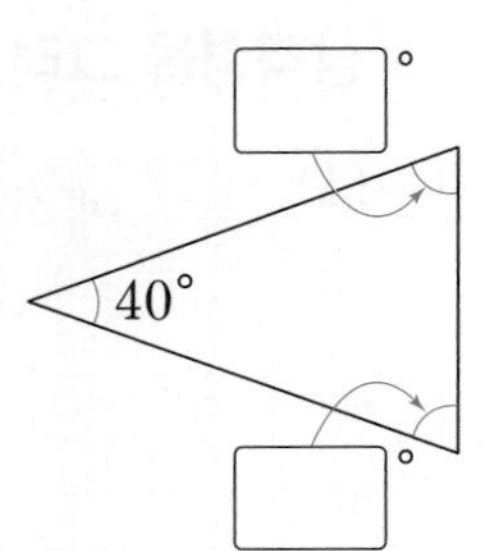

복습책 22~23쪽 | 정답 10쪽

8 잘못 설명한 것은 어느 것입니까? (　　　)

① 정삼각형은 예각삼각형입니다.
② 예각삼각형에는 예각이 3개 있습니다.
③ 정삼각형은 이등변삼각형입니다.
④ 둔각삼각형에는 둔각이 2개 있습니다.
⑤ 직각삼각형에는 직각이 1개 있습니다.

9 〈보기〉에서 설명하는 도형을 그려 보시오.

〈보기〉
- 변이 3개입니다.
- 두 변의 길이가 같습니다.
- 세 각이 모두 예각입니다.

교과 역량 추론, 의사소통　　개념 확인 서술형

10 도형이 이등변삼각형이 아닌 이유를 써 보시오.

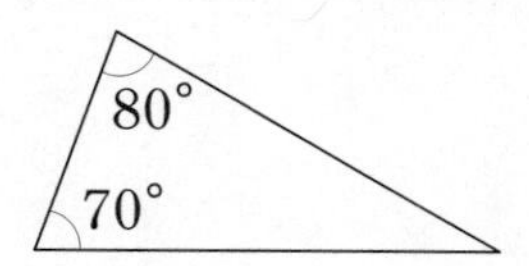

이유 |

11 정삼각형입니다. 세 변의 길이의 합은 몇 cm입니까?

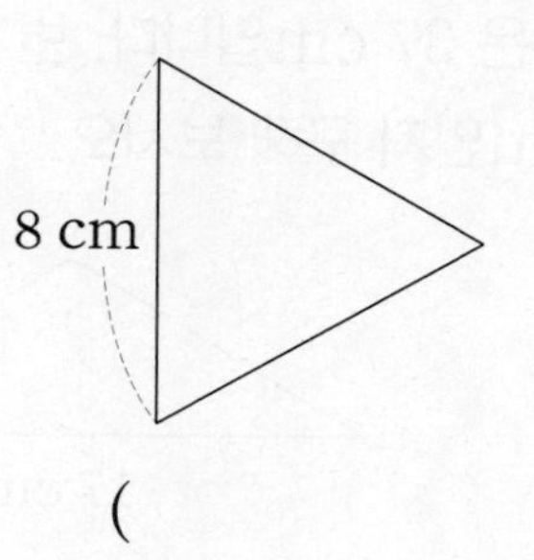

(　　　　　　)

교과 역량 문제 해결, 추론

12 삼각형 ㄱㄴㄷ은 정삼각형입니다. □ 안에 알맞은 수를 써넣으시오.

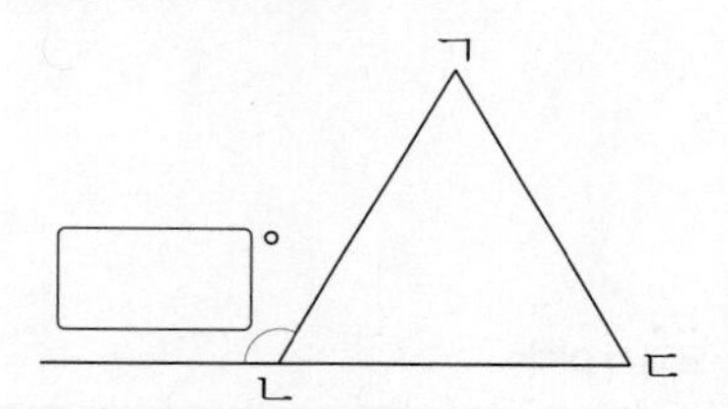

교과서 pick

13 삼각형의 이름이 될 수 있는 것을 모두 찾아 써 보시오.

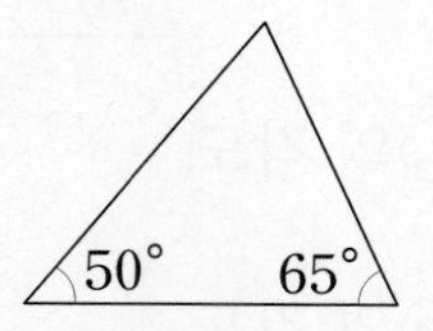

이등변삼각형	정삼각형	
예각삼각형	직각삼각형	둔각삼각형

(　　　　　　)

STEP 3 응용유형 다잡기

예제 1

이등변삼각형 ㄱㄴㄷ의 세 변의 길이의 합은 37 cm입니다. 변 ㄱㄷ의 길이는 몇 cm인지 구해 보시오.

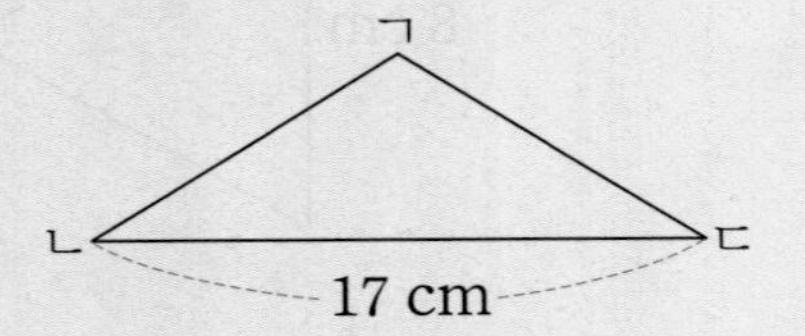

❶ 변 ㄱㄴ과 변 ㄱㄷ의 길이의 합

→ ☐ cm

❷ 변 ㄱㄷ의 길이

→ ☐ cm

유제 1

이등변삼각형 ㄱㄴㄷ의 세 변의 길이의 합은 45 cm입니다. 변 ㄴㄷ의 길이는 몇 cm인지 구해 보시오.

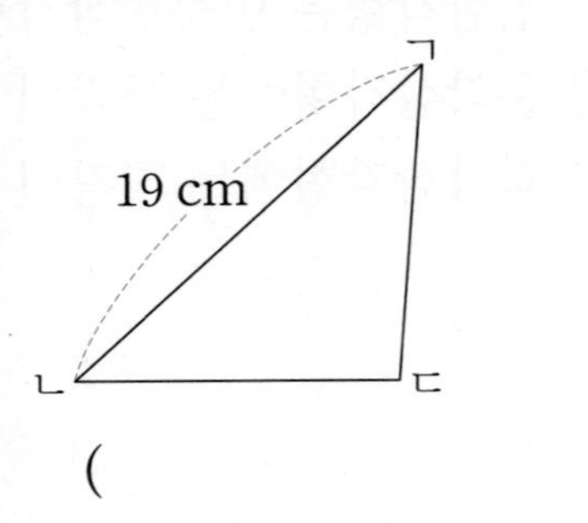

(　　　　　　　　)

교과서 pick

예제 2

이등변삼각형입니다. 한 각이 70°일 때, ㉠과 ㉡의 각도의 차를 구해 보시오.

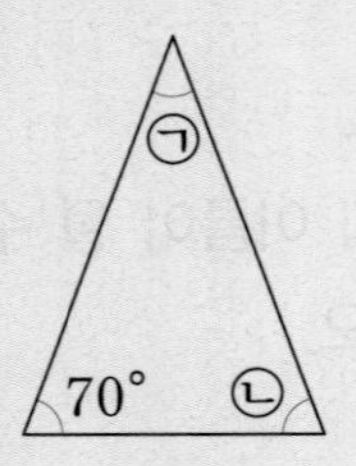

❶ ㉡의 각도 → ☐°

❷ ㉠의 각도 → ☐°

❸ ㉠과 ㉡의 각도의 차 → ☐°

유제 2

이등변삼각형입니다. 한 각이 25°일 때, ㉠과 ㉡의 각도의 차를 구해 보시오.

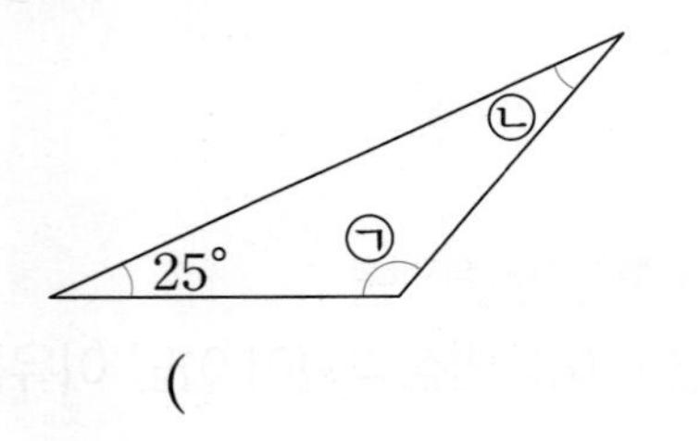

(　　　　　　　　)

복습책 24쪽 | 정답 11쪽

교과서 pick

예제 3

다음 이등변삼각형과 세 변의 길이의 합이 같은 정삼각형을 만들려고 합니다. 정삼각형의 한 변을 몇 cm로 해야 하는지 구해 보시오.

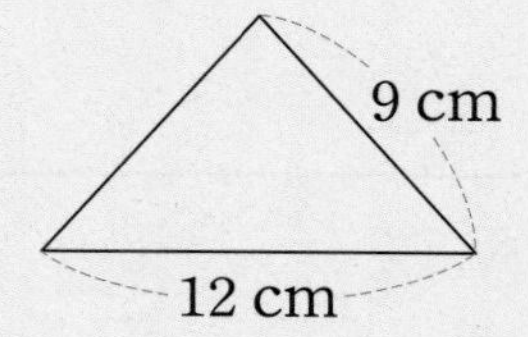

❶ 이등변삼각형의 세 변의 길이의 합
→ ☐ cm

❷ 정삼각형의 한 변의 길이
→ ☐ cm

유제 3

다음 이등변삼각형과 세 변의 길이의 합이 같은 정삼각형을 만들려고 합니다. 정삼각형의 한 변을 몇 cm로 해야 하는지 구해 보시오.

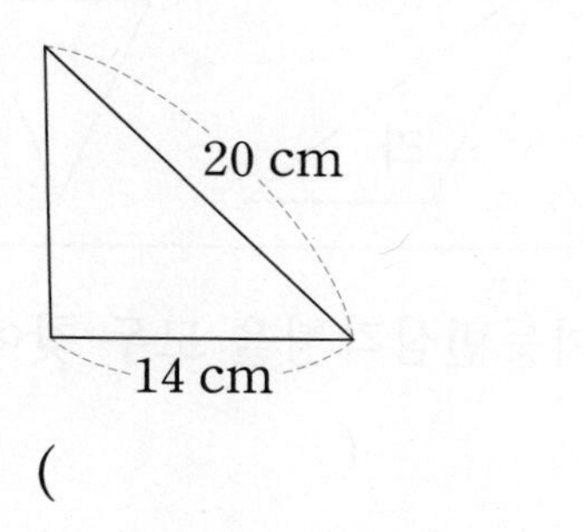

(　　　　　　　　)

2 단원

예제 4

도형에서 찾을 수 있는 크고 작은 예각삼각형은 모두 몇 개인지 구해 보시오.

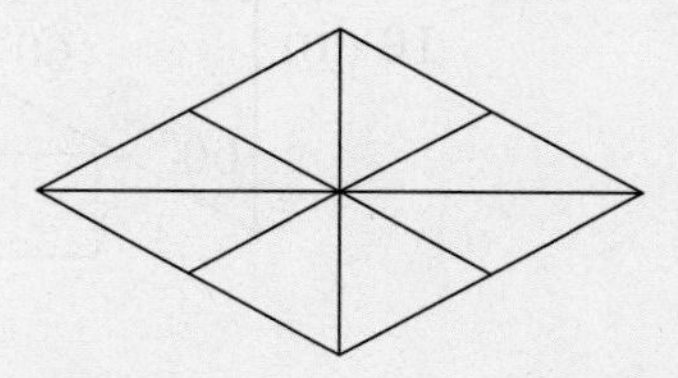

❶ 작은 삼각형 1개짜리 예각삼각형의 수
→ ☐ 개

❷ 작은 삼각형 4개짜리 예각삼각형의 수
→ ☐ 개

❸ 크고 작은 예각삼각형의 수
→ ☐ 개

유제 4

도형에서 찾을 수 있는 크고 작은 둔각삼각형은 모두 몇 개인지 구해 보시오.

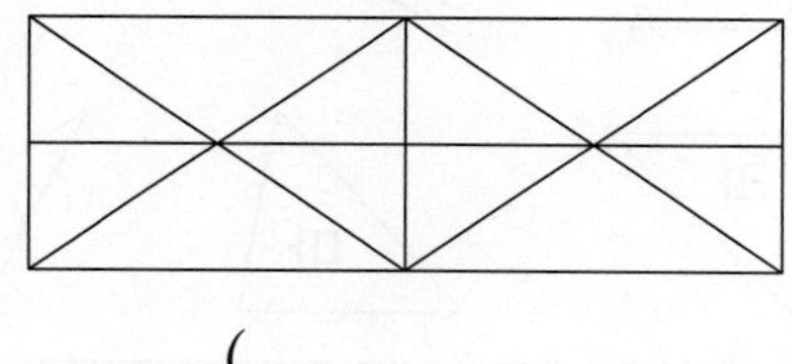

(　　　　　　　　)

단원 마무리

(1~2) 삼각형을 보고 물음에 답하시오.

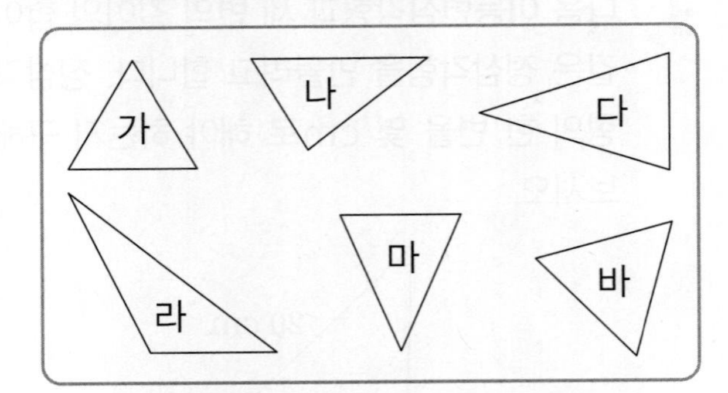

1 이등변삼각형을 모두 찾아보시오.

(　　　　　　　　　　)

2 정삼각형을 모두 찾아보시오.

(　　　　　　　　　　)

(3~4) 삼각형을 보고 물음에 답하시오.

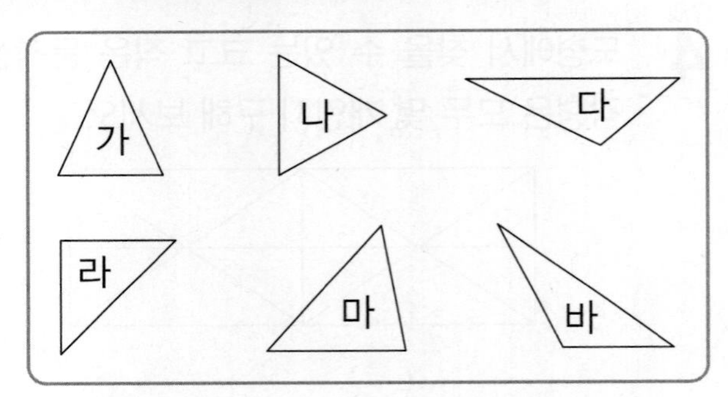

3 예각삼각형은 모두 몇 개입니까?

(　　　　　　　　　　)

4 둔각삼각형은 모두 몇 개입니까?

(　　　　　　　　　　)

5 주어진 선분을 한 변으로 하는 정삼각형을 그려 보시오.

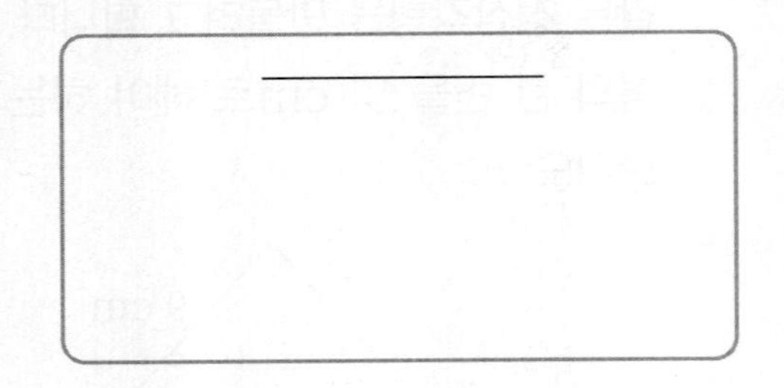

6 이등변삼각형입니다. □ 안에 알맞은 수를 써넣으시오.

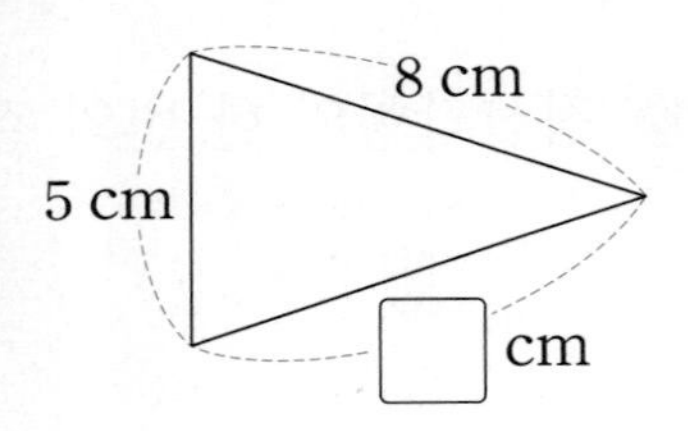

교과서에 꼭 나오는 문제

7 정삼각형입니다. □ 안에 알맞은 수를 써넣으시오.

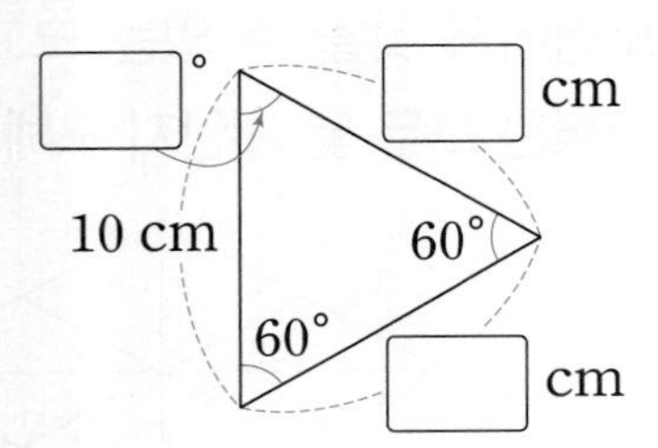

8 선분 ㄱㄴ의 양 끝과 한 점을 이어 둔각삼각형을 그리려고 합니다. 어느 점을 이어야 합니까? (　　　)

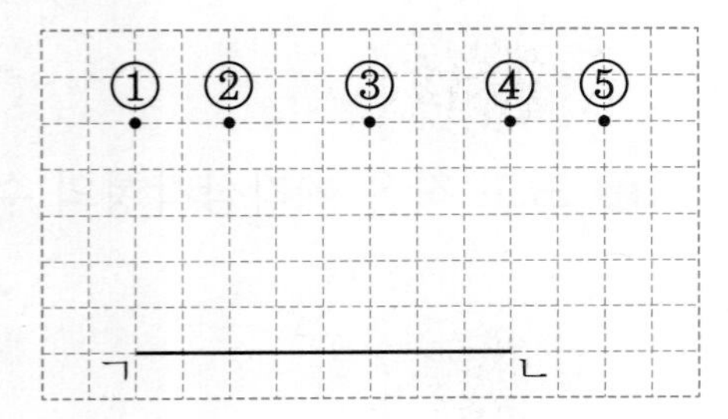

9 이등변삼각형이면서 둔각삼각형인 것을 찾아보시오.

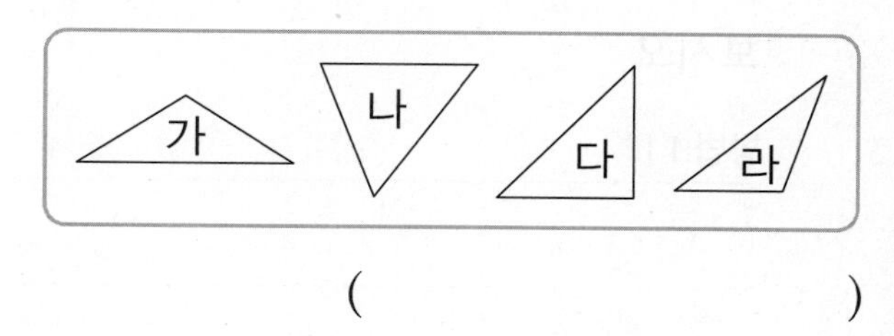

( )

10 삼각형의 세 각의 크기를 나타낸 것입니다. 예각삼각형을 찾아 기호를 써 보시오.

㉠ 50°, 90°, 40°
㉡ 20°, 95°, 65°
㉢ 35°, 70°, 75°

( )

잘 틀리는 문제

11 잘못 설명한 것을 찾아 기호를 써 보시오.

㉠ 이등변삼각형은 두 변의 길이가 같습니다.
㉡ 정삼각형은 한 각의 크기가 60°입니다.
㉢ 이등변삼각형은 정삼각형이라고 할 수 있습니다.

( )

12 정삼각형의 세 변의 길이의 합은 몇 cm입니까?

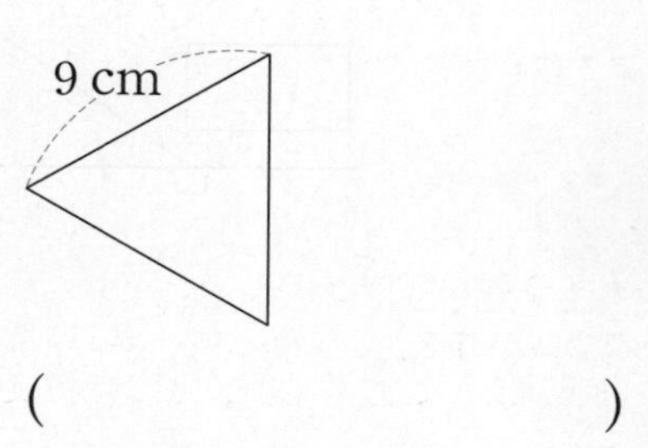

( )

13 □ 안에 알맞은 수를 써넣으시오.

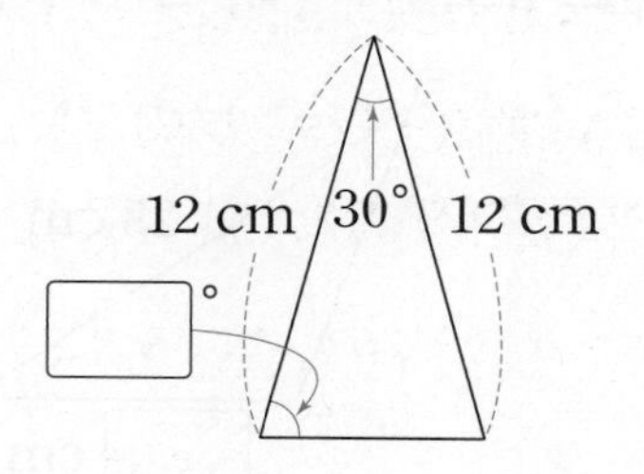

교과서에 꼭 나오는 문제

14 삼각형의 이름이 될 수 있는 것을 모두 고르시오. ( )

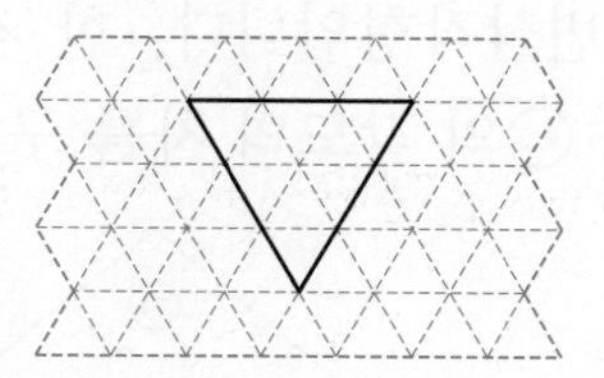

① 이등변삼각형 ② 정삼각형
③ 직각삼각형 ④ 예각삼각형
⑤ 둔각삼각형

15 삼각형 ㄱㄴㄷ은 이등변삼각형입니다. □ 안에 알맞은 수를 써넣으시오.

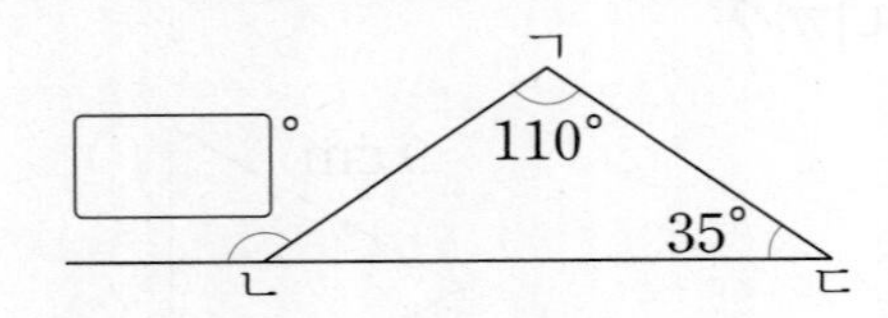

16 이등변삼각형 ㄱㄴㄷ의 세 변의 길이의 합은 51 cm입니다. □ 안에 알맞은 수를 써넣으시오.

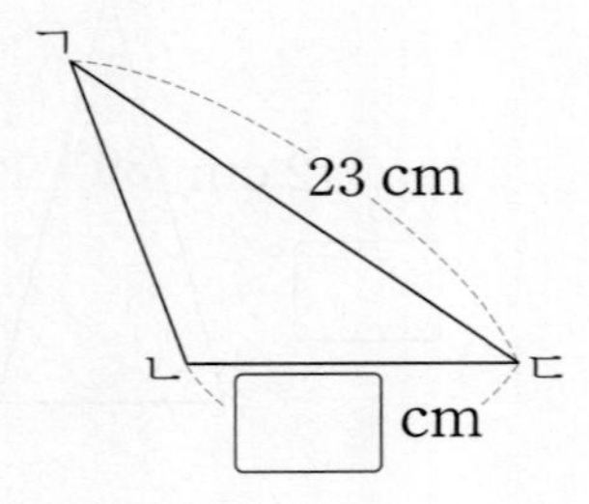

잘 틀리는 문제

17 이등변삼각형입니다. 한 각이 40°일 때, ㉠과 ㉡의 각도의 차를 구해 보시오.

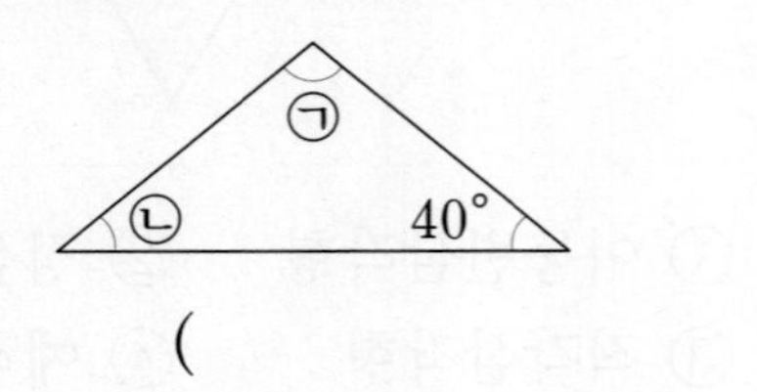

(   )

서술형 문제

18 오른쪽 도형이 이등변삼각형이라는 것을 알 수 있는 방법을 두 가지 써 보시오.

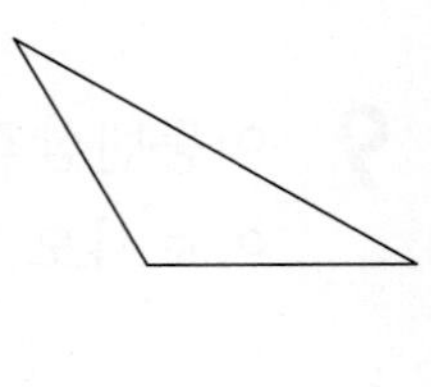

방법 1 |

방법 2 |

19 삼각형의 세 각 중 두 각의 크기를 나타낸 것입니다. 이 삼각형은 예각삼각형, 직각삼각형, 둔각삼각형 중에서 어떤 삼각형인지 풀이 과정을 쓰고 답을 구해 보시오.

35°, 45°

풀이 |

답 |

20 오른쪽 이등변삼각형과 세 변의 길이의 합이 같은 정삼각형을 만들려고 합니다. 정삼각형의 한 변을 몇 cm로 해야 하는지 풀이 과정을 쓰고 답을 구해 보시오.

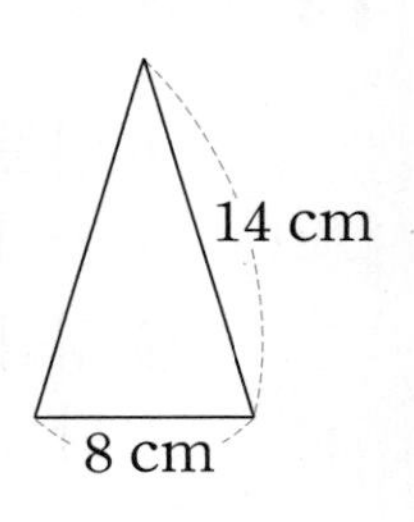

풀이 |

답 |

거울 속 나를 찾아라!

거울에 비친 모습을 찾아보세요.

정답 ④

3

소수의 덧셈과 뺄셈

이전에 배운 내용	이번에 배울 내용	이후에 배울 내용
3-1 분수와 소수 분수와 소수	① 소수 두 자리 수 ② 소수 세 자리 수 ③ 소수의 크기 비교 ④ 소수 사이의 관계 ⑤ 소수 한 자리 수의 덧셈 ⑥ 소수 두 자리 수의 덧셈 ⑦ 소수 한 자리 수의 뺄셈 ⑧ 소수 두 자리 수의 뺄셈	**5-2 소수의 곱셈** 소수의 곱셈 **6-1 소수의 나눗셈** 소수의 나눗셈

준비학습

1 □ 안에 알맞은 분수 또는 소수를 써넣으시오.

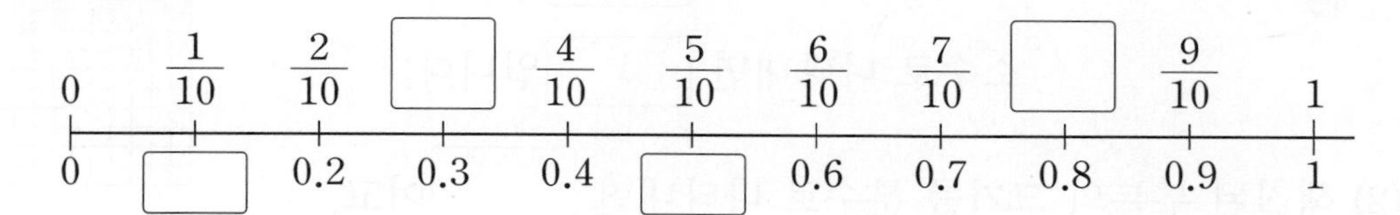

2 두 수의 크기를 비교하여 ○ 안에 $>$, $=$, $<$를 알맞게 써넣으시오.

(1) 0.2 ○ 0.5

(2) 4.1 ○ 3.6

(3) 0.1이 19개인 수 ○ 1.9

(4) 0.7 ○ 0.1이 8개인 수

정답 1 (위에서부터) $\frac{3}{10}$, $\frac{8}{10}$ / 0.1, 0.5 2 (1) $<$ (2) $>$ (3) $=$ (4) $<$

개념 1

소수 두 자리 수

◇ 소수 두 자리 수

$\frac{1}{100}$ 소수로 → 쓰기 0.01 / 읽기 영 점 영일

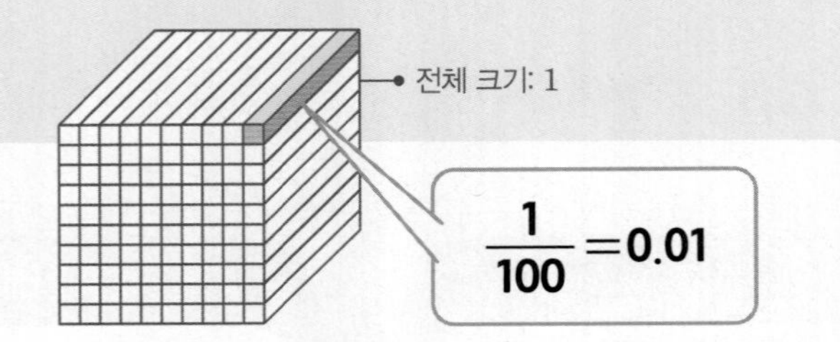

$\frac{25}{100}$ 소수로 → 쓰기 0.25 / 읽기 영 점 이오

0.01이 25개

소수점 아래의 수는 자릿값은 읽지 않고 수만 하나씩 차례대로 읽습니다.

$1\frac{47}{100}$ 소수로 → 쓰기 1.47 / 읽기 일 점 사칠

1과 0.47만큼

◇ 1.47의 자릿값

일의 자리		소수 첫째 자리	소수 둘째 자리
1	.		
0	.	4	
0	.	0	7

1.47에서
1은 일의 자리 숫자이고, 1을 나타냅니다.
4는 소수 첫째 자리 숫자이고, 0.4를 나타냅니다.
7은 소수 둘째 자리 숫자이고, 0.07을 나타냅니다.

1.47 ⇨ 1이 1개, 0.1이 4개, 0.01이 7개인 수 — 1.47은 0.01이 147개인 수입니다.

예제 1

전체 크기가 1인 수 모형입니다. 색칠된 부분의 크기를 소수로 나타내어 보시오.

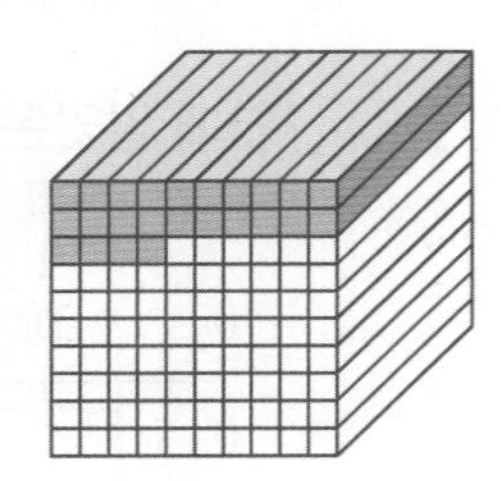

(1) (막대) 의 크기를 분수로 나타내면 ☐이고,
소수로 나타내면 ☐입니다.

(2) 색칠된 부분의 크기를 분수로 나타내면 ☐이고,
소수로 나타내면 ☐입니다.

예제 2

☐ 안에 알맞은 수나 말을 써넣으시오.

5.79에서 5는 일의 자리 숫자이고, ☐을/를 나타냅니다.
7은 소수 첫째 자리 숫자이고, ☐을/를 나타냅니다.
9는 소수 ☐ 자리 숫자이고, 0.09를 나타냅니다.

STEP 1 기본유형 익히기

복습책 30쪽 | 정답 13쪽

3 단원

1 분수를 소수로 나타내고 읽어 보시오.

(1) $\frac{2}{100}=$ □

읽기 (　　　　　　　　)

(2) $1\frac{28}{100}=$ □

읽기 (　　　　　　　　)

2 □ 안에 알맞은 소수를 써넣으시오.

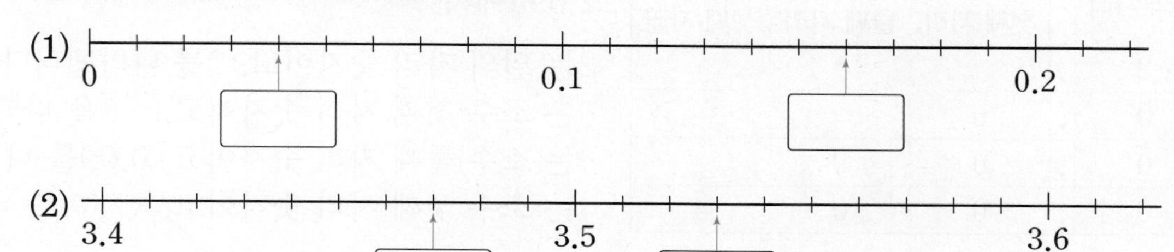

3 □ 안에 알맞은 소수를 써넣으시오.

(1) 1이 5개, 0.1이 3개, 0.01이 6개인 수는 □ 입니다.

(2) 0.01이 421개인 수는 □ 입니다.

4 소수에서 5가 나타내는 수를 써 보시오.

(1) 0.15 ⇨ (　　　　　　　　)

(2) 24.53 ⇨ (　　　　　　　　)

소수 세 자리 수

◆ 소수 세 자리 수

$\frac{1}{1000}$ 소수로 쓰기 0.001 읽기 영 점 영영일

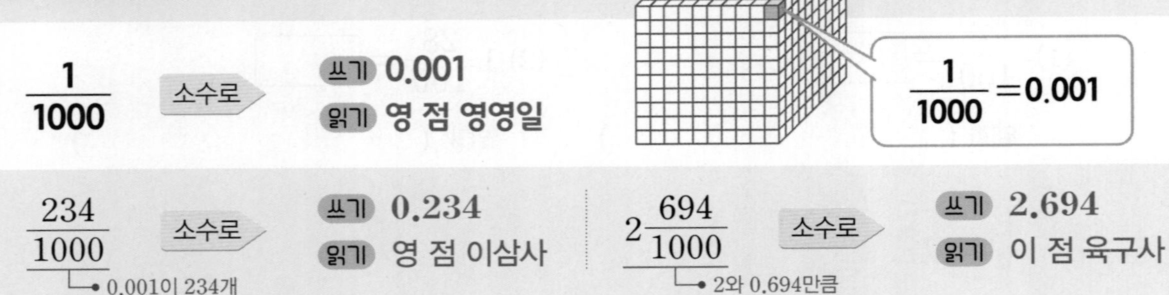

$\frac{234}{1000}$ 소수로 쓰기 0.234 읽기 영 점 이삼사
0.001이 234개

$2\frac{694}{1000}$ 소수로 쓰기 2.694 읽기 이 점 육구사
2와 0.694만큼

◆ 2.694의 자릿값

일의 자리		소수 첫째 자리	소수 둘째 자리	소수 셋째 자리
2	.			
0	.	6		
0	.	0	9	
0	.	0	0	4

2.694에서
2는 일의 자리 숫자이고, 2를 나타냅니다.
6은 소수 첫째 자리 숫자이고, 0.6을 나타냅니다.
9는 소수 둘째 자리 숫자이고, 0.09를 나타냅니다.
4는 소수 셋째 자리 숫자이고, 0.004를 나타냅니다.

2.694 ⇨ 1이 2개, 0.1이 6개, 0.01이 9개, 0.001이 4개인 수
2.694는 0.001이 2694개인 수입니다.

예제 1

☐ 안에 알맞은 수를 써넣으시오.

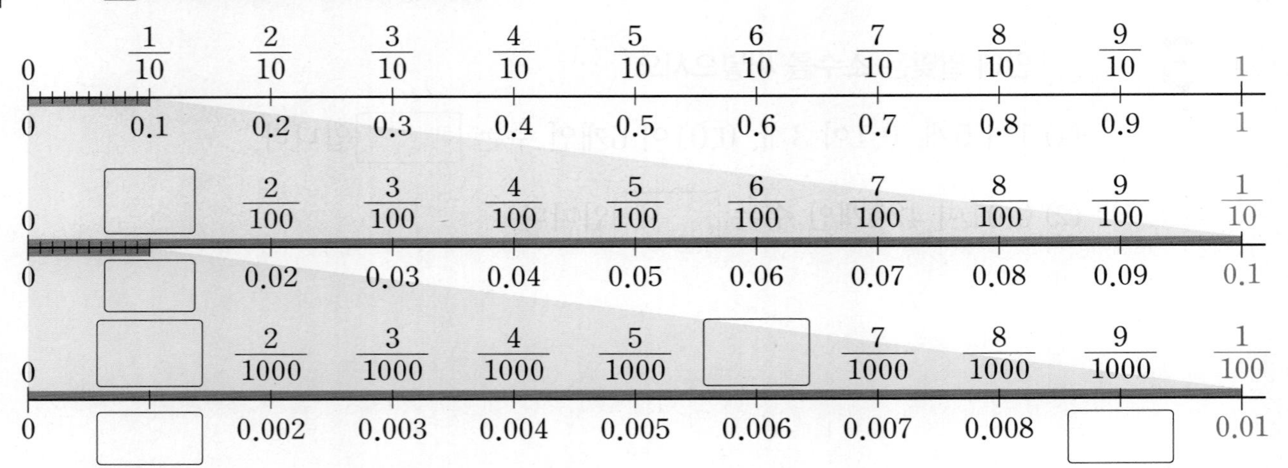

예제 2

☐ 안에 알맞은 수나 말을 써넣으시오.

3.472에서 4는 소수 ☐ 자리 숫자이고, 0.4를 나타냅니다.

2는 소수 셋째 자리 숫자이고, ☐ 을/를 나타냅니다.

STEP 1 기본유형 익히기

복습책 30쪽 | 정답 13쪽

3 단원

1 분수를 소수로 나타내고 읽어 보시오.

(1) $\frac{61}{1000}=$ ☐

읽기 (   )

(2) $2\frac{518}{1000}=$ ☐

읽기 (   )

2 ☐ 안에 알맞은 소수를 써넣으시오.

(1) 1이 2개, 0.1이 4개, 0.01이 5개, 0.001이 3개인 수는 ☐ 입니다.

(2) 0.001이 1716개인 수는 ☐ 입니다.

3 관계있는 것끼리 선으로 이어 보시오.

0.034 ·		· 영 점 삼영사
$3\frac{4}{1000}$ ·		· 삼 점 영영사
0.304 ·		· 영 점 영삼사

4 소수에서 8이 나타내는 수를 써 보시오.

(1) 0.841 ⇨ (   )

(2) 31.208 ⇨ (   )

개념 3

소수의 크기 비교

◆ 크기가 같은 소수

0.2와 0.20은 같은 수입니다. 소수는 필요한 경우 **오른쪽 끝자리에 0**을 붙여서 나타낼 수 있습니다.

0.2=0.20

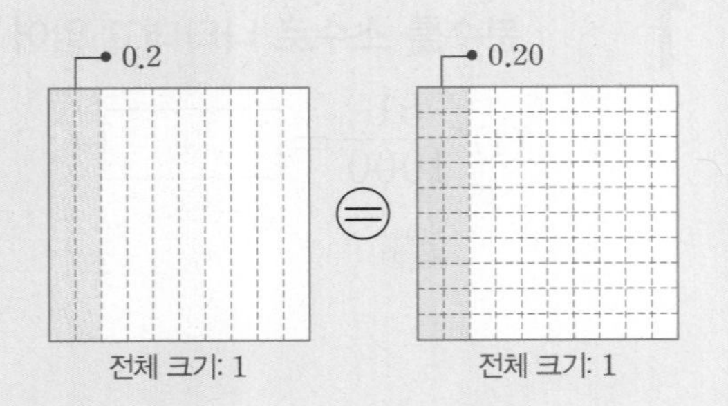

◆ 소수의 크기 비교

자연수 부분이 다르면 **자연수 부분 비교**	자연수 부분이 같으면 **소수 첫째 자리 수 비교**	소수 첫째 자리 수까지 같으면 **소수 둘째 자리 수 비교**	소수 둘째 자리 수까지 같으면 **소수 셋째 자리 수 비교**
3.14 2.09 3>2	0.475 0.92 4<9	1.21 1.236 1<3	2.569 2.567 9>7
3.14>2.09	0.475<0.92	1.21<1.236	2.569>2.567

예제 1

0.3과 0.30의 크기를 비교해 보시오.

(1) 가에 0.3을 화살표(↓)로 표시하고, 나에 0.30을 화살표(↑)로 표시해 보시오.

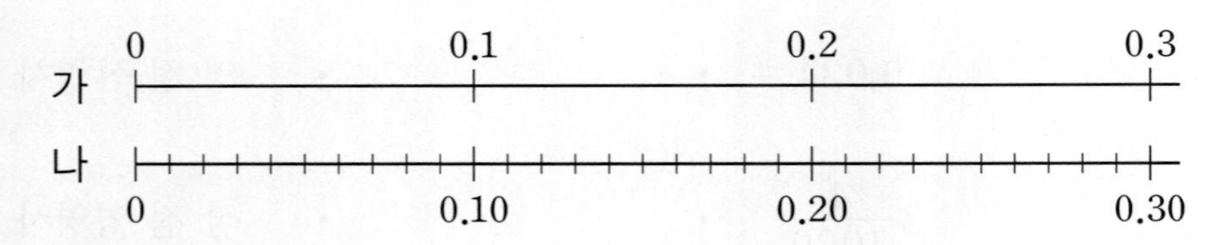

(2) 0.3과 0.30의 크기를 비교하여 ◯ 안에 >, =, <를 알맞게 써넣으시오.

0.3 ◯ 0.30

예제 2

전체 크기가 1인 모눈종이에 0.55와 0.67만큼 각각 색칠하고, ◯ 안에 >, =, <를 알맞게 써넣으시오.

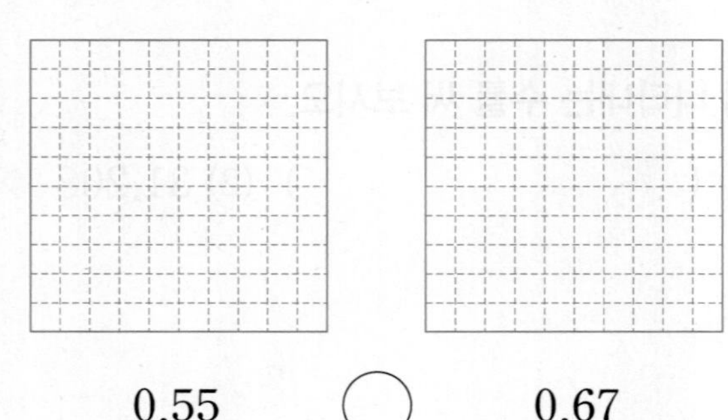

0.55 ◯ 0.67

기본유형 익히기

1 수직선에 1.75와 1.82를 각각 화살표(↑)로 표시하고, ◯ 안에 >, =, <를 알맞게 써넣으시오.

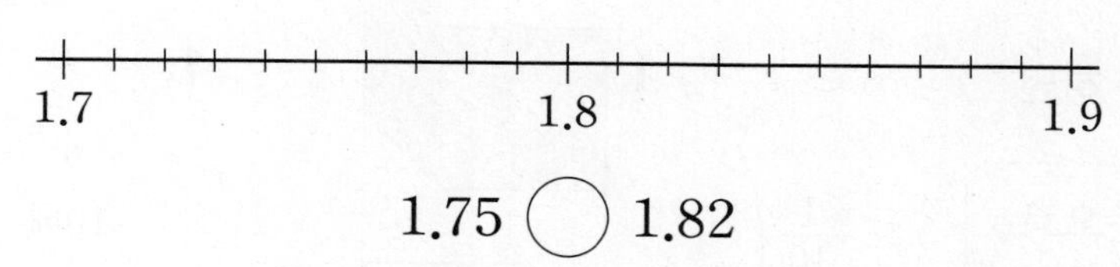

1.75 ◯ 1.82

2 소수에서 생략할 수 있는 0을 찾아 〈보기〉와 같이 나타내어 보시오.

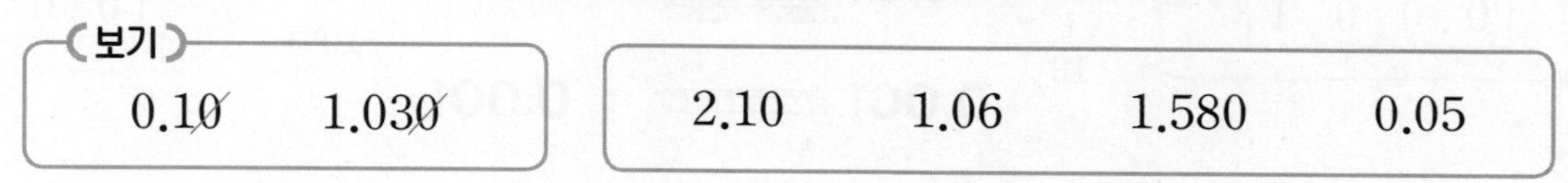

3 5.79와 5.9의 크기를 비교해 보시오.

5.79는 0.01이 ☐ 개이고,

5.9는 0.01이 ☐ 개이므로

5.79와 5.9 중에서 더 큰 수는 ☐ 입니다.

4 두 소수의 크기를 비교하여 ◯ 안에 >, =, <를 알맞게 써넣으시오.

(1) 0.12 ◯ 0.21

(2) 0.971 ◯ 0.957

(3) 5.32 ◯ 5.328

(4) 3.697 ◯ 3.7

개념 4

소수 사이의 관계

◆ 1, 0.1, 0.01, 0.001 사이의 관계

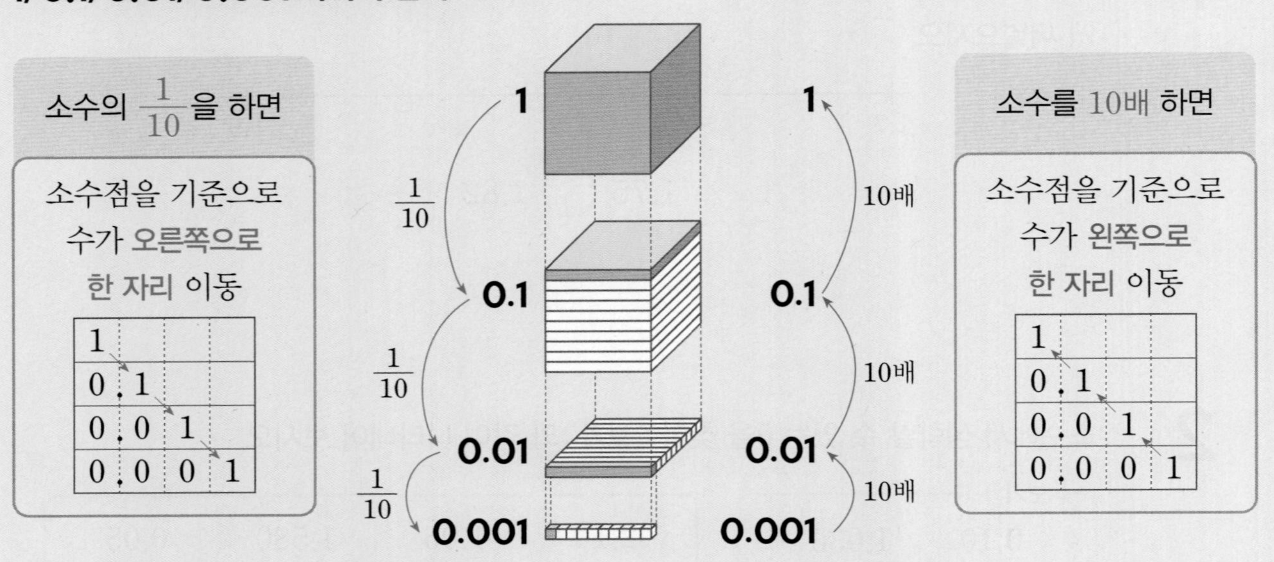

예제 1

□ 안에 알맞은 수를 써넣으시오.

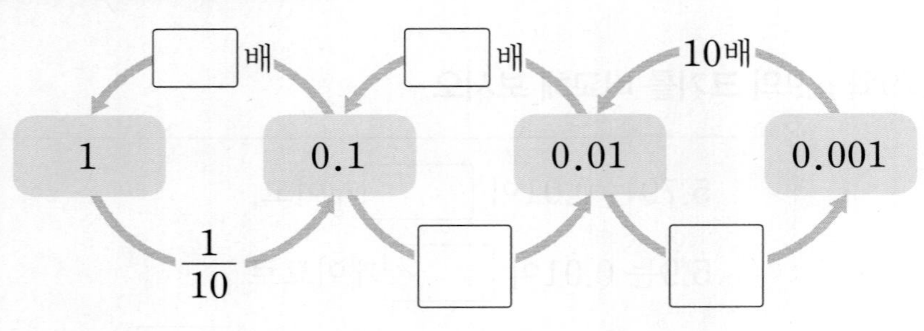

예제 2

빈칸에 알맞은 수를 써넣으시오.

(1)

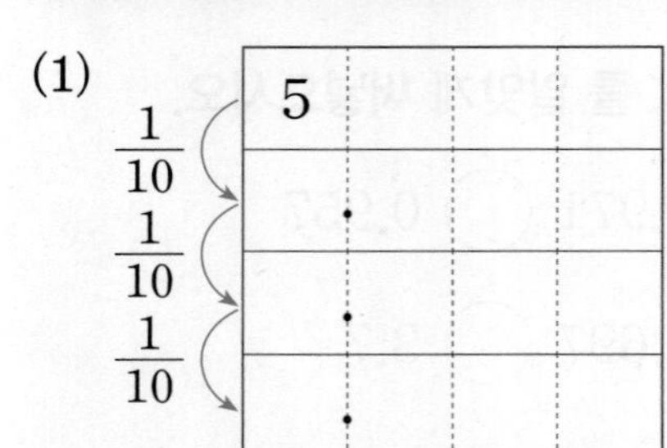

(2)

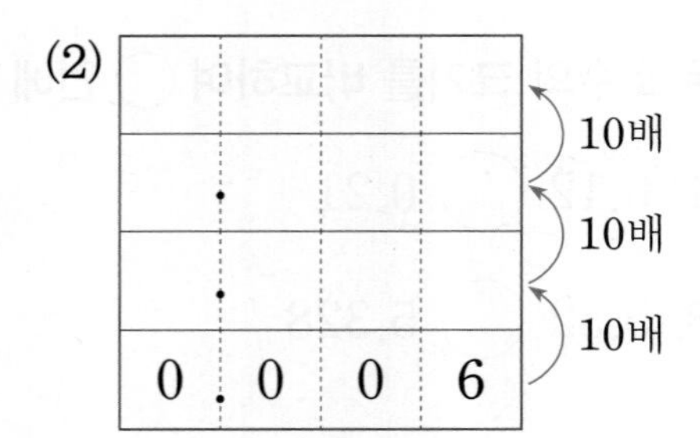

1 빈칸에 알맞은 수를 써넣으시오.

← $\frac{1}{10}$ ← $\frac{1}{10}$ | 10배 → 10배 →

	0.3	3		
		0.7	7	

2 □ 안에 알맞은 수를 써넣으시오.

(1) 2.86의 10배는 □이고, 100배는 □입니다.

(2) 0.072의 10배는 □이고, 100배는 □입니다.

3 □ 안에 알맞은 수를 써넣으시오.

(1) 2의 $\frac{1}{10}$은 □이고, $\frac{1}{100}$은 □입니다.

(2) 4.1의 $\frac{1}{10}$은 □이고, $\frac{1}{100}$은 □입니다.

4 풀 1개의 무게는 7.85 g입니다. 풀 10개는 모두 몇 g입니까?

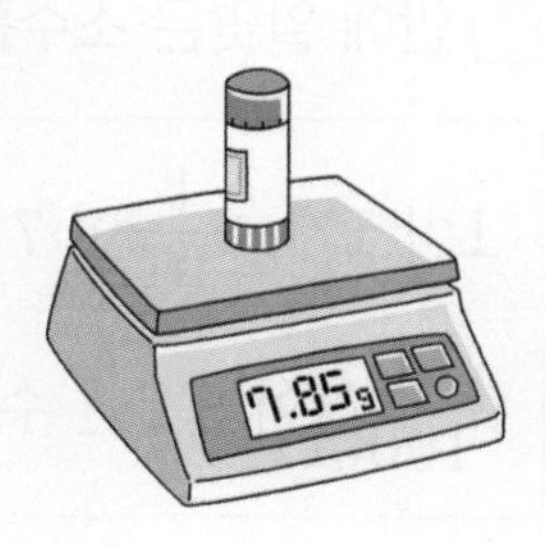

(　　　　　　　　)

STEP 2 실전유형 다지기

✓ 교과서 pick 교과서에 자주 나오는 문제
✓ 교과 역량 생각하는 힘을 키우는 문제

1 연서와 준호 중에서 소수를 잘못 읽은 사람의 이름을 쓰고, 바르게 읽어 보시오.

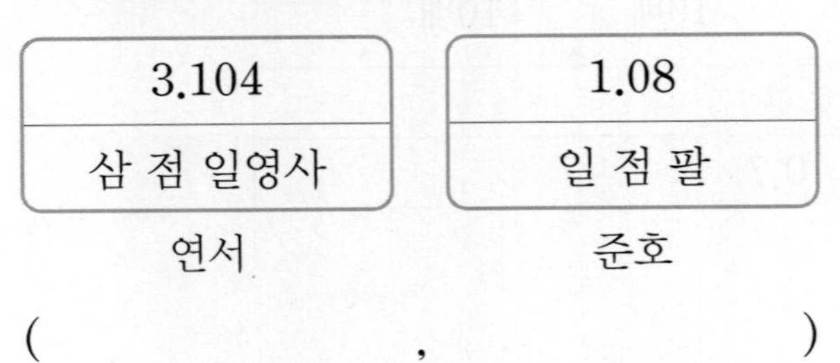

연서 준호

(,)

2 □ 안에 알맞은 소수를 써넣고, 수직선에 화살표(↓)로 표시해 보시오.

45 cm=□ m

0 0.1 0.2 0.3 0.4 0.5 0.6(m)

3 0.13에 대해 바르게 설명한 것을 모두 찾아 기호를 써 보시오.

㉠ 소수 첫째 자리 숫자는 1입니다.
㉡ 0.01이 13개인 수입니다.
㉢ 3은 0.3을 나타냅니다.

( )

4 □ 안에 알맞은 소수를 써넣으시오.

1이 1개, $\frac{1}{10}$이 7개, $\frac{1}{100}$이 1개, $\frac{1}{1000}$이 6개인 수는 □입니다.

5 관계있는 것끼리 선으로 이어 보시오.

12.5 • • 12.050

12.05 • • 12.50

교과 역량 추론, 정보 처리

6 진희, 동민, 소라 중에서 다른 수를 설명한 사람을 찾아 이름을 써 보시오.

- 진희: 327.4의 $\frac{1}{10}$
- 동민: 3.274의 10배
- 소라: 327.4의 $\frac{1}{100}$

( )

개념 확인 서술형

7 민경이가 소수의 크기를 잘못 비교하였습니다. 잘못 비교한 이유를 써 보시오.

0.72 ◯ 0.8

이유 |

8 설명하는 수의 $\frac{1}{100}$은 얼마입니까?

10이 4개, 1이 8개, 0.1이 3개인 수

(　　　　　　　　　　)

9 7이 나타내는 수가 큰 수부터 차례대로 기호를 써 보시오.

㉠ 1.784　㉡ 9.07　㉢ 7.012

(　　　　　　　　　　)

10 □ 안에 알맞은 수를 써넣으시오.

(1) 2.4는 0.024의 □배입니다.

(2) 8.7은 87의 $\frac{1}{\square}$입니다.

(3) 40은 0.04의 □배입니다.

11 지후네 집에서부터 학교, 은행, 병원까지의 거리입니다. 집에서 먼 곳부터 차례대로 써 보시오.

학교	은행	병원
0.524 km	1040 m	0.105 km

(　　　　　　　　　　)

교과 역량 추론

12 0부터 9까지의 수 중에서 □ 안에 들어갈 수 있는 수를 모두 구해 보시오.

4.0□6 > 4.076

(　　　　　　　　　　)

교과서 pick

13 ㉠이 나타내는 수는 ㉡이 나타내는 수의 몇 배입니까?

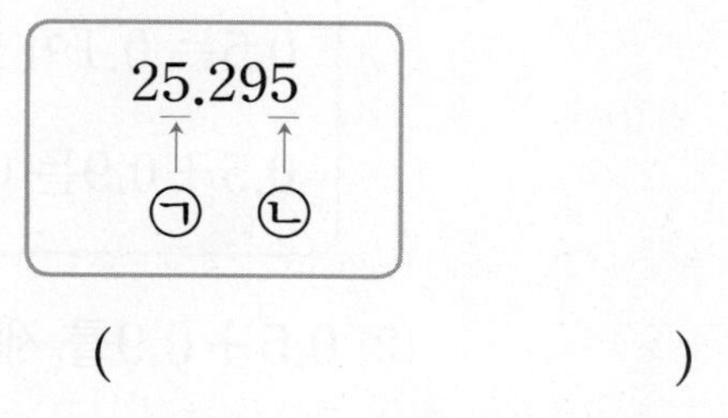

(　　　　　　　　　　)

소수 한 자리 수의 덧셈

◆ **0.7＋0.8의 계산**

소수점끼리 맞추어 세로로 쓰고, 같은 자리 수끼리 더합니다.

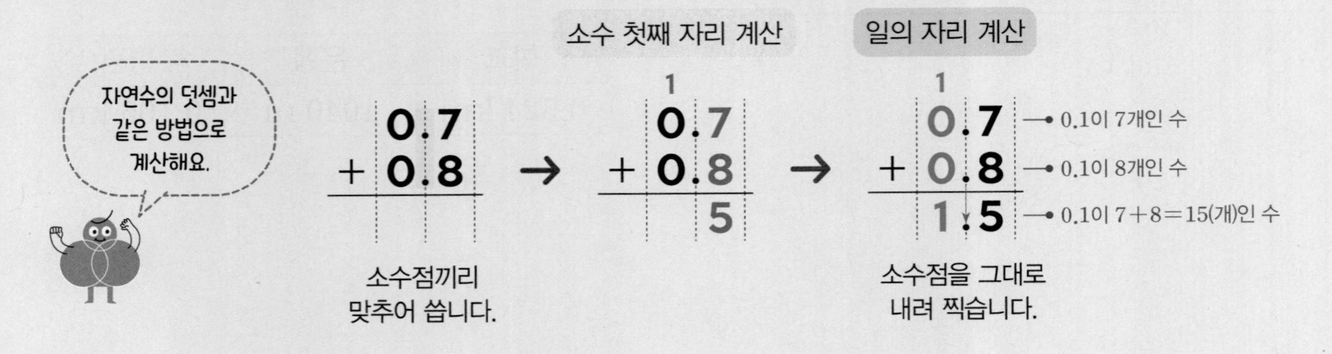

예제 1

0.2＋0.7은 얼마인지 알아보시오.

(1) 전체 크기가 1인 모눈종이에 0.2만큼 빨간색으로 색칠하고, 이어서 0.7만큼 파란색으로 색칠해 보시오.

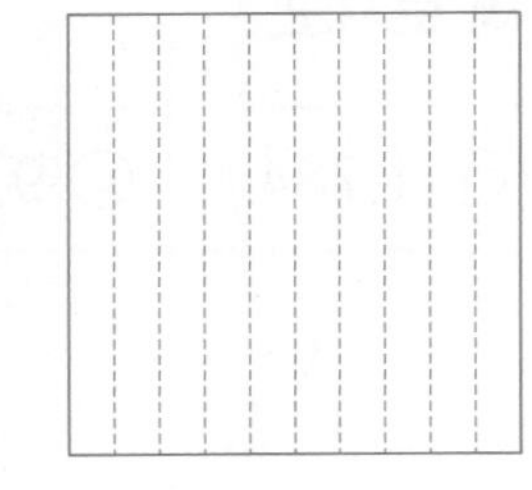

(2) □ 안에 알맞은 수를 써넣으시오.

0.2＋0.7＝□

예제 2

0.5＋0.9를 어떻게 계산하는지 알아보시오.

(1) 0.1의 개수를 이용하여 0.5＋0.9를 계산해 보시오.

0.5는 0.1이 □개, 0.9는 0.1이 □개이므로 0.5＋0.9는 0.1이 □개입니다.

⇨ 0.5＋0.9＝□

(2) 0.5＋0.9를 세로로 계산해 보시오.

```
   □                 □
  0 . 5             0 . 5
+ 0 . 9    ⇨      + 0 . 9
-------           -------
      □           □ . □
```

STEP 1 기본유형 익히기

복습책 34쪽 | 정답 15쪽

1 수직선을 보고 □ 안에 알맞은 수를 써넣으시오.

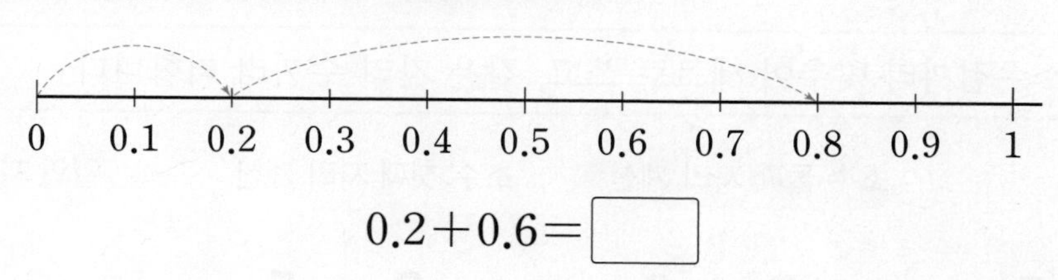

$0.2+0.6=$ □

2 계산해 보시오.

(1)
$$\begin{array}{r} 0.4 \\ +\ 0.3 \\ \hline \end{array}$$

(2)
$$\begin{array}{r} 4.9 \\ +\ 3.2 \\ \hline \end{array}$$

(3) $3.4+2.5$

(4) $1.8+0.7$

3 빈칸에 알맞은 수를 써넣으시오.

(1) (2)

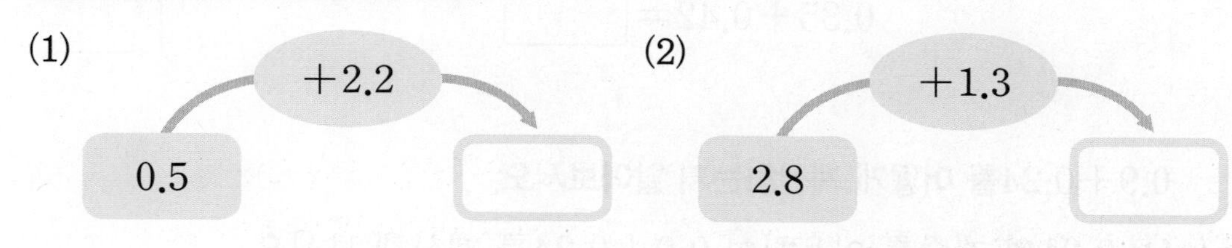

4 은지는 땅콩 0.3 kg과 호두 1.9 kg을 샀습니다. 은지가 산 땅콩과 호두는 모두 몇 kg입니까?

식 | ______________________

답 | ______________________

소수 두 자리 수의 덧셈

◇ 0.45+0.19의 계산

소수점끼리 맞추어 세로로 쓰고, 같은 자리 수끼리 더합니다.

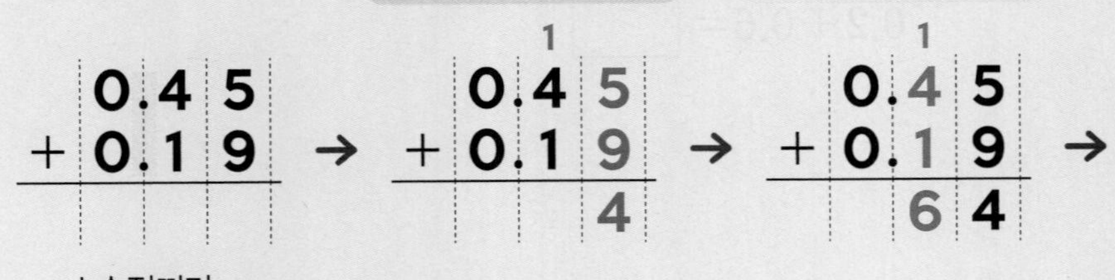

참고 **자릿수가 다른 0.68+0.8의 계산**
소수점끼리 맞추어 세로로 쓰고,
같은 자리 수끼리 더합니다.

$$\begin{array}{r} \scriptstyle 1 \\ 0.68 \\ +\ 0.80 \\ \hline 1.48 \end{array}$$

→ 소수의 오른쪽 끝자리에 0이 있는 것으로 생각합니다.

예제 1

0.35+0.42는 **얼마인지 알아보시오.**

(1) 전체 크기가 1인 모눈종이에 0.35만큼 빨간색으로 색칠하고, 이어서 0.42만큼 파란색으로 색칠해 보시오.

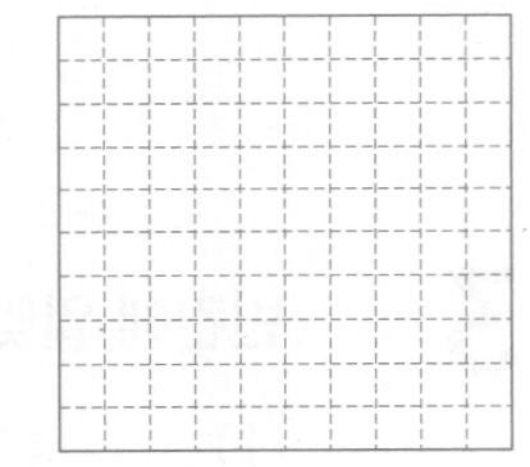

(2) □ 안에 알맞은 수를 써넣으시오.

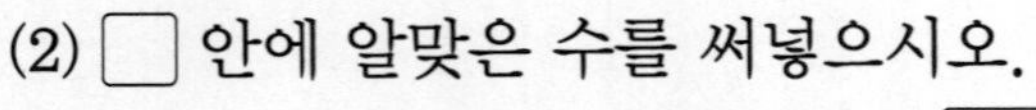

0.35+0.42=□

예제 2

0.9+0.24를 **어떻게 계산하는지 알아보시오.**

(1) 0.01의 개수를 이용하여 0.9+0.24를 계산해 보시오.

0.9는 0.01이 □개, 0.24는 0.01이 □개이므로
0.9+0.24는 0.01이 □개입니다.

⇨ 0.9+0.24 =□

(2) 0.9+0.24를 세로로 계산해 보시오.

$$\begin{array}{r} 0.9\ \ \\ +\ 0.2\ 4 \\ \hline \square \end{array} \Rightarrow \begin{array}{r} \square\ \ \ \ \ \\ 0.9\ \ \\ +\ 0.2\ 4 \\ \hline \square\ \square \end{array} \Rightarrow \begin{array}{r} \square\ \ \ \ \ \ \ \\ 0.9\ \ \\ +\ 0.2\ 4 \\ \hline \square.\square\ \square \end{array}$$

STEP 1

기본유형 익히기

복습책 34쪽 | 정답 16쪽

1 수직선을 보고 □ 안에 알맞은 수를 써넣으시오.

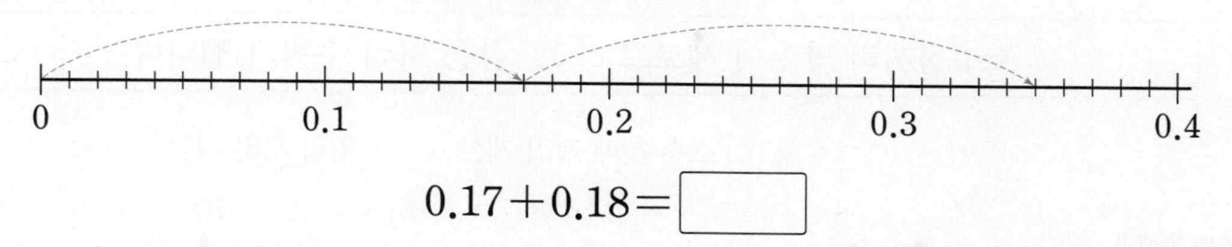

$0.17+0.18=$ □

2 계산해 보시오.

(1)
$$\begin{array}{r} 0.41 \\ +\ 0.26 \\ \hline \end{array}$$

(2)
$$\begin{array}{r} 1.4 \\ +\ 6.76 \\ \hline \end{array}$$

(3) $1.32+5.59$

(4) $4.56+0.63$

3 빈칸에 두 수의 합을 써넣으시오.

(1) 1.65 | 3.57

(2) 0.53 | 3.7

4 현수는 물 0.47 L와 우유 0.29 L를 사용하여 빵을 만들었습니다. 빵을 만드는 데 사용한 물과 우유는 모두 몇 L입니까?

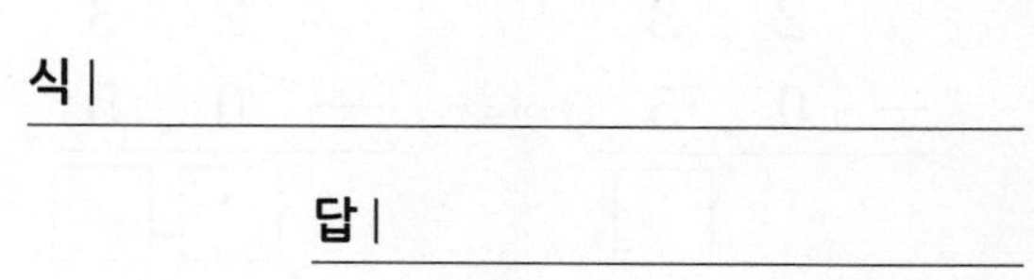

소수 한 자리 수의 뺄셈

◆ 2.4－0.6의 계산

소수점끼리 맞추어 세로로 쓰고, 같은 자리 수끼리 뺍니다.

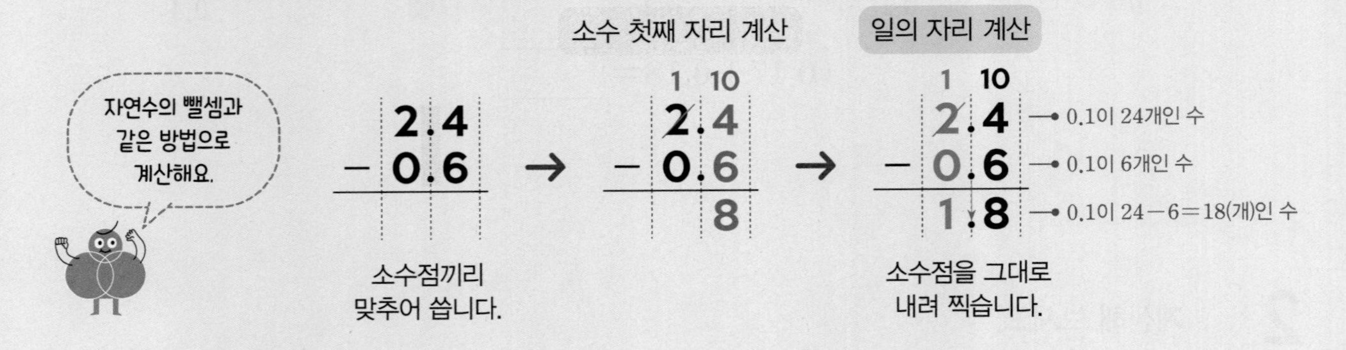

예제 1

0.7－0.4는 **얼마인지 알아보시오.**

(1) 전체 크기가 1인 모눈종이에 0.7만큼 색칠하고,
색칠한 부분에서 0.4만큼 ×표 하시오.

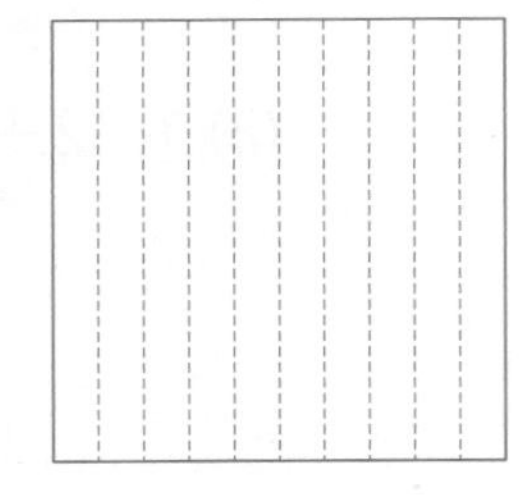

(2) □ 안에 알맞은 수를 써넣으시오.

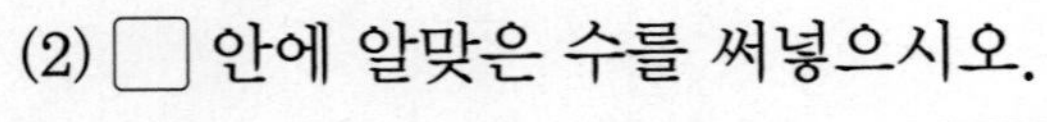

0.7－0.4＝□

예제 2

2.3－0.5를 **어떻게 계산하는지 알아보시오.**

(1) 0.1의 개수를 이용하여 2.3－0.5를 계산해 보시오.

2.3은 0.1이 □개, 0.5는 0.1이 □개이므로
2.3－0.5는 0.1이 □개입니다.

⇨ 2.3－0.5＝□

(2) 2.3－0.5를 세로로 계산해 보시오.

$$\begin{array}{r} \square\ \square \\ 2.3 \\ -\ 0.5 \\ \hline \square \end{array} \Rightarrow \begin{array}{r} \square\ \square \\ 2.3 \\ -\ 0.5 \\ \hline \square.\square \end{array}$$

STEP 1 기본유형 익히기

복습책 35쪽 | 정답 16쪽

1 수직선을 보고 □ 안에 알맞은 수를 써넣으시오.

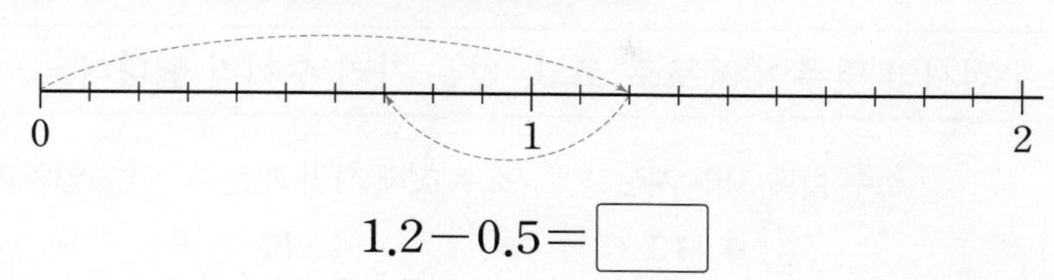

$1.2-0.5=$ □

2 계산해 보시오.

(1)
$$\begin{array}{r} 0.6 \\ -\ 0.3 \\ \hline \end{array}$$

(2)
$$\begin{array}{r} 2.4 \\ -\ 1.9 \\ \hline \end{array}$$

(3) $3.8-2.6$

(4) $6.3-0.6$

3 빈칸에 알맞은 수를 써넣으시오.

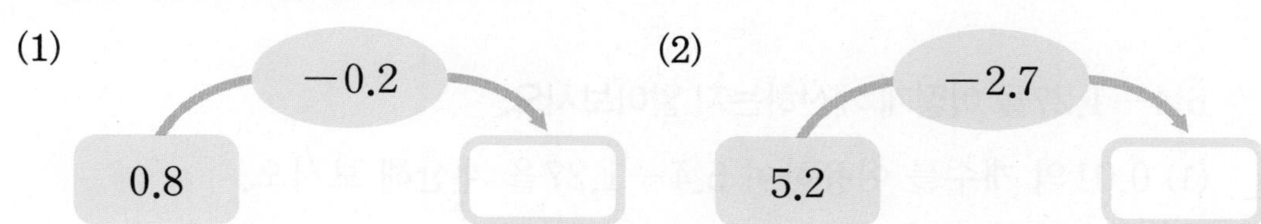

4 수지가 리본 1.9 m 중에서 선물을 포장하는 데 0.6 m를 사용했습니다. 사용하고 남은 리본은 몇 m입니까?

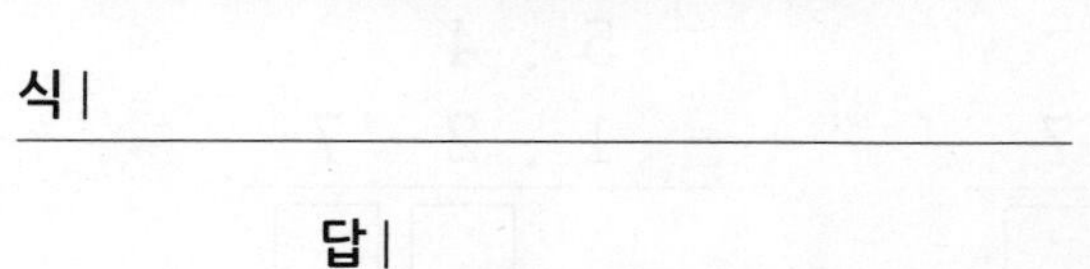

개념 8

소수 두 자리 수의 뺄셈

◆ 2.5－0.13의 계산

소수점끼리 맞추어 세로로 쓰고, 같은 자리 수끼리 뺍니다.

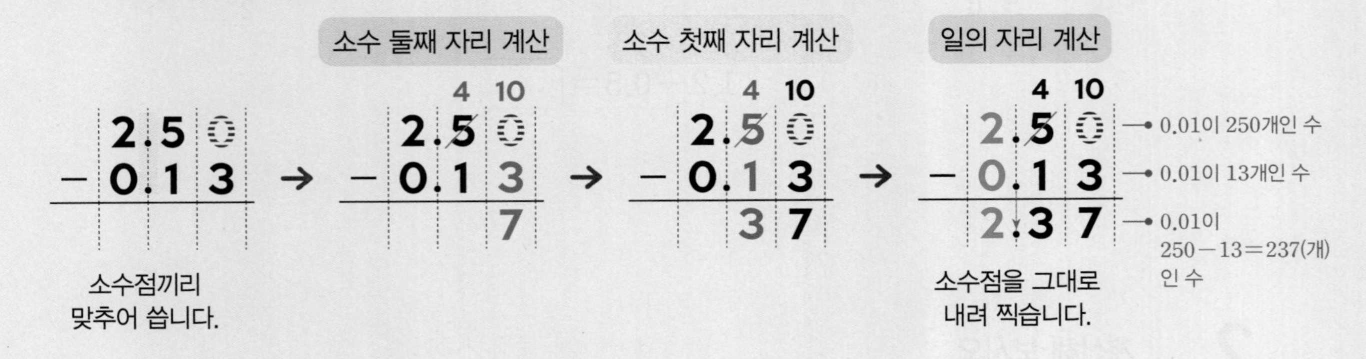

0.75－0.32는 얼마인지 알아보시오.

(1) 전체 크기가 1인 모눈종이에 0.75만큼 색칠하고,
색칠한 부분에서 0.32만큼 ×표 하시오.

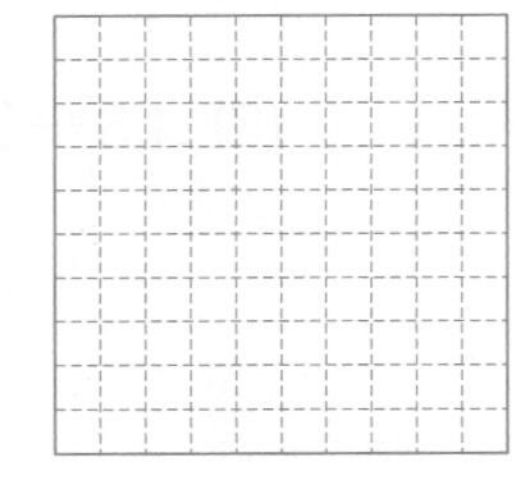

(2) □ 안에 알맞은 수를 써넣으시오.

0.75－0.32＝□

예제
2

5.4－1.27을 어떻게 계산하는지 알아보시오.

(1) 0.01의 개수를 이용하여 5.4－1.27을 계산해 보시오.

5.4는 0.01이 □개, 1.27은 0.01이 □개이므로
5.4－1.27은 0.01이 □개입니다.

⇨ 5.4－1.27
＝□

(2) 5.4－1.27을 세로로 계산해 보시오.

```
  □ □            □ □            □ □
 5 . 4          5 . 4          5 . 4
－ 1 . 2  7  ⇨ － 1 . 2  7  ⇨ － 1 . 2  7
        □          □ □        □.□ □
```

STEP 1 기본유형 익히기

복습책 35쪽 | 정답 16쪽

1 수직선을 보고 □ 안에 알맞은 수를 써넣으시오.

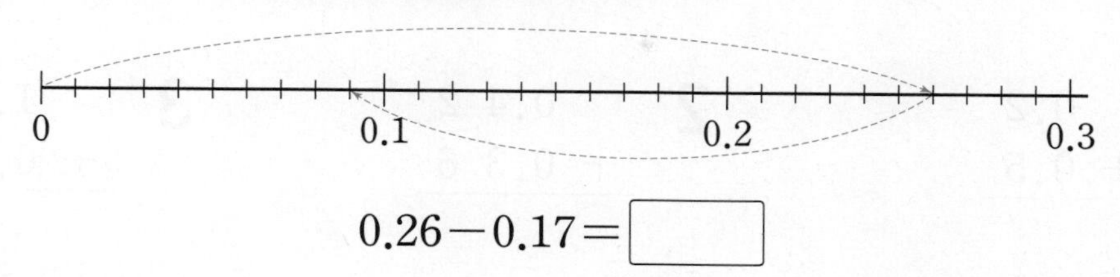

$0.26-0.17=$ □

2 계산해 보시오.

(1) $\begin{array}{r} 0.95 \\ -\ 0.54 \\ \hline \end{array}$

(2) $\begin{array}{r} 8.5 \\ -\ 5.19 \\ \hline \end{array}$

(3) $2.48-0.77$

(4) $7.54-4.68$

3 빈칸에 두 수의 차를 써넣으시오.

(1)

5.47	0.62

(2)

9.84	6.9

4 석란이가 어제는 1.76 km를 걸었고, 오늘은 어제보다 0.45 km 더 적게 걸었습니다. 석란이가 오늘 걸은 거리는 몇 km입니까?

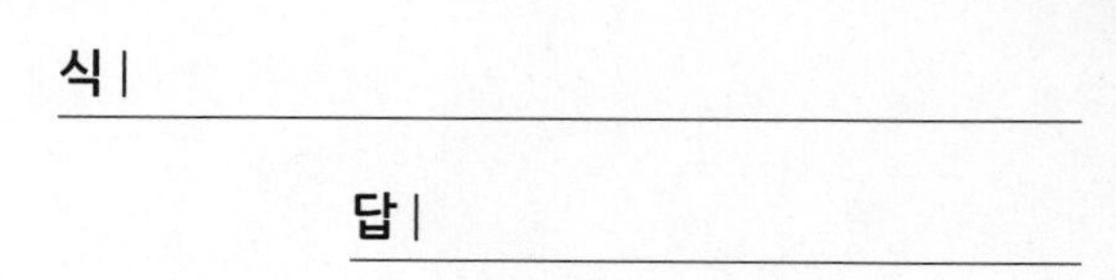

식 |

답 |

연산 PLUS

⑤~⑧ 소수의 덧셈과 뺄셈

1 $\begin{array}{r} 0.2 \\ +\ 0.5 \\ \hline \end{array}$

2 $\begin{array}{r} 0.42 \\ +\ 0.36 \\ \hline \end{array}$

3 $\begin{array}{r} 1.4 \\ +\ 0.7 \\ \hline \end{array}$

4 $\begin{array}{r} 0.25 \\ +\ 0.27 \\ \hline \end{array}$

5 $\begin{array}{r} 5.4 \\ +\ 2.9 \\ \hline \end{array}$

6 $\begin{array}{r} 2.13 \\ +\ 1.9 \\ \hline \end{array}$

7 $\begin{array}{r} 0.8 \\ +\ 0.6 \\ \hline \end{array}$

8 $\begin{array}{r} 4.53 \\ +\ 0.86 \\ \hline \end{array}$

9 $\begin{array}{r} 0.9 \\ +\ 3.5 \\ \hline \end{array}$

10 $\begin{array}{r} 2.37 \\ +\ 0.89 \\ \hline \end{array}$

11 $\begin{array}{r} 1.6 \\ +\ 7.5 \\ \hline \end{array}$

12 $\begin{array}{r} 4.05 \\ +\ 4.32 \\ \hline \end{array}$

13 $\begin{array}{r} 3.4 \\ +\ 6.4 \\ \hline \end{array}$

14 $\begin{array}{r} 1.8 \\ +\ 4.85 \\ \hline \end{array}$

15 $\begin{array}{r} 2.79 \\ +\ 5.43 \\ \hline \end{array}$

정답 17쪽

16 $\begin{array}{r} 0.6 \\ -\ 0.2 \\ \hline \end{array}$

17 $\begin{array}{r} 0.39 \\ -\ 0.18 \\ \hline \end{array}$

18 $\begin{array}{r} 2.1 \\ -\ 0.3 \\ \hline \end{array}$

19 $\begin{array}{r} 0.54 \\ -\ 0.36 \\ \hline \end{array}$

20 $\begin{array}{r} 6.8 \\ -\ 4.4 \\ \hline \end{array}$

21 $\begin{array}{r} 3.14 \\ -\ 1.02 \\ \hline \end{array}$

22 $\begin{array}{r} 5.9 \\ -\ 0.4 \\ \hline \end{array}$

23 $\begin{array}{r} 7.26 \\ -\ 3.32 \\ \hline \end{array}$

24 $\begin{array}{r} 9.4 \\ -\ 1.3 \\ \hline \end{array}$

25 $\begin{array}{r} 3.45 \\ -\ 2.66 \\ \hline \end{array}$

26 $\begin{array}{r} 8.5 \\ -\ 6.7 \\ \hline \end{array}$

27 $\begin{array}{r} 4.13 \\ -\ 2.2 \\ \hline \end{array}$

28 $\begin{array}{r} 1.3 \\ -\ 0.8 \\ \hline \end{array}$

29 $\begin{array}{r} 6.1 \\ -\ 3.72 \\ \hline \end{array}$

30 $\begin{array}{r} 8.21 \\ -\ 0.89 \\ \hline \end{array}$

STEP 2 실전유형 다지기

교과서 pick 교과서에 자주 나오는 문제
교과 역량 생각하는 힘을 키우는 문제

1 계산해 보시오.

(1) $\begin{array}{r} 3.5 \\ +\ 2.8 \\ \hline \end{array}$ (2) $\begin{array}{r} 9.7 \\ -\ 3.2 \\ \hline \end{array}$

2 빈칸에 알맞은 수를 써넣으시오.

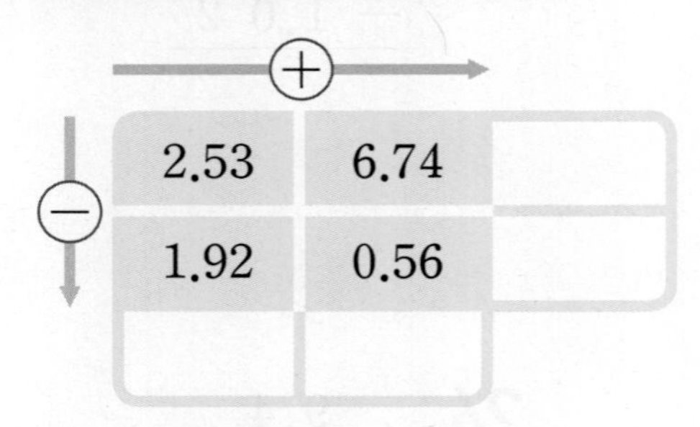

교과 역량 추론, 의사소통 개념 확인 서술형

3 잘못 계산한 곳을 찾아 이유를 쓰고, 바르게 계산해 보시오.

$\begin{array}{r} 0.4\ 6 \\ +\ \ \ 0.3 \\ \hline 0.4\ 9 \end{array}$ ⇨

이유 |

4 계산 결과가 다른 하나를 찾아 기호를 써 보시오.

㉠ 3.6+0.7
㉡ 5.8−1.6
㉢ 5.2−0.9

( )

5 계산 결과의 크기를 비교하여 ◯ 안에 >, =, <를 알맞게 써넣으시오.

0.46+0.8 ◯ 5.1−2.71

6 계산 결과가 같은 것끼리 선으로 이어 보시오.

0.71+0.15 • • 6.47−4.41
0.49+1.57 • • 3.7−2.84
1.6+1.56 • • 4.08−0.92

7 〈보기〉에서 두 수를 골라 차가 가장 큰 수가 되는 식을 쓰고 답을 구해 보시오.

〈보기〉
0.62 0.44 0.8

식 |

답 |

8 주리와 진호는 종이비행기를 날리고 있습니다. 주리의 종이비행기는 5.4 m를 날아갔고, 진호의 종이비행기는 3.7 m를 날아갔습니다. 누구의 종이비행기가 몇 m 더 멀리 날아갔습니까?

(,)

교과 역량 문제 해결, 정보 처리

9 승기와 지윤이가 생각하는 소수의 합을 구해 보시오.

( )

교과서 pick

10 0부터 9까지의 수 중에서 □ 안에 들어갈 수 있는 수를 모두 구해 보시오.

2.□1 < 5.26 − 2.85

( )

11 □ 안에 알맞은 수를 구해 보시오.

□ + 3.46 = 5.3

( )

12 죽이 담긴 그릇의 무게는 1.1 kg입니다. 빈 그릇의 무게가 280 g일 때, 죽의 무게는 몇 kg입니까?

( )

교과 역량 문제 해결, 추론

13 □ 안에 알맞은 수를 써넣으시오.

(1)
```
   □ . 4
+  2 . □
---------
   7 . 2
```

(2)
```
   □ . 5
-  7 . □
---------
   1 . 9
```

STEP 3 응용유형 다잡기

예제 1

어떤 수의 10배는 379입니다. 어떤 수의 $\frac{1}{100}$은 얼마인지 구해 보시오.

❶ 어떤 수 → ☐

❷ 어떤 수의 $\frac{1}{100}$ → ☐

유제 1

어떤 수의 $\frac{1}{100}$은 0.284입니다. 어떤 수의 100배는 얼마인지 구해 보시오.

(　　　　　　　)

교과서 pick

예제 2

설명하는 소수 세 자리 수를 구해 보시오.

㉠ 6보다 크고 7보다 작습니다.
㉡ 소수 첫째 자리 숫자는 2입니다.
㉢ 0.01이 1개이고, 0.001이 7개인 수입니다.

❶ 빈 곳에 알맞은 수 쓰기

㉠에서 자연수 부분
→ ___.■■■

㉡에서 소수 첫째 자리 숫자
→ ___.___■■

㉢에서 소수 둘째와 셋째 자리 숫자
→ ___.___ ___ ___

❷ 설명하는 소수 세 자리 수
→ ☐

유제 2

설명하는 소수 세 자리 수를 구해 보시오.

- 3.4보다 크고 3.5보다 작습니다.
- 소수 첫째 자리 숫자와 소수 둘째 자리 숫자는 같습니다.
- 소수 셋째 자리 숫자가 나타내는 값은 0.009입니다.

(　　　　　　　)

복습책 38쪽 | 정답 18쪽

교과서 pick

예제 3

4장의 카드를 한 번씩 모두 사용하여 소수 두 자리 수를 만들려고 합니다. 만들 수 있는 가장 큰 수와 가장 작은 수의 차를 구해 보시오.

4 5 2 .

❶ 만들 수 있는 가장 큰 소수 두 자리 수 → □

❷ 만들 수 있는 가장 작은 소수 두 자리 수 → □

❸ 만들 수 있는 가장 큰 수와 가장 작은 수의 차 → □

유제 3

4장의 카드를 한 번씩 모두 사용하여 소수 두 자리 수를 만들려고 합니다. 만들 수 있는 가장 큰 수와 가장 작은 수의 합을 구해 보시오.

6 3 8 .

(   )

예제 4

어떤 수에서 1.9를 빼야 할 것을 잘못하여 더했더니 8.2가 되었습니다. 바르게 계산하면 얼마인지 구해 보시오.

❶ 어떤 수를 ■라 할 때, 잘못 계산한 식

→ ■+□=□

❷ 어떤 수(■) → □

❸ 바르게 계산한 값 → □

유제 4

어떤 수에 4.5를 더해야 할 것을 잘못하여 뺐더니 9.1이 되었습니다. 바르게 계산하면 얼마인지 구해 보시오.

(   )

단원 마무리

1 전체 크기가 1인 모눈종이에서 색칠된 부분의 크기를 소수로 나타내어 보시오.

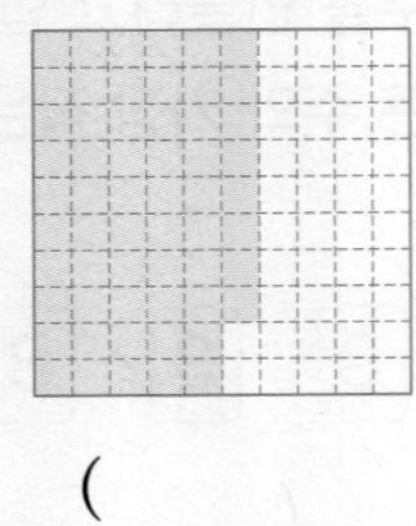

(　　　　　　　　)

2 2.8과 같은 수를 찾아 ○표 하시오.

2.08　　2.80　　2.008

교과서에 꼭 나오는 문제

3 1이 3개, 0.01이 7개, 0.001이 4개인 소수를 쓰고 읽어 보시오.

쓰기 (　　　　　　　　)

읽기 (　　　　　　　　)

4 소수 둘째 자리 숫자가 5인 수는 어느 것입니까? (　　　)

① 5.12　　② 6.15　　③ 3.57

④ 4.295　　⑤ 58.04

5 두 소수의 크기를 비교하여 ○ 안에 >, =, <를 알맞게 써넣으시오.

1.35 ○ 1.42

6 계산해 보시오.

$$\begin{array}{r} 5.7\,3 \\ -\ 2.9\,8 \\ \hline \end{array}$$

7 빈칸에 알맞은 수를 써넣으시오.

$\frac{1}{10}$　　10배

☐ ← 0.62 → ☐

8 설명하는 수를 구해 보시오.

0.62보다 0.37만큼 더 큰 수

(　　　　　　　　)

9 계산 결과가 가장 큰 것을 찾아 기호를 써 보시오.

㉠ $3.6+1.8$ ㉡ $2.5+2.29$
㉢ $9.2-5.6$ ㉣ $7.34-1.21$

( )

10 체험 학습에서 딸기를 민혁이는 3.4 kg 땄고, 재희는 민혁이보다 0.8 kg 더 많이 땄습니다. 재희는 딸기를 몇 kg 땄습니까?

( )

잘 틀리는 문제

11 □ 안에 알맞은 수가 다른 하나를 찾아 기호를 써 보시오.

㉠ 42.1의 $\frac{1}{\square}$은 0.421입니다.

㉡ 1.58의 □배는 15.8입니다.

㉢ 237의 $\frac{1}{\square}$은 2.37입니다.

( )

12 0부터 9까지의 수 중에서 □ 안에 들어갈 수 있는 수를 모두 구해 보시오.

$4.\square6<7.15-2.81$

( )

교과서에 꼭 나오는 문제

13 ㉠이 나타내는 수는 ㉡이 나타내는 수의 몇 배입니까?

34.149 (㉠: 소수 첫째 자리 숫자 1, ㉡: 소수 셋째 자리 숫자 9 … 화살표 표시)

( )

14 두 소수 ㉮와 ㉯의 차는 얼마입니까?

㉮ 일의 자리 숫자가 2, 소수 첫째 자리 숫자가 5, 소수 둘째 자리 숫자가 3인 소수 두 자리 수

㉯ 0.01이 72개인 수

( )

3 단원

15 예지네 집에 주스가 1.5 L 있었습니다. 그 중에서 0.75 L를 마시고, 0.5 L를 더 사 왔습니다. 예지네 집에 있는 주스는 몇 L입니까?

(　　　　　　)

잘 틀리는 문제

16 □ 안에 알맞은 수를 써넣으시오.

$$\begin{array}{r} 4.\square \\ -\ 1.3\,8 \\ \hline 3.2\,\square \end{array}$$

17 어떤 수에 5.7을 더해야 할 것을 잘못하여 뺐더니 3.6이 되었습니다. 바르게 계산하면 얼마입니까?

(　　　　　　)

서술형 문제

18 3이 나타내는 수가 0.03인 것을 찾아 기호를 쓰려고 합니다. 풀이 과정을 쓰고 답을 구해 보시오.

㉠ 3.16	㉡ 4.073
㉢ 5.43	㉣ 1.382

풀이 |

답 |

19 학교에서 서점까지의 거리는 1.2 km이고, 학교에서 공원까지의 거리는 0.8 km입니다. 학교에서 어느 곳이 몇 km 더 가까운지 풀이 과정을 쓰고 답을 구해 보시오.

풀이 |

답 |　　　　,

20 4장의 카드를 한 번씩 모두 사용하여 소수 두 자리 수를 만들려고 합니다. 만들 수 있는 가장 큰 수와 가장 작은 수의 합은 얼마인지 풀이 과정을 쓰고 답을 구해 보시오.

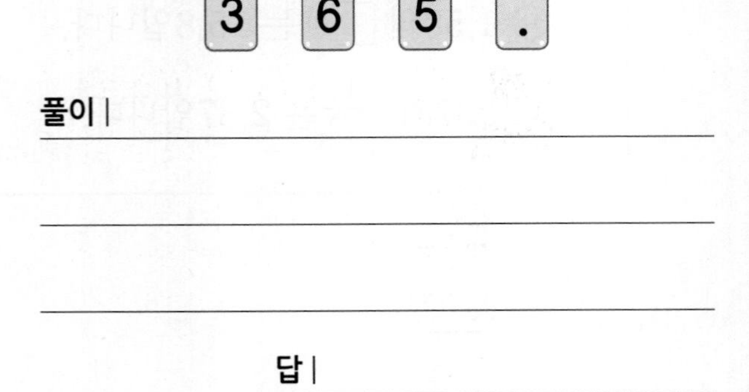

풀이 |

답 |

수수께끼를 맞혀라!

○ **수수께끼 문제를 보고 답을 맞혀 보세요.**

1. 자는 자인데 잴 수 없는 자는?

2. 타야 보이는 것은?

3. 앞과 뒤가 똑같은 새는?

4. 커져야만 하늘을 날 수 있는 것은?

5. 개는 개인데 물지 않는 개는?

정답 1. 모자 2. 연기 3. 기러기 4. 풍선 5. 안개

4
사각형

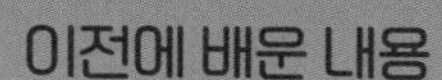

이전에 배운 내용

3-1 평면도형
- 직각
- 직각삼각형, 직사각형, 정사각형

4-1 각도
사각형의 네 각의 크기의 합

4-2 삼각형
- 이등변삼각형, 정삼각형
- 예각삼각형, 둔각삼각형

이번에 배울 내용

1 수직
2 평행
3 평행선 사이의 거리
4 사다리꼴
5 평행사변형
6 마름모
7 여러 가지 사각형

이후에 배울 내용

4-2 다각형
- 다각형, 정다각형
- 대각선
- 여러 가지 모양 만들기

5-2 직육면체
직육면체, 정육면체

준비학습

1 직각을 모두 찾아 ⌞로 표시해 보시오.

(1)

(2)

2 □ 안에 알맞은 수를 써넣으시오.

(1)

130° □°

60° 75°

(2)

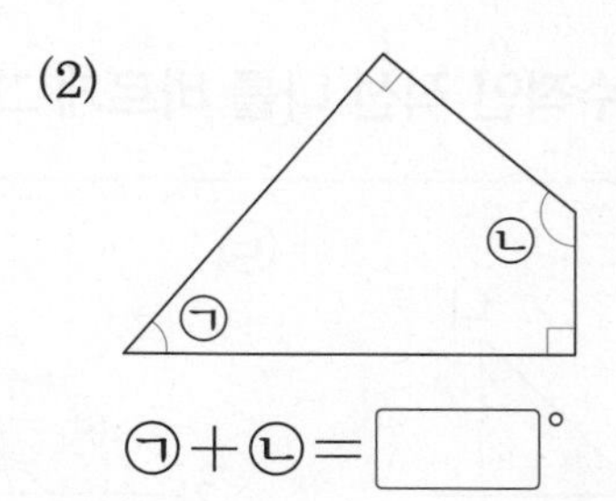

㉠+㉡=□°

정답 1 (1) (2) 2 (1) 95 (2) 180

수직

◆ 수직과 수선 → 垂直(드리울 수, 곧을 직), 垂線(드리울 수, 선 선)

- 두 직선이 만나서 이루는 각이 직각일 때, 두 직선은 서로 수직이라고 합니다.
- 두 직선이 서로 수직으로 만나면 한 직선을 다른 직선에 대한 수선이라고 합니다.

◆ 수선 긋기

• 삼각자를 이용하여 주어진 직선에 대한 수선 긋기

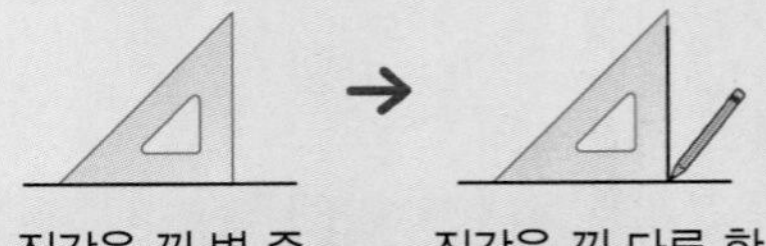

직각을 낀 변 중 한 변을 주어진 직선에 맞추기 → 직각을 낀 다른 한 변을 따라 선 긋기

• 각도기를 이용하여 주어진 직선에 대한 수선 긋기

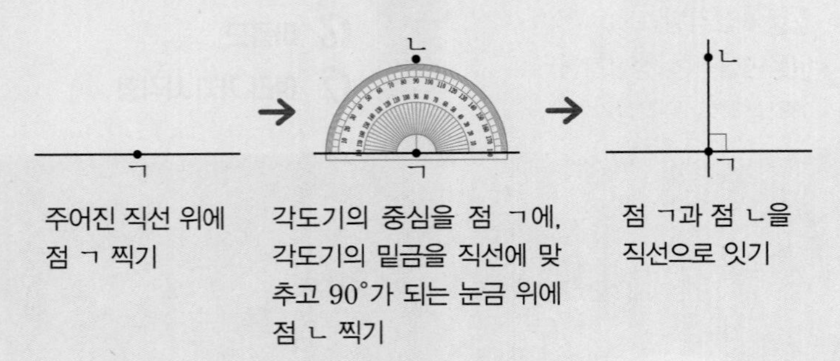

주어진 직선 위에 점 ㄱ 찍기 → 각도기의 중심을 점 ㄱ에, 각도기의 밑금을 직선에 맞추고 90°가 되는 눈금 위에 점 ㄴ 찍기 → 점 ㄱ과 점 ㄴ을 직선으로 잇기

예제 1

그림을 보고 알맞은 것에 ○표 하시오.

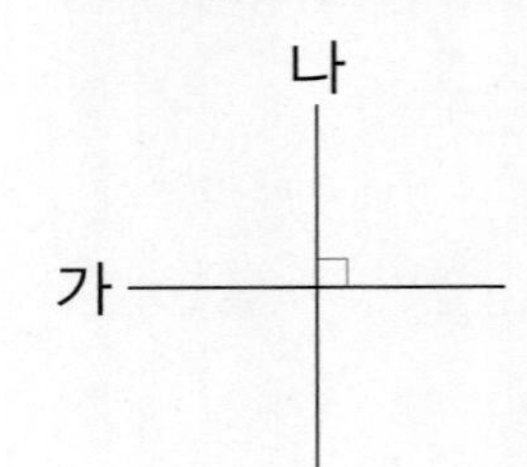

(1) 직선 가와 직선 나는 서로 (수직 , 수선)입니다.

(2) 직선 가는 직선 나에 대한 (수직 , 수선)입니다.

(3) 직선 나는 직선 가에 대한 (수직 , 수선)입니다.

예제 2

직선 가에 수직인 직선 나를 바르게 그은 것을 모두 찾아 기호를 써 보시오.

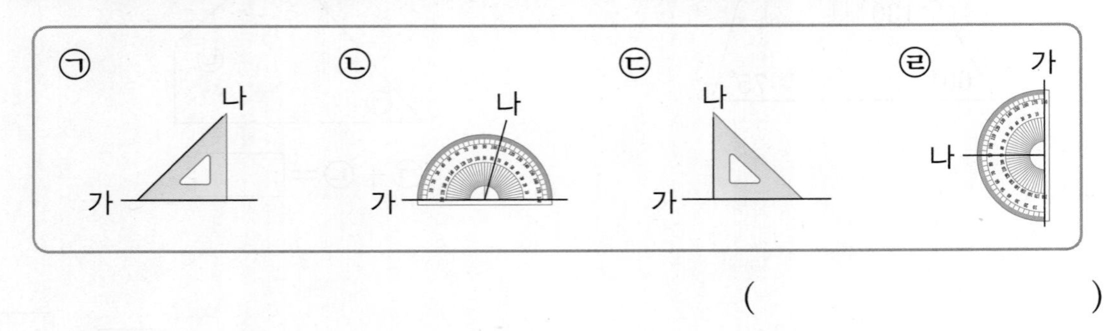

(　　　　　　　　　　)

STEP 1 기본유형 익히기

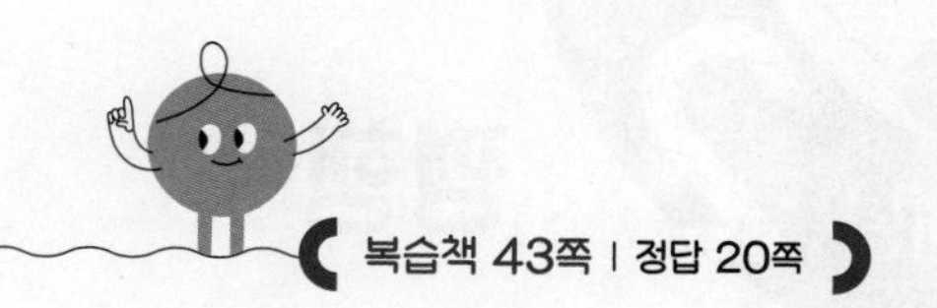
복습책 43쪽 | 정답 20쪽

1 두 직선이 서로 수직인 것을 모두 찾아 ○표 하시오.

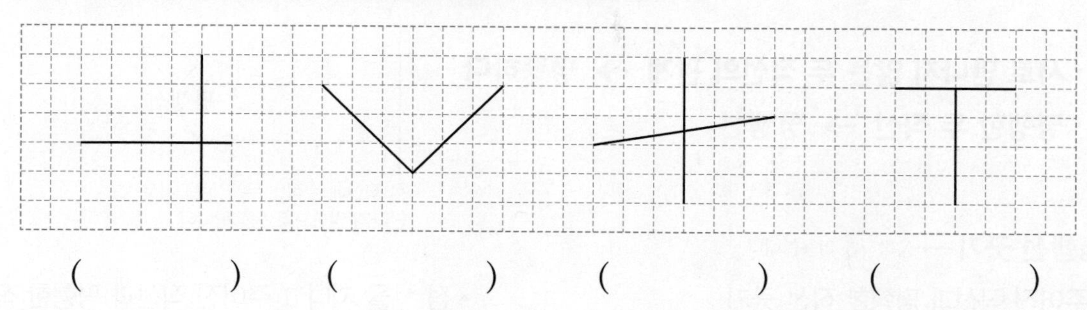

(　　　) (　　　) (　　　) (　　　)

2 그림을 보고 ☐ 안에 알맞게 써넣으시오.

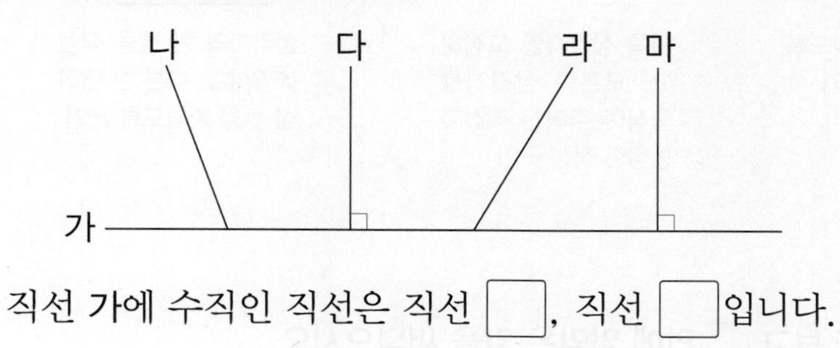

직선 가에 수직인 직선은 직선 ☐, 직선 ☐입니다.

3 서로 수직인 변이 있는 도형을 모두 찾아보시오.

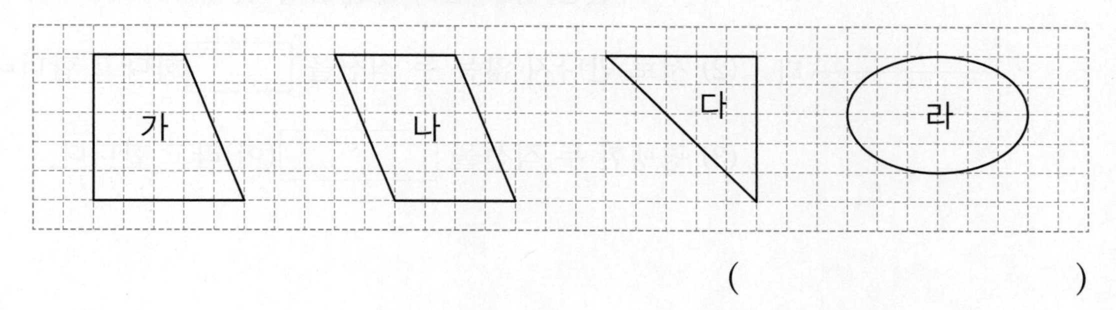

(　　　　　　　　)

4 삼각자와 각도기를 이용하여 주어진 직선에 대한 수선을 그어 보시오.

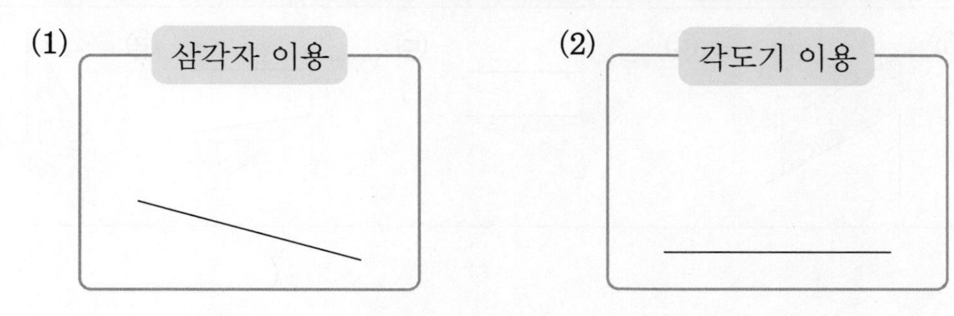

개념 2

평행

◆ 평행과 평행선 —• 平行(평평할 평, 다닐 행), 平行線(평평할 평, 다닐 행, 선 선)

- 서로 만나지 않는 두 직선의 관계 → **평행하다**
- 평행한 두 직선 → **평행선**

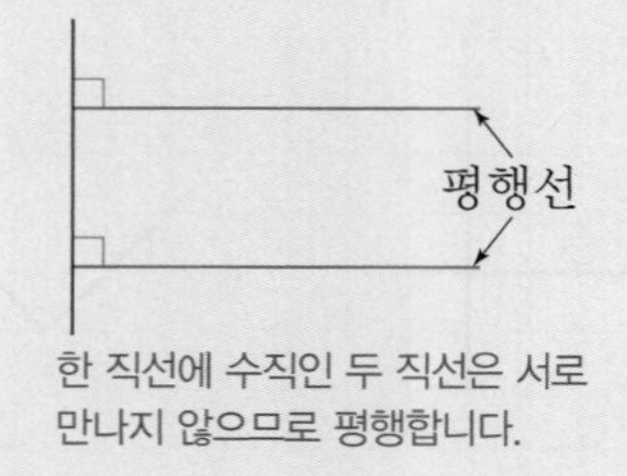

한 직선에 수직인 두 직선은 서로 만나지 않으므로 평행합니다.

◆ 평행선 긋기 —• 삼각자를 이용합니다.

• 주어진 직선과 평행한 직선 긋기
—• 셀 수 없이 많이 그을 수 있습니다.

주어진 직선에 맞도록 삼각자 2개를 놓기

왼쪽 삼각자를 고정하고, 오른쪽 삼각자를 움직여 주어진 직선과 평행한 직선 긋기

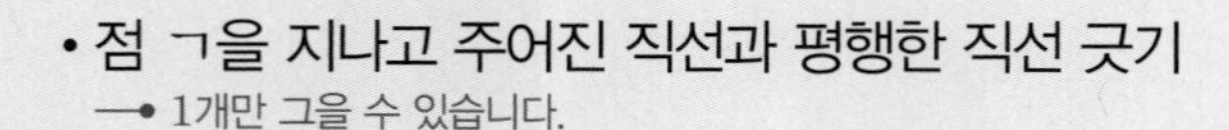

• 점 ㄱ을 지나고 주어진 직선과 평행한 직선 긋기
—• 1개만 그을 수 있습니다.

삼각자의 한 변을 직선에 맞추고 다른 한 변이 점 ㄱ을 지나도록 놓기

다른 삼각자를 이용하여 점 ㄱ을 지나고 주어진 직선과 평행한 직선 긋기

예제 1

그림을 보고 ☐ 안에 알맞은 말을 써넣으시오.

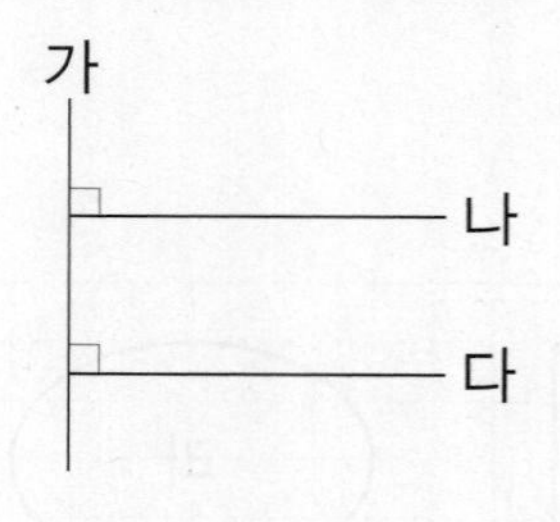

(1) 직선 나와 직선 다는 직선 가에 각각 ☐인 직선이고, 두 직선은 서로 만나지 않습니다.

(2) 서로 만나지 않는 두 직선을 ☐하다고 합니다.

(3) 평행한 두 직선을 ☐(이)라고 합니다.

예제 2

삼각자를 이용하여 평행선을 바르게 그은 것을 모두 찾아 기호를 써 보시오.

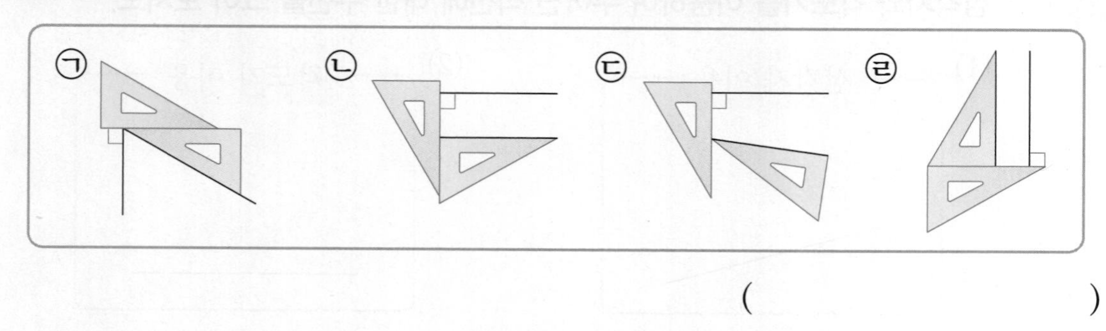

(　　　　　　　　)

기본유형 익히기

1 두 직선이 서로 평행한 것을 모두 찾아 ○표 하시오.

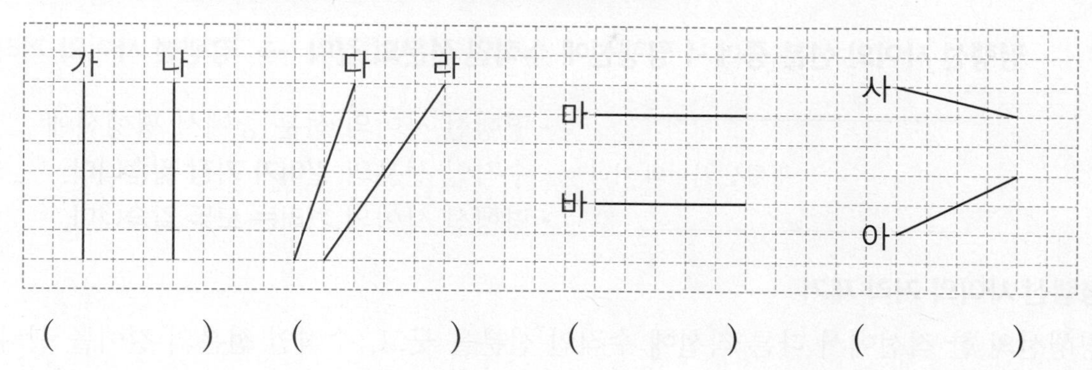

( ) ( ) ( ) ( )

2 직사각형에서 변 ㄱㄹ과 평행한 변을 찾아 써 보시오.

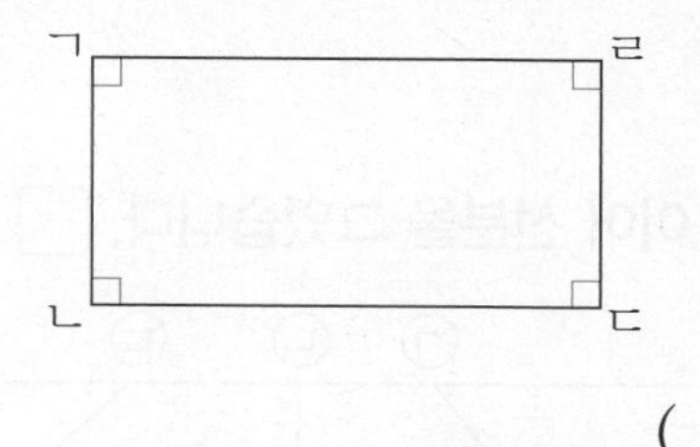

( )

3 삼각자를 이용하여 주어진 직선과 평행한 직선을 그어 보시오.

(1)

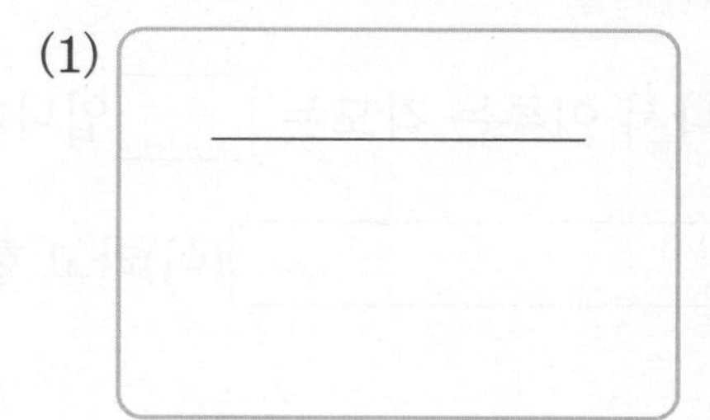

(2)

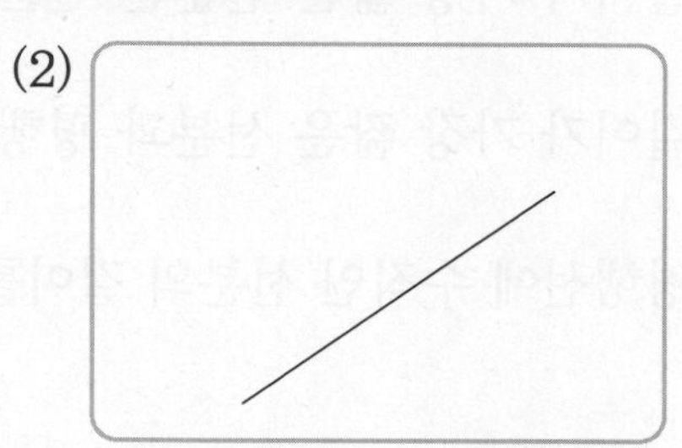

4 삼각자를 이용하여 점 ㄱ을 지나고 주어진 직선과 평행한 직선을 그어 보시오.

(1)

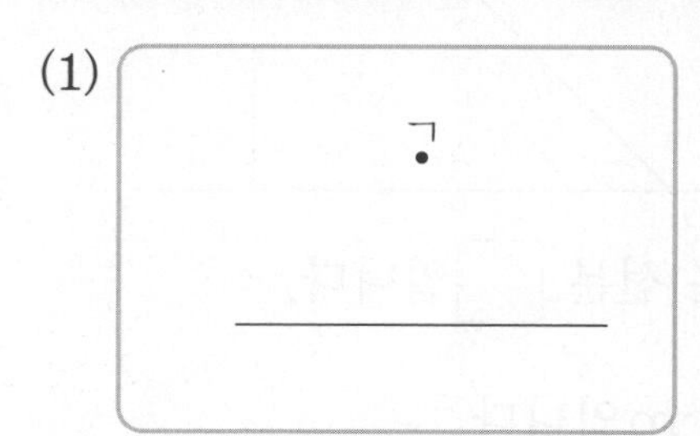

(2)

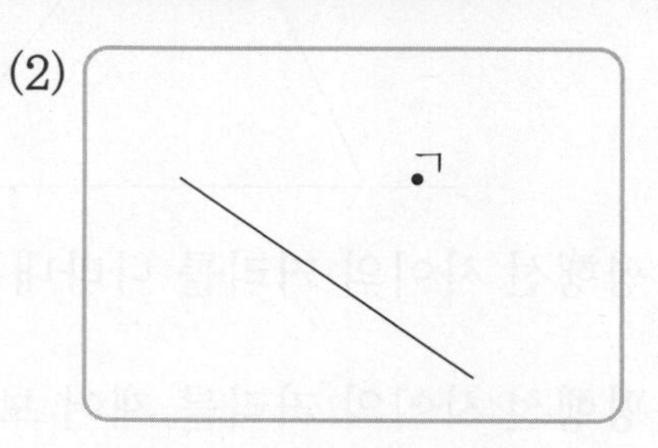

개념 3

평행선 사이의 거리

◆ **평행선 사이의 거리**

평행선 사이의 선분 중에서 평행선에 수직인 선분의 길이 → 평행선 사이의 거리

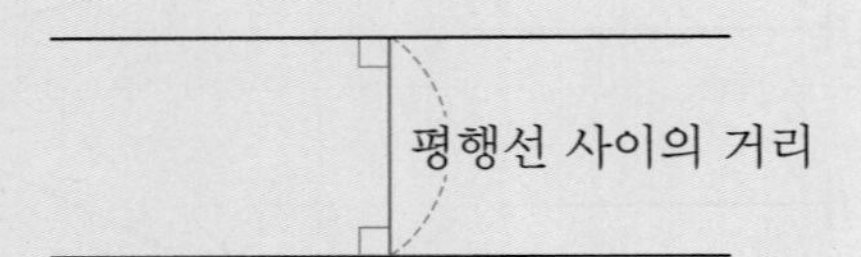

• 평행선 사이의 선분 중에서 평행선에 수직인 선분의 **길이가 가장 짧습니다.**

• 평행선 사이의 **거리는 모두 같습니다.**

◆ **평행선 사이의 거리 재기**

평행선의 한 직선에서 다른 직선에 수직인 선분을 긋고, 수직인 선분의 길이를 잽니다.

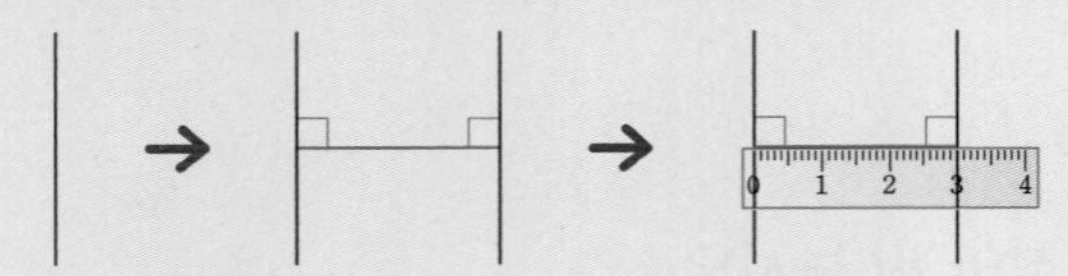

⇨ 평행선 사이의 거리: 3 cm

예제 1

평행선 위의 두 점을 이어 선분을 그었습니다. □ 안에 알맞게 써넣으시오.

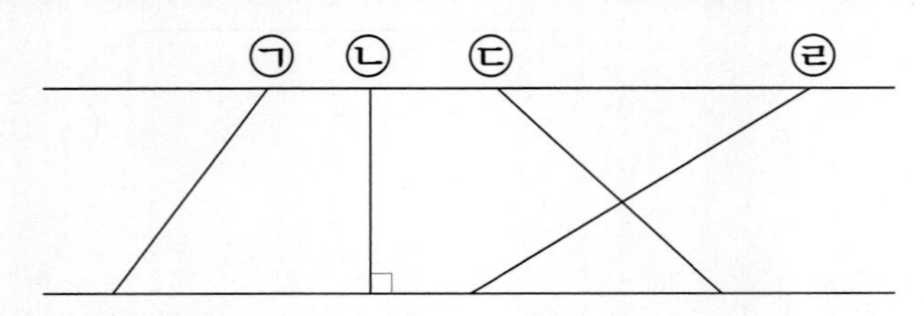

(1) 길이가 가장 짧은 선분은 선분 □입니다.

(2) 길이가 가장 짧은 선분과 평행선이 만나서 이루는 각도는 □입니다.

(3) 평행선에 수직인 선분의 길이를 □(이)라고 합니다.

예제 2

평행선 사이의 거리를 재어 보려고 합니다. □ 안에 알맞게 써넣으시오.

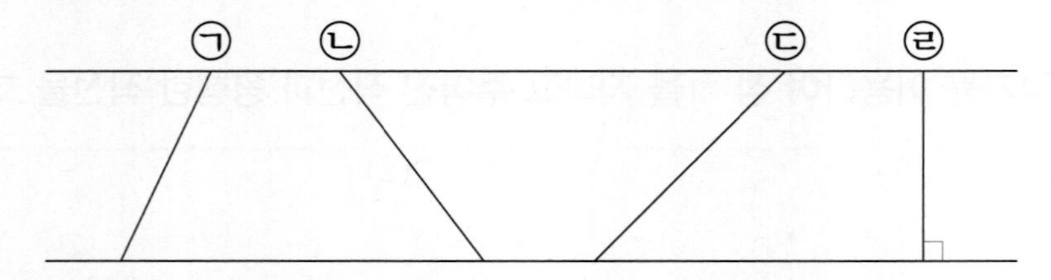

(1) 평행선 사이의 거리를 나타내는 선분은 선분 □입니다.

(2) 평행선 사이의 거리를 재어 보면 □ cm입니다.

STEP 1 기본유형 익히기

복습책 44쪽 | 정답 21쪽

4 단원

1 직선 가와 직선 나는 서로 평행합니다. 평행선 사이의 거리를 나타내는 선분을 모두 찾아 번호를 써 보시오.

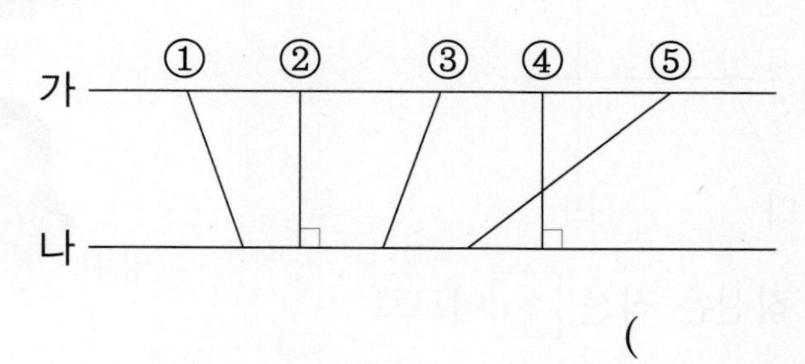

(　　　　　　　　)

2 평행선 사이의 거리는 몇 cm인지 재어 보시오.

(1)　　　　　　　　　(2)

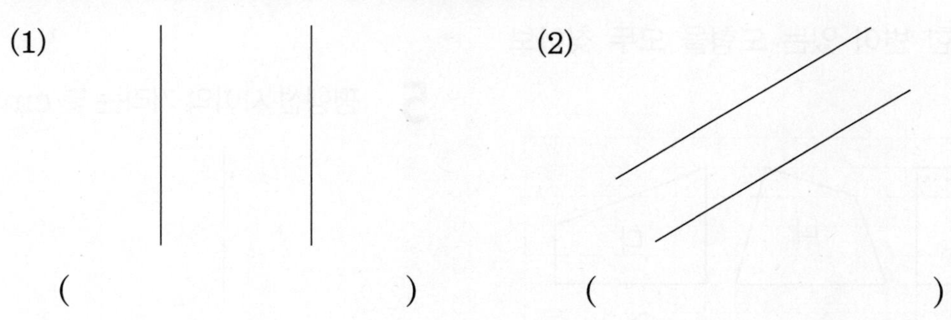

(　　　　　　　　)　　(　　　　　　　　)

3 도형에서 평행선 사이의 거리는 몇 cm입니까?

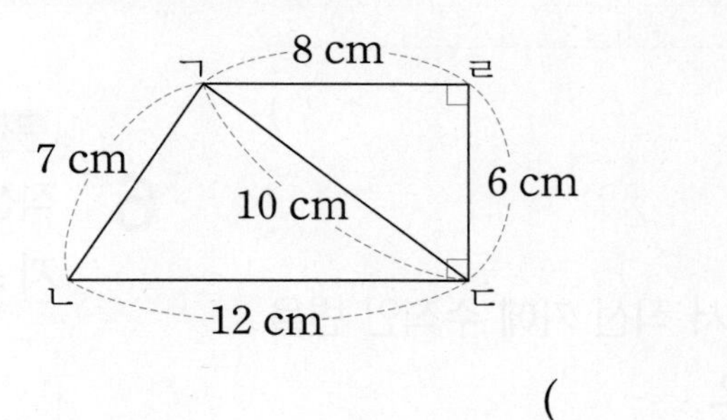

(　　　　　　　　)

4 평행선 사이의 거리가 3 cm가 되도록 주어진 직선과 평행한 직선을 그어 보시오.

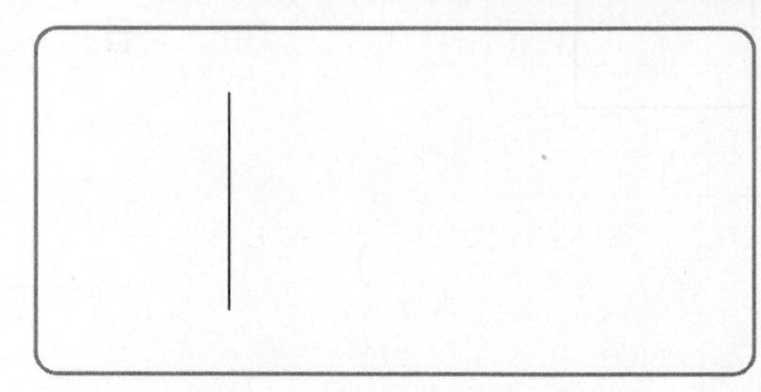

STEP 2 실전유형 다지기

교과서 pick 교과서에 자주 나오는 문제
교과 역량 생각하는 힘을 키우는 문제

1 그림을 보고 □ 안에 알맞게 써넣으시오.

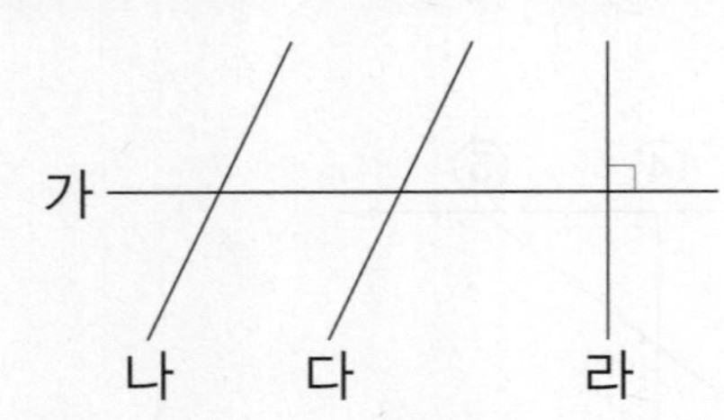

직선 가에 수직인 직선은 직선 □ 이므로

직선 라는 직선 가에 대한 □ 입니다.

2 서로 평행한 변이 있는 도형을 모두 찾아보시오.

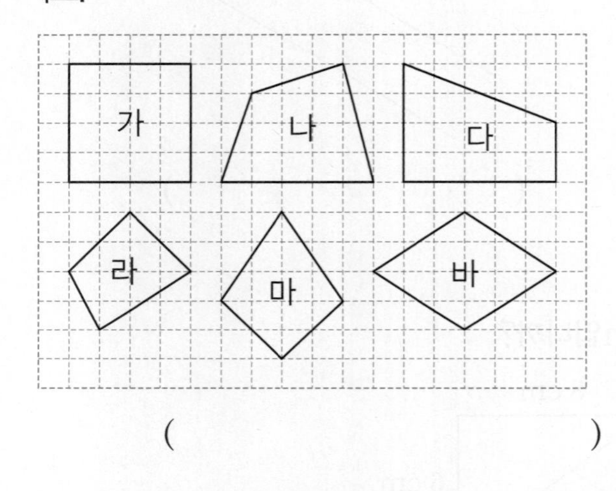

(　　　　　　　　　　)

3 사각형 ㄱㄴㄷㄹ에서 직선 가에 수직인 변을 모두 찾아 써 보시오.

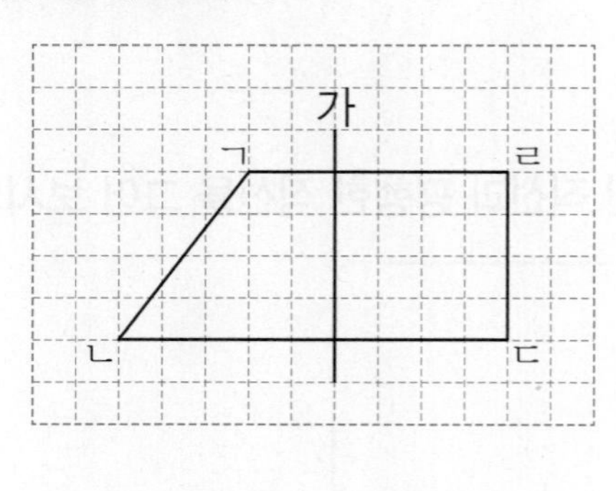

(　　　　　　　　　　)

교과 역량 의사소통, 정보 처리

4 평행선에 대해 잘못 말한 사람은 누구입니까?

(　　　　　　　　　　)

5 평행선 사이의 거리는 몇 cm인지 재어 보시오.

(　　　　　　　　　　)

교과 역량 추론, 의사소통 개념 확인 서술형

6 직선 가와 직선 나에 대한 설명이 맞는지 틀린지 쓰고, 그 이유를 써 보시오.

가 나

직선 가와 직선 나는 서로 만나지 않으므로 평행합니다.

답 |

7 도형에서 변 ㅂㅁ과 평행한 변을 모두 찾아 써 보시오.

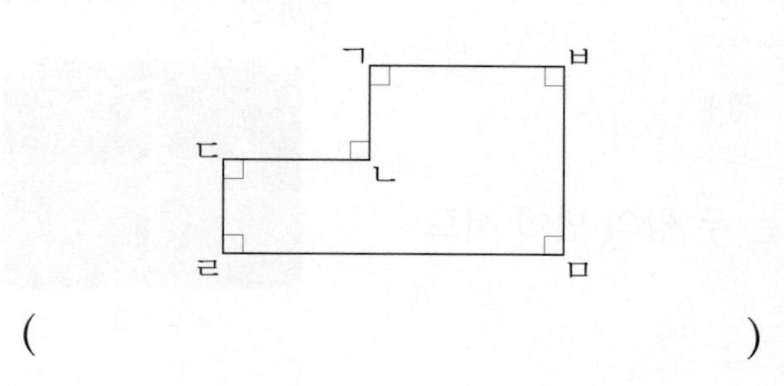

(   )

(8~10) 수직인 직선과 평행한 직선을 각각 그어 보고 물음에 답하시오.

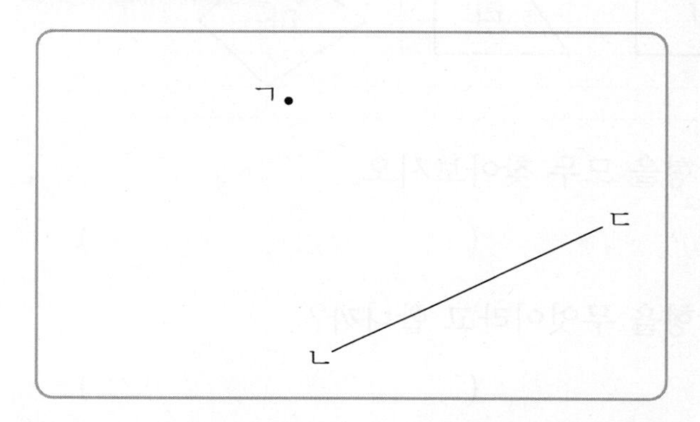

8 점 ㄱ을 지나고 직선 ㄴㄷ에 수직인 직선을 그어 보시오.

9 점 ㄱ을 지나고 직선 ㄴㄷ과 평행한 직선을 그어 보시오.

10 그은 평행선 사이의 거리는 몇 cm입니까?

(   )

교과 역량 문제 해결

11 평행선이 두 쌍인 사각형을 그려 보시오.

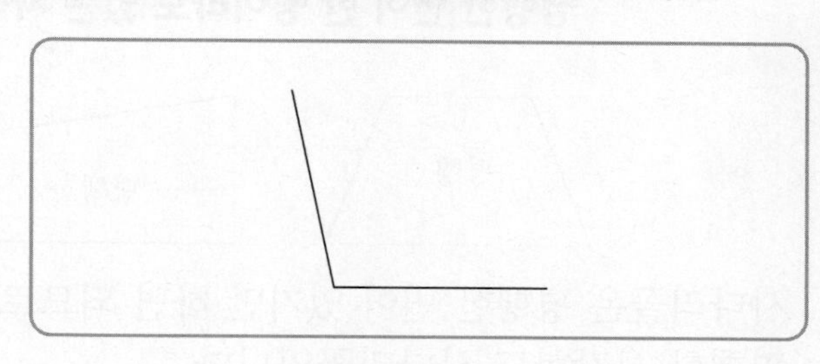

12 평행선 사이의 거리가 2 cm가 되도록 주어진 직선과 평행한 직선을 2개 그어 보시오.

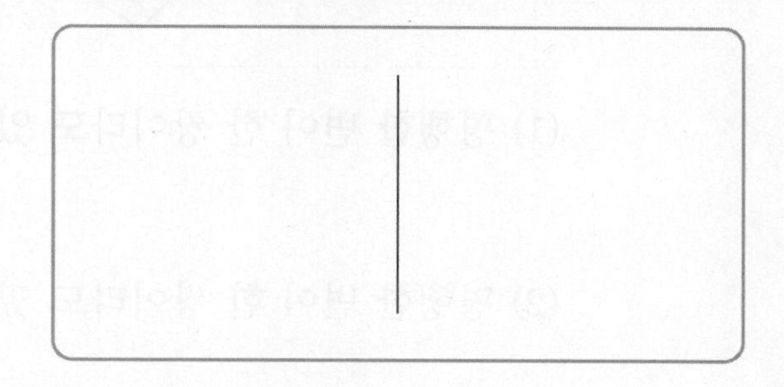

교과서 pick

13 도형에서 평행선을 찾아 평행선 사이의 거리는 몇 cm인지 재어 보시오.

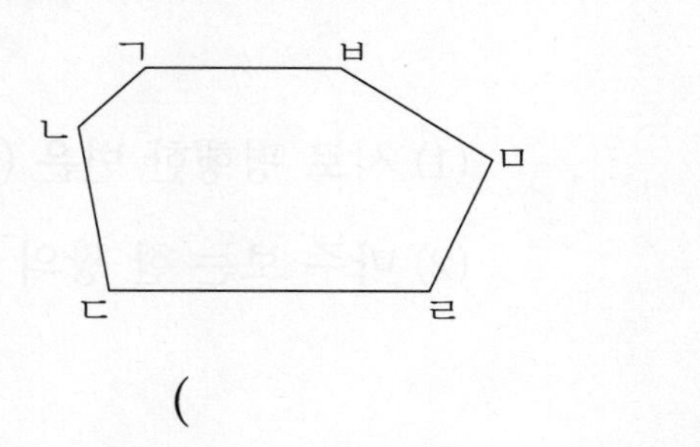

(   )

개념 4

사다리꼴

평행한 변이 한 쌍이라도 있는 사각형 → 사다리꼴

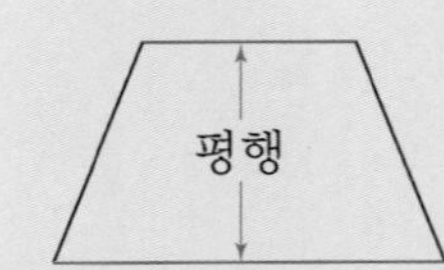

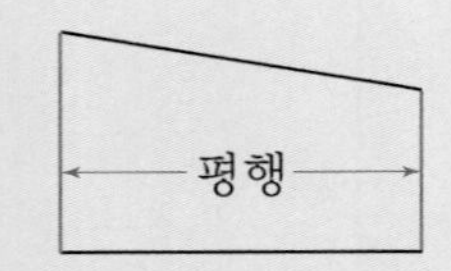

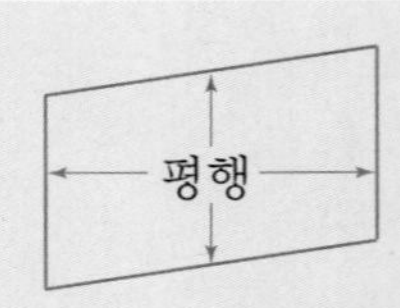

사다리꼴은 평행한 변이 있기만 하면 되므로 마주 보는 두 쌍의 변이 서로 평행한 사각형도 사다리꼴입니다.

+ 생활 속 수학

주변에서 사다리꼴을 찾아 볼까요?

▲ 축구 골대

예제 1

사각형을 보고 물음에 답하시오.

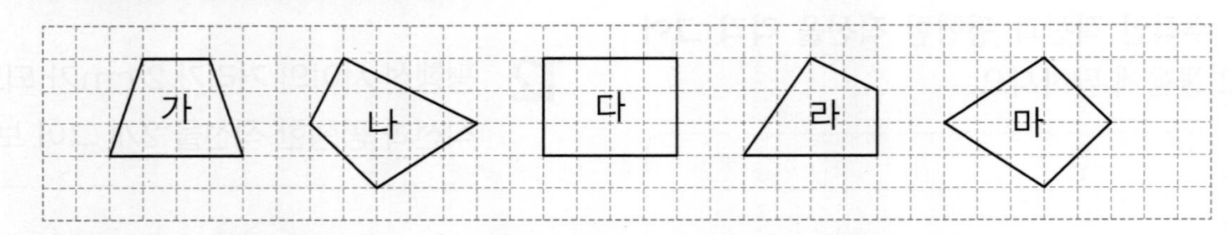

(1) 평행한 변이 한 쌍이라도 있는 사각형을 모두 찾아보시오.

( )

(2) 평행한 변이 한 쌍이라도 있는 사각형을 무엇이라고 합니까?

( )

예제 2

사다리꼴을 보고 알맞은 말에 ◯표 하시오.

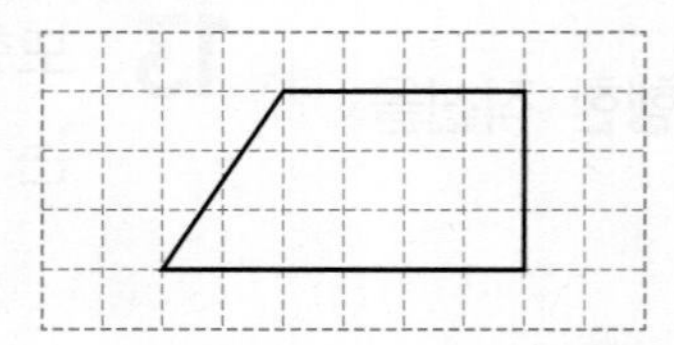

(1) 서로 평행한 변은 (한 , 두) 쌍입니다.

(2) 마주 보는 한 쌍의 변이 서로 (수직입니다 , 평행합니다).

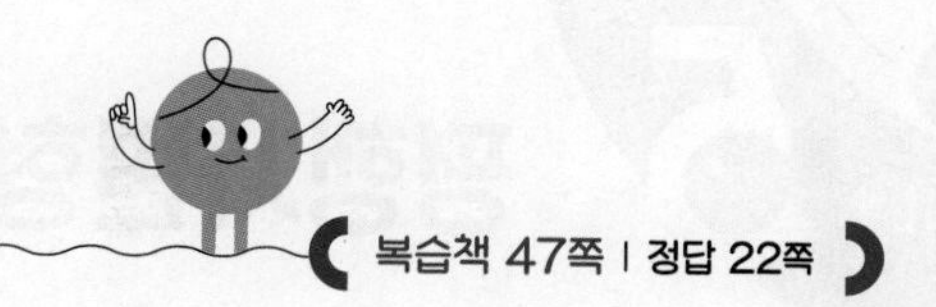

4 단원

1 사다리꼴을 모두 찾아보시오.

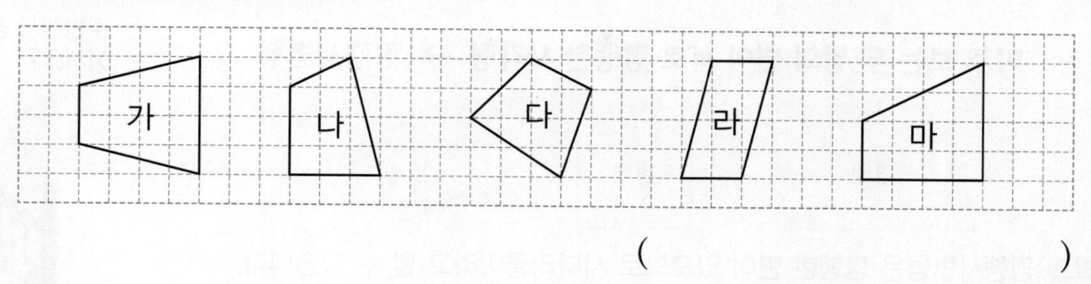

(　　　　　　　　　　　　　　　　)

2 사다리꼴을 완성해 보시오.

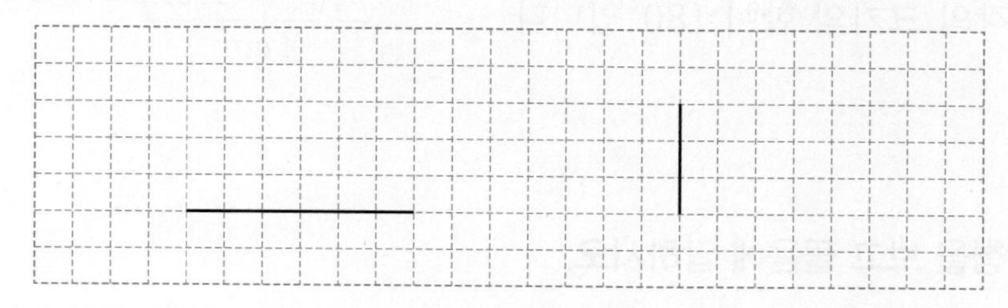

3 직사각형 모양의 종이띠를 선을 따라 잘랐을 때 잘라 낸 사각형 중에서 사다리꼴은 모두 몇 개입니까?

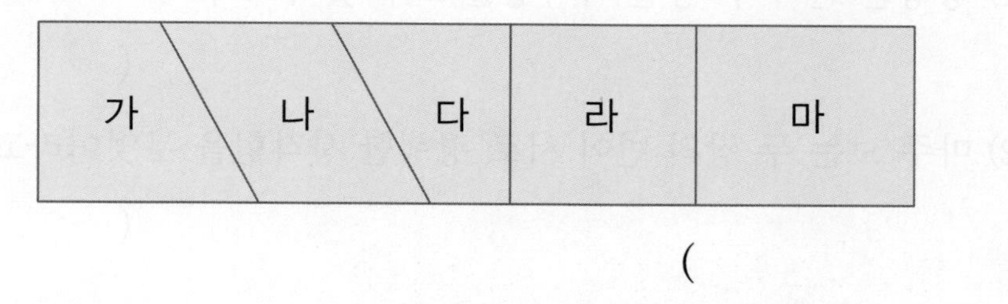

(　　　　　　　　　　　　)

4 점 종이에서 한 꼭짓점만 옮겨서 사다리꼴을 만들어 보시오.

(1)

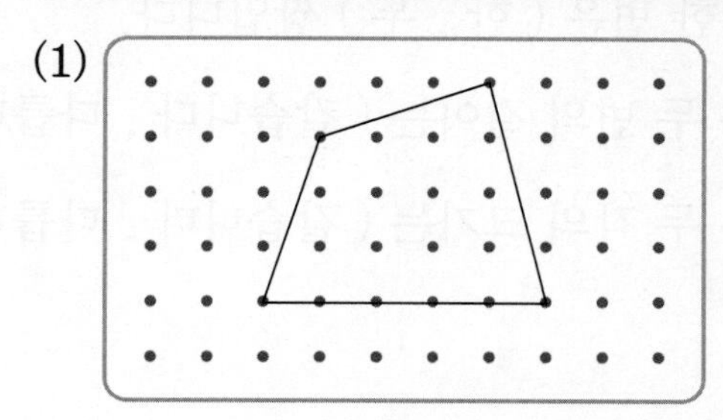

(2)

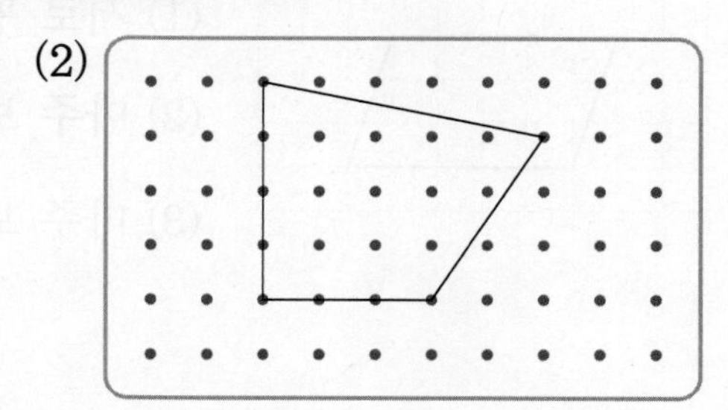

개념 5 평행사변형

◆ **평행사변형** → 平行四邊形(평평할 평, 다닐 행, 넉 사, 가 변, 모양 형)

마주 보는 두 쌍의 변이 서로 평행한 사각형 → 평행사변형

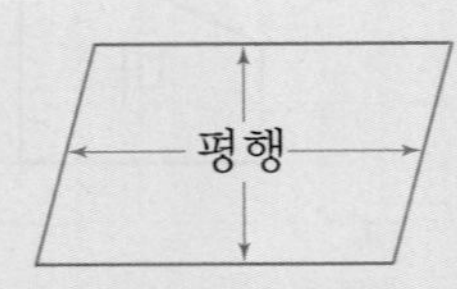

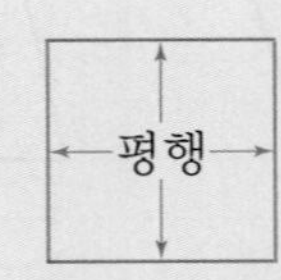

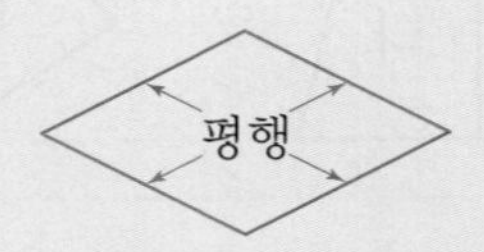

참고 평행사변형은 평행한 변이 있으므로 사다리꼴이라고 할 수 있습니다.

◆ **평행사변형의 성질**

- 마주 보는 두 변의 길이가 같습니다.
- 마주 보는 두 각의 크기가 같습니다.
- 이웃한 두 각의 크기의 합이 180°입니다.

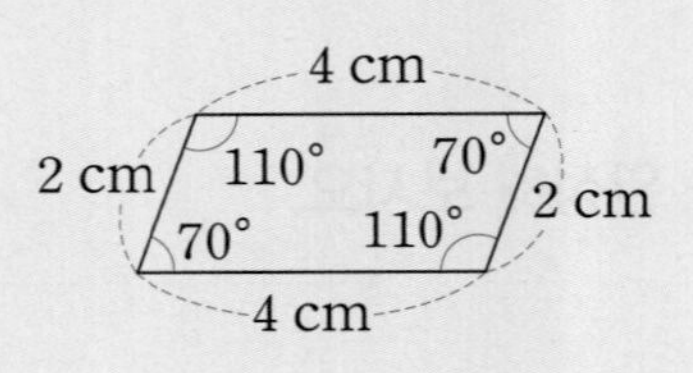

+ 생활 속 수학

주변에서 평행사변형을 찾아 볼까요?

▲ 계단 난간

예제 1

사각형을 보고 물음에 답하시오.

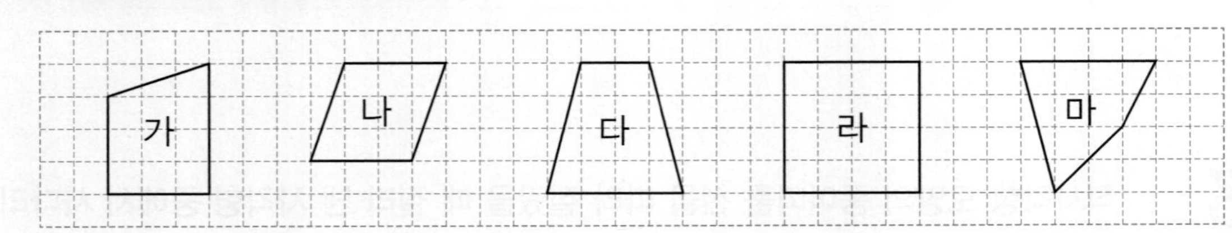

(1) 평행한 변이 두 쌍인 사각형을 모두 찾아보시오.

( )

(2) 마주 보는 두 쌍의 변이 서로 평행한 사각형을 무엇이라고 합니까?

( )

예제 2

평행사변형을 보고 알맞은 말에 ○표 하시오.

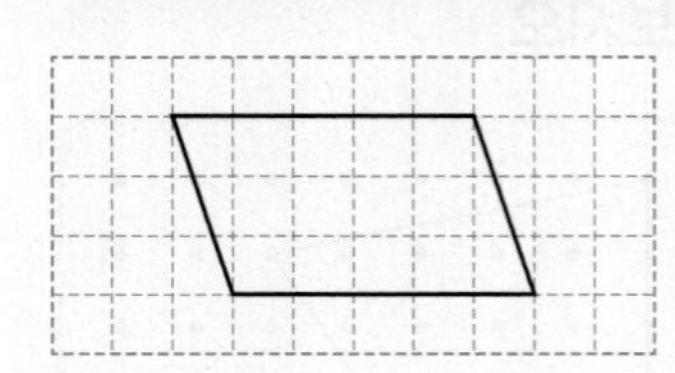

(1) 서로 평행한 변은 (한 , 두) 쌍입니다.

(2) 마주 보는 두 변의 길이는 (같습니다 , 다릅니다).

(3) 마주 보는 두 각의 크기는 (같습니다 , 다릅니다).

STEP 1

기본유형 익히기

복습책 47쪽 | 정답 22쪽

1 평행사변형을 모두 찾아보시오.

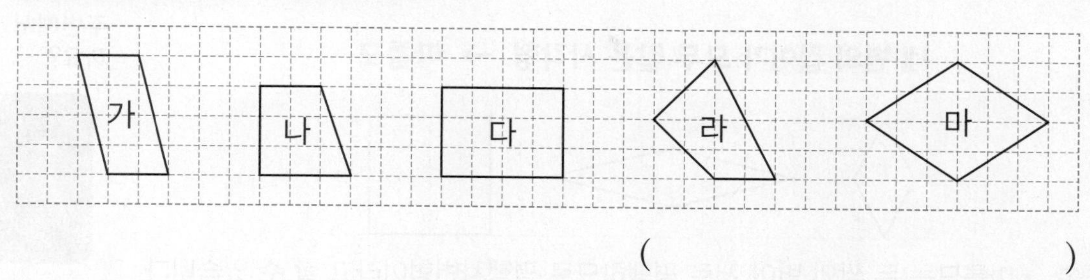

(　　　　　　　　　　　　)

2 평행사변형을 완성해 보시오.

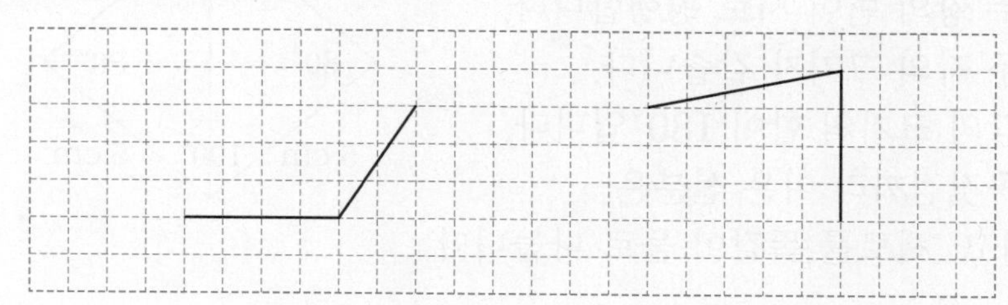

3 평행사변형을 보고 □ 안에 알맞은 수를 써넣으시오.

(1)

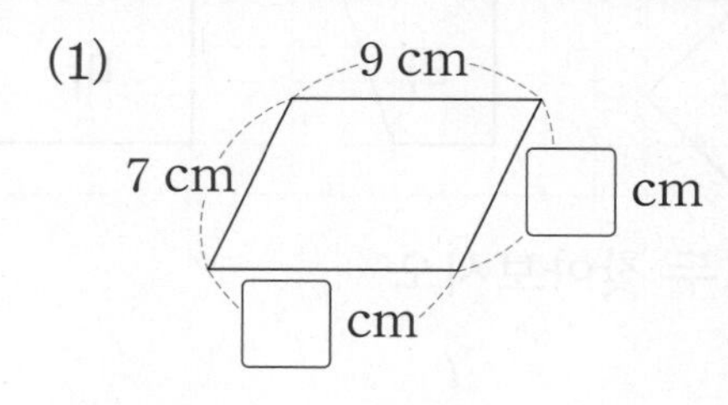

(2)

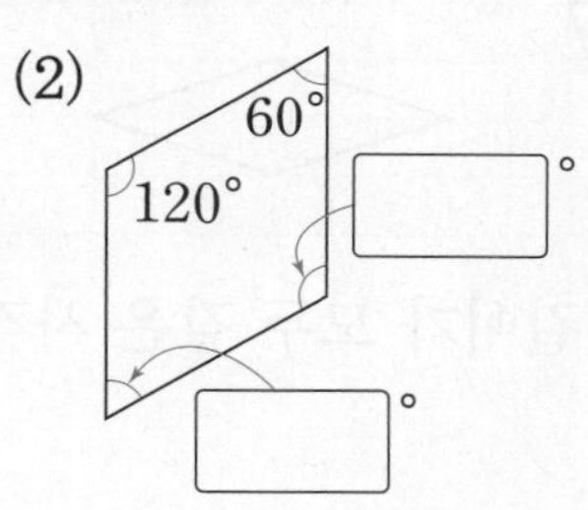

4 점 종이에서 한 꼭짓점만 옮겨서 평행사변형을 만들어 보시오.

(1)

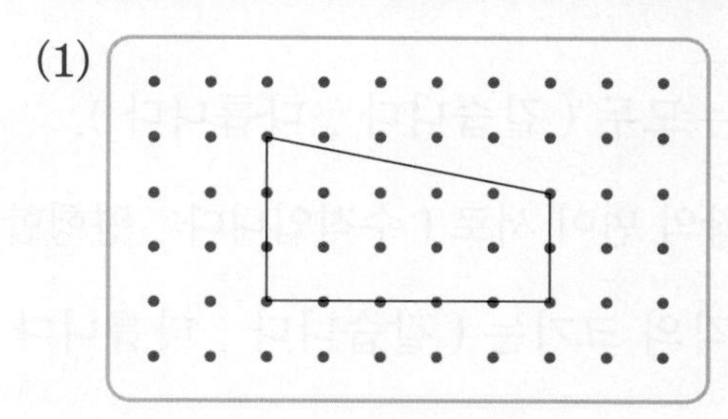

(2)

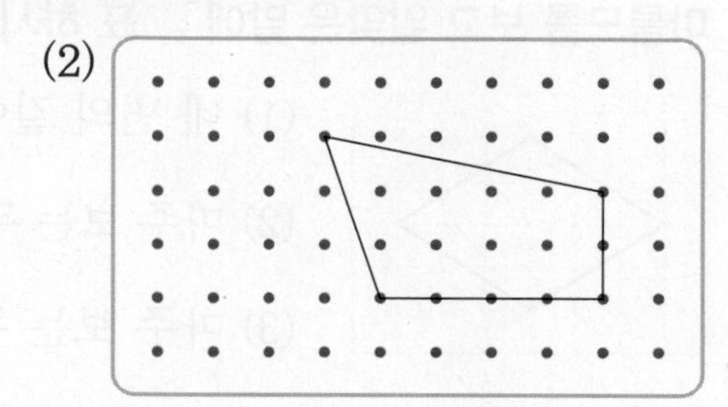

마름모

◇ 마름모

네 변의 길이가 모두 같은 사각형 → 마름모

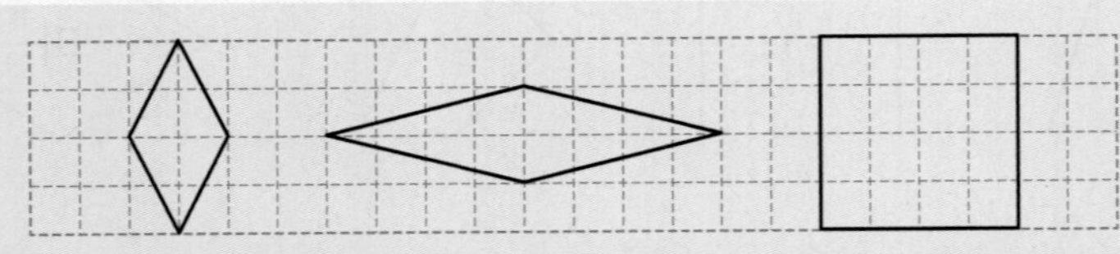

참고 • 마름모는 두 쌍의 변이 서로 평행하므로 평행사변형이라고 할 수 있습니다.
• 마름모는 평행한 변이 있으므로 사다리꼴이라고 할 수 있습니다.

+ 생활 속 수학

주변에서 마름모를 찾아볼까요?

▲ 골대 그물

◇ 마름모의 성질

- 네 변의 길이가 모두 같습니다.
- 마주 보는 두 쌍의 변이 서로 평행합니다.
- 마주 보는 두 각의 크기가 같습니다.
- 이웃한 두 각의 크기의 합이 180°입니다.
- 마주 보는 꼭짓점끼리 이은 선분은 서로 수직이고, 서로를 똑같이 둘로 나눕니다.

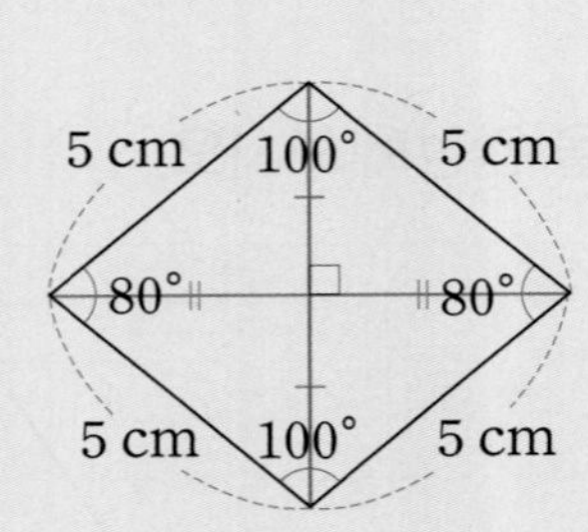

예제 **1** **사각형을 보고 물음에 답하시오.**

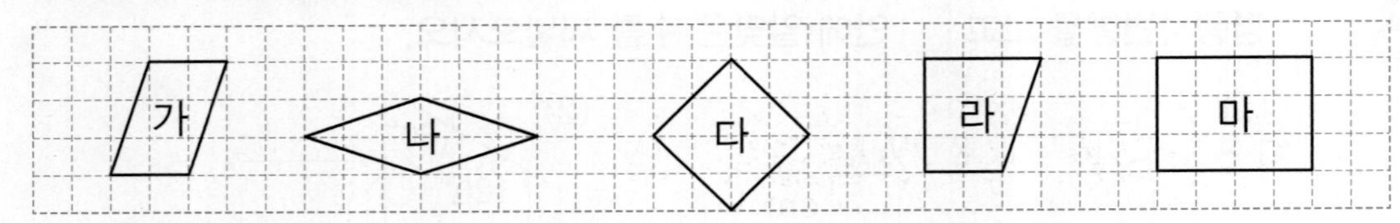

(1) 네 변의 길이가 모두 같은 사각형을 모두 찾아보시오.

( )

(2) 네 변의 길이가 모두 같은 사각형을 무엇이라고 합니까?

( )

예제 **2** **마름모를 보고 알맞은 말에 ○표 하시오.**

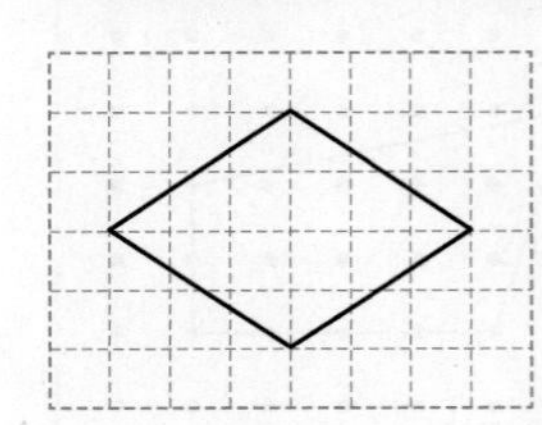

(1) 네 변의 길이는 모두 (같습니다 , 다릅니다).

(2) 마주 보는 두 쌍의 변이 서로 (수직입니다 , 평행합니다).

(3) 마주 보는 두 각의 크기는 (같습니다 , 다릅니다).

기본유형 익히기

복습책 48쪽 | 정답 23쪽

1 마름모를 모두 찾아보시오.

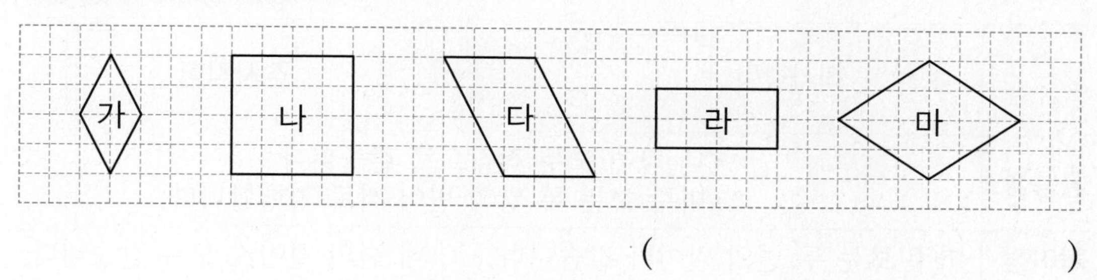

( )

2 마름모를 완성해 보시오.

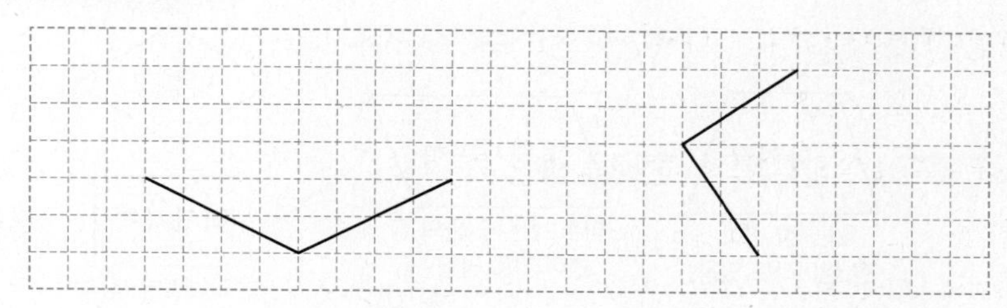

3 마름모를 보고 □ 안에 알맞은 수를 써넣으시오.

(1)

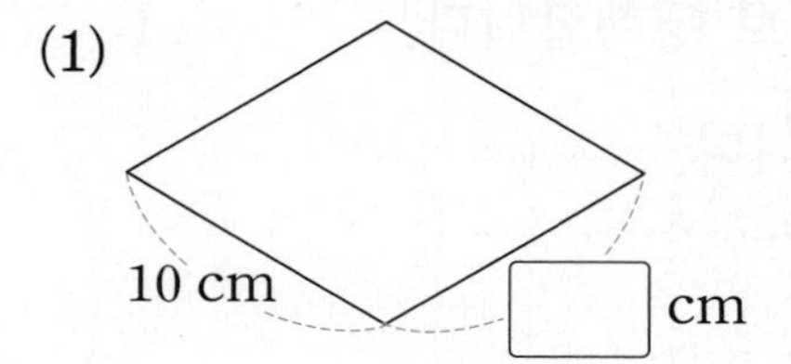

(2)

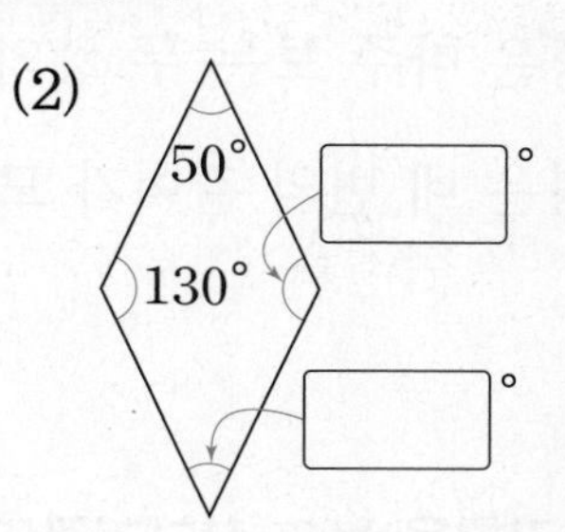

4 점 종이에서 한 꼭짓점만 옮겨서 마름모를 만들어 보시오.

(1)

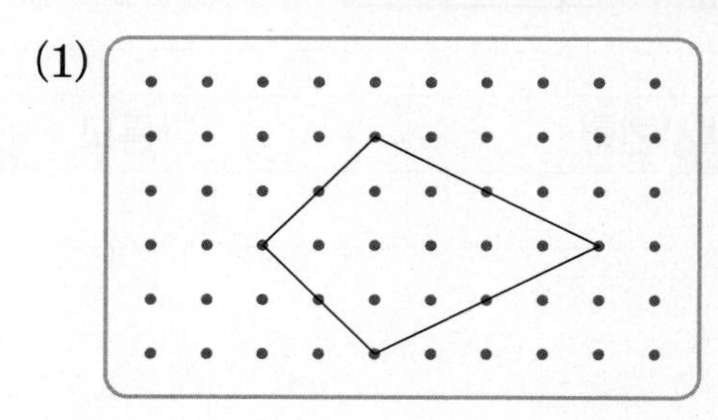

(2)

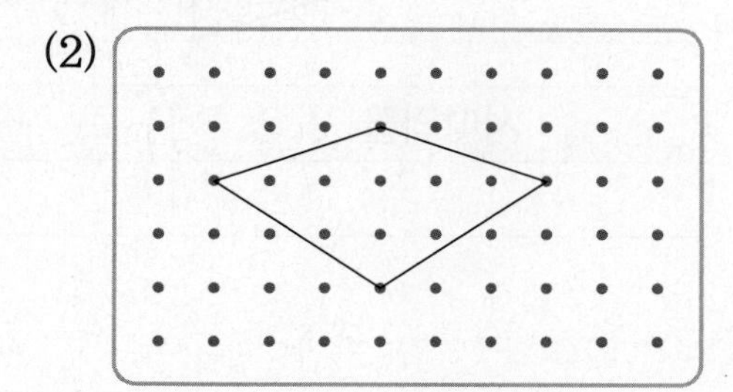

여러 가지 사각형

◆ 직사각형과 정사각형의 성질

	직사각형	정사각형
공통점	• 네 각이 모두 직각으로 같습니다. • 마주 보는 두 쌍의 변이 서로 평행합니다.	
차이점	마주 보는 두 변의 길이가 같습니다.	네 변의 길이가 모두 같습니다.

참고 정사각형은 직사각형의 성질을 모두 가지고 있으므로 직사각형이라고 할 수 있습니다.

◆ 여러 가지 사각형 알아보기

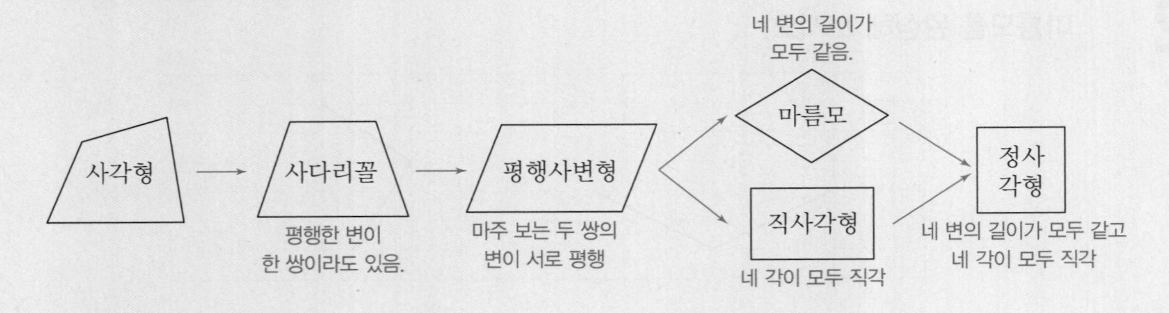

예제 1

직사각형과 정사각형에 대한 설명입니다. 옳은 것에 ○표, 틀린 것에 ×표 하시오.

(1) 정사각형은 마주 보는 두 쌍의 변이 서로 평행합니다. ( )

(2) 직사각형은 네 변의 길이가 모두 같습니다. ( )

예제 2

여러 가지 사각형을 보고 사다리꼴, 평행사변형, 마름모를 찾아보시오.

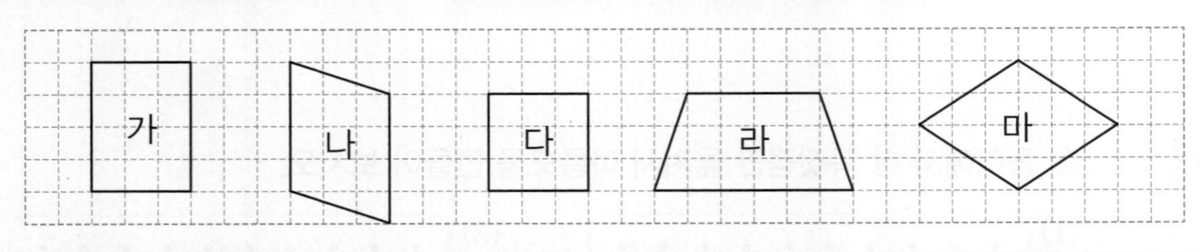

사다리꼴	평행사변형	마름모

1 직사각형을 보고 □ 안에 알맞은 수를 써넣으시오.

(1)

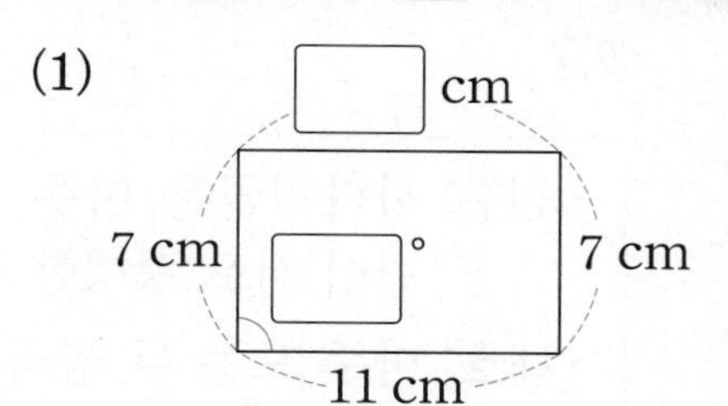

(2)

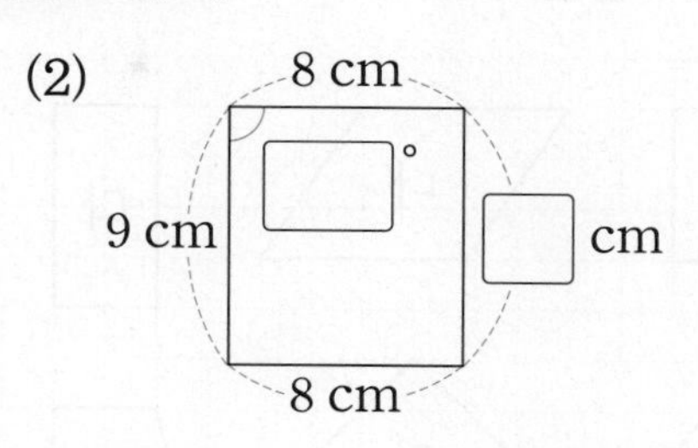

2 정사각형을 보고 □ 안에 알맞은 수를 써넣으시오.

(1)

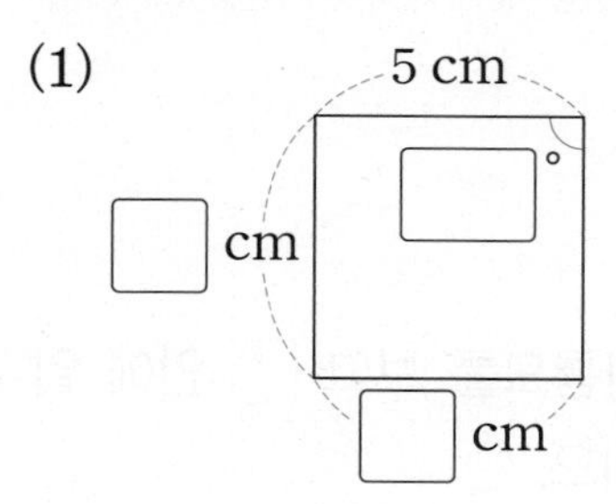

(2)

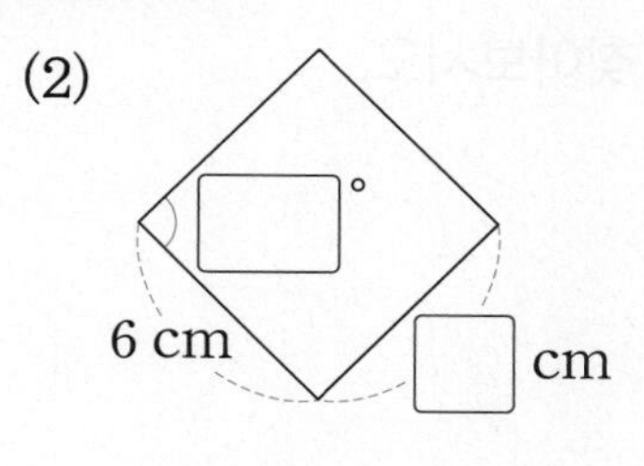

3 직사각형 모양의 종이띠를 선을 따라 잘랐을 때 여러 가지 사각형을 찾아보시오.

가 나 다 라 마

사다리꼴	평행사변형	마름모	직사각형	정사각형
				가

4 사각형의 이름이 될 수 있는 것을 모두 고르시오. (　　　　　　)

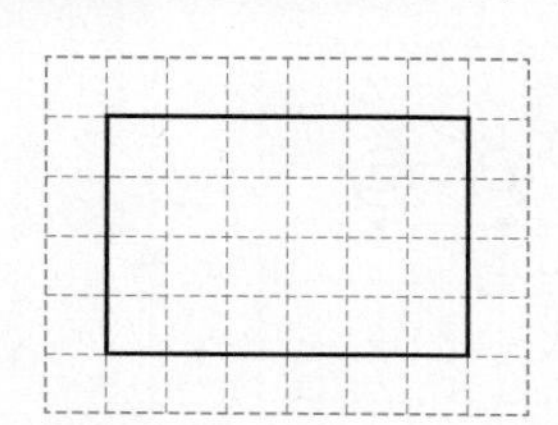

① 사다리꼴　　② 평행사변형　　③ 마름모
④ 직사각형　　⑤ 정사각형

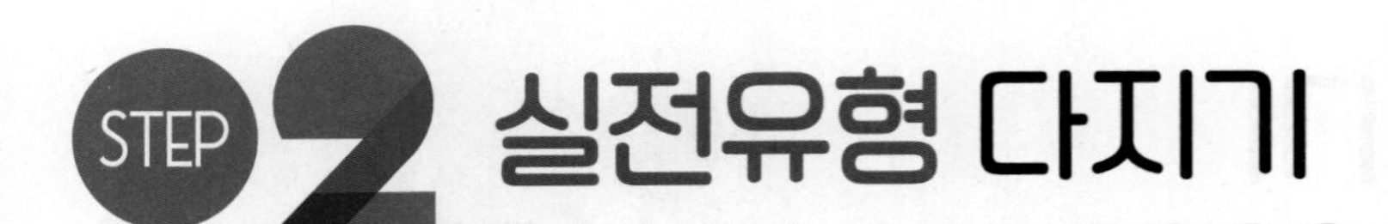

교과서 pick 교과서에 자주 나오는 문제
교과 역량 생각하는 힘을 키우는 문제

(1~3) 도형을 보고 물음에 답하시오.

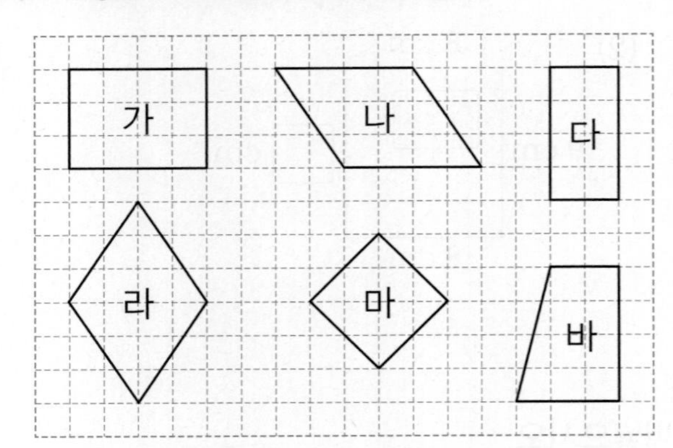

1 직사각형을 모두 찾아보시오.

(　　　　　　　　　　)

2 정사각형을 찾아보시오.

(　　　　　　　　　　)

3 평행사변형은 모두 몇 개입니까?

(　　　　　　　　　　)

4 주어진 선분을 두 변으로 하여 마름모를 그리려고 합니다. 어느 점을 꼭짓점으로 하여 이어야 할지 기호를 써 보시오.

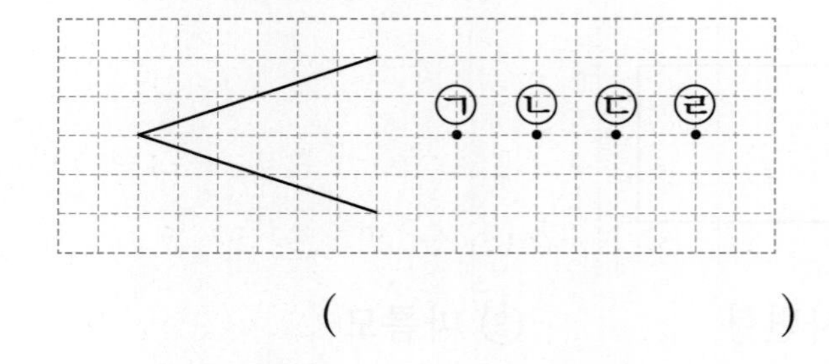

(　　　　　　　　　　)

5 사다리꼴에 대해 잘못 말한 사람은 누구입니까?

- 진주: 사다리꼴은 마주 보는 한 쌍의 변이 서로 평행한 사각형이야.
- 태호: 마주 보는 두 쌍의 변이 서로 평행한 사각형은 사다리꼴이라고 할 수 없어.

(　　　　　　　　　　)

6 마름모를 보고 □ 안에 알맞은 수를 써넣으시오.

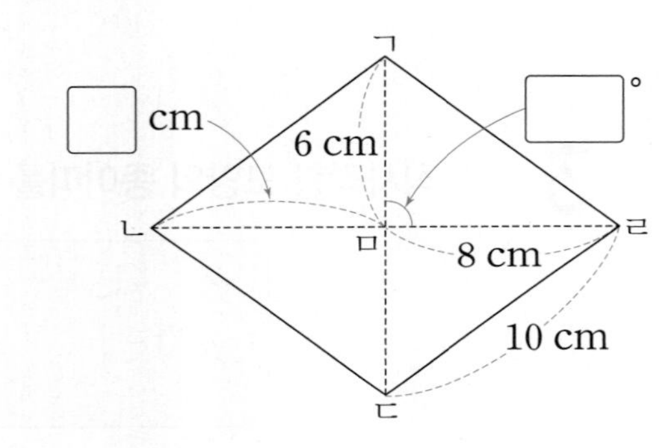

교과 역량 추론, 의사소통　　개념 확인 서술형

7 오른쪽 도형은 마름모입니까? 그렇게 생각한 이유를 써 보시오.

답 |

8 도형은 직사각형입니다. 직사각형의 네 변의 길이의 합은 몇 cm입니까?

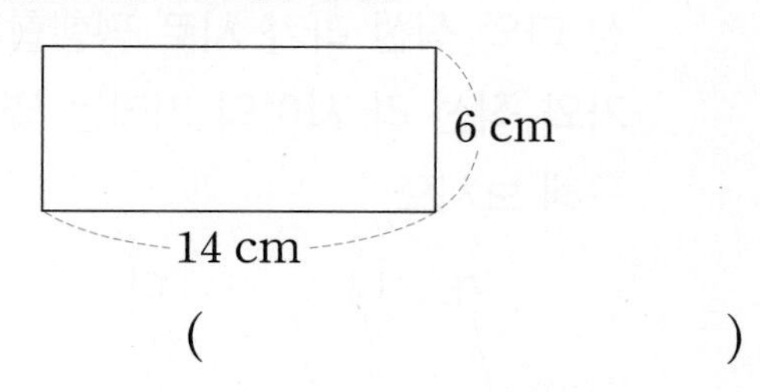

( )

9 그림과 같이 직사각형 모양의 색종이를 접어서 자른 후 빗금 친 부분을 펼쳤을 때 만들어지는 사각형의 이름을 써 보시오.

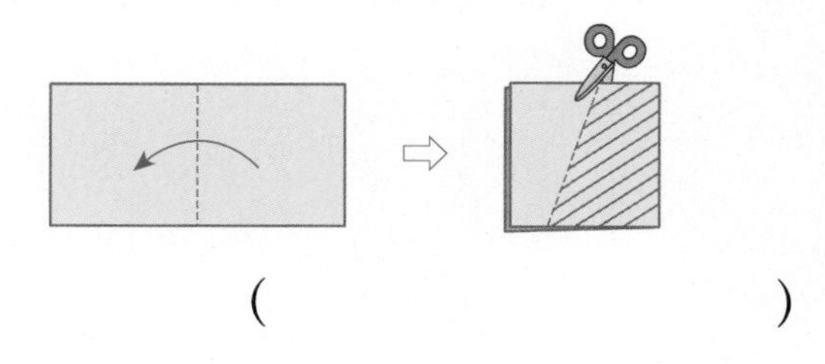

( )

교과 역량 문제 해결

10 네 변의 길이의 합이 36 cm인 마름모의 한 변은 몇 cm입니까?

( )

교과서 pick

11 평행사변형에서 ㉠의 각도를 구해 보시오.

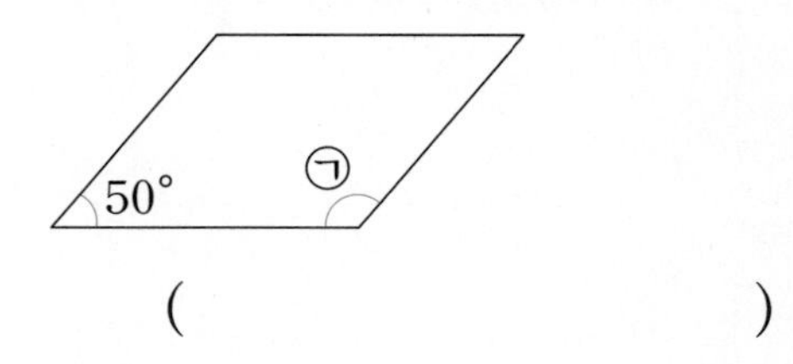

( )

12 그림과 같이 크기가 서로 다른 직사각형 모양의 종이 2장을 겹쳤습니다. 겹쳐진 부분의 사각형의 이름을 써 보시오.

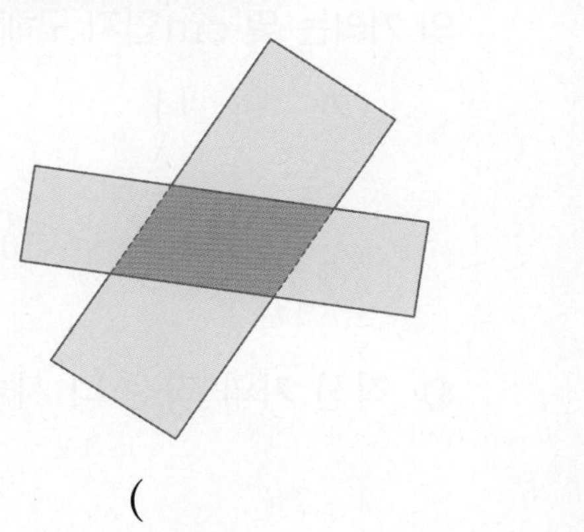

( )

〔13~14〕 막대로 여러 가지 사각형을 만들려고 합니다. 물음에 답하시오.

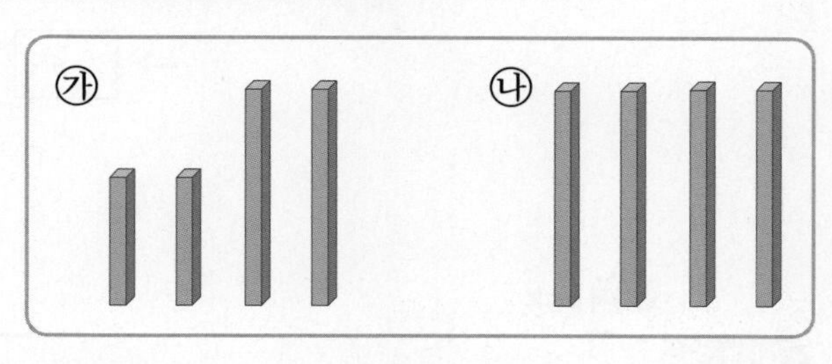

〔보기〕

사다리꼴 평행사변형 마름모
직사각형 정사각형

13 ㉮의 막대로 만들 수 있는 사각형의 이름을 〔보기〕에서 모두 찾아 써 보시오.

( )

14 ㉯의 막대로 만들 수 있는 사각형의 이름을 〔보기〕에서 모두 찾아 써 보시오.

( )

STEP 3 응용유형 다잡기

예제 1

직선 가와 직선 나, 직선 나와 직선 다가 서로 평행합니다. 직선 가와 직선 다 사이의 거리는 몇 cm인지 구해 보시오.

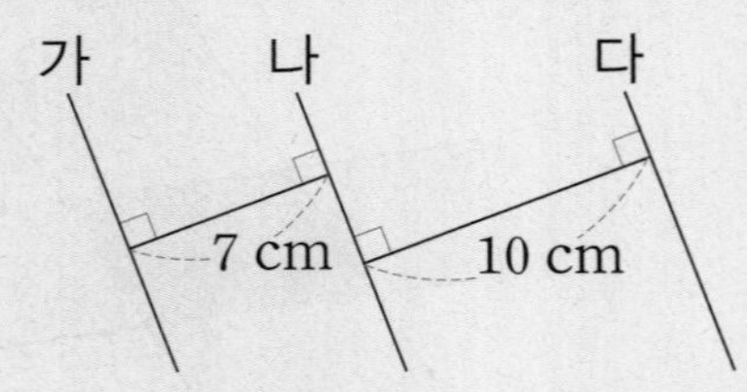

❶ 직선 가와 직선 나 사이의 거리

→  cm

❷ 직선 나와 직선 다 사이의 거리

→  cm

❸ 직선 가와 직선 다 사이의 거리

→  cm

유제 1

직선 가와 직선 나, 직선 나와 직선 다, 직선 다와 직선 라가 서로 평행합니다. 직선 가와 직선 라 사이의 거리는 몇 cm인지 구해 보시오.

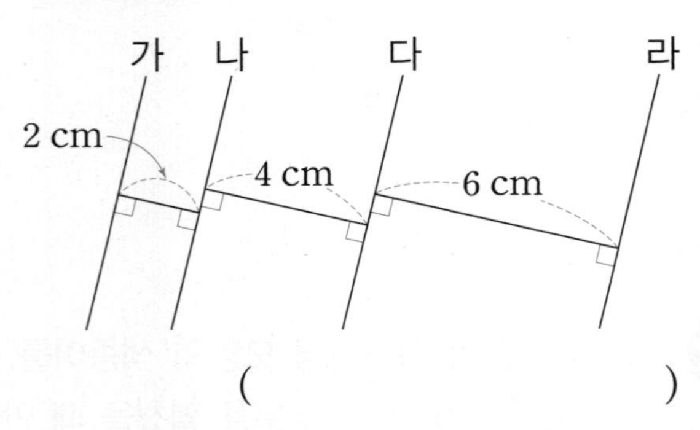

(　　　　　　　　)

교과서 pick

예제 2

평행사변형의 네 변의 길이의 합은 32 cm입니다. 변 ㄴㄷ의 길이는 몇 cm인지 구해 보시오.

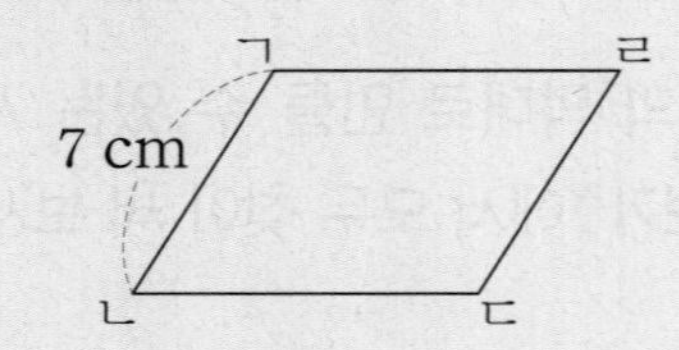

❶ 변 ㄴㄷ의 길이를 ■ cm라 할 때, 네 변의 길이의 합을 구하는 덧셈식

→ 7＋■＋7＋■＝□(cm)

❷ 변 ㄴㄷ의 길이 →  cm

유제 2

평행사변형의 네 변의 길이의 합은 46 cm입니다. 변 ㄹㄷ의 길이는 몇 cm인지 구해 보시오.

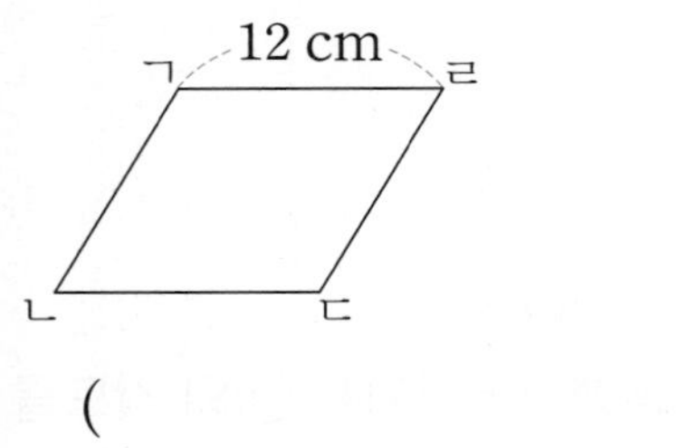

(　　　　　　　　)

복습책 52쪽 | 정답 24쪽

교과서 pick

예제 3 정사각형과 마름모를 겹치지 않게 이어 붙여 만든 도형입니다. 빨간색 선의 길이는 몇 cm인지 구해 보시오.

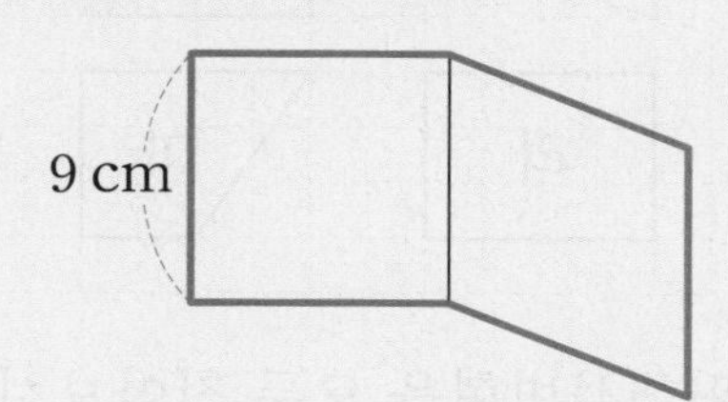

❶ 마름모의 한 변의 길이 → ☐ cm

❷ 빨간색 선의 길이 → ☐ cm

유제 3 직사각형과 평행사변형을 겹치지 않게 이어 붙여 만든 도형입니다. 빨간색 선의 길이는 몇 cm인지 구해 보시오.

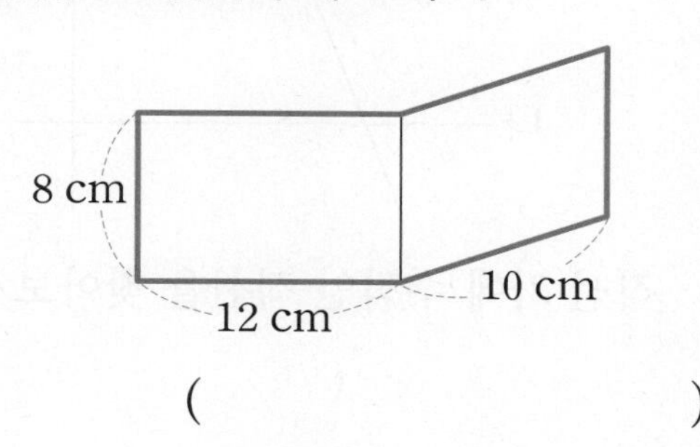

(　　　　　　)

예제 4 도형에서 찾을 수 있는 크고 작은 사다리꼴은 모두 몇 개인지 구해 보시오.

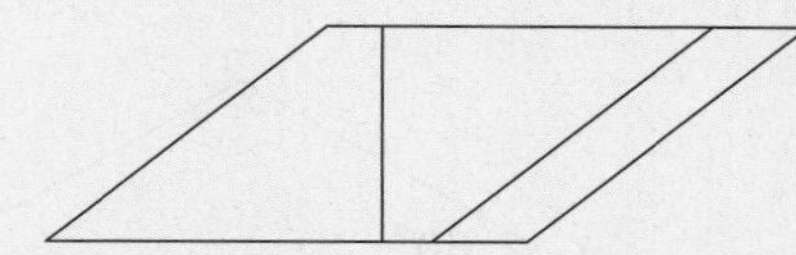

❶ 작은 사각형 1개짜리 사다리꼴의 수 → ☐개

❷ 작은 사각형 2개짜리 사다리꼴의 수 → ☐개

❸ 작은 사각형 3개짜리 사다리꼴의 수 → ☐개

❹ 크고 작은 사다리꼴의 수 → ☐개

유제 4 크기가 같은 정삼각형을 겹치지 않게 이어 붙여 만든 도형입니다. 도형에서 찾을 수 있는 크고 작은 평행사변형은 모두 몇 개인지 구해 보시오.

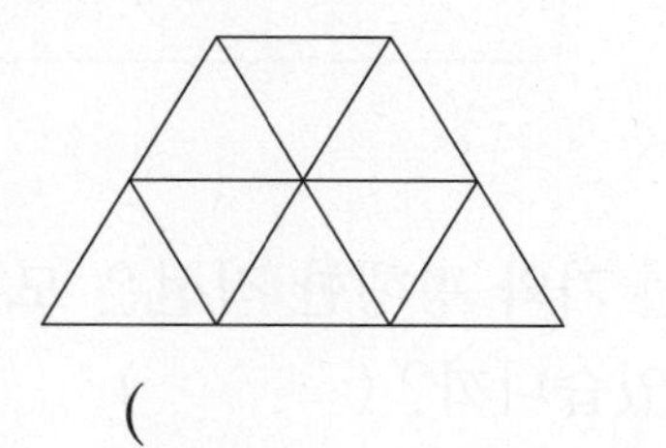

(　　　　　　)

단원 마무리

(1~2) 그림을 보고 물음에 답하시오.

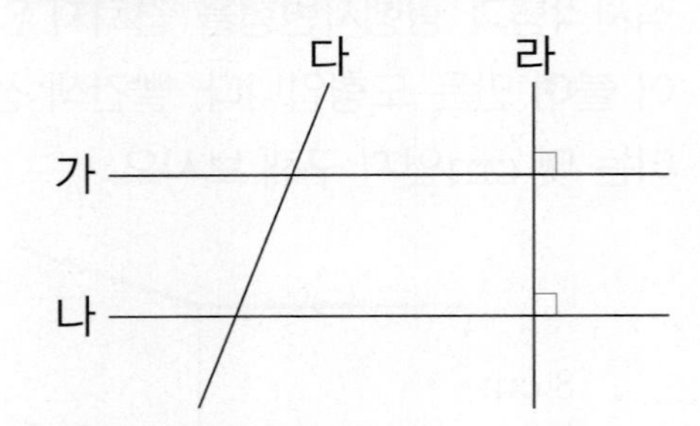

1 직선 가에 수직인 직선을 찾아보시오.

(　　　　　　)

2 직선 가와 평행한 직선을 찾아보시오.

(　　　　　　)

교과서에 꼭 나오는 문제

3 각도기를 이용하여 직선 가에 수직인 직선을 그어 보시오.

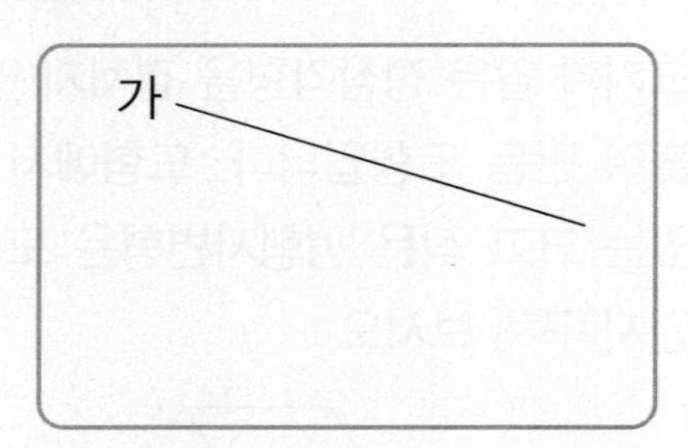

4 직선 가와 평행한 직선은 모두 몇 개 그을 수 있습니까? (　　　)

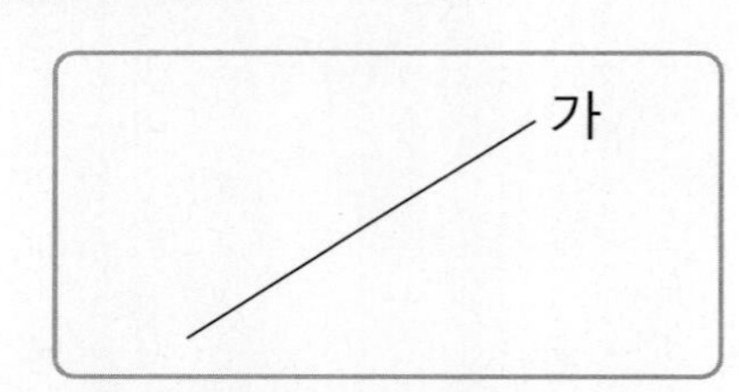

① 0개　② 1개　③ 2개
④ 3개　⑤ 셀 수 없이 많습니다.

(5~6) 도형을 보고 물음에 답하시오.

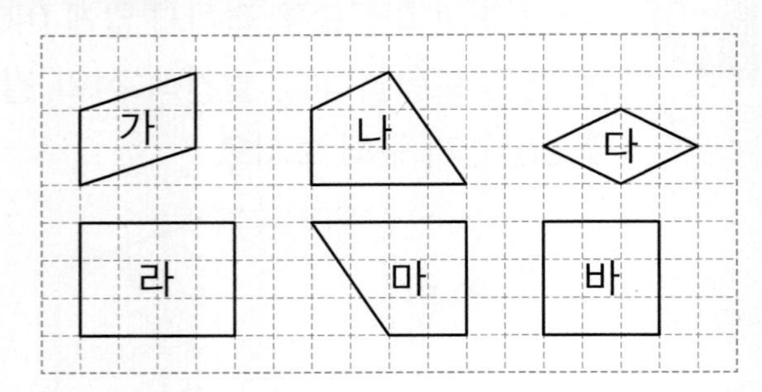

5 평행사변형을 모두 찾아보시오.

(　　　　　　)

6 직사각형은 모두 몇 개입니까?

(　　　　　　)

(7~8) 마름모를 보고 물음에 답하시오.

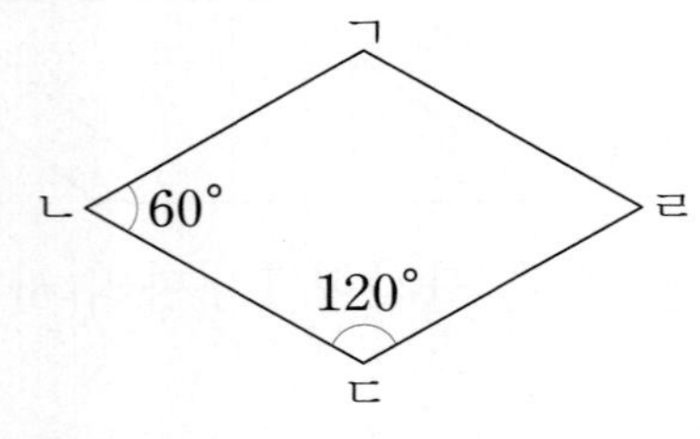

7 변 ㄱㄴ과 평행한 변을 찾아 써 보시오.

(　　　　　　)

8 각 ㄱㄹㄷ의 크기를 구해 보시오.

(　　　　　　)

9 평행사변형을 완성해 보시오.

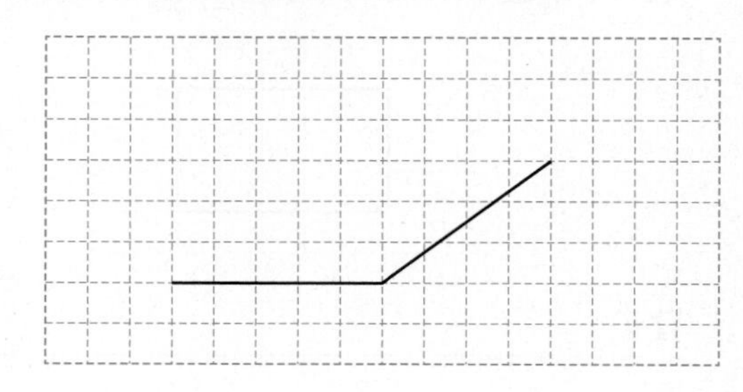

10 평행선 사이의 거리가 5 cm가 되도록 주어진 직선과 평행한 직선을 그어 보시오.

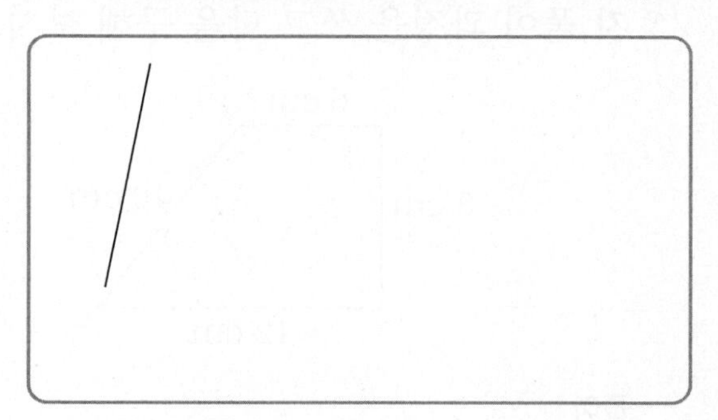

11 점 종이에서 한 꼭짓점만 옮겨서 사다리꼴을 만들어 보시오.

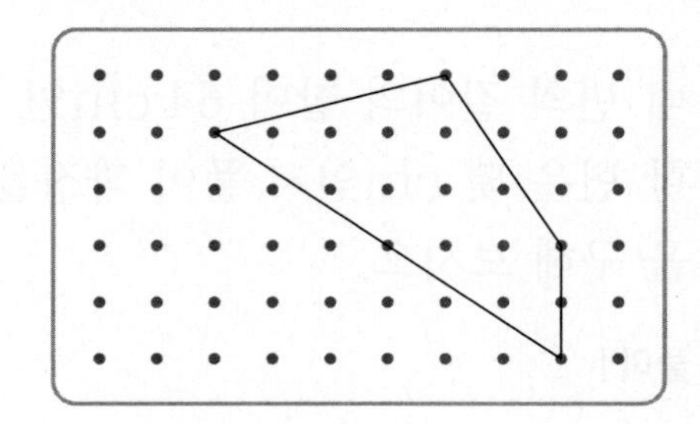

잘 틀리는 문제

12 도형에서 평행선은 모두 몇 쌍입니까?

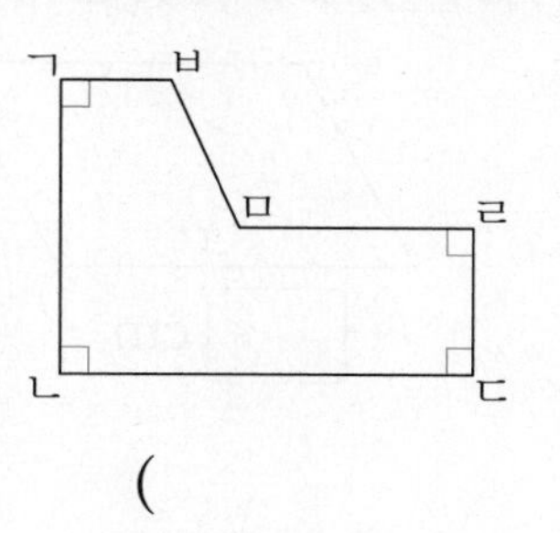

(   )

교과서에 꼭 나오는 문제

13 설명에 알맞은 사각형의 이름을 써 보시오.

- 마주 보는 두 쌍의 변이 서로 평행합니다.
- 네 각의 크기가 모두 90°입니다.
- 네 변의 길이가 모두 같습니다.

(   )

14 그림과 같이 직사각형 모양의 색종이를 두 번 접은 다음 자른 후 빗금 친 부분을 펼쳤습니다. 만들어진 사각형의 이름이 될 수 있는 것을 모두 고르시오. (   )

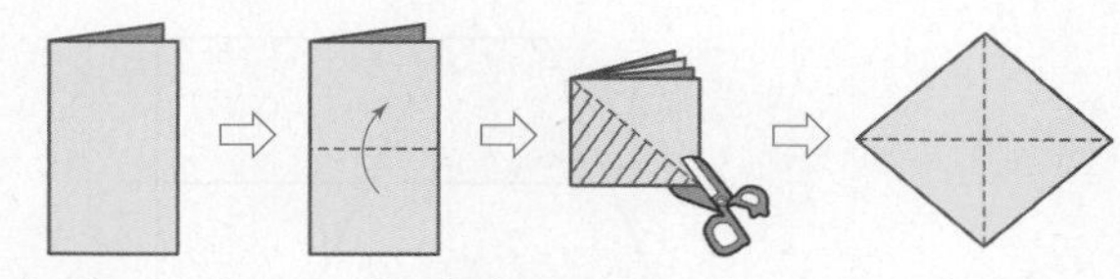

① 사다리꼴 ② 평행사변형
③ 마름모 ④ 직사각형
⑤ 정사각형

15 평행사변형의 네 변의 길이의 합은 40 cm입니다. □ 안에 알맞은 수를 써넣으시오.

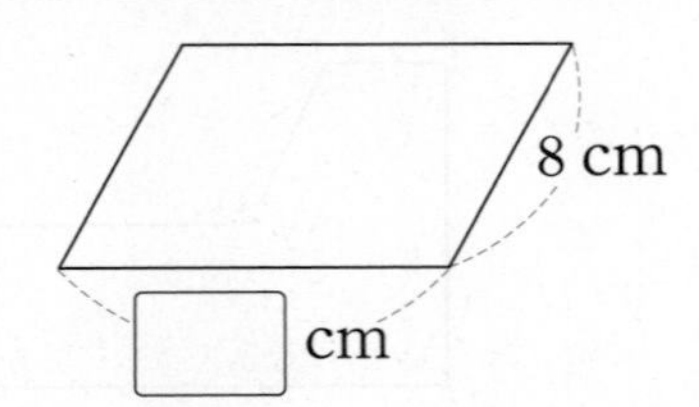

16 마름모와 직사각형을 겹치지 않게 이어 붙여 만든 도형입니다. 빨간색 선의 길이는 몇 cm입니까?

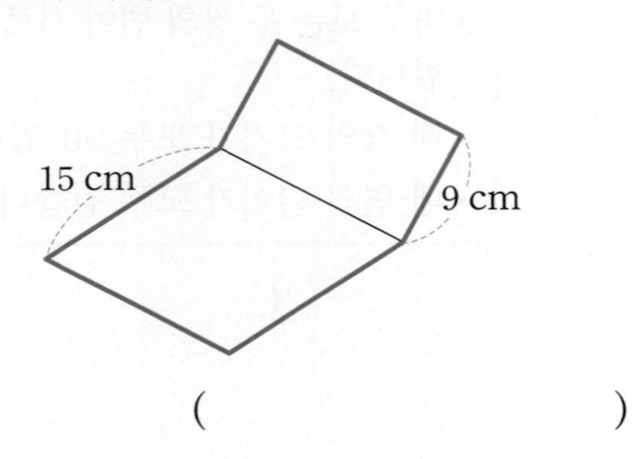

(　　　　　　　　)

잘 틀리는 문제

17 도형에서 찾을 수 있는 크고 작은 사다리꼴은 모두 몇 개입니까?

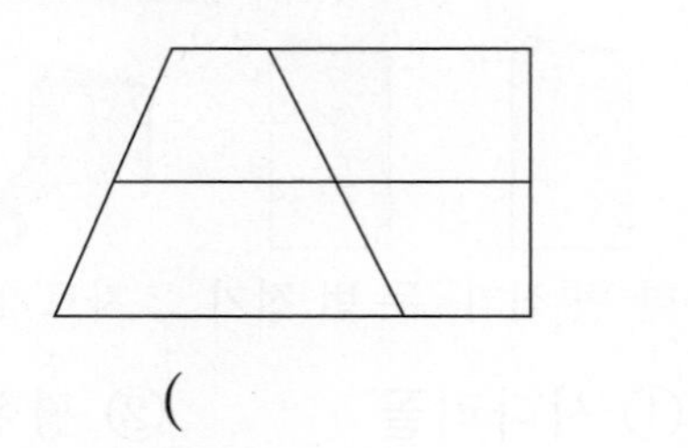

(　　　　　　　　)

서술형 문제

18 다음 도형은 정사각형입니까? 그렇게 생각한 이유를 써 보시오.

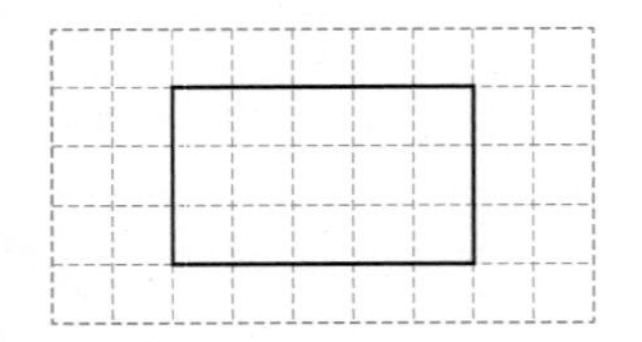

답 |

19 도형에서 평행선 사이의 거리는 몇 cm인지 풀이 과정을 쓰고 답을 구해 보시오.

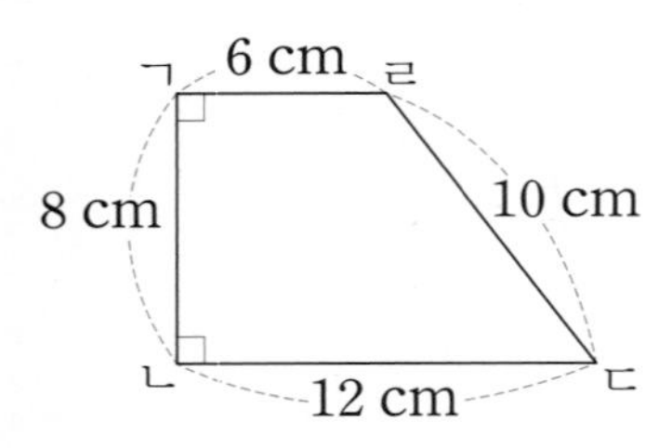

풀이 |

답 |

20 네 변의 길이의 합이 64 cm인 마름모의 한 변은 몇 cm인지 풀이 과정을 쓰고 답을 구해 보시오.

풀이 |

답 |

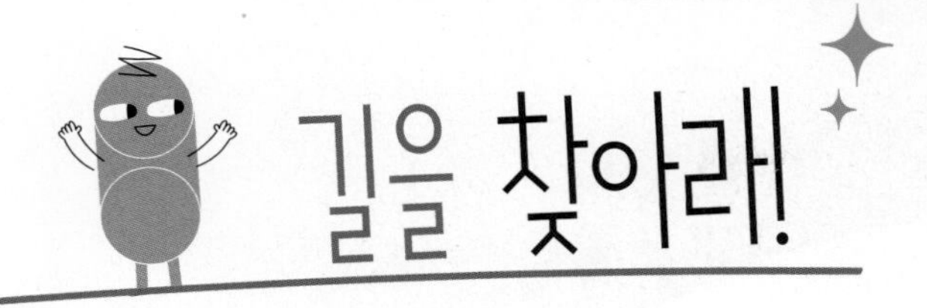

○ 준수네 가족은 자동차를 타고 할머니 댁에 가려고 합니다.
자동차는 모퉁이가 둥근 곳에서만 돌 수 있다고 합니다.
준수네 가족이 자동차를 타고 할머니 댁에 갈 수 있는 가장 가까운 길을 찾아보세요.

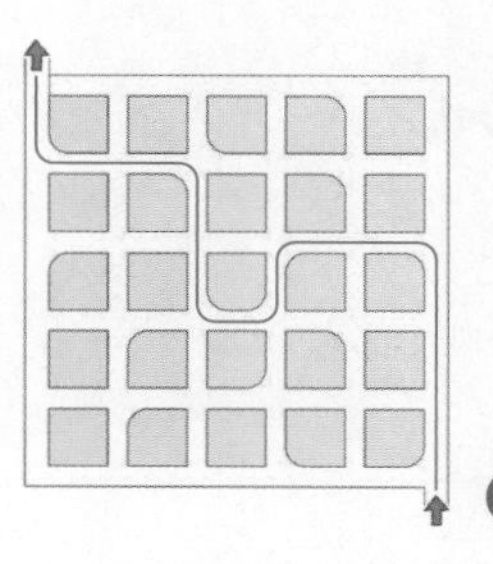

5

꺾은선그래프

이전에 배운 내용	이번에 배울 내용	이후에 배울 내용
2-2 표와 그래프 표로 나타내기 **3-2 자료의 정리** 그림그래프로 나타내기 **4-1 막대그래프** 막대그래프로 나타내기	**1 꺾은선그래프** **2 꺾은선그래프의 내용** **3 꺾은선그래프로 나타내기** **4 자료를 조사하여 꺾은선그래프로 나타내기**	**5-2 평균과 가능성** 자료와 표현 **6-1 여러 가지 그래프** • 띠그래프 • 원그래프

준비학습

(1~2) 수지네 반 학생들이 좋아하는 계절을 조사하여 나타낸 표입니다. 물음에 답하시오.

좋아하는 계절별 학생 수

계절	봄	여름	가을	겨울	합계
학생 수(명)	7	6	3	5	21

1 표를 보고 막대그래프로 나타내어 보시오.

좋아하는 계절별 학생 수

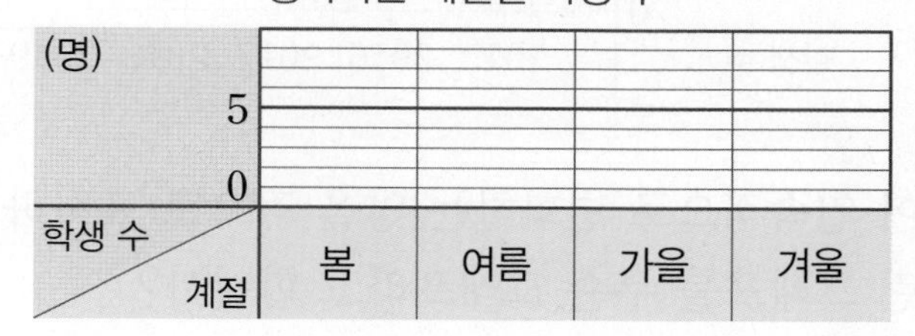

2 가장 많은 학생이 좋아하는 계절은 무엇입니까? (　　　　　　　)

정답 1 (명) 2 봄

꺾은선그래프

연속적으로 변화하는 양을 점으로 표시하고, 그 점들을 선분으로 이어 그린 그래프 → 꺾은선그래프

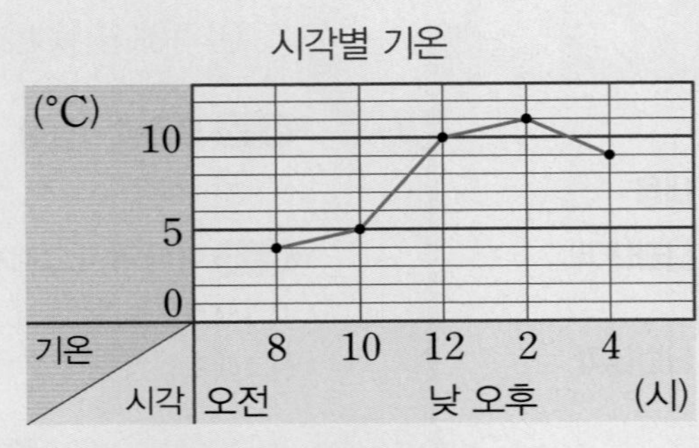

- 가로: 시각, 세로: 기온
- 세로 눈금 한 칸: 1 °C
- 꺾은선: 시각별 기온의 변화

참고 **막대그래프와 꺾은선그래프의 비교**

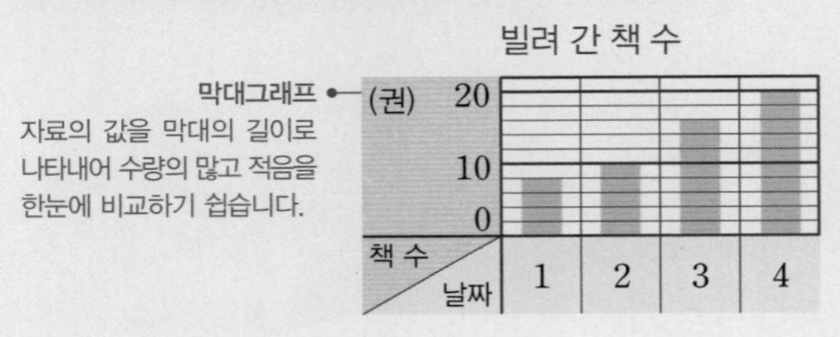

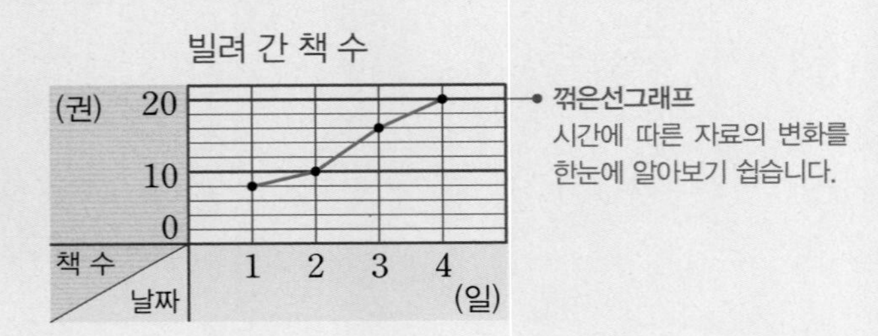

예제 **1**

수진이네 아파트의 4학년 학생 수를 매년 3월에 조사하여 나타낸 그래프입니다. 물음에 답하시오.

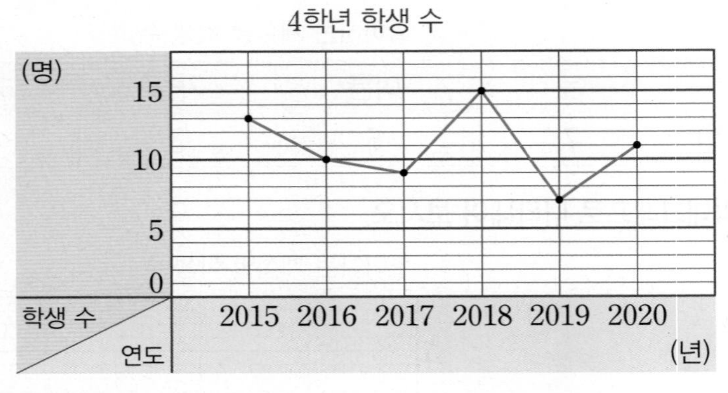

(1) 위와 같이 연속적으로 변화하는 양을 점으로 표시하고, 그 점들을 선분으로 이어 그린 그래프를 무슨 그래프라고 합니까?

( )

(2) 그래프의 가로와 세로는 각각 무엇을 나타냅니까?

가로 ( ), 세로 ( )

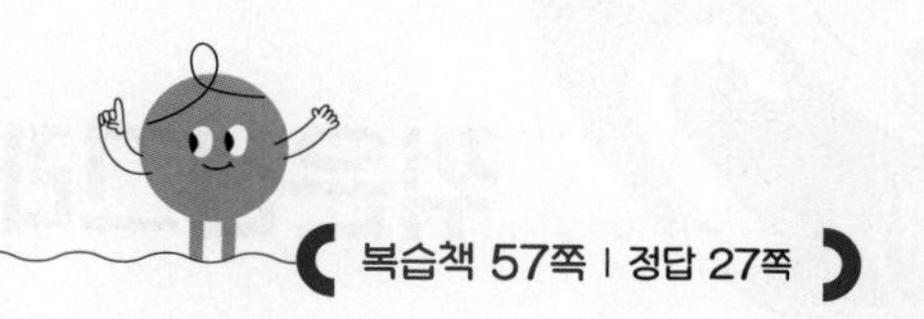

(1~3) 강낭콩의 키를 매일 오전 9시에 조사하여 나타낸 꺾은선그래프입니다. 물음에 답하시오.

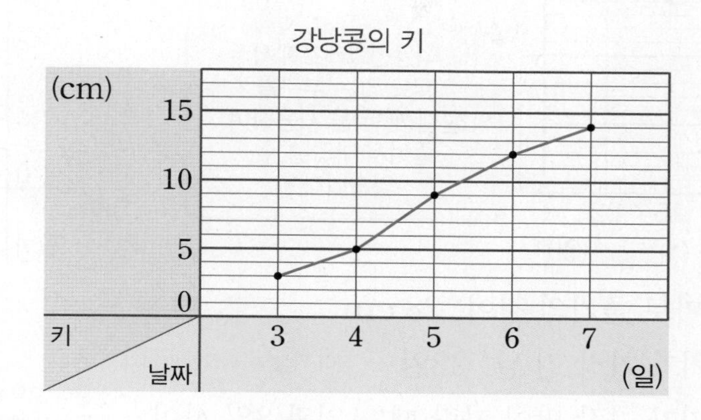

1 꺾은선그래프의 가로와 세로는 각각 무엇을 나타냅니까?

가로 ( ), 세로 ( )

2 세로 눈금 한 칸은 몇 cm를 나타냅니까?

( )

3 꺾은선은 무엇을 나타냅니까?

( )

4 막대그래프와 꺾은선그래프 중에서 시간에 따른 음료수 판매량의 변화를 한눈에 알아보기 쉬운 그래프는 어느 것입니까?

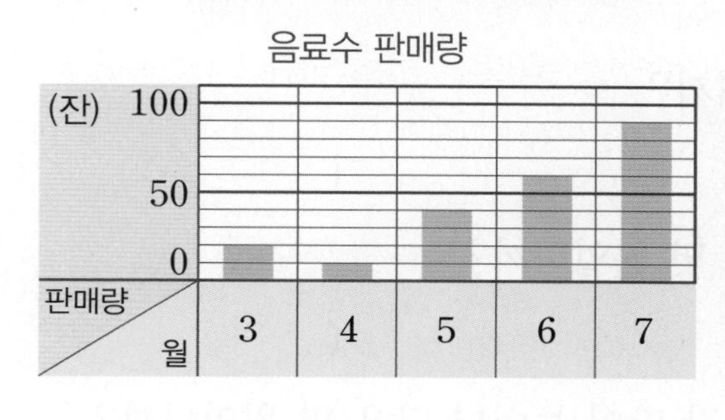

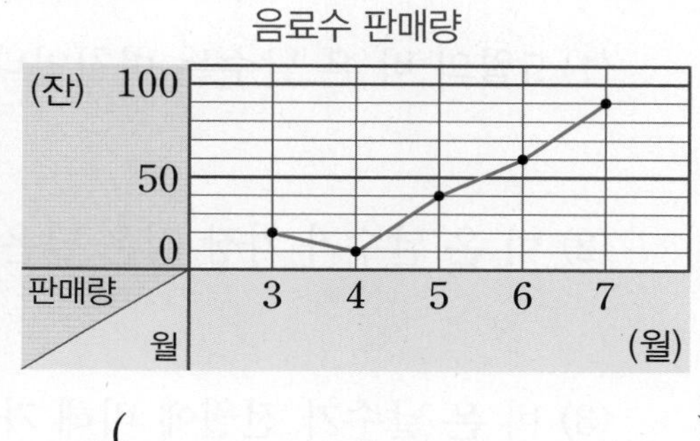

( )

꺾은선그래프의 내용

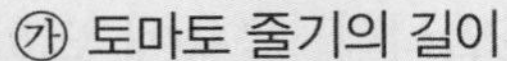

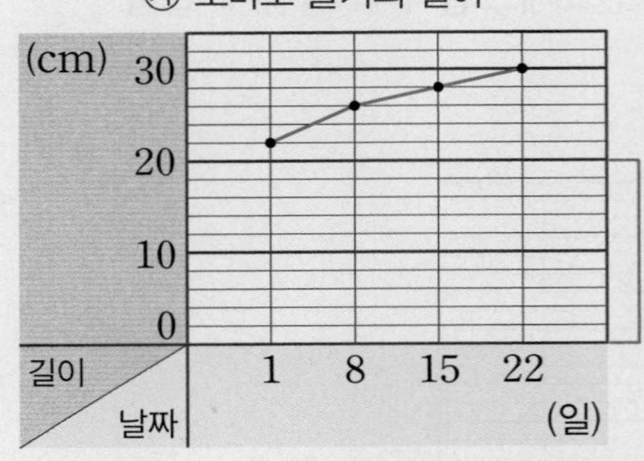

꺾은선그래프에서 필요 없는 부분을 물결선(≈)을 사용하여 줄여서 나타낼 수 있습니다.

㉯ 토마토 줄기의 길이

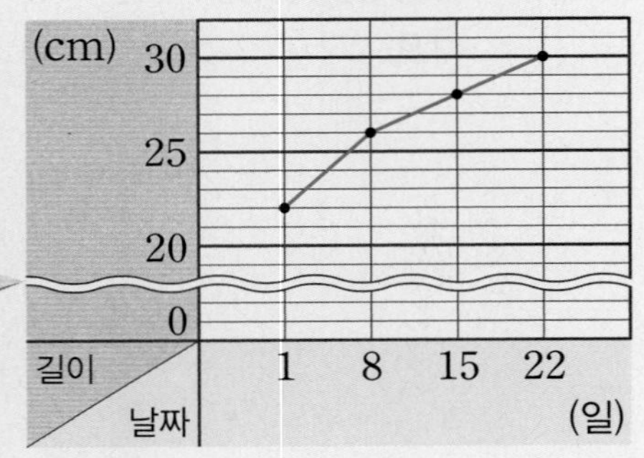

- 15일의 토마토 줄기의 길이: 28 cm
- 토마토 줄기가 가장 긴 날: 22일 → 점이 가장 높게 찍힌 때입니다.
- 토마토 줄기가 가장 많이 자란 때: 1일과 8일 사이 → 선분이 오른쪽 위로 가장 많이 기울어진 때입니다.
- ㉯ 그래프는 필요 없는 부분을 물결선을 사용하여 줄여서 나타냈기 때문에 ㉮ 그래프보다 변화하는 모습이 더 잘 나타납니다.

참고 꺾은선그래프에서 선분의 기울어진 모양과 정도에 따른 자료의 변화

- 수량 증가: 변화 적음, 변화 많음
- 수량 감소: 변화 적음, 변화 많음
- 수량 일정:

어느 지역의 월별 비 온 날수를 조사하여 나타낸 꺾은선그래프입니다. 물음에 답하시오.

비 온 날수

(일) 15, 10, 5, 0 / 날수, 월 / 3, 4, 5, 6, 7 (월)

(1) 5월의 비 온 날수는 며칠입니까?

(　　　　　　　　)

(2) 비 온 날수가 가장 적은 달은 몇 월입니까?

(　　　　　　　　)

(3) 비 온 날수가 전월에 비해 가장 많이 늘어난 달은 몇 월입니까?

(　　　　　　　　)

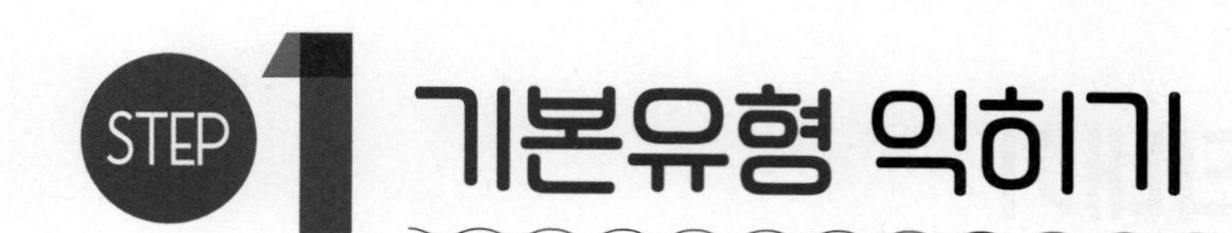

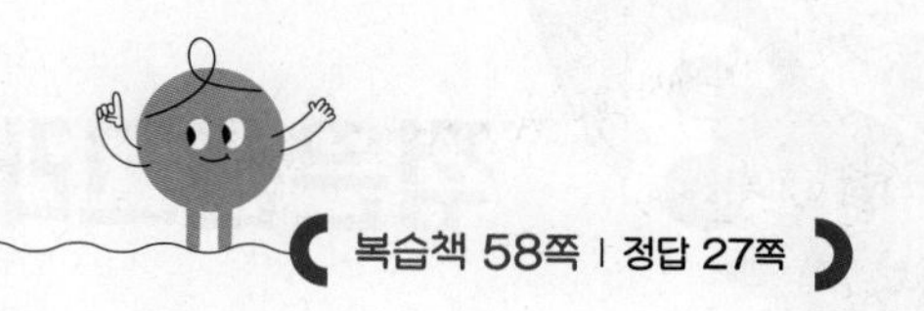

(1~5) 어느 날 운동장의 온도를 2시간마다 조사하여 두 꺾은선그래프로 나타내었습니다. 물음에 답하시오.

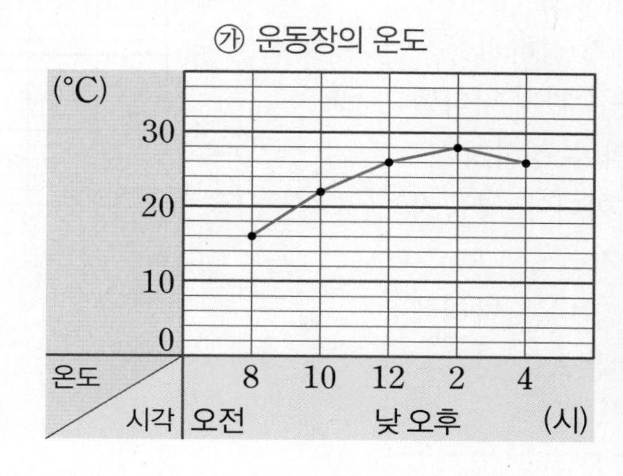

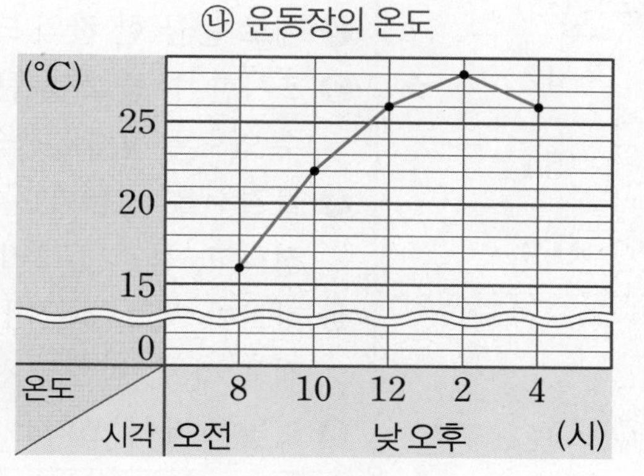

1 ㉮와 ㉯ 그래프의 세로 눈금 한 칸은 각각 몇 °C를 나타냅니까?

㉮ 그래프 (　　　　　　　　), ㉯ 그래프 (　　　　　　　　)

2 낮 12시부터 오후 2시까지 운동장의 온도는 몇 °C 올랐습니까?

(　　　　　　　　)

3 운동장의 온도가 2시간 전에 비해 낮아진 때는 몇 시입니까?

(　　　　　　　　)

4 운동장의 온도가 가장 많이 오른 때는 몇 시와 몇 시 사이입니까?

(　　　　　　　　)

5 ㉮와 ㉯ 그래프 중에서 운동장의 온도가 변화하는 모습이 더 잘 나타난 그래프는 어느 것입니까?

(　　　　　　　　)

꺾은선그래프로 나타내기

줄넘기 기록

날짜(일)	횟수(회)
1	42
2	54
3	60

→

자료를 꺾은선그래프로 나타내는 방법

❶ 가로와 세로에 나타낼 것을 정하기
❷ 세로 눈금 한 칸의 크기 정하기
❸ 조사한 수 중 가장 큰 수까지 나타낼 수 있도록 전체 눈금의 수 정하기
❹ 물결선을 넣는다면 어디에 넣을지 정하고, 물결선 그리기
❺ 가로와 세로 눈금이 만나는 자리에 점을 찍고, 점들을 선분으로 잇기
❻ 알맞은 제목 쓰기

→

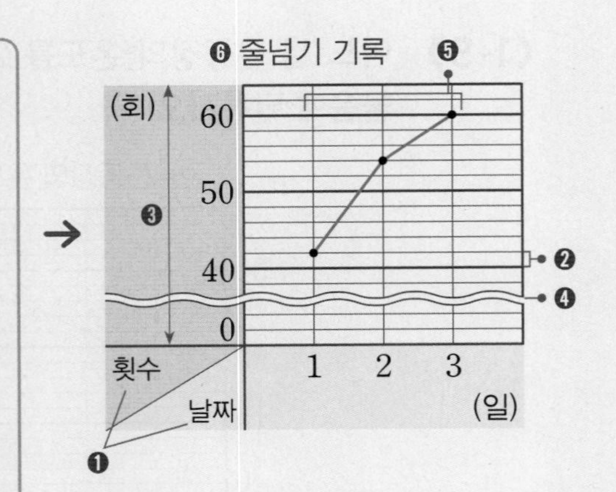

예제 1

어느 장난감 공장의 불량품 수를 일주일마다 조사하여 나타낸 표입니다. 표를 보고 꺾은선그래프로 나타내어 보시오.

불량품 수

날짜(일)	3	10	17	24	31
불량품 수(개)	7	3	6	10	13

(1) 꺾은선그래프의 가로에 날짜를 나타낸다면 세로에는 무엇을 나타내어야 합니까?

( )

(2) 세로 눈금 한 칸은 몇 개로 나타내는 것이 좋겠습니까?

( )

(3) 표를 보고 꺾은선그래프를 완성해 보시오.

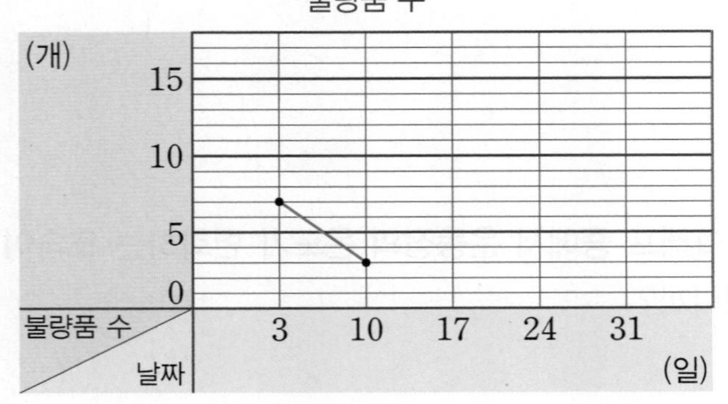

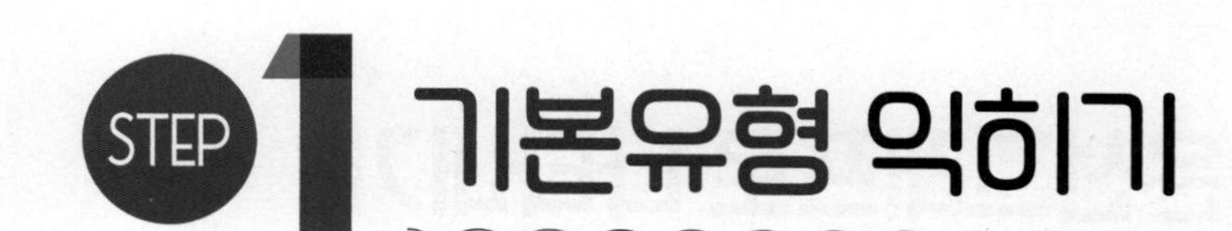

(1~4) 어느 지역의 날짜별 최고 기온을 조사하여 나타낸 표를 보고 꺾은선그래프로 나타내려고 합니다. 물음에 답하시오.

최고 기온

날짜(일)	1	2	3	4	5
기온(°C)	28	30	24	31	32

1 꺾은선그래프의 가로에 날짜를 나타낸다면 세로에는 무엇을 나타내어야 합니까?

( )

2 세로 눈금 한 칸은 몇 °C로 나타내는 것이 좋겠습니까?

( )

3 물결선을 넣는다면 몇 °C와 몇 °C 사이에 넣는 것이 좋겠습니까?

( )

4 표를 보고 꺾은선그래프로 나타내어 보시오.

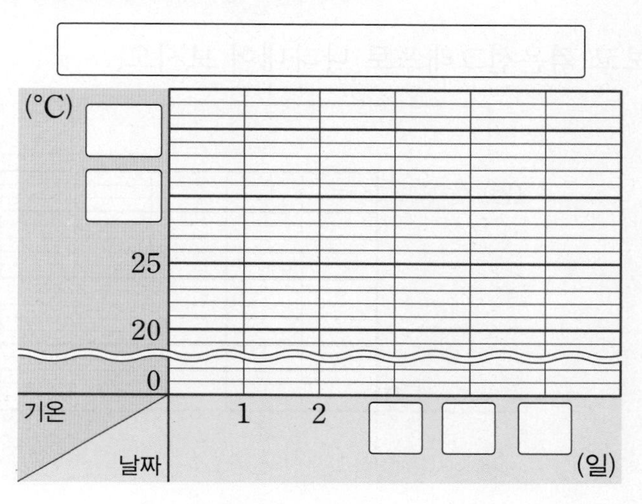

개념 4

자료를 조사하여 꺾은선그래프로 나타내기

❶ 자료 조사하기 → ❷ 자료를 표로 나타내기 → ❸ 표를 꺾은선그래프로 나타내기

<낮의 길이>

2월: 11시간
5월: 14시간
8월: 13시간
11월: 10시간

낮의 길이

월(월)	2	5	8	11
낮의 길이(시간)	11	14	13	10

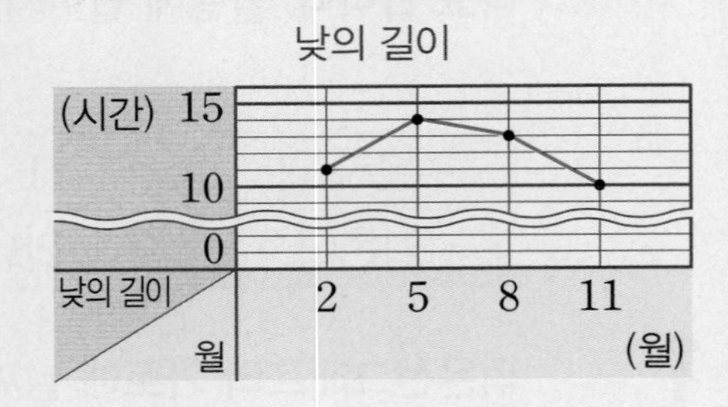

예제 1

유리네 학교의 누리집 방문자 수를 조사한 자료입니다. 자료를 보고 꺾은선그래프로 나타내어 보시오.

1일: 120명　2일: 160명　3일: 240명　4일: 320명　5일: 300명

(1) 조사한 자료를 보고 표로 나타내어 보시오.

유리네 학교 누리집 방문자 수

날짜(일)	1	2	3	4	5
방문자 수(명)					

(2) 표를 보고 꺾은선그래프로 나타낼 때, 가로와 세로에는 각각 무엇을 나타내는 것이 좋겠습니까?

가로 (　　　　　　　　), 세로 (　　　　　　　　)

(3) 표를 보고 꺾은선그래프로 나타내어 보시오.

(명)

0

(일)

STEP 1 기본유형 익히기

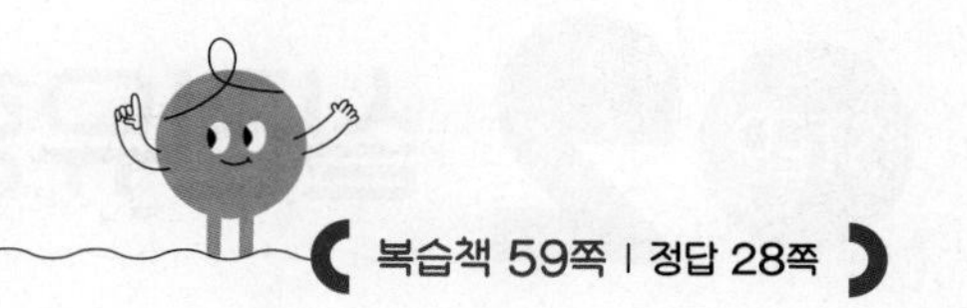

복습책 59쪽 | 정답 28쪽

(1~4) 아기 한 명의 키를 태어난 지 1개월부터 5개월까지 한 달마다 조사한 자료입니다. 물음에 답하시오.

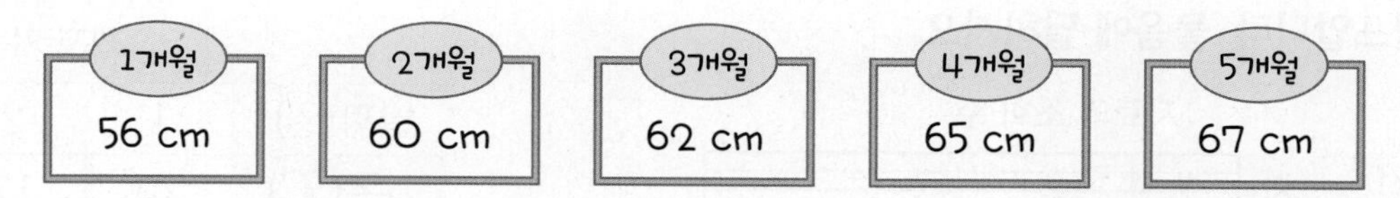

1 조사한 자료를 보고 표로 나타내어 보시오.

나이(개월)					
키(cm)					

2 표를 보고 물결선을 사용한 꺾은선그래프로 나타낼 때, 물결선을 몇 cm와 몇 cm 사이에 넣는 것이 좋겠습니까?

( )

3 표를 보고 꺾은선그래프로 나타내어 보시오.

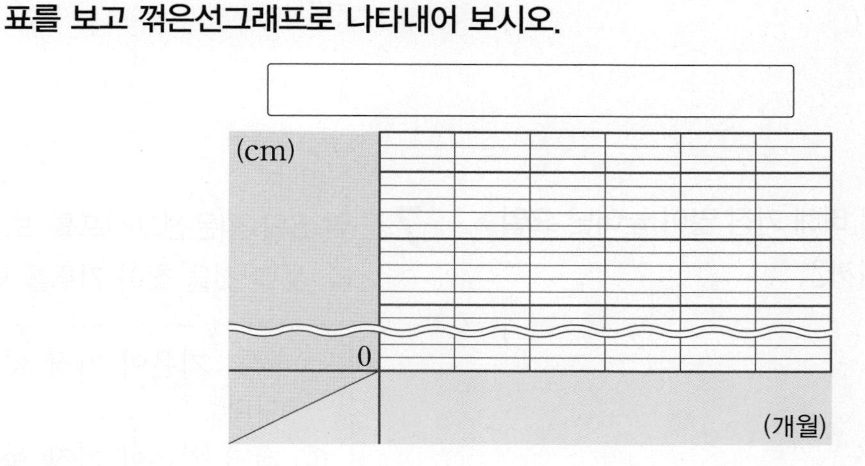

4 아기의 키가 가장 많이 자란 때는 몇 개월과 몇 개월 사이입니까?

( )

STEP 2 실전유형 다지기

교과서 pick 교과서에 자주 나오는 문제
교과 역량 생각하는 힘을 키우는 문제

(1~3) 새봄이네 학교 누리집에 올린 어느 자료의 조회 수를 요일별로 조사하여 나타낸 꺾은선그래프입니다. 물음에 답하시오.

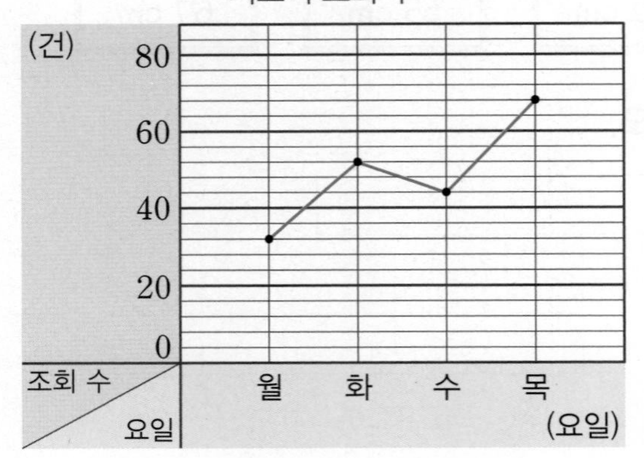

1 세로 눈금 한 칸은 몇 건을 나타냅니까?

(　　　　　　　　　)

2 화요일에는 월요일보다 조회 수가 몇 건 늘었습니까?

(　　　　　　　　　)

3 조회 수가 전날에 비해 가장 많이 늘어난 요일은 무슨 요일입니까?

(　　　　　　　　　)

4 일 년 동안 나의 키의 변화를 나타내기에 알맞은 그래프에 ○표 하시오.

막대그래프　　꺾은선그래프

(5~7) 어느 지역의 날짜별 최저 기온을 조사하여 나타낸 표입니다. 물음에 답하시오.

최저 기온

날짜(일)	1	2	3	4
기온(°C)	20	17	23	27

5 표를 보고 물결선을 사용한 꺾은선그래프로 나타내어 보시오.

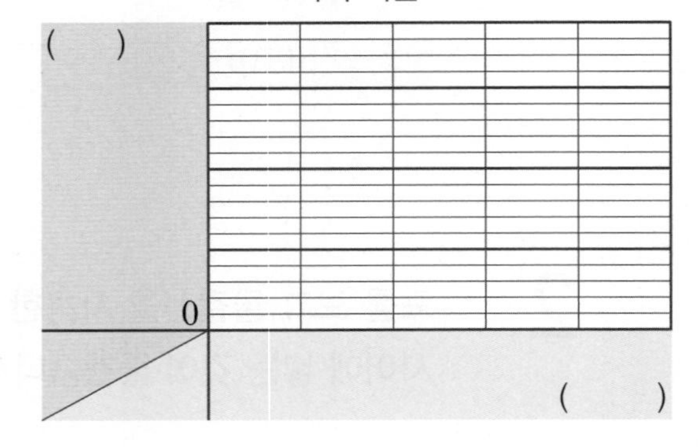

6 최저 기온이 전날에 비해 낮아진 날은 며칠입니까?

(　　　　　　　　　)

7 위 **5**의 꺾은선그래프를 보고 설명한 것입니다. 틀린 것을 찾아 기호를 써 보시오.

㉠ 최저 기온이 가장 낮은 날은 2일입니다.
㉡ 최저 기온이 가장 높은 날은 3일입니다.
㉢ 최저 기온이 전날에 비해 가장 많이 오른 날은 3일입니다.

(　　　　　　　　　)

(8~10) 소현이의 몸무게를 매월 1일에 조사하여 나타낸 표와 꺾은선그래프입니다. 물음에 답하시오.

소현이의 몸무게

월(월)	6	7	8	9
몸무게(kg)			37.1	37.4

소현이의 몸무게

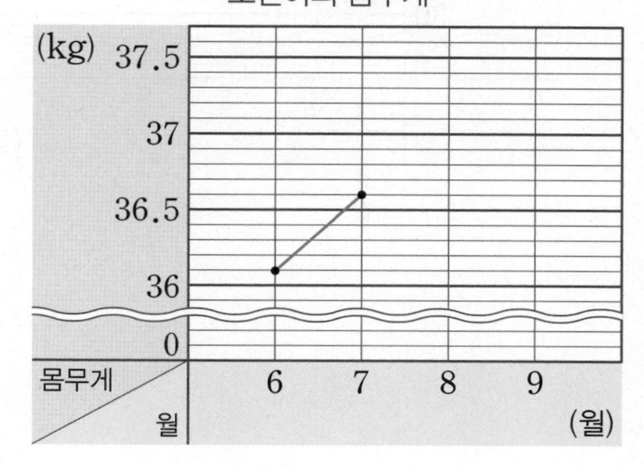

8 표와 꺾은선그래프를 완성해 보시오.

9 조사한 기간 동안 소현이의 몸무게는 몇 kg 늘었습니까?

( )

교과 역량 추론, 의사소통 서술형

10 10월 1일에는 소현이의 몸무게가 어떻게 될지 예상해 보고, 그렇게 예상한 이유를 써 보시오.

답 |

(11~12) 두 지역의 월별 출생아 수를 조사하여 나타낸 꺾은선그래프입니다. 물음에 답하시오.

(가) 지역의 출생아 수 (나) 지역의 출생아 수

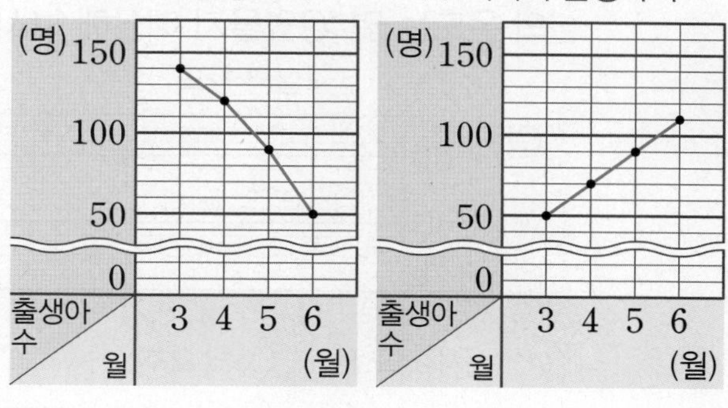

11 시간이 지나면서 출생아 수의 변화가 더 커지는 지역은 어디입니까?

( )

교과서 pick

12 어린이집을 만든다면 (가) 지역과 (나) 지역 중 어느 지역에 만드는 것이 좋겠습니까?

( )

13 어느 서점의 날짜별 소설책 판매량을 조사하여 나타낸 꺾은선그래프입니다. 1일부터 5일까지 판매한 소설책은 모두 몇 권입니까?

소설책 판매량

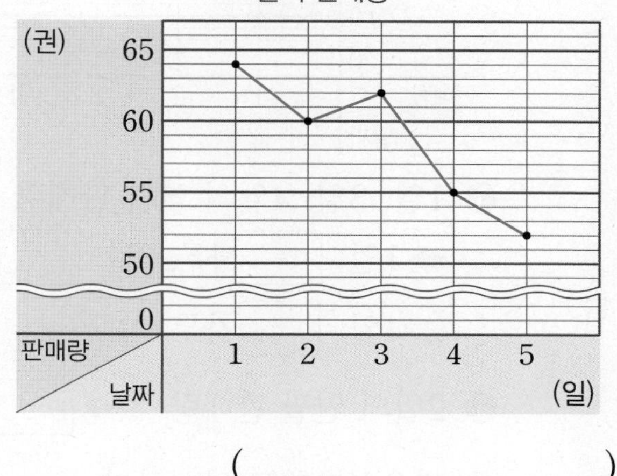

( )

STEP 3 응용유형 다잡기

교과서 pick

예제 1 어느 날 교실의 온도를 조사하여 나타낸 꺾은선그래프입니다. 오후 1시 30분의 교실의 온도는 몇 ℃였을지 예상해 보시오.

교실의 온도

(℃) 20 15 0

온도 / 시각: 11 12 1 2 (시)

오전 낮 오후

❶ 오후 1시의 교실의 온도 → ☐℃

❷ 오후 2시의 교실의 온도 → ☐℃

❸ 오후 1시 30분의 교실의 예상 온도 → ☐℃

유제 1 무궁화의 키를 매월 1일에 조사하여 나타낸 꺾은선그래프입니다. 4월 16일의 무궁화의 키는 몇 cm였을지 예상해 보시오.

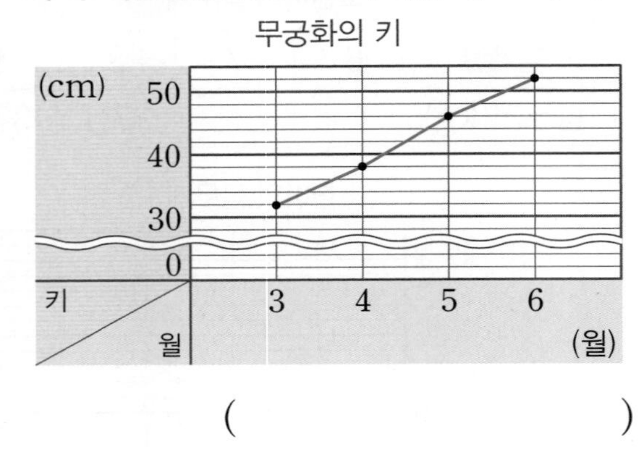

(   )

예제 2 어느 문방구의 날짜별 연필 판매량을 조사하여 나타낸 꺾은선그래프입니다. 1일부터 4일까지 판매한 연필이 모두 68자루일 때, 꺾은선그래프를 완성해 보시오.

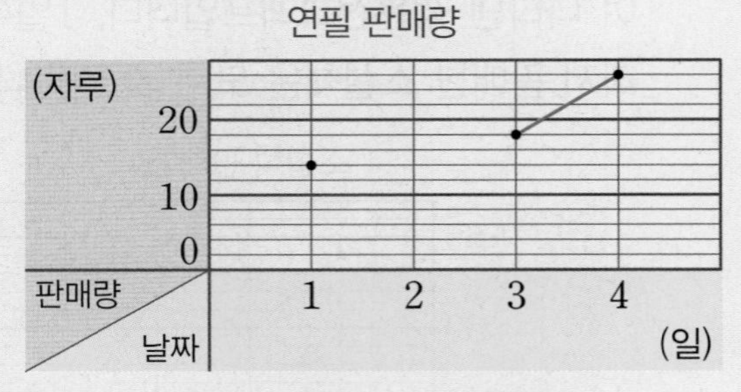

❶ 1일, 3일, 4일의 연필 판매량
→ 1일: ☐자루, 3일: ☐자루, 4일: ☐자루

❷ 2일의 연필 판매량 → ☐자루

❸ 꺾은선그래프 완성하기

유제 2 어느 공원의 연도별 방문객 수를 조사하여 나타낸 꺾은선그래프입니다. 2017년부터 2020년까지 공원의 방문객 수가 모두 254만 명일 때, 꺾은선그래프를 완성해 보시오.

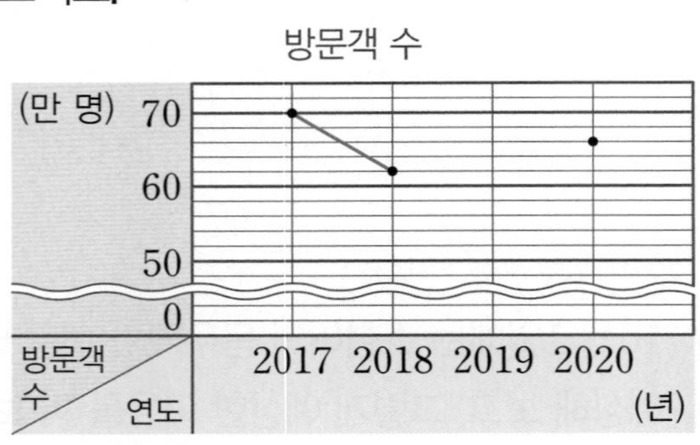

복습책 62쪽 | 정답 29쪽

교과서 pick

예제 3 어느 날 시각별 기온과 주스 판매량을 조사하여 나타낸 꺾은선그래프입니다. 기온 변화가 가장 컸을 때, 주스 판매량은 몇 잔 늘었는지 구해 보시오.

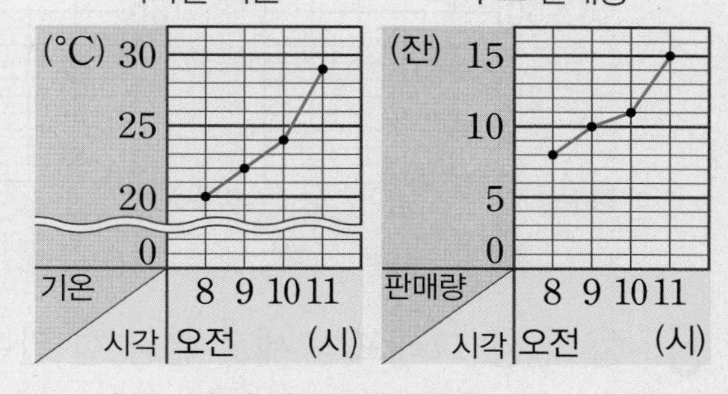

❶ 기온 변화가 가장 컸을 때
→ 오전 ☐시와 오전 ☐시 사이

❷ 기온 변화가 가장 컸을 때, 늘어난 주스 판매량 → ☐잔

유제 3 어느 날 시각별 기온과 코코아 판매량을 조사하여 나타낸 꺾은선그래프입니다. 기온 변화가 가장 컸을 때, 코코아 판매량은 몇 잔 늘었는지 구해 보시오.

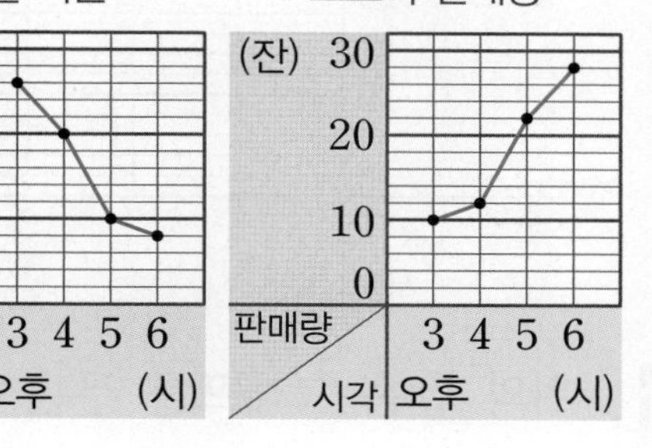

( )

예제 4 어느 지역의 최고 기온과 최저 기온을 각각 조사하여 나타낸 꺾은선그래프입니다. 최고 기온과 최저 기온의 차가 가장 큰 때의 기온의 차를 구해 보시오.

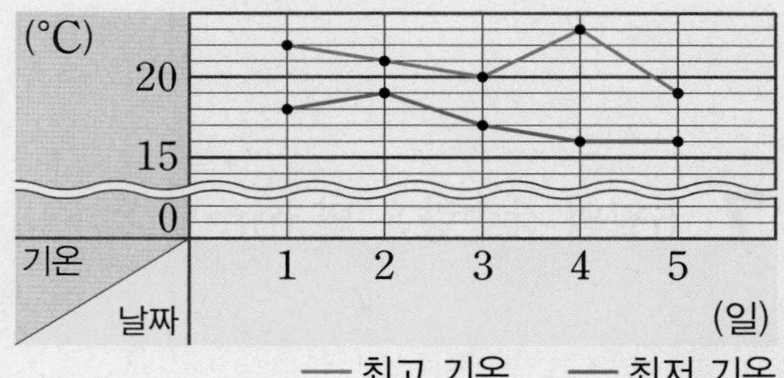

❶ 최고 기온과 최저 기온의 차가 가장 큰 때 → ☐일

❷ 최고 기온과 최저 기온의 차가 가장 큰 때의 기온의 차 → ☐°C

유제 4 두 나무의 키를 각각 매월 1일에 조사하여 나타낸 꺾은선그래프입니다. 두 나무의 키의 차가 가장 큰 때의 키의 차를 구해 보시오.

두 나무의 키

(m) 4, 3.5, 3, 0 / 키, 월 / 3 4 5 6 7 (월)

— (가) 나무의 키 — (나) 나무의 키

( )

단원 마무리

(1~3) 어느 날 강물의 수온을 한 시간마다 조사하여 나타낸 그래프입니다. 물음에 답하시오.

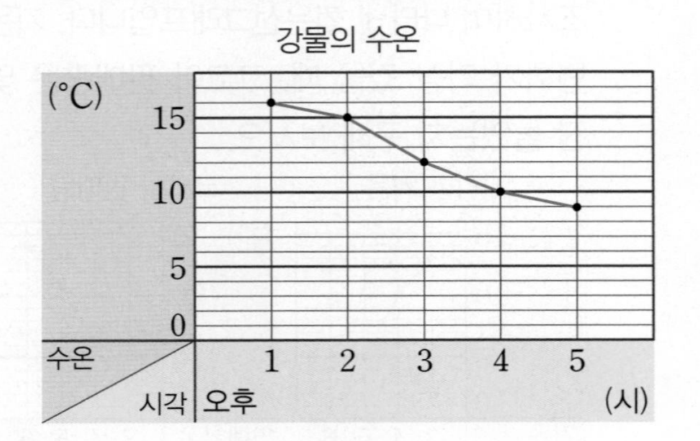

1 위와 같은 그래프를 무슨 그래프라고 합니까?

( )

2 그래프의 가로와 세로는 각각 무엇을 나타냅니까?

가로 ( )

세로 ( )

3 꺾은선은 무엇을 나타냅니까?

( )

4 조사 내용을 나타내기에 알맞은 그래프를 찾아 기호를 써 보시오.

㉠ 월별 수도 사용량의 변화
㉡ 우리 반 학생들이 좋아하는 간식
㉢ 65세 이상 고령자 인구의 변화
㉣ 유진이가 가지고 있는 종류별 책의 수

막대그래프	꺾은선그래프

(5~8) 어느 지역의 월별 강수량을 조사하여 두 꺾은선그래프로 나타내었습니다. 물음에 답하시오.

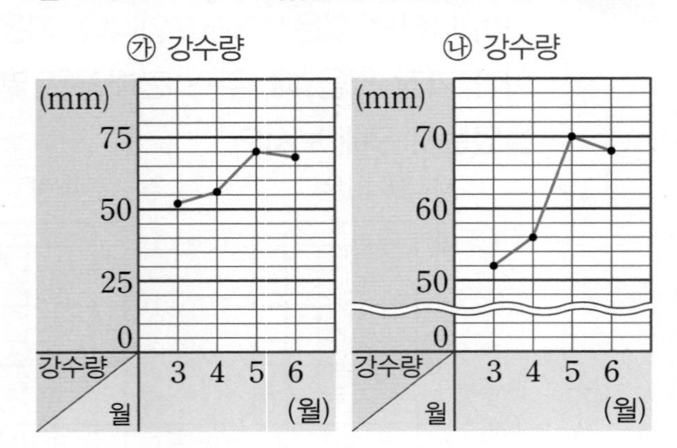

5 ㉮와 ㉯ 그래프의 세로 눈금 한 칸은 각각 몇 mm를 나타냅니까?

㉮ 그래프 ( )

㉯ 그래프 ( )

6 □ 안에 알맞은 말을 써넣으시오.

㉯ 그래프에서는 필요 없는 부분을 □ 을(를) 사용하여 줄여서 나타내었습니다.

7 6월의 강수량은 몇 mm입니까?

( )

교과서에 꼭 나오는 문제

8 강수량이 가장 많은 달은 몇 월입니까?

( )

(9~11) 어느 과수원의 연도별 사과 수확량을 조사하여 나타낸 표입니다. 물음에 답하시오.

사과 수확량

연도(년)	2017	2018	2019	2020
수확량(상자)	220	270	300	320

9 표를 보고 물결선을 사용한 꺾은선그래프로 나타낼 때, 물결선은 몇 상자와 몇 상자 사이에 넣는 것이 좋겠습니까?

( )

10 표를 보고 꺾은선그래프로 나타내어 보시오.

사과 수확량

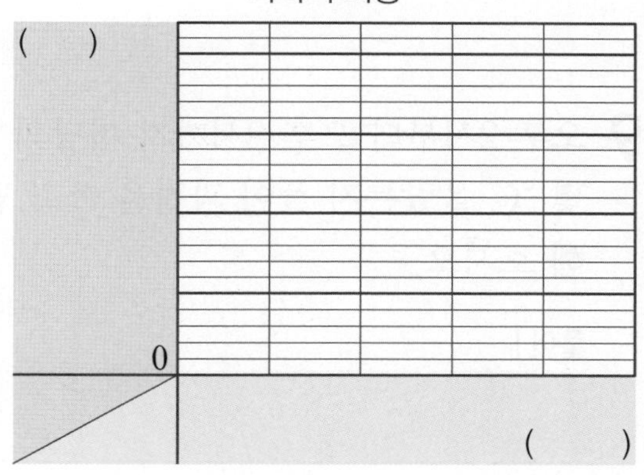

11 2021년에는 사과 수확량이 어떻게 될지 예상해 보시오.

( )

(12~15) 윤지네 아파트의 요일별 쓰레기 배출량을 조사하여 나타낸 표와 꺾은선그래프입니다. 물음에 답하시오.

쓰레기 배출량

요일(요일)	월	화	수	목	금
배출량(kg)	522	510			526

쓰레기 배출량

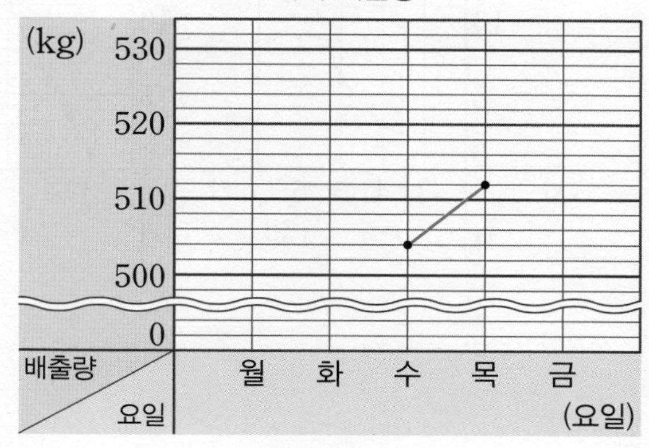

12 표와 꺾은선그래프를 완성해 보시오.

13 수요일에는 화요일보다 쓰레기 배출량이 몇 kg 줄었습니까?

( )

14 쓰레기 배출량이 전날에 비해 가장 많이 늘어난 요일은 무슨 요일입니까?

( )

잘 틀리는 문제

15 쓰레기 배출량이 가장 많은 요일과 가장 적은 요일의 배출량의 차는 몇 kg입니까?

( )

16 두 식물의 키를 매월 1일에 조사하여 나타낸 꺾은선그래프입니다. 처음에는 천천히 자라다가 시간이 지나면서 빠르게 자라는 식물은 어느 것입니까?

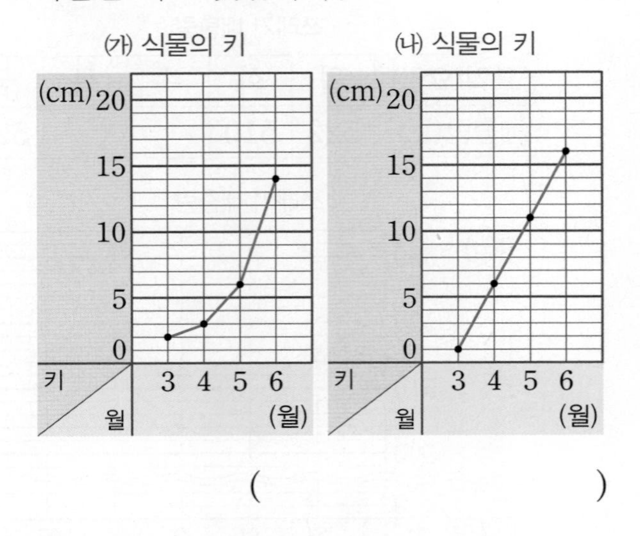

(　　　　　　　　)

잘 틀리는 문제

17 태영이의 월별 국어와 수학 시험 점수를 조사하여 나타낸 꺾은선그래프입니다. 국어 점수와 수학 점수의 차가 가장 큰 달의 두 과목 점수의 차는 몇 점입니까?

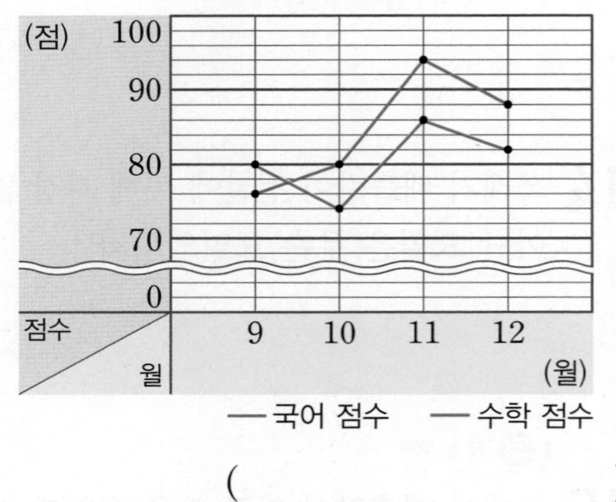

(　　　　　　　　)

서술형 문제

(18~20) 어느 날 마당의 온도를 한 시간마다 조사하여 나타낸 꺾은선그래프입니다. 물음에 답하시오.

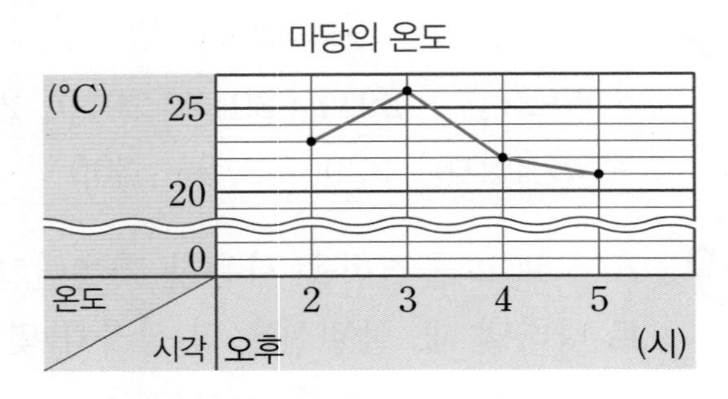

18 마당의 온도가 가장 낮은 때는 몇 시인지 풀이 과정을 쓰고 답을 구해 보시오.

풀이 |

답 |

19 오후 2시부터 오후 3시까지 마당의 온도는 몇 °C 올랐는지 풀이 과정을 쓰고 답을 구해 보시오.

풀이 |

답 |

20 오후 3시 30분의 마당의 온도는 몇 °C였을지 예상해 보고, 그렇게 예상한 이유를 써 보시오.

답 |

퍼즐 속 단어를 맞혀라!

○ 가로 힌트와 세로 힌트를 보고 퍼즐 속 단어를 맞혀 보세요.

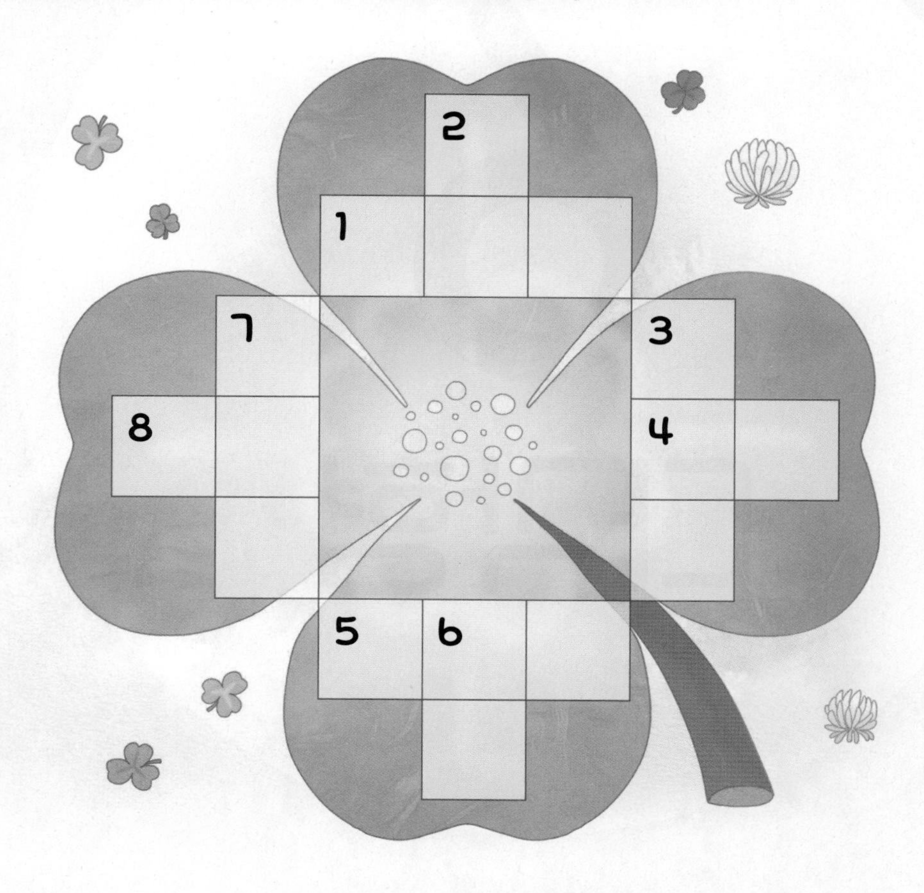

→ 가로 힌트

1. 추위를 막기 위해 목에 두르는 물건
4. 물건을 넣어 들거나 메고 다닐 수 있도록 만든 주머니
5. 종에서 나는 소리
8. 사는 곳을 다른 곳으로 옮김

↓ 세로 힌트

2. 바다에 이는 물결
3. 음식을 집을 때 쓰는 한 벌의 막대기
6. 짠 맛이 나는 흰색의 물질
7. 설탕을 기계로 돌려 솜처럼 부풀려 만든 사탕

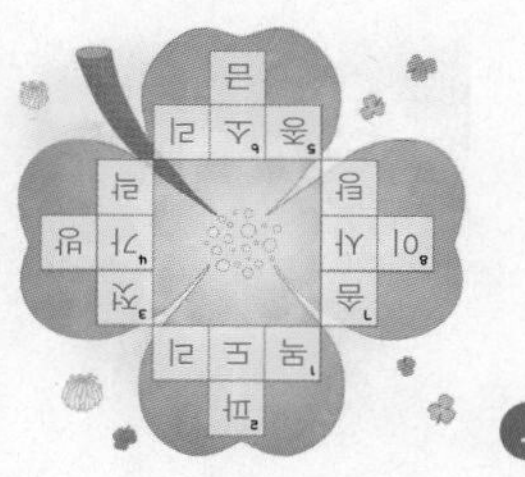

6
다각형

이전에 배운 내용	이번에 배울 내용	이후에 배울 내용
2-1 여러 가지 도형 삼각형, 사각형, 오각형, 육각형 **3-1 평면도형** 꼭짓점, 변 **4-1 각도** • 각도 • 삼각형의 세 각의 크기의 합, 사각형의 네 각의 크기의 합 **4-2 사각형** 수직과 평행, 사각형 분류하기	**1 다각형** **2 정다각형** **3 대각선** **4 모양 만들기와 채우기**	**5-2 직육면체** 직육면체, 정육면체 **6-1 각기둥과 각뿔** 각기둥, 각뿔

준비학습

1 □ 안에 알맞은 말을 써넣으시오.

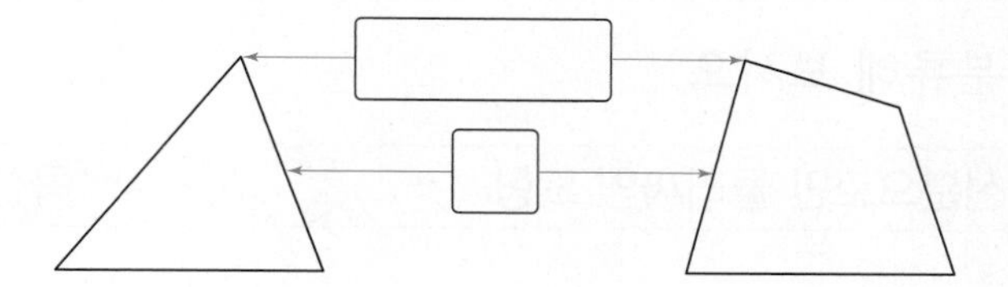

2 도형을 보고 빈칸에 알맞은 수나 말을 써넣으시오.

도형	(삼각형 그림)	(오각형 그림)
변의 수(개)		
꼭짓점의 수(개)		
이름		

정답 1 꼭짓점 / 변 2 3, 5 / 3, 5 / 삼각형, 오각형

다각형

◆ 다각형 → 多角形(많을 다, 뿔 각, 모양 형)

선분으로만 둘러싸인 도형 → 다각형

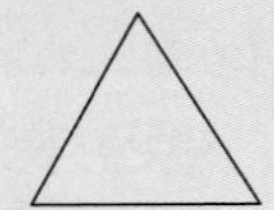  

◆ 다각형의 이름

다각형의 이름은 **변의 수**에 따라 정해집니다.

다각형	(오각형 그림)	(육각형 그림)	(칠각형 그림)
변의 수(개)	5	6	7
이름	오각형	육각형	칠각형

+ 다각형이 아닌 도형

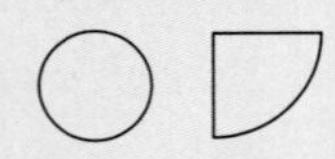

⇨ 곡선이 있는 도형은 다각형이 아닙니다.

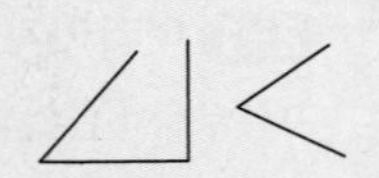

⇨ 선분으로 완전히 둘러싸여 있지 않으므로 다각형이 아닙니다.

예제 1 도형을 보고 물음에 답하시오.

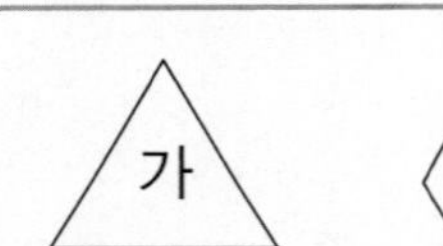

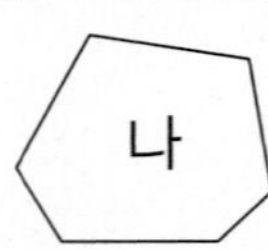

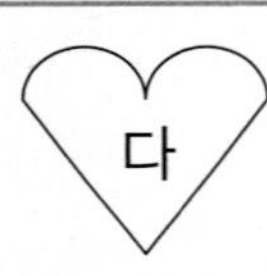

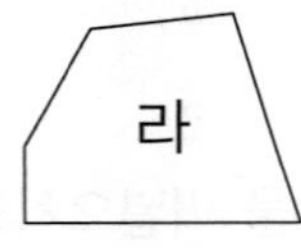

마

(1) 도형을 분류해 보시오.

선분으로만 둘러싸인 도형	곡선이 있는 도형

(2) □ 안에 알맞은 말을 써넣으시오.

선분으로만 둘러싸인 도형을 □(이)라고 합니다.

예제 2 다각형의 변의 수를 구하고, 다각형의 이름을 알아보시오.

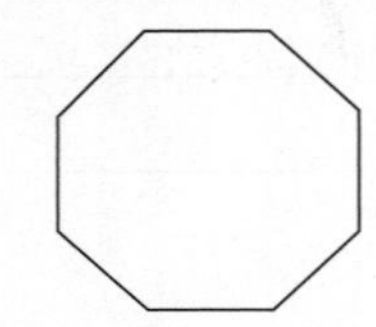

변의 수 (　　　　)

다각형의 이름 (　　　　)

STEP 1 기본유형 익히기

복습책 66쪽 | 정답 31쪽

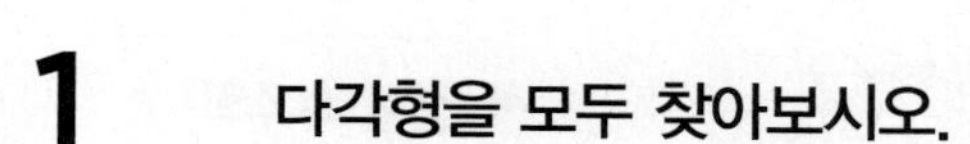

1 다각형을 모두 찾아보시오.

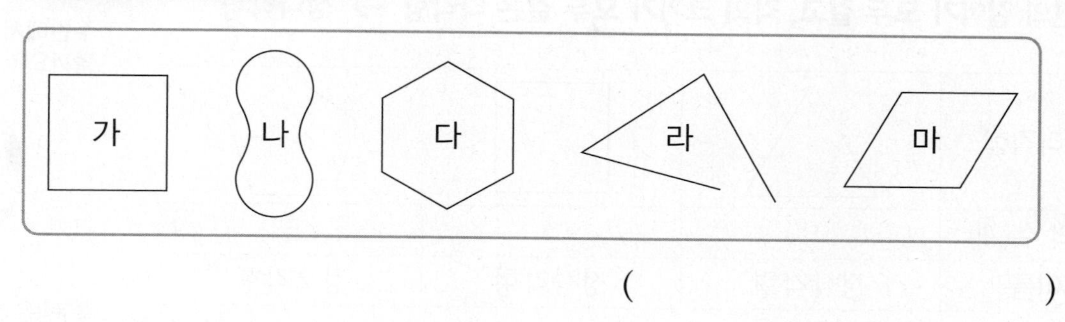

( )

2 관계있는 것끼리 선으로 이어 보시오.

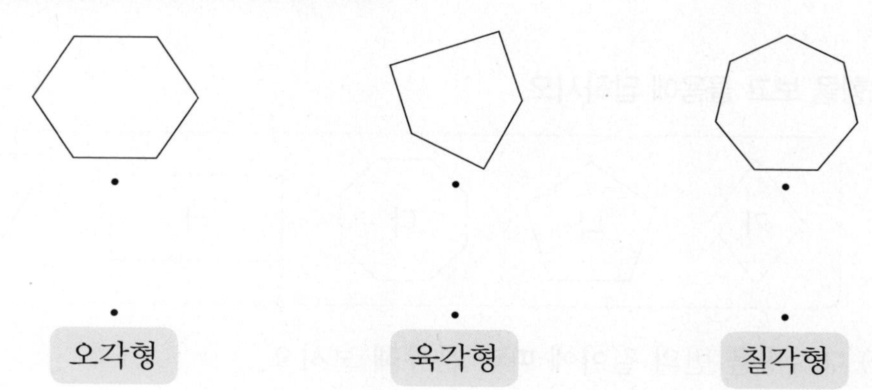

3 점 종이에 그려진 선분을 이용하여 다각형을 완성해 보시오.

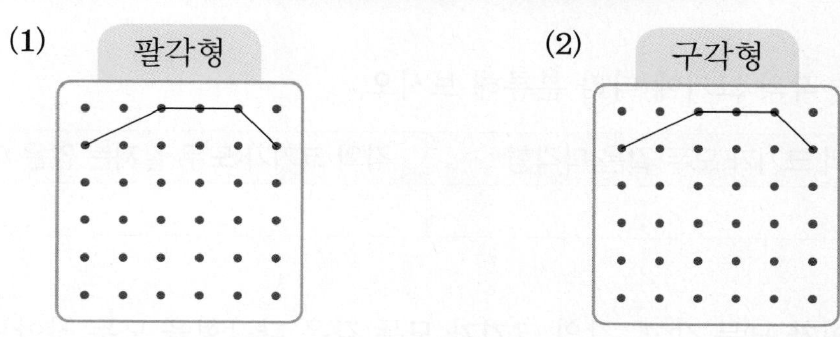

4 표를 완성하고, 알맞은 말에 ○표 하시오.

다각형	육각형	팔각형	구각형
변의 수(개)			
꼭짓점의 수(개)			

⇨ 다각형에서 변의 수와 꼭짓점의 수는 (같습니다 , 다릅니다).

개념 2 정다각형

正多角形(바를 정, 많을 다, 뿔 각, 모양 형)

변의 길이가 모두 같고, 각의 크기가 모두 같은 다각형 → 정다각형

정다각형	(삼각형 그림)	(사각형 그림)	(오각형 그림)
변의 수(개)	3	4	5
이름	정삼각형	정사각형	정오각형

정다각형의 이름은 변의 수에 따라 정해집니다.

생활 속 수학

주변에서 정다각형을 찾아 볼까요?

▲ 축구공

축구공은 정오각형 12개와 정육각형 20개로 이루어져 있어요.

예제 1

도형을 보고 물음에 답하시오.

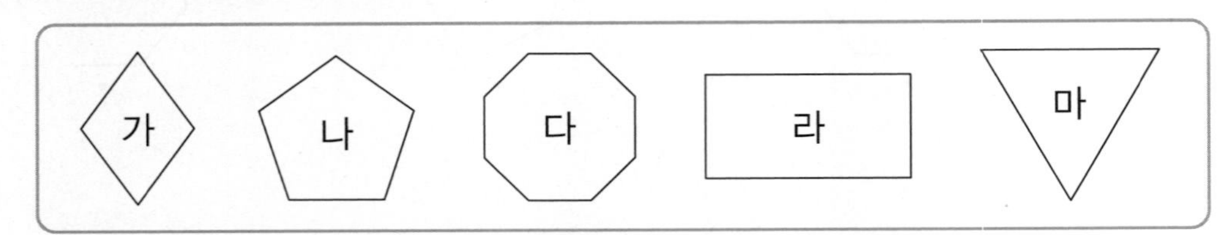

(1) 다각형을 변의 길이에 따라 분류해 보시오.

변의 길이가 모두 같은 다각형	변의 길이가 모두 같지는 않은 다각형

(2) 다각형을 각의 크기에 따라 분류해 보시오.

각의 크기가 모두 같은 다각형	각의 크기가 모두 같지는 않은 다각형

(3) 변의 길이가 모두 같고, 각의 크기가 모두 같은 다각형을 모두 찾아보시오.

( )

(4) □ 안에 알맞은 말을 써넣으시오.

변의 길이가 모두 같고, 각의 크기가 모두 같은 다각형을 □(이)라고 합니다.

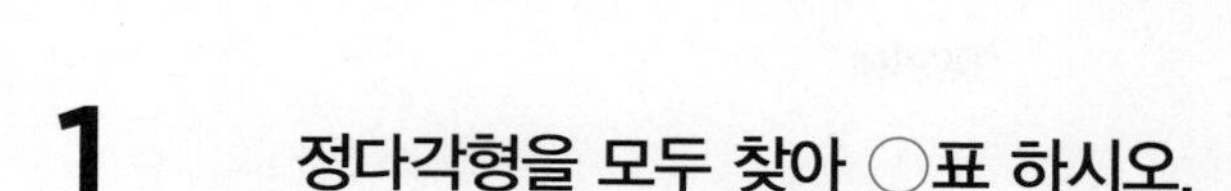

STEP 1 기본유형 익히기

복습책 66쪽 | 정답 31쪽

1 정다각형을 모두 찾아 ○표 하시오.

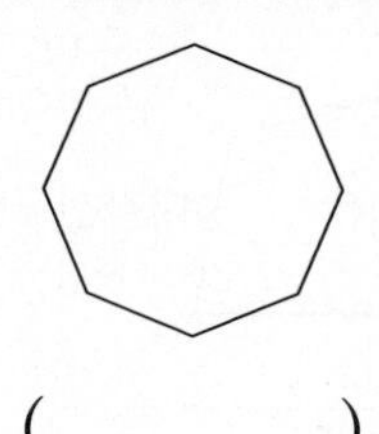 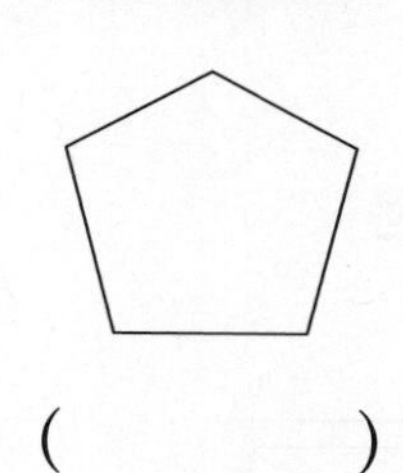 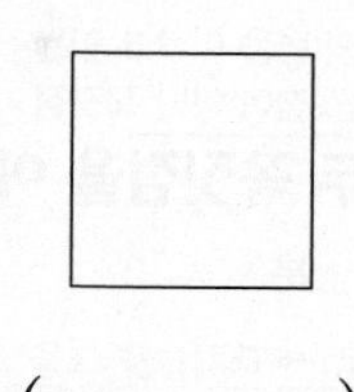 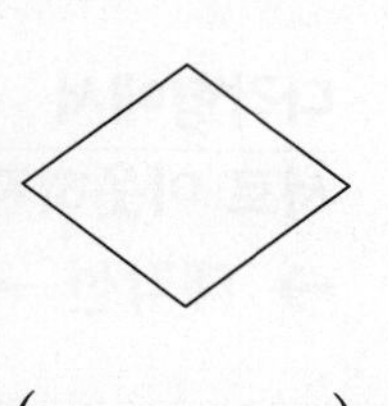

(　　　) (　　　) (　　　) (　　　)

2 정다각형의 이름을 써 보시오.

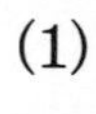

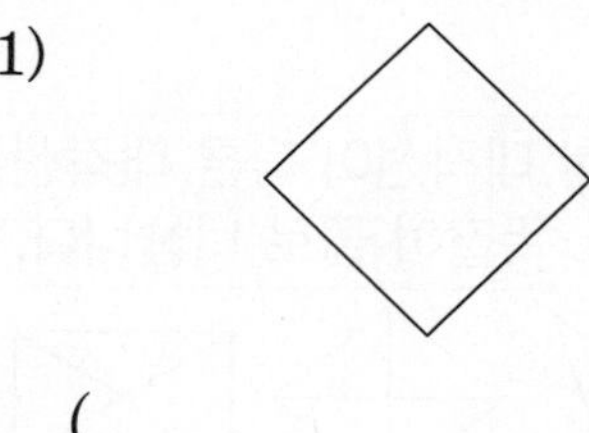

(　　　　　)

(2)

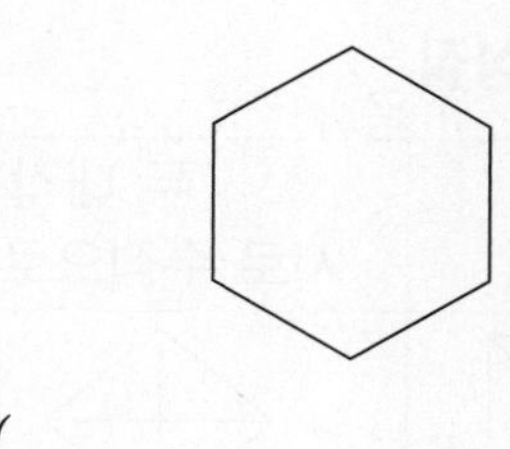

(　　　　　)

3 설명하는 도형의 이름을 써 보시오.

- 선분으로만 둘러싸인 도형입니다.
- 변이 5개이고, 그 길이가 모두 같습니다.
- 각의 크기가 모두 같습니다.

(　　　　　)

4 도형은 정다각형입니다. □ 안에 알맞은 수를 써넣으시오.

(1) □ cm

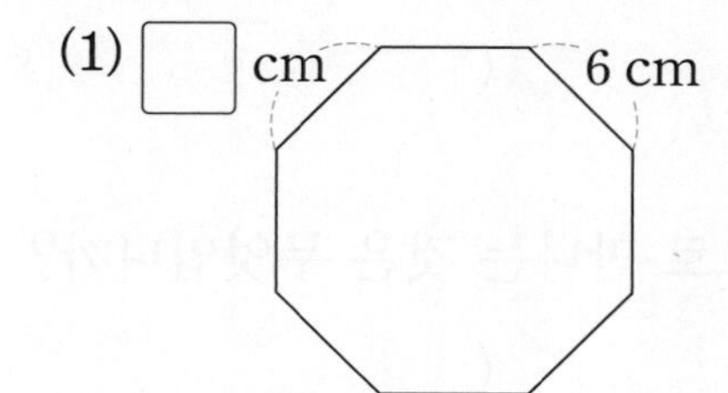

(2)

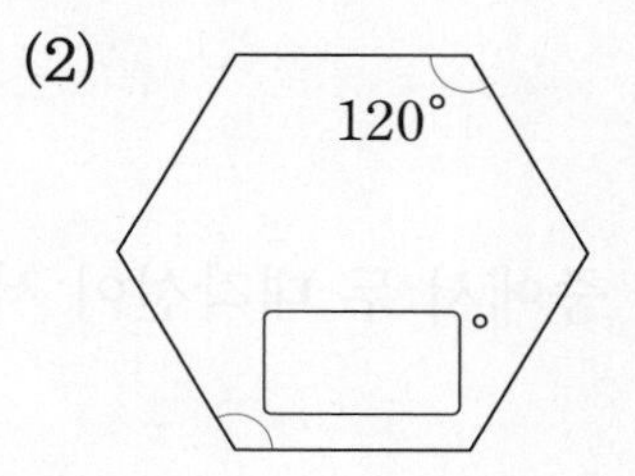

대각선

◆ 대각선 ➝ 對角線(대할 대, 뿔 각, 줄 선)

다각형에서 ➝ 하나의 변을 이루고 있는 두 꼭짓점이 아닌 꼭짓점

서로 이웃하지 않는 두 꼭짓점을 이은 선분

→ **대각선** ➝ 선분 ㄱㄷ, 선분 ㄴㄹ

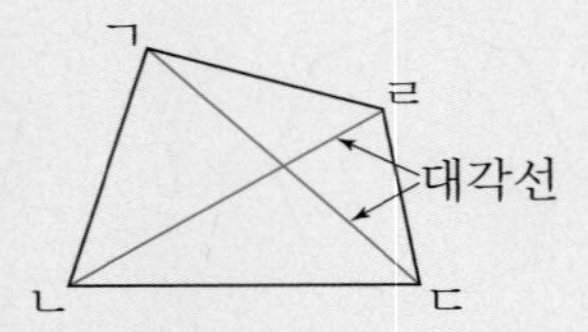

다각형	(삼각형) 대각선을 그을 수 없습니다.	(사각형)	(오각형)
대각선의 수(개)	0	2	5

⇨ 다각형의 꼭짓점의 수가 많을수록 대각선의 수가 많습니다.

◆ 사각형의 대각선의 성질

두 대각선의 길이가 같습니다.	두 대각선이 서로 수직으로 만납니다.	한 대각선이 다른 대각선을 똑같이 둘로 나눕니다.
직사각형, 정사각형	마름모, 정사각형	평행사변형, 마름모, 직사각형, 정사각형

예제 **1** 다각형을 보고 물음에 답하시오.

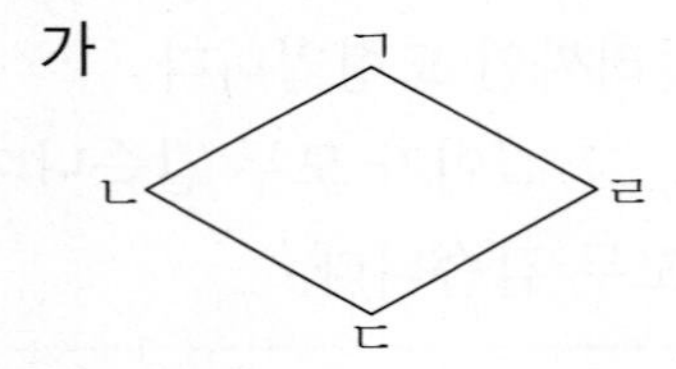

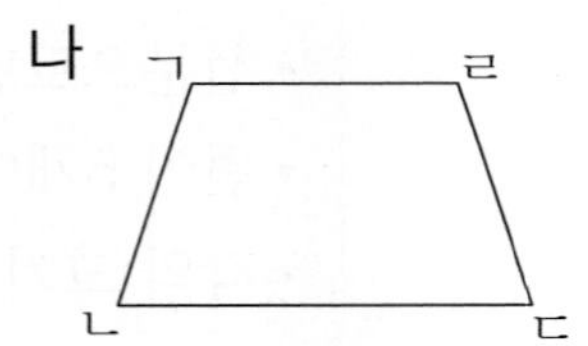

(1) 가와 나에서 꼭짓점 ㄱ과 이웃하지 않는 꼭짓점을 찾아 선분으로 이어 보시오.

(2) 가와 나에서 꼭짓점 ㄴ과 이웃하지 않는 꼭짓점을 찾아 선분으로 이어 보시오.

(3) 위 (1)과 (2)에서 그린 선분을 무엇이라고 합니까?

( )

(4) 가와 나 중에서 두 대각선이 서로 수직으로 만나는 것은 무엇입니까?

( )

복습책 67쪽 | 정답 31쪽

1 사각형 ㄱㄴㄷㄹ에서 대각선을 모두 찾아 써 보시오.

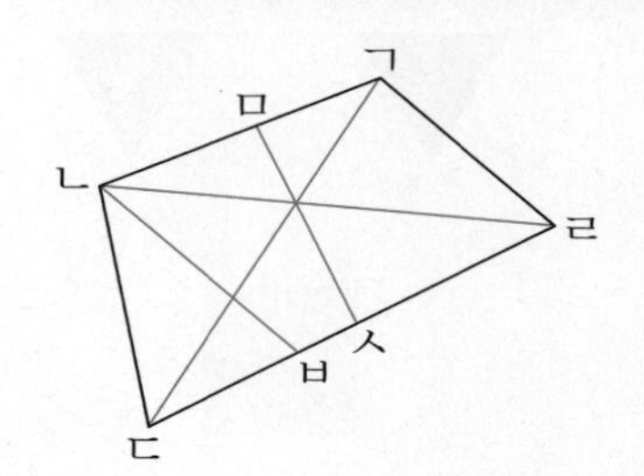

선분 [ ], 선분 [ ]

2 도형에 대각선을 모두 그어 보고, 대각선의 수를 세어 보시오.

대각선의 수를 셀 때, 중복하거나 빠뜨리지 않도록 주의해요!

(1)

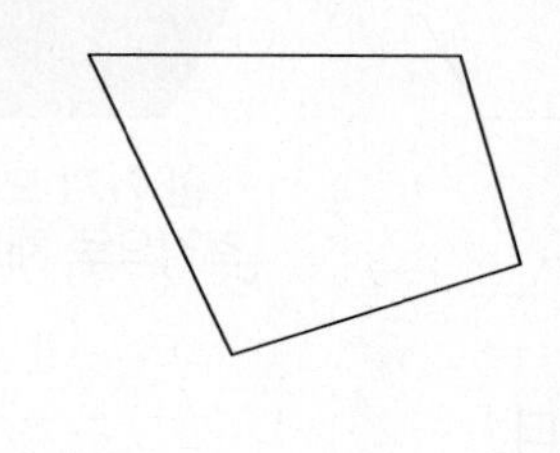

( )

(2)

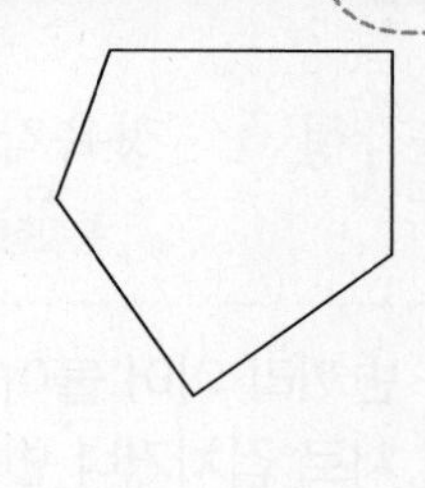

( )

3 대각선을 그을 수 없는 도형을 찾아 ○표 하시오.

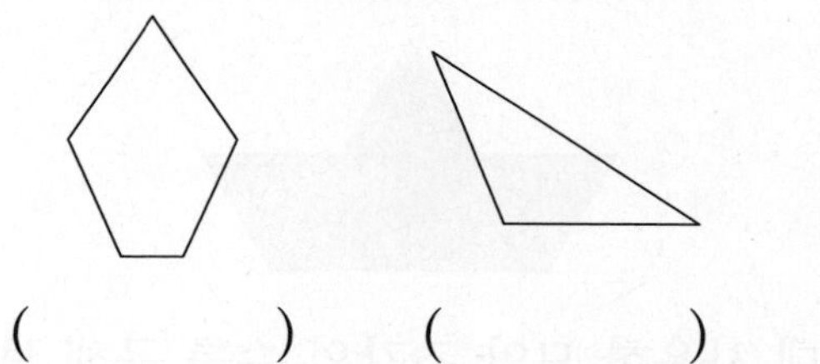

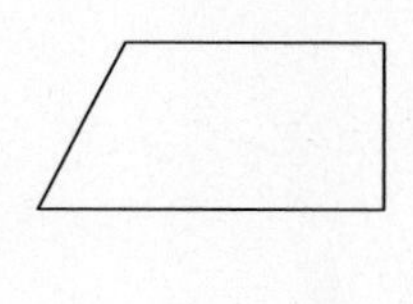

( ) ( ) ( )

4 사각형을 보고 물음에 답하시오.

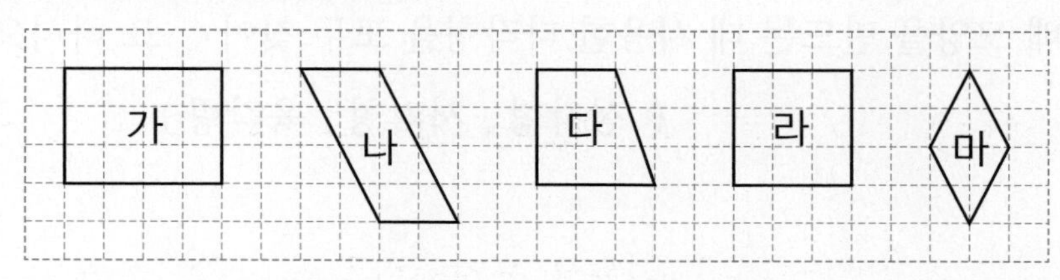

(1) 두 대각선의 길이가 같은 사각형을 모두 찾아보시오.

( )

(2) 두 대각선이 서로 수직으로 만나는 사각형을 모두 찾아보시오.

( )

개념 4 모양 만들기와 채우기

◆ **모양 조각**

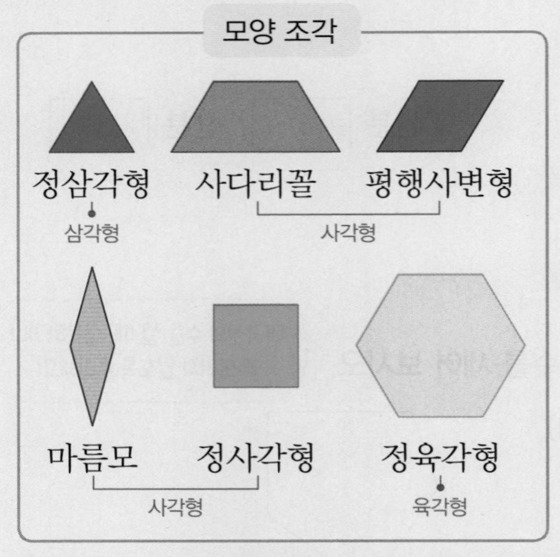

◆ **모양 조각으로 모양 만들기**

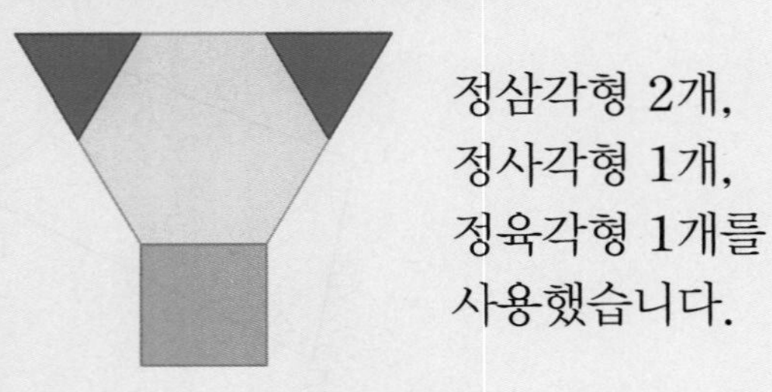

정삼각형 2개, 정사각형 1개, 정육각형 1개를 사용했습니다.

◆ **모양 조각으로 모양 채우기**

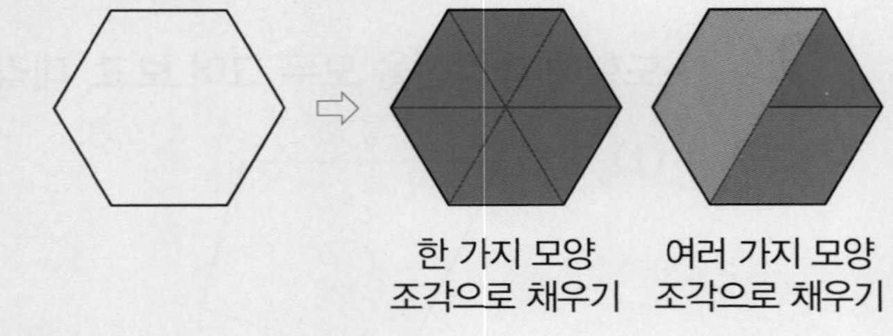

참고 • 모양 조각을 변끼리 이어 붙여 모양을 만듭니다.
• 모양 조각이 서로 겹치거나 빈틈이 생기지 않게 채웁니다.

예제 1 **모양 조각으로 배 모양을 어떻게 만들었는지 알아보시오.**

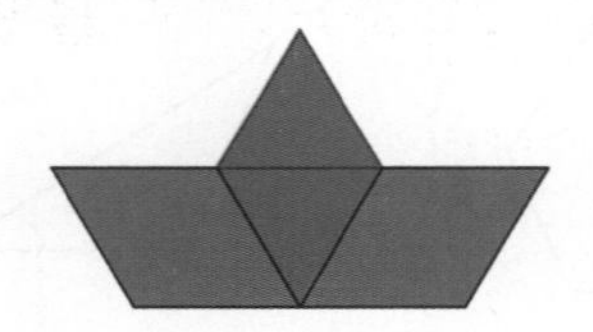

(1) 배 모양을 만드는 데 사용한 모양 조각의 수를 구해 보시오.

(2) 배 모양을 만드는 데 사용한 다각형을 모두 찾아 ○표 하시오.

(삼각형 , 사각형 , 육각형)

예제 2 **왼쪽 모양 조각을 여러 번 사용하여 오른쪽 정육각형을 채워 보시오.** 활동지

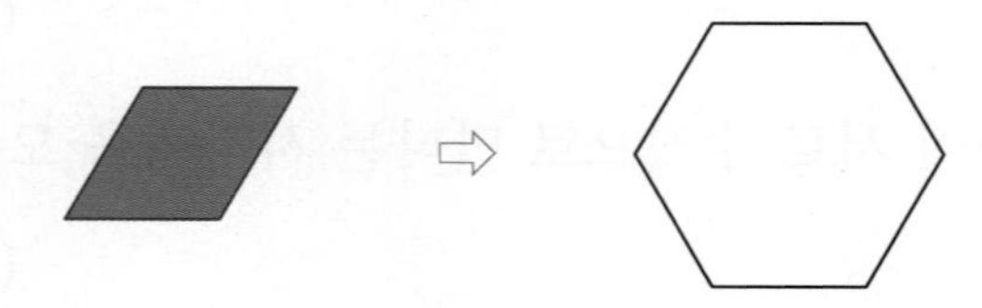

STEP 1 기본유형 익히기

복습책 68쪽 | 정답 32쪽

1 오리 모양을 만드는 데 사용한 다각형을 모두 찾아 ○표 하시오.

정삼각형	사다리꼴	평행사변형
직각삼각형	정사각형	정육각형

2 왼쪽 모양 조각을 여러 번 사용하여 오른쪽 모양을 채우려면 모양 조각은 몇 개 필요합니까?

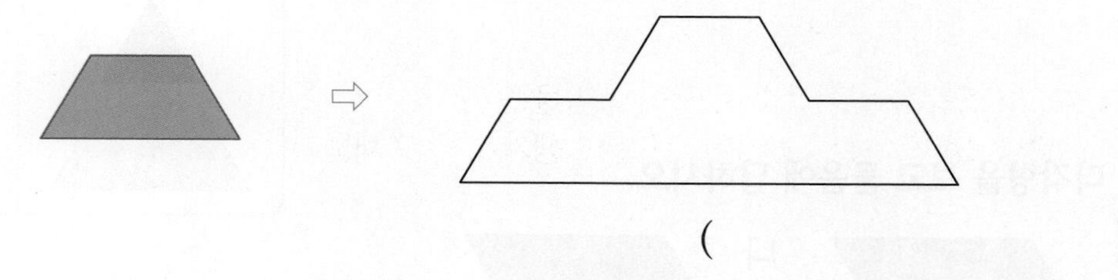

( )

3 2가지 모양 조각을 모두 사용하여 사각형을 만들어 보시오. (단, 같은 모양 조각을 여러 번 사용할 수 있습니다.)

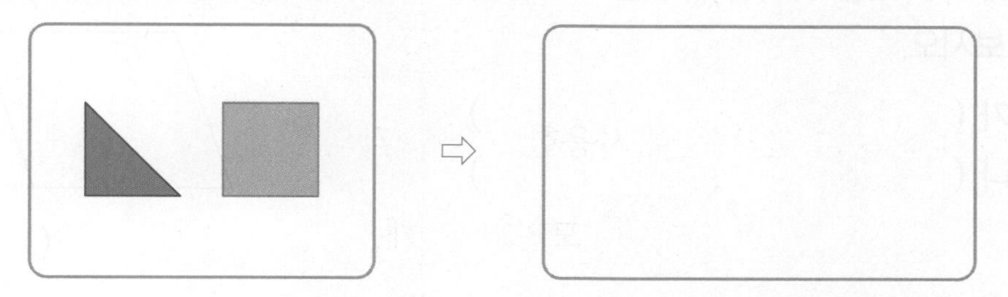

4 2가지 모양 조각을 모두 사용하여 주어진 모양을 채우려고 합니다. ▲ 모양 조각은 몇 개 필요합니까? (단, 같은 모양 조각을 여러 번 사용할 수 있습니다.)

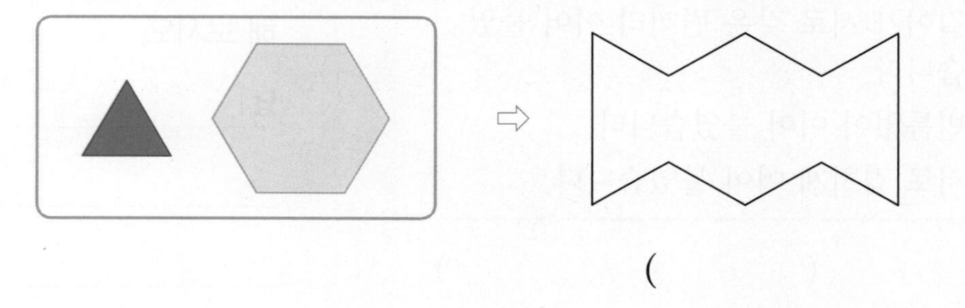

( )

교과서 pick 교과서에 자주 나오는 문제
교과 역량 생각하는 힘을 키우는 문제

1 여러 가지 모양의 시계를 보고 다각형 모양을 모두 찾아 기호를 써 보시오.

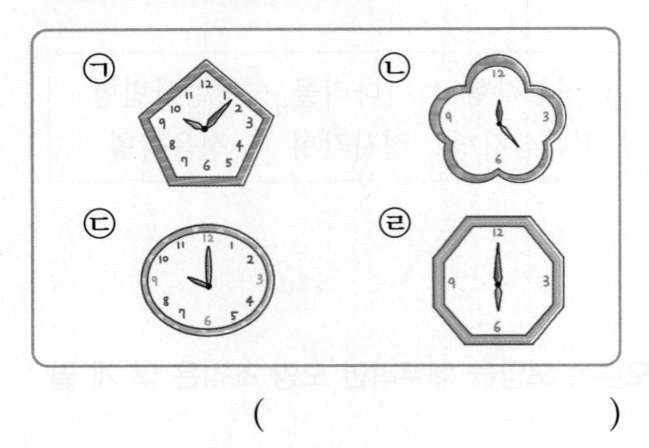

( )

(2~3) 다각형을 보고 물음에 답하시오.

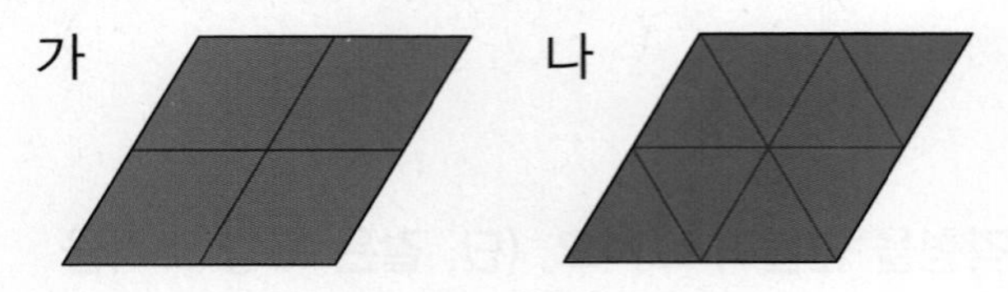

2 모양을 채우고 있는 다각형의 이름과 개수를 각각 써 보시오.

가 (,)
나 (,)

3 모양 채우기 방법을 잘못 설명한 것을 찾아 기호를 써 보시오.

㉠ 길이가 서로 같은 변끼리 이어 붙였습니다.
㉡ 빈틈없이 이어 붙였습니다.
㉢ 서로 겹치게 이어 붙였습니다.

( )

4 크기가 다른 정육각형을 2개 그려 보시오.

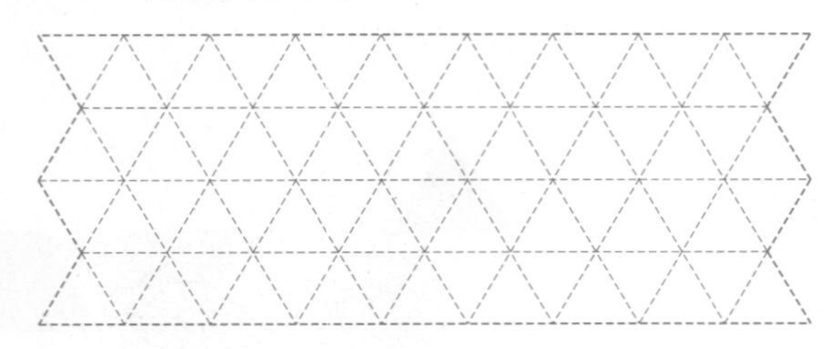

5 2가지 모양 조각을 한 번씩만 모두 사용하여 평행사변형을 만들어 보시오.

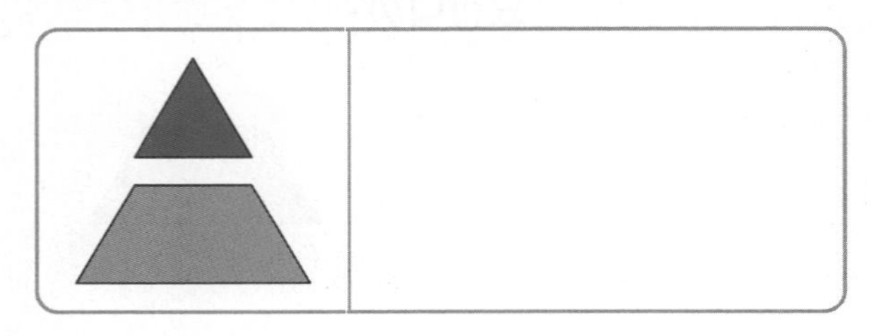

6 두 도형에 대각선을 모두 그어 보고, 대각선의 수를 모두 더하면 몇 개인지 구해 보시오.

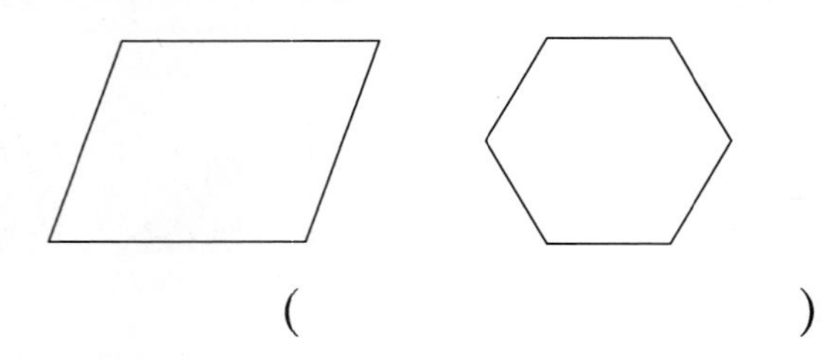

( )

교과 역량 추론, 의사소통 개념 확인 서술형

7 오른쪽 도형이 정다각형인지 아닌지 쓰고, 그 이유를 설명해 보시오.

답 |

복습책 69~70쪽 | 정답 32쪽

8 정다각형을 모두 찾아 색칠하고, 색칠한 도형의 이름을 모두 써 보시오.

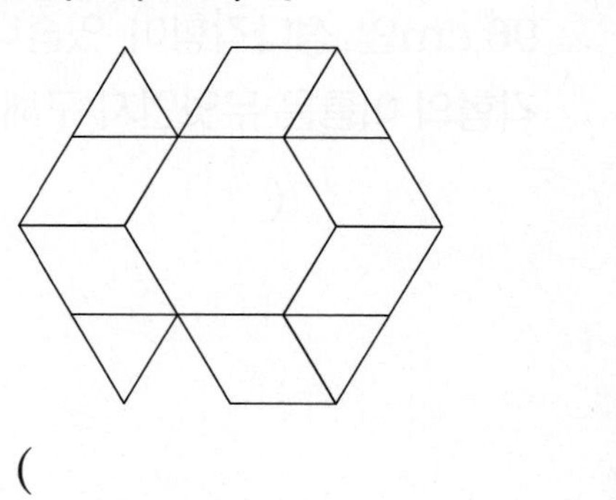

(　　　　　　　　)

9 대각선을 그을 수 없는 다각형은 어느 것입니까? (　　　)

① 삼각형　② 사각형　③ 오각형
④ 육각형　⑤ 칠각형

10 정사각형 모양의 색종이를 다음과 같이 2번 접은 후 펼쳤습니다. 두 대각선이 이루는 각도는 몇 도입니까?

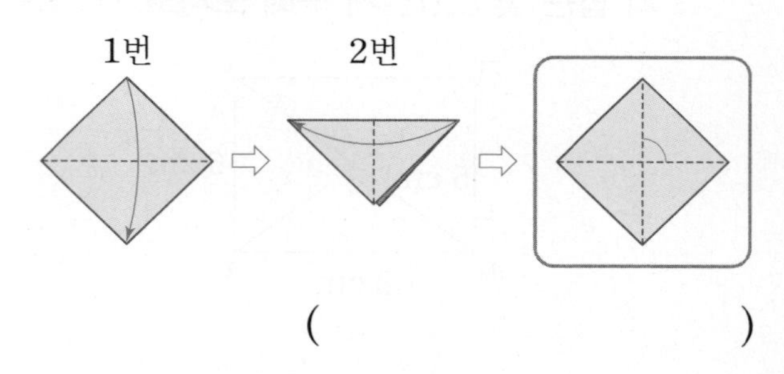

(　　　　　　　　)

11 한 대각선이 다른 대각선을 똑같이 둘로 나누지 않는 사각형을 찾아보시오.

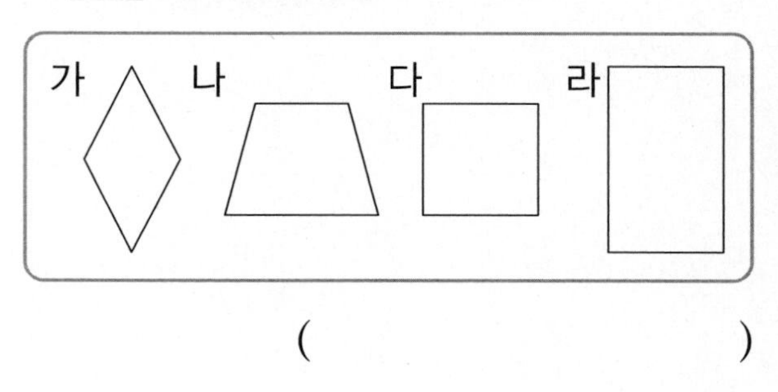

(　　　　　　　　)

교과서 pick

12 집 주변에 한 변이 3 m인 정구각형 모양의 울타리를 치려고 합니다. 울타리는 모두 몇 m입니까?

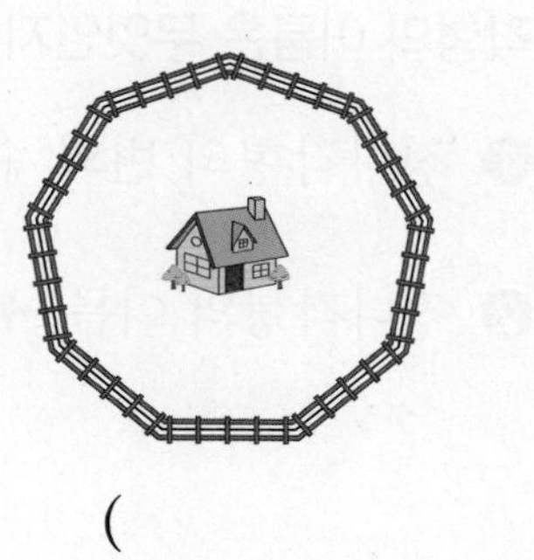

(　　　　　　　　)

13 정팔각형의 한 각의 크기는 135°입니다. 정팔각형의 모든 각의 크기의 합은 몇 도입니까?

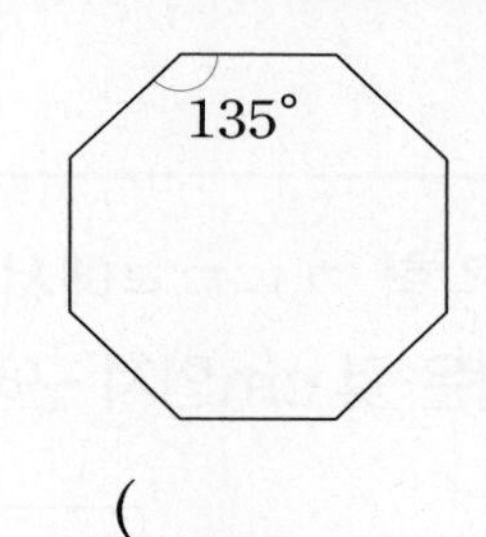

(　　　　　　　　)

14 정사각형을 겹치지 않게 놓으면 평면을 빈틈없이 채울 수 있습니다. □ 안에 알맞은 수를 써넣으시오.

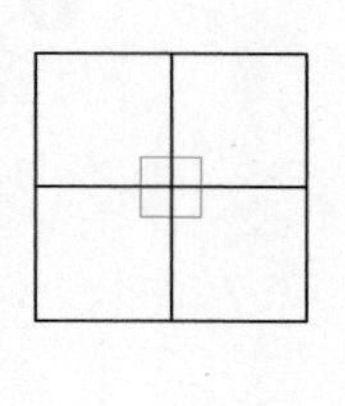

정사각형은 한 꼭짓점을 중심으로 90°의 각이 4개 모여 90°×□=□°가 되므로 평면을 빈틈없이 채울 수 있습니다.

STEP 3 응용유형 다잡기

교과서 pick

예제 1

한 변이 6 cm이고 모든 변의 길이의 합이 60 cm인 정다각형이 있습니다. 이 정다각형의 이름은 무엇인지 구해 보시오.

❶ 정다각형의 변의 수 → ☐개

❷ 정다각형의 이름 → ☐

유제 1

한 변이 8 cm이고 모든 변의 길이의 합이 96 cm인 정다각형이 있습니다. 이 정다각형의 이름은 무엇인지 구해 보시오.

(　　　　　　　　)

예제 2

정사각형 ㄱㄴㄷㄹ에서 두 대각선의 길이의 합은 몇 cm인지 구해 보시오.

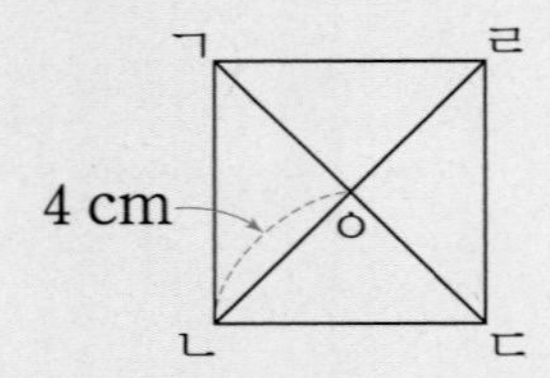

❶ ☐ 안에 알맞은 기호 써넣기

• (선분 ㄱㄷ)=(선분 ☐)

• (선분 ㄴㅇ)=(선분 ☐)

❷ 한 대각선의 길이 → ☐ cm

❸ 두 대각선의 길이의 합 → ☐ cm

유제 2

직사각형 ㄱㄴㄷㄹ에서 두 대각선의 길이의 합은 몇 cm인지 구해 보시오.

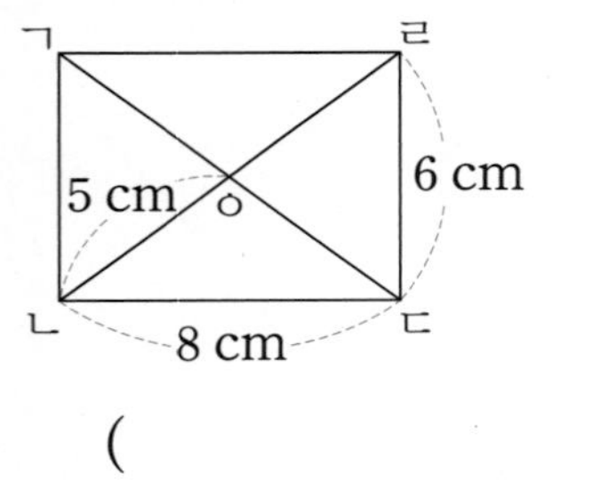

(　　　　　　　　)

예제 3

왼쪽 정삼각형 모양 조각을 여러 번 사용하여 오른쪽 정삼각형을 채우려고 합니다. 필요한 모양 조각은 모두 몇 개인지 구해 보시오.

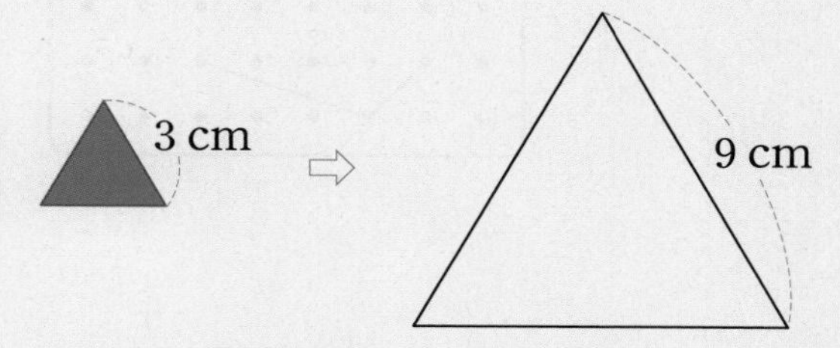

❶ 왼쪽 정삼각형 모양 조각으로 오른쪽 정삼각형 채우기

❷ 필요한 모양 조각의 수 → □개

유제 3

왼쪽 마름모 모양 조각을 여러 번 사용하여 오른쪽 모양을 채우려고 합니다. 필요한 모양 조각은 모두 몇 개인지 구해 보시오.

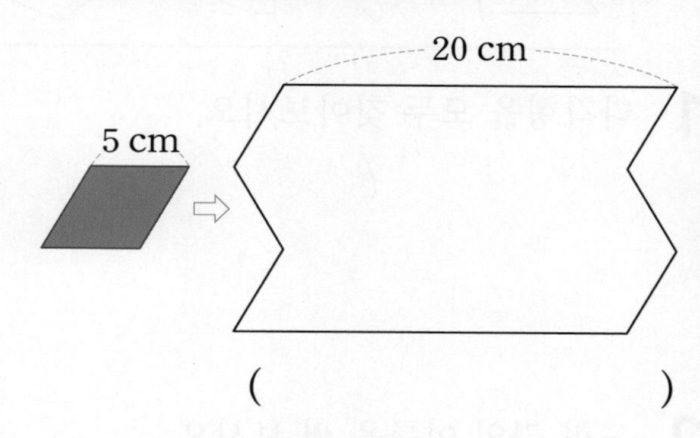

(　　　　　　　　)

교과서 pick

예제 4

오각형의 한 각의 크기를 구해 보시오.

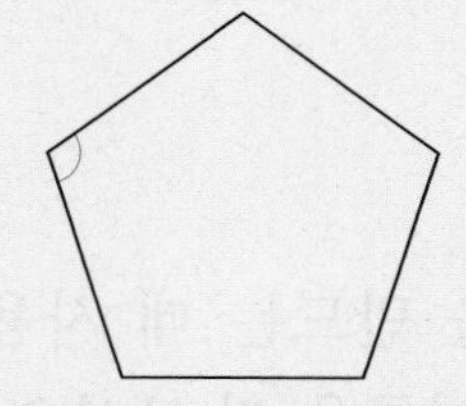

❶ 오각형을 삼각형으로 나눌 때, 만들 수 있는 삼각형의 수 → □개

❷ 오각형의 모든 각의 크기의 합 → □°

❸ 오각형의 한 각의 크기 → □°

유제 4

정육각형의 한 각의 크기를 구해 보시오.

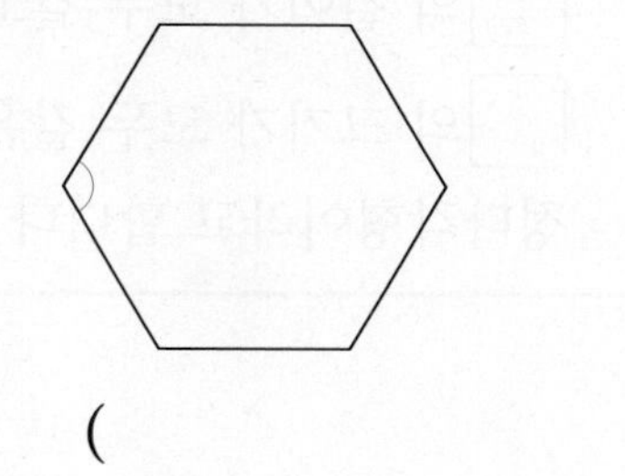

(　　　　　　　　)

단원 마무리

(1~2) 도형을 보고 물음에 답하시오.

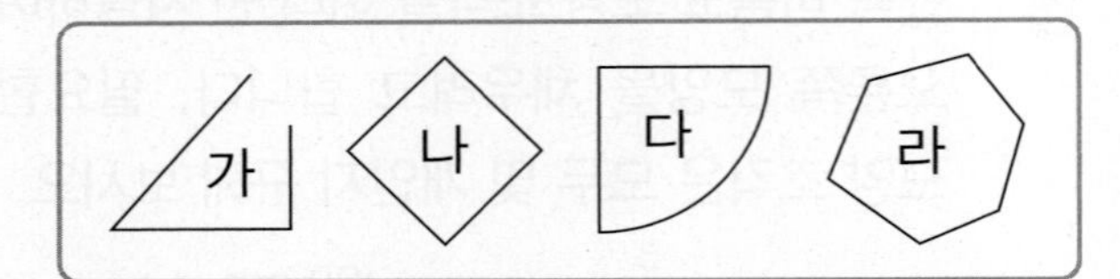

1 다각형을 모두 찾아보시오.

(　　　　　　　　)

2 도형 라의 이름을 써 보시오.

(　　　　　　　　)

3 □ 안에 알맞은 말을 써넣으시오.

> □의 길이가 모두 같고,
> □의 크기가 모두 같은 다각형을
> 정다각형이라고 합니다.

교과서에 꼭 나오는 문제

4 정다각형의 이름을 써 보시오.

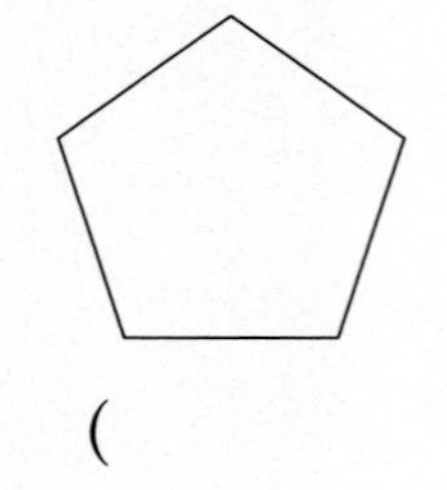

(　　　　　　　　)

5 점 종이에 그려진 선분을 이용하여 칠각형을 완성해 보시오.

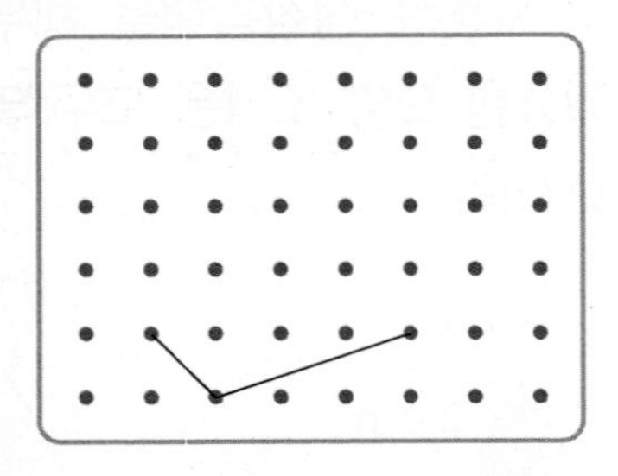

6 다각형 ㄱㄴㄷㄹㅁㅂ에서 대각선을 모두 찾아 써 보시오.

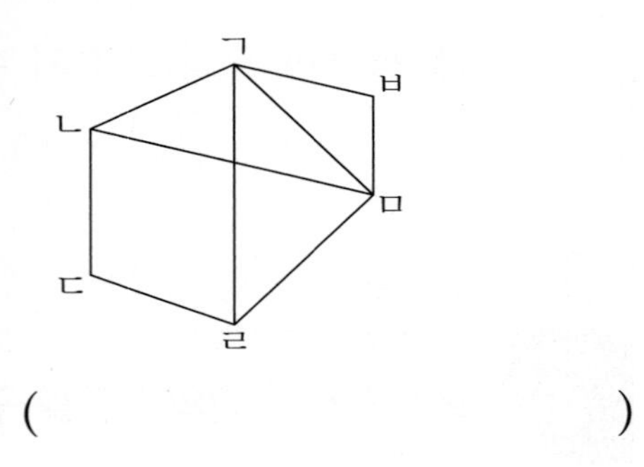

(　　　　　　　　)

7 모양을 만드는 데 사용한 다각형을 모두 찾아 이름을 써 보시오.

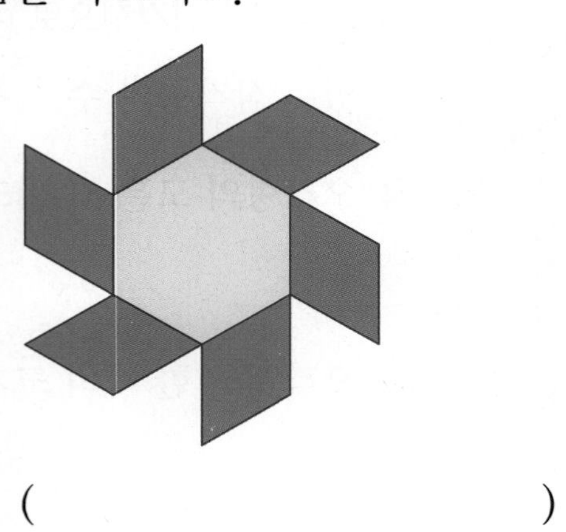

(　　　　　　　　)

8 ㉠과 ㉡의 합은 얼마입니까?

- 십일각형의 변은 ㉠개입니다.
- 정십이각형의 꼭짓점은 ㉡개입니다.

( )

9 정삼각형과 정육각형을 각각 1개씩 그려 보시오.

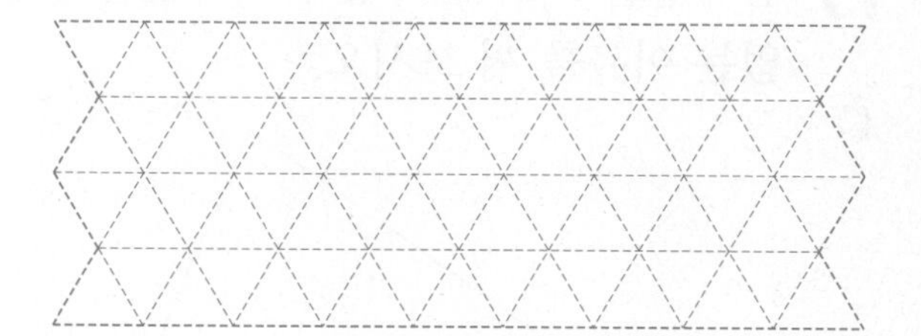

잘 틀리는 문제

10 설명하는 도형의 이름을 써 보시오.

- 8개의 선분으로만 둘러싸인 도형입니다.
- 변의 길이와 각의 크기가 모두 같습니다.

( )

11 두 대각선의 길이가 같고, 서로 수직으로 만나는 사각형을 모두 찾아보시오.

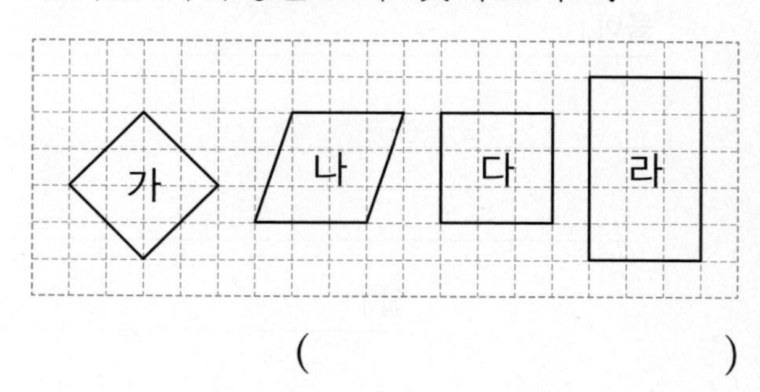

( )

12 2가지 모양 조각을 모두 사용하여 삼각형을 만들어 보시오. (단, 같은 모양 조각을 여러 번 사용할 수 있습니다.)

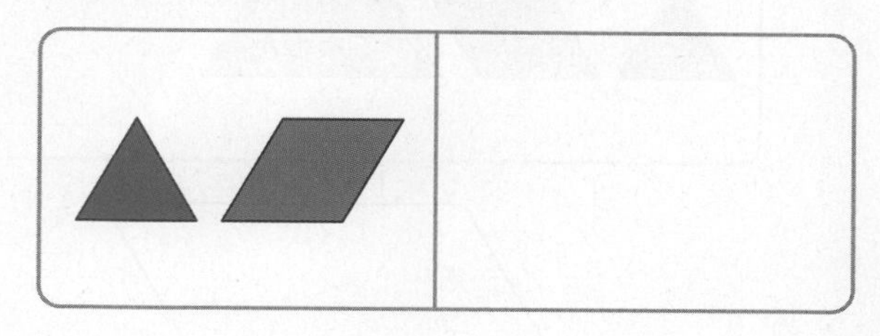

13 대각선의 수가 많은 것부터 차례대로 써 보시오.

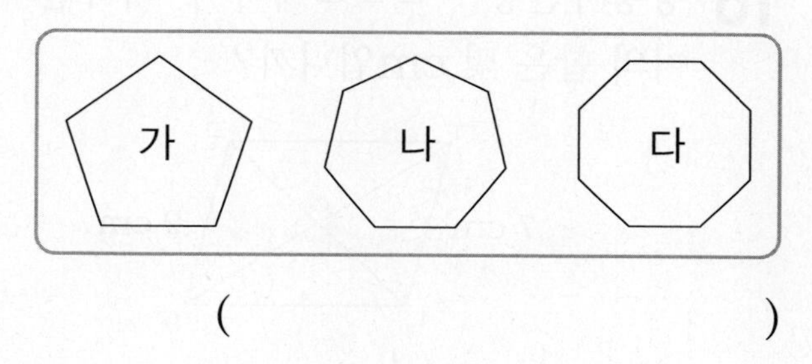

( )

교과서에 꼭 나오는 문제

14 다음 모양 조각 중 한 가지 모양 조각으로 주어진 모양을 채우려면 각각의 모양 조각이 몇 개 필요합니까?

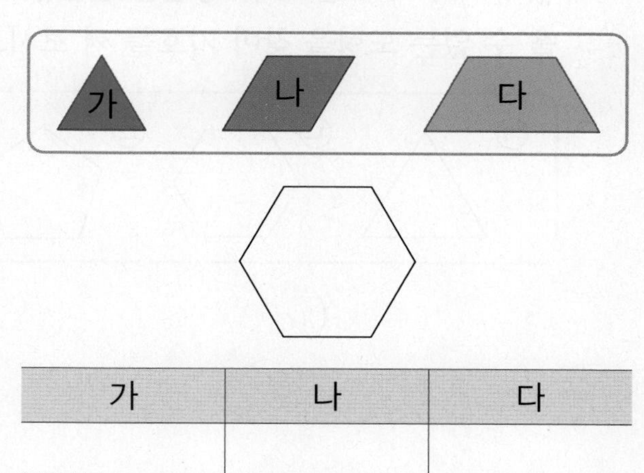

가	나	다

15 4가지 모양 조각을 한 번씩만 모두 사용하여 평행사변형을 채워 보시오.

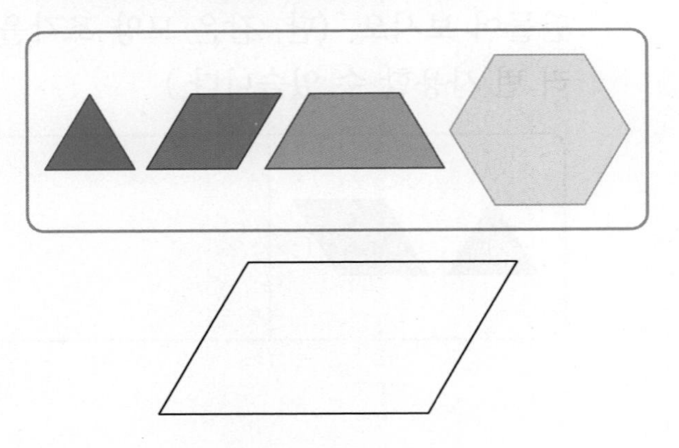

16 평행사변형 ㄱㄴㄷㄹ에서 두 대각선의 길이의 합은 몇 cm입니까?

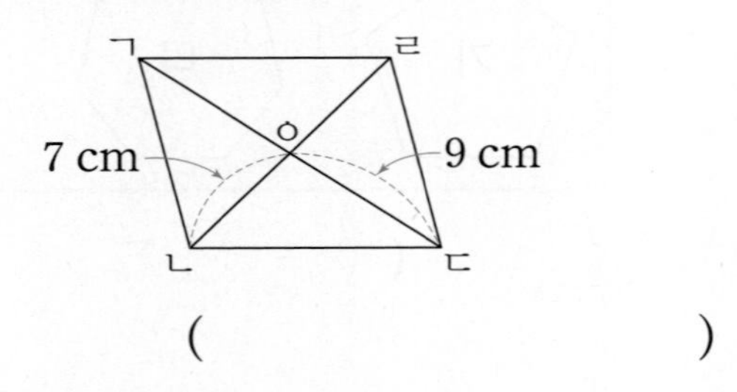

( )

잘 틀리는 문제

17 정다각형을 겹치지 않게 놓아 평면을 빈틈없이 채우려고 합니다. 평면을 빈틈없이 채울 수 없는 도형을 찾아 기호를 써 보시오.

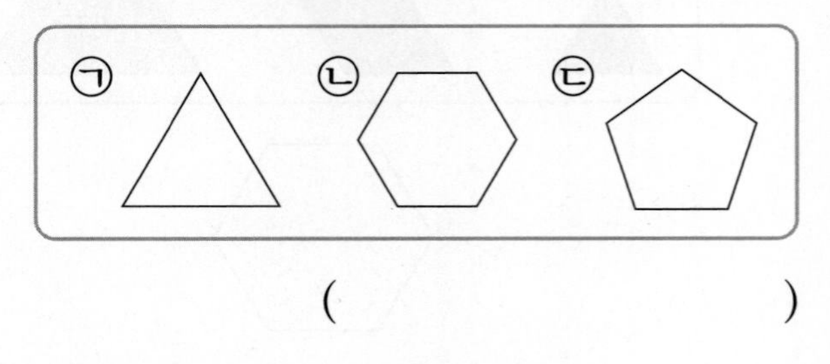

( )

서술형 문제

18 오른쪽 도형은 다각형이 아닙니다. 그 이유를 써 보시오.

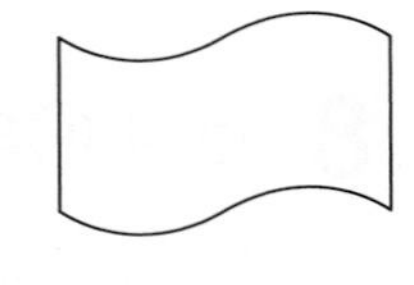

이유 |

19 삼각형을 보고 삼각형에 대각선을 그을 수 없는 이유를 써 보시오.

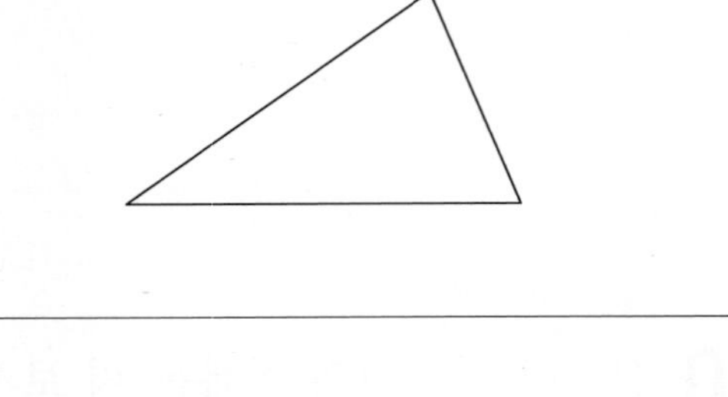

이유 |

20 길이가 36 cm인 철사를 겹치지 않게 모두 사용하여 가장 큰 정육각형을 한 개 만들었습니다. 만든 정육각형의 한 변은 몇 cm인지 풀이 과정을 쓰고 답을 구해 보시오.

풀이 |

답 |

엉킨 선을 풀어라!

○ **전선이 서로 엉켜 있습니다. 각 전선의 끝을 찾아보세요.**

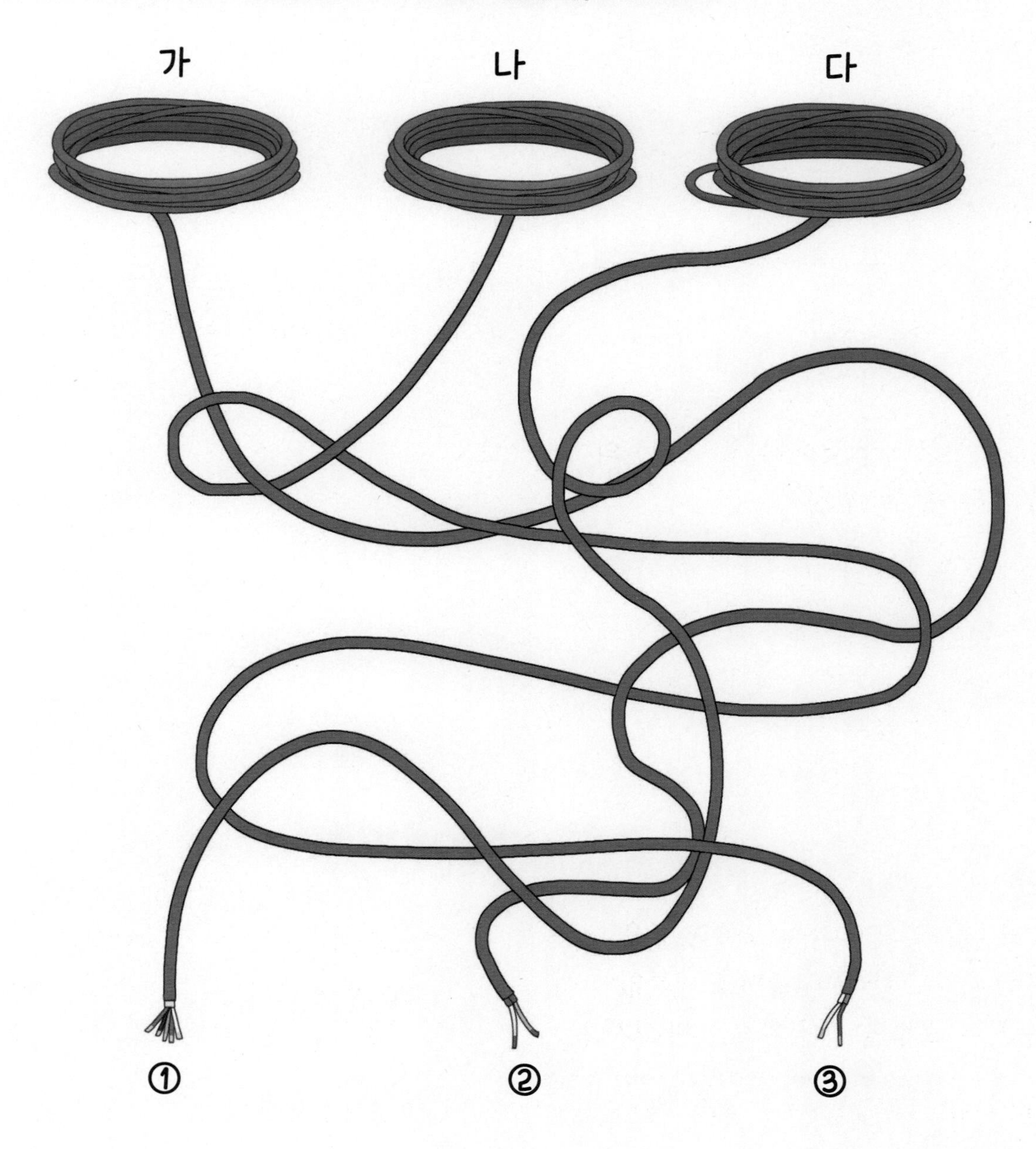

정답 가-②, 나-③, 다-①

개념+유형 라이트

정답과 풀이

초등 수학

4·2

 **책 속의 가접 별책** (특허 제 0557442호)

'정답과 풀이'는 개념책에서 쉽게 분리할 수 있도록 제작되었으므로
유통 과정에서 분리될 수 있으나 파본이 아닌 정상 제품입니다.

visang

우리는 남다른 상상과 혁신으로
교육 문화의 새로운 전형을 만들어
모든 이의 행복한 경험과 성장에 기여한다

ABOVE IMAGINATION

우리는 남다른 상상과 혁신으로
교육 문화의 새로운 전형을 만들어
모든 이의 행복한 경험과 성장에 기여한다

개념+유형

라이트

정답과 풀이

초등 수학 —
4·2

1. 분수의 덧셈과 뺄셈

개념책 8쪽 개념 ❶

예제 1 2, 5
예제 2 3 / 3, 7, 1, 2
예제 3 (1) 1, 2 (2) 5, 10, 1, 1

개념책 9쪽 기본유형 익히기

1 4, 8, 12 / 8, 12, 1, 3
2 (1) $\frac{4}{5}$ (2) $\frac{5}{8}$ (3) $1\frac{1}{4}\left(=\frac{5}{4}\right)$ (4) $1\left(=\frac{7}{7}\right)$
3 (1) $\frac{5}{7}$ (2) $1\frac{4}{9}\left(=\frac{13}{9}\right)$
4 $\frac{1}{4}+\frac{2}{4}=\frac{3}{4}$ / $\frac{3}{4}$ kg

2 (1) $\frac{2}{5}+\frac{2}{5}=\frac{2+2}{5}=\frac{4}{5}$
(2) $\frac{1}{8}+\frac{4}{8}=\frac{1+4}{8}=\frac{5}{8}$
(3) $\frac{2}{4}+\frac{3}{4}=\frac{2+3}{4}=\frac{5}{4}=1\frac{1}{4}$
(4) $\frac{6}{7}+\frac{1}{7}=\frac{6+1}{7}=\frac{7}{7}=1$

3 (1) $\frac{2}{7}+\frac{3}{7}=\frac{2+3}{7}=\frac{5}{7}$
(2) $\frac{6}{9}+\frac{7}{9}=\frac{6+7}{9}=\frac{13}{9}=1\frac{4}{9}$

4 (지혜가 캔 고구마의 양)+(영수가 캔 고구마의 양)
$=\frac{1}{4}+\frac{2}{4}=\frac{1+2}{4}=\frac{3}{4}$(kg)

개념책 10쪽 개념 ❷

예제 1 3, 4, 2, 4
예제 2 1, 4, 9, 2, 5, 2 / 11, 37, 5, 2

개념책 11쪽 기본유형 익히기

1 5, 2 / 5, 7, 2, 1
2 (1) $5\frac{3}{4}\left(=\frac{23}{4}\right)$ (2) $5\frac{5}{9}\left(=\frac{50}{9}\right)$
(3) $5\frac{1}{8}\left(=\frac{41}{8}\right)$ (4) $4\frac{2}{7}\left(=\frac{30}{7}\right)$
3 (1) $5\frac{4}{9}\left(=\frac{49}{9}\right)$ (2) $4\frac{1}{5}\left(=\frac{21}{5}\right)$
4 $1\frac{4}{6}+1\frac{3}{6}=3\frac{1}{6}$ / $3\frac{1}{6}$시간$\left(=\frac{19}{6}\text{시간}\right)$

2 (1) $3\frac{2}{4}+2\frac{1}{4}=(3+2)+\left(\frac{2}{4}+\frac{1}{4}\right)$
$=5+\frac{3}{4}=5\frac{3}{4}$
(2) $5\frac{2}{9}+\frac{3}{9}=5+\left(\frac{2}{9}+\frac{3}{9}\right)=5+\frac{5}{9}=5\frac{5}{9}$
(3) $1\frac{5}{8}+3\frac{4}{8}=(1+3)+\left(\frac{5}{8}+\frac{4}{8}\right)$
$=4+\frac{9}{8}=4+1\frac{1}{8}=5\frac{1}{8}$
(4) $2\frac{5}{7}+\frac{11}{7}=\frac{19}{7}+\frac{11}{7}=\frac{30}{7}=4\frac{2}{7}$

3 (1) $1\frac{3}{9}+4\frac{1}{9}=(1+4)+\left(\frac{3}{9}+\frac{1}{9}\right)=5+\frac{4}{9}=5\frac{4}{9}$
(2) $2\frac{4}{5}+\frac{7}{5}=\frac{14}{5}+\frac{7}{5}=\frac{21}{5}=4\frac{1}{5}$

4 (어제 책을 읽은 시간)+(오늘 책을 읽은 시간)
$=1\frac{4}{6}+1\frac{3}{6}=(1+1)+\left(\frac{4}{6}+\frac{3}{6}\right)$
$=2+\frac{7}{6}=2+1\frac{1}{6}=3\frac{1}{6}$(시간)

개념책 12~13쪽 연산 PLUS

1 $\frac{4}{5}$ **2** $1\frac{1}{6}\left(=\frac{7}{6}\right)$
3 $3\frac{3}{4}\left(=\frac{15}{4}\right)$ **4** $6\frac{2}{10}\left(=\frac{62}{10}\right)$
5 $\frac{7}{8}$ **6** $4\frac{2}{3}\left(=\frac{14}{3}\right)$
7 1 **8** $6\frac{4}{5}\left(=\frac{34}{5}\right)$
9 3 **10** $\frac{8}{11}$

11 $1\frac{3}{7}\left(=\frac{10}{7}\right)$ 12 $6\frac{6}{8}\left(=\frac{54}{8}\right)$

13 $6\frac{2}{4}\left(=\frac{26}{4}\right)$ 14 $\frac{10}{14}$

15 $5\frac{1}{7}\left(=\frac{36}{7}\right)$ 16 5

17 $1\frac{4}{10}\left(=\frac{14}{10}\right)$ 18 1

19 $9\frac{1}{5}\left(=\frac{46}{5}\right)$ 20 $1\frac{1}{4}\left(=\frac{5}{4}\right)$

21 $6\frac{2}{9}\left(=\frac{56}{9}\right)$ 22 $\frac{4}{7}$

23 1 24 $3\frac{9}{10}\left(=\frac{39}{10}\right)$

25 $\frac{9}{17}$ 26 $4\frac{2}{11}\left(=\frac{46}{11}\right)$

27 $1\frac{2}{15}\left(=\frac{17}{15}\right)$ 28 $2\frac{6}{9}\left(=\frac{24}{9}\right)$

개념책 14~15쪽 실전유형 **다지기**

서술형 문제는 풀이를 꼭 확인하세요.

1 (1) $\frac{4}{7}$ (2) $4\frac{5}{6}$ 2 $1\frac{3}{10}$

3 $6\frac{3}{8}$ 4

5 $1\frac{1}{9}$, $4\frac{2}{9}$ 6 >

7 풀이 참조 8 ㉢

9 $\frac{8}{9}$ L 10 $3\frac{7}{8}$ km

11 (1) 7 (2) 2 12 $1\frac{10}{13}$

13 $4\frac{3}{5}$, $\frac{21}{5}$, $8\frac{4}{5}$ 또는 $\frac{21}{5}$, $4\frac{3}{5}$, $8\frac{4}{5}$

2 $\frac{4}{10}+\frac{9}{10}=\frac{13}{10}=1\frac{3}{10}$

3 $3\frac{7}{8}+2\frac{4}{8}=5+\frac{11}{8}=5+1\frac{3}{8}=6\frac{3}{8}$

4 • $\frac{2}{6}+\frac{3}{6}=\frac{5}{6}$

• $2\frac{5}{6}+3\frac{2}{6}=5+\frac{7}{6}=5+1\frac{1}{6}=6\frac{1}{6}$

5 • $\frac{8}{9}+\frac{2}{9}=\frac{10}{9}=1\frac{1}{9}$

• $1\frac{1}{9}+3\frac{1}{9}=4\frac{2}{9}$

6 $\frac{3}{5}+\frac{6}{5}=\frac{9}{5}=1\frac{4}{5}$, $1\frac{2}{5}+\frac{1}{5}=1\frac{3}{5}$

⇨ $1\frac{4}{5}>1\frac{3}{5}$

7 예 $\frac{2}{7}$는 $\frac{1}{7}$이 2개, $\frac{4}{7}$는 $\frac{1}{7}$이 4개이므로 $\frac{2}{7}+\frac{4}{7}$는 $\frac{1}{7}$이 6개인 $\frac{6}{7}$입니다. 따라서 분모가 같은 분수의 덧셈은 분모는 그대로 두고 분자끼리 더합니다.」 ❶

채점 기준

❶ 선우의 질문에 대한 답 쓰기

8 ㉠ $\frac{1}{5}+\frac{3}{5}=\frac{4}{5}$ ㉡ $\frac{7}{11}+\frac{1}{11}=\frac{8}{11}$

㉢ $\frac{6}{9}+\frac{4}{9}=\frac{10}{9}=1\frac{1}{9}$ ㉣ $\frac{5}{14}+\frac{8}{14}=\frac{13}{14}$

따라서 계산 결과가 1보다 큰 덧셈식은 ㉢입니다.

9 (민영이가 2일 동안 마신 우유의 양)

$=\frac{4}{9}+\frac{4}{9}=\frac{8}{9}$(L)

10 (학교에서 도서관을 지나 병원까지의 거리)

$=2\frac{5}{8}+1\frac{2}{8}=3\frac{7}{8}$(km)

11 (1) $\frac{3}{12}+\frac{\square}{12}=\frac{3+\square}{12}=\frac{10}{12}$ ⇨ $\square=7$

(2) $1\frac{4}{7}=\frac{11}{7}$, $\frac{\square}{7}+\frac{9}{7}=\frac{\square+9}{7}=\frac{11}{7}$ ⇨ $\square=2$

12 분모가 13인 진분수 중에서 $\frac{10}{13}$보다 큰 분수:

$\frac{11}{13}$, $\frac{12}{13}$

⇨ $\frac{11}{13}+\frac{12}{13}=\frac{23}{13}=1\frac{10}{13}$

13 합이 가장 큰 덧셈식을 만들려면 가장 큰 수와 두 번째로 큰 수를 더합니다.

수 카드에 적힌 수의 크기를 비교하면

$4\frac{3}{5}>\frac{21}{5}\left(=4\frac{1}{5}\right)>3\frac{4}{5}$입니다.

⇨ $4\frac{3}{5}+\frac{21}{5}=\frac{23}{5}+\frac{21}{5}=\frac{44}{5}=8\frac{4}{5}$

개념책 16쪽 개념 ❸

예제 1 2, 2

예제 2 3 / 3, 2

예제 3 (1) 7, 1 (2) 5, 5

개념책 17쪽 기본유형 익히기

1 5, 4, 1 / 4, 1

2 (1) $\frac{1}{4}$ (2) $\frac{3}{10}$ (3) $\frac{4}{8}$ (4) $\frac{5}{15}$

3 (1) $\frac{3}{7}$ (2) $\frac{5}{11}$

4 $\frac{7}{8}-\frac{2}{8}=\frac{5}{8}$ / $\frac{5}{8}$ m

2 (1) $\frac{3}{4}-\frac{2}{4}=\frac{3-2}{4}=\frac{1}{4}$

(2) $\frac{7}{10}-\frac{4}{10}=\frac{7-4}{10}=\frac{3}{10}$

(3) $\frac{5}{8}-\frac{1}{8}=\frac{5-1}{8}=\frac{4}{8}$

(4) $\frac{14}{15}-\frac{9}{15}=\frac{14-9}{15}=\frac{5}{15}$

3 (1) $\frac{6}{7}-\frac{3}{7}=\frac{6-3}{7}=\frac{3}{7}$

(2) $\frac{9}{11}-\frac{4}{11}=\frac{9-4}{11}=\frac{5}{11}$

4 (처음에 있던 리본의 길이)
−(선물을 포장하는 데 사용한 리본의 길이)
$=\frac{7}{8}-\frac{2}{8}=\frac{7-2}{8}=\frac{5}{8}$(m)

개념책 18쪽 개념 ❹

예제 1 1, 1, 1, 1

예제 2 3, 4, 3, 2, 3 / 28, 19, 2, 3

개념책 19쪽 기본유형 익히기

1 13, 6 / 13, 7, 1, 2

2 (1) $1\frac{1}{6}\left(=\frac{7}{6}\right)$ (2) $4\frac{4}{7}\left(=\frac{32}{7}\right)$

(3) $3\frac{1}{3}\left(=\frac{10}{3}\right)$ (4) $6\frac{4}{9}\left(=\frac{58}{9}\right)$

3 (1) $3\frac{1}{4}\left(=\frac{13}{4}\right)$ (2) $1\frac{1}{8}\left(=\frac{9}{8}\right)$

4 $2\frac{4}{8}-1\frac{3}{8}=1\frac{1}{8}$ / $1\frac{1}{8}$ kg$\left(=\frac{9}{8}\text{ kg}\right)$

2 (1) $3\frac{4}{6}-2\frac{3}{6}=(3-2)+\left(\frac{4}{6}-\frac{3}{6}\right)$
$=1+\frac{1}{6}=1\frac{1}{6}$

(2) $4\frac{6}{7}-\frac{2}{7}=4+\left(\frac{6}{7}-\frac{2}{7}\right)=4+\frac{4}{7}=4\frac{4}{7}$

(3) $4\frac{2}{3}-1\frac{1}{3}=(4-1)+\left(\frac{2}{3}-\frac{1}{3}\right)$
$=3+\frac{1}{3}=3\frac{1}{3}$

(4) $8\frac{6}{9}-\frac{20}{9}=\frac{78}{9}-\frac{20}{9}=\frac{58}{9}=6\frac{4}{9}$

3 (1) $5\frac{3}{4}-2\frac{2}{4}=(5-2)+\left(\frac{3}{4}-\frac{2}{4}\right)$
$=3+\frac{1}{4}=3\frac{1}{4}$

(2) $3\frac{5}{8}-\frac{20}{8}=\frac{29}{8}-\frac{20}{8}=\frac{9}{8}=1\frac{1}{8}$

4 (밀가루의 양)−(설탕의 양)
$=2\frac{4}{8}-1\frac{3}{8}=(2-1)+\left(\frac{4}{8}-\frac{3}{8}\right)$
$=1+\frac{1}{8}=1\frac{1}{8}$(kg)

개념책 20쪽 개념 ❺

예제 1 4, 3

예제 2 8, 8, 5, 4, 5 / 56, 37, 4, 5

개념책 21쪽 기본유형 익히기

1 6, 3 / 6, 3, 1, 1

2 (1) $\frac{1}{4}$ (2) $5\frac{8}{9}\left(=\frac{53}{9}\right)$

(3) $2\frac{1}{6}\left(=\frac{13}{6}\right)$ (4) $\frac{3}{5}$

3 (1) $\frac{5}{9}$ (2) $6\frac{1}{3}\left(=\frac{19}{3}\right)$

4 $3-1\frac{5}{6}=1\frac{1}{6}$ / $1\frac{1}{6}$시간$\left(=\frac{7}{6}\text{시간}\right)$

2 (1) $1-\frac{3}{4}=\frac{4}{4}-\frac{3}{4}=\frac{1}{4}$

(2) $6-\frac{1}{9}=5\frac{9}{9}-\frac{1}{9}=5\frac{8}{9}$

(3) $4-1\frac{5}{6}=3\frac{6}{6}-1\frac{5}{6}=(3-1)+\left(\frac{6}{6}-\frac{5}{6}\right)$
$=2+\frac{1}{6}=2\frac{1}{6}$

3 (1) $1-\frac{4}{9}=\frac{9}{9}-\frac{4}{9}=\frac{5}{9}$

(2) $9-2\frac{2}{3}=8\frac{3}{3}-2\frac{2}{3}=(8-2)+\left(\frac{3}{3}-\frac{2}{3}\right)$
$=6+\frac{1}{3}=6\frac{1}{3}$

4 (어제 공부한 시간)−(오늘 공부한 시간)
$=3-1\frac{5}{6}=2\frac{6}{6}-1\frac{5}{6}=(2-1)+\left(\frac{6}{6}-\frac{5}{6}\right)$
$=1+\frac{1}{6}=1\frac{1}{6}$(시간)

개념책 22쪽 개념 6

예제 1 7, 7, 3, 1, 3

예제 2 9, 9, 4, 1, 4 / 19, 11, 1, 4

개념책 23쪽 기본유형 익히기

1 13, 5 / 13, 8, 2, 2

2 (1) $\frac{3}{4}$ (2) $4\frac{7}{9}\left(=\frac{43}{9}\right)$

(3) $\frac{5}{6}$ (4) $2\frac{6}{11}\left(=\frac{28}{11}\right)$

3 (1) $1\frac{5}{8}\left(=\frac{13}{8}\right)$ (2) $3\frac{6}{7}\left(=\frac{27}{7}\right)$

4 $3\frac{1}{5}-2\frac{4}{5}=\frac{2}{5}$ / $\frac{2}{5}$ kg

2 (1) $3\frac{2}{4}-2\frac{3}{4}=2\frac{6}{4}-2\frac{3}{4}$
$=(2-2)+\left(\frac{6}{4}-\frac{3}{4}\right)=\frac{3}{4}$

(2) $5\frac{5}{9}-\frac{7}{9}=4\frac{14}{9}-\frac{7}{9}=4\frac{7}{9}$

(3) $2\frac{3}{6}-1\frac{4}{6}=1\frac{9}{6}-1\frac{4}{6}$
$=(1-1)+\left(\frac{9}{6}-\frac{4}{6}\right)=\frac{5}{6}$

(4) $4\frac{3}{11}-\frac{19}{11}=\frac{47}{11}-\frac{19}{11}=\frac{28}{11}=2\frac{6}{11}$

3 (1) $4\frac{4}{8}-2\frac{7}{8}=3\frac{12}{8}-2\frac{7}{8}$
$=(3-2)+\left(\frac{12}{8}-\frac{7}{8}\right)$
$=1+\frac{5}{8}=1\frac{5}{8}$

(2) $5\frac{1}{7}-\frac{9}{7}=\frac{36}{7}-\frac{9}{7}=\frac{27}{7}=3\frac{6}{7}$

4 (딴 귤의 양)−(할아버지께 드린 귤의 양)
$=3\frac{1}{5}-2\frac{4}{5}=2\frac{6}{5}-2\frac{4}{5}$
$=(2-2)+\left(\frac{6}{5}-\frac{4}{5}\right)=\frac{2}{5}$(kg)

개념책 24~25쪽 연산 PLUS

1 $\frac{2}{4}$ **2** $1\frac{2}{5}\left(=\frac{7}{5}\right)$

3 $\frac{2}{3}$ **4** $1\frac{3}{4}\left(=\frac{7}{4}\right)$

5 $1\frac{2}{3}\left(=\frac{5}{3}\right)$ **6** $\frac{2}{6}$

7 $2\frac{3}{4}\left(=\frac{11}{4}\right)$ **8** $2\frac{1}{7}\left(=\frac{15}{7}\right)$

9 $\frac{3}{5}$ **10** $\frac{1}{8}$

11 $2\frac{1}{5}\left(=\frac{11}{5}\right)$ **12** $2\frac{4}{7}\left(=\frac{18}{7}\right)$

13 $\frac{4}{8}$ **14** $1\frac{4}{8}\left(=\frac{12}{8}\right)$

15 $1\frac{6}{9}\left(=\frac{15}{9}\right)$ **16** $1\frac{2}{4}\left(=\frac{6}{4}\right)$

17 $4\frac{5}{7}\left(=\frac{33}{7}\right)$ **18** $\frac{5}{10}$

19 $1\frac{4}{6}\left(=\frac{10}{6}\right)$ **20** $2\frac{2}{6}\left(=\frac{14}{6}\right)$

21 $3\frac{5}{9}\left(=\frac{32}{9}\right)$ **22** $2\frac{2}{3}\left(=\frac{8}{3}\right)$

23 $\frac{3}{10}$ **24** $1\frac{4}{6}\left(=\frac{10}{6}\right)$

25 $\frac{5}{10}$ **26** $1\frac{5}{8}\left(=\frac{13}{8}\right)$

27 $1\frac{2}{9}\left(=\frac{11}{9}\right)$ **28** $2\frac{4}{5}\left(=\frac{14}{5}\right)$

개념책 26~27쪽 실전유형 다지기

서술형 문제는 풀이를 꼭 확인하세요.

1 (1) $\frac{1}{5}$ (2) $3\frac{1}{3}$

2 $5\frac{2}{7}-1\frac{5}{7}=\frac{37}{7}-\frac{12}{7}=\frac{25}{7}=3\frac{4}{7}$

3 $4\frac{4}{9}$, $2\frac{5}{9}$

4 $\frac{2}{7}$ m

5 $>$

6 $\frac{2}{12}$

7 풀이 참조

8 $\frac{3}{9}$ km

9 $1\frac{5}{8}$ m

10 ( )( )(○)

11 7, 8, 9에 ○표

12 $\frac{3}{10}$ kg

13 $3\frac{4}{7}$

14 $\frac{37}{6}$, $5\frac{5}{6}$, $\frac{2}{6}$

5 $6\frac{4}{5}-3\frac{1}{5}=3\frac{3}{5}$, $5-\frac{9}{5}=\frac{25}{5}-\frac{9}{5}=\frac{16}{5}=3\frac{1}{5}$

⇨ $3\frac{3}{5}>3\frac{1}{5}$

6 유나: $\frac{7}{12}$, 진호: $\frac{9}{12}$ ⇨ $\frac{9}{12}-\frac{7}{12}=\frac{2}{12}$

7 예 $2\frac{3}{8}$에서 1만큼을 $\frac{8}{8}$로 바꾸면 $1\frac{11}{8}$이 되어야 하는데 $2\frac{11}{8}$로 잘못 나타내었습니다.」❶

$2\frac{3}{8}-1\frac{7}{8}=1\frac{11}{8}-1\frac{7}{8}=\frac{4}{8}$」❷

채점 기준
❶ 잘못 계산한 이유 쓰기
❷ 바르게 계산하기

8 (민희네 집에서 우체국까지의 거리)

$=\frac{8}{9}-\frac{5}{9}=\frac{3}{9}$(km)

9 (진우와 빛나가 던진 거리의 차)

$=9\frac{4}{8}-7\frac{7}{8}=8\frac{12}{8}-7\frac{7}{8}=1\frac{5}{8}$(m)

10 • $\frac{12}{5}-\frac{8}{5}=\frac{4}{5}$ • $3\frac{5}{6}-1\frac{2}{6}=2\frac{3}{6}$

• $3-\frac{11}{9}=\frac{27}{9}-\frac{11}{9}=\frac{16}{9}=1\frac{7}{9}$

⇨ $\frac{4}{5}<1<1\frac{7}{9}<2<2\frac{3}{6}$

11 $5\frac{1}{11}-2\frac{6}{11}=4\frac{12}{11}-2\frac{6}{11}=2\frac{6}{11}$

따라서 $2\frac{6}{11}<2\frac{\square}{11}$이므로 □ 안에 들어갈 수 있는 수는 6보다 큰 7, 8, 9입니다.

12 (어제 먹고 남은 쌀의 양)$=1-\frac{3}{10}=\frac{7}{10}$(kg)

⇨ (어제와 오늘 먹고 남은 쌀의 양)

$=\frac{7}{10}-\frac{4}{10}=\frac{3}{10}$(kg)

다른 풀이 (어제와 오늘 먹은 쌀의 양)

$=\frac{3}{10}+\frac{4}{10}=\frac{7}{10}$(kg)

⇨ (어제와 오늘 먹고 남은 쌀의 양)

$=1-\frac{7}{10}=\frac{3}{10}$(kg)

13 어떤 대분수를 □라 하면 $\square+2\frac{2}{7}=5\frac{6}{7}$입니다.

⇨ $\square=5\frac{6}{7}-2\frac{2}{7}=3\frac{4}{7}$

14 차가 가장 큰 뺄셈식을 만들려면 가장 큰 수에서 가장 작은 수를 뺍니다.

수 카드에 적힌 수의 크기를 비교하면

$\frac{37}{6}\left(=6\frac{1}{6}\right)>6>5\frac{5}{6}$입니다.

⇨ $\frac{37}{6}-5\frac{5}{6}=\frac{37}{6}-\frac{35}{6}=\frac{2}{6}$

개념책 28~29쪽 응용유형 다잡기

예제1 ❶ 6 ❷ 작습니다에 ○표 ❸ 1, 2, 3, 4, 5

유제1 4

예제2 ❶ $\frac{1}{5}$ ❷ $1\frac{3}{5}$ ❸ 3

유제2 $1\frac{7}{8}$

예제3 ❶ 작아야에 ○표 ❷ 2, 4, $3\frac{5}{9}$

유제3 6, 3, $1\frac{7}{10}$

예제4 ❶ $7\frac{1}{3}$ ❷ 6

유제4 $20\frac{6}{7}$ cm

예제 1 ❶ $1\frac{1}{9}=\frac{10}{9}$이므로

$\frac{4}{9}+\frac{㉠}{9}=\frac{4+㉠}{9}=\frac{10}{9}$에서

㉠에 알맞은 수는 6입니다.

❷ $\frac{4}{9}+\frac{㉠}{9}<1\frac{1}{9}$이므로 ㉠에 들어갈 수 있는 자연수는 6보다 작습니다.

유제 1 $\frac{9}{11}-\frac{□}{11}=\frac{4}{11}$일 때,

$\frac{9}{11}-\frac{□}{11}=\frac{9-□}{11}=\frac{4}{11}$이므로

□ 안에 알맞은 수는 5입니다.

$\frac{9}{11}-\frac{□}{11}>\frac{4}{11}$이므로 □ 안에 들어갈 수 있는 자연수는 5보다 작은 1, 2, 3, 4이고, 이 중에서 가장 큰 수는 4입니다.

예제 2 ❷ $■-1\frac{2}{5}=\frac{1}{5}$ ⇨ $■=\frac{1}{5}+1\frac{2}{5}=1\frac{3}{5}$

❸ $1\frac{3}{5}+1\frac{2}{5}=2+\frac{5}{5}=3$

유제 2 어떤 수를 □라 하면 $□+\frac{6}{8}=3\frac{3}{8}$

⇨ $□=3\frac{3}{8}-\frac{6}{8}=2\frac{5}{8}$입니다.

따라서 바르게 계산하면 $2\frac{5}{8}-\frac{6}{8}=1\frac{7}{8}$입니다.

예제 3 ❷ 대분수가 가장 작으려면 자연수 부분이 가장 작아야 하므로 빼는 수는 $2\frac{4}{9}$가 되어야 합니다.

⇨ $6-2\frac{4}{9}=5\frac{9}{9}-2\frac{4}{9}=3\frac{5}{9}$

유제 3 차가 가장 작으려면 빼는 수가 가장 커야 합니다. 대분수가 가장 크려면 자연수 부분이 가장 커야 하므로 빼는 수는 $6\frac{3}{10}$이 되어야 합니다.

⇨ $8-6\frac{3}{10}=7\frac{10}{10}-6\frac{3}{10}=1\frac{7}{10}$

예제 4 ❶ $3\frac{2}{3}+3\frac{2}{3}=6+\frac{4}{3}=6+1\frac{1}{3}=7\frac{1}{3}$(cm)

❷ $7\frac{1}{3}-1\frac{1}{3}=6$(cm)

유제 4 • (색 테이프 3장의 길이의 합)$=8\times3=24$(cm)

• (겹쳐진 부분의 길이의 합)

$=1\frac{4}{7}+1\frac{4}{7}=2+\frac{8}{7}=2+1\frac{1}{7}=3\frac{1}{7}$(cm)

⇨ (이어 붙인 색 테이프의 전체 길이)

$=24-3\frac{1}{7}=23\frac{7}{7}-3\frac{1}{7}=20\frac{6}{7}$(cm)

개념책 30~32쪽 단원 마무리

✎ 서술형 문제는 풀이를 꼭 확인하세요.

1 1, 1, 2

2 6, 2, 4 / 4

3 28, 11, 17, 2, 5

4 $\frac{1}{3}$

5 $4\frac{4}{9}$

6 (선 잇기)

7 $2\frac{5}{11}$, $5\frac{10}{11}$

8 (○)( )

9 $1\frac{3}{8}$

10 $\frac{2}{7}$ m

11 $5\frac{1}{3}$ L

12 (○)( )( )

13 $2\frac{3}{7}$

14 ㉢, ㉠, ㉡, ㉣

15 $\frac{4}{12}$ kg

16 $2\frac{7}{9}$, $\frac{11}{9}$, $1\frac{5}{9}$

17 2

✎18 $3\frac{1}{6}$

✎19 사과 주스, $\frac{3}{8}$ L

✎20 1, 2

4 $1-\frac{2}{3}=\frac{3}{3}-\frac{2}{3}=\frac{1}{3}$

5 $2\frac{5}{9}+1\frac{8}{9}=3+\frac{13}{9}=3+1\frac{4}{9}=4\frac{4}{9}$

6 • $\frac{6}{7}+\frac{2}{7}=\frac{8}{7}=1\frac{1}{7}$

• $2\frac{5}{7}-\frac{9}{7}=\frac{19}{7}-\frac{9}{7}=\frac{10}{7}=1\frac{3}{7}$

7 • $4\frac{3}{11}-1\frac{9}{11}=3\frac{14}{11}-1\frac{9}{11}=2\frac{5}{11}$

• $2\frac{5}{11}+3\frac{5}{11}=5\frac{10}{11}$

8 $\cdot 2-1\frac{4}{9}=1\frac{9}{9}-1\frac{4}{9}=\frac{5}{9}$

$\cdot 2\frac{1}{9}-\frac{11}{9}=\frac{19}{9}-\frac{11}{9}=\frac{8}{9}$

⇨ $\frac{5}{9}<\frac{7}{9}<\frac{8}{9}$

9 $\frac{7}{8}>\frac{5}{8}>\frac{4}{8}$

⇨ $\frac{7}{8}+\frac{4}{8}=\frac{11}{8}=1\frac{3}{8}$

10 (남은 끈의 길이)$=\frac{4}{7}-\frac{2}{7}=\frac{2}{7}$(m)

11 (두 그릇에 들어 있는 물의 양)

$=3\frac{2}{3}+1\frac{2}{3}=4+\frac{4}{3}=4+1\frac{1}{3}=5\frac{1}{3}$(L)

12 $\cdot 5\frac{1}{4}-2\frac{3}{4}=4\frac{5}{4}-2\frac{3}{4}=2\frac{2}{4}$

$\cdot 1\frac{5}{6}+\frac{8}{6}=\frac{11}{6}+\frac{8}{6}=\frac{19}{6}=3\frac{1}{6}$

$\cdot 2\frac{2}{5}-\frac{6}{5}=\frac{12}{5}-\frac{6}{5}=\frac{6}{5}=1\frac{1}{5}$

⇨ $1\frac{1}{5}<2<2\frac{2}{4}<3<3\frac{1}{6}$

13 $\square+2\frac{4}{7}=5$

⇨ $\square=5-2\frac{4}{7}=4\frac{7}{7}-2\frac{4}{7}=2\frac{3}{7}$

14 ㉠ $1\frac{1}{8}+2\frac{2}{8}=3\frac{3}{8}$

㉡ $4-1\frac{3}{8}=3\frac{8}{8}-1\frac{3}{8}=2\frac{5}{8}$

㉢ $2\frac{3}{8}+1\frac{6}{8}=3+\frac{9}{8}=3+1\frac{1}{8}=4\frac{1}{8}$

㉣ $5\frac{1}{8}-2\frac{7}{8}=4\frac{9}{8}-2\frac{7}{8}=2\frac{2}{8}$

⇨ $4\frac{1}{8}>3\frac{3}{8}>2\frac{5}{8}>2\frac{2}{8}$
㉢ ㉠ ㉡ ㉣

15 (과자를 만들고 남은 설탕의 양)

$=1-\frac{5}{12}=\frac{12}{12}-\frac{5}{12}=\frac{7}{12}$(kg)

⇨ (과자와 케이크를 만들고 남은 설탕의 양)

$=\frac{7}{12}-\frac{3}{12}=\frac{4}{12}$(kg)

다른 풀이 (과자와 케이크를 만드는 데 사용한 설탕의 양)

$=\frac{5}{12}+\frac{3}{12}=\frac{8}{12}$(kg)

⇨ (과자와 케이크를 만들고 남은 설탕의 양)

$=1-\frac{8}{12}=\frac{12}{12}-\frac{8}{12}=\frac{4}{12}$(kg)

16 차가 가장 큰 뺄셈식을 만들려면 가장 큰 수에서 가장 작은 수를 뺍니다.

수 카드에 적힌 수의 크기를 비교하면

$2\frac{7}{9}>1\frac{4}{9}>\frac{11}{9}\left(=1\frac{2}{9}\right)$입니다.

⇨ $2\frac{7}{9}-\frac{11}{9}=\frac{25}{9}-\frac{11}{9}=\frac{14}{9}=1\frac{5}{9}$

17 어떤 수를 $\square$라 하면

$\square-\frac{5}{7}=\frac{4}{7}$ ⇨ $\square=\frac{4}{7}+\frac{5}{7}=\frac{9}{7}=1\frac{2}{7}$입니다.

따라서 바르게 계산하면

$1\frac{2}{7}+\frac{5}{7}=1+\frac{7}{7}=1+1=2$입니다.

18 예 수의 크기를 비교하면 $4>2\frac{1}{6}>\frac{5}{6}$입니다.」❶

따라서 가장 큰 수와 가장 작은 수의 차는

$4-\frac{5}{6}=3\frac{6}{6}-\frac{5}{6}=3\frac{1}{6}$입니다.」❷

채점 기준

❶ 수의 크기 비교하기	2점
❷ 가장 큰 수와 가장 작은 수의 차 구하기	3점

19 예 $3\frac{1}{8}>2\frac{6}{8}$이므로 사과 주스가 더 많습니다.」❶

따라서 사과 주스가

$3\frac{1}{8}-2\frac{6}{8}=2\frac{9}{8}-2\frac{6}{8}=\frac{3}{8}$(L) 더 많습니다.」❷

채점 기준

❶ 주스의 양 비교하기	2점
❷ 어느 주스가 몇 L 더 많은지 구하기	3점

20 예 $\frac{4}{5}+\frac{\square}{5}=1\frac{2}{5}$일 때, $1\frac{2}{5}=\frac{7}{5}$이므로

$\frac{4}{5}+\frac{\square}{5}=\frac{4+\square}{5}=\frac{7}{5}$에서 $\square$ 안에 알맞은 수는 3입니다.」❶

따라서 $\frac{4}{5}+\frac{\square}{5}<1\frac{2}{5}$이므로 $\square$ 안에 들어갈 수 있는 자연수는 3보다 작은 1, 2입니다.」❷

채점 기준

❶ $\frac{4}{5}+\frac{\square}{5}=1\frac{2}{5}$일 때, $\square$ 안에 알맞은 수 구하기	2점
❷ $\square$ 안에 들어갈 수 있는 자연수를 모두 구하기	3점

2. 삼각형

개념책 36쪽 개념 ❶

예제 1 가, 다, 이등변삼각형

예제 2 가, 나, 정삼각형

개념책 37쪽 기본유형 익히기

1 나, 다, 라 / 나

2 (1) 5 (2) 3

3 (1) 4 (2) 7, 7

4 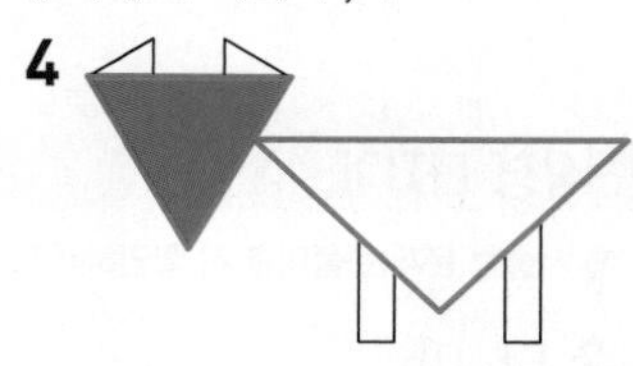

1 • 두 변의 길이가 같은 삼각형을 찾으면 나, 다, 라입니다.
• 세 변의 길이가 같은 삼각형을 찾으면 나입니다.

2 이등변삼각형은 두 변의 길이가 같습니다.

3 정삼각형은 세 변의 길이가 같습니다.

4 정삼각형은 두 변의 길이가 같으므로 이등변삼각형입니다.
따라서 정삼각형은 빨간색으로 따라 그리고,
파란색으로 색칠해야 합니다.

개념책 38쪽 개념 ❷

예제 1 ㄱㄷㄴ / 같습니다

예제 2

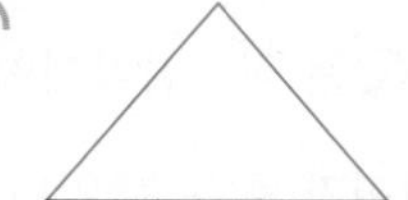

예제 2 주어진 선분의 양 끝에 각각 50°인 각을 그린 다음 두 각의 변이 만나는 점을 찾아 선분의 양 끝과 이어 이등변삼각형을 완성합니다.

개념책 39쪽 기본유형 익히기

1 예 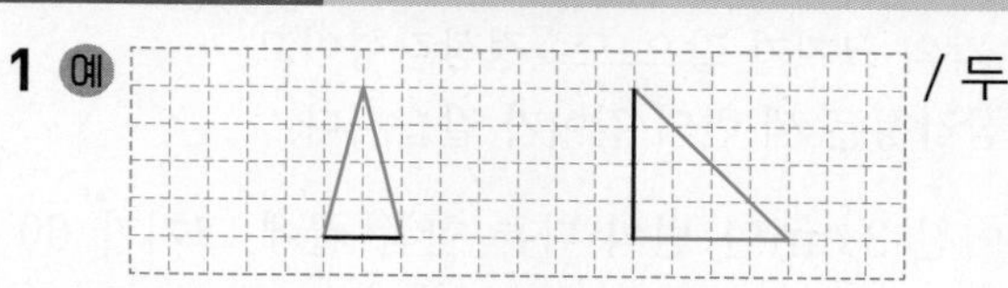 / 두

2 (1) 35 (2) 50

3 (1) 7 (2) 5

4 예

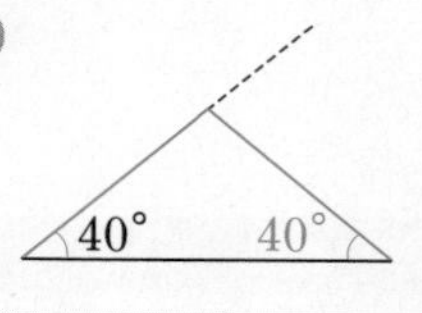

2 이등변삼각형은 두 각의 크기가 같습니다.

3 두 각의 크기가 같으므로 이등변삼각형이고,
이등변삼각형은 두 변의 길이가 같습니다.

4 주어진 40°인 각과 같은 크기의 각을 그려서
이등변삼각형을 완성합니다.

개념책 40쪽 개념 ❸

예제 1 ㄴㄱㄷ / 같습니다

예제 2

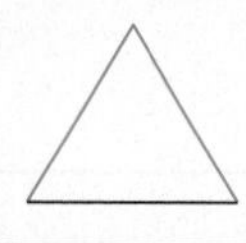

예제 2 주어진 선분의 양 끝에 각각 60°인 각을 그린 다음 두 각의 변이 만나는 점을 찾아 선분의 양 끝과 이어 정삼각형을 완성합니다.

개념책 41쪽 기본유형 익히기

1 / 세

2 (1) 60 (2) 60, 60

3 (1) 5 (2) 3, 3

4

60° 60°
3 cm

2 정삼각형은 세 각의 크기가 60°로 같습니다.

3 세 각의 크기가 같으므로 정삼각형이고, 정삼각형은 세 변의 길이가 같습니다.

4 주어진 3 cm인 변의 다른 한쪽 끝에 크기가 60°인 각을 그려서 정삼각형을 완성합니다.

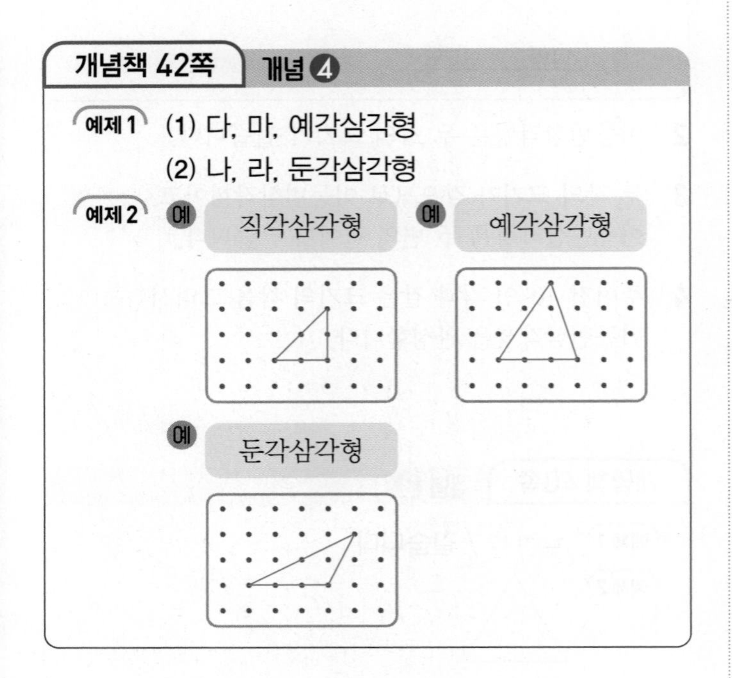

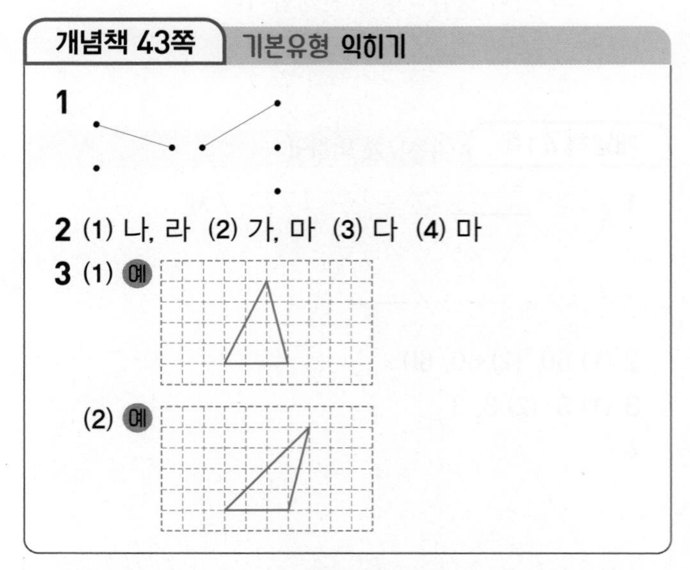

1 주어진 삼각형은 두 변의 길이가 같으므로 이등변삼각형이고, 세 각이 모두 예각이므로 예각삼각형입니다.

2 (1) 세 각이 모두 예각인 삼각형을 찾으면 나, 라입니다.
(2) 한 각이 둔각인 삼각형을 찾으면 가, 마입니다.
(3) 이등변삼각형은 나, 다, 마이고 직각삼각형은 다입니다.
⇨ 이등변삼각형이면서 직각삼각형인 것을 찾으면 다입니다.
(4) 이등변삼각형은 나, 다, 마이고 둔각삼각형은 가, 마입니다.
⇨ 이등변삼각형이면서 둔각삼각형인 것을 찾으면 마입니다.

3 (1) 세 각이 모두 예각인 삼각형을 그립니다.
(2) 한 각이 둔각인 삼각형을 그립니다.

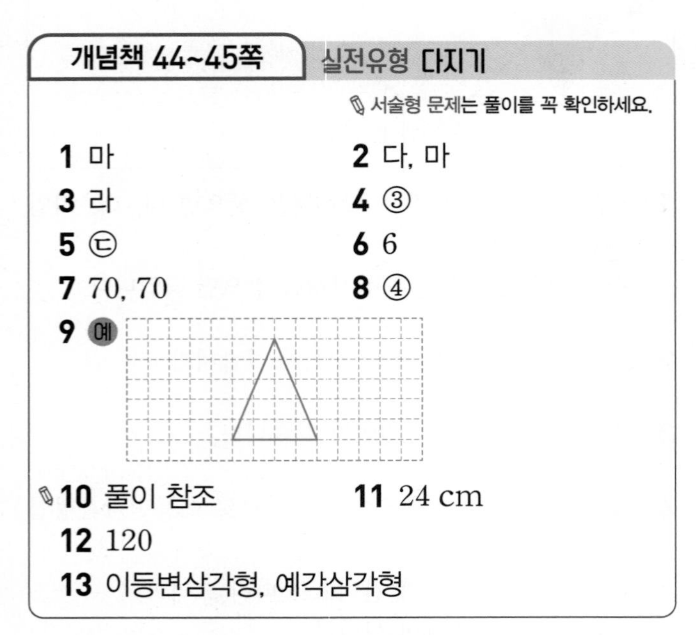

1 세 변의 길이가 같은 삼각형을 찾으면 마입니다.

2 세 각이 모두 예각인 삼각형을 찾으면 다, 마입니다.

3 이등변삼각형은 나, 다, 라, 마이고 둔각삼각형은 가, 라입니다.
따라서 이등변삼각형이면서 둔각삼각형인 것을 찾으면 라입니다.

4 ①, ⑤는 둔각삼각형, ②, ④는 직각삼각형이 됩니다.

5 이등변삼각형은 두 변의 길이가 같은 ㉢입니다.

6 (나머지 한 각의 크기) $=180°-60°-60°=60°$
삼각형의 세 각의 크기가 같으므로 정삼각형이고, 정삼각형은 세 변의 길이가 같습니다.

7 이등변삼각형은 두 각의 크기가 같습니다.
$180° - 40° = 140°$ ⇨ $\square = 140° \div 2 = 70°$

8 ④ 둔각삼각형에는 둔각이 1개 있습니다.

9 변이 3개이므로 삼각형이고, 두 변의 길이가 같고 세 각이 모두 예각이므로 이등변삼각형이면서 예각삼각형인 삼각형을 그립니다.

10 예 나머지 한 각의 크기는 $180° - 80° - 70° = 30°$이므로 크기가 같은 두 각이 없기 때문입니다.」 ❶

채점 기준
❶ 이등변삼각형이 아닌 이유 쓰기

11 정삼각형은 세 변의 길이가 같습니다.
⇨ (세 변의 길이의 합) $= 8 + 8 + 8 = 24$(cm)

12 정삼각형의 한 각의 크기는 60°이므로 (각 ㄱㄴㄷ) $= 60°$입니다.
따라서 한 직선이 이루는 각의 크기는 180°이므로 $\square = 180° - 60° = 120°$입니다.

13 (나머지 한 각의 크기) $= 180° - 50° - 65° = 65°$
따라서 두 각의 크기가 같으므로 이등변삼각형이고, 세 각이 모두 예각이므로 예각삼각형입니다.

개념책 46~47쪽 응용유형 **다잡기**

예제1	❶ 20	❷ 10	
유제1	13 cm		
예제2	❶ 70	❷ 40	❸ 30
유제2	105°		
예제3	❶ 30	❷ 10	
유제3	16 cm		
예제4	❶ 4	❷ 2	❸ 6
유제4	8개		

예제1 ❶ (변 ㄱㄴ)+(변 ㄱㄷ) $= 37 - 17 = 20$(cm)
❷ 이등변삼각형이므로 (변 ㄱㄴ)=(변 ㄱㄷ)입니다.
⇨ (변 ㄱㄷ) $= 20 \div 2 = 10$(cm)

유제1 (변 ㄱㄷ)+(변 ㄴㄷ) $= 45 - 19 = 26$(cm)
이등변삼각형이므로 (변 ㄱㄷ)=(변 ㄴㄷ)입니다.
⇨ (변 ㄴㄷ) $= 26 \div 2 = 13$(cm)

예제2 ❶ 이등변삼각형은 두 각의 크기가 같으므로 ㉡ $= 70°$입니다.
❷ ㉠ $= 180° - 70° - 70° = 40°$
❸ (㉠과 ㉡의 각도의 차) $= 70° - 40° = 30°$

유제2 이등변삼각형은 두 각의 크기가 같으므로 ㉡ $= 25°$입니다.
㉠ $= 180° - 25° - 25° = 130°$
⇨ (㉠과 ㉡의 각도의 차) $= 130° - 25° = 105°$

예제3 ❶ 이등변삼각형의 나머지 한 변은 9 cm입니다.
(이등변삼각형의 세 변의 길이의 합)
$= 9 + 12 + 9 = 30$(cm)
❷ (정삼각형의 한 변) $= 30 \div 3 = 10$(cm)

유제3 이등변삼각형의 나머지 한 변은 14 cm입니다.
(이등변삼각형의 세 변의 길이의 합)
$= 14 + 14 + 20 = 48$(cm)
⇨ (정삼각형의 한 변) $= 48 \div 3 = 16$(cm)

예제4
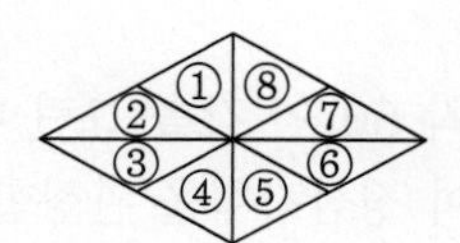

❶ ①, ④, ⑤, ⑧ → 4개
❷ ①+②+③+④, ⑤+⑥+⑦+⑧ → 2개
❸ $4 + 2 = 6$(개)

유제4
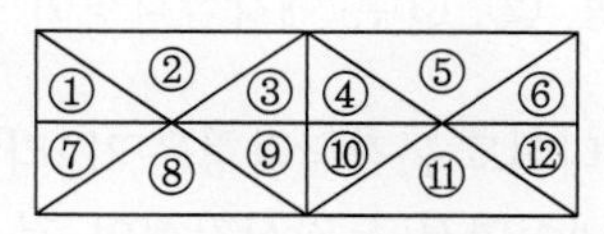

• 작은 삼각형 1개짜리: ②, ⑤, ⑧, ⑪ → 4개
• 작은 삼각형 2개짜리: ③+④, ⑨+⑩ → 2개
• 작은 삼각형 6개짜리:
②+③+④+⑤+⑨+⑩,
③+④+⑧+⑨+⑩+⑪ → 2개
⇨ $4 + 2 + 2 = 8$(개)

개념책 48~50쪽 단원 마무리

서술형 문제는 풀이를 꼭 확인하세요.

1 가, 다, 마, 바
2 가, 바
3 3개
4 2개
5 (정삼각형 그림)
6 8
7 (왼쪽에서부터) 60, 10, 10
8 ⑤
9 가
10 ㉢
11 ㉢
12 27 cm
13 75
14 ①, ②, ④
15 145
16 14
17 60°
18 풀이 참조
19 둔각삼각형
20 12 cm

1 두 변의 길이가 같은 삼각형을 찾으면 가, 다, 마, 바입니다.

2 세 변의 길이가 같은 삼각형을 찾으면 가, 바입니다.

3 세 각이 모두 예각인 삼각형을 찾으면 가, 나, 마로 모두 3개입니다.

4 한 각이 둔각인 삼각형을 찾으면 다, 바로 모두 2개입니다.

5 주어진 선분의 양 끝에 각각 60°인 각을 그린 다음 두 각의 변이 만나는 점을 찾아 정삼각형을 완성합니다.

6 이등변삼각형은 두 변의 길이가 같습니다.

7 정삼각형은 세 변의 길이가 같고 세 각의 크기가 60°로 같습니다.

8 ①, ④는 직각삼각형, ②, ③은 예각삼각형이 됩니다.

9 이등변삼각형은 가, 다이고 둔각삼각형은 가, 라입니다. 따라서 이등변삼각형이면서 둔각삼각형인 것을 찾으면 가입니다.

10 세 각이 모두 예각인 삼각형을 찾으면 ㉢입니다.

11 ㉢ 이등변삼각형은 세 변의 길이가 항상 같은 것은 아니므로 정삼각형이라고 할 수 없습니다.

12 정삼각형은 세 변의 길이가 같습니다.
⇨ (세 변의 길이의 합)$=9+9+9=27$(cm)

13 삼각형은 두 변의 길이가 같으므로 이등변삼각형입니다.
$180°-30°=150°$ ⇨ $\square=150°\div2=75°$

14 • 두 변의 길이가 같으므로 이등변삼각형입니다.
• 세 변의 길이가 같으므로 정삼각형입니다.
• 정삼각형은 세 각의 크기가 모두 60°이므로 예각삼각형입니다.

15 (각 ㄱㄴㄷ)=(각 ㄱㄷㄴ)=35°
따라서 한 직선이 이루는 각의 크기는 180°이므로 $\square=180°-35°=145°$입니다.

16 (변 ㄱㄴ)+(변 ㄴㄷ)$=51-23=28$(cm)
이등변삼각형이므로 (변 ㄱㄴ)=(변 ㄴㄷ)입니다.
⇨ (변 ㄴㄷ)$=28\div2=14$(cm)

17 이등변삼각형은 두 각의 크기가 같으므로 ㉡$=40°$입니다.
㉠$=180°-40°-40°=100°$
⇨ (㉠과 ㉡의 각도의 차)$=100°-40°=60°$

18 방법 1 예 두 변의 길이가 같으므로 이등변삼각형입니다.」❶
방법 2 예 두 각의 크기가 같으므로 이등변삼각형입니다.」❷

채점 기준

채점 기준	점수
❶ 한 가지 방법 쓰기	1개 2점, 2개 5점
❷ 다른 한 가지 방법 쓰기	

19 예 나머지 한 각의 크기는 $180°-35°-45°=100°$입니다.」❶
따라서 한 각이 둔각이므로 이 삼각형은 둔각삼각형입니다.」❷

채점 기준

채점 기준	점수
❶ 나머지 한 각의 크기 구하기	2점
❷ 어떤 삼각형인지 구하기	3점

20 예 이등변삼각형의 나머지 한 변은 14 cm이므로 세 변의 길이의 합은 $14+8+14=36$(cm)입니다.」❶
따라서 정삼각형의 한 변을 $36\div3=12$(cm)로 해야 합니다.」❷

채점 기준

채점 기준	점수
❶ 이등변삼각형의 세 변의 길이의 합 구하기	2점
❷ 정삼각형의 한 변의 길이 구하기	3점

3. 소수의 덧셈과 뺄셈

개념책 54쪽 개념 ❶

예제 1 (1) $\frac{1}{100}$, 0.01 (2) $\frac{24}{100}$, 0.24

예제 2 5, 0.7, 둘째

예제 1 (1) 전체를 똑같이 100개로 나눈 것 중의 하나이므로 $\frac{1}{100}=0.01$입니다.

(2) 색칠된 부분은 전체 100개 중 24개이므로 분수로 나타내면 $\frac{24}{100}$이고, 소수로 나타내면 0.24입니다.

개념책 55쪽 기본유형 익히기

1 (1) 0.02 / 영 점 영이
(2) 1.28 / 일 점 이팔

2 (1) 0.04, 0.16 (2) 3.47, 3.53

3 (1) 5.36 (2) 4.21

4 (1) 0.05 (2) 0.5

1 소수점 아래의 수는 자릿값은 읽지 않고 수만 하나씩 차례대로 읽습니다.

(1)

0	.	0	2
영	점	영	이

(2)

1	.	2	8
일	점	이	팔

참고 1.28을 일 점 이십팔과 같이 읽지 않도록 합니다.

2 수직선 한 칸의 크기는 0.01입니다.

(1) 0에서 0.01씩 오른쪽으로 4칸 더 간 수는 0.04이고, 0.1에서 0.01씩 오른쪽으로 6칸 더 간 수는 0.16입니다.

(2) 3.4에서 0.01씩 오른쪽으로 7칸 더 간 수는 3.47이고, 3.5에서 0.01씩 오른쪽으로 3칸 더 간 수는 3.53입니다.

3 (1)
1이 5개 → 5
0.1이 3개 → 0.3
0.01이 6개 → 0.06
5.36

4 (1) 0.15
└• 소수 둘째 자리 숫자이고, 0.05를 나타냅니다.

(2) 24.53
└• 소수 첫째 자리 숫자이고, 0.5를 나타냅니다.

개념책 56쪽 개념 ❷

예제 1 (위에서부터) $\frac{1}{100}$, 0.01, $\frac{1}{1000}$, $\frac{6}{1000}$, 0.001, 0.009

예제 2 첫째, 0.002

개념책 57쪽 기본유형 익히기

1 (1) 0.061 / 영 점 영육일
(2) 2.518 / 이 점 오일팔

2 (1) 2.453 (2) 1.716

3

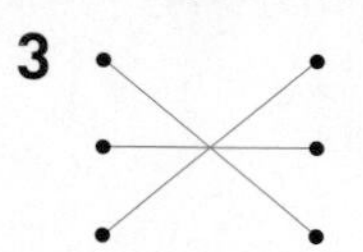

4 (1) 0.8 (2) 0.008

1 (1)

0	.	0	6	1
영	점	영	육	일

(2)

2	.	5	1	8
이	점	오	일	팔

2 (1)
1이 2개 → 2
0.1이 4개 → 0.4
0.01이 5개 → 0.05
0.001이 3개 → 0.003
2.453

3
•

0	.	0	3	4
영	점	영	삼	사

• $3\frac{4}{1000}=3.004$ ⇨

3	.	0	0	4
삼	점	영	영	사

•

0	.	3	0	4
영	점	삼	영	사

4 (1) 0.841
└• 소수 첫째 자리 숫자이고, 0.8을 나타냅니다.

(2) 31.208
└• 소수 셋째 자리 숫자이고, 0.008을 나타냅니다.

개념책 58쪽 개념 ❸

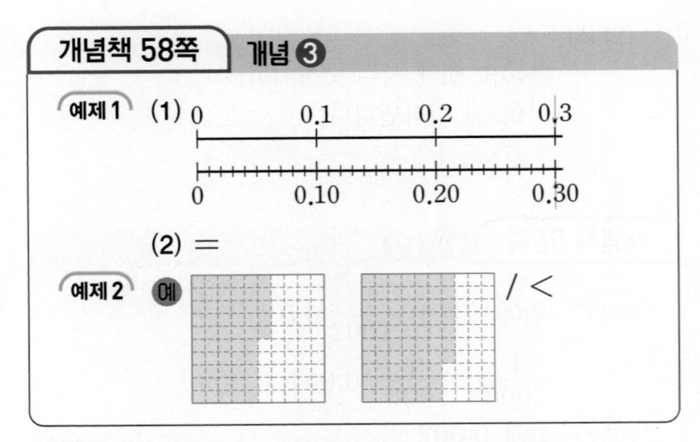

예제 1 (1)

(2) =

예제 2 예 / <

예제 2 색칠한 부분이 넓을수록 더 큰 수입니다.
⇨ 0.55 < 0.67

개념책 59쪽 기본유형 익히기

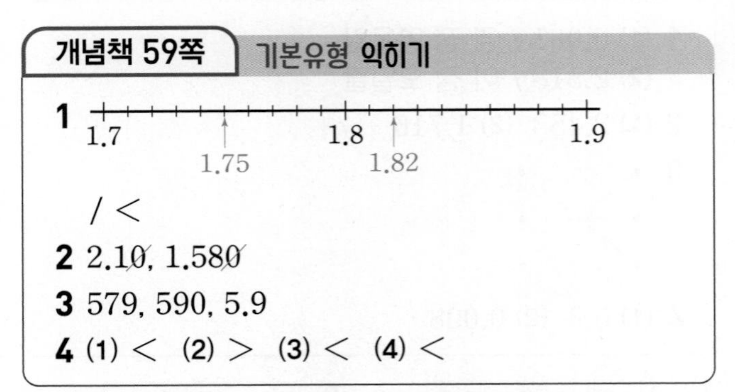

1

/ <

2 2.10, 1.580

3 579, 590, 5.9

4 (1) < (2) > (3) < (4) <

1 수직선에서 오른쪽에 있는 수가 더 큰 수입니다.
⇨ 1.75 < 1.82

2 소수는 오른쪽 끝자리에 있는 0을 생략할 수 있습니다. 왼쪽 끝자리나 수의 중간에 있는 0은 생략할 수 없으므로 주의합니다.

3 5.9가 5.79보다 0.01의 개수가 더 많으므로 더 큰 수는 5.9입니다.

4 (1) 0.12 < 0.21 (1 < 2)
(2) 0.971 > 0.957 (7 > 5)
(3) 5.320 < 5.328 (0 < 8)
(4) 3.697 < 3.7 (6 < 7)

개념책 60쪽 개념 ❹

예제 1 (위에서부터) 10, 10, $\frac{1}{10}$, $\frac{1}{10}$

예제 2 (1) 0.5, 0.05, 0.005
(2) 6, 0.6, 0.06

예제 1 • 0.001을 10배 하면 0.01, 0.01을 10배 하면 0.1, 0.1을 10배 하면 1입니다.
• 1의 $\frac{1}{10}$은 0.1, 0.1의 $\frac{1}{10}$은 0.01, 0.01의 $\frac{1}{10}$은 0.001입니다.

예제 2 (1) 소수의 $\frac{1}{10}$을 하면 소수점을 기준으로 수가 오른쪽으로 한 자리 이동합니다.
(2) 소수를 10배 하면 소수점을 기준으로 수가 왼쪽으로 한 자리 이동합니다.

개념책 61쪽 기본유형 익히기

1 (위에서부터) 0.03, 30, 300 / 0.007, 0.07, 70

2 (1) 28.6, 286 (2) 0.72, 7.2

3 (1) 0.2, 0.02 (2) 0.41, 0.041

4 78.5 g

1

3	0	0		
	3	0		
		3		
		0.	3	
		0.	0	3

(10배, 10배, $\frac{1}{10}$, $\frac{1}{10}$)

7	0			
	7			
	0.	7		
	0.	0	7	
	0.	0	0	7

(10배, 10배, $\frac{1}{10}$, $\frac{1}{10}$)

2 (1)

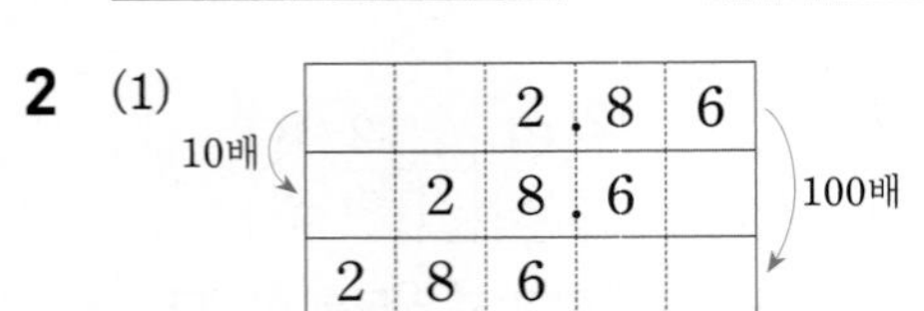

		2.	8	6
	2	8.	6	
2	8	6		

(10배, 100배)

(2)

0.	0	7	2
0.	7	2	
7.	2		

(10배, 100배)

3 (1)

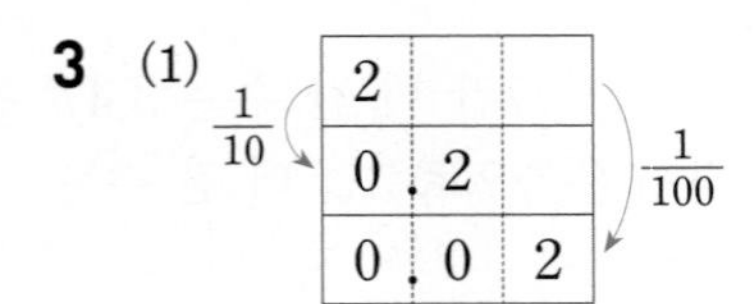

2		
0.	2	
0.	0	2

($\frac{1}{10}$, $\frac{1}{100}$)

(2)

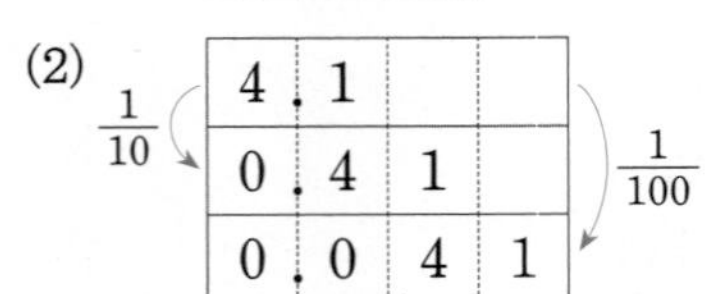

4.	1		
0.	4	1	
0.	0	4	1

($\frac{1}{10}$, $\frac{1}{100}$)

4

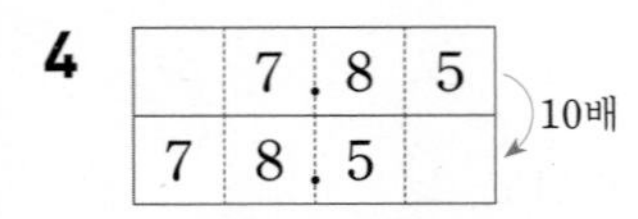

	7.	8	5
7	8.	5	

(10배)

⇨ 풀 10개는 78.5 g입니다.

개념책 62~63쪽 실전유형 다지기

✎ 서술형 문제는 풀이를 꼭 확인하세요.

1 준호, 일 점 영팔
2 0.45 /

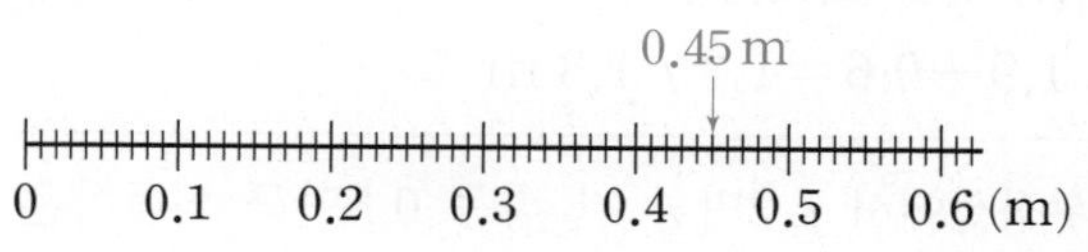

3 ㉠, ㉡ **4** 1.716
5
6 소라 ✎**7** 풀이 참조
8 0.483 **9** ㉢, ㉠, ㉡
10 (1) 100 (2) 10 (3) 1000
11 은행, 학교, 병원 **12** 8, 9
13 1000배

1

1	.	0	8
일	점	영	팔

2 100 cm=1 m이므로 1 cm=0.01 m입니다.
⇨ 45 cm=0.45 m

3 ㉢ 3은 0.03을 나타냅니다.

4 1이 1개, 0.1이 7개, 0.01이 1개, 0.001이 6개인 수와 같으므로 1.716입니다.

5 소수는 오른쪽 끝자리에 있는 0을 생략할 수 있습니다.

6 • 진희: 327.4의 $\frac{1}{10}$ → 32.74
• 동민: 3.274의 10배 → 32.74
• 소라: 327.4의 $\frac{1}{100}$ → 3.274
따라서 다른 수를 설명한 사람은 소라입니다.

✎**7** 예 0.72는 0.01이 72개인 수이고, 0.8은 0.01이 80개인 수이므로 0.72는 0.8보다 더 작은 소수입니다.」 ❶

채점 기준
❶ 잘못 비교한 이유 쓰기

8 10이 4개, 1이 8개, 0.1이 3개인 수: 48.3
따라서 48.3의 $\frac{1}{100}$은 0.483입니다.

9 ㉠ 1.784 → 0.7 ㉡ 9.07 → 0.07 ㉢ 7.012 → 7
⇨ 7 > 0.7 > 0.07 (㉢, ㉠, ㉡)

10 (1) 0.024의 소수점을 기준으로 수가 왼쪽으로 두 자리 이동하면 2.4입니다.
⇨ 2.4는 0.024의 100배입니다.
(2) 87의 소수점을 기준으로 수가 오른쪽으로 한 자리 이동하면 8.7입니다. ⇨ 8.7은 87의 $\frac{1}{10}$입니다.
(3) 0.04의 소수점을 기준으로 수가 왼쪽으로 세 자리 이동하면 40입니다. ⇨ 40은 0.04의 1000배입니다.

11 1000 m=1 km이므로 1 m=0.001 km이고, 1040 m=1.04 km입니다.
⇨ 1.04 > 0.524 > 0.105 (은행, 학교, 병원)

12 4.0□6 > 4.076이므로 □ > 7입니다.
따라서 □ 안에 들어갈 수 있는 수는 8, 9입니다.

13 ㉠은 일의 자리 숫자이므로 5를 나타냅니다.
㉡은 소수 셋째 자리 숫자이므로 0.005를 나타냅니다.
따라서 5는 0.005의 1000배이므로 ㉠이 나타내는 수는 ㉡이 나타내는 수의 1000배입니다.

개념책 64쪽 개념 ❺

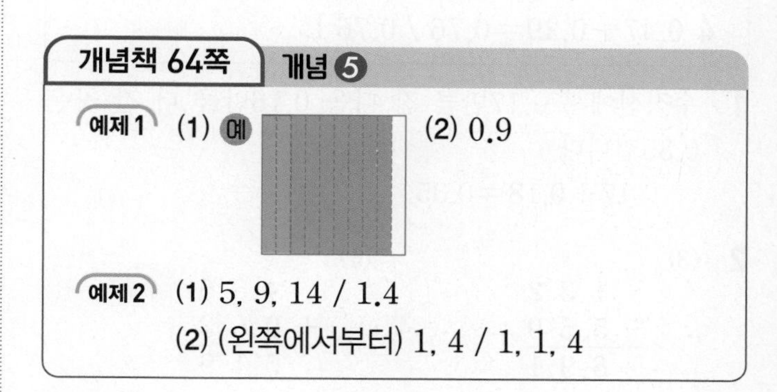

예제 1 (1) 예 (2) 0.9
예제 2 (1) 5, 9, 14 / 1.4
(2) (왼쪽에서부터) 1, 4 / 1, 1, 4

개념책 65쪽 기본유형 익히기

1 0.8
2 (1) 0.7 (2) 8.1 (3) 5.9 (4) 2.5
3 (1) 2.7 (2) 4.1
4 0.3+1.9=2.2 / 2.2 kg

1 수직선에서 0.2만큼 간 다음 0.6만큼 더 간 곳은 0.8입니다.
⇨ 0.2+0.6=0.8

2 (3) $\begin{array}{r} 3.4 \\ +\ 2.5 \\ \hline 5.9 \end{array}$ (4) $\begin{array}{r} ^{1}\ \ \ \\ 1.8 \\ +\ 0.7 \\ \hline 2.5 \end{array}$

3 (1)
$$\begin{array}{r} 0.5 \\ +\ 2.2 \\ \hline 2.7 \end{array}$$
(2)
$$\begin{array}{r} {\scriptstyle 1} \\ 2.8 \\ +\ 1.3 \\ \hline 4.1 \end{array}$$

4 (땅콩의 무게)+(호두의 무게)$=0.3+1.9=2.2$(kg)

개념책 66쪽 개념 ❻

예제 1 (1) 예 (2) 0.77

예제 2 (1) 90, 24, 114 / 1.14
(2) (왼쪽에서부터) 4 / 1, 1, 4 / 1, 1, 1, 4

개념책 67쪽 기본유형 익히기

1 0.35
2 (1) 0.67 (2) 8.16 (3) 6.91 (4) 5.19
3 (1) 5.22 (2) 4.23
4 $0.47+0.29=0.76$ / 0.76 L

1 수직선에서 0.17만큼 간 다음 0.18만큼 더 간 곳은 0.35입니다.
⇨ $0.17+0.18=0.35$

2 (3)
$$\begin{array}{r} {\scriptstyle 1} \\ 1.3\,2 \\ +\ 5.5\,9 \\ \hline 6.9\,1 \end{array}$$
(4)
$$\begin{array}{r} {\scriptstyle 1} \\ 4.5\,6 \\ +\ 0.6\,3 \\ \hline 5.1\,9 \end{array}$$

3 (1)
$$\begin{array}{r} {\scriptstyle 1\ 1} \\ 1.6\,5 \\ +\ 3.5\,7 \\ \hline 5.2\,2 \end{array}$$
(2)
$$\begin{array}{r} {\scriptstyle 1} \\ 0.5\,3 \\ +\ 3.7\,0 \\ \hline 4.2\,3 \end{array}$$

4 (사용한 물의 양)+(사용한 우유의 양)
$=0.47+0.29=0.76$(L)

개념책 68쪽 개념 ❼

예제 1 (1) 예 (2) 0.3

예제 2 (1) 23, 5, 18 / 1.8
(2) (왼쪽에서부터) 1, 10, 8 / 1, 10, 1, 8

개념책 69쪽 기본유형 익히기

1 0.7
2 (1) 0.3 (2) 0.5 (3) 1.2 (4) 5.7
3 (1) 0.6 (2) 2.5
4 $1.9-0.6=1.3$ / 1.3 m

1 수직선에서 1.2만큼 간 다음 0.5만큼 되돌아온 곳은 0.7입니다.
⇨ $1.2-0.5=0.7$

2 (3)
$$\begin{array}{r} 3.8 \\ -\ 2.6 \\ \hline 1.2 \end{array}$$
(4)
$$\begin{array}{r} {\scriptstyle 5\ 10} \\ \not{6}.3 \\ -\ 0.6 \\ \hline 5.7 \end{array}$$

3 (1)
$$\begin{array}{r} 0.8 \\ -\ 0.2 \\ \hline 0.6 \end{array}$$
(2)
$$\begin{array}{r} {\scriptstyle 4\ 10} \\ \not{5}.2 \\ -\ 2.7 \\ \hline 2.5 \end{array}$$

4 (처음 리본의 길이)−(사용한 리본의 길이)
$=1.9-0.6=1.3$(m)

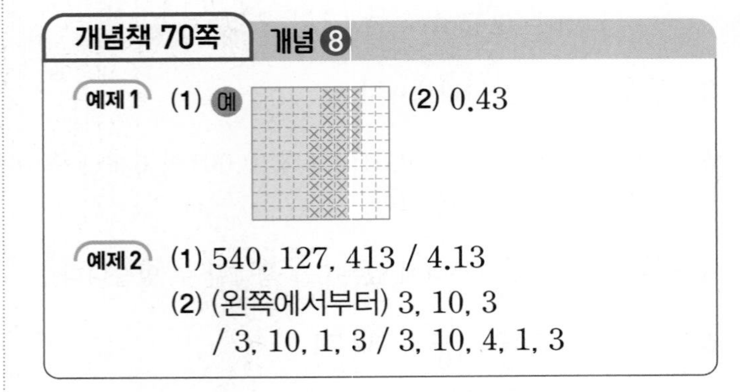

개념책 70쪽 개념 ❽

예제 1 (1) 예 (2) 0.43

예제 2 (1) 540, 127, 413 / 4.13
(2) (왼쪽에서부터) 3, 10, 3
/ 3, 10, 1, 3 / 3, 10, 4, 1, 3

개념책 71쪽 기본유형 익히기

1 0.09
2 (1) 0.41 (2) 3.31 (3) 1.71 (4) 2.86
3 (1) 4.85 (2) 2.94
4 $1.76-0.45=1.31$ / 1.31 km

1 수직선에서 0.26만큼 간 다음 0.17만큼 되돌아온 곳은 0.09입니다.
⇨ $0.26-0.17=0.09$

2 (3)
$$\begin{array}{r} {\scriptstyle 1\ 10} \\ \not{2}.\not{4}\,8 \\ -\ 0.7\,7 \\ \hline 1.7\,1 \end{array}$$
(4)
$$\begin{array}{r} {\scriptstyle 6\ 14\ 10} \\ \not{7}.\not{5}\,\not{4} \\ -\ 4.6\,8 \\ \hline 2.8\,6 \end{array}$$

3 (1)
```
  4 10
  5̸.4 7
− 0.6 2
───────
  4.8 5
```
(2)
```
  8 10
  9̸.8 4
− 6.9 0
───────
  2.9 4
```

4 (어제 걸은 거리)$-0.45=1.76-0.45=1.31$(km)

개념책 72~73쪽 연산 PLUS

1 0.7	**2** 0.78	**3** 2.1
4 0.52	**5** 8.3	**6** 4.03
7 1.4	**8** 5.39	**9** 4.4
10 3.26	**11** 9.1	**12** 8.37
13 9.8	**14** 6.65	**15** 8.22
16 0.4	**17** 0.21	**18** 1.8
19 0.18	**20** 2.4	**21** 2.12
22 5.5	**23** 3.94	**24** 8.1
25 0.79	**26** 1.8	**27** 1.93
28 0.5	**29** 2.38	**30** 7.32

개념책 74~75쪽 실전유형 다지기

✎ 서술형 문제는 풀이를 꼭 확인하세요.

1 (1) 6.3 (2) 6.5
2 (위에서부터) 9.27, 2.48, 0.61, 6.18
✎**3** 풀이 참조　　**4** ㉡
5 <　　**6**

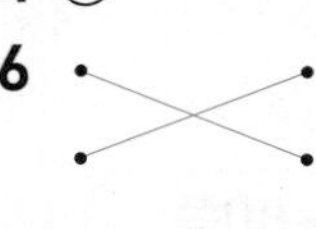

7 $0.8-0.44=0.36$ / 0.36
8 주리, 1.7 m　　**9** 5.9
10 0, 1, 2, 3　　**11** 1.84
12 0.82 kg
13 (1) (위에서부터) 4, 8 (2) (위에서부터) 9, 6

2

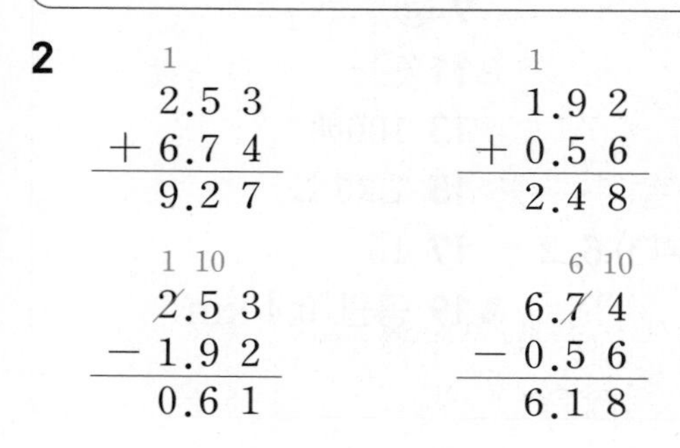

✎**3** ㉮ 소수점의 자리를 잘못 맞추고 계산했습니다.」❶
```
  0.4 6
+ 0.3
───────
  0.7 6
```
」❷

채점 기준
❶ 잘못 계산한 이유 쓰기
❷ 바르게 계산하기

4 ㉠ $3.6+0.7=4.3$　㉡ $5.8-1.6=4.2$
㉢ $5.2-0.9=4.3$

5 $0.46+0.8=1.26$, $5.1-2.71=2.39$
⇨ $1.26<2.39$

6 • $0.71+0.15=0.86$　• $6.47-4.41=2.06$
• $0.49+1.57=2.06$　• $3.7-2.84=0.86$
• $1.6+1.56=3.16$　• $4.08-0.92=3.16$

7 가장 큰 수에서 가장 작은 수를 뺄 때 차가 가장 큽니다.
$0.8>0.62>0.44$
⇨ $0.8-0.44=0.36$

8 $5.4>3.7$이므로 주리의 종이비행기가
$5.4-3.7=1.7$(m) 더 멀리 날아갔습니다.

9 • 승기: 0.1이 17개인 수 → 1.7
• 지윤: 일의 자리 숫자가 4이고, 소수 첫째 자리 숫자가 2인 소수 한 자리 수 → 4.2
따라서 승기와 지윤이가 생각하는 소수의 합은
$1.7+4.2=5.9$입니다.

10 $5.26-2.85=2.41$
2.□1<2.41이므로 □<4입니다.
따라서 □ 안에 들어갈 수 있는 수는 0, 1, 2, 3입니다.

11 □$+3.46=5.3$
⇨ $5.3-3.46=$□, □$=1.84$

12 1000 g=1 kg이므로 1 g=0.001 kg이고,
280 g=0.28 kg입니다.
⇨ (죽의 무게)$=1.1-0.28=0.82$(kg)

13 (1) • 소수 첫째 자리 계산: 4+□=12 ⇨ □=8
• 일의 자리 계산: 1+□+2=7 ⇨ □=4
(2) • 소수 첫째 자리 계산: 10+5−□=9 ⇨ □=6
• 일의 자리 계산: □−1−7=1 ⇨ □=9

개념책 76~77쪽 응용유형 **다잡기**

예제 1	❶ 37.9 ❷ 0.379
유제 1	2840
예제 2	❶ 6 / 6, 2 / 6, 2, 1, 7 ❷ 6.217
유제 2	3.449
예제 3	❶ 5.42 ❷ 2.45 ❸ 2.97
유제 3	12.31
예제 4	❶ 1.9, 8.2 ❷ 6.3 ❸ 4.4
유제 4	18.1

예제 1 ❶

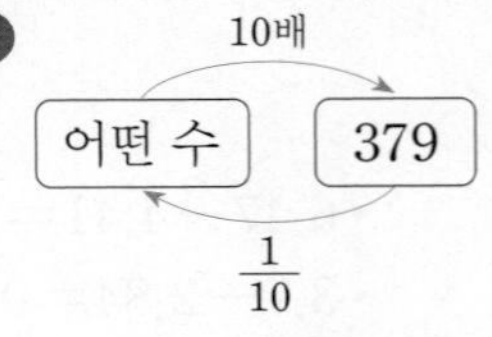

어떤 수는 379의 $\frac{1}{10}$이므로 37.9입니다.

❷ 37.9의 $\frac{1}{100}$은 0.379입니다.

유제 1

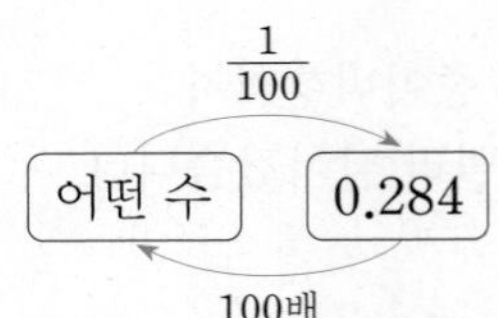

어떤 수는 0.284의 100배이므로 28.4입니다.
따라서 28.4의 100배는 2840입니다.

예제 2 ❶ • 6보다 크고 7보다 작은 소수 세 자리 수이므로 일의 자리 숫자가 6인 6.■■■입니다.
• 소수 첫째 자리 숫자는 2이므로 6.2■■입니다.
• 0.01이 1개이고, 0.001이 7개인 수이므로 6.217입니다.

❷ 설명하는 소수 세 자리 수는 6.217입니다.

유제 2 • 3.4보다 크고 3.5보다 작은 소수 세 자리 수이므로 3.4□□입니다.
• 소수 첫째 자리 숫자와 소수 둘째 자리 숫자가 같으므로 3.44□입니다.
• 소수 셋째 자리 숫자가 나타내는 값은 0.009이므로 3.449입니다.

따라서 설명하는 소수 세 자리 수는 3.449입니다.

예제 3 **비법**

- 가장 큰 소수 만들기
  앞에서부터 차례대로 큰 수를 놓아야 합니다.
- 가장 작은 소수 만들기
  앞에서부터 차례대로 작은 수를 놓아야 합니다.

❶,❷ 5>4>2이므로 만들 수 있는 소수 두 자리 수 중에서 가장 큰 수는 5.42이고, 가장 작은 수는 2.45입니다.

❸ 5.42−2.45=2.97

유제 3 8>6>3이므로 만들 수 있는 소수 두 자리 수 중에서 가장 큰 수는 8.63이고, 가장 작은 수는 3.68입니다.
⇨ 8.63+3.68=12.31

예제 4 ❷ ■+1.9=8.2 ⇨ 8.2−1.9=■, ■=6.3
❸ 6.3−1.9=4.4

유제 4 어떤 수를 □라 하면 □−4.5=9.1입니다.
□−4.5=9.1 ⇨ 9.1+4.5=□, □=13.6
따라서 바르게 계산하면 13.6+4.5=18.1입니다.

개념책 78~80쪽 단원 **마무리**

✎ 서술형 문제는 풀이를 꼭 확인하세요.

1 0.58 **2** 2.80
3 3.074 / 삼 점 영칠사
4 ② **5** <
6 2.75 **7** 0.062, 6.2
8 0.99 **9** ㉣
10 4.2 kg **11** ㉡
12 0, 1, 2 **13** 100배
14 1.81 **15** 1.25 L
16 (위에서부터) 6, 2 **17** 15
✎**18** ㉢ ✎**19** 공원, 0.4 km
✎**20** 10.09

1 모눈종이 한 칸의 크기는 $\frac{1}{100}=0.01$입니다.
색칠된 부분은 58칸이므로 소수로 나타내면 0.58입니다.

2 소수는 필요한 경우 오른쪽 끝자리에 0을 붙여서 나타낼 수 있습니다.
⇨ $2.8=2.80$

3
1이 3개 → 3
0.01이 7개 → 0.07
0.001이 4개 → 0.004
3.074 ⇨ 삼 점 영칠사

4 소수 둘째 자리 숫자를 각각 알아봅니다.
① 5.12 → 2 ② 6.15 → 5 ③ 3.57 → 7
④ 4.295 → 9 ⑤ 58.04 → 4

5 $1.35<1.42$
└3<4┘

7
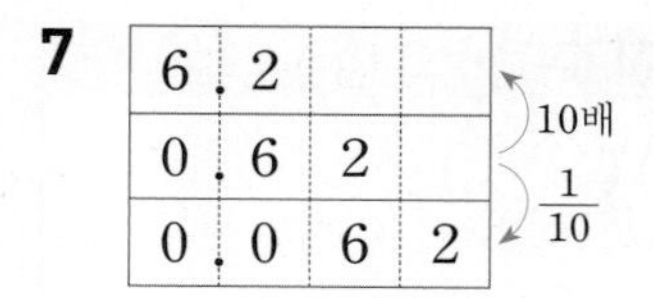

8 $0.62+0.37=0.99$

9 ㉠ $3.6+1.8=5.4$ ㉡ $2.5+2.29=4.79$
㉢ $9.2-5.6=3.6$ ㉣ $7.34-1.21=6.13$
⇨ $6.13>5.4>4.79>3.6$
㉣ ㉠ ㉡ ㉢

10 (재희가 딴 딸기의 무게)$=3.4+0.8=4.2$(kg)

11 ㉠ 42.1의 $\frac{1}{100}$은 0.421입니다. → □=100
㉡ 1.58의 10배는 15.8입니다. → □=10
㉢ 237의 $\frac{1}{100}$은 2.37입니다. → □=100

12 $7.15-2.81=4.34$
4.□6<4.34이므로 □<3입니다.
따라서 □ 안에 들어갈 수 있는 수는 0, 1, 2입니다.

13 ㉠은 일의 자리 숫자이므로 4를 나타냅니다.
㉡은 소수 둘째 자리 숫자이므로 0.04를 나타냅니다.
따라서 4는 0.04의 100배이므로 ㉠이 나타내는 수는 ㉡이 나타내는 수의 100배입니다.

14 ㉮ 일의 자리 숫자가 2, 소수 첫째 자리 숫자가 5, 소수 둘째 자리 숫자가 3인 소수 두 자리 수 → 2.53
㉯ 0.01이 72개인 수 → 0.72
따라서 $2.53>0.72$이므로
㉮$-$㉯$=2.53-0.72=1.81$입니다.

15 (마시고 남은 주스의 양)$=1.5-0.75=0.75$(L)
⇨ (예지네 집에 있는 주스의 양)$=0.75+0.5$
$=1.25$(L)

16 • 소수 둘째 자리 계산: 10−8=□ ⇨ □=2
• 소수 첫째 자리 계산: □−1−3=2 ⇨ □=6

17 어떤 수를 □라 하면 □−5.7=3.6입니다.
□−5.7=3.6 ⇨ 3.6+5.7=□, □=9.3
따라서 바르게 계산하면 $9.3+5.7=15$입니다.

18 예 3이 나타내는 수는 각각
㉠ 3.16 → 3, ㉡ 4.073 → 0.003,
㉢ 5.43 → 0.03, ㉣ 1.382 → 0.3입니다.」❶
따라서 3이 나타내는 수가 0.03인 것은 ㉢입니다.」❷

채점 기준	
❶ 3이 나타내는 수 각각 구하기	4점
❷ 3이 나타내는 수가 0.03인 것을 찾아 기호 쓰기	1점

19 예 $1.2>0.8$이므로 학교에서 공원이 더 가깝습니다.」❶
따라서 공원이 $1.2-0.8=0.4$(km) 더 가깝습니다.」❷

채점 기준	
❶ 거리 비교하기	2점
❷ 학교에서 어느 곳이 몇 km 더 가까운지 구하기	3점

20 예 만들 수 있는 가장 큰 소수 두 자리 수는 6.53입니다.」❶
만들 수 있는 가장 작은 소수 두 자리 수는 3.56입니다.」❷
따라서 만들 수 있는 가장 큰 수와 가장 작은 수의 합은 $6.53+3.56=10.09$입니다.」❸

채점 기준	
❶ 만들 수 있는 가장 큰 소수 두 자리 수 구하기	1점
❷ 만들 수 있는 가장 작은 소수 두 자리 수 구하기	1점
❸ 만들 수 있는 가장 큰 수와 가장 작은 수의 합 구하기	3점

4. 사각형

개념책 84쪽 개념 ❶

예제 1 (1) 수직 (2) 수선 (3) 수선
예제 2 ㉢, ㉣

예제 1 (1) 직선 가와 직선 나가 만나서 이루는 각이 직각이므로 두 직선은 서로 수직입니다.
(2), (3) 직선 가와 직선 나가 서로 수직이므로 직선 가는 직선 나에 대한 수선, 직선 나는 직선 가에 대한 수선입니다.

예제 2 삼각자에서 직각을 낀 변을 이용하여 수선을 바르게 그은 것은 ㉢이고, 각도기에서 90°가 되는 눈금을 이용하여 수선을 바르게 그은 것은 ㉣입니다.

개념책 85쪽 기본유형 익히기

1 (○)(○)( )(○)
2 다, 마
3 가, 다
4 (1) 예 (2) 예

1 두 직선이 만나서 이루는 각이 직각인 것을 모두 찾습니다.

2 직선 가와 만나서 이루는 각이 직각인 직선은 직선 다, 직선 마입니다.

3

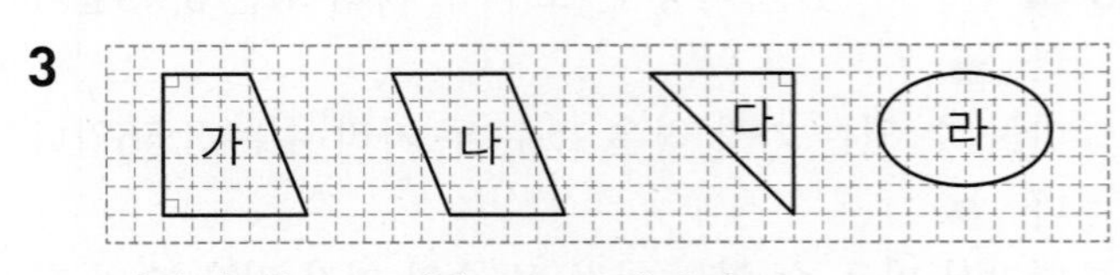

직각이 있는 도형은 가, 다입니다.

4 (1) 삼각자에서 직각을 낀 변을 이용하여 주어진 직선에 수직인 직선을 긋습니다.
(2) 각도기에서 90°가 되는 눈금을 이용하여 주어진 직선에 수직인 직선을 긋습니다.

개념책 86쪽 개념 ❷

예제 1 (1) 수직 (2) 평행 (3) 평행선
예제 2 ㉡, ㉣

예제 1 (1) 한 직선에 수직인 두 직선은 서로 만나지 않습니다.
(2) 직선 나와 직선 다와 같이 서로 만나지 않는 두 직선을 평행하다고 합니다.
(3) 직선 나와 직선 다와 같이 평행한 두 직선을 평행선이라고 합니다.

예제 2 삼각자의 한 변에 다른 삼각자의 직각을 낀 변을 맞추고 삼각자를 움직여서 평행선을 바르게 그은 것을 찾으면 ㉡, ㉣입니다.

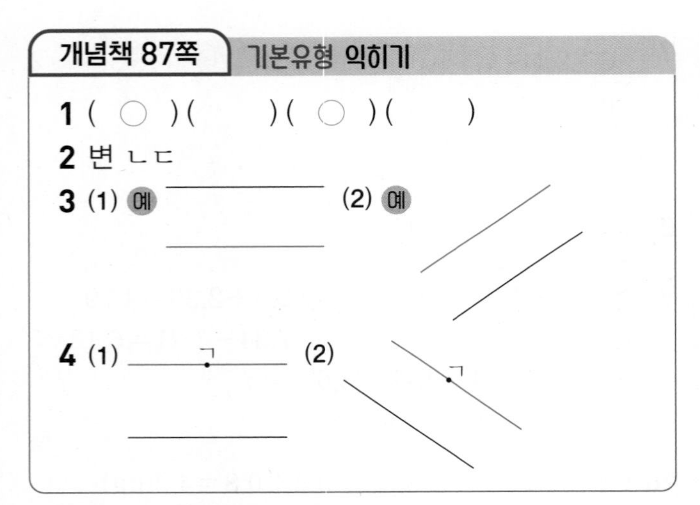

1 서로 만나지 않는 두 직선을 모두 찾습니다.
참고 한 직선에 수직인 두 직선(평행선)은 아무리 길게 늘여도 서로 만나지 않습니다.

2 변 ㄱㄹ과 변 ㄴㄷ은 변 ㄱㄴ에 각각 수직이므로 변 ㄱㄹ과 평행한 변은 변 ㄴㄷ입니다.

3 주어진 직선과 만나지 않는 직선을 긋습니다.
참고 한 직선과 평행한 직선은 셀 수 없이 많이 그을 수 있습니다.

4 점 ㄱ을 지나고 주어진 직선과 만나지 않는 직선을 긋습니다.
참고 한 점을 지나고 한 직선과 평행한 직선은 1개만 그을 수 있습니다.

개념책 88쪽 개념 ❸

예제 1 (1) ㉡ (2) 90° (3) 평행선 사이의 거리
예제 2 (1) ㉣ (2) 2

예제 2 (1) 평행선 사이의 거리는 평행선 사이의 선분 중에서 평행선에 수직인 선분의 길이이므로 선분 ㉣입니다.
(2) 선분 ㉣의 길이를 자로 재어 보면 2 cm입니다.

개념책 89쪽 기본유형 익히기

1 ②, ④
2 (1) 2 cm (2) 1 cm
3 6 cm
4
3 cm

1 평행선 사이의 선분 중에서 평행선에 수직인 선분의 길이는 ②, ④입니다.

2 평행선의 한 직선에서 다른 직선에 수직인 선분을 긋고, 그 선분의 길이를 재어 봅니다.

3 변 ㄱㄹ과 변 ㄴㄷ이 서로 평행하므로 두 변 사이의 수직인 변은 변 ㄹㄷ입니다.
⇨ (평행선 사이의 거리)=(변 ㄹㄷ)=6 cm

4 주어진 직선에 수직인 선분을 긋고, 그 선분의 길이가 3 cm가 되는 점을 지나는 평행한 직선을 긋습니다.

개념책 90~91쪽 실전유형 다지기

✎ 서술형 문제는 풀이를 꼭 확인하세요.

1 라, 수선
2 가, 다, 바
3 변 ㄱㄹ, 변 ㄴㄷ
4 나현
5 4 cm
✎6 풀이 참조
7 변 ㄱㄴ, 변 ㄷㄹ

8~9
ㄱ
ㄷ
ㄴ

10 3 cm
11

12
2 cm
2 cm

13 2 cm

2 가, 바: 서로 평행한 변이 2쌍 있습니다.
다: 서로 평행한 변이 1쌍 있습니다.
나, 라, 마: 서로 평행한 변이 없습니다.

3 직선 가와 만나서 이루는 각이 직각인 변은 변 ㄱㄹ, 변 ㄴㄷ입니다.

4 두 직선이 만나서 이루는 각이 직각일 때, 두 직선은 서로 수직이라고 합니다.

5 평행선의 한 직선에서 다른 직선에 수직인 선분을 긋고, 그 선분의 길이를 재어 봅니다.

✎6 틀립니다.」❶
예 직선 가와 직선 나는 끝이 없는 곧은 선이므로 길게 늘이면 서로 만날 수 있습니다. 따라서 직선 가와 직선 나는 평행선이 아닙니다.」❷

채점 기준
❶ 설명이 맞는지 틀린지 쓰기
❷ 이유 쓰기

7 변 ㅂㅁ과 변 ㄱㄴ은 변 ㄱㅂ에 각각 수직이고,
변 ㅂㅁ과 변 ㄷㄹ은 변 ㄹㅁ에 각각 수직입니다.
따라서 변 ㅂㅁ과 평행한 변은 변 ㄱㄴ, 변 ㄷㄹ입니다.

10 점 ㄱ에서 직선 ㄴㄷ에 그은 수직인 선분의 길이를 재어 보면 3 cm이므로 평행선 사이의 거리는 3 cm입니다.

11 주어진 두 선분과 평행한 직선을 각각 그은 후 두 직선이 만나는 점을 나머지 꼭짓점으로 하여 사각형을 완성합니다.

12 주어진 직선에 수직인 선분을 긋고, 그 선분의 길이가 2 cm가 되는 점을 지나는 평행한 직선을 주어진 직선을 기준으로 양쪽 방향에 각각 1개씩 긋습니다.

13 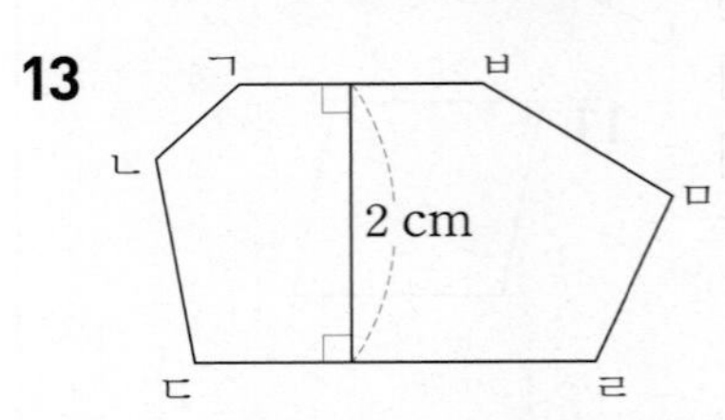

변 ㄱㅂ과 변 ㄷㄹ이 서로 평행하므로 두 변 사이에 수직인 선분을 긋고, 그 선분의 길이를 재어 보면 2 cm입니다.

개념책 92쪽 개념 ❹

예제 1 (1) 가, 다 (2) 사다리꼴

예제 2 (1) 한 (2) 평행합니다

개념책 93쪽 기본유형 익히기

1 가, 라, 마

2 예

3 5개

4 (1) 예

(2) 예

1 평행한 변이 한 쌍이라도 있는 사각형을 모두 찾습니다.

2 적어도 한 쌍의 변이 서로 평행한 사각형이 되도록 사다리꼴을 그립니다.

3 직사각형 모양의 종이띠를 선을 따라 잘랐을 때 만들어지는 사각형은 위와 아래의 마주 보는 두 변이 서로 평행한 사각형이므로 모두 사다리꼴입니다.
따라서 사다리꼴은 가, 나, 다, 라, 마로 모두 5개입니다.

4 적어도 한 쌍의 변이 서로 평행한 사각형이 되도록 한 꼭짓점만 옮깁니다.

참고 기준이 되는 변을 정하고 그 변과 마주 보는 변이 서로 평행하도록 한 꼭짓점의 위치를 옮깁니다.

개념책 94쪽 개념 ❺

예제 1 (1) 나, 라 (2) 평행사변형

예제 2 (1) 두 (2) 같습니다 (3) 같습니다

개념책 95쪽 기본유형 익히기

1 가, 다, 마

2 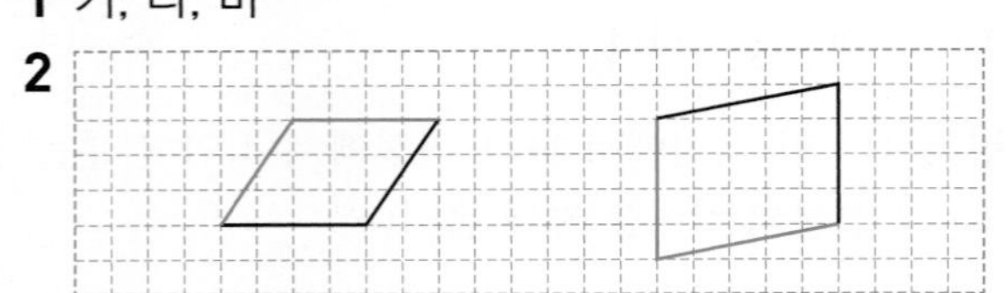

3 (1) (위에서부터) 7, 9
(2) (위에서부터) 120, 60

4 (1) 예 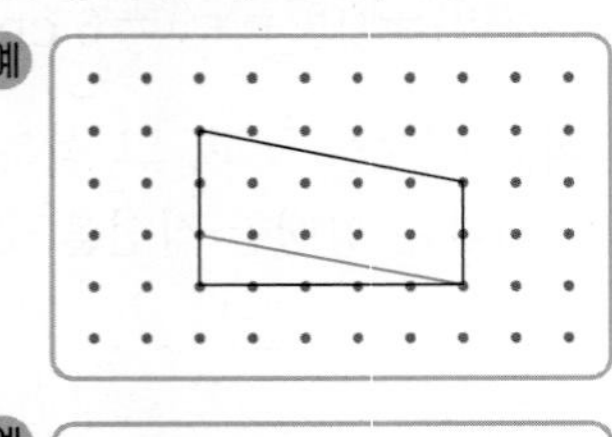

(2) 예 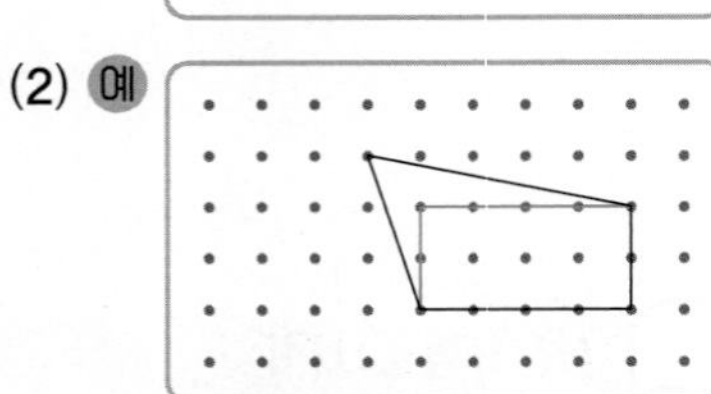

1 마주 보는 두 쌍의 변이 서로 평행한 사각형을 모두 찾습니다.

2 마주 보는 두 쌍의 변이 서로 평행한 사각형을 그립니다.

3 (1) 평행사변형은 마주 보는 두 변의 길이가 같습니다.
(2) 평행사변형은 마주 보는 두 각의 크기가 같습니다.

4 마주 보는 두 쌍의 변이 서로 평행한 사각형이 되도록 한 꼭짓점만 옮깁니다.

개념책 96쪽 개념 ❻

예제 1 (1) 나, 다 (2) 마름모

예제 2 (1) 같습니다 (2) 평행합니다 (3) 같습니다

개념책 97쪽 기본유형 익히기

1 가, 나, 마

2

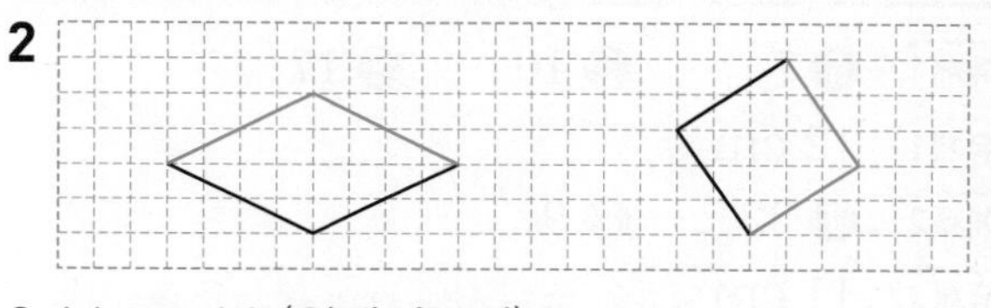

3 (1) 10 (2) (위에서부터) 130, 50

4 (1) 예

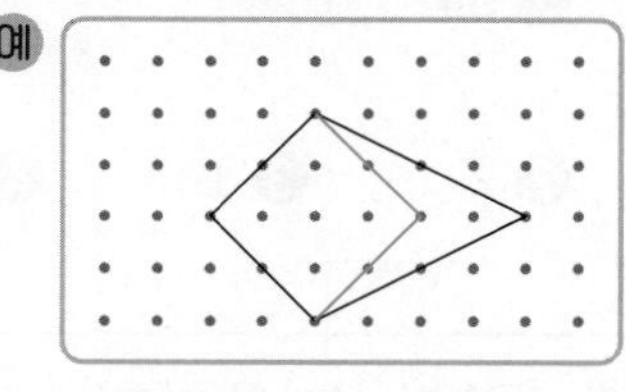

(2) 예

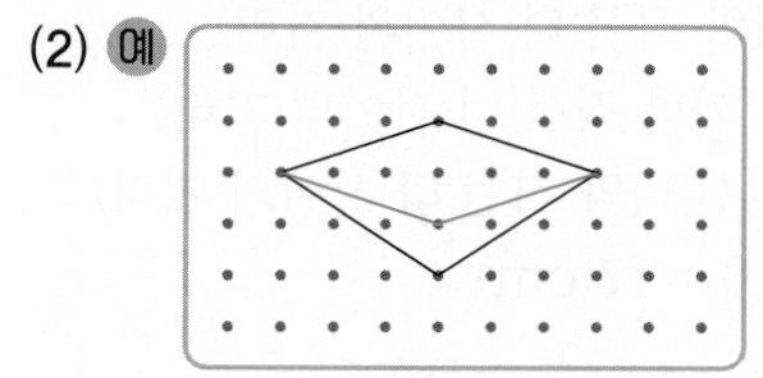

1 네 변의 길이가 모두 같은 사각형을 모두 찾습니다.

2 네 변의 길이가 모두 같은 사각형을 그립니다.

3 (1) 마름모는 네 변의 길이가 모두 같습니다.
(2) 마름모는 마주 보는 두 각의 크기가 같습니다.

4 네 변의 길이가 모두 같은 사각형이 되도록 한 꼭짓점만 옮깁니다.

개념책 98쪽 개념 ❼

예제 1 (1) ○ (2) ×

예제 2 가, 나, 다, 라, 마 / 가, 나, 다, 마 / 다, 마

예제 1 (2) 직사각형은 마주 보는 두 변의 길이가 같습니다.

예제 2
- 사다리꼴: 평행한 변이 한 쌍이라도 있는 사각형
- 평행사변형: 마주 보는 두 쌍의 변이 서로 평행한 사각형
- 마름모: 네 변의 길이가 모두 같은 사각형

개념책 99쪽 기본유형 익히기

1 (1) (위에서부터) 11, 90
(2) (위에서부터) 90, 9

2 (1) (위에서부터) 90, 5, 5
(2) (위에서부터) 90, 6

3 가, 나, 다, 라, 마 / 가, 다, 마 / 가 / 가, 마

4 ①, ②, ④

1 직사각형은 네 각이 모두 직각이고 마주 보는 두 변의 길이가 같습니다.

2 정사각형은 네 각이 모두 직각이고 네 변의 길이가 모두 같습니다.

3 가는 정사각형이므로 사다리꼴, 평행사변형, 마름모, 직사각형이라고 할 수 있습니다.

참고

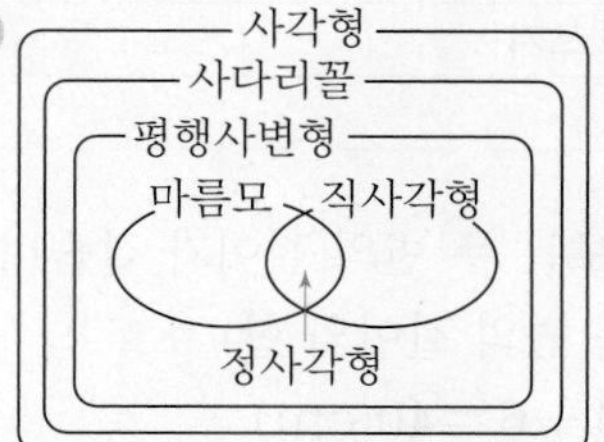

안쪽에 있는 사각형은 바깥쪽에 있는 사각형의 성질을 모두 가지고 있습니다.

4
- 네 각이 모두 직각이므로 직사각형입니다.
- 마주 보는 두 쌍의 변이 서로 평행하므로 사다리꼴, 평행사변형입니다.

개념책 100~101쪽	실전유형 다지기

✎ 서술형 문제는 풀이를 꼭 확인하세요.

1 가, 다, 마	**2** 마
3 5개	**4** ㉢
5 태호	**6** (왼쪽에서부터) 8, 90
✎**7** 풀이 참조	**8** 40 cm
9 사다리꼴	**10** 9 cm
11 130°	**12** 평행사변형
13 사다리꼴, 평행사변형, 직사각형	
14 사다리꼴, 평행사변형, 마름모, 직사각형, 정사각형	

1 네 각이 모두 직각인 사각형을 모두 찾습니다.

2 네 각이 모두 직각이고 네 변의 길이가 모두 같은 사각형을 찾습니다.

3 마주 보는 두 쌍의 변이 서로 평행한 사각형은 가, 나, 다, 라, 마입니다. ⇨ 5개

4 마름모는 네 변의 길이가 모두 같은 사각형이므로 네 변의 길이가 모두 같아지려면 점 ㉢을 꼭짓점으로 해야 합니다.

5 사다리꼴은 평행한 변이 있기만 하면 되므로 마주 보는 두 쌍의 변이 서로 평행한 사각형도 사다리꼴이라고 할 수 있습니다.

6 • 마름모는 마주 보는 꼭짓점끼리 이은 선분이 서로를 똑같이 둘로 나누므로
(선분 ㄴㅁ)=(선분 ㄹㅁ)=8 cm입니다.
• 마름모는 마주 보는 꼭짓점끼리 이은 선분이 서로 수직이므로 (각 ㄱㅁㄹ)=90°입니다.

✎**7** 마름모입니다.」❶
예 네 변의 길이가 모두 같기 때문입니다.」❷

채점 기준
❶ 마름모인지 아닌지 쓰기
❷ 이유 쓰기

8 직사각형은 마주 보는 두 변의 길이가 같습니다.
⇨ (직사각형의 네 변의 길이의 합)
$=14+6+14+6=40$(cm)

9 자른 후 펼친 모양은 다음과 같습니다.
평행한 변이 한 쌍이라도 있는 사각형이 만들어지므로 사다리꼴입니다.

10 마름모는 네 변의 길이가 모두 같습니다.
⇨ (마름모의 한 변)$=36\div4=9$(cm)

11 평행사변형에서 이웃한 두 각의 크기의 합은 180°입니다.
$50°+㉠=180°$ ⇨ $㉠=180°-50°=130°$

12 겹쳐진 부분은 마주 보는 두 쌍의 변이 서로 평행하므로 평행사변형입니다.
참고 사다리꼴도 정답으로 인정합니다.

13 같은 길이의 막대가 2개씩 2묶음 있으므로 마주 보는 두 변의 길이가 같은 사각형을 만들 수 있습니다.
⇨ 사다리꼴, 평행사변형, 직사각형

14 같은 길이의 막대가 4개 있으므로 네 변의 길이가 모두 같은 사각형을 만들 수 있습니다.
⇨ 사다리꼴, 평행사변형, 마름모, 직사각형, 정사각형

개념책 102~103쪽	응용유형 다잡기

예제1	❶ 7	❷ 10	❸ 17	
유제1	12 cm			
예제2	❶ 32	❷ 9		
유제2	11 cm			
예제3	❶ 9	❷ 54		
유제3	60 cm			
예제4	❶ 3	❷ 2	❸ 1	❹ 6
유제4	12개			

예제1 ❸ (직선 가와 직선 다 사이의 거리)
=(직선 가와 직선 나 사이의 거리)
+(직선 나와 직선 다 사이의 거리)
$=7+10=17$(cm)

유제1 (직선 가와 직선 라 사이의 거리)
=(직선 가와 직선 나 사이의 거리)
+(직선 나와 직선 다 사이의 거리)
+(직선 다와 직선 라 사이의 거리)
$=2+4+6=12$(cm)

예제2 ❶ 평행사변형은 마주 보는 두 변의 길이가 같으므로 7+■+7+■=32입니다.
❷ ■+■=18, ■=9

유제 2 변 ㄹㄷ의 길이를 □cm라 할 때,
평행사변형은 마주 보는 두 변의 길이가 같으므로
$12+□+12+□=46$입니다.
$□+□=22$, $□=11$

예제 3

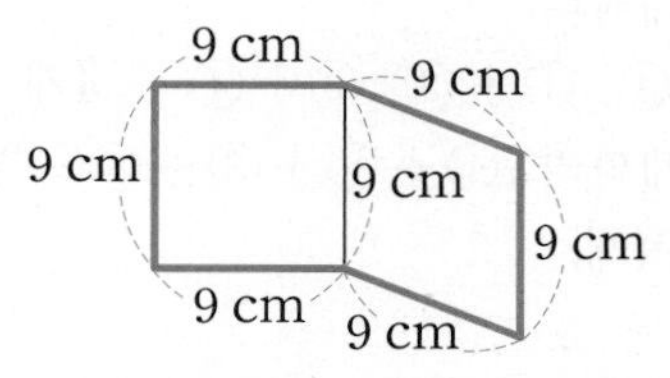

❶ 정사각형과 마름모는 네 변의 길이가 모두 같습니다. 따라서 마름모의 한 변은 9 cm입니다.
❷ 빨간색 선의 길이는 9 cm인 변이 6개입니다.
⇨ (빨간색 선의 길이)
$=9+9+9+9+9+9=54$(cm)

유제 3

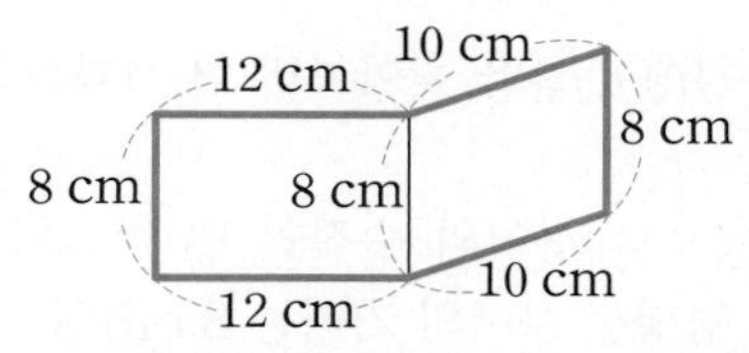

직사각형과 평행사변형은 마주 보는 두 변의 길이가 같습니다.
따라서 직사각형은 8 cm, 12 cm인 변이 각각 2개씩 있고, 평행사변형은 8 cm, 10 cm인 변이 각각 2개씩 있습니다.
⇨ (빨간색 선의 길이)
$=8+12+10+8+10+12=60$(cm)

예제 4

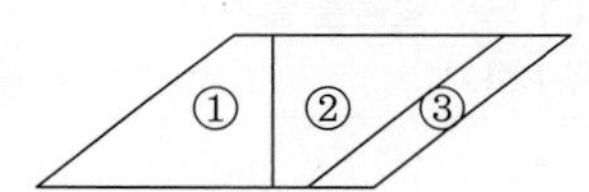

❶ ①, ②, ③ → 3개
❷ ①+②, ②+③ → 2개
❸ ①+②+③ → 1개
❹ $3+2+1=6$(개)

참고 평행사변형도 사다리꼴의 수에 포함해야 합니다.

유제 4

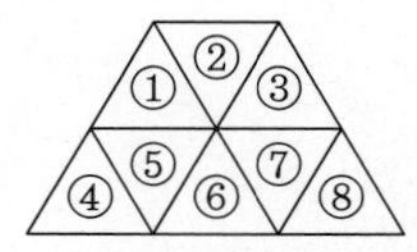

• 작은 정삼각형 2개짜리:
①+②, ②+③, ④+⑤, ⑤+⑥, ⑥+⑦, ⑦+⑧, ①+⑤, ③+⑦ → 8개
• 작은 정삼각형 4개짜리:
④+⑤+⑥+⑦, ⑤+⑥+⑦+⑧, ②+①+⑤+④, ②+③+⑦+⑧ → 4개
⇨ $8+4=12$(개)

개념책 104~106쪽 단원 **마무리**

✎ 서술형 문제는 풀이를 꼭 확인하세요.

1 직선 라
2 직선 나
3 예 가
4 ⑤
5 가, 다, 라, 바
6 2개
7 변 ㄹㄷ
8 60°
9
10 5 cm
11 예
12 4쌍
13 정사각형
14 ①, ②, ③
15 12
16 78 cm
17 9개
✎**18** 풀이 참조
✎**19** 8 cm
✎**20** 16 cm

1 직선 가와 만나서 이루는 각이 직각인 직선은 직선 라입니다.

2 직선 가와 직선 나는 직선 라에 각각 수직이므로 직선 가와 평행한 직선은 직선 나입니다.

3 각도기에서 90°가 되는 눈금을 이용하여 직선 가에 수직인 직선을 긋습니다.

4 한 직선과 평행한 직선은 셀 수 없이 많이 그을 수 있습니다.

5 마주 보는 두 쌍의 변이 서로 평행한 사각형을 모두 찾습니다.

6 네 각이 모두 직각인 사각형은 라, 바입니다. ⇨ 2개

7 마름모는 마주 보는 두 쌍의 변이 서로 평행하므로 변 ㄱㄴ과 평행한 변은 변 ㄹㄷ입니다.

8 마름모는 마주 보는 두 각의 크기가 같으므로 (각 ㄱㄹㄷ)=(각 ㄱㄴㄷ)=60°입니다.

9 마주 보는 두 쌍의 변이 서로 평행한 사각형을 그립니다.

10 주어진 직선에 수직인 선분을 긋고, 그 선분의 길이가 5 cm가 되는 점을 지나는 평행한 직선을 긋습니다.

11 적어도 한 쌍의 변이 서로 평행한 사각형이 되도록 한 꼭짓점만 옮깁니다.

12 변 ㄱㅂ과 변 ㅁㄹ, 변 ㄱㅂ과 변 ㄴㄷ, 변 ㅁㄹ과 변 ㄴㄷ, 변 ㄱㄴ과 변 ㄹㄷ ⇨ 4쌍

13 • 마주 보는 두 쌍의 변이 서로 평행한 사각형: 평행사변형, 마름모, 직사각형, 정사각형
• 네 각의 크기가 모두 90°인 사각형: 직사각형, 정사각형
• 네 변의 길이가 모두 같은 사각형: 마름모, 정사각형
따라서 설명에 알맞은 사각형은 정사각형입니다.

14 • 네 변의 길이가 모두 같은 사각형이 만들어지므로 마름모입니다.
• 마주 보는 두 쌍의 변이 서로 평행한 사각형이 만들어지므로 사다리꼴, 평행사변형입니다.

15 평행사변형은 마주 보는 두 변의 길이가 같습니다.
□+8+□+8=40, □+□=24, □=12

16
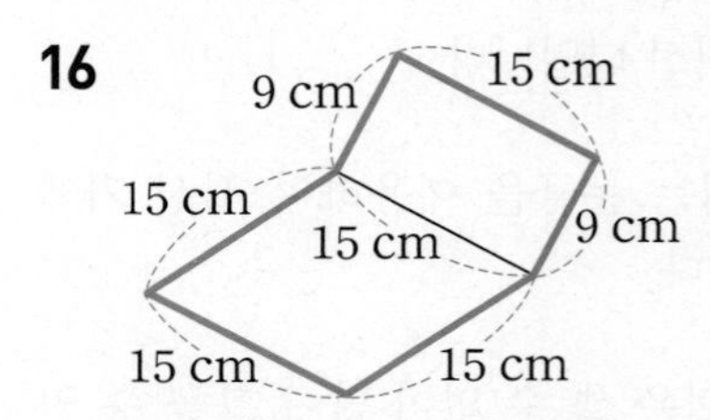

마름모는 네 변의 길이가 모두 같고, 직사각형은 마주 보는 두 변의 길이가 같습니다.
⇨ (빨간색 선의 길이)
=15+15+15+9+15+9=78(cm)

17
①, ②, ③, ④
• 작은 사각형 1개짜리: ①, ②, ③, ④ → 4개
• 작은 사각형 2개짜리: ①+②, ③+④, ①+③, ②+④ → 4개
• 작은 사각형 4개짜리: ①+②+③+④ → 1개
⇨ 4+4+1=9(개)

18 정사각형이 아닙니다.」❶
예 네 변의 길이가 모두 같지 않기 때문입니다.」❷

채점 기준

❶ 정사각형인지 아닌지 쓰기	2점
❷ 이유 쓰기	3점

19 예 도형에서 평행한 변을 찾아보면 변 ㄱㄹ과 변 ㄴㄷ입니다.」❶
변 ㄱㄹ과 변 ㄴㄷ 사이의 수직인 변 ㄱㄴ의 길이가 8 cm이므로 평행선 사이의 거리는 8 cm입니다.」❷

채점 기준

❶ 도형에서 평행한 변 찾기	2점
❷ 평행선 사이의 거리 구하기	3점

20 예 마름모는 네 변의 길이가 모두 같습니다.」❶
따라서 마름모의 한 변은 64÷4=16(cm)입니다.」❷

채점 기준

❶ 마름모는 네 변의 길이가 모두 같음을 알기	2점
❷ 마름모의 한 변의 길이 구하기	3점

5. 꺾은선그래프

개념책 110쪽 개념 ❶

예제 1 (1) 꺾은선그래프 (2) 연도, 학생 수

개념책 111쪽 기본유형 익히기

1 날짜, 키 　　2 1 cm
3 강낭콩의 키의 변화 　　4 꺾은선그래프

2 세로 눈금 5칸이 5 cm이므로 세로 눈금 한 칸은 $5 \div 5 = 1$(cm)를 나타냅니다.

4 시간에 따른 자료의 변화를 한눈에 알아보기 쉬운 그래프는 꺾은선그래프입니다.

개념책 112쪽 개념 ❷

예제 1 (1) 8일 (2) 3월 (3) 6월

예제 1 (1) 5월에 점이 찍힌 곳의 세로 눈금을 읽으면 8일입니다.
(2) 점이 가장 낮게 찍힌 달은 3월입니다.
(3) 선분이 오른쪽 위로 가장 많이 기울어진 때는 5월과 6월 사이이므로 비 온 날수가 전월에 비해 가장 많이 늘어난 달은 6월입니다.

개념책 113쪽 기본유형 익히기

1 2 °C, 1 °C 　　2 2 °C
3 오후 4시
4 오전 8시와 오전 10시 사이
5 ㉯ 그래프

1 • ㉮ 그래프는 세로 눈금 5칸이 10 °C이므로 세로 눈금 한 칸은 $10 \div 5 = 2$(°C)를 나타냅니다.
• ㉯ 그래프는 세로 눈금 5칸이 5 °C이므로 세로 눈금 한 칸은 $5 \div 5 = 1$(°C)를 나타냅니다.

2 낮 12시: 26 °C, 오후 2시: 28 °C
⇨ $28 - 26 = 2$(°C)

3 선분이 오른쪽 아래로 기울어진 때는 오후 2시와 오후 4시 사이이므로 운동장의 온도가 2시간 전에 비해 낮아진 때는 오후 4시입니다.

4 선분이 오른쪽 위로 가장 많이 기울어진 때는 오전 8시와 오전 10시 사이입니다.

5 꺾은선그래프에서 필요 없는 부분을 물결선을 사용하여 줄여서 나타내면 자료가 변화하는 모습이 더 잘 나타납니다.

개념책 114쪽 개념 ❸

예제 1 (1) 불량품 수 (2) 예 1개
(3)

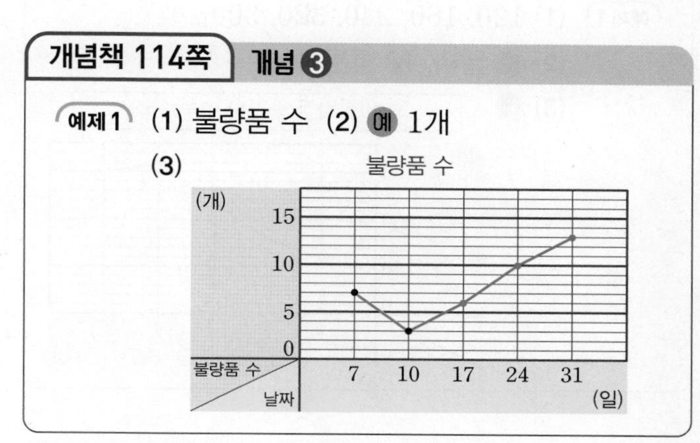

예제 1 (1) 날짜에 따른 불량품 수의 변화를 나타내어야 하므로 가로에 날짜를 나타낸다면 세로에는 불량품 수를 나타내어야 합니다.
(2) 조사하여 나타낸 불량품 수가 1개 단위이고, 자료의 변화하는 양을 모두 나타내어야 하므로 세로 눈금 한 칸은 1개로 나타내는 것이 좋습니다.

개념책 115쪽 기본유형 익히기

1 기온 　　2 예 1 °C
3 예 0 °C와 20 °C 사이
4 예

최고 기온

(°C) 35 30 25 20 0
기온 / 날짜 1 2 3 4 5 (일)

1 날짜에 따른 최고 기온의 변화를 나타내어야 하므로 가로에 날짜를 나타낸다면 세로에는 기온을 나타내어야 합니다.

2 조사하여 나타낸 기온이 1 °C 단위이고, 자료의 변화하는 양을 모두 나타내어야 하므로 세로 눈금 한 칸은 1 °C로 나타내는 것이 좋습니다.

3 가장 낮은 기온이 24 °C이므로 물결선은 0 °C와 20 °C 사이에 넣는 것이 좋습니다.

개념책 116쪽 개념 ❹

예제 1 (1) 120, 160, 240, 320, 300

(2) 예 날짜, 예 방문자 수

(3) 예

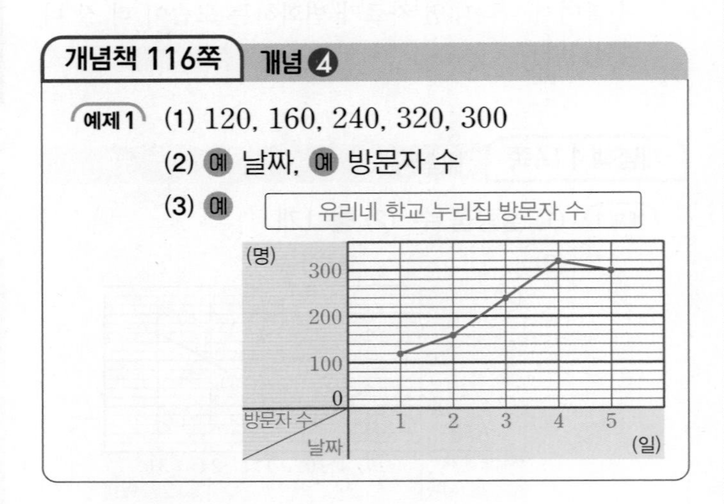

개념책 117쪽 기본유형 익히기

1 예 아기의 키

나이(개월)	1	2	3	4	5
키(cm)	56	60	62	65	67

2 예 0 cm와 55 cm 사이

3 예

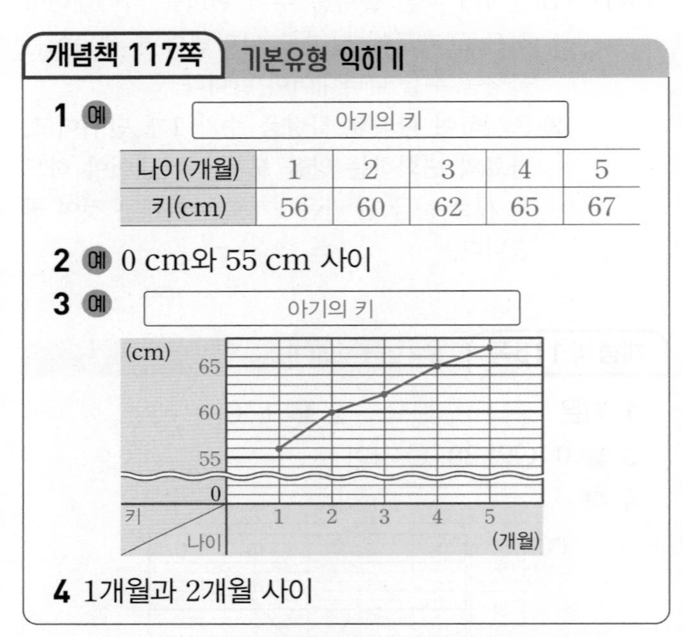

4 1개월과 2개월 사이

2 가장 작은 키가 56 cm이므로 물결선은 0 cm와 55 cm 사이에 넣는 것이 좋습니다.

4 선분이 오른쪽 위로 가장 많이 기울어진 때는 1개월과 2개월 사이입니다.

개념책 118~119쪽 실전유형 다지기

✎ 서술형 문제는 풀이를 꼭 확인하세요.

1 4건　**2** 20건

3 목요일　**4** 꺾은선그래프에 ○표

5 예

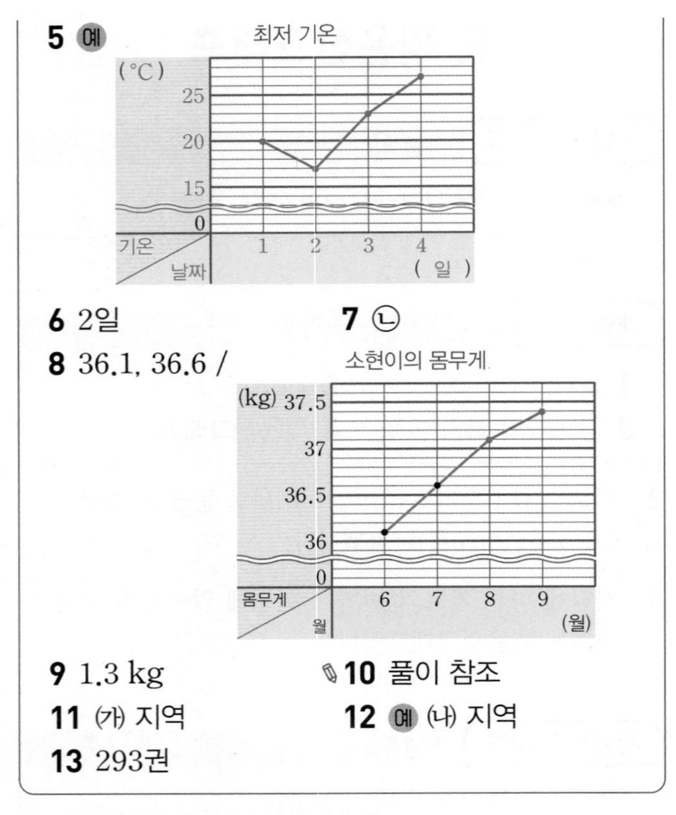

6 2일　**7** ㉡

8 36.1, 36.6 /

9 1.3 kg　✎**10** 풀이 참조

11 ㈎ 지역　**12** 예 ㈏ 지역

13 293권

2 월요일: 32건, 화요일: 52건
⇨ 52－32＝20(건)

3 선분이 오른쪽 위로 가장 많이 기울어진 때는 수요일과 목요일 사이이므로 조회 수가 전날에 비해 가장 많이 늘어난 요일은 목요일입니다.

4 시간에 따른 자료의 변화를 나타내기에 알맞은 그래프는 꺾은선그래프입니다.

5 가장 낮은 기온이 17 °C이므로 0 °C와 15 °C 사이를 물결선을 사용하여 줄여서 나타낼 수 있습니다.

6 선분이 오른쪽 아래로 기울어진 때는 1일과 2일 사이이므로 최저 기온이 전날에 비해 낮아진 날은 2일입니다.

7 ㉡ 최저 기온이 가장 높은 날은 4일입니다.

9 • 6월 1일의 몸무게: 36.1 kg
• 9월 1일의 몸무게: 37.4 kg
⇨ 37.4－36.1＝1.3(kg)

✎**10** 예 몸무게가 늘어날 것으로 예상합니다.」❶
6월부터 9월까지 소현이의 몸무게가 계속해서 늘어나고 있기 때문입니다.」❷

채점 기준
❶ 10월 1일에는 소현이의 몸무게가 어떻게 될지 예상하기
❷ 위 ❶과 같이 예상한 이유 쓰기

11 시간이 지나면서 선분이 더 많이 기울어진 그래프는 ㈎ 지역의 출생아 수를 나타낸 꺾은선그래프입니다.

12 ㈏ 지역의 출생아 수가 계속 늘어나고 있으므로 어린이집을 만든다면 ㈏ 지역에 만드는 것이 좋을 것입니다.

13 1일: 64권, 2일: 60권, 3일: 62권, 4일: 55권, 5일: 52권

⇨ (1일부터 5일까지 판매한 소설책의 수)
$=64+60+62+55+52=293$(권)

개념책 120~121쪽 응용유형 다잡기

예제1 ❶ 20 ❷ 22 ❸ 예 21

유제1 예 42 cm

예제2 ❶ 14, 18, 26 ❷ 10

❸

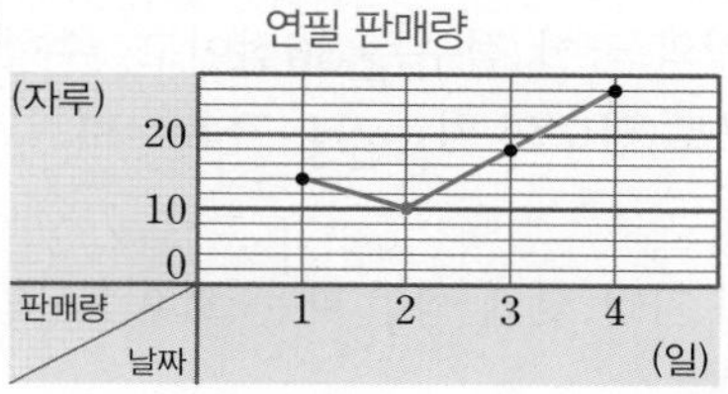

유제2

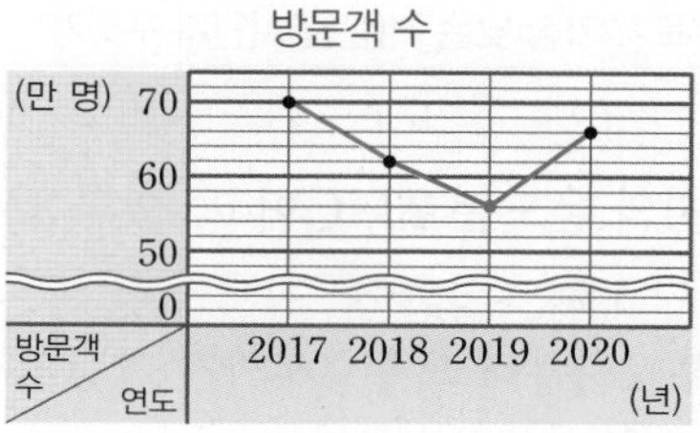

예제3 ❶ 10, 11 ❷ 4

유제3 10잔

예제4 ❶ 4 ❷ 7

유제4 0.6 m

예제1 ❶, ❷ 세로 눈금 한 칸의 크기는 1 °C를 나타냅니다.

⇨ 오후 1시: 20 °C, 오후 2시: 22 °C

❸ 오후 1시 30분의 교실의 온도는 20 °C와 22 °C의 중간인 21 °C였을 것이라고 예상할 수 있습니다.

유제1 세로 눈금 한 칸의 크기는 2 cm를 나타냅니다.

⇨ 4월 1일: 38 cm, 5월 1일: 46 cm

따라서 4월 16일의 무궁화의 키는 38 cm와 46 cm의 중간인 42 cm였을 것이라고 예상할 수 있습니다.

예제2 ❶ 1일: 14자루, 3일: 18자루, 4일: 26자루

❷ (2일의 연필 판매량)
$=68-14-18-26=10$(자루)

유제2 2017년: 70만 명, 2018년: 62만 명, 2020년: 66만 명

⇨ (2019년의 방문객 수)
$=254-70-62-66=56$(만 명)

예제3 ❶ 시각별 기온을 나타낸 꺾은선그래프에서 선분이 가장 많이 기울어진 때는 오전 10시와 오전 11시 사이입니다.

❷ 주스 판매량은 오전 10시에 11잔, 오전 11시에 15잔이므로 $15-11=4$(잔) 늘었습니다.

유제3 시각별 기온을 나타낸 꺾은선그래프에서 선분이 가장 많이 기울어진 때는 오후 4시와 오후 5시 사이입니다.

⇨ 코코아 판매량은 오후 4시에 12잔, 오후 5시에 22잔이므로 $22-12=10$(잔) 늘었습니다.

예제4 ❶ 최고 기온과 최저 기온의 차가 가장 큰 때는 최고 기온과 최저 기온을 나타내는 점이 가장 많이 떨어져 있는 때이므로 4일입니다.

❷ 4일의 최고 기온은 23 °C이고, 최저 기온은 16 °C이므로 기온의 차는 $23-16=7$(°C)입니다.

유제4 두 나무의 키의 차가 가장 큰 때는 ㈎와 ㈏ 나무의 키를 나타내는 점이 가장 많이 떨어져 있는 때이므로 7월 1일입니다.

⇨ 7월 1일의 ㈎ 나무의 키는 4.3 m이고, ㈏ 나무의 키는 3.7 m이므로 키의 차는 $4.3-3.7=0.6$(m)입니다.

개념책 122~124쪽 단원 마무리

✎ 서술형 문제는 풀이를 꼭 확인하세요.

1 꺾은선그래프 **2** 시각 / 수온
3 강물의 수온의 변화 **4** ㉡, ㉣ / ㉠, ㉢
5 5 mm / 2 mm **6** 물결선
7 68 mm **8** 5월
9 예 0상자와 200상자 사이
10 예 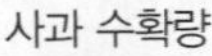

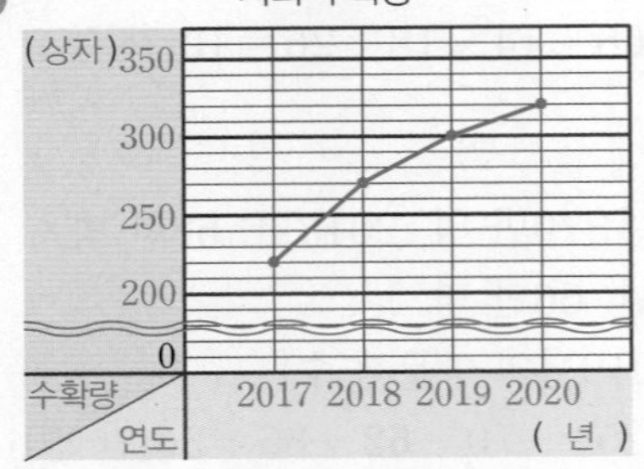

11 예 사과 수확량이 늘어날 것으로 예상합니다.
12 504, 512 /
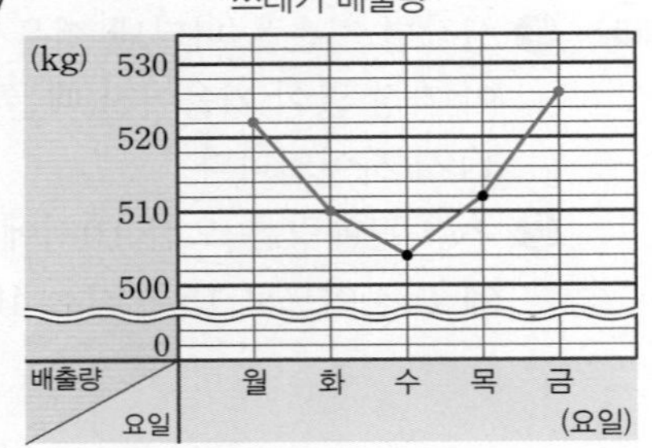

13 6 kg **14** 금요일
15 22 kg **16** ㈎ 식물
17 8점 ✎**18** 오후 5시
✎**19** 3 °C ✎**20** 풀이 참조

4 수량을 비교하기에 알맞은 그래프는 막대그래프이고, 시간에 따른 자료의 변화를 알아보기에 알맞은 그래프는 꺾은선그래프입니다.

5 • ㉮ 그래프는 세로 눈금 5칸이 25 mm이므로 세로 눈금 한 칸은 $25 \div 5 = 5$(mm)를 나타냅니다.
• ㉯ 그래프는 세로 눈금 5칸이 10 mm이므로 세로 눈금 한 칸은 $10 \div 5 = 2$(mm)를 나타냅니다.

7 월별 강수량을 가로, 세로 눈금이 만나는 곳에 명확히 나타낸 ㉯ 그래프에서 6월에 점이 찍힌 곳의 세로 눈금을 읽으면 68 mm입니다.

8 점이 가장 높게 찍힌 달은 5월입니다.

9 가장 적은 수확량이 220상자이므로 물결선은 0상자와 200상자 사이에 넣는 것이 좋습니다.

11 2017년부터 2020년까지 사과 수확량이 계속해서 늘어나고 있으므로 2021년에도 늘어날 것으로 예상할 수 있습니다.

13 화요일: 510 kg, 수요일: 504 kg
⇨ $510 - 504 = 6$(kg)

14 선분이 오른쪽 위로 가장 많이 기울어진 때는 목요일과 금요일 사이이므로 쓰레기 배출량이 전날에 비해 가장 많이 늘어난 요일은 금요일입니다.

15 쓰레기 배출량이 가장 많은 요일은 금요일로 526 kg이고, 가장 적은 요일은 수요일로 504 kg입니다.
⇨ $526 - 504 = 22$(kg)

16 선분이 오른쪽 위로 처음에는 조금 기울었다가 시간이 지나면서 더 많이 기울어진 그래프는 ㈎ 식물의 키를 나타낸 꺾은선그래프입니다.

17 두 과목 점수의 차가 가장 큰 달은 국어 점수와 수학 점수를 나타내는 점이 가장 많이 떨어져 있는 달이므로 11월입니다.
⇨ 11월의 국어 점수는 86점이고, 수학 점수는 94점이므로 점수의 차는 $94 - 86 = 8$(점)입니다.

✎**18** 예 점이 가장 낮게 찍힌 때는 오후 5시입니다.」❶

채점 기준

❶ 마당의 온도가 가장 낮은 때는 몇 시인지 구하기	5점

✎**19** 예 오후 2시의 온도는 23 °C이고, 오후 3시의 온도는 26 °C입니다.」❶
따라서 오후 2시부터 오후 3시까지 마당의 온도는 $26 - 23 = 3$(°C) 올랐습니다.」❷

채점 기준

❶ 오후 2시와 오후 3시의 온도를 각각 구하기	4점
❷ 오후 2시부터 오후 3시까지 마당의 온도는 몇 °C 올랐는지 구하기	1점

✎**20** 예 24 °C」❶
오후 3시의 온도인 26 °C와 오후 4시의 온도인 22 °C의 중간이 24 °C이기 때문입니다.」❷

채점 기준

❶ 오후 3시 30분의 마당의 온도 예상하기	2점
❷ 위 ❶과 같이 예상한 이유 쓰기	3점

6. 다각형

개념책 128쪽 개념 ❶

예제 1 (1) 가, 나, 라 / 다 (2) 다각형

예제 2 8개 / 팔각형

개념책 129쪽 기본유형 익히기

1 가, 다, 마 2

3 (1) 예 (2) 예

4 6, 8, 9 / 6, 8, 9 / 같습니다에 ○표

1 선분으로만 둘러싸인 도형을 모두 찾으면 가, 다, 마입니다.

2 • 변이 6개인 다각형은 육각형입니다.
• 변이 5개인 다각형은 오각형입니다.
• 변이 7개인 다각형은 칠각형입니다.

3 (1) 팔각형은 변이 8개가 되도록 그립니다.
(2) 구각형은 변이 9개가 되도록 그립니다.

4 • 육각형의 변의 수는 6개, 꼭짓점의 수는 6개입니다.
• 팔각형의 변의 수는 8개, 꼭짓점의 수는 8개입니다.
• 구각형의 변의 수는 9개, 꼭짓점의 수는 9개입니다.
⇨ 다각형에서 변의 수와 꼭짓점의 수는 같습니다.

개념책 130쪽 개념 ❷

예제 1 (1) 가, 나, 다, 마 / 라
(2) 나, 다, 라, 마 / 가
(3) 나, 다, 마 (4) 정다각형

개념책 131쪽 기본유형 익히기

1 (○) (   ) (○) (   )

2 (1) 정사각형 (2) 정육각형

3 정오각형 4 (1) 6 (2) 120

1 변의 길이가 모두 같고, 각의 크기가 모두 같은 다각형을 찾습니다.

2 (1) 변이 4개인 정다각형은 정사각형입니다.
(2) 변이 6개인 정다각형은 정육각형입니다.

3 • 선분으로만 둘러싸인 도형이므로 다각형이고, 변이 5개이므로 오각형입니다.
• 변의 길이가 모두 같고, 각의 크기가 모두 같으므로 정다각형입니다.
따라서 설명하는 도형의 이름은 정오각형입니다.

4 (1), (2) 정다각형은 변의 길이가 모두 같고, 각의 크기가 모두 같습니다.

개념책 132쪽 개념 ❸

예제 1 (1) 가 나

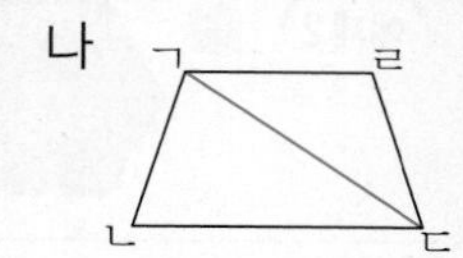

(2) 가 나

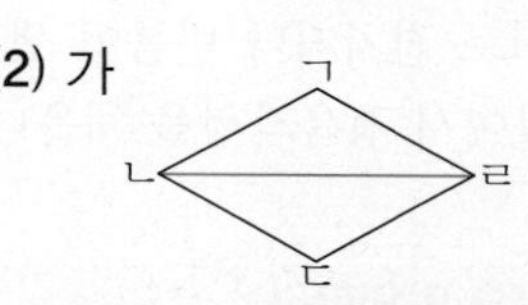

(3) 대각선 (4) 가

예제 1 (1) 꼭짓점 ㄱ과 이웃하지 않는 꼭짓점은 점 ㄷ입니다.
(2) 꼭짓점 ㄴ과 이웃하지 않는 꼭짓점은 점 ㄹ입니다.
(3) 서로 이웃하지 않는 두 꼭짓점을 이은 선분은 대각선입니다.
(4) 두 대각선이 서로 수직으로 만나는 것은 가(마름모)입니다.

개념책 133쪽 기본유형 익히기

1 ㄱㄷ 또는 ㄷㄱ, ㄴㄹ 또는 ㄹㄴ

2 (1) / 2개 (2) / 5개

3 (   ) (○) (   )

4 (1) 가, 라 (2) 라, 마

개념책

1 서로 이웃하지 않는 두 꼭짓점을 이은 선분을 모두 찾으면 선분 ㄱㄷ(또는 선분 ㄷㄱ), 선분 ㄴㄹ(또는 선분 ㄹㄴ)입니다.

2 서로 이웃하지 않는 두 꼭짓점을 모두 잇습니다.

3 삼각형은 꼭짓점 3개가 서로 이웃하고 있으므로 대각선을 그을 수 없습니다.

4 (1) 두 대각선의 길이가 같은 사각형은 직사각형, 정사각형이므로 가, 라입니다.
(2) 두 대각선이 서로 수직으로 만나는 사각형은 마름모, 정사각형이므로 라, 마입니다.

개념책 134쪽 개념 ❹

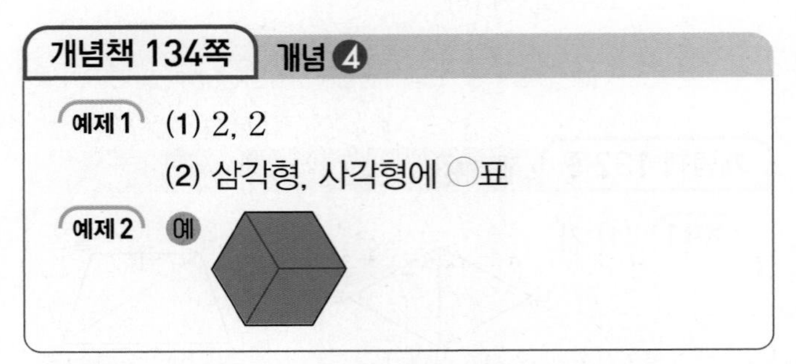

예제 1 (1) 2, 2
(2) 삼각형, 사각형에 ○표

예제 2 예

예제 2 모양 조각을 서로 겹치거나 빈틈이 생기지 않도록 변끼리 이어 붙여서 정육각형을 채웁니다.

개념책 135쪽 기본유형 익히기

1 정삼각형, 사다리꼴, 평행사변형, 정육각형에 ○표
2 4개
3 예
4 6개

1 정삼각형 1개, 사다리꼴 4개, 평행사변형 1개, 정육각형 1개를 사용하여 오리 모양을 만들었습니다.

2

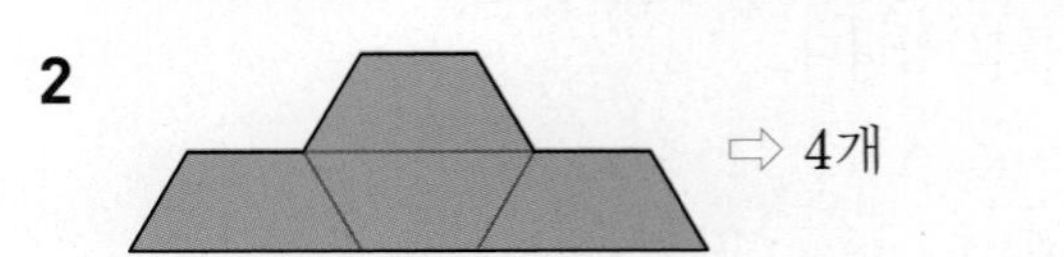

3 모양 조각을 길이가 같은 변끼리 이어 붙여서 4개의 변으로 둘러싸인 도형을 만듭니다.

4

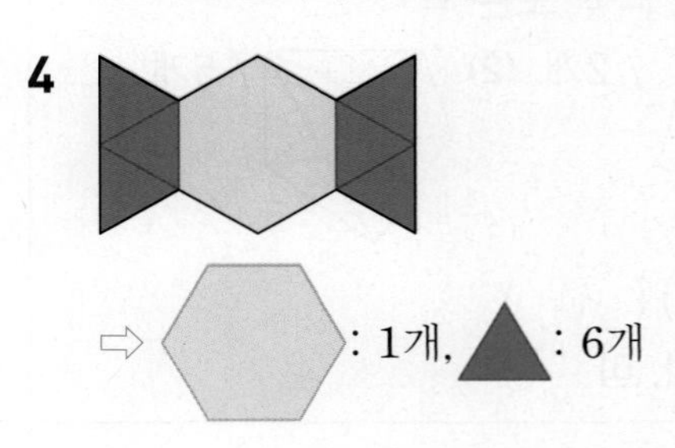

개념책 136~137쪽 실전유형 다지기

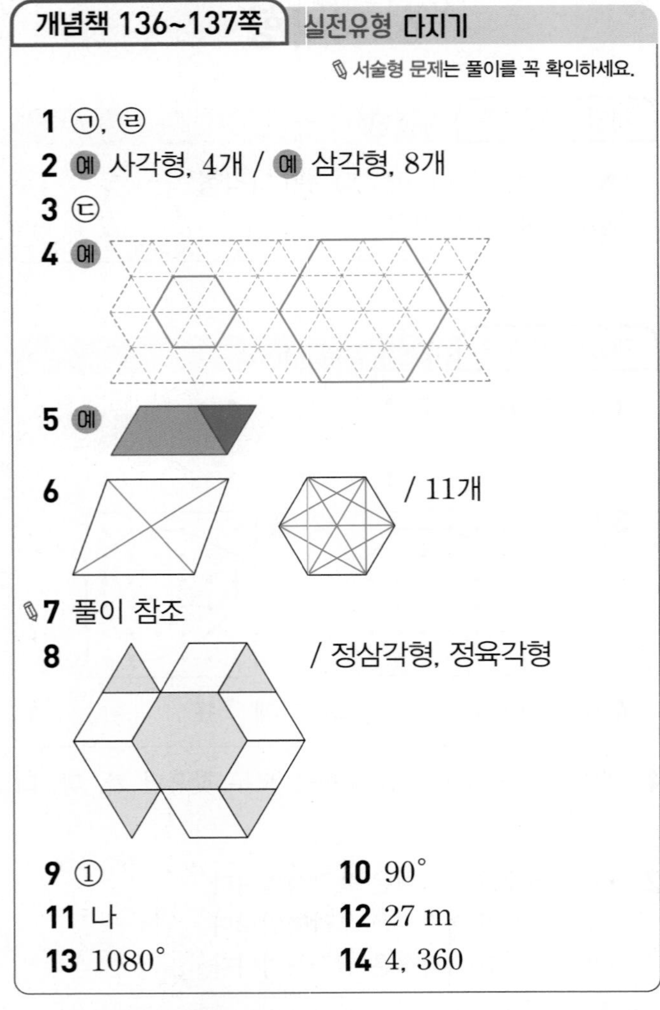

✎ 서술형 문제는 풀이를 꼭 확인하세요.

1 ㉠, ㉣
2 예 사각형, 4개 / 예 삼각형, 8개
3 ㉢
4 예
5 예
6 / 11개
✎7 풀이 참조
8 / 정삼각형, 정육각형
9 ①
10 90°
11 나
12 27 m
13 1080°
14 4, 360

1 선분으로만 둘러싸인 시계 모양을 모두 찾으면 ㉠, ㉣입니다.

2 가: 사각형 또는 평행사변형 4개로 채워져 있습니다.
나: 삼각형 또는 정삼각형 8개로 채워져 있습니다.

3 ㉢ 서로 겹치지 않게 이어 붙였습니다.

6 (두 도형에 그은 대각선 수의 합)$=2+9=11$(개)

✎7 예 정다각형이 아닙니다.」 ❶
각의 크기는 모두 같지만 변의 길이가 모두 같지는 않기 때문에 정다각형이 아닙니다.」 ❷

채점 기준
❶ 정다각형인지 아닌지 쓰기
❷ 이유 설명하기

8 변의 길이가 모두 같고, 각의 크기가 모두 같은 다각형을 찾아 색칠합니다.

9 ① 삼각형은 꼭짓점 3개가 서로 이웃하고 있으므로 대각선을 그을 수 없습니다.

10 정사각형 모양의 색종이에서 두 대각선은 서로 수직으로 만납니다.

11 가 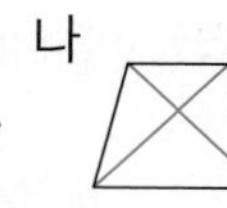 나 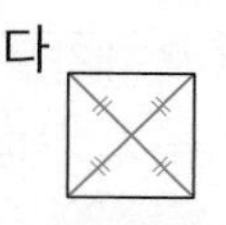 다 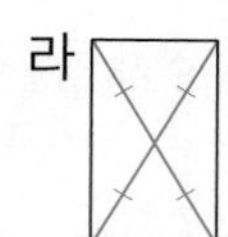 라

한 대각선이 다른 대각선을 똑같이 둘로 나누는 사각형은 가, 다, 라입니다.

12 정구각형은 변의 길이가 모두 같으므로 3 m 길이의 울타리가 모두 9개 있습니다.
⇨ (울타리의 길이)$=3\times9=27$(m)

13 정팔각형은 여덟 각의 크기가 모두 같습니다.
⇨ (정팔각형의 모든 각의 크기의 합)
$=135^\circ\times8=1080^\circ$

개념책 138~139쪽 응용유형 **다잡기**

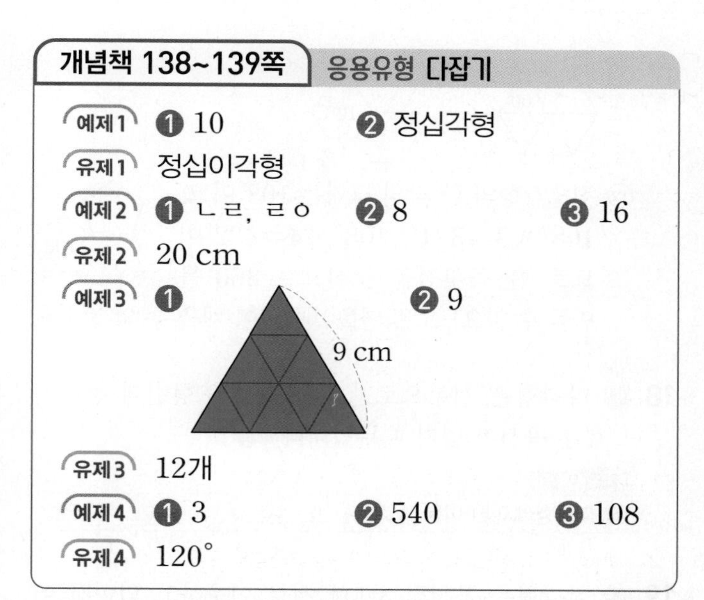

예제1	❶ 10	❷ 정십각형	
유제1	정십이각형		
예제2	❶ ㄴㄹ, ㄹㅇ	❷ 8	❸ 16
유제2	20 cm		
예제3	❶ (9 cm)	❷ 9	
유제3	12개		
예제4	❶ 3	❷ 540	❸ 108
유제4	120°		

예제1 ❶ 정다각형은 변의 길이가 모두 같으므로 변의 수는 $60\div6=10$(개)입니다.
❷ 변이 10개인 정다각형은 정십각형입니다.

유제1 정다각형은 변의 길이가 모두 같으므로 변의 수는 $96\div8=12$(개)입니다.
⇨ 변이 12개인 정다각형은 정십이각형입니다.

예제2 ❶ 정사각형의 두 대각선의 길이는 같고, 한 대각선이 다른 대각선을 똑같이 둘로 나눕니다.
❷ (한 대각선의 길이)=(선분 ㄴㄹ)
=(선분 ㄴㅇ)+(선분 ㄹㅇ)
$=4+4=8$(cm)
❸ (두 대각선의 길이의 합)
=(선분 ㄱㄷ)+(선분 ㄴㄹ)
$=8+8=16$(cm)

유제2 직사각형의 두 대각선의 길이는 같고, 한 대각선이 다른 대각선을 똑같이 둘로 나눕니다.
(선분 ㄱㄷ)=(선분 ㄴㄹ), (선분 ㄴㅇ)=(선분 ㄹㅇ)
(선분 ㄴㄹ)=(선분 ㄴㅇ)+(선분 ㄹㅇ)
$=5+5=10$(cm)
⇨ (두 대각선의 길이의 합)
=(선분 ㄱㄷ)+(선분 ㄴㄹ)
$=10+10=20$(cm)

예제3 ❶ 한 변이 3 cm인 정삼각형 모양 조각으로 한 변이 9 cm인 정삼각형을 채우려면 한 변에 3개씩 놓을 수 있습니다.
❷ 필요한 모양 조각은 모두 9개입니다.

유제3 한 변이 5 cm인 마름모 모양 조각으로 주어진 모양을 채우려면 20 cm인 변에 4개씩 놓을 수 있습니다.

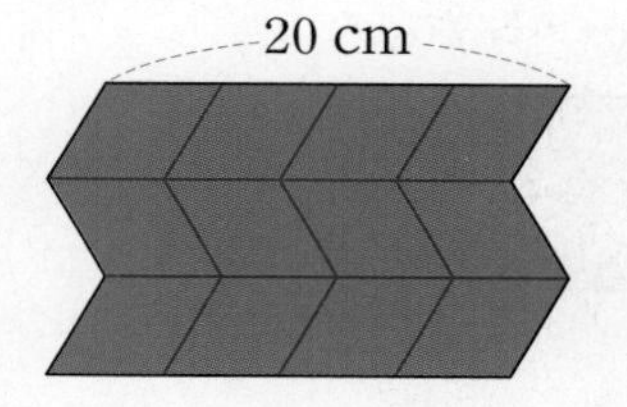

⇨ 필요한 모양 조각은 모두 12개입니다.

예제4 **비법**
(다각형의 모든 각의 크기의 합)
$=180^\circ\times$(다각형이 나눠지는 삼각형의 수)

❶ 오각형은 3개의 삼각형으로 나눌 수 있습니다.

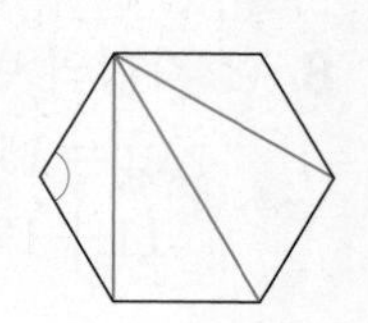

❷ (오각형의 모든 각의 크기의 합)
$=180^\circ\times3=540^\circ$
❸ (오각형의 한 각의 크기)$=540^\circ\div5=108^\circ$

유제4 정육각형은 4개의 삼각형으로 나눌 수 있으므로 정육각형의 모든 각의 크기의 합은 $180^\circ\times4=720^\circ$입니다.
⇨ (정육각형의 한 각의 크기)$=720^\circ\div6=120^\circ$

다른 풀이 정육각형은 2개의 사각형으로 나눌 수 있으므로 정육각형의 모든 각의 크기의 합은 $360^\circ\times2=720^\circ$입니다.

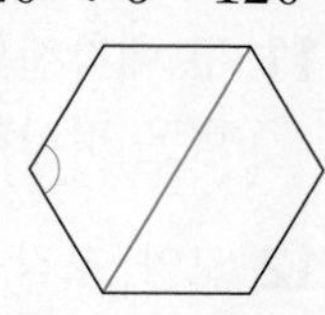

⇨ (정육각형의 한 각의 크기)$=720^\circ\div6=120^\circ$

개념책 140~142쪽 | 단원 마무리

✎ 서술형 문제는 풀이를 꼭 확인하세요.

1 나, 라 2 육각형

3 변, 각 4 정오각형

5 예

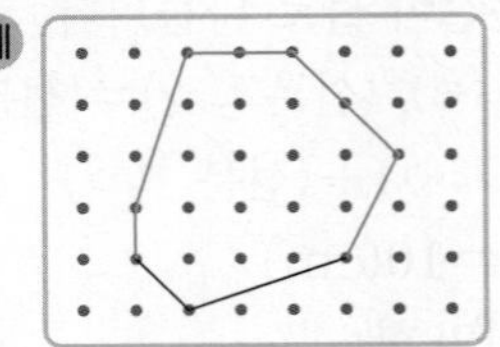

6 선분 ㄱㄹ(또는 선분 ㄹㄱ), 선분 ㄱㅁ(또는 선분 ㅁㄱ), 선분 ㄴㅁ(또는 선분 ㅁㄴ)

7 예 사각형, 육각형 8 23

9 예

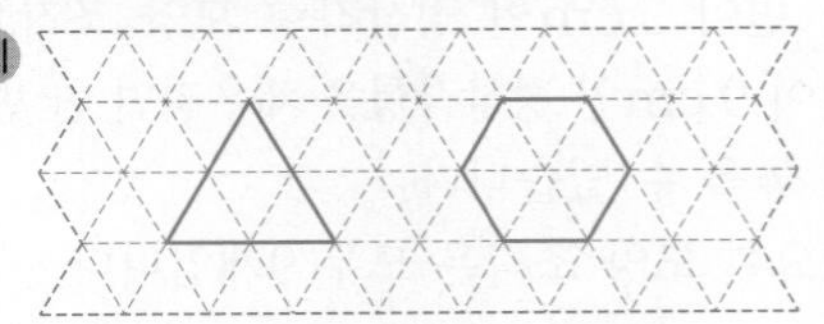

10 정팔각형 11 가, 다

12 예 13 다, 나, 가

14 6개, 3개, 2개

15 예

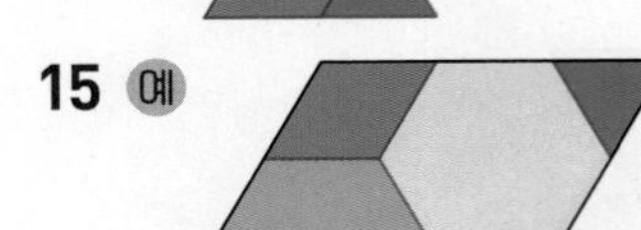

16 32 cm 17 ㉢

✎18 풀이 참조 ✎19 풀이 참조

✎20 6 cm

5 칠각형을 만들어야 하므로 변이 7개가 되도록 그립니다.

6 서로 이웃하지 않는 두 꼭짓점을 이은 선분을 모두 찾습니다.

7 사각형 또는 평행사변형 6개와 육각형 또는 정육각형 1개를 사용하였습니다.

8 ■각형의 변, 꼭짓점의 수는 각각 ■개입니다.
⇨ ㉠=11, ㉡=12이므로 ㉠과 ㉡의 합은 11+12=23입니다.

10 변이 8개인 정다각형이므로 정팔각형입니다.

11 두 대각선의 길이가 같고, 서로 수직으로 만나는 사각형은 정사각형이므로 가, 다입니다.

12 모양 조각을 길이가 같은 변끼리 이어 붙여서 3개의 변으로 둘러싸인 도형을 만듭니다.

13 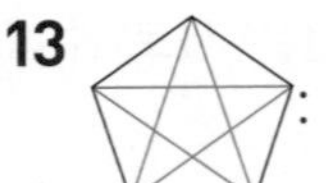: 5개, : 14개, 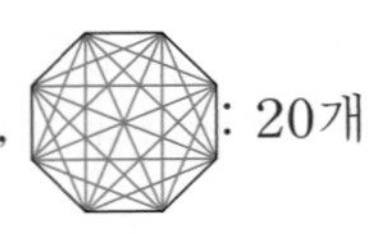: 20개

참고 변의 수가 많을수록 대각선의 수가 많습니다.

14 : 6개, 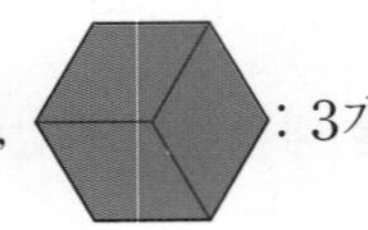: 3개, 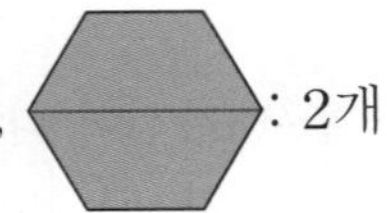: 2개

15 모양 조각을 한 번씩만 모두 사용해야 하는 것에 주의하여 평행사변형을 채웁니다.

16 평행사변형은 한 대각선이 다른 대각선을 똑같이 둘로 나누므로

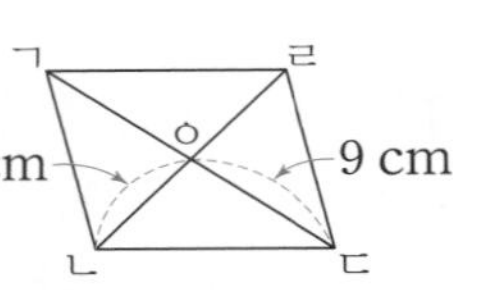

(선분 ㄱㄷ)=9+9=18(cm),
(선분 ㄴㄹ)=7+7=14(cm)입니다.
⇨ (두 대각선의 길이의 합)
=(선분 ㄱㄷ)+(선분 ㄴㄹ)=18+14=32(cm)

17 ㉠

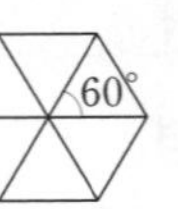

㉡

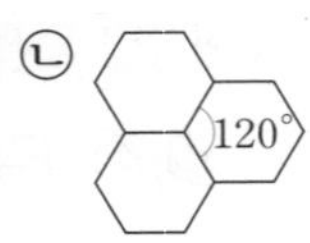

㉢ 정오각형의 한 각의 크기는 108°이고, 108°×3=324°, 108°×4=432°이므로 한 꼭짓점을 중심으로 360°를 만들 수 없으므로 평면을 빈틈없이 채울 수 없습니다.

✎18 예 다각형은 선분으로만 둘러싸인 도형인데 주어진 도형은 곡선이 있기 때문입니다.」❶

채점 기준

❶ 다각형이 아닌 이유 쓰기	5점

✎19 예 삼각형은 꼭짓점 3개가 서로 이웃하고 있어서 이웃하지 않는 꼭짓점이 없으므로 대각선을 그을 수 없습니다.」❶

채점 기준

❶ 삼각형에 대각선을 그을 수 없는 이유 쓰기	5점

✎20 예 정육각형에는 변이 6개 있고, 그 길이가 모두 같습니다.」❶
따라서 만든 정육각형의 한 변은 36÷6=6(cm)입니다.」❷

채점 기준

❶ 정육각형의 변의 특징 알기	3점
❷ 만든 정육각형의 한 변의 길이 구하기	2점

1. 분수의 덧셈과 뺄셈

복습책 4~6쪽 기초력 기르기

1 진분수의 덧셈

1 $\frac{3}{5}$
2 $\frac{8}{9}$
3 $\frac{6}{7}$
4 $\frac{7}{10}$
5 $\frac{5}{8}$
6 $1\left(=\frac{6}{6}\right)$
7 $1\frac{1}{4}\left(=\frac{5}{4}\right)$
8 $1\frac{1}{5}\left(=\frac{6}{5}\right)$
9 $1\frac{4}{7}\left(=\frac{11}{7}\right)$
10 $1\frac{5}{8}\left(=\frac{13}{8}\right)$

2 대분수의 덧셈

1 $3\frac{2}{3}\left(=\frac{11}{3}\right)$
2 $6\frac{5}{8}\left(=\frac{53}{8}\right)$
3 $7\frac{3}{5}\left(=\frac{38}{5}\right)$
4 $8\frac{5}{7}\left(=\frac{61}{7}\right)$
5 $3\frac{3}{4}\left(=\frac{15}{4}\right)$
6 $4\frac{1}{3}\left(=\frac{13}{3}\right)$
7 $6\frac{3}{6}\left(=\frac{39}{6}\right)$
8 $7\frac{2}{7}\left(=\frac{51}{7}\right)$
9 $5\frac{1}{9}\left(=\frac{46}{9}\right)$
10 $5\frac{3}{8}\left(=\frac{43}{8}\right)$

3 진분수의 뺄셈

1 $\frac{1}{4}$
2 $\frac{2}{5}$
3 $\frac{3}{7}$
4 $\frac{2}{9}$
5 $\frac{3}{8}$
6 $\frac{1}{3}$
7 $\frac{3}{6}$
8 $\frac{2}{8}$
9 $\frac{4}{7}$
10 $\frac{6}{9}$

4 받아내림이 없는 대분수의 뺄셈

1 $2\frac{1}{6}\left(=\frac{13}{6}\right)$
2 $1\frac{1}{8}\left(=\frac{9}{8}\right)$
3 $1\frac{3}{5}\left(=\frac{8}{5}\right)$
4 $4\frac{1}{7}\left(=\frac{29}{7}\right)$
5 $1\frac{1}{3}\left(=\frac{4}{3}\right)$
6 $2\frac{5}{9}\left(=\frac{23}{9}\right)$
7 $2\frac{1}{4}\left(=\frac{9}{4}\right)$
8 $1\frac{4}{7}\left(=\frac{11}{7}\right)$
9 $4\frac{1}{8}\left(=\frac{33}{8}\right)$
10 $1\frac{2}{5}\left(=\frac{7}{5}\right)$

5 (자연수)−(분수)

1 $\frac{1}{2}$
2 $\frac{5}{9}$
3 $\frac{1}{6}$
4 $1\frac{3}{9}\left(=\frac{12}{9}\right)$
5 $2\frac{5}{8}\left(=\frac{21}{8}\right)$
6 $2\frac{1}{5}\left(=\frac{11}{5}\right)$
7 $2\frac{1}{2}\left(=\frac{5}{2}\right)$
8 $\frac{1}{4}$
9 $3\frac{3}{7}\left(=\frac{24}{7}\right)$
10 $3\frac{2}{9}\left(=\frac{29}{9}\right)$

6 받아내림이 있는 대분수의 뺄셈

1 $1\frac{3}{4}\left(=\frac{7}{4}\right)$
2 $2\frac{2}{3}\left(=\frac{8}{3}\right)$
3 $3\frac{6}{7}\left(=\frac{27}{7}\right)$
4 $1\frac{5}{8}\left(=\frac{13}{8}\right)$
5 $1\frac{3}{5}\left(=\frac{8}{5}\right)$
6 $2\frac{5}{6}\left(=\frac{17}{6}\right)$
7 $2\frac{8}{9}\left(=\frac{26}{9}\right)$
8 $1\frac{3}{4}\left(=\frac{7}{4}\right)$
9 $1\frac{4}{5}\left(=\frac{9}{5}\right)$
10 $3\frac{5}{8}\left(=\frac{29}{8}\right)$

복습책 7쪽 기본유형 익히기

1 5, 4, 9 / 9, 1, 2
2 (1) $\frac{7}{9}$ (2) $1\frac{1}{3}\left(=\frac{4}{3}\right)$
3 $1\frac{3}{8}\left(=\frac{11}{8}\right)$
4 $\frac{2}{6}+\frac{3}{6}=\frac{5}{6}$ / $\frac{5}{6}$시간
5 4, 8 / 8, 12, 2, 2
6 (1) $5\frac{5}{6}\left(=\frac{35}{6}\right)$ (2) $4\frac{1}{8}\left(=\frac{33}{8}\right)$
7 $3\frac{5}{7}\left(=\frac{26}{7}\right)$
8 $2\frac{4}{9}+3\frac{7}{9}=6\frac{2}{9}$ / $6\frac{2}{9}$ km$\left(=\frac{56}{9}\text{ km}\right)$

3 $\frac{6}{8}+\frac{5}{8}=\frac{6+5}{8}=\frac{11}{8}=1\frac{3}{8}$

4 (집에서 문방구까지 가는 데 걸린 시간)
+(문방구에서 학교까지 가는 데 걸린 시간)
$=\frac{2}{6}+\frac{3}{6}=\frac{2+3}{6}=\frac{5}{6}$(시간)

6 (1) $4\frac{2}{6}+1\frac{3}{6}=(4+1)+\left(\frac{2}{6}+\frac{3}{6}\right)=5+\frac{5}{6}=5\frac{5}{6}$

(2) $\frac{13}{8}+2\frac{4}{8}=\frac{13}{8}+\frac{20}{8}=\frac{33}{8}=4\frac{1}{8}$

7 $1\frac{1}{7}+2\frac{4}{7}=(1+2)+\left(\frac{1}{7}+\frac{4}{7}\right)=3+\frac{5}{7}=3\frac{5}{7}$

8 (어제 자전거를 탄 거리)+(오늘 자전거를 탄 거리)
$=2\frac{4}{9}+3\frac{7}{9}=(2+3)+\left(\frac{4}{9}+\frac{7}{9}\right)$
$=5+\frac{11}{9}=5+1\frac{2}{9}=6\frac{2}{9}$(km)

복습책 8~9쪽 실전유형 다지기

✎ 서술형 문제는 풀이를 꼭 확인하세요.

1 (1) $\frac{3}{4}$ (2) $3\frac{3}{5}$ **2** $1\frac{4}{9}$

3 $7\frac{4}{7}$ **4**

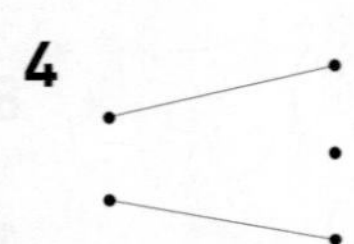

5 $1\frac{3}{8}$, $3\frac{5}{8}$ **6** <

✎**7** 풀이 참조 **8** ㉡

9 $\frac{4}{5}$ m **10** $5\frac{2}{3}$ km

11 (1) 5 (2) 2 **12** $1\frac{8}{11}$

13 $4\frac{5}{7}$, $\frac{22}{7}$, $7\frac{6}{7}$ 또는 $\frac{22}{7}$, $4\frac{5}{7}$, $7\frac{6}{7}$

2 $\frac{5}{9}+\frac{8}{9}=\frac{13}{9}=1\frac{4}{9}$

3 $2\frac{6}{7}+4\frac{5}{7}=6+\frac{11}{7}=6+1\frac{4}{7}=7\frac{4}{7}$

4 • $\frac{3}{5}+\frac{1}{5}=\frac{4}{5}$

• $1\frac{3}{5}+3\frac{4}{5}=4+\frac{7}{5}=4+1\frac{2}{5}=5\frac{2}{5}$

5 • $\frac{2}{8}+\frac{9}{8}=\frac{11}{8}=1\frac{3}{8}$

• $1\frac{3}{8}+2\frac{2}{8}=3\frac{5}{8}$

6 $\frac{5}{6}+\frac{3}{6}=\frac{8}{6}=1\frac{2}{6}$, $1\frac{4}{6}+\frac{1}{6}=1\frac{5}{6}$

⇨ $1\frac{2}{6}<1\frac{5}{6}$

✎**7** 예 $\frac{5}{9}$는 $\frac{1}{9}$이 5개, $\frac{2}{9}$는 $\frac{1}{9}$이 2개이므로
$\frac{5}{9}+\frac{2}{9}$는 $\frac{1}{9}$이 7개인 $\frac{7}{9}$입니다.
따라서 분모가 같은 분수의 덧셈은 분모는 그대로 두고 분자끼리 더합니다.」 ❶

채점 기준

❶ 도우의 질문에 대한 답 쓰기

8 ㉠ $\frac{3}{13}+\frac{8}{13}=\frac{11}{13}$ ㉡ $\frac{5}{8}+\frac{5}{8}=\frac{10}{8}=1\frac{2}{8}$

㉢ $\frac{6}{12}+\frac{1}{12}=\frac{7}{12}$ ㉣ $\frac{1}{4}+\frac{1}{4}=\frac{2}{4}$

따라서 계산 결과가 1보다 큰 덧셈식은 ㉡입니다.

9 (이어 붙인 색 테이프의 전체 길이)
$=\frac{2}{5}+\frac{2}{5}=\frac{4}{5}$(m)

10 (집에서 서점을 지나 우체국까지의 거리)
$=2\frac{1}{3}+3\frac{1}{3}=5\frac{2}{3}$(km)

11 (1) $\frac{4}{10}+\frac{\square}{10}=\frac{4+\square}{10}=\frac{9}{10}$ ⇨ $\square=5$

(2) $1\frac{3}{4}=\frac{7}{4}$, $\frac{\square}{4}+\frac{5}{4}=\frac{\square+5}{4}=\frac{7}{4}$ ⇨ $\square=2$

12 분모가 11인 진분수 중에서 $\frac{8}{11}$보다 큰 분수:
$\frac{9}{11}$, $\frac{10}{11}$
⇨ $\frac{9}{11}+\frac{10}{11}=\frac{19}{11}=1\frac{8}{11}$

13 합이 가장 큰 덧셈식을 만들려면 가장 큰 수와 두 번째로 큰 수를 더합니다.
수 카드에 적힌 수의 크기를 비교하면
$4\frac{5}{7}>\frac{22}{7}\left(=3\frac{1}{7}\right)>2\frac{3}{7}$입니다.
⇨ $4\frac{5}{7}+\frac{22}{7}=\frac{33}{7}+\frac{22}{7}=\frac{55}{7}=7\frac{6}{7}$

복습책 10~11쪽 기본유형 익히기

1 4, 3, 1 / 3, 1　　**2** (1) $\frac{5}{8}$ (2) $\frac{3}{6}$

3 $\frac{1}{9}$

4 $\frac{5}{7}-\frac{3}{7}=\frac{2}{7}$ / $\frac{2}{7}$ kg

5 11, 6 / 11, 6, 5, 1, 1

6 (1) $2\frac{1}{3}\left(=\frac{7}{3}\right)$ (2) $3\frac{2}{7}\left(=\frac{23}{7}\right)$

7 $4\frac{5}{9}\left(=\frac{41}{9}\right)$

8 $3\frac{9}{10}-1\frac{6}{10}=2\frac{3}{10}$ / $2\frac{3}{10}$ L$\left(=\frac{23}{10}\text{ L}\right)$

9 12, 4 / 12, 4, 8, 2, 2

10 (1) $\frac{5}{6}$ (2) $2\frac{3}{5}\left(=\frac{13}{5}\right)$

11 $7\frac{1}{2}\left(=\frac{15}{2}\right)$

12 $7-2\frac{1}{4}=4\frac{3}{4}$ / $4\frac{3}{4}$ kg$\left(=\frac{19}{4}\text{ kg}\right)$

13 13, 9 / 13, 9, 4

14 (1) $2\frac{3}{7}\left(=\frac{17}{7}\right)$ (2) $4\frac{2}{3}\left(=\frac{14}{3}\right)$

15 $2\frac{7}{8}\left(=\frac{23}{8}\right)$

16 $8\frac{2}{9}-3\frac{7}{9}=4\frac{4}{9}$ / $4\frac{4}{9}$ m$\left(=\frac{40}{9}\text{ m}\right)$

4 (수정이가 주운 밤의 무게)−(주영이가 주운 밤의 무게)

$=\frac{5}{7}-\frac{3}{7}=\frac{5-3}{7}=\frac{2}{7}$(kg)

8 (전체 물의 양)−(마신 물의 양)

$=3\frac{9}{10}-1\frac{6}{10}=(3-1)+\left(\frac{9}{10}-\frac{6}{10}\right)$

$=2+\frac{3}{10}=2\frac{3}{10}$(L)

11 $8-\frac{1}{2}=7\frac{2}{2}-\frac{1}{2}=7\frac{1}{2}$

12 (처음에 있던 소고기의 무게)−(팔린 소고기의 무게)

$=7-2\frac{1}{4}=6\frac{4}{4}-2\frac{1}{4}=(6-2)+\left(\frac{4}{4}-\frac{1}{4}\right)$

$=4+\frac{3}{4}=4\frac{3}{4}$(kg)

14 (1) $5\frac{2}{7}-2\frac{6}{7}=4\frac{9}{7}-2\frac{6}{7}=(4-2)+\left(\frac{9}{7}-\frac{6}{7}\right)$

$=2+\frac{3}{7}=2\frac{3}{7}$

(2) $7\frac{1}{3}-\frac{8}{3}=\frac{22}{3}-\frac{8}{3}=\frac{14}{3}=4\frac{2}{3}$

15 $7\frac{5}{8}-4\frac{6}{8}=6\frac{13}{8}-4\frac{6}{8}=(6-4)+\left(\frac{13}{8}-\frac{6}{8}\right)$

$=2+\frac{7}{8}=2\frac{7}{8}$

16 (철사의 길이)−(실의 길이)

$=8\frac{2}{9}-3\frac{7}{9}=7\frac{11}{9}-3\frac{7}{9}$

$=(7-3)+\left(\frac{11}{9}-\frac{7}{9}\right)=4+\frac{4}{9}=4\frac{4}{9}$(m)

복습책 12~13쪽 실전유형 다지기

서술형 문제는 풀이를 꼭 확인하세요.

1 (1) $\frac{1}{6}$ (2) $3\frac{1}{3}$

2 $4\frac{3}{9}-1\frac{7}{9}=\frac{39}{9}-\frac{16}{9}=\frac{23}{9}=2\frac{5}{9}$

3 $6\frac{3}{8}$, $2\frac{5}{8}$　　**4** $\frac{4}{11}$ kg

5 <　　**6** $\frac{3}{10}$

7 풀이 참조　　**8** $\frac{3}{8}$ km

9 $1\frac{7}{9}$ m

10 (　　)(○)(　　)

11 1, 2, 3에 ○표　　**12** $\frac{4}{7}$ L

13 $5\frac{1}{3}$　　**14** $6\frac{2}{4}$, $\frac{23}{4}$, $\frac{3}{4}$

2 대분수를 가분수로 바꾸어 계산하는 방법입니다.

3 • $7\frac{7}{8}-1\frac{4}{8}=6\frac{3}{8}$

• $6\frac{3}{8}-3\frac{6}{8}=5\frac{11}{8}-3\frac{6}{8}=2\frac{5}{8}$

4 (사과와 멜론의 무게의 차)

$=\frac{7}{11}-\frac{3}{11}=\frac{4}{11}$(kg)

5 $5\frac{6}{7}-2\frac{2}{7}=3\frac{4}{7}$, $5-\frac{9}{7}=\frac{35}{7}-\frac{9}{7}=\frac{26}{7}=3\frac{5}{7}$

⇨ $3\frac{4}{7}<3\frac{5}{7}$

6 연주: $\frac{8}{10}$, 정민: $\frac{5}{10}$

⇨ $\frac{8}{10}-\frac{5}{10}=\frac{3}{10}$

7 예 $3\frac{1}{4}$에서 1만큼을 $\frac{4}{4}$로 바꾸면 $2\frac{5}{4}$가 되어야 하는데 $3\frac{5}{4}$로 잘못 나타내었습니다.」 ❶

$3\frac{1}{4}-2\frac{3}{4}=2\frac{5}{4}-2\frac{3}{4}=\frac{2}{4}$」 ❷

채점 기준
❶ 잘못 계산한 이유 쓰기
❷ 바르게 계산하기

8 (준호네 집에서 체육관까지의 거리)

$=\frac{5}{8}-\frac{2}{8}=\frac{3}{8}$(km)

9 (파란색 철사와 빨간색 철사의 길이의 차)

$=9\frac{1}{9}-7\frac{3}{9}=8\frac{10}{9}-7\frac{3}{9}=1\frac{7}{9}$(m)

10 • $\frac{7}{3}-\frac{5}{3}=\frac{2}{3}$

• $4\frac{4}{7}-3\frac{1}{7}=1\frac{3}{7}$

• $4-\frac{15}{13}=\frac{52}{13}-\frac{15}{13}=\frac{37}{13}=2\frac{11}{13}$

⇨ $\frac{2}{3}<1<1\frac{3}{7}<2<2\frac{11}{13}$

11 $5\frac{2}{5}-2\frac{3}{5}=4\frac{7}{5}-2\frac{3}{5}=2\frac{4}{5}$

따라서 $2\frac{4}{5}>2\frac{□}{5}$이므로 □ 안에 들어갈 수 있는 수는 4보다 작은 1, 2, 3입니다.

12 (재호가 마시고 남은 우유의 양)$=1-\frac{2}{7}=\frac{5}{7}$(L)

⇨ (재호와 형이 마시고 남은 우유의 양)

$=\frac{5}{7}-\frac{1}{7}=\frac{4}{7}$(L)

다른 풀이 (재호와 형이 마신 우유의 양)$=\frac{2}{7}+\frac{1}{7}=\frac{3}{7}$(L)

⇨ (재호와 형이 마시고 남은 우유의 양)

$=1-\frac{3}{7}=\frac{4}{7}$(L)

13 어떤 대분수를 □라 하면 $□+1\frac{1}{3}=6\frac{2}{3}$입니다.

⇨ $□=6\frac{2}{3}-1\frac{1}{3}=5\frac{1}{3}$

14 차가 가장 큰 뺄셈식을 만들려면 가장 큰 수에서 가장 작은 수를 뺍니다. 수 카드에 적힌 수의 크기를 비교하면 $6\frac{2}{4}>6>\frac{23}{4}\left(=5\frac{3}{4}\right)$입니다.

⇨ $6\frac{2}{4}-\frac{23}{4}=\frac{26}{4}-\frac{23}{4}=\frac{3}{4}$

복습책 14쪽 응용유형 다잡기

1 7	**2** 5
3 1, 4, $7\frac{4}{8}$	**4** $17\frac{4}{5}$ cm

1 $\frac{□}{10}-\frac{2}{10}=\frac{4}{10}$일 때,

$\frac{□}{10}-\frac{2}{10}=\frac{□-2}{10}=\frac{4}{10}$이므로 □ 안에 알맞은 수는 6입니다.

따라서 $\frac{□}{10}-\frac{2}{10}>\frac{4}{10}$이므로 □ 안에 들어갈 수 있는 자연수는 6보다 큰 7, 8, 9……이고, 이 중에서 가장 작은 수는 7입니다.

2 어떤 수를 □라 하면

$□-2\frac{2}{7}=\frac{3}{7}$ ⇨ $□=\frac{3}{7}+2\frac{2}{7}=2\frac{5}{7}$입니다.

따라서 바르게 계산하면 $2\frac{5}{7}+2\frac{2}{7}=4+\frac{7}{7}=5$입니다.

3 차가 가장 크려면 빼는 수가 가장 작아야 합니다.
대분수가 가장 작으려면 자연수 부분이 가장 작아야 하므로 빼는 수는 $1\frac{4}{8}$가 되어야 합니다.

⇨ $9-1\frac{4}{8}=8\frac{8}{8}-1\frac{4}{8}=7\frac{4}{8}$

4 • (색 테이프 3장의 길이의 합)$=7\times3=21$(cm)

• (겹쳐진 부분의 길이의 합)

$=1\frac{3}{5}+1\frac{3}{5}=2+\frac{6}{5}=2+1\frac{1}{5}=3\frac{1}{5}$(cm)

⇨ (이어 붙인 색 테이프의 전체 길이)

$=21-3\frac{1}{5}=20\frac{5}{5}-3\frac{1}{5}=17\frac{4}{5}$(cm)

2. 삼각형

복습책 16~18쪽 기초력 기르기

① 삼각형을 변의 길이에 따라 분류하기

1 가, 다, 라, 바　　**2** 다, 바
3 가, 나, 다　　**4** 가
5 8　　**6** 4
7 5　　**8** 6
9 8　　**10** 7
11 3, 3　　**12** 5, 5

② 이등변삼각형의 성질

1 75　　**2** 55
3 40　　**4** 45
5 예　　**6** 예

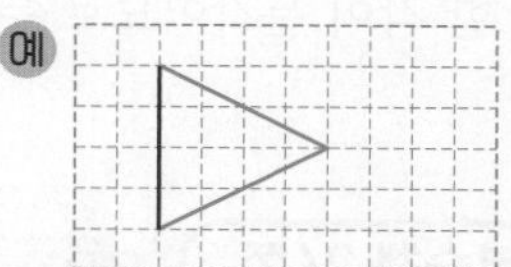

③ 정삼각형의 성질

1 60　　**2** 60, 60
3 60, 60　　**4** 60, 60, 60
5

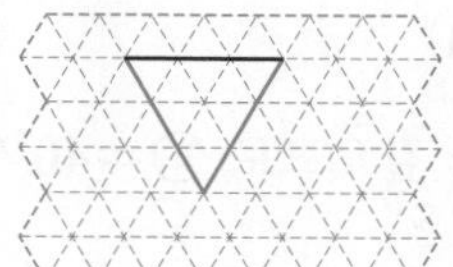

6 예

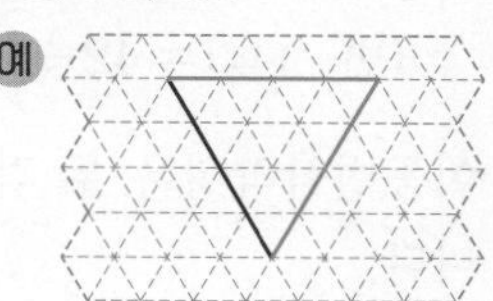

④ 삼각형을 각의 크기에 따라 분류하기

1 예각삼각형　　**2** 둔각삼각형
3 예각삼각형　　**4** 직각삼각형
5 둔각삼각형　　**6** 예각삼각형
7 직각삼각형　　**8** 둔각삼각형
9 예

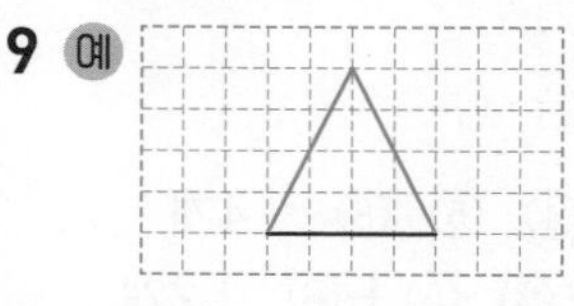

10 예

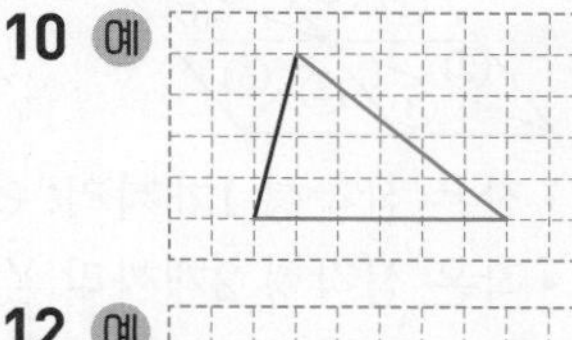

11 예

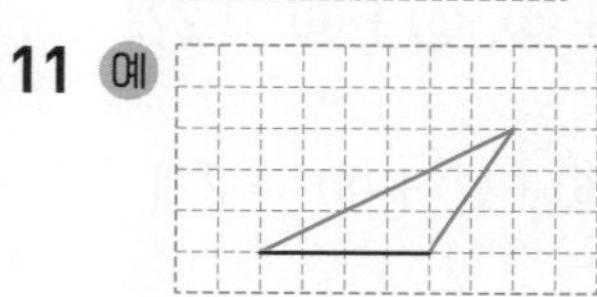

12 예

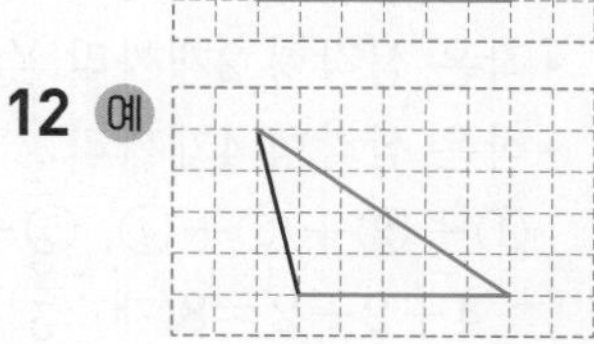

복습책 19~21쪽 기본유형 익히기

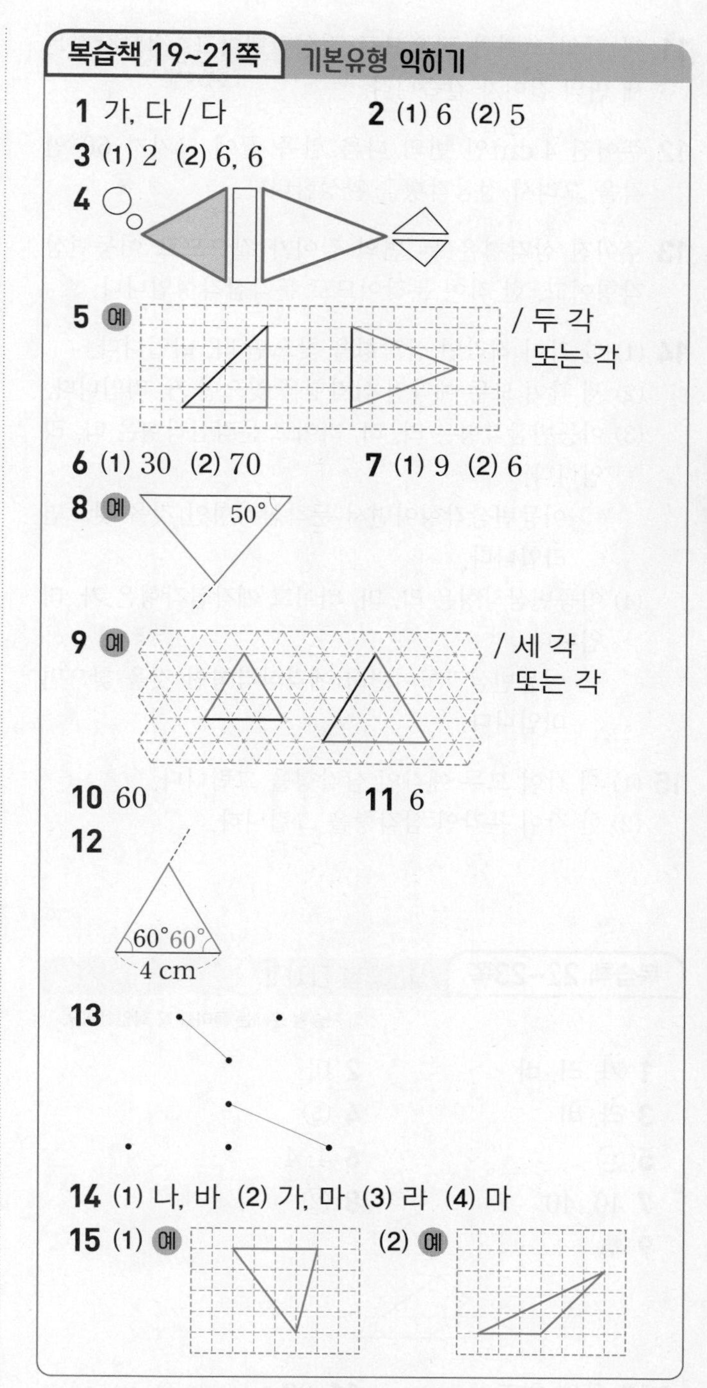

1 가, 다 / 다　　**2** (1) 6 (2) 5
3 (1) 2 (2) 6, 6
4
5 예 / 두 각 또는 각
6 (1) 30 (2) 70　　**7** (1) 9 (2) 6
8 예 50°
9 예 / 세 각 또는 각
10 60　　**11** 6
12 60° 60° 4 cm
13
14 (1) 나, 바 (2) 가, 마 (3) 라 (4) 마
15 (1) 예　(2) 예

4 정삼각형은 두 변의 길이가 같으므로 이등변삼각형입니다. 따라서 정삼각형은 초록색으로 따라 그리고, 노란색으로 색칠해야 합니다.

7 두 각의 크기가 같으므로 이등변삼각형이고, 이등변삼각형은 두 변의 길이가 같습니다.

8 주어진 50°인 각과 같은 크기의 각을 그려서 이등변삼각형을 완성합니다.

11 세 각의 크기가 같으므로 정삼각형이고, 정삼각형은 세 변의 길이가 같습니다.

12 주어진 4 cm인 변의 다른 한쪽 끝에 크기가 60°인 각을 그려서 정삼각형을 완성합니다.

13 주어진 삼각형은 두 변의 길이가 같으므로 이등변삼각형이고, 한 각이 둔각이므로 둔각삼각형입니다.

14 (1) 한 각이 직각인 삼각형을 찾으면 나, 바입니다.
(2) 세 각이 모두 예각인 삼각형을 찾으면 가, 마입니다.
(3) 이등변삼각형은 라, 마, 바이고 둔각삼각형은 다, 라입니다.
⇨ 이등변삼각형이면서 둔각삼각형인 것을 찾으면 라입니다.
(4) 이등변삼각형은 라, 마, 바이고 예각삼각형은 가, 마입니다.
⇨ 이등변삼각형이면서 예각삼각형인 것을 찾으면 마입니다.

15 (1) 세 각이 모두 예각인 삼각형을 그립니다.
(2) 한 각이 둔각인 삼각형을 그립니다.

복습책 22~23쪽 실전유형 **다지기**

✎ 서술형 문제는 풀이를 꼭 확인하세요.

1 가, 라, 바	**2** 마
3 라, 바	**4** ⑤
5 ㉡	**6** 4, 4
7 40, 40	**8** ②
9 예	
✎**10** 풀이 참조	**11** 33 cm
12 120	
13 이등변삼각형, 둔각삼각형	

6 (나머지 한 각의 크기)$=180°-60°-60°=60°$
삼각형의 세 각의 크기가 같으므로 정삼각형이고, 정삼각형은 세 변의 길이가 같습니다.

7 이등변삼각형은 두 각의 크기가 같습니다.
$180°-100°=80°$ ⇨ $\square=80°\div2=40°$

8 ② 정삼각형은 세 각의 크기가 같고, 한 각의 크기가 60°로 모두 예각이므로 예각삼각형입니다.

9 변이 3개이므로 삼각형이고, 두 변의 길이가 같고 한 각이 둔각이므로 이등변삼각형이면서 둔각삼각형인 삼각형을 그립니다.

✎**10** 예 나머지 한 각의 크기는 $180°-60°-65°=55°$이므로 크기가 같은 두 각이 없기 때문입니다.」❶

채점 기준
❶ 이등변삼각형이 아닌 이유 쓰기

11 정삼각형은 세 변의 길이가 같습니다.
⇨ (세 변의 길이의 합)$=11+11+11=33$(cm)

12 삼각형은 세 변의 길이가 같으므로 정삼각형이고, 정삼각형의 한 각의 크기는 60°입니다.
따라서 한 직선이 이루는 각의 크기는 180°이므로 $\square=180°-60°=120°$입니다.

13 (나머지 한 각의 크기)$=180°-30°-120°=30°$
따라서 두 각의 크기가 같으므로 이등변삼각형이고, 한 각이 둔각이므로 둔각삼각형입니다.

복습책 24쪽 응용유형 **다잡기**

1 21 cm	**2** 60°
3 17 cm	**4** 8개

1 (변 ㄱㄴ)+(변 ㄱㄷ)$=54-12=42$(cm)
이등변삼각형이므로 (변 ㄱㄴ)=(변 ㄱㄷ)입니다.
⇨ (변 ㄱㄴ)$=42\div2=21$(cm)

2 이등변삼각형은 두 각의 크기가 같으므로 ㉡$=40°$입니다.
㉠$=180°-40°-40°=100°$
⇨ (㉠과 ㉡의 각도의 차)$=100°-40°=60°$

3 이등변삼각형의 나머지 한 변은 18 cm입니다.
(이등변삼각형의 세 변의 길이의 합)
$=15+18+18=51$(cm)
⇨ (정삼각형의 한 변)$=51\div3=17$(cm)

4

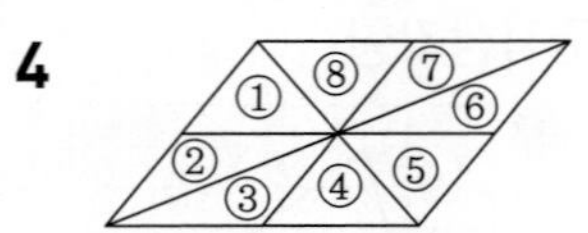

• 작은 삼각형 1개짜리: ①, ④, ⑤, ⑧ → 4개
• 작은 삼각형 2개짜리: ①+②, ⑤+⑥ → 2개
• 작은 삼각형 4개짜리:
①+②+③+④, ⑤+⑥+⑦+⑧ → 2개
⇨ $4+2+2=8$(개)

3. 소수의 덧셈과 뺄셈

복습책 26~29쪽 기초력 기르기

❶ 소수 두 자리 수

1 0.05, 영 점 영오　**2** 0.63, 영 점 육삼
3 1.37, 일 점 삼칠　**4** 2, 3, 6
5 8, 0, 9

❷ 소수 세 자리 수

1 0.008, 영 점 영영팔　**2** 0.054, 영 점 영오사
3 0.492, 영 점 사구이　**4** 4, 5, 7, 8
5 7, 2, 0, 5

❸ 소수의 크기 비교

1 >　**2** <
3 >　**4** <
5 <　**6** >
7 >　**8** <
9 <　**10** >

❹ 소수 사이의 관계

1 0.08　**2** 0.07, 0.007
3 6.72, 0.672　**4** 1.5, 15
5 4.29, 42.9　**6** 540.5, 5405

❺ 소수 한 자리 수의 덧셈

1 0.8　**2** 1.1
3 2.3　**4** 5.3
5 7.9　**6** 5.4
7 0.7　**8** 2.1
9 6.8　**10** 7.5

❻ 소수 두 자리 수의 덧셈

1 0.76　**2** 0.61
3 2.81　**4** 6.29
5 3.81　**6** 9.35
7 0.77　**8** 4.97
9 7.11　**10** 2.02

❼ 소수 한 자리 수의 뺄셈

1 0.2　**2** 0.4
3 2.1　**4** 2.9
5 4.1　**6** 0.6
7 0.5　**8** 1.4
9 4.5　**10** 1.6

❽ 소수 두 자리 수의 뺄셈

1 0.23　**2** 0.39
3 2.12　**4** 3.83
5 2.54　**6** 3.02
7 0.32　**8** 2.69
9 3.23　**10** 1.77

복습책 30~31쪽 기본유형 익히기

1 (1) 0.07 / 영 점 영칠　(2) 5.23 / 오 점 이삼
2 2.34, 2.46　**3** (1) 3.85　(2) 9.27
4 0.9
5 (1) 0.019 / 영 점 영일구
(2) 3.417 / 삼 점 사일칠
6 (1) 1.629　(2) 7.354　**7**

8 0.02
9

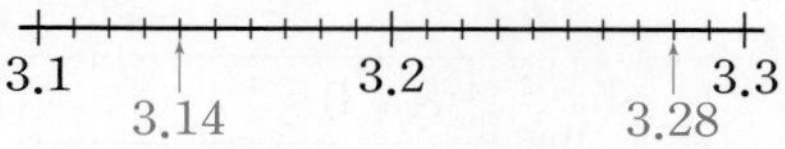

/ <

10 0.05　7.50　6.010　2.308

11 938, 980, 9.8　**12** (1) <　(2) >
13 (위에서부터) 0.06, 0.6, 60, 600 / 0.008, 0.08, 8, 80
14 12.9, 129　**15** 0.5, 0.05
16 27.8 g

1 소수점 아래의 수는 자릿값은 읽지 않고 수만 하나씩 차례대로 읽습니다.

(1)

0	.	0	7
영	점	영	칠

(2)

5	.	2	3
오	점	이	삼

2 수직선 한 칸의 크기는 0.01입니다.
2.3에서 0.01씩 오른쪽으로 4칸 더 간 수는 2.34이고, 2.4에서 0.01씩 오른쪽으로 6칸 더 간 수는 2.46입니다.

4 6.94
└• 소수 첫째 자리 숫자이고, 0.9를 나타냅니다.

5 소수점 아래의 수는 자릿값은 읽지 않고 수만 하나씩 차례대로 읽습니다.

(1)

0	.	0	1	9
영	점	영	일	구

(2)

3	.	4	1	7
삼	점	사	일	칠

7 •

0	.	7	0	9
영	점	칠	영	구

• $7\frac{9}{1000}=7.009$ ⇨

7	.	0	0	9
칠	점	영	영	구

8 0.528
└• 소수 둘째 자리 숫자이고, 0.02를 나타냅니다.

9 수직선에서 오른쪽에 있는 수가 더 큰 수입니다.
⇨ $3.14<3.28$

10 소수는 오른쪽 끝자리에 있는 0을 생략할 수 있습니다. 왼쪽 끝자리나 수의 중간에 있는 0은 생략할 수 없으므로 주의합니다.

11 9.8이 9.38보다 0.01의 개수가 더 많으므로 더 큰 수는 9.8입니다.

12 (1) $0.36<0.41$ (3<4) (2) $4.46>4.458$ (6>5)

13

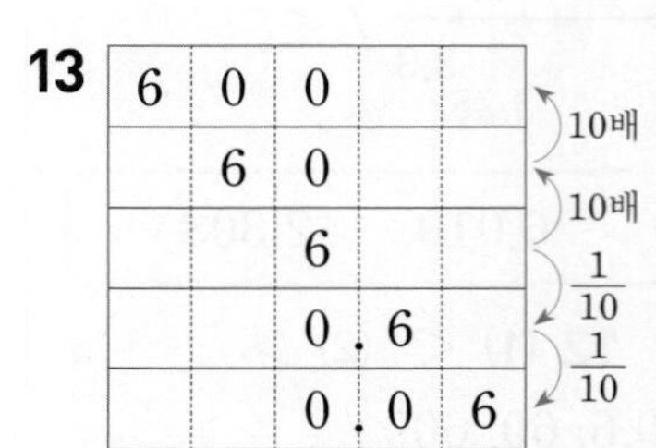

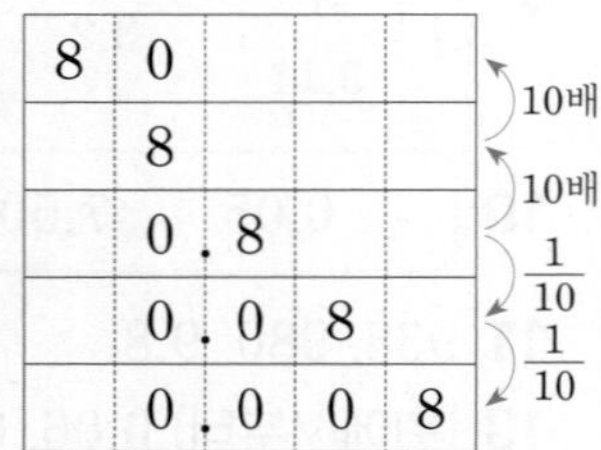

14

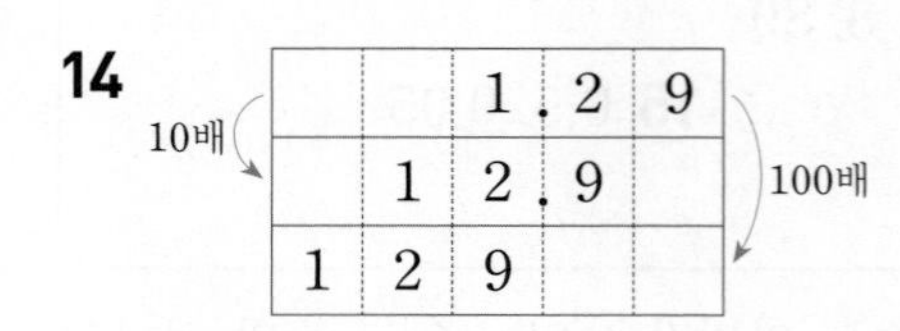

15

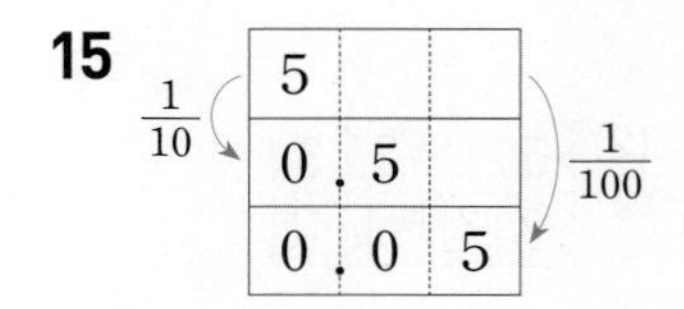

16

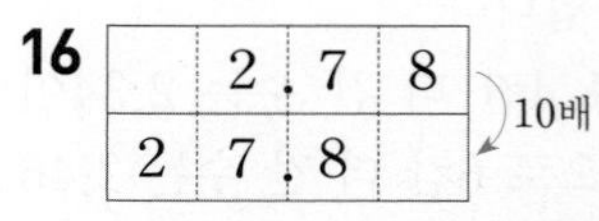

⇨ 탁구공 10개는 모두 27.8 g입니다.

복습책 32~33쪽 실전유형 다지기

서술형 문제는 풀이를 꼭 확인하세요.

1 ㉠, 십 점 육영구
2 0.62 / (수직선: 0, 0.1, 0.2, 0.3, 0.4, 0.5, 0.6, 0.7(m), 0.62 m 표시)
3 ㉠, ㉢ **4** 7.354
5 (선 잇기) **6** 지아
7 풀이 참조 **8** 0.526
9 ㉡, ㉠, ㉢
10 (1) 10 (2) 100 (3) 10
11 노란색, 초록색, 빨간색
12 7, 8, 9 **13** 100배

1 ㉠

10	.	6	0	9
십	점	육	영	구

2 1 cm=0.01 m
⇨ 62 cm=0.62 m

3 ㉡ 0.01이 704개인 수입니다.

4 1이 7개, 0.1이 3개, 0.01이 5개, 0.001이 4개인 수와 같으므로 7.354입니다.

5 소수는 오른쪽 끝자리에 있는 0을 생략할 수 있습니다.

6 • 재호: 5.037의 100배 → 503.7
• 지아: 503.7의 $\frac{1}{100}$ → 5.037
• 준하: 5037의 $\frac{1}{10}$ → 503.7
따라서 다른 수를 설명한 사람은 지아입니다.

7 예 3.6은 0.01이 360개인 수이고, 3.16은 0.01이 316개인 수이므로 3.6은 3.16보다 더 큰 소수입니다.」❶

채점 기준
❶ 잘못 비교한 이유 쓰기

8 10이 5개, 1이 2개, 0.1이 6개인 수: 52.6
따라서 52.6의 $\frac{1}{100}$은 0.526입니다.

9 ㉠ 7.48 → 0.4
㉡ 4.132 → 4
㉢ 8.034 → 0.004
⇨ $4>0.4>0.004$ (㉡, ㉠, ㉢)

10 (1) 0.4의 소수점을 기준으로 수가 왼쪽으로 한 자리 이동하면 4입니다.
⇨ 4는 0.4의 10배입니다.
(2) 0.26의 소수점을 기준으로 수가 왼쪽으로 두 자리 이동하면 26입니다.
⇨ 26은 0.26의 100배입니다.
(3) 0.18의 소수점을 기준으로 수가 오른쪽으로 한 자리 이동하면 0.018입니다.
⇨ 0.018은 0.18의 $\frac{1}{10}$입니다.

11 100 cm=1 m이므로 1 cm=0.01 m이고, 26.9 cm=0.269 m, 27 cm=0.27 m입니다.
⇨ 0.272(노란색)>0.27(초록색)>0.269(빨간색)

12 2.065<2.0□5이므로 6<□입니다.
따라서 □ 안에 들어갈 수 있는 수는 7, 8, 9입니다.

13 ㉠은 일의 자리 숫자이므로 3을 나타냅니다.
㉡은 소수 둘째 자리 숫자이므로 0.03을 나타냅니다.
따라서 3은 0.03의 100배이므로 ㉠이 나타내는 수는 ㉡이 나타내는 수의 100배입니다.

복습책 34~35쪽 기본유형 익히기

1 0.9
2 (1) 0.5 (2) 7.1 (3) 8.6 (4) 2.3
3 4.4
4 0.6+1.9=2.5 / 2.5 kg
5 0.27
6 (1) 0.48 (2) 7.28 (3) 5.62 (4) 6.06
7 5.42
8 0.25+0.38=0.63 / 0.63 m
9 1.8
10 (1) 0.3 (2) 0.8 (3) 6.1 (4) 3.4
11 2.9
12 1.4−0.2=1.2 / 1.2 L
13 0.05
14 (1) 0.22 (2) 1.47 (3) 1.52 (4) 4.89
15 3.24
16 2.85−0.69=2.16 / 2.16 km

1 수직선에서 0.5만큼 간 다음 0.4만큼 더 간 곳은 0.9입니다.
⇨ 0.5+0.4=0.9

3 (받아올림 1) 1.7 + 2.7 = 4.4

4 (돼지고기의 무게)+(소고기의 무게)
=0.6+1.9=2.5(kg)

5 수직선에서 0.09만큼 간 다음 0.18만큼 더 간 곳은 0.27입니다.
⇨ 0.09+0.18=0.27

6 (3) (받아올림 1) 2.49 + 3.13 = 5.62
(4) (받아올림 1) 0.85 + 5.21 = 6.06

7 (받아올림 1 1) 4.67 + 0.75 = 5.42

8 (빨간색 끈의 길이)+(파란색 끈의 길이)
=0.25+0.38=0.63(m)

9 수직선에서 2.5만큼 간 다음 0.7만큼 되돌아온 곳은 1.8입니다.
⇨ 2.5−0.7=1.8

11 (받아내림 3 10) 4.2 − 1.3 = 2.9

12 (처음에 있던 우유의 양)−(재민이가 마신 우유의 양)
=1.4−0.2=1.2(L)

13 수직선에서 0.14만큼 간 다음 0.09만큼 되돌아온 곳은 0.05입니다.
⇨ 0.14−0.09=0.05

14 (3) (받아내림 3 10) 4.17 − 2.65 = 1.52
(4) (받아내림 7 15 10) 8.62 − 3.73 = 4.89

15 (받아내림 4 10) 3.52 − 0.28 = 3.24

16 (집에서 학교까지의 거리)−0.69
=2.85−0.69=2.16(km)

복습책 36~37쪽 실전유형 다지기

✎ 서술형 문제는 풀이를 꼭 확인하세요.

1 (1) 4.7 (2) 4.5
2 (위에서부터) 6.07, 1.46, 9.62, 2.09
✎3 풀이 참조 4 ㉠
5 < 6

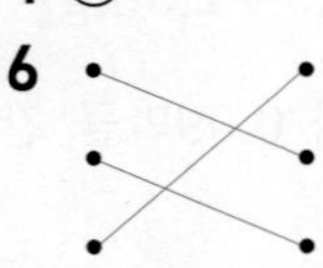

7 0.9−0.65=0.25 / 0.25
8 수박, 2.5 kg 9 8.1
10 6, 7, 8, 9 11 4.78
12 1.23 kg
13 (1) (위에서부터) 6, 2 (2) (위에서부터) 2, 5

✎3 예 소수점의 자리를 잘못 맞추고 계산했습니다.」❶

```
  0.5 9
− 0.4
  0.1 9
```
」❷

채점 기준
❶ 잘못 계산한 이유 쓰기
❷ 바르게 계산하기

4 ㉠ 2.8+0.5=3.3 ㉡ 4.1−0.7=3.4
㉢ 1.8+1.6=3.4

5 0.59+0.7=1.29, 4.2−2.63=1.57
⇨ 1.29<1.57

6 • 1.57+0.34=1.91 • 3.04−0.43=2.61
• 0.93+0.68=1.61 • 6.1−4.19=1.91
• 0.9+1.71=2.61 • 4.28−2.67=1.61

7 가장 큰 수에서 가장 작은 수를 뺄 때 차가 가장 큽니다.
0.9>0.84>0.65
⇨ 0.9−0.65=0.25

8 4.6<7.1이므로 수박이 7.1−4.6=2.5(kg) 더 무겁습니다.

9 • 윤아: 일의 자리 숫자가 1이고, 소수 첫째 자리 숫자가 7인 소수 한 자리 수 → 1.7
• 민기: 0.1이 64개인 수 → 6.4
따라서 윤아와 민기가 생각하는 소수의 합은
1.7+6.4=8.1입니다.

10 6.14−2.57=3.57
3.□2>3.57이므로 □>5입니다.
따라서 □ 안에 들어갈 수 있는 수는 6, 7, 8, 9입니다.

11 1.42+□=6.2
⇨ 6.2−1.42=□, □=4.78

12 370 g=0.37 kg
⇨ (옥수수의 무게)=1.6−0.37=1.23(kg)

13 (1) • 소수 첫째 자리 계산: □+9=15 ⇨ □=6
• 일의 자리 계산: 1+1+□=4 ⇨ □=2
(2) • 소수 첫째 자리 계산: 10+□−8=4 ⇨ □=2
• 일의 자리 계산: 8−1−□=2 ⇨ □=5

복습책 38쪽 응용유형 다잡기

1 1260 2 7.534
3 9.08 4 4.5

1

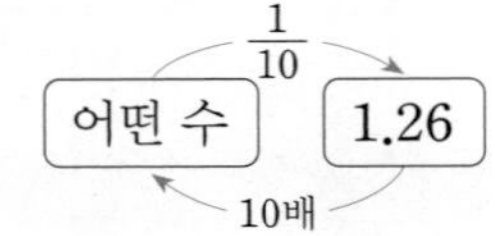

어떤 수는 1.26의 10배이므로 12.6입니다.
따라서 12.6의 100배는 1260입니다.

2 • 7보다 크고 8보다 작은 소수 세 자리 수이므로 일의 자리 숫자가 7인 7.□□□입니다.
• 소수 둘째 자리 숫자는 3이므로 7.□3□입니다.
• 0.1이 5개이고, 0.001이 4개인 수이므로 7.534입니다.
따라서 설명하는 소수 세 자리 수는 7.534입니다.

3 비법

• 가장 큰 소수 만들기
앞에서부터 차례대로 큰 수를 놓아야 합니다.
• 가장 작은 소수 만들기
앞에서부터 차례대로 작은 수를 놓아야 합니다.

6>5>2이므로 만들 수 있는 소수 두 자리 수 중에서 가장 큰 수는 6.52이고, 가장 작은 수는 2.56입니다.
⇨ 6.52+2.56=9.08

4 어떤 수를 □라 하면 □+2.8=10.1입니다.
□+2.8=10.1 ⇨ 10.1−2.8=□, □=7.3
따라서 바르게 계산하면 7.3−2.8=4.5입니다.

4. 사각형

복습책 40~42쪽 기초력 기르기

1 수직

1 ×
2 ○
3 ×
4 ○
5 예
6 예

2 평행

1 ○
2 ×
3 예
4 예
5
6

3 평행선 사이의 거리

1 4 cm
2 5 cm
3 1 cm
4 3 cm

4 사다리꼴

1 ○
2 ×
3 ○
4 ×
5 예

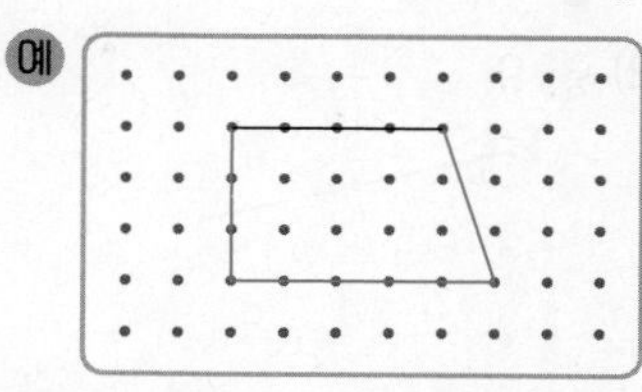

6 예

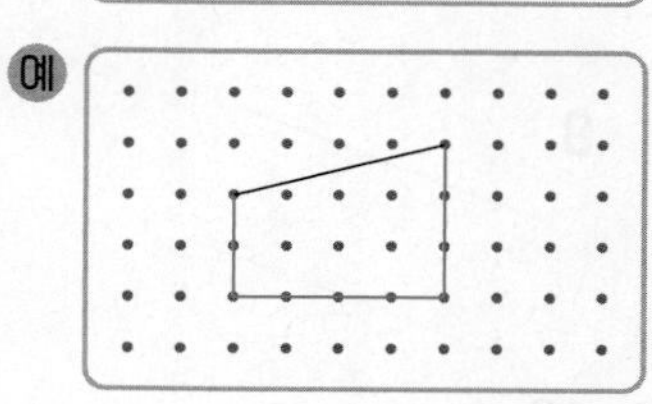

5 평행사변형

1 ×
2 ○
3 ○
4 ×
5 예

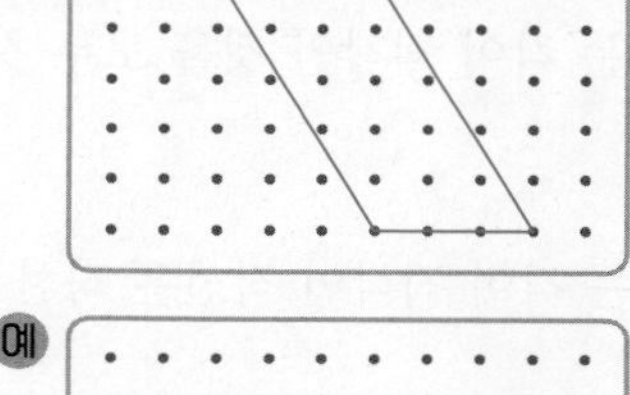

6 예

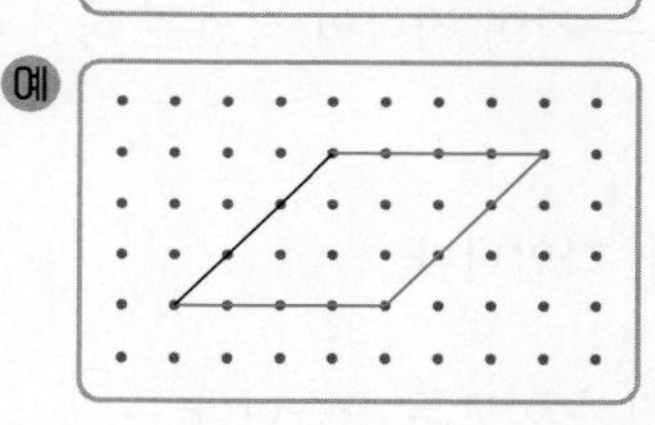

6 마름모

1 ○
2 ×
3 ×
4 ○
5

6

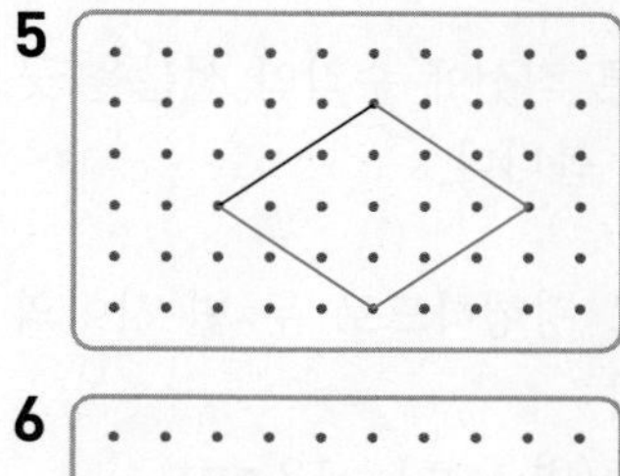

복습책 43~44쪽 기본유형 익히기

1 ( )(○)(○)
2 나, 마
3 나, 다
4 (1) 예 (2) 예
5 (○)( )(○)
6 변 ㄹㄷ
7 예
8
9 ②, ⑤
10 4 cm
11 12 cm
12

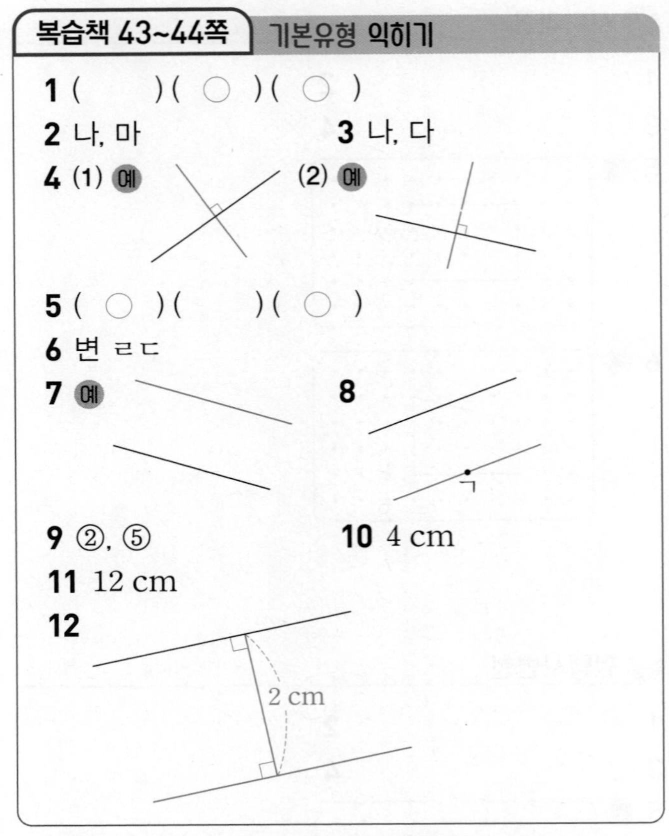

1 두 직선이 만나서 이루는 각이 직각인 것을 모두 찾습니다.

2 직선 가와 만나서 이루는 각이 직각인 직선은 직선 나, 직선 마입니다.

3 직각이 있는 도형은 나, 다입니다.

5 서로 만나지 않는 두 직선을 모두 찾습니다.

6 변 ㄱㄴ과 변 ㄹㄷ은 변 ㄱㄹ에 각각 수직이므로 변 ㄱㄴ과 평행한 변은 변 ㄹㄷ입니다.

9 평행선 사이의 선분 중에서 평행선에 수직인 선분의 길이는 ②, ⑤입니다.

10 평행선의 한 직선에서 다른 직선에 수직인 선분을 긋고, 그 선분의 길이를 재어 봅니다.

11 변 ㄱㄴ과 변 ㄹㄷ이 서로 평행하므로 두 변 사이의 수직인 변은 변 ㄴㄷ입니다.
⇨ (평행선 사이의 거리)=(변 ㄴㄷ)=12 cm

12 주어진 직선에 수직인 선분을 긋고, 그 선분의 길이가 2 cm가 되는 점을 지나는 평행한 직선을 긋습니다.

복습책 45~46쪽 실전유형 다지기

서술형 문제는 풀이를 꼭 확인하세요.

1 다, 수선
2 가, 라, 바
3 변 ㄷㄹ
4 민준
5 2 cm
6 풀이 참조
7 변 ㅇㅅ, 변 ㅂㅁ, 변 ㄹㄷ
8~9
10 4 cm
11
12

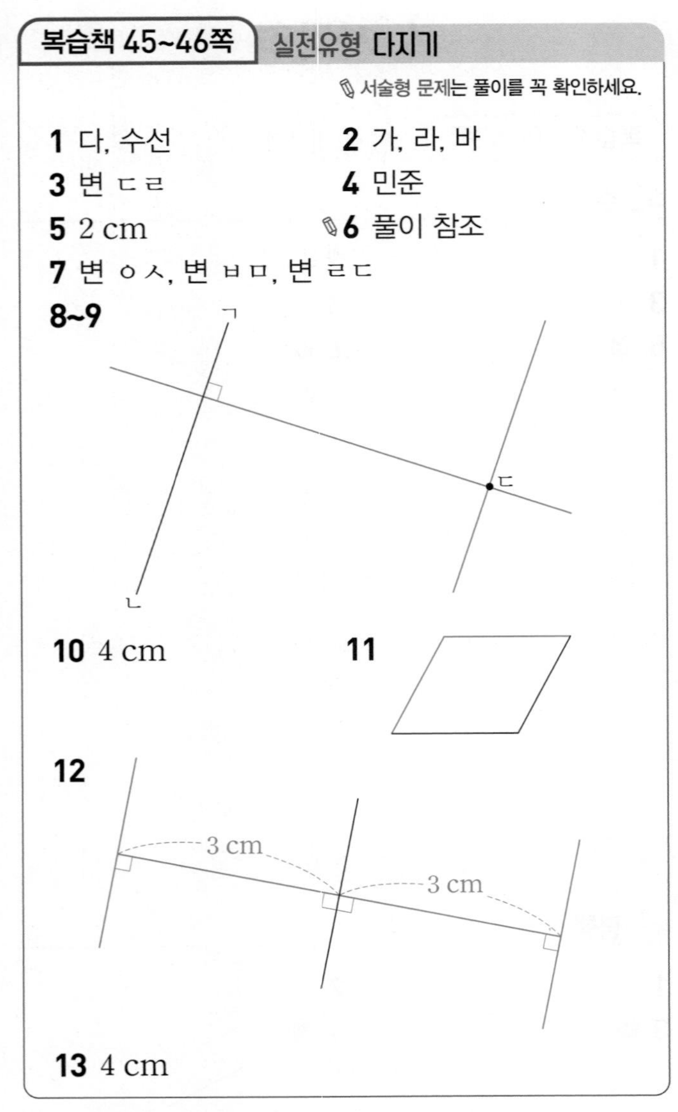

13 4 cm

2 가: 서로 평행한 변이 1쌍 있습니다.
라, 바: 서로 평행한 변이 2쌍 있습니다.
나, 다, 마: 서로 평행한 변이 없습니다.

3 직선 가와 만나서 이루는 각이 직각인 변은 변 ㄷㄹ입니다.

4 평행한 두 직선을 평행선이라고 합니다.

6 틀립니다.」❶
예 직선 가와 직선 나는 끝이 없는 곧은 선이므로 길게 늘이면 서로 만날 수 있습니다. 따라서 직선 가와 직선 나는 평행선이 아닙니다.」❷

채점 기준
❶ 설명이 맞는지 틀린지 쓰기
❷ 이유 쓰기

7 평행한 두 직선은 아무리 길게 늘여도 서로 만나지 않으므로 늘였을 때 변 ㄱㄴ과 만나지 않는 변을 모두 찾습니다. 따라서 변 ㄱㄴ과 평행한 변은 변 ㅇㅅ, 변 ㅂㅁ, 변 ㄹㄷ입니다.

10 점 ㄷ에서 직선 ㄱㄴ에 그은 수직인 선분의 길이를 재어 보면 4 cm이므로 평행선 사이의 거리는 4 cm입니다.

11 주어진 두 선분과 평행한 직선을 각각 그은 후 두 직선이 만나는 점을 나머지 꼭짓점으로 하여 사각형을 완성합니다.

12 주어진 직선에 수직인 선분을 긋고, 그 선분의 길이가 3 cm가 되는 점을 지나는 평행한 직선을 주어진 직선을 기준으로 양쪽 방향에 각각 1개씩 긋습니다.

13 변 ㄴㄷ과 변 ㅂㅁ이 서로 평행하므로 두 변 사이에 수직인 선분을 긋고, 그 선분의 길이를 재어 보면 4 cm입니다.

복습책 47~49쪽 기본유형 익히기

1 가, 라

2 예

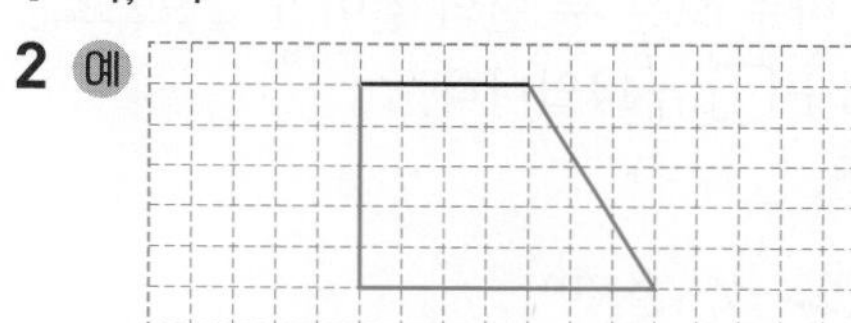

3 5개

4 예

5 나, 라, 마

6

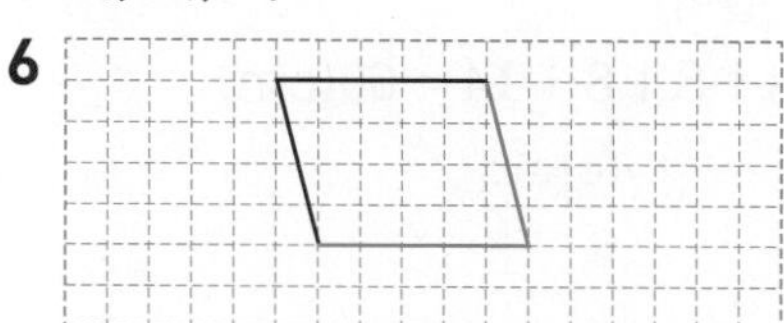

7 (1) (왼쪽에서부터) 10, 5
(2) (왼쪽에서부터) 60, 120

8 예

9 가, 나, 바

10

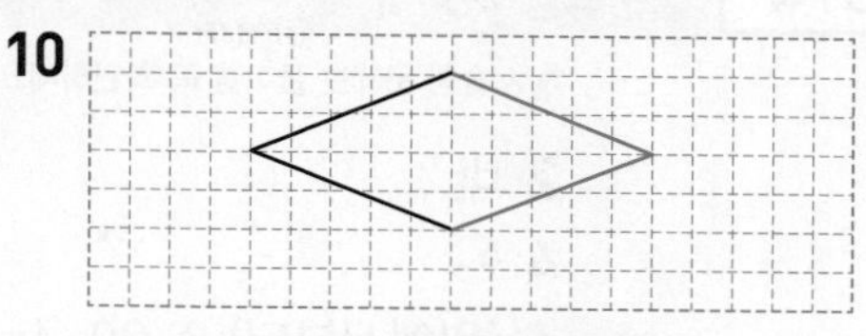

11 (1) 8, 8 (2) (위에서부터) 65, 115

12 예

13 (위에서부터) 12, 90

14 (위에서부터) 90, 8, 8

15 가, 나, 라, 마, 바 / 나, 마, 바 / 바 / 마, 바

16 ①, ②, ⑤

3 직사각형 모양의 종이띠를 선을 따라 잘랐을 때 만들어지는 사각형은 위와 아래의 마주 보는 두 변이 서로 평행한 사각형이므로 모두 사다리꼴입니다.
따라서 사다리꼴은 가, 나, 다, 라, 마로 모두 5개입니다.

4 적어도 한 쌍의 변이 서로 평행한 사각형이 되도록 한 꼭짓점만 옮깁니다.

7 (1) 평행사변형은 마주 보는 두 변의 길이가 같습니다.
(2) 평행사변형은 마주 보는 두 각의 크기가 같습니다.

8 마주 보는 두 쌍의 변이 서로 평행한 사각형이 되도록 한 꼭짓점만 옮깁니다.

11 (1) 마름모는 네 변의 길이가 모두 같습니다.
(2) 마름모는 마주 보는 두 각의 크기가 같습니다.

12 네 변의 길이가 모두 같은 사각형이 되도록 한 꼭짓점만 옮깁니다.

13 직사각형은 네 각이 모두 직각이고 마주 보는 두 변의 길이가 같습니다.

14 정사각형은 네 각이 모두 직각이고 네 변의 길이가 모두 같습니다.

15 바는 정사각형이므로 사다리꼴, 평행사변형, 마름모, 직사각형이라고 할 수 있습니다.

16 • 마주 보는 두 쌍의 변이 서로 평행하므로 사다리꼴, 평행사변형입니다.
• 네 변의 길이가 모두 같으므로 마름모입니다.

복습책 50~51쪽 실전유형 다지기

서술형 문제는 풀이를 꼭 확인하세요.

1 나, 바	**2** 바
3 4개	**4** ㉡
5 예지	**6** (위에서부터) 3, 90, 4
7 풀이 참조	**8** 34 cm
9 정사각형	**10** 7 cm
11 135°	**12** 사다리꼴

13 평행사변형, 직사각형, 마름모, 정사각형

14 평행사변형, 직사각형

3 마주 보는 두 쌍의 변이 서로 평행한 사각형은 가, 나, 마, 바입니다. ⇨ 4개

5 사다리꼴은 평행한 변이 있기만 하면 되므로 평행한 변이 두 쌍인 사각형도 사다리꼴이라고 할 수 있습니다.

6 • 마름모는 마주 보는 꼭짓점끼리 이은 선분이 서로를 똑같이 둘로 나누므로
(선분 ㄹㅁ)=(선분 ㄴㅁ)=3 cm,
(선분 ㄷㅁ)=(선분 ㄱㅁ)=4 cm입니다.
• 마름모는 마주 보는 꼭짓점끼리 이은 선분이 서로 수직이므로 (각 ㄷㅁㄹ)=90°입니다.

7 마름모가 아닙니다.」❶
예 네 변의 길이가 모두 같지 않기 때문입니다.」❷

채점 기준
❶ 마름모인지 아닌지 쓰기
❷ 이유 쓰기

8 직사각형은 마주 보는 두 변의 길이가 같습니다.
⇨ (직사각형의 네 변의 길이의 합)
=10+7+10+7=34(cm)

9 자른 후 펼친 모양은 다음과 같습니다.
네 각이 모두 직각이고 네 변의 길이가 모두 같은 사각형이 만들어지므로 정사각형입니다.
참고 사다리꼴, 평행사변형, 마름모, 직사각형도 정답으로 인정합니다.

10 마름모는 네 변의 길이가 모두 같습니다.
⇨ (마름모의 한 변)=28÷4=7(cm)

11 평행사변형에서 이웃한 두 각의 크기의 합은 180°입니다.
㉠+45°=180° ⇨ ㉠=180°−45°=135°

12 겹쳐진 부분은 한 쌍의 변이 서로 평행하므로 사다리꼴입니다.

13 같은 길이의 수수깡이 4개 있으므로 네 변의 길이가 모두 같은 사각형을 만들 수 있습니다.
⇨ 평행사변형, 직사각형, 마름모, 정사각형

14 같은 길이의 수수깡이 2개씩 2묶음 있으므로 마주 보는 두 변의 길이가 같은 사각형을 만들 수 있습니다.
⇨ 평행사변형, 직사각형

복습책 52쪽 응용유형 다잡기

1 14 cm	**2** 9 cm
3 60 cm	**4** 9개

1 (직선 가와 직선 다 사이의 거리)
=(직선 가와 직선 나 사이의 거리)
+(직선 나와 직선 다 사이의 거리)
=5+9=14(cm)

2 변 ㄱㄴ의 길이를 □ cm라 할 때,
평행사변형은 마주 보는 두 변의 길이가 같으므로
13+□+13+□=44입니다.
□+□=18, □=9

3

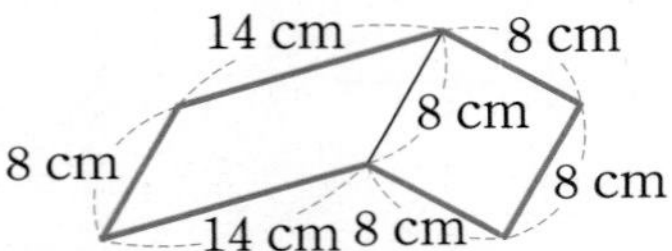

• 평행사변형은 마주 보는 두 변의 길이가 같으므로 길이가 8 cm, 14 cm인 변이 각각 2개씩 있습니다.
• 정사각형은 네 변의 길이가 모두 같으므로 길이가 8 cm인 변이 4개 있습니다.
⇨ (빨간색 선의 길이)
=8+14+8+8+8+14=60(cm)

4

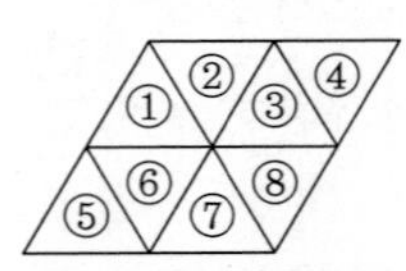

• 작은 정삼각형 2개짜리:
①+②, ②+③, ③+④, ⑤+⑥, ⑥+⑦, ⑦+⑧, ①+⑥, ③+⑧ → 8개
• 작은 정삼각형 8개짜리:
①+②+③+④+⑤+⑥+⑦+⑧ → 1개
⇨ 8+1=9(개)

5. 꺾은선그래프

복습책 54~56쪽 기초력 기르기

① 꺾은선그래프

1 꺾은선그래프
2 시각 / 온도
3 1 ℃
4 복도의 온도의 변화

② 꺾은선그래프의 내용

1 10명
2 5월
3 8월
4 8월
5 24권
6 13일
7 11일
8 13일

③ 꺾은선그래프로 나타내기

1
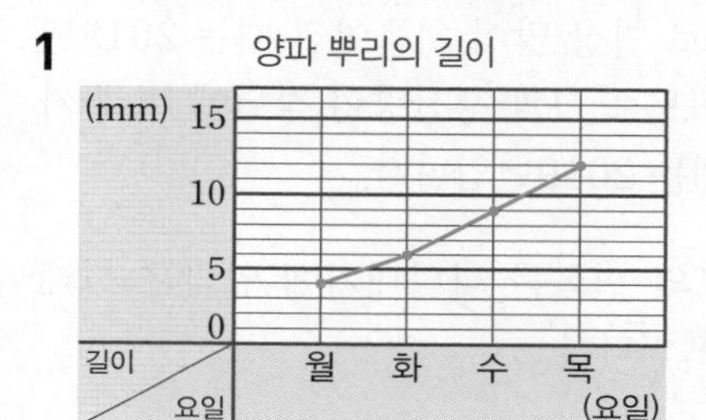

2
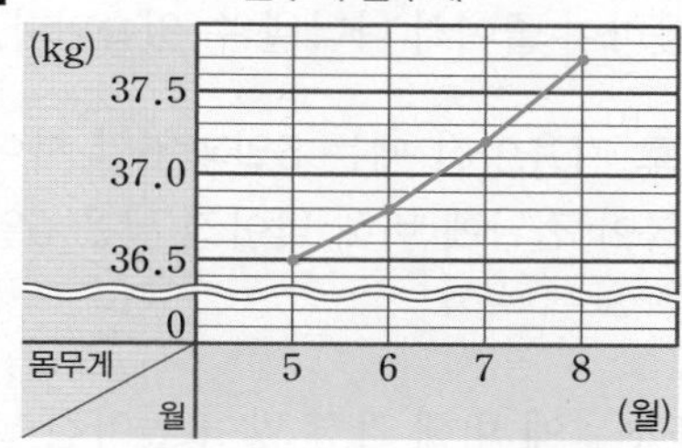

④ 자료를 조사하여 꺾은선그래프로 나타내기

1 10, 22, 28, 30
2 키
3 예
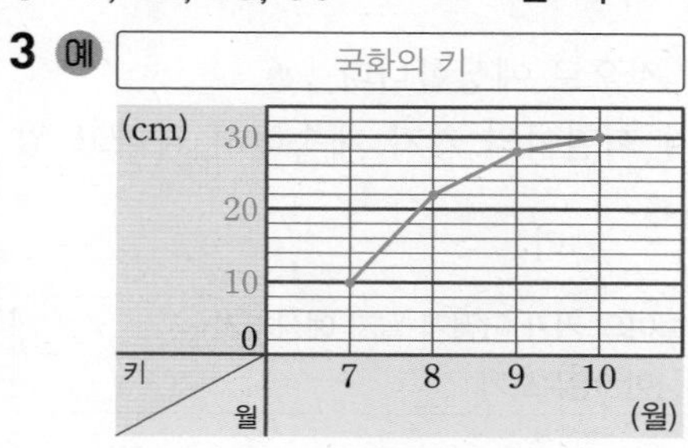

4 190, 150, 160, 100
5 예 0개와 100개 사이

6 예
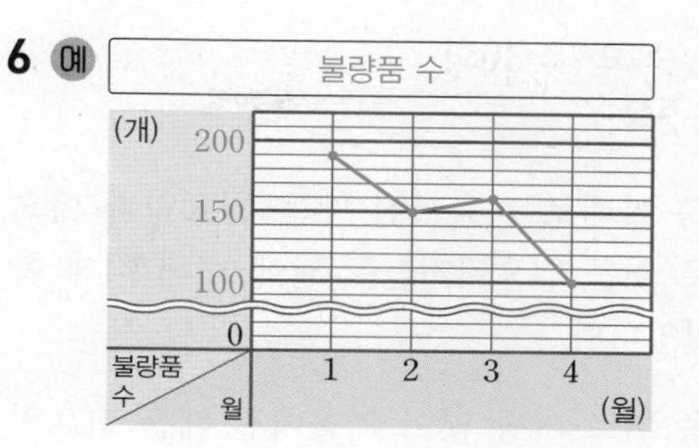

복습책 57~59쪽 기본유형 익히기

1 요일 / 판매량
2 10개
3 햄버거 판매량의 변화
4 꺾은선그래프
5 2회 / 1회
6 2회
7 화요일
8 수요일
9 ㉯ 그래프
10 강수량
11 예 1 mm
12 예 0 mm와 15 mm 사이
13 예
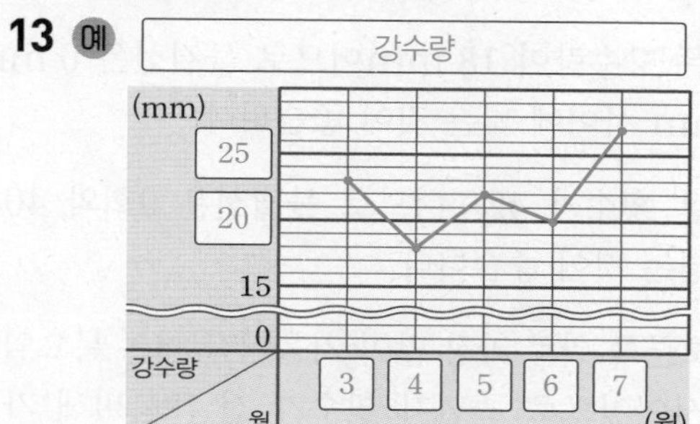

14 예

줄넘기 횟수

요일(요일)	월	화	수	목	금
횟수(회)	42	44	47	48	52

15 예 0회와 40회 사이
16 예

줄넘기 횟수

(회) 50, 45, 40, 0 / 횟수, 요일 / 월 화 수 목 금 (요일)

17 금요일

5 • ㉮ 그래프는 세로 눈금 5칸이 10회이므로 세로 눈금 한 칸은 $10 \div 5 = 2$(회)를 나타냅니다.
• ㉯ 그래프는 세로 눈금 5칸이 5회이므로 세로 눈금 한 칸은 $5 \div 5 = 1$(회)를 나타냅니다.

6 수요일: 28회, 목요일: 30회
⇨ 30－28＝2(회)

7 선분이 오른쪽 아래로 기울어진 때는 월요일과 화요일 사이이므로 윗몸 일으키기를 전날에 비해 적게 한 요일은 화요일입니다.

8 선분이 오른쪽 위로 가장 많이 기울어진 때는 화요일과 수요일 사이이므로 윗몸 일으키기 횟수가 전날에 비해 가장 많이 늘어난 요일은 수요일입니다.

9 꺾은선그래프에서 필요 없는 부분을 물결선을 사용하여 줄여서 나타내면 자료가 변화하는 모습이 더 잘 나타납니다.

10 월에 따른 강수량의 변화를 나타내어야 하므로 가로에 월을 나타낸다면 세로에는 강수량을 나타내어야 합니다.

11 조사하여 나타낸 강수량이 1 mm 단위이고, 자료의 변화하는 양을 모두 나타내어야 하므로 세로 눈금 한 칸은 1 mm로 나타내는 것이 좋습니다.

12 가장 적은 강수량이 18 mm이므로 물결선은 0 mm와 15 mm 사이에 넣는 것이 좋습니다.

15 가장 적은 횟수가 42회이므로 물결선은 0회와 40회 사이에 넣는 것이 좋습니다.

17 선분이 오른쪽 위로 가장 많이 기울어진 때는 목요일과 금요일 사이이므로 줄넘기 횟수가 전날에 비해 가장 많이 늘어난 요일은 금요일입니다.

복습책 60~61쪽 실전유형 다지기

✎ 서술형 문제는 풀이를 꼭 확인하세요.

1 20상자 **2** 60상자
3 2019년 **4** 꺾은선그래프에 ○표
5 예

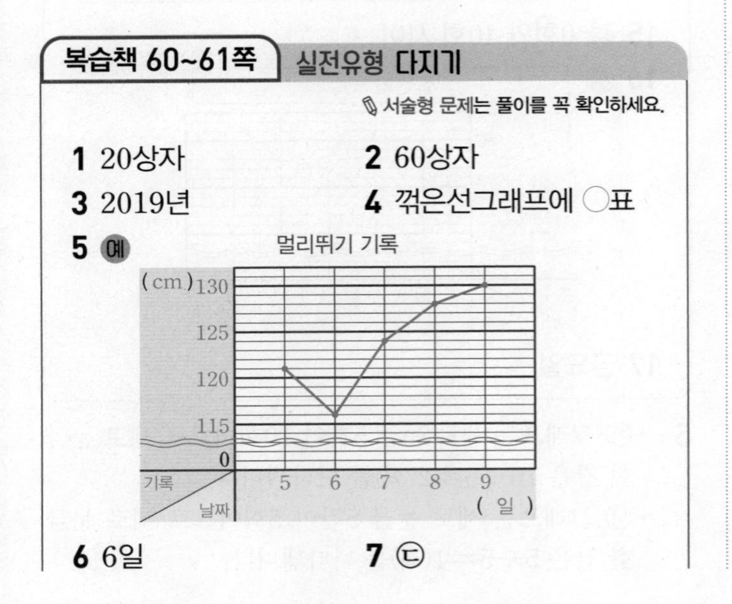

6 6일 **7** ㉢

8 135.6, 135.8 /

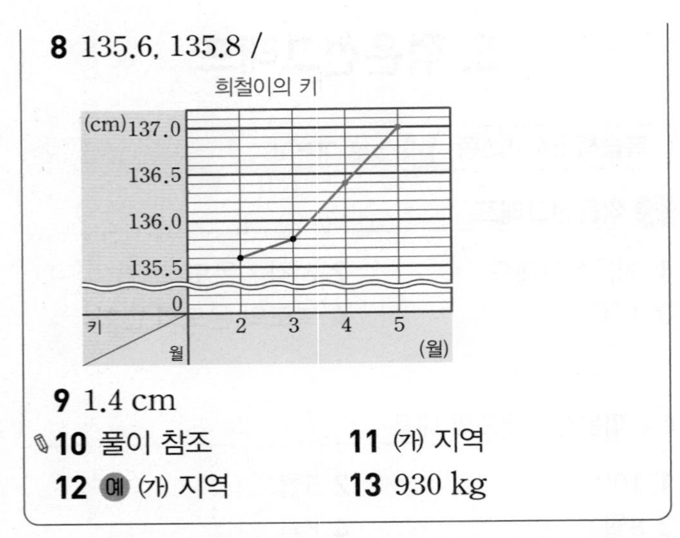

9 1.4 cm
✎**10** 풀이 참조 **11** ㈎ 지역
12 예 ㈎ 지역 **13** 930 kg

1 세로 눈금 5칸이 100상자이므로 세로 눈금 한 칸은 100÷5＝20(상자)를 나타냅니다.

2 2016년: 200상자, 2017년: 260상자
⇨ 260－200＝60(상자)

3 선분이 오른쪽 위로 가장 많이 기울어진 때는 2018년과 2019년 사이이므로 사과 생산량이 작년에 비해 가장 많이 늘어난 해는 2019년입니다.

4 시간에 따른 자료의 변화를 나타내기에 알맞은 그래프는 꺾은선그래프입니다.

5 가장 낮은 기록이 116 cm이므로 0 cm와 115 cm 사이를 물결선을 사용하여 줄여서 나타낼 수 있습니다.

6 선분이 오른쪽 아래로 기울어진 때는 5일과 6일 사이이므로 멀리뛰기 기록이 전날에 비해 낮아진 날은 6일입니다.

7 ㉢ 멀리뛰기 기록이 전날에 비해 가장 많이 높아진 날은 7일입니다.

9 2월 1일의 키: 135.6 cm, 5월 1일의 키: 137 cm
⇨ 137－135.6＝1.4(cm)

✎**10** 예 키가 더 자랄 것으로 예상합니다.」 ❶
2월부터 5월까지 희철이의 키가 계속해서 자라고 있기 때문입니다.」 ❷

채점 기준
❶ 6월 1일에는 희철이의 키가 어떻게 될지 예상하기
❷ 위 ❶과 같이 예상한 이유 쓰기

11 시간이 지나면서 선분이 더 많이 기울어진 그래프는 ㈎ 지역의 초등학생 수를 나타낸 꺾은선그래프입니다.

12 ㈎ 지역의 초등학생 수가 계속 늘어나고 있으므로 어린이 도서관을 만든다면 ㈎ 지역에 만드는 것이 좋을 것입니다.

13 2016년: 110 kg, 2017년: 130 kg,
2018년: 200 kg, 2019년: 230 kg,
2020년: 260 kg
⇨ (2016년부터 2020년까지 수확한 감자의 양)
$=110+130+200+230+260=930$(kg)

복습책 62쪽 응용유형 **다잡기**

1 예 17 °C

2

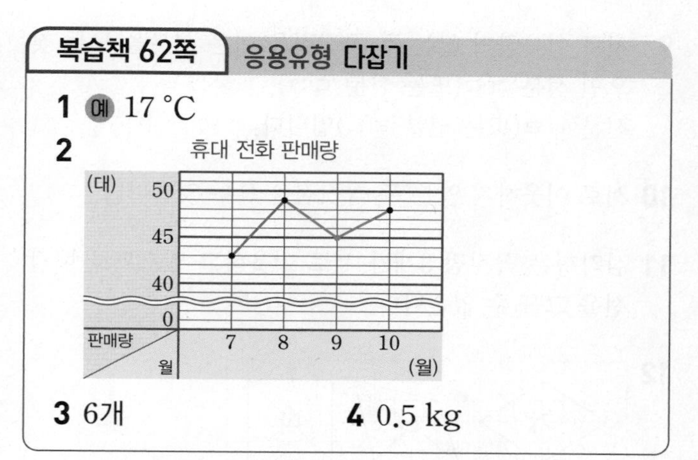

3 6개 **4** 0.5 kg

1 세로 눈금 한 칸의 크기는 1 °C를 나타냅니다.
⇨ 오전 11시: 15 °C, 낮 12시: 19 °C
따라서 오전 11시 30분의 운동장의 온도는 15 °C와 19 °C의 중간인 17 °C였을 것이라고 예상할 수 있습니다.

2 7월: 43대, 8월: 49대, 10월: 48대
⇨ (9월의 휴대 전화 판매량)
$=185-43-49-48=45$(대)

3 시각별 기온을 나타낸 꺾은선그래프에서 선분이 가장 많이 기울어진 때는 오전 10시와 오전 11시 사이입니다.
⇨ 아이스크림 판매량은 오전 10시에 10개, 오전 11시에 16개이므로 $16-10=6$(개) 늘었습니다.

4 몸무게의 차가 가장 큰 때는 윤아와 진서의 몸무게를 나타내는 점이 가장 많이 떨어져 있는 때이므로 9월 1일입니다.
⇨ 9월 1일의 윤아의 몸무게는 36 kg이고, 진서의 몸무게는 36.5 kg이므로 몸무게의 차는 $36.5-36=0.5$(kg)입니다.

6. 다각형

복습책 64~65쪽 기초력 **기르기**

1 다각형

1 사각형 **2** 오각형
3 칠각형

4 예

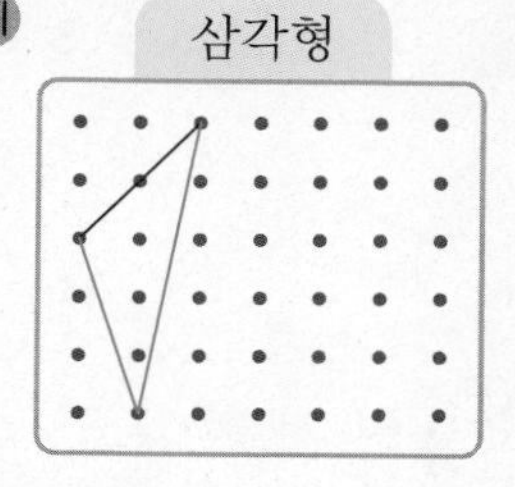

5 예

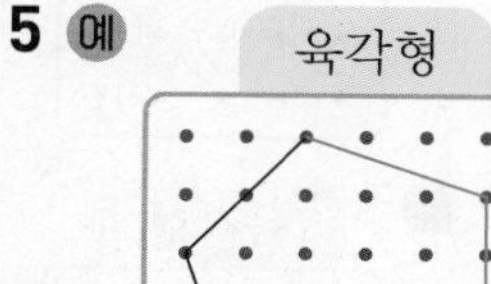

2 정다각형

1 정팔각형 **2** 정사각형
3 정육각형 **4** 8
5 60 **6** (위에서부터) 6, 108

3 대각선

1

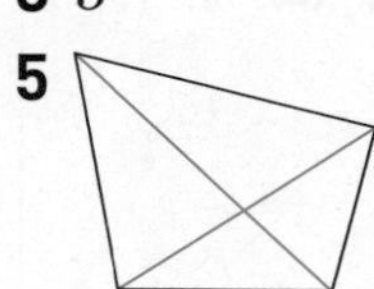

2

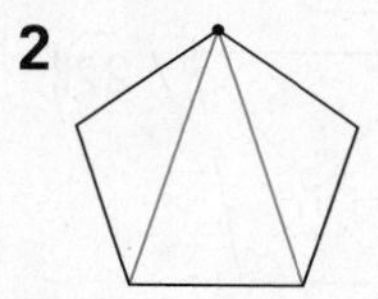

3 5 **4** 90

5

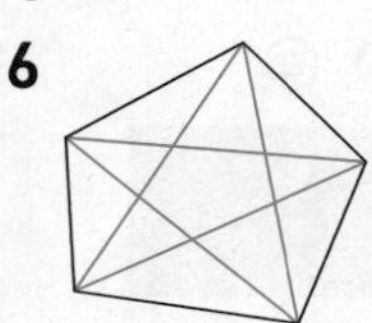

6

4 모양 만들기와 채우기

1 예 사각형, 육각형
2 예 삼각형, 사각형
3 예 사각형, 육각형

4 예

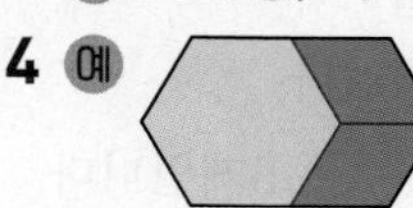

5 예

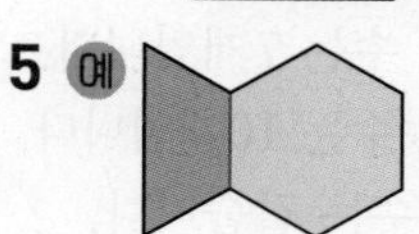

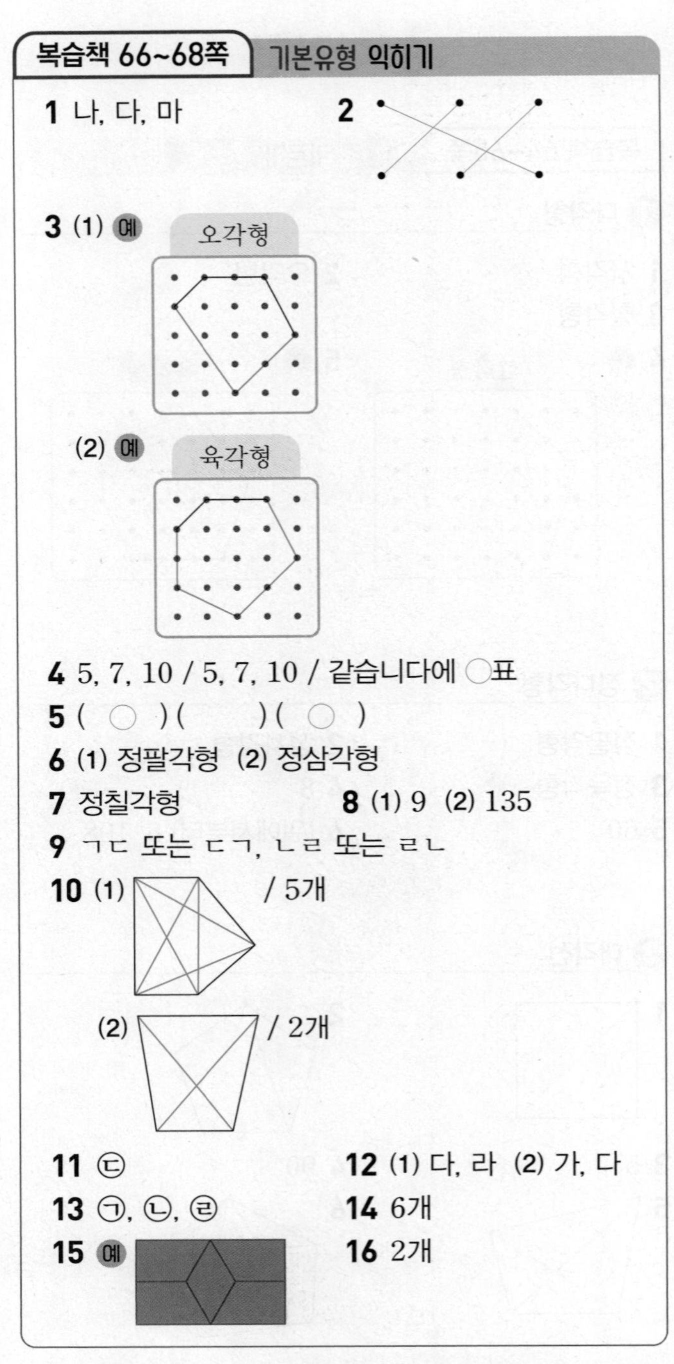

1 선분으로만 둘러싸인 도형을 모두 찾으면 나, 다, 마입니다.

2 • 변이 8개인 다각형은 팔각형입니다.
• 변이 6개인 다각형은 육각형입니다.
• 변이 7개인 다각형은 칠각형입니다.

3 (1) 오각형은 변이 5개가 되도록 그립니다.
(2) 육각형은 변이 6개가 되도록 그립니다.

4 • 오각형의 변의 수는 5개, 꼭짓점의 수는 5개입니다.
• 칠각형의 변의 수는 7개, 꼭짓점의 수는 7개입니다.
• 십각형의 변의 수는 10개, 꼭짓점의 수는 10개입니다.
⇨ 다각형에서 변의 수와 꼭짓점의 수는 같습니다.

5 변의 길이가 모두 같고, 각의 크기가 모두 같은 다각형을 찾습니다.

6 (1) 변이 8개인 정다각형은 정팔각형입니다.
(2) 변이 3개인 정다각형은 정삼각형입니다.

7 • 선분으로만 둘러싸인 도형이므로 다각형이고, 변이 7개이므로 칠각형입니다.
• 변의 길이가 모두 같고, 각의 크기가 모두 같으므로 정다각형입니다.
따라서 도형의 이름은 정칠각형입니다.

8 정다각형은 변의 길이가 모두 같고, 각의 크기가 모두 같습니다.

9 서로 이웃하지 않는 두 꼭짓점을 이은 선분을 모두 찾으면 선분 ㄱㄷ(또는 선분 ㄷㄱ), 선분 ㄴㄹ(또는 선분 ㄹㄴ)입니다.

10 서로 이웃하지 않는 두 꼭짓점을 모두 잇습니다.

11 삼각형은 꼭짓점 3개가 서로 이웃하고 있으므로 대각선을 그을 수 없습니다.

12

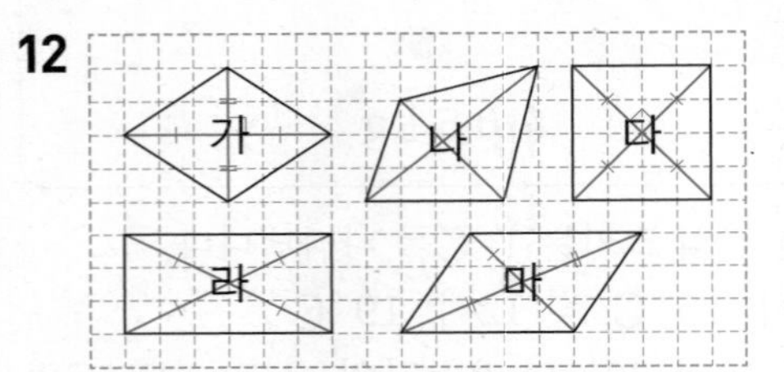

(1) 두 대각선의 길이가 같은 사각형은 정사각형, 직사각형이므로 다, 라입니다.
(2) 두 대각선이 서로 수직으로 만나는 사각형은 마름모, 정사각형이므로 가, 다입니다.

13 정삼각형 3개, 정사각형 2개, 정육각형 1개를 사용하여 모양을 만들었습니다.

14

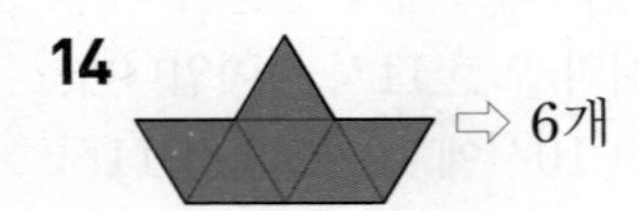

⇨ 6개

15 모양 조각을 길이가 같은 변끼리 이어 붙여서 4개의 변으로 둘러싸인 도형을 만듭니다.

16

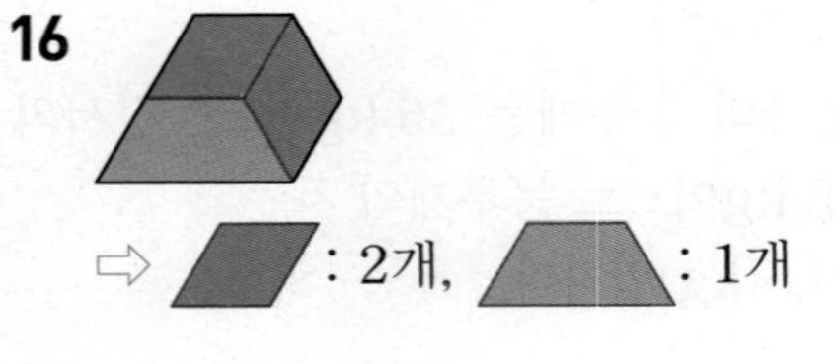

복습책 69~70쪽 실전유형 다지기

서술형 문제는 풀이를 꼭 확인하세요.

1 나, 다, 마
2 예 사각형, 2개 / 예 삼각형, 6개
3 ㄷ
4 예
5 예
6 / 14개
7 풀이 참조
8 / 정삼각형, 정사각형, 정육각형
9 ㄹ
10 90°
11 가, 다, 라
12 20 m
13 540°
14 3, 360

3 ㉠ 길이가 서로 같은 변끼리 이어 붙였습니다.
㉡ 서로 겹치지 않게 이어 붙였습니다.

6 (두 도형에 그은 대각선 수의 합)=5+9=14(개)

7 예 정다각형이 아닙니다.」❶
변의 길이는 모두 같지만 각의 크기가 모두 같지는 않기 때문에 정다각형이 아닙니다.」❷

채점 기준
❶ 정다각형인지 아닌지 쓰기
❷ 이유 설명하기

8 변의 길이가 모두 같고, 각의 크기가 모두 같은 다각형을 찾아 색칠합니다.

9 ㉣ 삼각형은 꼭짓점 3개가 서로 이웃하고 있으므로 대각선을 그을 수 없습니다.

10 마름모 모양의 종이에서 두 대각선은 서로 수직으로 만납니다.

11 가 나 다 라

12 정십각형은 변의 길이가 모두 같으므로 2 m 길이의 울타리가 모두 10개 있습니다.
⇨ (울타리의 길이)$=2\times10=20$(m)

13 정오각형은 다섯 각의 크기가 모두 같습니다.
⇨ (정오각형의 모든 각의 크기의 합)
$=108°\times5=540°$

복습책 71쪽 응용유형 다잡기

1 정구각형　　2 40 cm
3 9개　　4 144°

1 정다각형은 변의 길이가 모두 같으므로 변의 수는 $45\div5=9$(개)입니다.
⇨ 변이 9개인 정다각형은 정구각형입니다.

2 직사각형의 두 대각선의 길이는 같고, 한 대각선이 다른 대각선을 똑같이 둘로 나눕니다.
(선분 ㄱㄷ)=(선분 ㄴㄹ), (선분 ㄹㅇ)=(선분 ㄴㅇ)
(한 대각선의 길이)=(선분 ㄹㅇ)+(선분 ㄴㅇ)
$=10+10=20$(cm)
⇨ (두 대각선의 길이의 합)=(선분 ㄱㄷ)+(선분 ㄴㄹ)
$=20+20=40$(cm)

3 한 변이 6 cm인 마름모 모양 조각으로 한 변이 18 cm인 마름모를 채우려면 한 변에 3개씩 놓을 수 있습니다.

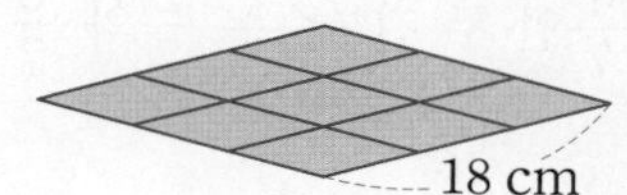

⇨ 필요한 모양 조각은 모두 9개입니다.

4 **비법**
(다각형의 모든 각의 크기의 합)
$=180°\times$(다각형이 나눠지는 삼각형의 수)

정십각형은 8개의 삼각형으로 나눌 수 있으므로 정십각형의 모든 각의 크기의 합은 $180°\times8=1440°$입니다.

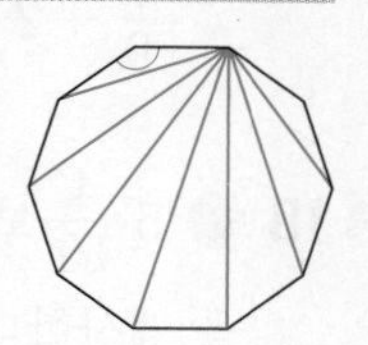

⇨ (정십각형의 한 각의 크기)
$=1440°\div10=144°$

다른 풀이 정십각형은 4개의 사각형으로 나눌 수 있으므로 정십각형의 모든 각의 크기의 합은 $360°\times4=1440°$입니다.

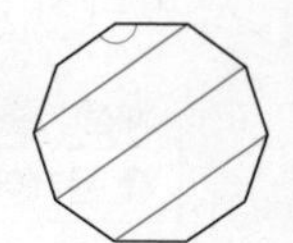

⇨ (정십각형의 한 각의 크기)
$=1440°\div10=144°$

평가책

1. 분수의 덧셈과 뺄셈

평가책 2~4쪽 단원 평가 1회

✎ 서술형 문제는 풀이를 꼭 확인하세요.

1 2, 1 **2** 7, 5, 12 / 12, 2
3 9, 1, 1 **4** 10, 3, 7
5 $\frac{3}{4}$ **6** $2\frac{3}{9}$
7 $3\frac{2}{5}-1\frac{4}{5}=\frac{17}{5}-\frac{9}{5}=\frac{8}{5}=1\frac{3}{5}$
8 (위에서부터) $2\frac{3}{7}$, $\frac{3}{7}$, 6, $3\frac{1}{7}$
9 세호 **10** $2\frac{1}{9}$
11 $\frac{1}{5}$시간 **12** $1\frac{2}{7}$ m
13 $4\frac{5}{12}$ km **14** $\frac{11}{12}$ km
15 ㉢ **16** $\frac{2}{7}$, $\frac{6}{7}$
17 2, 4, $3\frac{2}{9}$ ✎**18** $2\frac{1}{10}$
✎**19** $\frac{2}{5}$ L ✎**20** $10\frac{7}{12}$ kg

16 합이 8, 차가 4인 두 수는 2+6=8, 6−2=4이므로 2와 6입니다.
따라서 합이 $\frac{8}{7}$, 차가 $\frac{4}{7}$인 두 진분수는 $\frac{2}{7}$와 $\frac{6}{7}$입니다.

17 합이 가장 작으려면 더하는 수가 가장 작아야 합니다. 대분수가 가장 작으려면 자연수 부분이 가장 작아야 하므로 더하는 수는 $2\frac{4}{9}$가 되어야 합니다.
⇨ $\frac{7}{9}+2\frac{4}{9}=2+\frac{11}{9}=2+1\frac{2}{9}=3\frac{2}{9}$

✎**18** 예 $5\frac{4}{10}$보다 $3\frac{3}{10}$만큼 더 작은 수는 $5\frac{4}{10}-3\frac{3}{10}$을 계산합니다.」 ❶
따라서 $5\frac{4}{10}-3\frac{3}{10}=2\frac{1}{10}$입니다.」 ❷

채점 기준

❶ 문제에 알맞은 식 만들기	2점
❷ $5\frac{4}{10}$보다 $3\frac{3}{10}$만큼 더 작은 수 구하기	3점

✎**19** 예 어제 마시고 남은 포도 주스는
$1-\frac{2}{5}=\frac{5}{5}-\frac{2}{5}=\frac{3}{5}$(L)입니다.」 ❶
따라서 어제와 오늘 마시고 남은 포도 주스는
$\frac{3}{5}-\frac{1}{5}=\frac{2}{5}$(L)입니다.」 ❷

채점 기준

❶ 어제 마시고 남은 포도 주스의 양 구하기	2점
❷ 어제와 오늘 마시고 남은 포도 주스의 양 구하기	3점

✎**20** 예 민재가 사용한 찰흙은
$4\frac{6}{12}+1\frac{7}{12}=5+\frac{13}{12}=5+1\frac{1}{12}=6\frac{1}{12}$(kg)
입니다.」 ❶
따라서 수희와 민재가 사용한 찰흙은 모두
$4\frac{6}{12}+6\frac{1}{12}=10\frac{7}{12}$(kg)입니다.」 ❷

채점 기준

❶ 민재가 사용한 찰흙의 무게 구하기	2점
❷ 수희와 민재가 사용한 찰흙의 무게의 합 구하기	3점

평가책 5~7쪽 단원 평가 2회

✎ 서술형 문제는 풀이를 꼭 확인하세요.

1 **2** $5\frac{4}{9}$
3 $1\frac{3}{4}$ **4** $1\frac{3}{7}$
5 $6\frac{5}{8}$, $1\frac{5}{8}$ **6** =
7 ㉡ **8** $1\frac{4}{5}$ m
9 $\frac{5}{8}$ L **10** $8\frac{1}{6}$ km
11 1 **12** ㉢
13 $\frac{4}{9}$, $\frac{4}{9}$ **14** $\frac{9}{11}$, $\frac{2}{11}$, $\frac{7}{11}$
15 6개 **16** $\frac{1}{10}$
17 우찬, $\frac{6}{7}$ kg ✎**18** 풀이 참조
✎**19** $\frac{3}{8}$ kg ✎**20** 3개, $\frac{1}{3}$ m

18 예 분모는 그대로 두고 분자끼리 더해야 하는데 분모도 더하여 계산했습니다.」 ❶

$\frac{6}{11}+\frac{9}{11}=\frac{6+9}{11}=\frac{15}{11}=1\frac{4}{11}$」 ❷

채점 기준

❶ 잘못 계산한 이유 쓰기	3점
❷ 바르게 계산하기	2점

19 예 감자와 당근의 무게의 합은

$2\frac{5}{8}+1\frac{4}{8}=3+\frac{9}{8}=3+1\frac{1}{8}=4\frac{1}{8}$(kg)입니다.」 ❶

따라서 바구니만의 무게는

$4\frac{4}{8}-4\frac{1}{8}=\frac{3}{8}$(kg)입니다.」 ❷

채점 기준

❶ 감자와 당근의 무게의 합 구하기	3점
❷ 바구니만의 무게 구하기	2점

20 예 $5\frac{1}{3}-1\frac{2}{3}=3\frac{2}{3}$, $3\frac{2}{3}-1\frac{2}{3}=2$, $2-1\frac{2}{3}=\frac{1}{3}$

이므로 $5\frac{1}{3}$에서 $1\frac{2}{3}$를 3번 뺄 수 있고 $\frac{1}{3}$이 남습니다.」 ❶

따라서 포장할 수 있는 상자는 3개이고,

남는 색 테이프는 $\frac{1}{3}$ m입니다.」 ❷

채점 기준

❶ $5\frac{1}{3}$에서 $1\frac{2}{3}$를 몇 번 뺄 수 있고 얼마가 남는지 구하기	3점
❷ 포장할 수 있는 상자 수와 남는 색 테이프의 길이 구하기	2점

평가책 8~9쪽 서술형 평가

1 풀이 참조	2 $\frac{6}{7}$ kg
3 간장, $\frac{2}{3}$ L	4 ㉡
5 $6\frac{1}{8}$	6 $2\frac{7}{9}$ m

1 예 자연수 부분끼리 빼고, 진분수 부분끼리 뺍니다.

$6\frac{4}{5}-2\frac{2}{5}=(6-2)+\left(\frac{4}{5}-\frac{2}{5}\right)=4+\frac{2}{5}=4\frac{2}{5}$」 ❶

대분수를 가분수로 바꾸어 뺍니다.

$6\frac{4}{5}-2\frac{2}{5}=\frac{34}{5}-\frac{12}{5}=\frac{22}{5}=4\frac{2}{5}$」 ❷

채점 기준

❶ 한 가지 방법으로 계산하기	1개 2점, 2개 5점
❷ 다른 한 가지 방법으로 계산하기	

2 예 두원이가 캔 감자의 양과 은정이가 캔 감자의 양을 더하면 되므로 $\frac{4}{7}+\frac{2}{7}$를 계산합니다.」 ❶

따라서 두원이와 은정이가 캔 감자는 모두

$\frac{4}{7}+\frac{2}{7}=\frac{6}{7}$(kg)입니다.」 ❷

채점 기준

❶ 문제에 알맞은 식 만들기	2점
❷ 두원이와 은정이가 캔 감자는 모두 몇 kg인지 구하기	3점

3 예 $3\frac{1}{3}>2\frac{2}{3}$이므로 간장이 더 많습니다.」 ❶

따라서 간장이 $3\frac{1}{3}-2\frac{2}{3}=2\frac{4}{3}-2\frac{2}{3}=\frac{2}{3}$(L) 더 많습니다.」 ❷

채점 기준

❶ 간장과 참기름 중에서 더 많은 것 구하기	2점
❷ 간장과 참기름 중에서 어느 것이 몇 L 더 많은지 구하기	3점

4 예 ㉠ $2\frac{1}{4}+2\frac{1}{4}=4\frac{2}{4}$,

㉡ $7-1\frac{3}{4}=6\frac{4}{4}-1\frac{3}{4}=5\frac{1}{4}$」 ❶

따라서 $4\frac{2}{4}<5\frac{1}{4}$이므로 계산 결과가 더 큰 것은 ㉡입니다.」 ❷

채점 기준

❶ 식을 각각 계산하기	3점
❷ 계산 결과가 더 큰 것의 기호 쓰기	2점

5 예 어떤 수를 □라 하면 $□-4\frac{5}{8}=1\frac{4}{8}$입니다.」 ❶

따라서 $□-4\frac{5}{8}=1\frac{4}{8}$

⇨ $□=1\frac{4}{8}+4\frac{5}{8}=5+\frac{9}{8}=5+1\frac{1}{8}=6\frac{1}{8}$

이므로 어떤 수는 $6\frac{1}{8}$입니다.」 ❷

채점 기준

❶ 어떤 수를 □라 하여 식 만들기	2점
❷ 어떤 수 구하기	3점

6 예 색 테이프 2장의 길이의 합은

$1\frac{4}{9}+1\frac{5}{9}=2+\frac{9}{9}=2+1=3$(m)입니다.」 ❶

따라서 이어 붙인 색 테이프의 전체 길이는

$3-\frac{2}{9}=2\frac{9}{9}-\frac{2}{9}=2\frac{7}{9}$(m)입니다.」 ❷

채점 기준

❶ 색 테이프 2장의 길이의 합 구하기	2점
❷ 이어 붙인 색 테이프의 전체 길이 구하기	3점

2. 삼각형

평가책 10~12쪽 단원 평가 1회

✎ 서술형 문제는 풀이를 꼭 확인하세요.

1 나, 다, 마 **2** 다, 마
3 나, 라, 바 **4** 가, 마
5 9 **6** 60, 60
7 이등변삼각형, 둔각삼각형
8 예

9 예

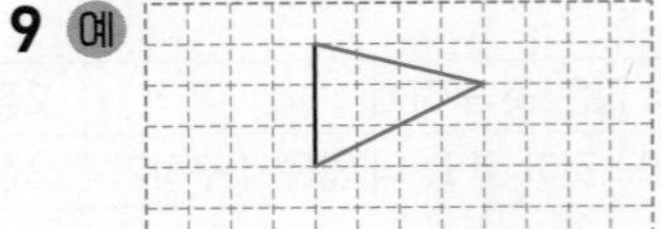

10 3, 1 **11** ⑤
12

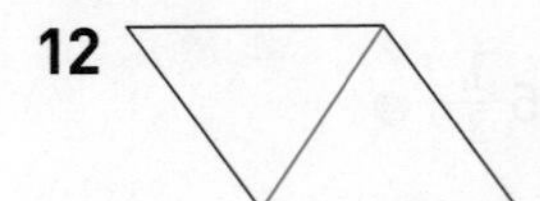

13 65
14 이등변삼각형, 정삼각형, 예각삼각형에 ○표
15 ㉠ **16** 8 cm
17 45°, 45°, 90° ✎**18** 풀이 참조
✎**19** 18 cm ✎**20** 70°

15 나머지 한 각의 크기를 각각 구해 봅니다.
㉠ $180° - 40° - 70° = 70°$
㉡ $180° - 35° - 50° = 95°$
따라서 이등변삼각형은 두 각의 크기가 같은 ㉠입니다.

16 (변 ㄱㄴ)+(변 ㄱㄷ)$=22-6=16$(cm)
이등변삼각형이므로 (변 ㄱㄴ)=(변 ㄱㄷ)입니다.
⇨ (변 ㄱㄴ)$=16 \div 2=8$(cm)

17 • 이등변삼각형이므로 두 각의 크기가 같습니다.
• 직각삼각형이므로 한 각의 크기가 90°입니다.
따라서 $180° - 90° = 90°$이고, $90° \div 2 = 45°$이므로 나머지 두 각의 크기는 각각 45°, 45°입니다.

✎**18** 가」❶
예 두 변의 길이가 같기 때문입니다.」❷

채점 기준

❶ 이등변삼각형 찾기	2점
❷ 이유 쓰기	3점

✎**19** 예 정삼각형은 세 변의 길이가 같습니다.」❶
따라서 정삼각형의 세 변의 길이의 합은
$6+6+6=18$(cm)입니다.」❷

채점 기준

❶ 정삼각형은 세 변의 길이가 같음을 알기	2점
❷ 정삼각형의 세 변의 길이의 합 구하기	3점

✎**20**

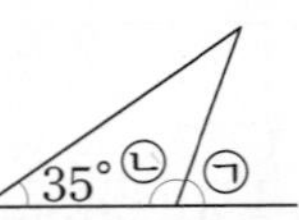

예 이등변삼각형에서 크기가 같은 두 각의 크기는 각각 35°이므로 ㉡$=180° - 35° - 35° = 110°$입니다.」❶
따라서 한 직선이 이루는 각의 크기는 180°이므로
㉠$=180° - 110° = 70°$입니다.」❷

채점 기준

❶ ㉡의 각도 구하기	3점
❷ ㉠의 각도 구하기	2점

평가책 13~15쪽 단원 평가 2회

✎ 서술형 문제는 풀이를 꼭 확인하세요.

1 다 **2** 나
3 8 **4** ㉡
5 (왼쪽에서부터) 40, 5 **6** 가
7 예

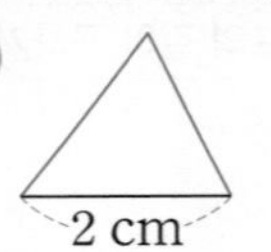

8 예

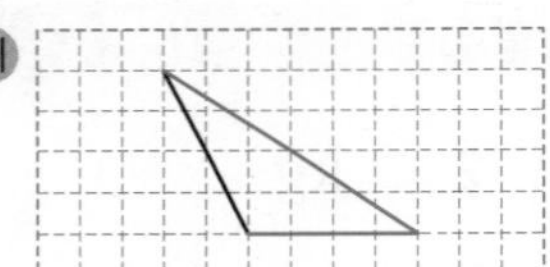

9 ⑤ **10** 24 cm
11 나, 라 / 다, 마, 바 **12** 11
13 55
14 이등변삼각형, 직각삼각형
15 120 **16** 18 cm
17 14개 ✎**18** 풀이 참조
✎**19** ㉡ ✎**20** 15°

15 정삼각형의 한 각의 크기는 60°이므로
(각 ㄱㄴㄷ)$=60°$입니다.
따라서 한 직선이 이루는 각의 크기는 180°이므로
□$=180° - 60° = 120°$입니다.

16 이등변삼각형의 나머지 한 변은 16 cm입니다.
(이등변삼각형의 세 변의 길이의 합)
$=16+22+16=54$(cm)
⇨ (정삼각형의 한 변)$=54\div3=18$(cm)

17

• 작은 삼각형 1개짜리:
①, ②, ③, ④, ⑤, ⑥, ⑦, ⑧, ⑨, ⑩ → 10개
• 작은 삼각형 4개짜리:
①+②+③+⑦, ③+④+⑤+⑨,
②+⑥+⑦+⑧, ④+⑧+⑨+⑩ → 4개
⇨ $10+4=14$(개)

18 예 나머지 한 각의 크기는 $180°-30°-40°=110°$이므로 크기가 같은 두 각이 없기 때문입니다.」❶

채점 기준

❶ 이등변삼각형이 아닌 이유 쓰기	5점

19 예 나머지 한 각의 크기를 구하면
㉠ $180°-45°-85°=50°$,
㉡ $180°-35°-40°=105°$입니다.」❶
따라서 둔각삼각형은 한 각이 둔각인 ㉡입니다.」❷

채점 기준

❶ 나머지 한 각의 크기 각각 구하기	2점
❷ 둔각삼각형의 기호 쓰기	3점

20 예 이등변삼각형은 두 각의 크기가 같으므로
㉡$=65°$입니다.」❶
㉠$=180°-65°-65°=50°$입니다.」❷
따라서 ㉠과 ㉡의 각도의 차는 $65°-50°=15°$입니다.」❸

채점 기준

❶ ㉡의 각도 구하기	1점
❷ ㉠의 각도 구하기	2점
❸ ㉠과 ㉡의 각도의 차 구하기	2점

평가책 16~17쪽 서술형 평가

1 풀이 참조 **2** 3개
3 5 **4** ㉠
5 10 cm
6 이등변삼각형, 예각삼각형

1 예 세 변의 길이가 같으므로 정삼각형입니다.」❶
세 각의 크기가 같으므로 정삼각형입니다.」❷

채점 기준

❶ 한 가지 방법 쓰기	1개 2점, 2개 5점
❷ 다른 한 가지 방법 쓰기	

2 예 예각삼각형은 나, 다, 마, 바로 4개이고, 둔각삼각형은 라로 1개입니다.」❶
따라서 예각삼각형은 둔각삼각형보다 $4-1=3$(개) 더 많습니다.」❷

채점 기준

❶ 예각삼각형과 둔각삼각형의 수 각각 구하기	4점
❷ 예각삼각형은 둔각삼각형보다 몇 개 더 많은지 구하기	1점

3 예 이등변삼각형이므로 길이가 같은 두 변의 길이는 각각 8 cm입니다.」❶
따라서 삼각형의 세 변의 길이의 합은 21 cm이므로 □$=21-8-8=5$입니다.」❷

채점 기준

❶ 이등변삼각형에서 길이가 같은 두 변의 길이 구하기	2점
❷ □ 안에 알맞은 수 구하기	3점

4 예 나머지 한 각의 크기를 구하면
㉠ $180°-65°-50°=65°$,
㉡ $180°-40°-50°=90°$입니다.」❶
따라서 이등변삼각형은 두 각의 크기가 같은 ㉠입니다.」❷

채점 기준

❶ 나머지 한 각의 크기 각각 구하기	2점
❷ 이등변삼각형의 기호 쓰기	3점

5 예 나머지 한 각의 크기는 $180°-60°-60°=60°$이므로 정삼각형입니다.」❶
따라서 정삼각형은 세 변의 길이가 같으므로 한 변을 $30\div3=10$(cm)로 해야 합니다.」❷

채점 기준

❶ 정삼각형임을 알기	3점
❷ 한 변을 몇 cm로 해야 하는지 구하기	2점

6 예 지워진 각의 크기는 $180°-55°-70°=55°$입니다.」❶
따라서 두 각의 크기가 같으므로 이등변삼각형이고, 세 각이 모두 예각이므로 예각삼각형입니다.」❷

채점 기준

❶ 지워진 각의 크기 구하기	2점
❷ 삼각형의 이름이 될 수 있는 것 모두 쓰기	3점

3. 소수의 덧셈과 뺄셈

평가책 18~20쪽 단원 평가 1회

서술형 문제는 풀이를 꼭 확인하세요.

1 0.43 **2** 3.574

3 1.070 2.008 0.300

4 0.09 **5** (선으로 잇기)

6 0.325 km **7** 0.6

8 (위에서부터) 0.105, 10.5 / 0.27, 27

9 ㉠, ㉢ **10** 0.92

11 (위에서부터) 6.1, 2.24

12 > **13** 3.35 m

14 0.32 L **15** 1000배

16 1.35 kg **17** (위에서부터) 3, 9, 2

18 풀이 참조 **19** 0.37 m

20 1010

13 (긴 쪽과 짧은 쪽의 길이의 합)
=2.75+0.6=3.55(m)

14 4880 mL=4.88 L
⇨ (남은 페인트의 양)=5.2−4.88=0.32(L)

15 ㉠은 일의 자리 숫자이므로 4를 나타내고, ㉡은 소수 셋째 자리 숫자이므로 0.004를 나타냅니다. 따라서 4는 0.004의 1000배이므로 ㉠이 나타내는 수는 ㉡이 나타내는 수의 1000배입니다.

16 (빵을 만들고 남은 밀가루의 양)=3−0.9=2.1(kg)
⇨ (빵과 과자를 만들고 남은 밀가루의 양)
=2.1−0.75=1.35(kg)

17 • 소수 둘째 자리 계산: □=2
• 소수 첫째 자리 계산: 4+□=13 ⇨ □=9
• 일의 자리 계산: 1+□+1=5 ⇨ □=3

18 예 0.5는 0.01이 50개인 수이고, 0.24는 0.01이 24개인 수이므로 0.5>0.24입니다.」❶

채점 기준

❶ 잘못 비교한 이유 쓰기	5점

19 예 1.32>1.14>0.95이므로 가장 긴 변은 1.32 m이고, 가장 짧은 변은 0.95 m입니다.」❶
따라서 가장 긴 변과 가장 짧은 변의 길이의 차는 1.32−0.95=0.37(m)입니다.」❷

채점 기준

❶ 가장 긴 변과 가장 짧은 변 찾기	2점
❷ 가장 긴 변과 가장 짧은 변의 길이의 차 구하기	3점

20 예 200은 0.2의 1000배입니다. → □=1000」❶
39.15는 3.915의 10배입니다. → □=10」❷
따라서 □ 안에 알맞은 수의 합은 1000+10=1010입니다.」❸

채점 기준

❶ 200은 0.2의 몇 배인지 구하기	2점
❷ 39.15는 3.915의 몇 배인지 구하기	2점
❸ □ 안에 알맞은 수의 합 구하기	1점

평가책 21~23쪽 단원 평가 2회

서술형 문제는 풀이를 꼭 확인하세요.

1 칠 점 일영오 **2** 1.40

3 20.59 **4** >

5 2.32 **6** 1.1 / 0.5

7 ( )(○) **8** ⑤

9 83 g **10** 우체국

11 4.1 kg **12** 1.02 L

13 ㉡, ㉣, ㉠, ㉢ **14** 2.3

15 5.72 **16** 87.78

17 3.96 **18** 풀이 참조

19 7, 8, 9 **20** 12.1

12 (현우가 마시고 남은 우유의 양)
=1.5−0.48=1.02(L)

13 ㉠ 1.52+5.24=6.76 ㉡ 4.68+2.45=7.13
㉢ 8.36−1.95=6.41 ㉣ 11.26−4.43=6.83
⇨ 7.13(㉡)>6.83(㉣)>6.76(㉠)>6.41(㉢)

14 • 일의 자리 숫자가 3, 소수 첫째 자리 숫자가 9인 소수 한 자리 수 → 3.9
• 0.1이 16개인 수 → 1.6
따라서 3.9>1.6이므로 3.9−1.6=2.3입니다.

15 $7.1>4.95>3.57$이므로
가장 큰 수는 7.1이고, 가장 작은 수는 3.57입니다.
⇨ $7.1+3.57=10.67$, $10.67-4.95=5.72$

16 • 만들 수 있는 가장 큰 소수 한 자리 수: 85.2
• 만들 수 있는 가장 작은 소수 두 자리 수: 2.58
⇨ $85.2+2.58=87.78$

17 • 3보다 크고 4보다 작은 소수 두 자리 수이므로 일의 자리 숫자가 3인 3.□□입니다.
• 3으로 나누어떨어지는 수는 3, 6, 9이고 각 자리 숫자가 서로 다르므로 소수 첫째 자리 숫자는 6 또는 9입니다.
• 이 소수를 10배 하면 소수 첫째 자리 숫자가 6이므로 이 소수의 소수 둘째 자리 숫자는 6입니다.
따라서 소수 첫째 자리 숫자가 9이므로 설명하는 소수 두 자리 수는 3.96입니다.

18 예 소수점의 자리를 잘못 맞추고 계산했습니다.」 ❶

$$\begin{array}{r} 0.8 \\ -\,0.07 \\ \hline 0.73 \end{array}$$
」 ❷

채점 기준	
❶ 잘못 계산한 이유 쓰기	3점
❷ 바르게 계산하기	2점

19 예 $7.3-5.7=1.6$입니다.」 ❶
1.□>1.6이므로 □>6입니다.
따라서 □ 안에 들어갈 수 있는 수는 7, 8, 9입니다.」 ❷

채점 기준	
❶ 7.3−5.7 계산하기	3점
❷ □ 안에 들어갈 수 있는 수 모두 구하기	2점

20 예 어떤 수를 □라 하면 □$-2.9=6.3$입니다.
□$-2.9=6.3$ ⇨ $6.3+2.9=$□, □$=9.2$」 ❶
따라서 바르게 계산하면 $9.2+2.9=12.1$입니다.」 ❷

채점 기준	
❶ 어떤 수 구하기	3점
❷ 바르게 계산한 값 구하기	2점

평가책 24~25쪽 서술형 평가

1 0.715	**2** ㉡
3 0.57 L	**4** 2.1 km
5 11.73 L	**6** 38.2

1 예 1보다 작은 소수 세 자리 수이므로 일의 자리 숫자는 0입니다.」 ❶
일의 자리 숫자가 0, 소수 첫째 자리 숫자가 7, 소수 둘째 자리 숫자가 1, 소수 셋째 자리 숫자가 5인 소수 세 자리 수는 0.715입니다.」 ❷

채점 기준	
❶ 일의 자리 숫자 구하기	2점
❷ 조건을 모두 만족하는 소수 세 자리 수 구하기	3점

2 예 수의 크기를 비교하면
$2.08>1.82>0.802>0.08$입니다.」 ❶
따라서 가장 큰 수는 ㉡ 2.08입니다.」 ❷

채점 기준	
❶ 수의 크기 비교하기	4점
❷ 가장 큰 수를 찾아 기호 쓰기	1점

3 예 처음에 있던 주스의 양에서 남은 주스의 양을 빼면 되므로 $0.86-0.29$를 계산합니다.」 ❶
따라서 윤아가 마신 주스는 $0.86-0.29=0.57$(L)입니다.」 ❷

채점 기준	
❶ 문제에 알맞은 식 만들기	2점
❷ 윤아가 마신 주스의 양 구하기	3점

4 예 1 m$=$0.001 km이므로 400 m$=$0.4 km입니다.」 ❶
따라서 지유네 집에서 공원을 지나 수영장까지의 거리는 $1.7+0.4=2.1$(km)입니다.」 ❷

채점 기준	
❶ 공원에서 수영장까지의 거리는 몇 km인지 소수로 나타내기	2점
❷ 지유네 집에서 공원을 지나 수영장까지의 거리 구하기	3점

5 예 청소하는 데 사용하고 남은 물은
$12.5-4.7=7.8$(L)입니다.」 ❶
따라서 지금 양동이에 들어 있는 물은
$7.8+3.93=11.73$(L)입니다.」 ❷

채점 기준	
❶ 청소하는 데 사용하고 남은 물의 양 구하기	2점
❷ 지금 양동이에 들어 있는 물의 양 구하기	3점

6 예 어떤 수의 $\frac{1}{10}$이 0.382이므로 어떤 수는 0.382의 10배인 3.82입니다.」 ❶
따라서 3.82의 10배는 38.2입니다.」 ❷

채점 기준	
❶ 어떤 수 구하기	3점
❷ 어떤 수의 10배인 수 구하기	2점

4. 사각형

평가책 26~28쪽 단원 평가 1회

✎ 서술형 문제는 풀이를 꼭 확인하세요.

1 직선 라
2 직선 다
3 ㉡
4 선분 ㄱㄷ과 선분 ㄴㄹ
5 선분 ㄷㄹ, 선분 ㅈㅊ
6 예
7 라
8 가, 나, 마
9 (왼쪽에서부터) 60, 6
10 6개
11 ㉡
12 예
13 1 cm, 1 cm
14 마름모, 정사각형
15
16 사다리꼴
17 8 cm
✎18 풀이 참조
✎19 풀이 참조
✎20 160°

14 • 마주 보는 두 쌍의 변이 서로 평행한 사각형: 평행사변형, 마름모, 직사각형, 정사각형
• 네 변의 길이가 모두 같은 사각형: 마름모, 정사각형
따라서 설명에 알맞은 사각형은 마름모, 정사각형입니다.

16 자른 후 펼친 모양은 다음과 같습니다.

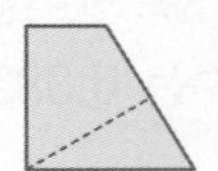

평행한 변이 한 쌍이라도 있는 사각형이 만들어지므로 사다리꼴입니다.

17 평행사변형은 마주 보는 두 변의 길이가 같으므로 네 변의 길이의 합은 $9+7+9+7=32$(cm)입니다.
따라서 마름모는 네 변의 길이가 모두 같으므로 한 변은 $32 \div 4=8$(cm)입니다.

✎18 예 직선 가와 직선 나는 끝이 없는 곧은 선이므로 길게 늘이면 서로 만나기 때문입니다.」❶

채점 기준

❶ 평행선이 아닌 이유 쓰기	5점

✎19 정사각형이 아닙니다.」❶
예 네 변의 길이는 모두 같지만 네 각의 크기가 모두 직각이 아니기 때문입니다.」❷

채점 기준

❶ 정사각형인지 아닌지 쓰기	2점
❷ 이유 쓰기	3점

✎20 예 정사각형은 네 각이 모두 직각이므로
(각 ㄱㅂㄷ)$=90°$입니다.」❶
마름모는 이웃한 두 각의 크기의 합이 $180°$이므로
(각 ㄷㅂㅁ)$=180°-110°=70°$입니다.」❷
따라서 (각 ㄱㅂㅁ)=(각 ㄱㅂㄷ)+(각 ㄷㅂㅁ)
$=90°+70°=160°$입니다.」❸

채점 기준

❶ 각 ㄱㅂㄷ의 크기 구하기	2점
❷ 각 ㄷㅂㅁ의 크기 구하기	2점
❸ 각 ㄱㅂㅁ의 크기 구하기	1점

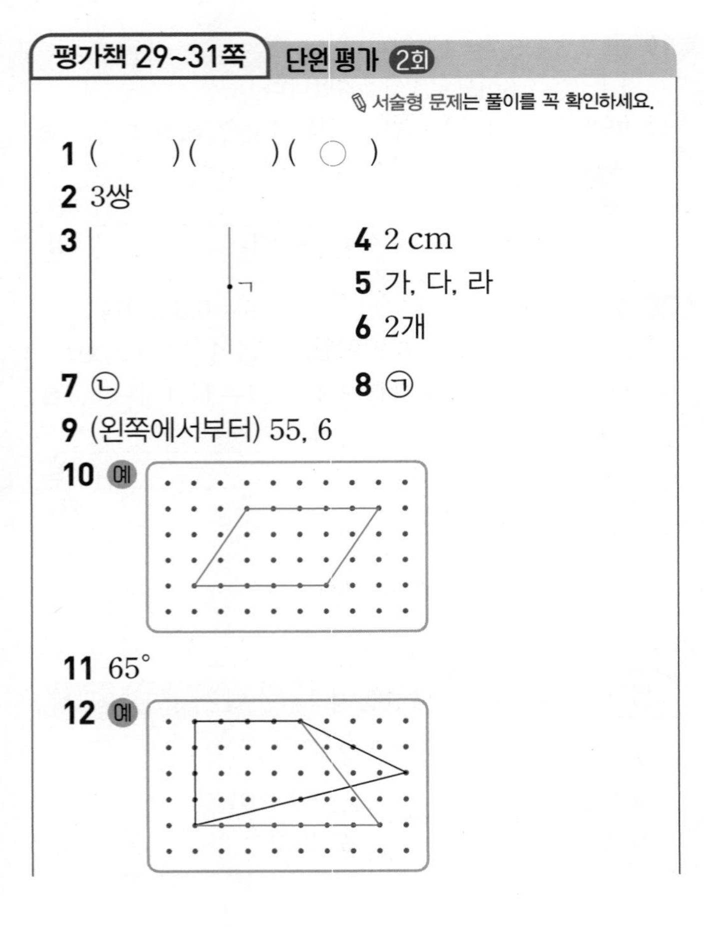

평가책 29~31쪽 단원 평가 2회

✎ 서술형 문제는 풀이를 꼭 확인하세요.

1 ( ) ( ) (○)
2 3쌍
3
4 2 cm
5 가, 다, 라
6 2개
7 ㉡
8 ㉠
9 (왼쪽에서부터) 55, 6
10 예
11 65°
12 예

13 평행사변형	14 40 cm
15 7	16 70°
17 18개	18 풀이 참조
19 12 cm	20 180°

13 참고 사다리꼴도 정답으로 인정합니다.

14 (직선 가와 직선 다 사이의 거리)
$=24+16=40$(cm)

15 평행사변형은 마주 보는 두 변의 길이가 같습니다.
$\square+4+\square+4=22$, $\square+\square=14$, $\square=7$

16 마름모는 마주 보는 두 각의 크기가 같으므로
(각 ㄱㄹㄷ)=(각 ㄱㄴㄷ)=40°입니다.
변 ㄹㄱ과 변 ㄹㄷ의 길이가 같으므로 삼각형 ㄱㄷㄹ은 이등변삼각형입니다.
따라서 180°−40°=140°이므로 각 ㄷㄱㄹ의 크기는 140°÷2=70°입니다.

17
- 작은 사각형 1개짜리 사다리꼴: 6개
- 작은 사각형 2개짜리 사다리꼴: 7개
- 작은 사각형 3개짜리 사다리꼴: 2개
- 작은 사각형 4개짜리 사다리꼴: 2개
- 작은 사각형 6개짜리 사다리꼴: 1개

⇨ $6+7+2+2+1=18$(개)

18 예 네 변의 길이가 모두 같습니다.」❶
마주 보는 두 쌍의 변이 서로 평행합니다.」❷

채점 기준

❶ 한 가지 공통점 쓰기	1개 2점, 2개 5점
❷ 다른 한 가지 공통점 쓰기	

19 예 변 ㄱㅂ과 변 ㄴㄷ 사이의 거리는 변 ㅂㅁ과 변 ㄹㄷ의 길이의 합과 같습니다.」❶
따라서 변 ㄱㅂ과 변 ㄴㄷ 사이의 거리는 $5+7=12$(cm)입니다.」❷

채점 기준

❶ 변 ㄱㅂ과 변 ㄴㄷ 사이의 거리 알기	2점
❷ 변 ㄱㅂ과 변 ㄴㄷ 사이의 거리 구하기	3점

20 예 평행사변형은 마주 보는 두 각의 크기가 같으므로 (각 ㄴㄷㄹ)=㉠입니다.」❶
따라서 ㉠과 ㉡의 각도의 합은 180°입니다.」❷

채점 기준

❶ 각 ㄴㄷㄹ의 크기와 ㉠의 각도가 같음을 알기	2점
❷ ㉠과 ㉡의 각도의 합 구하기	3점

평가책 32~33쪽 서술형 평가

1 선분 ㄱㄹ	2 4쌍
3 풀이 참조	4 12 cm
5 75°	6 14개

1 예 변 ㄴㅁ과 서로 수직으로 만나는 선분은 선분 ㄱㄹ입니다.」❶
따라서 변 ㄴㅁ에 대한 수선은 선분 ㄱㄹ입니다.」❷

채점 기준

❶ 변 ㄴㅁ과 수직으로 만나는 선분 찾기	3점
❷ 변 ㄴㅁ에 대한 수선 찾기	2점

2 예 서로 평행한 변은 변 ㄱㅂ과 변 ㅁㄹ, 변 ㄱㅂ과 변 ㄴㄷ, 변 ㅁㄹ과 변 ㄴㄷ, 변 ㅂㅁ과 변 ㄹㄷ입니다.」❶
따라서 평행선은 모두 4쌍입니다.」❷

채점 기준

❶ 서로 평행한 변 모두 찾기	4점
❷ 평행선은 모두 몇 쌍인지 구하기	1점

3 사다리꼴입니다.」❶
예 평행한 변이 있기 때문입니다.」❷

채점 기준

❶ 사다리꼴인지 아닌지 쓰기	2점
❷ 이유 쓰기	3점

4 예 마름모는 네 변의 길이가 모두 같으므로 마름모를 만드는 데 사용한 철사는 $7+7+7+7=28$(cm)입니다.」❶
따라서 남은 철사는 $40-28=12$(cm)입니다.」❷

채점 기준

❶ 마름모를 만드는 데 사용한 철사의 길이 구하기	4점
❷ 남은 철사의 길이 구하기	1점

5 예 평행사변형에서 이웃한 두 각의 크기의 합은 180°이므로 (각 ㄴㄷㄹ)=180°−55°=125°입니다.」❶
따라서 (각 ㄱㄷㄹ)=125°−50°=75°입니다.」❷

채점 기준

❶ 각 ㄴㄷㄹ의 크기 구하기	3점
❷ 각 ㄱㄷㄹ의 크기 구하기	2점

6 예 작은 마름모 1개짜리는 9개, 작은 마름모 4개짜리는 4개, 작은 마름모 9개짜리는 1개입니다.」❶
따라서 크고 작은 마름모는 모두 $9+4+1=14$(개)입니다.」❷

채점 기준

❶ 마름모의 크기에 따라 그 개수 구하기	3점
❷ 크고 작은 마름모의 수 구하기	2점

5. 꺾은선그래프

평가책 34~36쪽 단원 평가 1회

✎ 서술형 문제는 풀이를 꼭 확인하세요.

1 꺾은선그래프
2 시각 / 온도
3 1 °C
4 강당의 온도의 변화
5 16 °C
6 기록
7 예 1초
8

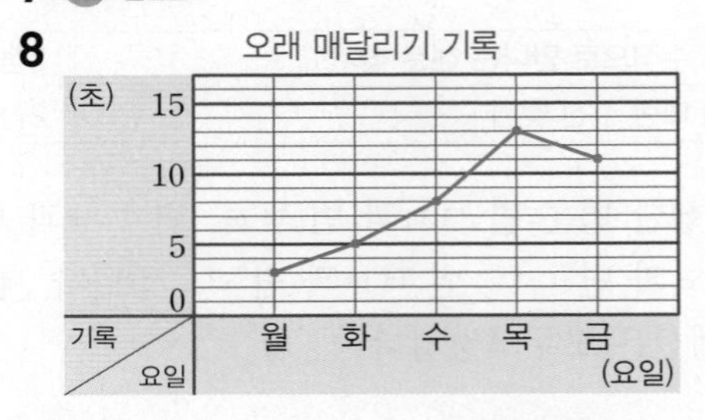

9 목요일
10 예 0.1 cm
11 예 0 cm와 140 cm 사이
12 예

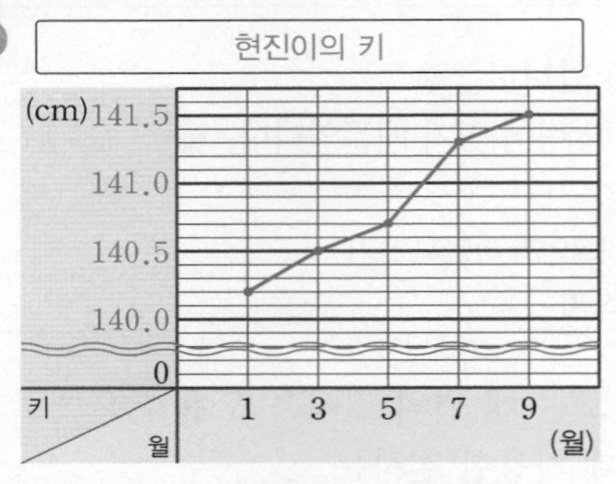

13 예 키가 더 자랄 것으로 예상합니다.
14 40, 44 /

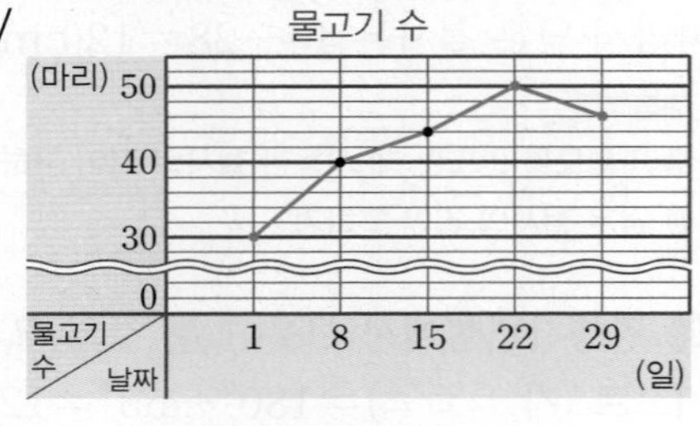

15 10마리
16 8일
17 예 41.6 kg
18

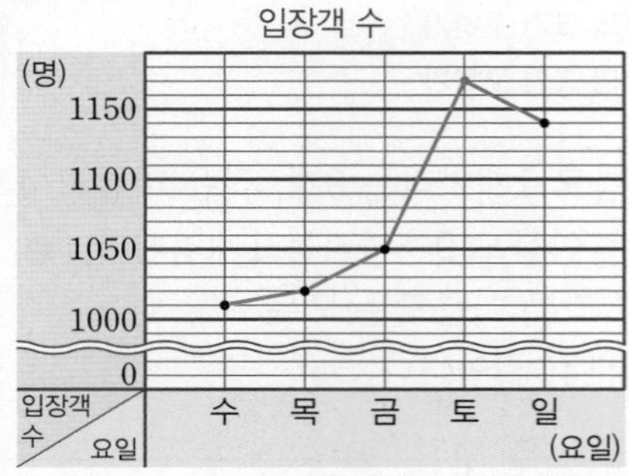

✎19 560명
✎20 60명

18 수요일: 1010명, 목요일: 1020명, 금요일: 1050명, 일요일: 1140명
⇨ (토요일의 입장객 수)
$=5390-1010-1020-1050-1140=1170$(명)

✎19 예 세로 눈금 5칸이 50명이므로 세로 눈금 한 칸은 10명을 나타냅니다.」❶
따라서 7월의 출생아 수는 $550+10=560$(명)입니다.」❷

채점 기준

❶ 세로 눈금 한 칸은 몇 명을 나타내는지 구하기	3점
❷ 7월의 출생아 수 구하기	2점

✎20 예 출생아 수가 가장 많은 달은 6월로 570명이고, 가장 적은 달은 10월로 510명입니다.」❶
따라서 출생아 수가 가장 많은 달과 가장 적은 달의 출생아 수의 차는 $570-510=60$(명)입니다.」❷

채점 기준

❶ 출생아 수가 가장 많은 달과 가장 적은 달의 출생아 수 각각 구하기	4점
❷ 위 ❶에서 구한 출생아 수의 차 구하기	1점

평가책 37~39쪽 단원 평가 2회

✎ 서술형 문제는 풀이를 꼭 확인하세요.

1 날짜 / 키
2 1 cm
3 4일
4 꺾은선그래프에 ○표
5 2 kg / 0.2 kg
6 ㉯ 그래프
7 예

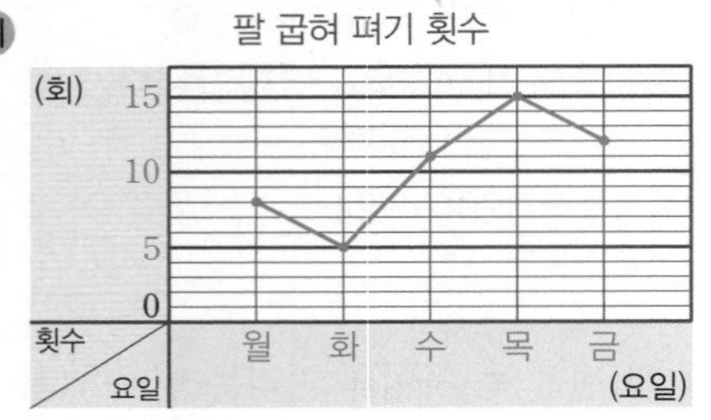

8 예 10 mm
9 예 0 mm와 150 mm 사이
10 예

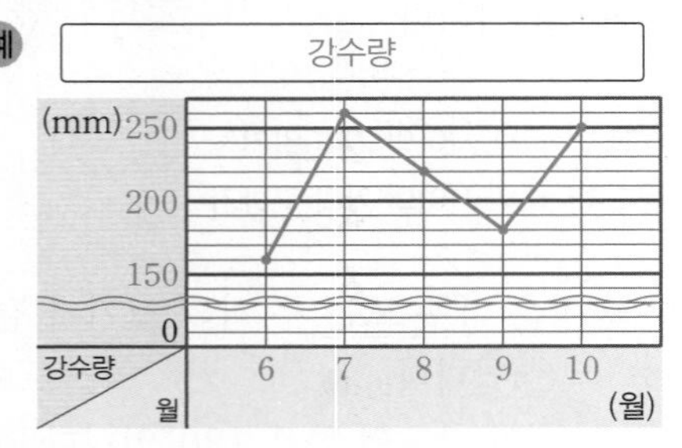

11 6월
12 0.3 °C
13 오후 1시와 오후 2시 사이
14 예 36.6 °C
15 0.8 °C

16 ㈎ 도시 17 10대
18 40대 19 수요일
20 780병

17 ㈏ 도시의 등록된 자동차 수를 나타낸 그래프에서 선분이 가장 많이 기울어진 때는 2016년과 2017년 사이입니다.
⇨ ㈎ 도시의 등록된 자동차 수는 2016년에 2010대, 2017년에 2020대이므로 2020－2010＝10(대) 늘었습니다.

18 자동차 수의 차가 가장 큰 때는 ㈎와 ㈏ 도시의 등록된 자동차 수를 나타내는 점이 가장 많이 떨어져 있는 때이므로 2017년입니다.
⇨ 2017년의 ㈎ 도시의 등록된 자동차 수는 2020대이고, ㈏ 도시의 등록된 자동차 수는 2060대이므로 자동차 수의 차는 2060－2020＝40(대)입니다.

19 예 선분이 오른쪽 위로 가장 많이 기울어진 때는 화요일과 수요일 사이입니다.」 ❶
따라서 생수 판매량이 전날에 비해 가장 많이 늘어난 요일은 수요일입니다.」 ❷

채점 기준

❶ 그래프에서 선분이 오른쪽 위로 가장 많이 기울어진 때 찾기	3점
❷ 생수 판매량이 전날에 비해 가장 많이 늘어난 요일 구하기	2점

20 예 요일별 생수 판매량을 구하면 월요일은 60병, 화요일은 100병, 수요일은 180병, 목요일은 200병, 금요일은 240병입니다.」 ❶
따라서 월요일부터 금요일까지 판매한 생수는 모두 60＋100＋180＋200＋240＝780(병)입니다.」 ❷

채점 기준

❶ 요일별 생수 판매량 구하기	4점
❷ 월요일부터 금요일까지 판매한 생수는 모두 몇 병인지 구하기	1점

평가책 40~41쪽 서술형 평가

1 풀이 참조 2 15명
3 40명 4 풀이 참조
5 322개 6 6회

1 예 필요 없는 부분을 물결선을 사용하여 줄여서 나타내고, 세로 눈금 한 칸의 크기를 작게 합니다.」 ❶

채점 기준

❶ 점퍼 판매량이 변화하는 모습을 더 뚜렷하게 알기 위해 꺾은선그래프를 어떻게 그리는 것이 좋은지 설명하기	5점

2 예 2017년의 초등학생 수는 45명이고, 2018년의 초등학생 수는 60명입니다.」 ❶
따라서 2018년에는 2017년보다 초등학생이 60－45＝15(명) 늘었습니다.」 ❷

채점 기준

❶ 2017년과 2018년의 초등학생 수 각각 구하기	2점
❷ 2018년에는 2017년보다 초등학생이 몇 명 늘었는지 구하기	3점

3 예 초등학생 수가 가장 많은 해는 2019년으로 75명이고, 가장 적은 해는 2016년으로 35명입니다.」 ❶
따라서 초등학생 수가 가장 많은 해와 가장 적은 해의 초등학생 수의 차는 75－35＝40(명)입니다.」 ❷

채점 기준

❶ 초등학생 수가 가장 많은 해와 가장 적은 해의 초등학생 수 각각 구하기	4점
❷ 위 ❶에서 구한 초등학생 수의 차 구하기	1점

4 예 11 °C」 ❶
오후 2시의 온도인 10 °C와 오후 3시의 온도인 12 °C의 중간이 11 °C이기 때문입니다.」 ❷

채점 기준

❶ 오후 2시 30분의 연못의 수면 온도 예상하기	2점
❷ 위 ❶과 같이 예상한 이유 쓰기	3점

5 예 지우개 판매량을 구하면 12일은 106개, 13일은 104개, 14일은 112개입니다.」 ❶
따라서 12일부터 14일까지 판매한 지우개는 모두 106＋104＋112＝322(개)입니다.」 ❷

채점 기준

❶ 12일부터 14일까지 날짜별 지우개 판매량 구하기	4점
❷ 12일부터 14일까지 판매한 지우개는 모두 몇 개인지 구하기	1점

6 예 횟수의 차가 가장 큰 때는 선주와 준영이의 턱걸이 횟수를 나타내는 점이 가장 많이 떨어져 있는 때이므로 수요일입니다.」 ❶
수요일의 선주의 턱걸이 횟수는 6회이고, 준영이의 턱걸이 횟수는 12회입니다.」 ❷
따라서 횟수의 차는 12－6＝6(회)입니다.」 ❸

채점 기준

❶ 턱걸이 횟수의 차가 가장 큰 요일 구하기	2점
❷ 턱걸이 횟수의 차가 가장 큰 때의 선주와 준영이의 턱걸이 횟수 각각 구하기	2점
❸ 위 ❷에서 구한 턱걸이 횟수의 차 구하기	1점

6. 다각형

평가책 42~44쪽 단원 평가 1회

✎ 서술형 문제는 풀이를 꼭 확인하세요.

1 나, 다, 마
2 나
3 칠각형
4 ④
5 나, 정오각형
6 예

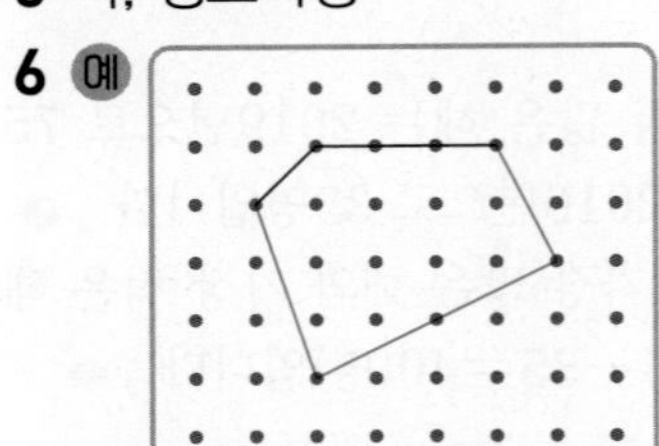

7 ㉡, ㉣
8 (왼쪽에서부터) 120, 7
9 나, 다, 가
10 나, 다
11 12개
12 4개
13 예
14 14개
15 4개
16 34 cm
17 35
✎18 풀이 참조
✎19 720°
✎20 12 cm

7

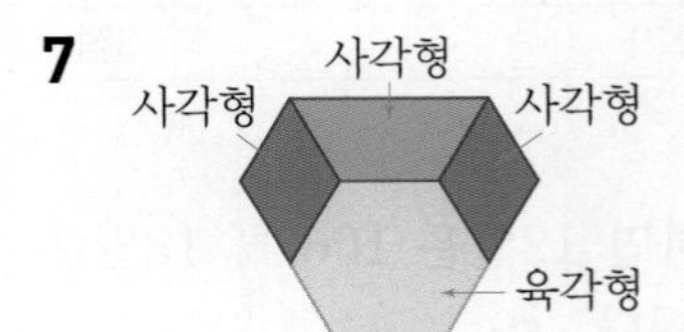

14

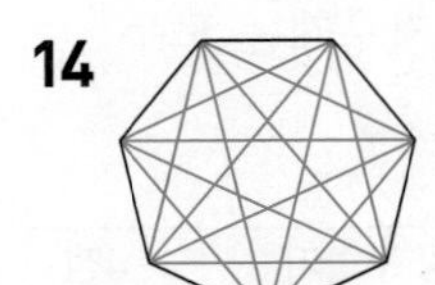

칠각형에 그을 수 있는 대각선은 모두 14개입니다.

15

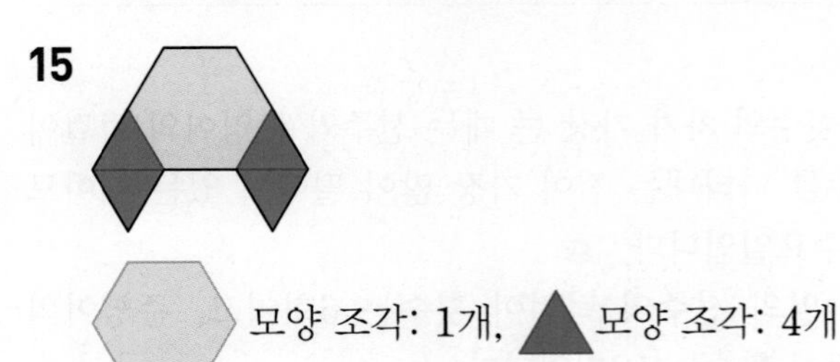

모양 조각: 1개, 모양 조각: 4개

✎**18** 예 다각형은 선분으로만 둘러싸인 도형인데 주어진 도형은 선분으로 완전히 둘러싸여 있지 않으므로 다각형이 아닙니다.」❶

채점 기준

❶ 다각형이 아닌 이유 쓰기	5점

✎**19** 예 정육각형은 여섯 각의 크기가 모두 같습니다.」❶
따라서 정육각형의 모든 각의 크기의 합은 $120° \times 6 = 720°$입니다.」❷

채점 기준

❶ 정육각형의 각의 특징 알기	3점
❷ 정육각형의 모든 각의 크기의 합 구하기	2점

✎**20** 예 정팔각형의 변은 8개이고, 그 길이가 모두 같습니다.」❶
따라서 만든 정팔각형의 한 변은 $96 \div 8 = 12$(cm)입니다.」❷

채점 기준

❶ 정팔각형의 변의 특징 알기	3점
❷ 만든 정팔각형의 한 변의 길이 구하기	2점

평가책 45~47쪽 단원 평가 2회

✎ 서술형 문제는 풀이를 꼭 확인하세요.

1 ②, ⑤
2 정육각형
3 오각형
4 2개
5 소라
6 ②
7 18개
8 6개
9 ⑤
10 35 cm
11 ①, ⑤
12 정사각형
13 예
14 예
15 9개
16 36 cm
17 10
✎18 풀이 참조
✎19 24 cm
✎20 108°

4

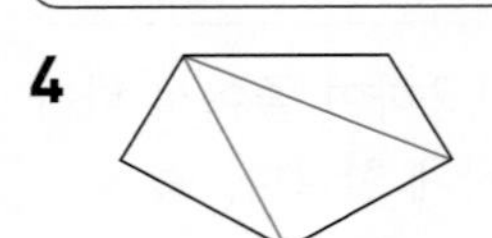

한 점에서 서로 이웃하지 않는 두 꼭짓점을 선분으로 이으면 2개입니다.

8 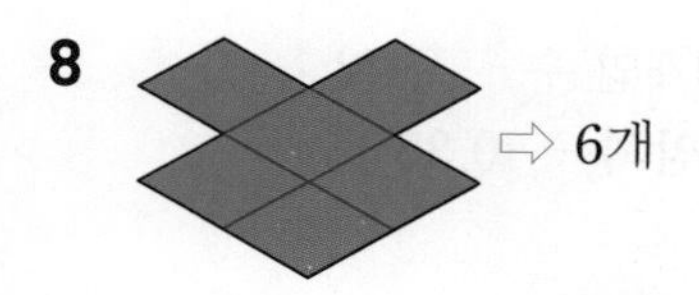 ⇨ 6개

15 정다각형의 변의 수는 $42 \div 7 = 6$(개)이므로 정육각형입니다.
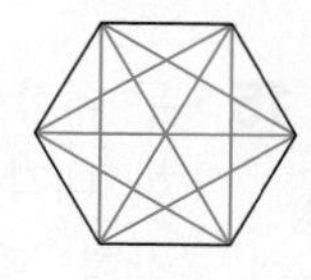
오른쪽 그림과 같이 정육각형의 대각선은 9개입니다.

18 예 변의 길이가 모두 같지 않고, 각의 크기가 모두 같지 않으므로 정다각형이 아닙니다.」 ❶

채점 기준

❶ 정다각형이 아닌 이유 쓰기	5점

19 예 정사각형의 두 대각선의 길이는 같고, 한 대각선이 다른 대각선을 똑같이 둘로 나누므로
(한 대각선의 길이)=(선분 ㄹㅇ)+(선분 ㄴㅇ)
$=6+6=12$(cm)입니다.」 ❶
따라서 두 대각선의 길이의 합은 $12+12=24$(cm)입니다.」 ❷

채점 기준

❶ 한 대각선의 길이 구하기	3점
❷ 두 대각선의 길이의 합 구하기	2점

20 예 정오각형은 삼각형 3개로 나눌 수 있으므로 정오각형의 모든 각의 크기의 합은 $180° \times 3 = 540°$입니다.」 ❶
따라서 정오각형은 다섯 각의 크기가 모두 같으므로 한 각의 크기는 $540° \div 5 = 108°$입니다.」 ❷

채점 기준

❶ 정오각형의 모든 각의 크기의 합 구하기	3점
❷ 정오각형의 한 각의 크기 구하기	2점

평가책 48~49쪽 서술형 평가

1 풀이 참조	**2** 60 cm
3 7개	**4** 4
5 36 cm	**6** 135°

1 예 나, 마, 바」 ❶
다각형은 선분으로만 둘러싸인 도형인데 나, 마, 바는 곡선도 있기 때문에 다각형이 아닙니다.」 ❷

채점 기준

❶ 다각형이 아닌 것을 모두 찾기	2점
❷ 이유 쓰기	3점

2 예 정다각형은 변의 길이가 모두 같으므로 정오각형의 5개의 변의 길이가 모두 12 cm입니다.」 ❶
따라서 정오각형의 모든 변의 길이의 합은 $12 \times 5 = 60$(cm)입니다.」 ❷

채점 기준

❶ 정오각형의 5개의 변의 길이가 각각 12 cm임을 알기	3점
❷ 정오각형의 모든 변의 길이의 합 구하기	2점

3 예
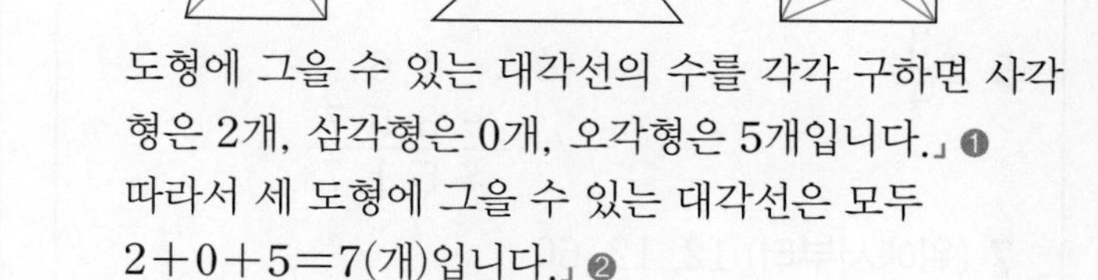
도형에 그을 수 있는 대각선의 수를 각각 구하면 사각형은 2개, 삼각형은 0개, 오각형은 5개입니다.」 ❶
따라서 세 도형에 그을 수 있는 대각선은 모두 $2+0+5=7$(개)입니다.」 ❷

채점 기준

❶ 도형에 그을 수 있는 대각선의 수 각각 구하기	3점
❷ 세 도형에 그을 수 있는 대각선의 수의 합 구하기	2점

4 예 ▲ 모양 조각으로만 채우면 6개, ⏢ 모양 조각으로만 채우면 2개가 필요합니다.」 ❶
㉠=6, ㉡=2이므로 ㉠−㉡=6−2=4입니다.」 ❷

채점 기준

❶ ㉠과 ㉡의 값 각각 구하기	4점
❷ ㉠−㉡의 값 구하기	1점

5 예 직사각형의 두 대각선의 길이는 같으므로
(선분 ㄱㄷ)=(선분 ㄴㄹ)=26 cm입니다.
한 대각선이 다른 대각선을 똑같이 둘로 나누므로
(선분 ㅇㄱ)=(선분 ㅇㄴ)$=26 \div 2 = 13$(cm)입니다.」 ❶
따라서 삼각형 ㄱㄴㅇ의 세 변의 길이의 합은 $10+13+13=36$(cm)입니다.」 ❷

채점 기준

❶ 선분 ㅇㄱ과 선분 ㅇㄴ의 길이 각각 구하기	3점
❷ 삼각형 ㄱㄴㅇ의 세 변의 길이의 합 구하기	2점

6 예 정팔각형은 삼각형 6개로 나눌 수 있으므로 모든 각의 크기의 합은 $180° \times 6 = 1080°$입니다.」 ❶
따라서 정팔각형은 여덟 각의 크기가 모두 같으므로 한 각의 크기는 $1080° \div 8 = 135°$입니다.」 ❷

채점 기준

❶ 정팔각형의 모든 각의 크기의 합 구하기	3점
❷ 정팔각형의 한 각의 크기 구하기	2점

평가책 50~52쪽 학업 성취도 평가

✎ 서술형 문제는 풀이를 꼭 확인하세요.

1 0.36 / 영 점 삼육

2 

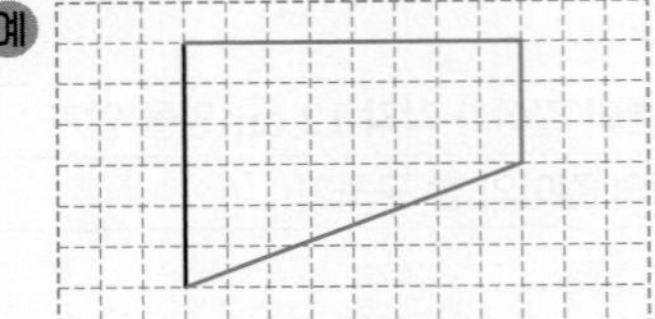

3 선분 ㄱㄹ

4 (   )(○)(   )

5 $2\frac{3}{4}$

6
$$\begin{array}{r} 1.6 \\ +\ 3.57 \\ \hline 5.17 \end{array}$$

7 (위에서부터) 12, 12, 60

8 이등변삼각형, 예각삼각형

9 20명

10 2017년

11

		○

12 58 cm

13 9개

14 1.87

15 ③, ⑤

16 50°

17 $6\frac{9}{10}$ cm

✎**18** 풀이 참조

✎**19** 둔각삼각형

✎**20** 32 cm

10 선분이 오른쪽 아래로 가장 많이 기울어진 때는 2016년과 2017년 사이이므로 초등학생 수가 전년에 비해 가장 많이 줄어든 해는 2017년입니다.

11 • $\frac{4}{7}+\frac{2}{7}=\frac{6}{7}$

• $3-\frac{3}{5}=2\frac{5}{5}-\frac{3}{5}=2\frac{2}{5}$

• $\frac{5}{9}+\frac{7}{9}=\frac{12}{9}=1\frac{3}{9}$

⇨ $\frac{6}{7}<1<1\frac{3}{9}<2<2\frac{2}{5}$

12 • (가의 세 변의 길이의 합)$=10+10+10=30$(cm)

• (나의 세 변의 길이의 합)$=11+11+6=28$(cm)

⇨ (두 삼각형의 모든 변의 길이의 합)

$=30+28=58$(cm)

13 지우개를 가장 많이 판 날은 5일로 14개이고, 가장 적게 판 날은 4일로 5개입니다.

⇨ $14-5=9$(개)

14 • 0.1이 19개, 0.01이 32개인 수 → 2.22

• 0.1이 3개, 0.01이 5개인 수 → 0.35

⇨ $2.22-0.35=1.87$

15 • 두 대각선의 길이가 같은 사각형: 직사각형, 정사각형

• 한 대각선이 다른 대각선을 똑같이 둘로 나누는 사각형: 평행사변형, 마름모, 직사각형, 정사각형

⇨ 직사각형, 정사각형

16 • 마름모는 마주 보는 두 각의 크기가 같으므로 (각 ㄴㄷㄹ)=(각 ㄴㄱㄹ)=115°입니다.

• 마름모는 이웃한 두 각의 크기의 합이 180°이므로 115°+(각 ㄱㄴㄷ)=180°, (각 ㄱㄴㄷ)=180°−115°=65°입니다.

⇨ $115°-65°=50°$

17 (종이테이프 2장의 길이의 합)

$=3\frac{7}{10}+3\frac{7}{10}=6+\frac{14}{10}=6+1\frac{4}{10}=7\frac{4}{10}$(cm)

⇨ (이어 붙인 종이테이프의 전체 길이)

$=7\frac{4}{10}-\frac{5}{10}=6\frac{14}{10}-\frac{5}{10}=6\frac{9}{10}$(cm)

✎**18** 예 꼭짓점의 수가 1개씩 많아질수록 한 꼭짓점에서 그을 수 있는 대각선의 수도 1개씩 많아집니다.」❶

채점 기준

❶ 다각형의 꼭짓점의 수와 한 꼭짓점에서 그을 수 있는 대각선의 수 사이의 관계 쓰기	5점

✎**19** 예 삼각형의 세 각의 크기의 합은 180°이므로 나머지 한 각의 크기는 180°−45°−30°=105°입니다.」❶

따라서 한 각이 둔각이므로 둔각삼각형입니다.」❷

채점 기준

❶ 나머지 한 각의 크기 구하기	2점
❷ 예각삼각형인지 둔각삼각형인지 구하기	3점

✎**20** 예 사각형 ㄱㄴㅁㄹ은 마주 보는 두 쌍의 변이 서로 평행한 사각형이므로 평행사변형입니다.」❶

평행사변형은 마주 보는 두 변의 길이가 같으므로 네 변의 길이의 합은 $6+10+6+10=32$(cm)입니다.」❷

채점 기준

❶ 사각형 ㄱㄴㅁㄹ이 어떤 사각형인지 알아보기	2점
❷ 사각형 ㄱㄴㅁㄹ의 네 변의 길이의 합 구하기	3점

me
mo

me
mo

구분	교재	설명	난이도 구성
수준별 연산 교재	완자 공부력 (계산)	하루에 4쪽씩 계산 단원만 집중 연습하여 40일 만에 계산력을 완성하고 싶다면!	하 95%, 중 5%
	개념+연산 (라이트)	전 단원(연산, 도형, 측정 등)의 연산 훈련으로 정확성과 빠르기를 잡고 싶다면!	하 90%, 중 10%
	개념+연산 (파워)	전 단원(연산, 도형, 측정 등)의 기초, 스킬 업, 문장제 연산으로 응용 연산력을 완성하고 싶다면!	하 50%, 상 5%, 중 45%
수준별 전문 교재	개념+유형 (라이트)	기초에서 응용까지 차근차근 기본 실력을 쌓고 싶다면!	하 30%, 상 20%, 중 50%
	개념+유형 (파워)	기본에서 심화까지 탄탄하게 응용력을 올리고 싶다면!	하 15%, 최상 15%, 중 40%, 상 30%
	개념+유형 (최상위 탑)	최상위 문제까지 완벽하게 수학을 정복하고 싶다면!	중 20%, 최상 30%, 상 50%
특화 교재	교과서 개념 잡기	교과서 개념, 4주 만에 완성하고 싶다면!	하 60%, 중 40%
	교과서 유형 잡기	수학 실력, 유형으로 꽉! 잡고 싶다면!	하 20%, 상 20%, 중 60%

+ 개념·플러스·유형·시리즈 개념과 유형이 하나로! 가장 효과적인 수학 공부 방법을 제시합니다.

대표전화 1544-0554
주소 서울특별시 구로구 디지털로33길 48 대륭포스트타워 7차 20층

visang
+ − × ÷
개념부터
연산까지
빠르고
정확하게!
초등수학
3·1
개념+연산
라이트
초등수학
3·1
개념+연산
파워

✚ 개념·플러스·유형·시리즈 개념과 유형이 하나로! 가장 효과적인 수학 공부 방법을 제시합니다.

비상교재 누리집에 방문해보세요

http://book.visang.com/

발간 이후에 발견되는 오류 비상교재 누리집 〉 학습자료실 〉 초등교재 〉 정오표

본 교재의 정답 비상교재 누리집 〉 학습자료실 〉 초등교재 〉 정답・해설

초등학교 반 번 이름

품질혁신코드 VS01QI24_1

15개정 교육과정

유형 복습 시스템으로 **기본 완성**

라이트 복습책

- 개념을 단단하게 다지는 **개념복습**
- 1:1 복습을 통해 기본을 완성하는 **유형복습**

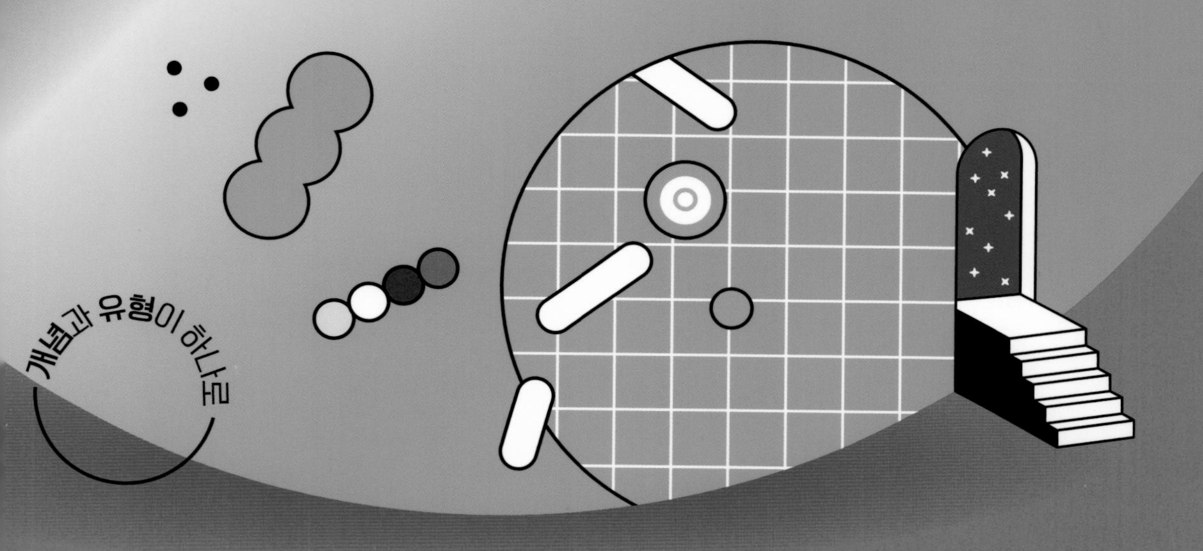

초등 수학

개념+유형 4·2

visang

ABOVE IMAGINATION

우리는 남다른 상상과 혁신으로
교육 문화의 새로운 전형을 만들어
모든 이의 행복한 경험과 성장에 기여한다

개념+유형

라이트

복습책

초등 수학 —

4·2

복습책에서는 개념책의 문제를 1:1로 복습합니다

1

분수의 덧셈과 뺄셈

개념복습

기초력 기르기

1 진분수의 덧셈

(1~10) 계산해 보시오.

1 $\frac{2}{5}+\frac{1}{5}$

2 $\frac{6}{9}+\frac{2}{9}$

3 $\frac{4}{7}+\frac{2}{7}$

4 $\frac{3}{10}+\frac{4}{10}$

5 $\frac{2}{8}+\frac{3}{8}$

6 $\frac{5}{6}+\frac{1}{6}$

7 $\frac{3}{4}+\frac{2}{4}$

8 $\frac{2}{5}+\frac{4}{5}$

9 $\frac{6}{7}+\frac{5}{7}$

10 $\frac{6}{8}+\frac{7}{8}$

2 대분수의 덧셈

(1~10) 계산해 보시오.

1 $1\frac{1}{3}+2\frac{1}{3}$

2 $2\frac{3}{8}+4\frac{2}{8}$

3 $4\frac{2}{5}+3\frac{1}{5}$

4 $2\frac{4}{7}+6\frac{1}{7}$

5 $2\frac{1}{4}+\frac{6}{4}$

6 $1\frac{2}{3}+2\frac{2}{3}$

7 $3\frac{4}{6}+2\frac{5}{6}$

8 $4\frac{3}{7}+2\frac{6}{7}$

9 $2\frac{3}{9}+2\frac{7}{9}$

10 $3\frac{7}{8}+\frac{12}{8}$

1 단원

3 진분수의 뺄셈

(1~10) 계산해 보시오.

1 $\frac{3}{4}-\frac{2}{4}$

2 $\frac{4}{5}-\frac{2}{5}$

3 $\frac{6}{7}-\frac{3}{7}$

4 $\frac{5}{9}-\frac{3}{9}$

5 $\frac{7}{8}-\frac{4}{8}$

6 $\frac{2}{3}-\frac{1}{3}$

7 $\frac{5}{6}-\frac{2}{6}$

8 $\frac{3}{8}-\frac{1}{8}$

9 $\frac{6}{7}-\frac{2}{7}$

10 $\frac{8}{9}-\frac{2}{9}$

4 받아내림이 없는 대분수의 뺄셈

(1~10) 계산해 보시오.

1 $4\frac{2}{6}-2\frac{1}{6}$

2 $3\frac{4}{8}-2\frac{3}{8}$

3 $4\frac{4}{5}-3\frac{1}{5}$

4 $6\frac{6}{7}-2\frac{5}{7}$

5 $2\frac{2}{3}-1\frac{1}{3}$

6 $5\frac{7}{9}-3\frac{2}{9}$

7 $4\frac{3}{4}-2\frac{2}{4}$

8 $3\frac{6}{7}-2\frac{2}{7}$

9 $5\frac{3}{8}-\frac{10}{8}$

10 $2\frac{3}{5}-\frac{6}{5}$

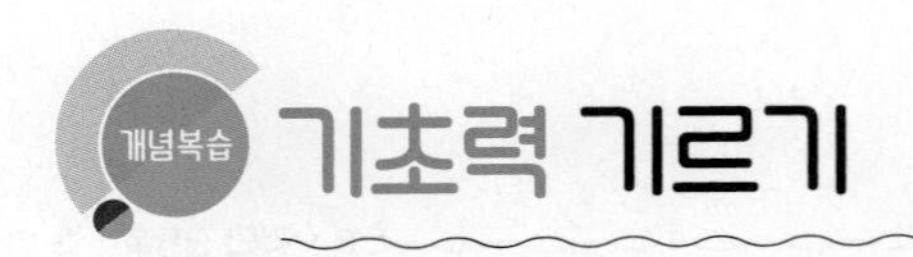

정답 35쪽

5 (자연수)−(분수)

(1~10) 계산해 보시오.

1 $1-\frac{1}{2}$

2 $1-\frac{4}{9}$

3 $1-\frac{5}{6}$

4 $2-\frac{6}{9}$

5 $3-\frac{3}{8}$

6 $4-1\frac{4}{5}$

7 $5-2\frac{1}{2}$

8 $4-3\frac{3}{4}$

9 $6-2\frac{4}{7}$

10 $5-1\frac{7}{9}$

6 받아내림이 있는 대분수의 뺄셈

(1~10) 계산해 보시오.

1 $3\frac{1}{4}-1\frac{2}{4}$

2 $4\frac{1}{3}-1\frac{2}{3}$

3 $5\frac{5}{7}-1\frac{6}{7}$

4 $3\frac{4}{8}-1\frac{7}{8}$

5 $4\frac{2}{5}-2\frac{4}{5}$

6 $4\frac{1}{6}-1\frac{2}{6}$

7 $5\frac{2}{9}-2\frac{3}{9}$

8 $4\frac{2}{4}-2\frac{3}{4}$

9 $3\frac{1}{5}-\frac{7}{5}$

10 $5\frac{2}{8}-\frac{13}{8}$

기본유형 익히기

개념책 9~11쪽 | 정답 35쪽

1 진분수의 덧셈

1 □ 안에 알맞은 수를 써넣으시오.

$\frac{5}{7}$는 $\frac{1}{7}$이 □개, $\frac{4}{7}$는 $\frac{1}{7}$이 □개

이므로 $\frac{5}{7}+\frac{4}{7}$는 $\frac{1}{7}$이 □개입니다.

⇨ $\frac{5}{7}+\frac{4}{7}=\frac{\square}{7}=\square\frac{\square}{7}$

2 계산해 보시오.

(1) $\frac{4}{9}+\frac{3}{9}$

(2) $\frac{2}{3}+\frac{2}{3}$

3 빈칸에 알맞은 수를 써넣으시오.

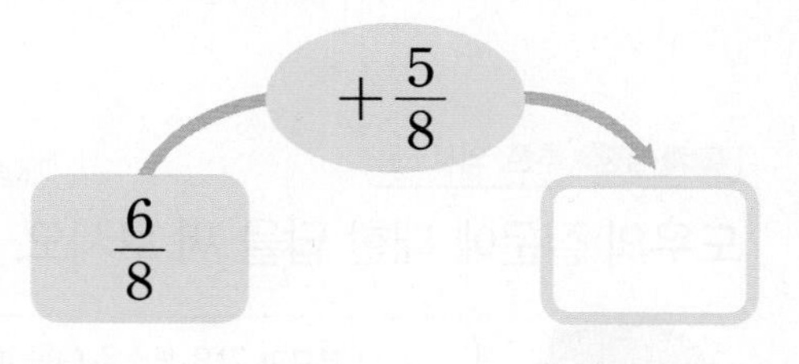

4 집에서 문방구까지 가는 데 $\frac{2}{6}$시간이 걸렸고, 문방구에서 학교까지 가는 데 $\frac{3}{6}$시간이 걸렸습니다. 집에서 문방구를 지나 학교까지 가는 데 걸린 시간은 모두 몇 시간입니까?

식 |

답 |

2 대분수의 덧셈

5 수직선을 이용하여 $\frac{4}{5}+1\frac{3}{5}$이 얼마인지 알아보시오.

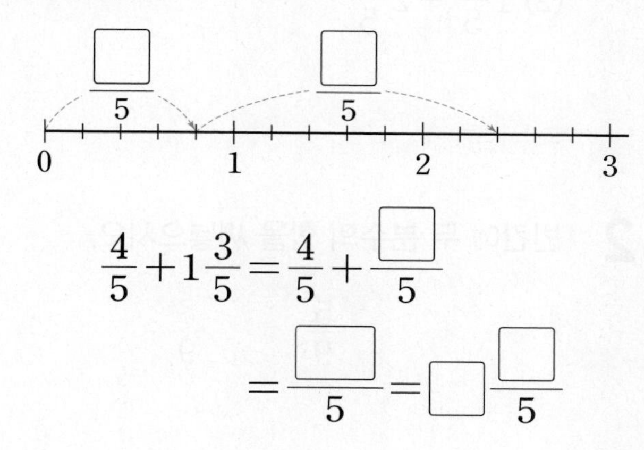

$\frac{4}{5}+1\frac{3}{5}=\frac{4}{5}+\frac{\square}{5}$

$=\frac{\square}{5}=\square\frac{\square}{5}$

6 계산해 보시오.

(1) $4\frac{2}{6}+1\frac{3}{6}$

(2) $\frac{13}{8}+2\frac{4}{8}$

7 빈칸에 알맞은 수를 써넣으시오.

$1\frac{1}{7}$ → $+2\frac{4}{7}$ → □

8 선진이는 자전거를 어제 $2\frac{4}{9}$ km 탔고, 오늘 $3\frac{7}{9}$ km 탔습니다. 선진이가 어제와 오늘 자전거를 탄 거리는 모두 몇 km입니까?

식 |

답 |

STEP 2 유형복습

실전유형 다지기

1 계산해 보시오.

(1) $\frac{2}{4}+\frac{1}{4}$

(2) $1\frac{2}{5}+2\frac{1}{5}$

2 빈칸에 두 분수의 합을 써넣으시오.

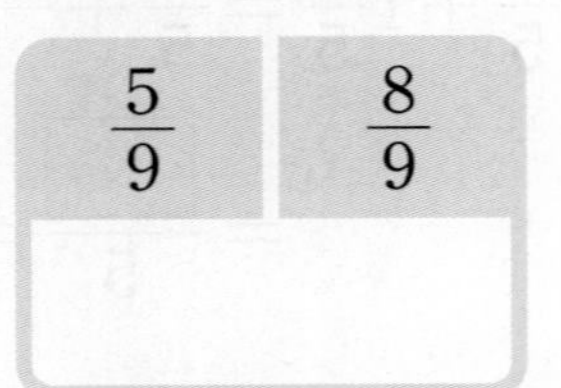

$\frac{5}{9}$	$\frac{8}{9}$

3 설명하는 수를 구해 보시오.

$2\frac{6}{7}$보다 $4\frac{5}{7}$만큼 더 큰 수

(　　　　　　　　　)

4 계산 결과에 맞게 선으로 이어 보시오.

$\frac{3}{5}+\frac{1}{5}$ ·	· $\frac{4}{5}$
$1\frac{3}{5}+3\frac{4}{5}$ ·	· $\frac{22}{5}$
	· $5\frac{2}{5}$

5 빈칸에 알맞은 수를 써넣으시오.

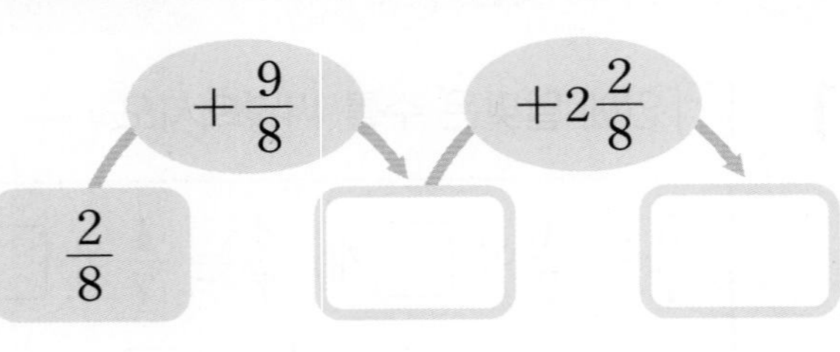

6 계산 결과의 크기를 비교하여 ◯ 안에 >, =, <를 알맞게 써넣으시오.

$$\frac{5}{6}+\frac{3}{6} \bigcirc 1\frac{4}{6}+\frac{1}{6}$$

교과 역량 추론, 의사소통　　　　개념 확인 서술형

7 도우의 질문에 대한 답을 써 보시오.

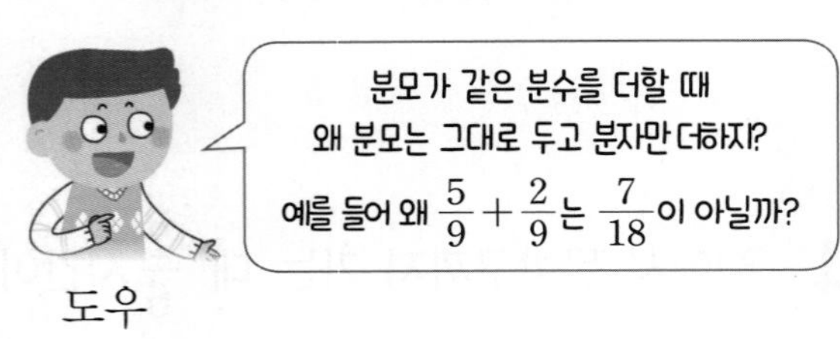

답 |

8 계산 결과가 1보다 큰 덧셈식을 찾아 기호를 써 보시오.

㉠ $\frac{3}{13}+\frac{8}{13}$　　㉡ $\frac{5}{8}+\frac{5}{8}$

㉢ $\frac{6}{12}+\frac{1}{12}$　　㉣ $\frac{1}{4}+\frac{1}{4}$

(　　　　　　　　)

9 길이가 $\frac{2}{5}$ m인 색 테이프 2장을 겹치지 않게 이어 붙였습니다. 이어 붙인 색 테이프의 전체 길이는 몇 m입니까?

(　　　　　　　　)

10 집에서 서점을 지나 우체국까지의 거리는 몇 km입니까?

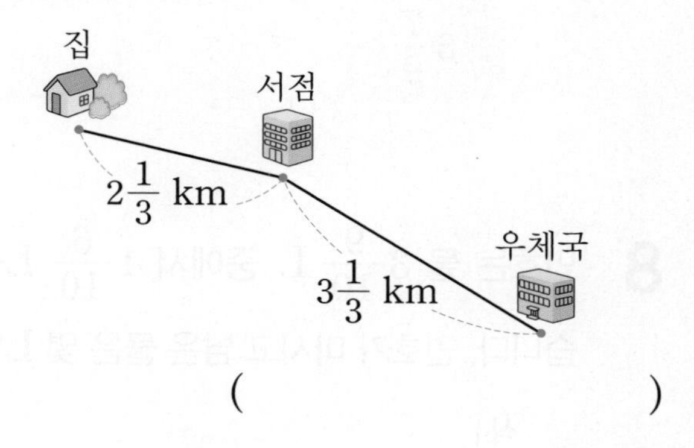

(　　　　　　　　)

11 □ 안에 알맞은 수를 써넣으시오.

(1) $\frac{4}{10}+\frac{\square}{10}=\frac{9}{10}$

(2) $\frac{\square}{4}+\frac{5}{4}=1\frac{3}{4}$

교과 역량 추론

12 분모가 11인 진분수 중에서 $\frac{8}{11}$보다 큰 분수들의 합을 구해 보시오.

(　　　　　　　　)

교과서 pick

13 수 카드 3장 중에서 2장을 뽑아 합이 가장 큰 덧셈식을 만들고, 계산해 보시오.

$2\frac{3}{7}$　　$\frac{22}{7}$　　$4\frac{5}{7}$

□ + □ = □

3 진분수의 뺄셈

1 □ 안에 알맞은 수를 써넣으시오.

$\frac{4}{5}$는 $\frac{1}{5}$이 □개, $\frac{3}{5}$은 $\frac{1}{5}$이 □개

이므로 $\frac{4}{5}-\frac{3}{5}$은 $\frac{1}{5}$이 □개입니다.

⇨ $\frac{4}{5}-\frac{3}{5}=\frac{4-\square}{5}=\frac{\square}{5}$

2 계산해 보시오.

(1) $\frac{7}{8}-\frac{2}{8}$

(2) $\frac{4}{6}-\frac{1}{6}$

3 빈칸에 알맞은 수를 써넣으시오.

$\frac{8}{9}$ → $-\frac{7}{9}$ → □

4 밤을 수정이는 $\frac{5}{7}$ kg, 주영이는 $\frac{3}{7}$ kg 주웠습니다. 수정이는 주영이보다 밤을 몇 kg 더 많이 주웠습니까?

식 |

답 |

4 받아내림이 없는 대분수의 뺄셈

5 수직선을 이용하여 $2\frac{3}{4}-1\frac{2}{4}$가 얼마인지 알아보시오.

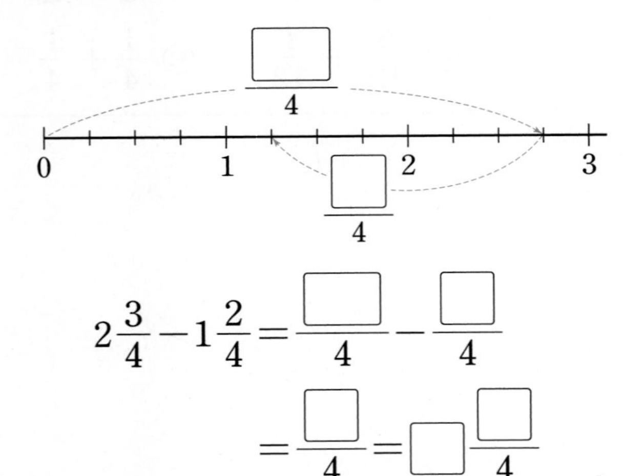

$2\frac{3}{4}-1\frac{2}{4}=\frac{\square}{4}-\frac{\square}{4}$

$=\frac{\square}{4}=\square\frac{\square}{4}$

6 계산해 보시오.

(1) $5\frac{2}{3}-3\frac{1}{3}$

(2) $4\frac{5}{7}-\frac{10}{7}$

7 빈칸에 알맞은 수를 써넣으시오.

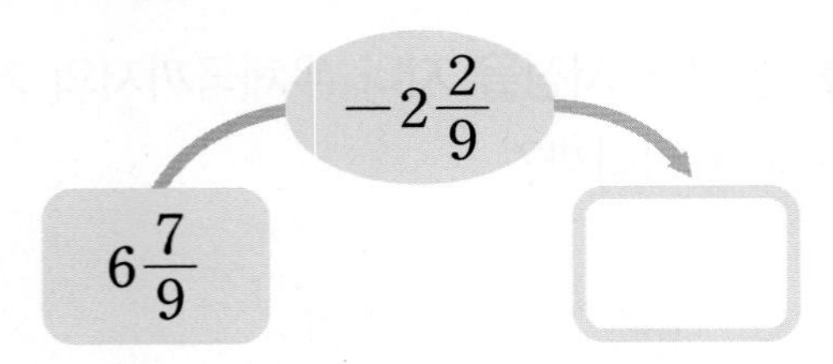

8 민호는 물 $3\frac{9}{10}$ L 중에서 $1\frac{6}{10}$ L를 마셨습니다. 민호가 마시고 남은 물은 몇 L입니까?

식 |

답 |

5 (자연수)−(분수)

9 수직선을 이용하여 $4-1\frac{1}{3}$이 얼마인지 알아보시오.

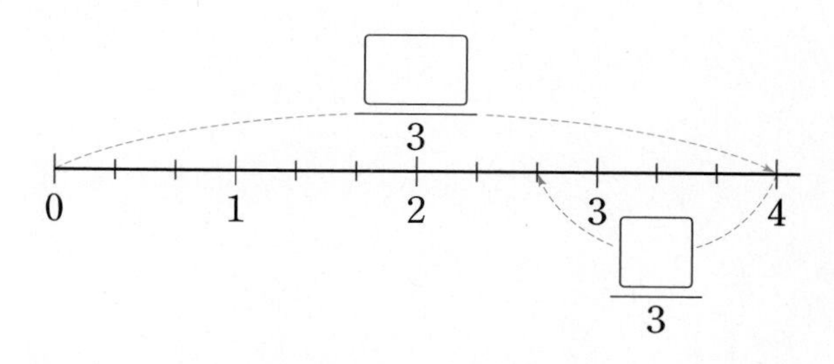

$4-1\frac{1}{3}=\frac{\square}{3}-\frac{\square}{3}$

$=\frac{\square}{3}=\square\frac{\square}{3}$

10 계산해 보시오.

(1) $1-\frac{1}{6}$

(2) $5-2\frac{2}{5}$

11 빈칸에 알맞은 수를 써넣으시오.

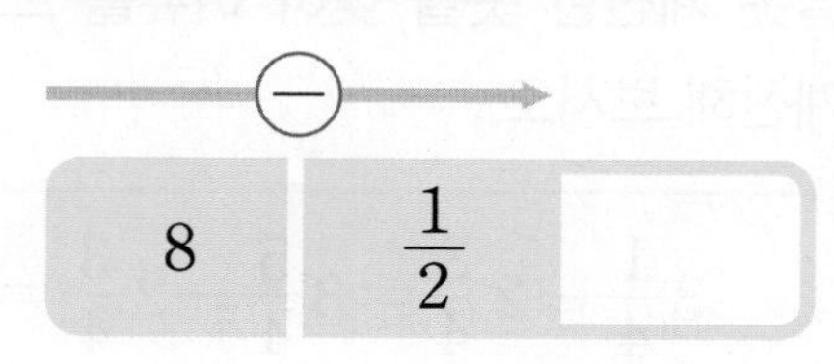

12 소고기 7 kg 중에서 $2\frac{1}{4}$ kg이 팔렸다면 남은 소고기는 몇 kg입니까?

식 |

답 |

6 받아내림이 있는 대분수의 뺄셈

13 수직선을 이용하여 $2\frac{3}{5}-1\frac{4}{5}$가 얼마인지 알아보시오.

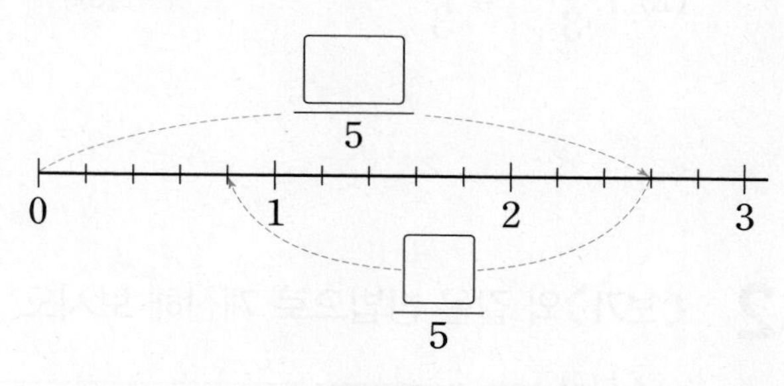

$2\frac{3}{5}-1\frac{4}{5}=\frac{\square}{5}-\frac{\square}{5}=\frac{\square}{5}$

14 계산해 보시오.

(1) $5\frac{2}{7}-2\frac{6}{7}$

(2) $7\frac{1}{3}-\frac{8}{3}$

15 빈칸에 두 분수의 차를 써넣으시오.

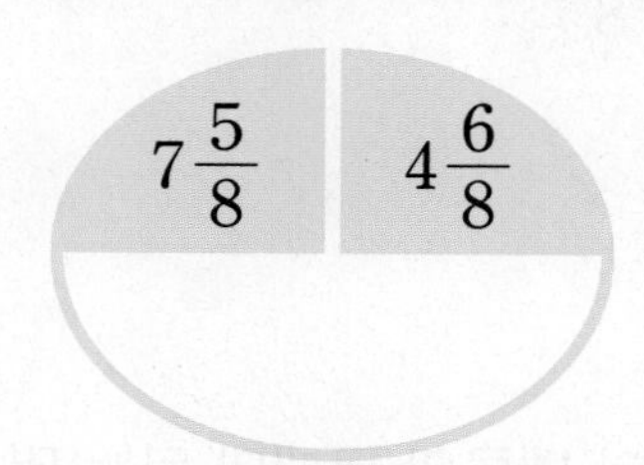

16 실의 길이는 $3\frac{7}{9}$ m, 철사의 길이는 $8\frac{2}{9}$ m입니다. 철사는 실보다 몇 m 더 깁니까?

식 |

답 |

STEP 2 유형복습

실전유형 다지기

1 계산해 보시오.

(1) $\frac{5}{6}-\frac{4}{6}$

(2) $7\frac{2}{3}-4\frac{1}{3}$

2 〈보기〉와 같은 방법으로 계산해 보시오.

〈보기〉
$3\frac{1}{5}-1\frac{4}{5}=\frac{16}{5}-\frac{9}{5}=\frac{7}{5}=1\frac{2}{5}$

$4\frac{3}{9}-1\frac{7}{9}$

3 빈칸에 알맞은 수를 써넣으시오.

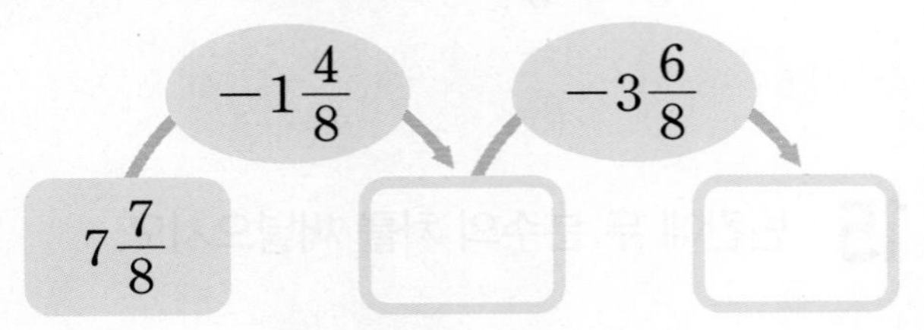

4 사과와 멜론의 무게의 차는 몇 kg입니까?

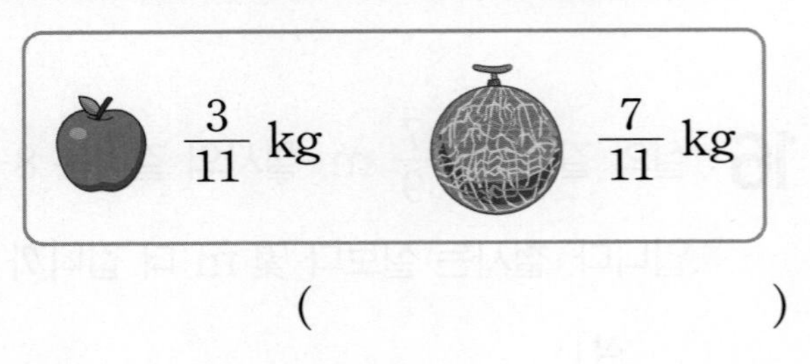

(　　　　　　　　)

5 계산 결과의 크기를 비교하여 ○ 안에 >, =, <를 알맞게 써넣으시오.

$5\frac{6}{7}-2\frac{2}{7}$ ○ $5-\frac{9}{7}$

6 두 사람이 설명하는 분수의 차를 구해 보시오.

- 연주: $\frac{1}{10}$이 8개인 수
- 정민: $\frac{1}{10}$이 5개인 수

(　　　　　　　　)

교과 역량 추론, 의사소통　　　　개념 확인 서술형

7 잘못 계산한 곳을 찾아 이유를 쓰고, 바르게 계산해 보시오.

$3\frac{1}{4}-2\frac{3}{4}=3\frac{5}{4}-2\frac{3}{4}=1\frac{2}{4}$

이유 |

바른 계산 |

8 준호네 집에서 체육관까지의 거리는 몇 km입니까?

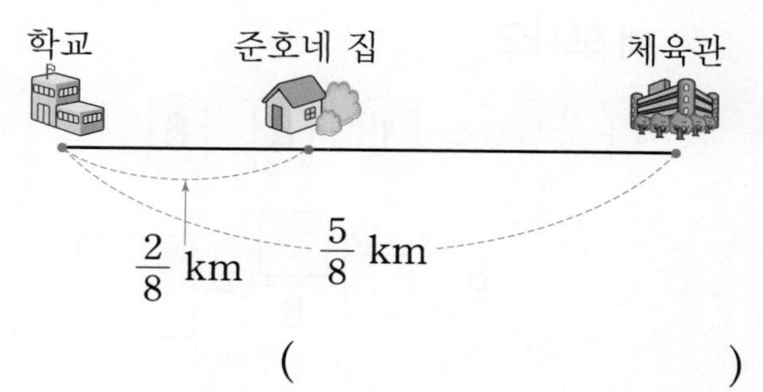

(　　　　　　　　)

9 수진이는 빨간색 철사 $7\frac{3}{9}$ m와 파란색 철사 $9\frac{1}{9}$ m를 샀습니다. 파란색 철사는 빨간색 철사보다 몇 m 더 많이 샀습니까?

(　　　　　　　　)

10 계산 결과가 1과 2 사이인 뺄셈식을 찾아 ○표 하시오.

$\frac{7}{3}-\frac{5}{3}$	$4\frac{4}{7}-3\frac{1}{7}$	$4-\frac{15}{13}$
(　　　)	(　　　)	(　　　)

교과 역량 문제 해결, 추론

11 □ 안에 들어갈 수 있는 수를 모두 찾아 ○표 하시오.

$$5\frac{2}{5}-2\frac{3}{5}>2\frac{\square}{5}$$

(1 , 2 , 3 , 4 , 5 , 6 , 7 , 8 , 9)

12 우유가 1 L 있었습니다. 재호가 $\frac{2}{7}$ L, 형이 $\frac{1}{7}$ L 마셨습니다. 재호와 형이 마시고 남은 우유는 몇 L입니까?

(　　　　　　　　)

13 어떤 대분수에 $1\frac{1}{3}$을 더했더니 $6\frac{2}{3}$가 되었습니다. 어떤 대분수는 얼마입니까?

(　　　　　　　　)

교과서 pick

14 수 카드 3장 중에서 2장을 뽑아 차가 가장 큰 뺄셈식을 만들고, 계산해 보시오.

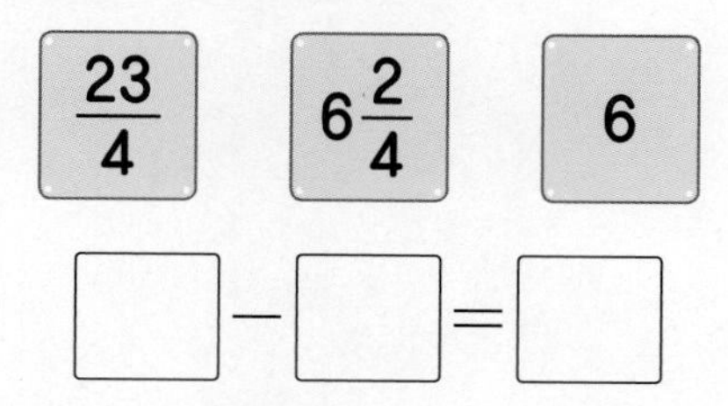

□ − □ = □

STEP3 유형복습

응용유형 다잡기

개념책 28~29쪽 | 정답 38쪽

교과서 pick

1 □ 안에 들어갈 수 있는 자연수 중에서 가장 작은 수를 구해 보시오.

$$\frac{\square}{10}-\frac{2}{10}>\frac{4}{10}$$

(　　　　　　　　)

2 어떤 수에 $2\frac{2}{7}$를 더해야 할 것을 잘못하여 뺐더니 $\frac{3}{7}$이 되었습니다. 바르게 계산하면 얼마인지 구해 보시오.

(　　　　　　　　)

3 수 카드 3장 중에서 2장을 뽑아 한 번씩만 사용하여 차가 가장 큰 뺄셈식을 만들고, 계산해 보시오.

1　4　6

$$9-\square\frac{\square}{8}=\square$$

교과서 pick

4 길이가 7 cm인 색 테이프 3장을 그림과 같이 $1\frac{3}{5}$ cm씩 겹쳐서 이어 붙였습니다. 이어 붙인 색 테이프의 전체 길이는 몇 cm인지 구해 보시오.

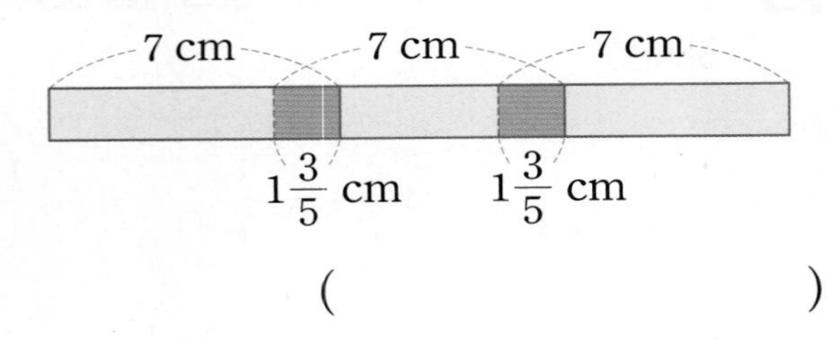

(　　　　　　　　)

실력 확인 [평가책] 단원 평가 2~7쪽, 서술형 평가 8~9쪽

2

삼각형

개념복습

기초력 기르기

1 삼각형을 변의 길이에 따라 분류하기

(1~2) 삼각형을 보고 물음에 답하시오.

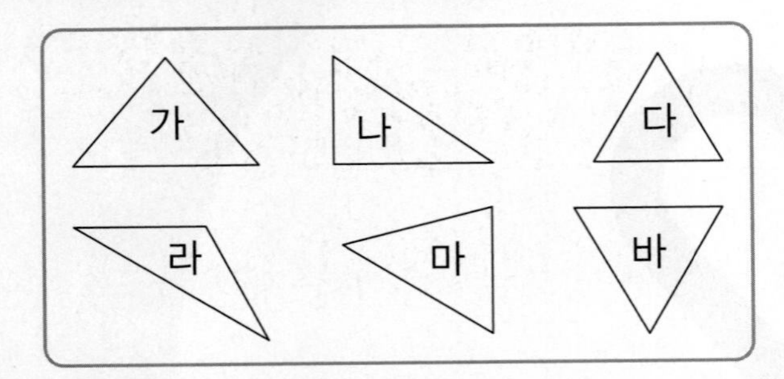

1 이등변삼각형을 모두 찾아보시오.

( )

2 정삼각형을 모두 찾아보시오.

( )

(3~4) 삼각형을 보고 물음에 답하시오.

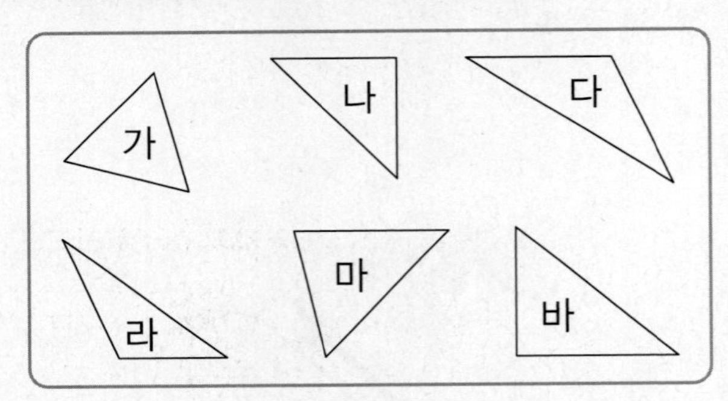

3 이등변삼각형을 모두 찾아보시오.

( )

4 정삼각형을 찾아보시오.

( )

(5~8) 이등변삼각형입니다. □ 안에 알맞은 수를 써넣으시오.

5 8 cm, □ cm, 3 cm

6 4 cm, □ cm, 7 cm

7

8

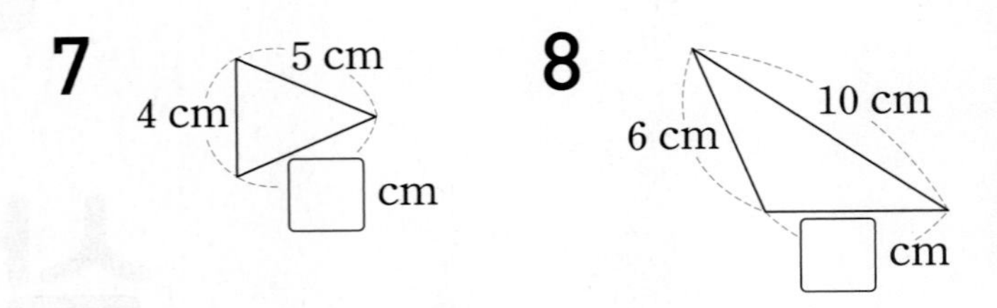

(9~12) 정삼각형입니다. □ 안에 알맞은 수를 써넣으시오.

9 8 cm, □ cm, 8 cm

10 7 cm, 7 cm, □ cm

11

12

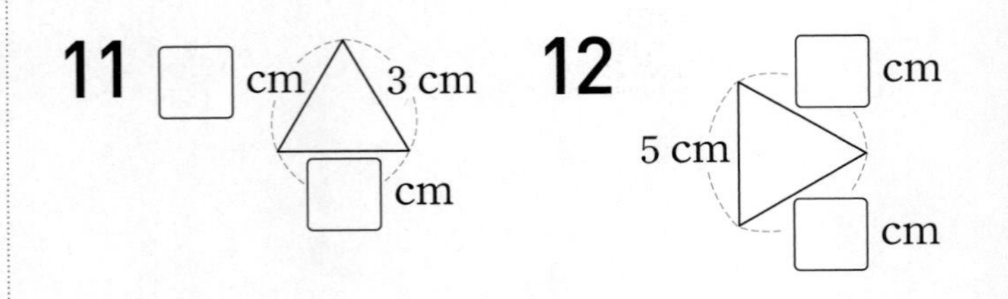

정답 39쪽

2 이등변삼각형의 성질

(1~4) 이등변삼각형입니다. ☐ 안에 알맞은 수를 써넣으시오.

1

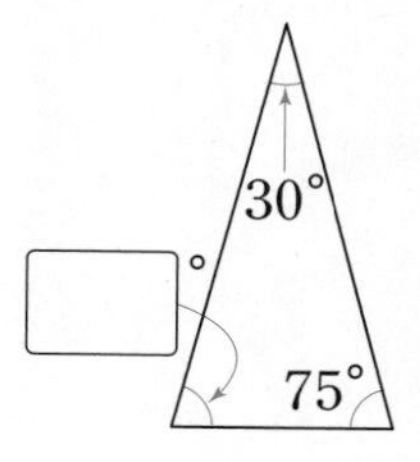

2

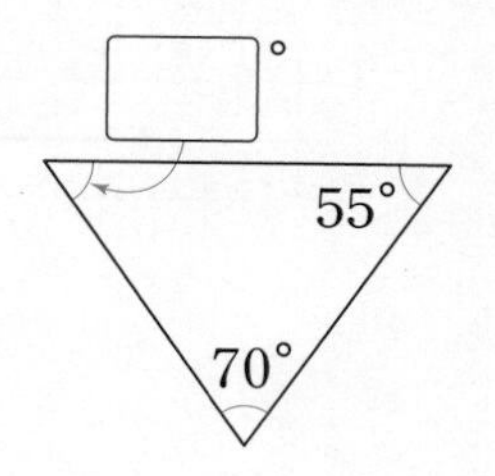

3

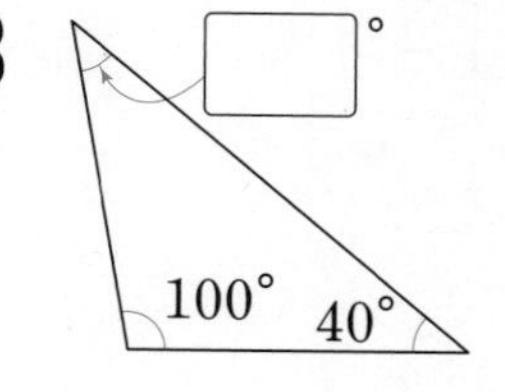

4

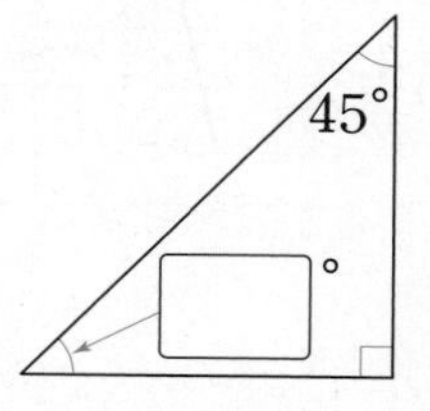

(5~6) 주어진 선분을 한 변으로 하는 이등변삼각형을 그려 보시오.

5

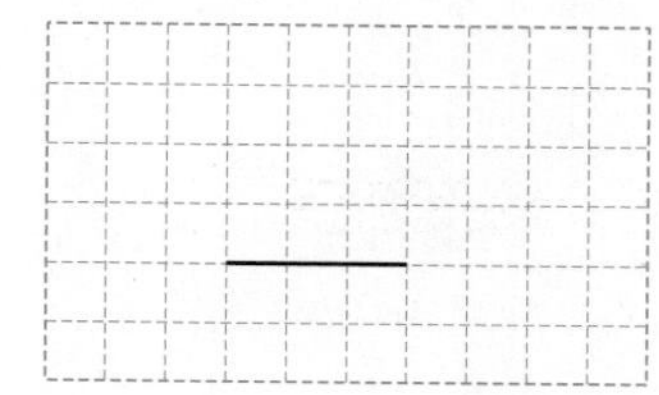

6

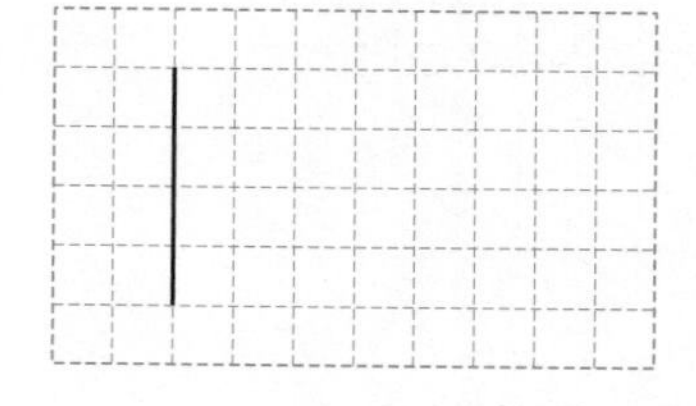

3 정삼각형의 성질

(1~4) 정삼각형입니다. ☐ 안에 알맞은 수를 써넣으시오.

1

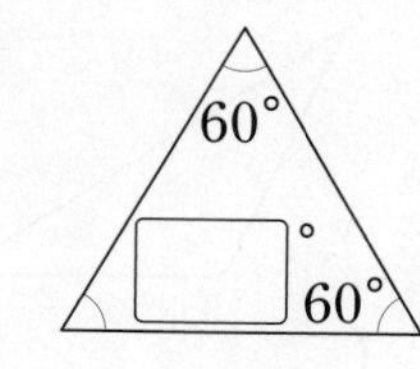

2

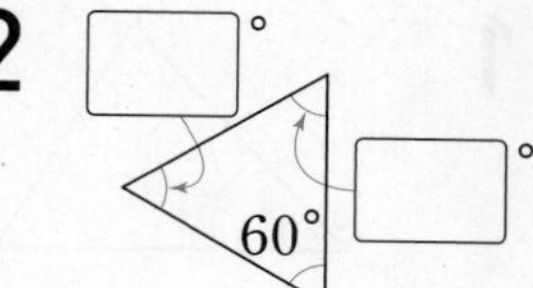

3

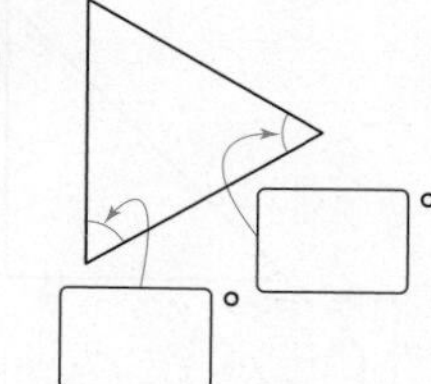

4

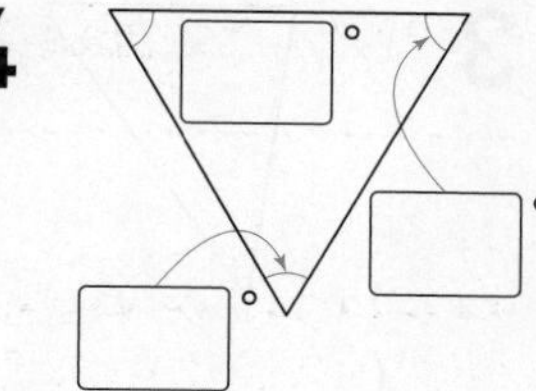

(5~6) 주어진 선분을 한 변으로 하는 정삼각형을 그려 보시오.

5

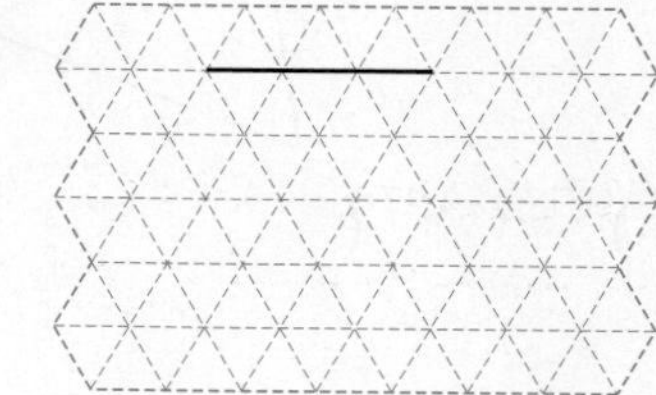

6

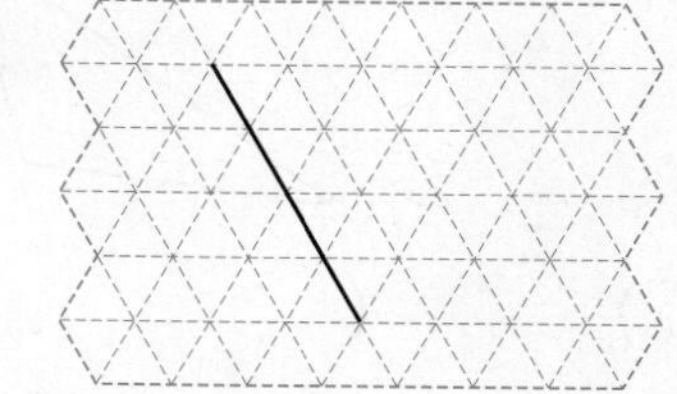

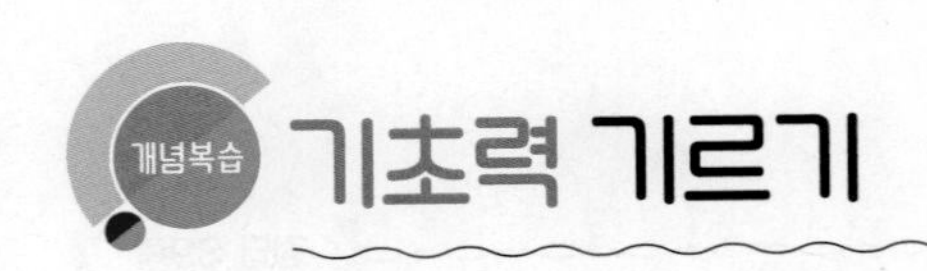

정답 39쪽

4 삼각형을 각의 크기에 따라 분류하기

(1~8) 주어진 삼각형이 예각삼각형, 둔각삼각형, 직각삼각형 중 어느 것인지 써 보시오.

1

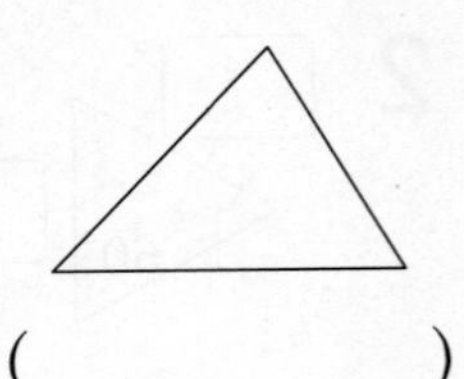

(　　　　　　)

2

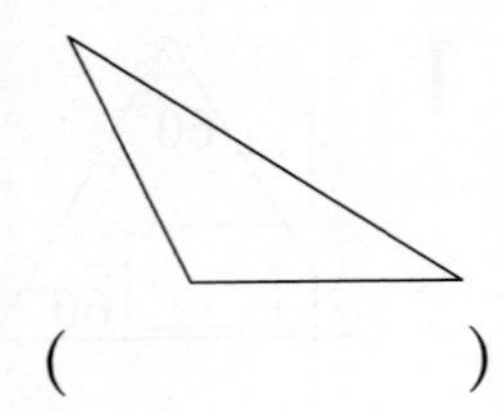

(　　　　　　)

3

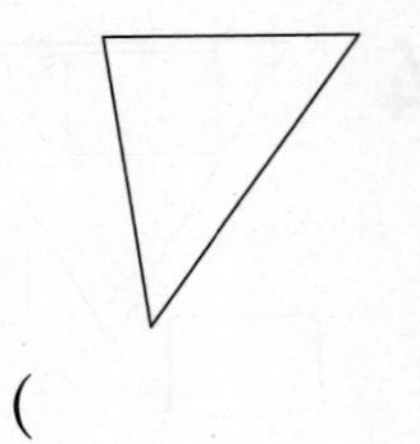

(　　　　　　)

4

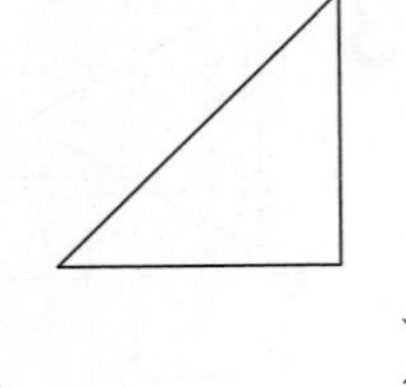

(　　　　　　)

5

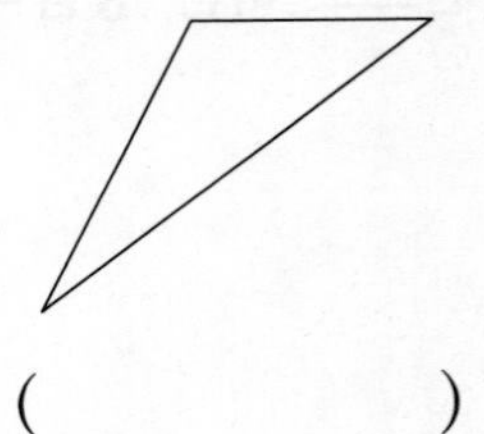

(　　　　　　)

6

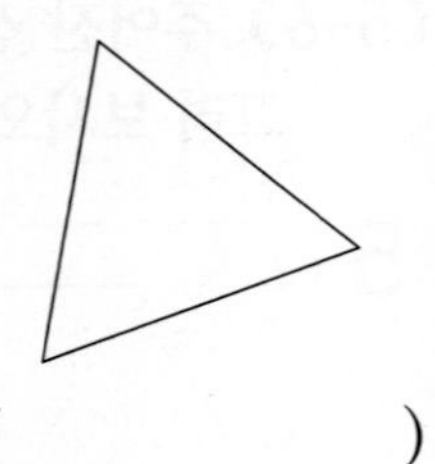

(　　　　　　)

7

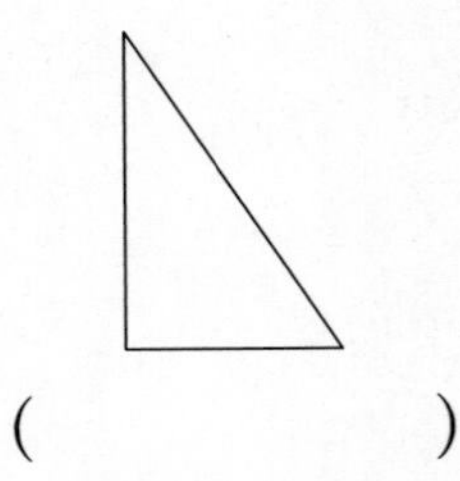

(　　　　　　)

8

(　　　　　　)

(9~10) 주어진 선분을 한 변으로 하는 예각삼각형을 그려 보시오.

9

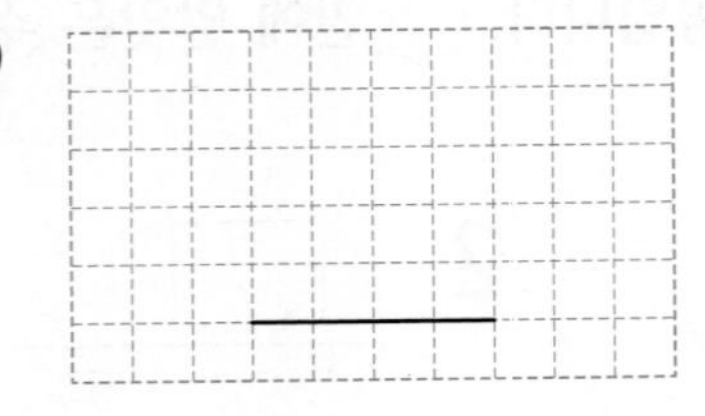

10

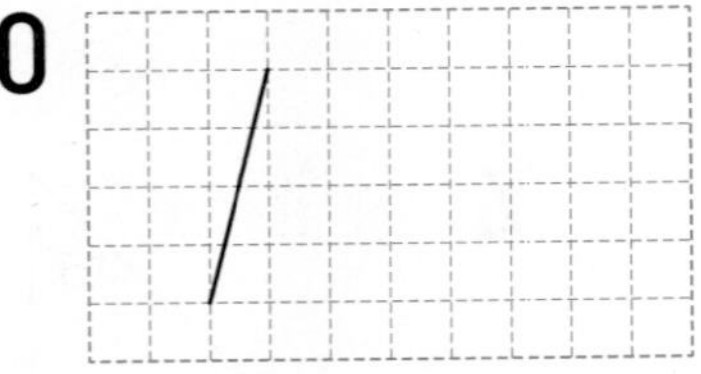

(11~12) 주어진 선분을 한 변으로 하는 둔각삼각형을 그려 보시오.

11

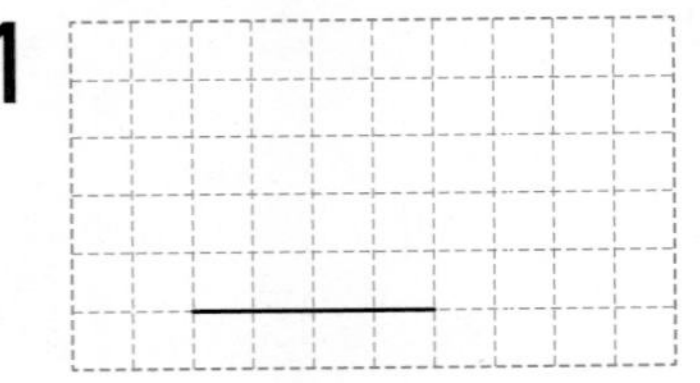

12

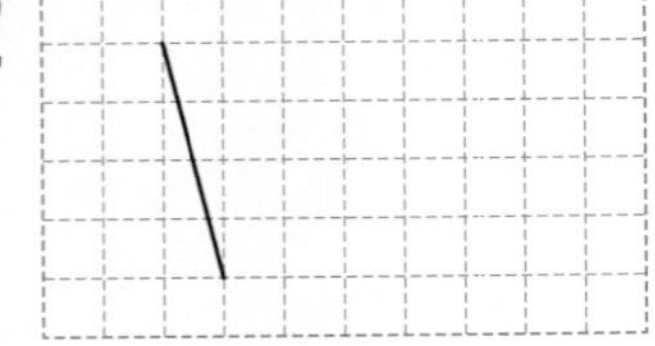

개념책 37~39쪽 | 정답 39쪽

1 삼각형을 변의 길이에 따라 분류하기

1 자를 이용하여 이등변삼각형과 정삼각형을 각각 찾아보시오.

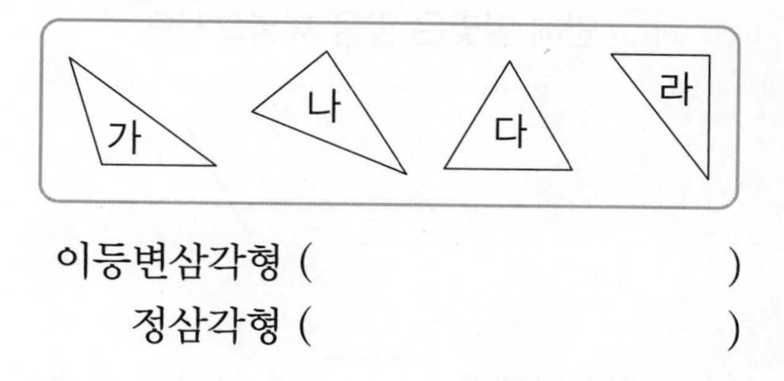

이등변삼각형 (　　　　　　　　)
정삼각형 (　　　　　　　　)

2 이등변삼각형입니다. □ 안에 알맞은 수를 써넣으시오.

(1)
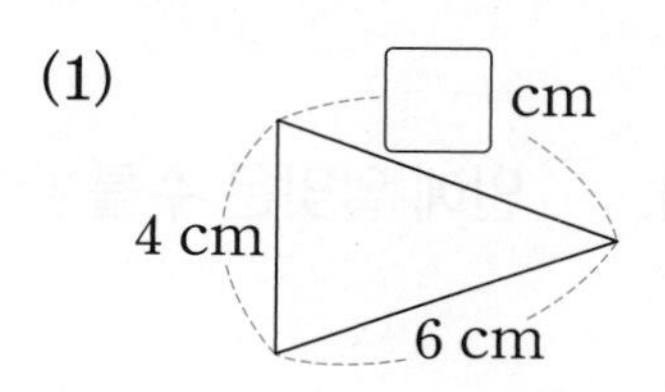

(2)
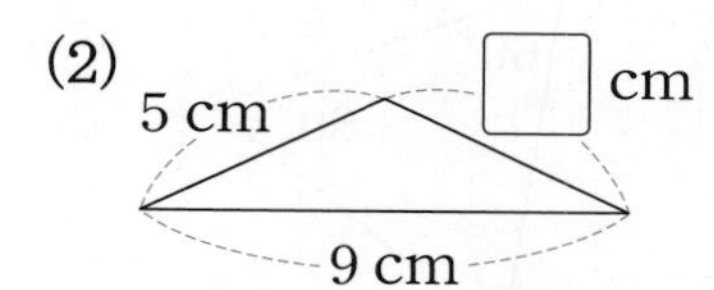

3 정삼각형입니다. □ 안에 알맞은 수를 써넣으시오.

(1)
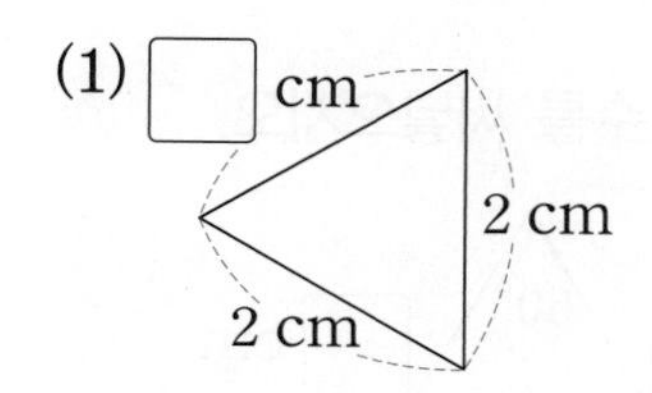

(2)
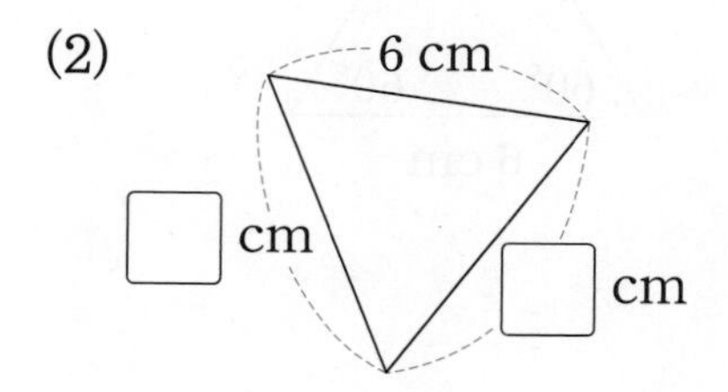

4 그림을 보고 이등변삼각형을 찾아 초록색으로 따라 그리고, 정삼각형을 찾아 노란색으로 색칠해 보시오.

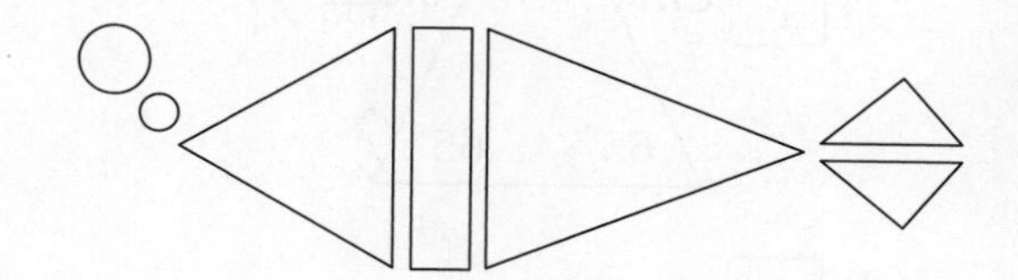

2 이등변삼각형의 성질

5 주어진 선분을 각각 한 변으로 하는 이등변삼각형을 2개 그리고, 각도기로 각의 크기를 재어 □ 안에 알맞은 말을 써넣으시오.

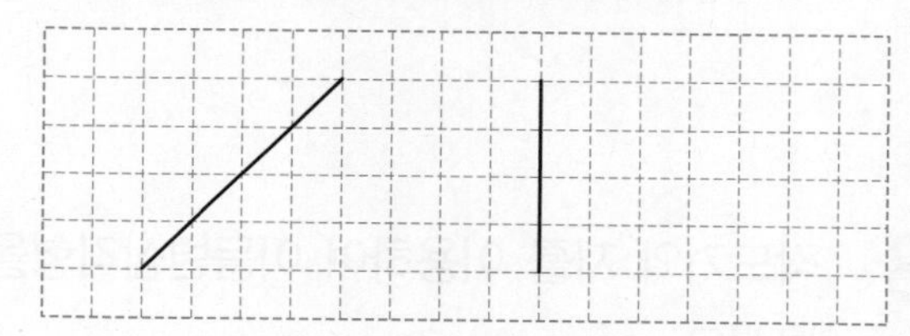

이등변삼각형은 □의 크기가 같습니다.

6 이등변삼각형입니다. □ 안에 알맞은 수를 써넣으시오.

(1)
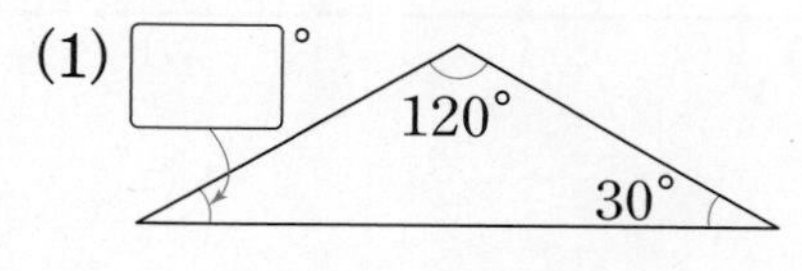

(2)
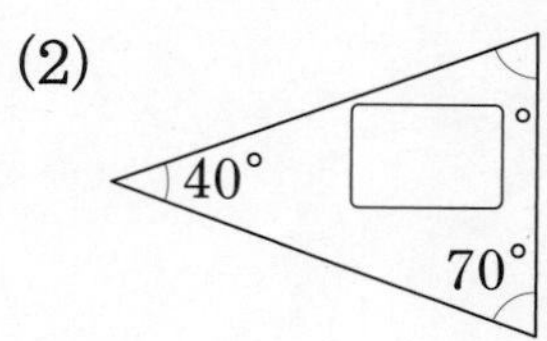

2 단원

STEP1 유형복습

기본유형 익히기

7 □ 안에 알맞은 수를 써넣으시오.

(1)

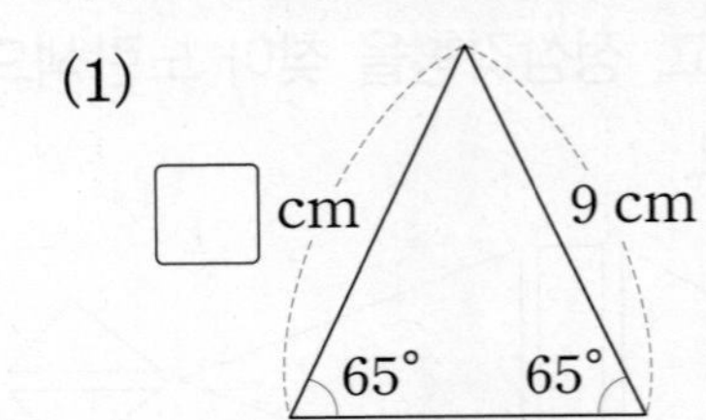

(2)

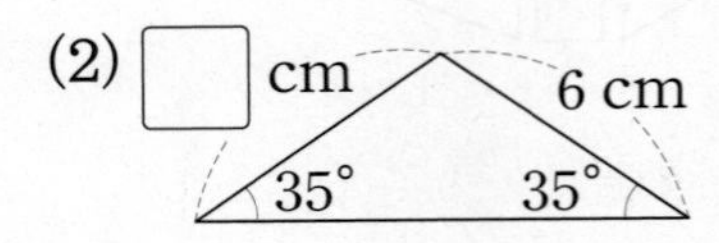

8 각도기와 자를 이용하여 이등변삼각형을 그려 보시오.

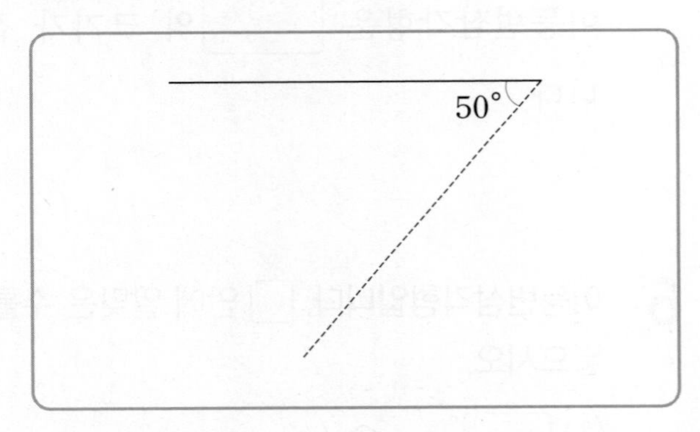

3 정삼각형의 성질

9 주어진 선분을 각각 한 변으로 하는 정삼각형을 2개 그리고, 각도기로 각의 크기를 재어 □ 안에 알맞은 말을 써넣으시오.

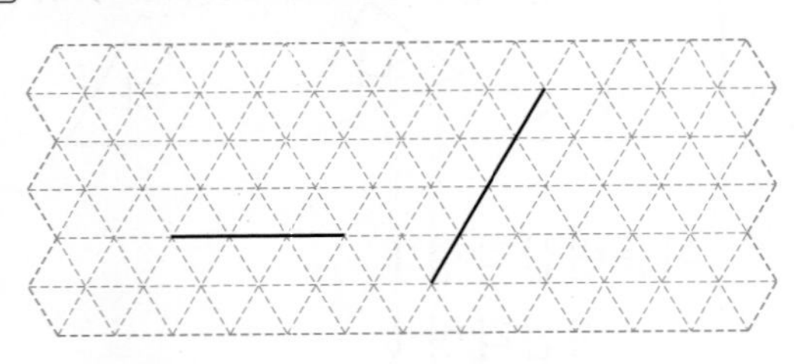

정삼각형은 □의 크기가 같습니다.

10 정삼각형입니다. □ 안에 알맞은 수를 써넣으시오.

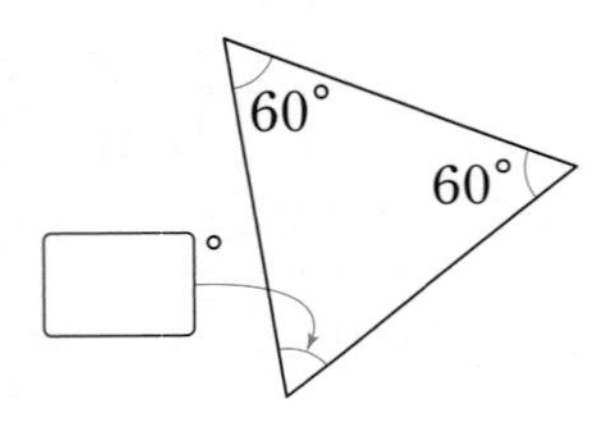

11 □ 안에 알맞은 수를 써넣으시오.

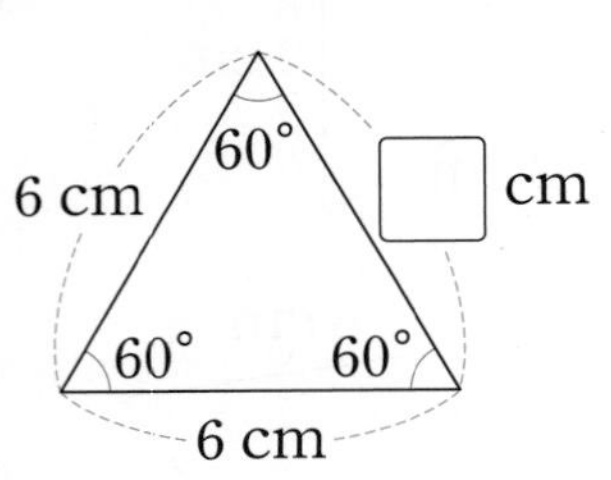

12 각도기와 자를 이용하여 정삼각형을 그려 보시오.

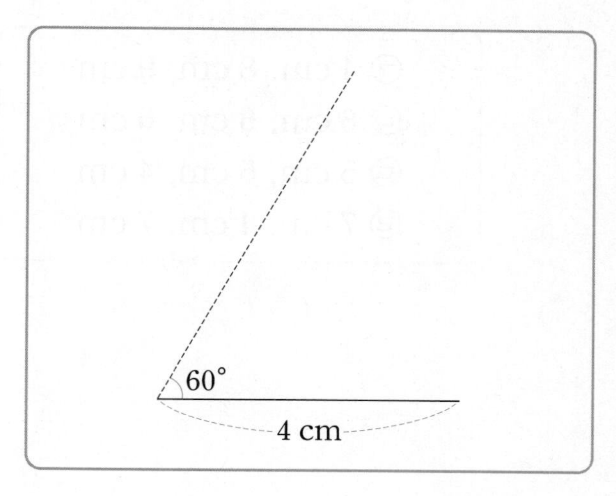

4 삼각형을 각의 크기에 따라 분류하기

13 알맞은 것끼리 선으로 이어 보시오.

이등변삼각형 · 정삼각형

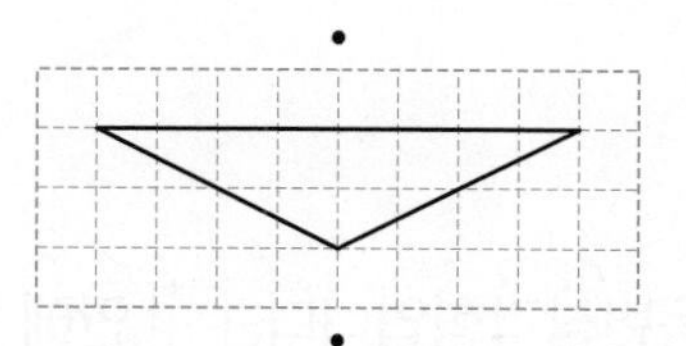

예각삼각형 · 직각삼각형 · 둔각삼각형

14 삼각형을 보고 물음에 답하시오.

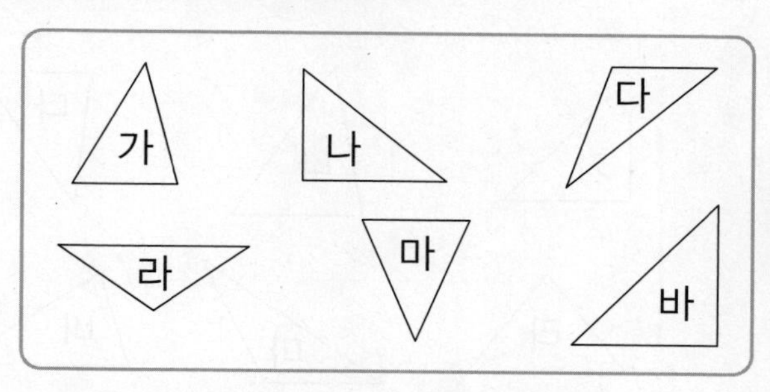

(1) 직각삼각형을 모두 찾아보시오.

( )

(2) 예각삼각형을 모두 찾아보시오.

( )

(3) 이등변삼각형이면서 둔각삼각형인 것을 찾아보시오.

( )

(4) 이등변삼각형이면서 예각삼각형인 것을 찾아보시오.

( )

15 삼각형을 그려 보시오.

(1) 예각삼각형

(2) 둔각삼각형

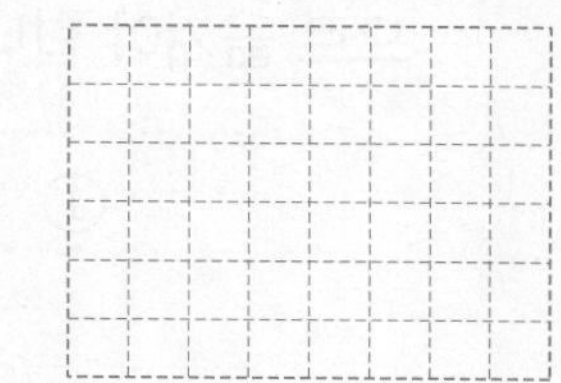

(1~3) 삼각형을 보고 물음에 답하시오.

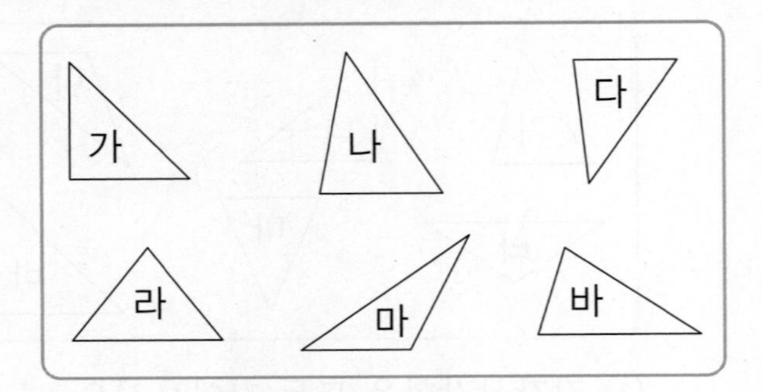

1 이등변삼각형을 모두 찾아보시오.

(　　　　　　　　　　)

2 둔각삼각형을 찾아보시오.

(　　　　　　　　　　)

3 이등변삼각형이면서 예각삼각형인 것을 모두 찾아보시오.

(　　　　　　　　　　)

4 삼각형 ㄱㄴㄷ의 꼭짓점 ㄱ을 옮겨 둔각삼각형을 만들려고 합니다. 꼭짓점 ㄱ을 어느 점으로 옮겨야 합니까? (　　　　)

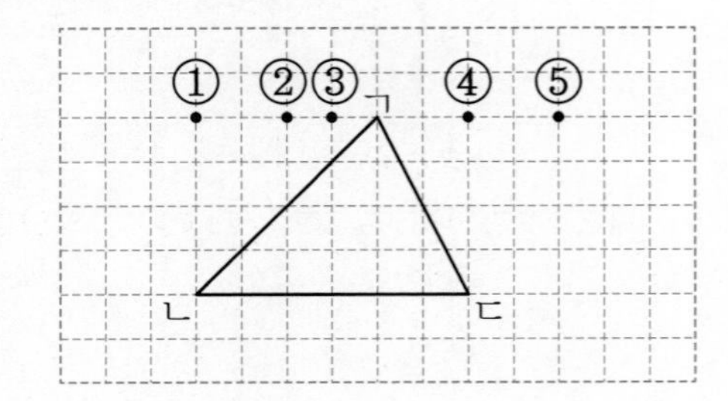

5 삼각형의 세 변의 길이를 나타낸 것입니다. 정삼각형을 찾아 기호를 써 보시오.

㉠ 4 cm, 8 cm, 9 cm
㉡ 6 cm, 6 cm, 6 cm
㉢ 5 cm, 5 cm, 4 cm
㉣ 7 cm, 4 cm, 7 cm

(　　　　　　　　　　)

6 □ 안에 알맞은 수를 써넣으시오.

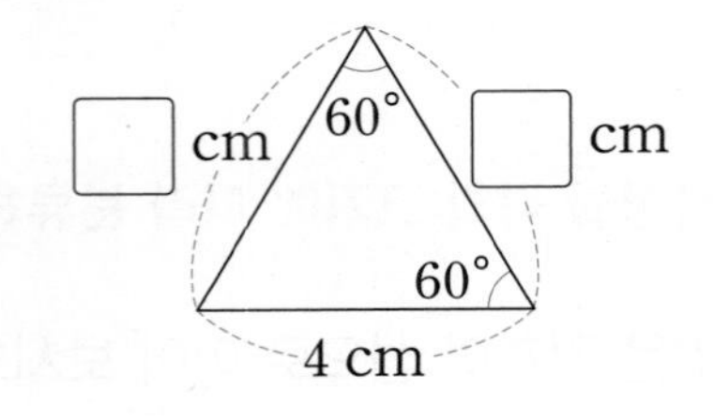

7 이등변삼각형입니다. □ 안에 알맞은 수를 써넣으시오.

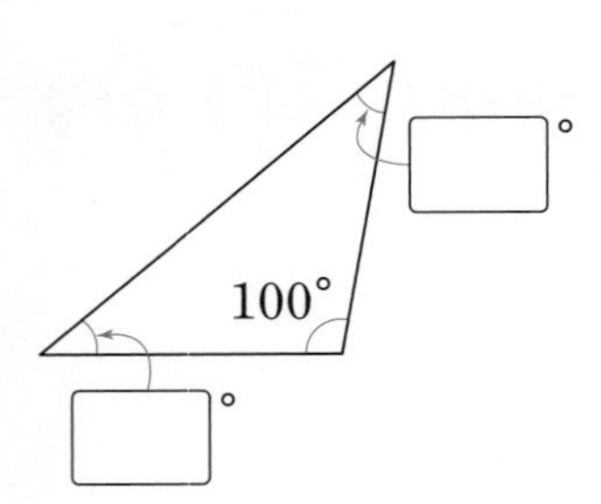

8 잘못 설명한 것은 어느 것입니까? (　　　)

① 정삼각형은 모양이 모두 같습니다.
② 정삼각형은 둔각삼각형입니다.
③ 둔각삼각형에는 둔각이 1개 있습니다.
④ 직각삼각형에는 예각이 2개 있습니다.
⑤ 이등변삼각형은 두 각의 크기가 같습니다.

9 〈보기〉에서 설명하는 도형을 그려 보시오.

〈보기〉
- 변이 3개입니다.
- 두 변의 길이가 같습니다.
- 한 각이 둔각입니다.

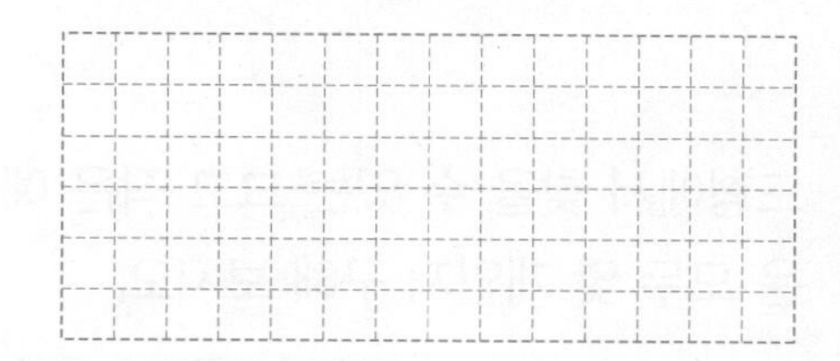

교과 역량 추론, 의사소통 　　개념 확인 서술형

10 도형이 이등변삼각형이 아닌 이유를 써 보시오.

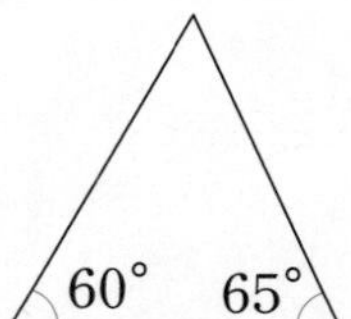

이유 |

11 정삼각형입니다. 세 변의 길이의 합은 몇 cm입니까?

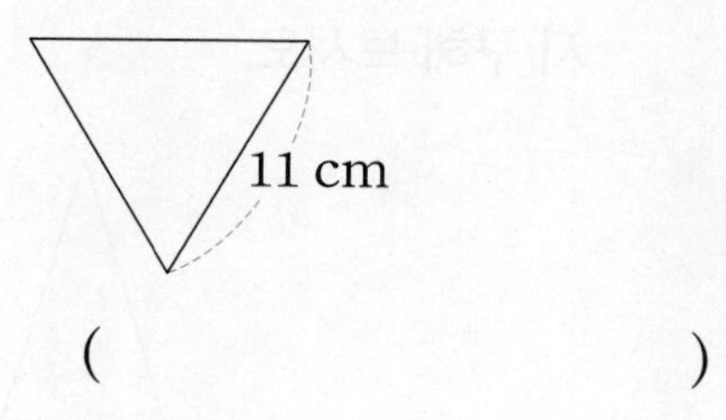

(　　　　　　　　　)

교과 역량 문제 해결, 추론

12 □ 안에 알맞은 수를 써넣으시오.

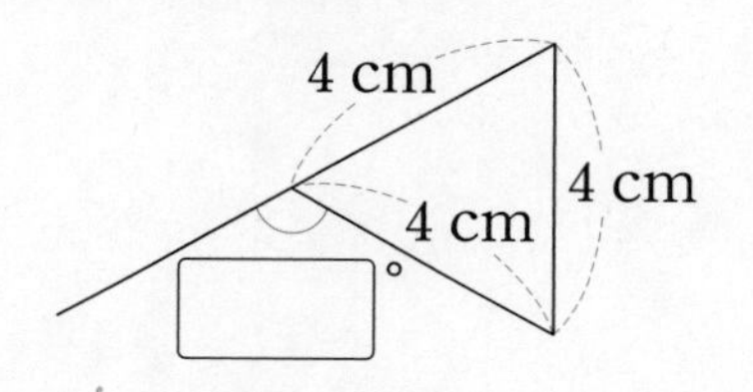

교과서 pick

13 삼각형의 이름이 될 수 있는 것을 모두 찾아 써 보시오.

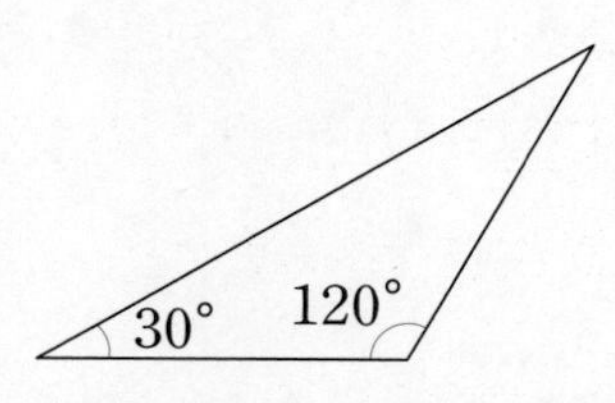

이등변삼각형　정삼각형
예각삼각형　직각삼각형　둔각삼각형

(　　　　　　　　　)

개념책 46~47쪽 | 정답 40쪽

1 이등변삼각형 ㄱㄴㄷ의 세 변의 길이의 합은 54 cm입니다. 변 ㄱㄴ의 길이는 몇 cm인지 구해 보시오.

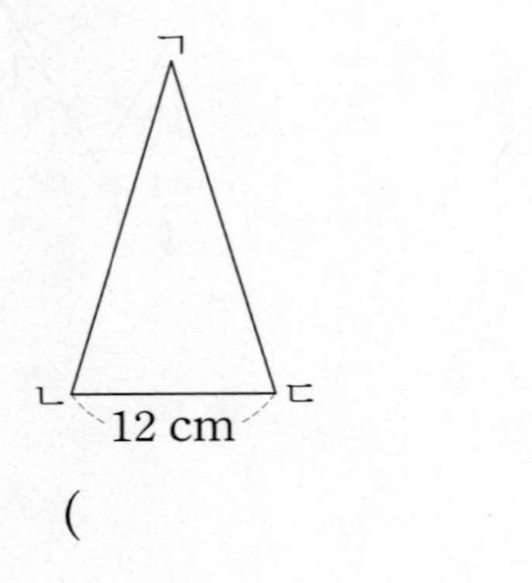

(　　　　　　　　)

교과서 pick

2 이등변삼각형입니다. 한 각이 40°일 때, ㉠과 ㉡의 각도의 차를 구해 보시오.

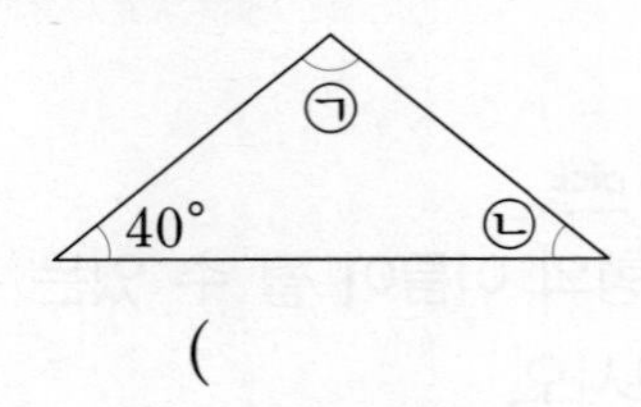

(　　　　　　　　)

교과서 pick

3 다음 이등변삼각형과 세 변의 길이의 합이 같은 정삼각형을 만들려고 합니다. 정삼각형의 한 변을 몇 cm로 해야 하는지 구해 보시오.

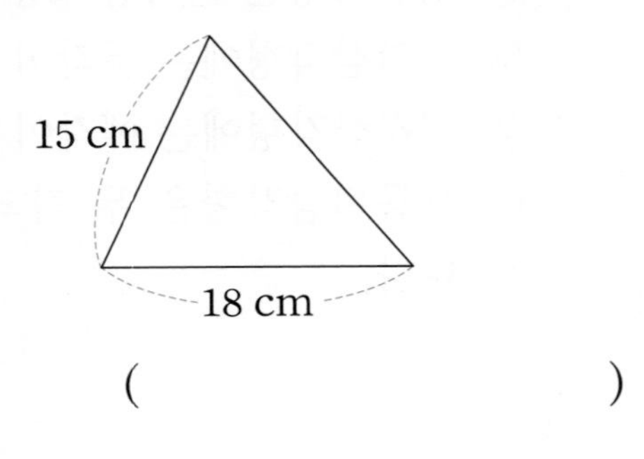

(　　　　　　　　)

4 도형에서 찾을 수 있는 크고 작은 예각삼각형은 모두 몇 개인지 구해 보시오.

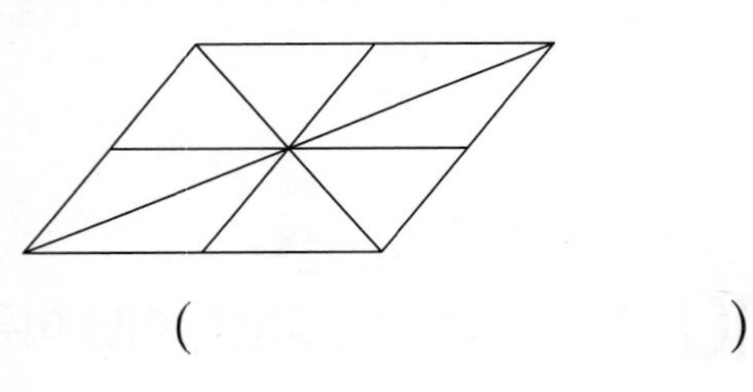

(　　　　　　　　)

실력 확인 [평가책] 단원 평가 10~15쪽, 서술형 평가 16~17쪽

3

소수의 덧셈과 뺄셈

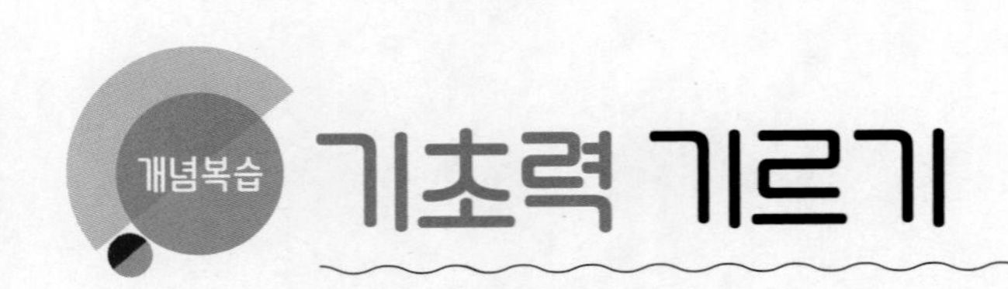

1 소수 두 자리 수

(1~3) □ 안에 알맞은 수나 말을 써넣으시오.

1 $\frac{5}{100}$를 소수로 나타내면 □이고 □(이)라고 읽습니다.

2 $\frac{63}{100}$을 소수로 나타내면 □이고 □(이)라고 읽습니다.

3 $\frac{137}{100}$을 소수로 나타내면 □이고 □(이)라고 읽습니다.

(4~5) 소수를 보고 □ 안에 알맞은 수를 써넣으시오.

4 2.36
- 일의 자리 숫자: □
- 소수 첫째 자리 숫자: □
- 소수 둘째 자리 숫자: □

5 8.09
- 일의 자리 숫자: □
- 소수 첫째 자리 숫자: □
- 소수 둘째 자리 숫자: □

2 소수 세 자리 수

(1~3) □ 안에 알맞은 수나 말을 써넣으시오.

1 $\frac{8}{1000}$을 소수로 나타내면 □이고 □(이)라고 읽습니다.

2 $\frac{54}{1000}$를 소수로 나타내면 □이고 □(이)라고 읽습니다.

3 $\frac{492}{1000}$를 소수로 나타내면 □이고 □(이)라고 읽습니다.

(4~5) 소수를 보고 □ 안에 알맞은 수를 써넣으시오.

4 4.578
- 일의 자리 숫자: □
- 소수 첫째 자리 숫자: □
- 소수 둘째 자리 숫자: □
- 소수 셋째 자리 숫자: □

5 7.205
- 일의 자리 숫자: □
- 소수 첫째 자리 숫자: □
- 소수 둘째 자리 숫자: □
- 소수 셋째 자리 숫자: □

③ 소수의 크기 비교

(1~10) 두 소수의 크기를 비교하여 ○ 안에 >, =, <를 알맞게 써넣으시오.

1 0.31 ○ 0.28

2 0.65 ○ 0.69

3 9.74 ○ 7.98

4 3.28 ○ 3.31

5 0.913 ○ 1.054

6 4.231 ○ 4.048

7 2.487 ○ 2.44

8 6.649 ○ 6.65

9 5.083 ○ 5.2

10 7.401 ○ 7.4

④ 소수 사이의 관계

(1~6) □ 안에 알맞은 수를 써넣으시오.

1 8의 $\frac{1}{10}$은 0.8이고,
$\frac{1}{100}$은 □입니다.

2 0.7의 $\frac{1}{10}$은 □이고,
$\frac{1}{100}$은 □입니다.

3 672의 $\frac{1}{100}$은 □이고,
$\frac{1}{1000}$은 □입니다.

4 0.15의 10배는 □이고,
100배는 □입니다.

5 0.429의 10배는 □이고,
100배는 □입니다.

6 5.405의 100배는 □이고,
1000배는 □입니다.

3 단원

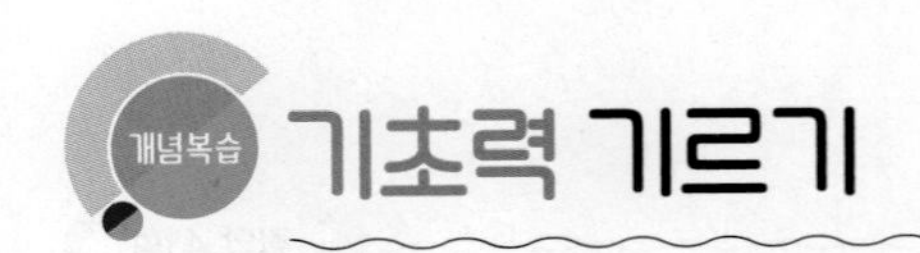

5 소수 한 자리 수의 덧셈

(1~10) 계산해 보시오.

1
$$\begin{array}{r} 0.1 \\ +\ 0.7 \\ \hline \end{array}$$

2
$$\begin{array}{r} 0.5 \\ +\ 0.6 \\ \hline \end{array}$$

3
$$\begin{array}{r} 1.5 \\ +\ 0.8 \\ \hline \end{array}$$

4
$$\begin{array}{r} 0.9 \\ +\ 4.4 \\ \hline \end{array}$$

5
$$\begin{array}{r} 2.6 \\ +\ 5.3 \\ \hline \end{array}$$

6
$$\begin{array}{r} 3.7 \\ +\ 1.7 \\ \hline \end{array}$$

7 $0.3+0.4$

8 $0.7+1.4$

9 $4.2+2.6$

10 $1.8+5.7$

6 소수 두 자리 수의 덧셈

(1~10) 계산해 보시오.

1
$$\begin{array}{r} 0.62 \\ +\ 0.14 \\ \hline \end{array}$$

2
$$\begin{array}{r} 0.24 \\ +\ 0.37 \\ \hline \end{array}$$

3
$$\begin{array}{r} 0.56 \\ +\ 2.25 \\ \hline \end{array}$$

4
$$\begin{array}{r} 5.77 \\ +\ 0.52 \\ \hline \end{array}$$

5
$$\begin{array}{r} 2.3 \\ +\ 1.51 \\ \hline \end{array}$$

6
$$\begin{array}{r} 3.49 \\ +\ 5.86 \\ \hline \end{array}$$

7 $0.35+0.42$

8 $3.26+1.71$

9 $2.15+4.96$

10 $1.82+0.2$

7 소수 한 자리 수의 뺄셈

(1~10) 계산해 보시오.

1
$$\begin{array}{r} 0.4 \\ -\ 0.2 \\ \hline \end{array}$$

2
$$\begin{array}{r} 0.5 \\ -\ 0.1 \\ \hline \end{array}$$

3
$$\begin{array}{r} 2.6 \\ -\ 0.5 \\ \hline \end{array}$$

4
$$\begin{array}{r} 3.3 \\ -\ 0.4 \\ \hline \end{array}$$

5
$$\begin{array}{r} 5.8 \\ -\ 1.7 \\ \hline \end{array}$$

6
$$\begin{array}{r} 4.2 \\ -\ 3.6 \\ \hline \end{array}$$

7 $0.8-0.3$

8 $1.6-0.2$

9 $6.9-2.4$

10 $5.1-3.5$

8 소수 두 자리 수의 뺄셈

(1~10) 계산해 보시오.

1
$$\begin{array}{r} 0.84 \\ -\ 0.61 \\ \hline \end{array}$$

2
$$\begin{array}{r} 0.58 \\ -\ 0.19 \\ \hline \end{array}$$

3
$$\begin{array}{r} 2.27 \\ -\ 0.15 \\ \hline \end{array}$$

4
$$\begin{array}{r} 4.13 \\ -\ 0.3 \\ \hline \end{array}$$

5
$$\begin{array}{r} 3.78 \\ -\ 1.24 \\ \hline \end{array}$$

6
$$\begin{array}{r} 7.3 \\ -\ 4.28 \\ \hline \end{array}$$

7 $0.76-0.44$

8 $3.06-0.37$

9 $5.65-2.42$

10 $4.2-2.43$

STEP1 유형복습

기본유형 익히기

1 소수 두 자리 수

1 분수를 소수로 나타내고 읽어 보시오.

(1) $\frac{7}{100}=$ □

읽기 (　　　　　　　)

(2) $5\frac{23}{100}=$ □

읽기 (　　　　　　　)

2 □ 안에 알맞은 소수를 써넣으시오.

2.3　　　2.4　　　2.5

□　　　□

3 □ 안에 알맞은 소수를 써넣으시오.

(1) 1이 3개, 0.1이 8개, 0.01이 5개인 수는 □입니다.

(2) 0.01이 927개인 수는 □입니다.

4 소수에서 9가 나타내는 수를 써 보시오.

6.94 ⇨ (　　　　　　　)

2 소수 세 자리 수

5 분수를 소수로 나타내고 읽어 보시오.

(1) $\frac{19}{1000}=$ □

읽기 (　　　　　　　)

(2) $3\frac{417}{1000}=$ □

읽기 (　　　　　　　)

6 □ 안에 알맞은 소수를 써넣으시오.

(1) 1이 1개, 0.1이 6개, 0.01이 2개, 0.001이 9개인 수는 □입니다.

(2) 0.001이 7354개인 수는 □입니다.

7 관계있는 것끼리 선으로 이어 보시오.

0.709 •	• 칠 점 영영구
$7\frac{9}{1000}$ •	• 영 점 칠영구

8 소수에서 2가 나타내는 수를 써 보시오.

0.528 ⇨ (　　　　　　　)

3 소수의 크기 비교

9 수직선에 3.14와 3.28을 각각 화살표(↑)로 표시하고, ◯ 안에 >, =, <를 알맞게 써넣으시오.

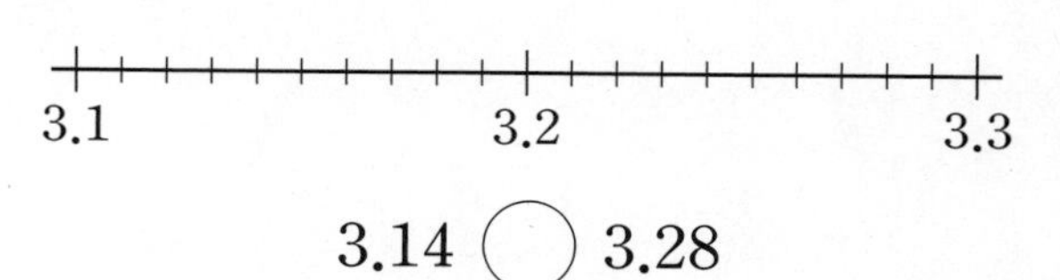

3.14 ◯ 3.28

10 소수에서 생략할 수 있는 0을 찾아 〈보기〉와 같이 나타내어 보시오.

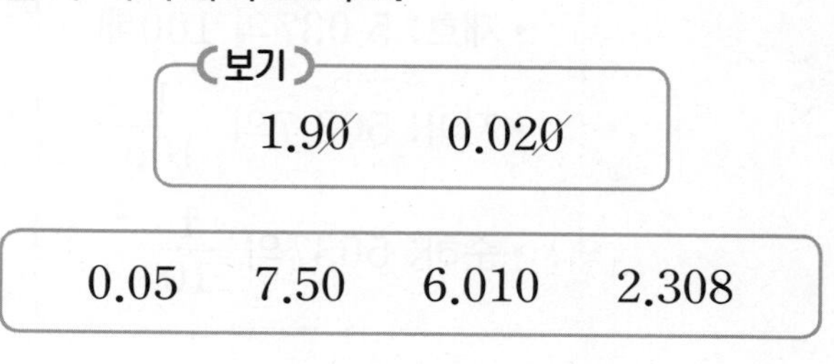

11 9.38과 9.8의 크기를 비교해 보시오.

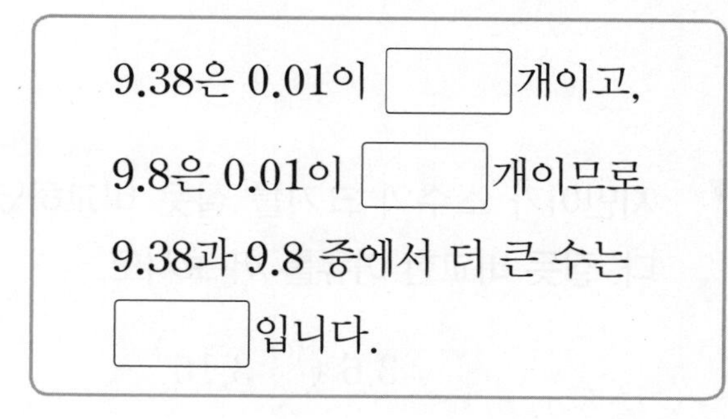

12 두 소수의 크기를 비교하여 ◯ 안에 >, =, <를 알맞게 써넣으시오.

(1) 0.36 ◯ 0.41

(2) 4.46 ◯ 4.458

4 소수 사이의 관계

13 빈칸에 알맞은 수를 써넣으시오.

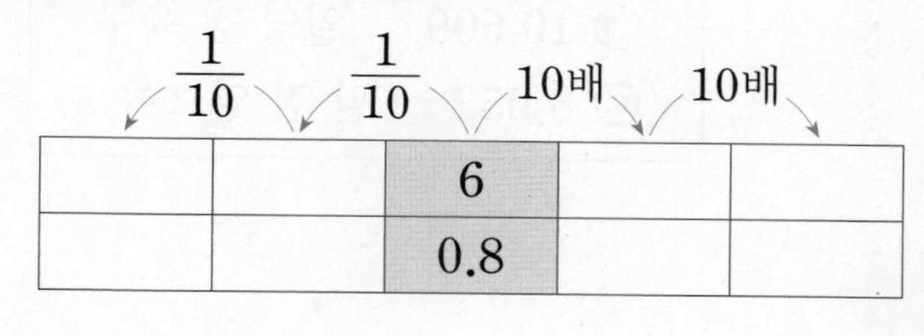

14 ☐ 안에 알맞은 수를 써넣으시오.

1.29의 10배는 ☐이고,

100배는 ☐입니다.

15 ☐ 안에 알맞은 수를 써넣으시오.

5의 $\frac{1}{10}$은 ☐이고,

$\frac{1}{100}$은 ☐입니다.

16 탁구공 1개의 무게는 2.78 g입니다. 탁구공 10개는 모두 몇 g입니까?

(　　　　　　　　)

STEP 2 유형복습

실전유형 다지기

1 소수를 잘못 읽은 것의 기호를 쓰고 바르게 읽어 보시오.

㉠ 10.609 → 일영 점 육구
㉡ 8.052 → 팔 점 영오이

(,)

2 □ 안에 알맞은 소수를 써넣고, 수직선에 화살표(↓)로 표시해 보시오.

62 cm=□ m

0 0.1 0.2 0.3 0.4 0.5 0.6 0.7(m)

3 7.04에 대해 바르게 설명한 것을 모두 찾아 기호를 써 보시오.

㉠ 소수 둘째 자리 숫자는 4입니다.
㉡ 0.01이 74개인 수입니다.
㉢ 7은 7을 나타냅니다.

( )

4 □ 안에 알맞은 소수를 써넣으시오.

1이 7개, $\frac{1}{10}$이 3개, $\frac{1}{100}$이 5개, $\frac{1}{1000}$이 4개인 수는 □입니다.

5 관계있는 것끼리 선으로 이어 보시오.

21.3 •	• 21.030
21.03 •	• 21.30

교과 역량 추론, 정보 처리

6 재호, 지아, 준하 중에서 다른 수를 설명한 사람을 찾아 이름을 써 보시오.

• 재호: 5.037의 100배
• 지아: 503.7의 $\frac{1}{100}$
• 준하: 5037의 $\frac{1}{10}$

( )

개념 확인 서술형

7 지민이가 소수의 크기를 잘못 비교하였습니다. 잘못 비교한 이유를 써 보시오.

3.6 ◯ 3.16

36은 316보다 작으니까 3.6은 3.16보다 더 작은 소수야.

지민

이유 |

8 설명하는 수의 $\frac{1}{100}$ 은 얼마입니까?

10이 5개, 1이 2개, 0.1이 6개인 수

(　　　　　　　　　　)

9 4가 나타내는 수가 큰 수부터 차례대로 기호를 써 보시오.

㉠ 7.48　　㉡ 4.132　　㉢ 8.034

(　　　　　　　　　　)

10 □ 안에 알맞은 수를 써넣으시오.

(1) 4는 0.4의 □배입니다.

(2) 26은 0.26의 □배입니다.

(3) 0.018은 0.18의 $\frac{1}{\square}$ 입니다.

11 빨간색, 노란색, 초록색 테이프의 길이입니다. 길이가 긴 테이프부터 색깔을 차례대로 써 보시오.

빨간색	노란색	초록색
26.9 cm	0.272 m	27 cm

(　　　　　　　　　　)

교과 역량 추론

12 0부터 9까지의 수 중에서 □ 안에 들어갈 수 있는 수를 모두 구해 보시오.

2.065 < 2.0□5

(　　　　　　　　　　)

교과서 pick

13 ㉠이 나타내는 수는 ㉡이 나타내는 수의 몇 배입니까?

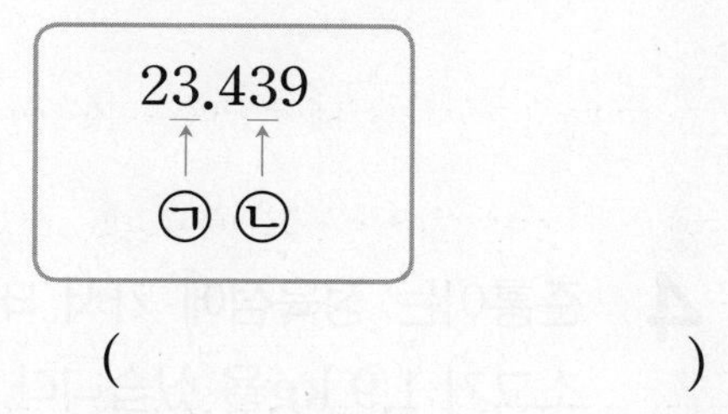

(　　　　　　　　　　)

STEP1 유형복습

기본유형 익히기

5 소수 한 자리 수의 덧셈

1 수직선을 보고 □ 안에 알맞은 수를 써넣으시오.

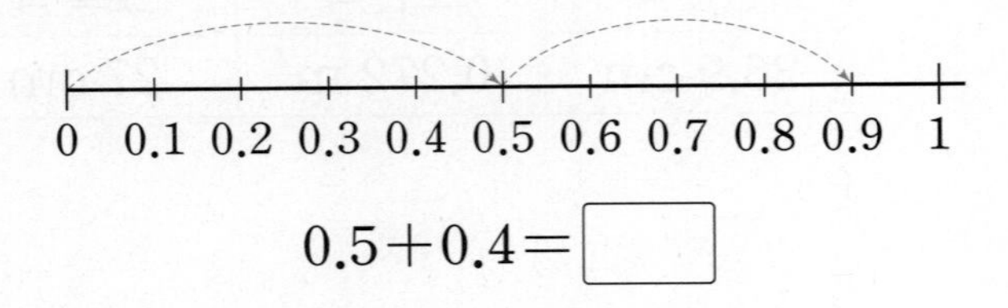

$0.5+0.4=\square$

2 계산해 보시오.

(1) $\begin{array}{r} 0.1 \\ +\ 0.4 \\ \hline \end{array}$ (2) $\begin{array}{r} 2.6 \\ +\ 4.5 \\ \hline \end{array}$

(3) $3.3+5.3$

(4) $0.5+1.8$

3 빈칸에 알맞은 수를 써넣으시오.

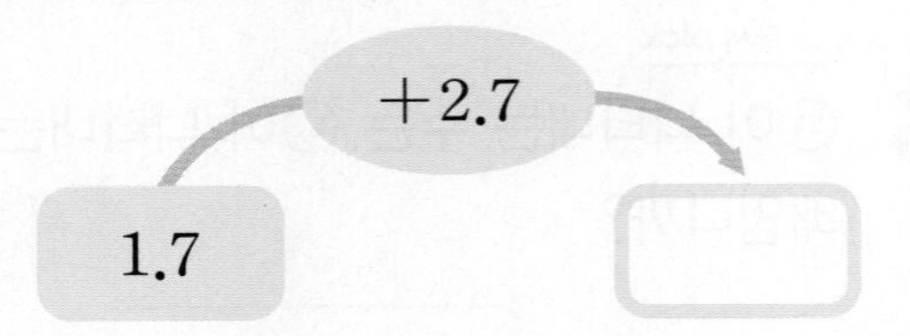

4 준홍이는 정육점에 가서 돼지고기 0.6 kg과 소고기 1.9 kg을 샀습니다. 준홍이가 산 돼지고기와 소고기는 모두 몇 kg입니까?

식 |

답 |

6 소수 두 자리 수의 덧셈

5 수직선을 보고 □ 안에 알맞은 수를 써넣으시오.

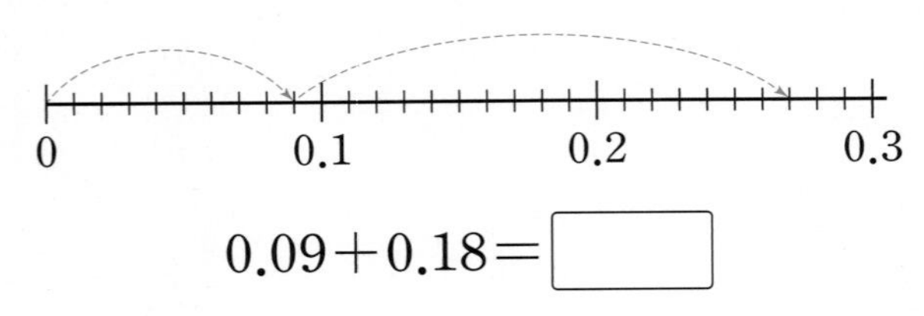

$0.09+0.18=\square$

6 계산해 보시오.

(1) $\begin{array}{r} 0.16 \\ +\ 0.32 \\ \hline \end{array}$ (2) $\begin{array}{r} 4.58 \\ +\ 2.7 \\ \hline \end{array}$

(3) $2.49+3.13$

(4) $0.85+5.21$

7 빈칸에 두 수의 합을 써넣으시오.

4.67	0.75

8 선물을 포장하는 데 빨간색 끈 0.25 m와 파란색 끈 0.38 m를 사용했습니다. 선물을 포장하는 데 사용한 빨간색 끈과 파란색 끈은 모두 몇 m입니까?

식 |

답 |

7 소수 한 자리 수의 뺄셈

9 수직선을 보고 □ 안에 알맞은 수를 써넣으시오.

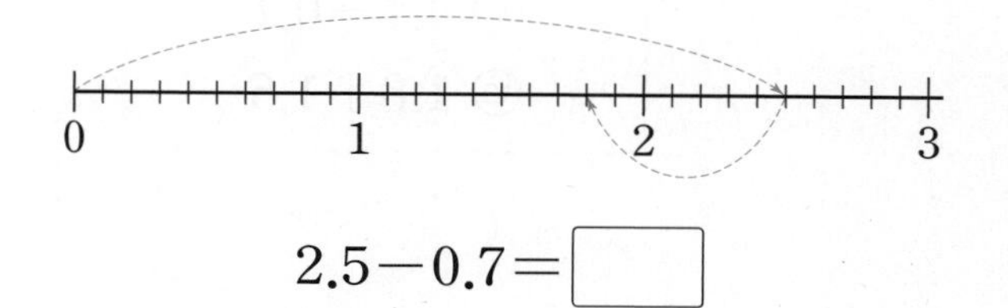

$2.5-0.7=$ □

10 계산해 보시오.

(1)
$$\begin{array}{r} 0.7 \\ -\ 0.4 \\ \hline \end{array}$$

(2)
$$\begin{array}{r} 3.7 \\ -\ 2.9 \\ \hline \end{array}$$

(3) $9.6-3.5$

(4) $5.1-1.7$

11 빈칸에 알맞은 수를 써넣으시오.

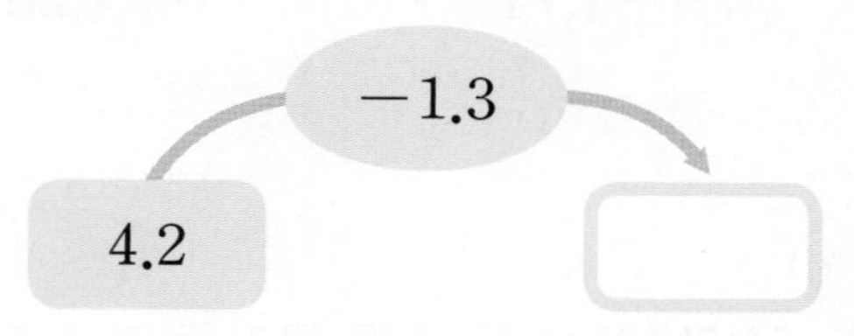

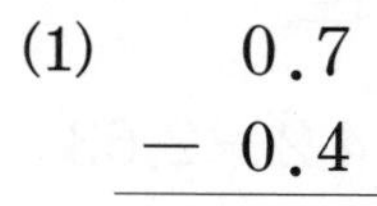

12 재민이는 우유 1.4 L 중에서 0.2 L를 마셨습니다. 남은 우유는 몇 L입니까?

식 |

답 |

8 소수 두 자리 수의 뺄셈

13 수직선을 보고 □ 안에 알맞은 수를 써넣으시오.

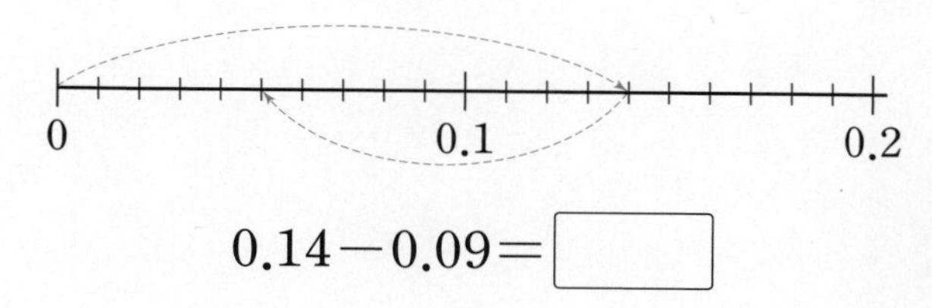

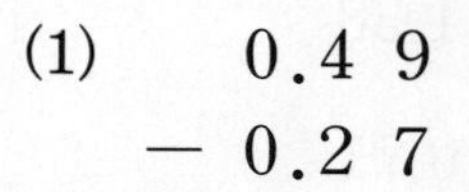

$0.14-0.09=$ □

14 계산해 보시오.

(1)
$$\begin{array}{r} 0.49 \\ -\ 0.27 \\ \hline \end{array}$$

(2)
$$\begin{array}{r} 2.8 \\ -\ 1.33 \\ \hline \end{array}$$

(3) $4.17-2.65$

(4) $8.62-3.73$

15 빈칸에 두 수의 차를 써넣으시오.

3.52	0.28

16 집에서 학교까지의 거리는 2.85 km이고, 집에서 병원까지의 거리는 집에서 학교까지의 거리보다 0.69 km 더 가깝습니다. 집에서 병원까지의 거리는 몇 km입니까?

식 |

답 |

실전유형 다지기

1 계산해 보시오.

(1)
$$\begin{array}{r} 1.5 \\ +\ 3.2 \\ \hline \end{array}$$

(2)
$$\begin{array}{r} 7.4 \\ -\ 2.9 \\ \hline \end{array}$$

2 빈칸에 알맞은 수를 써넣으시오.

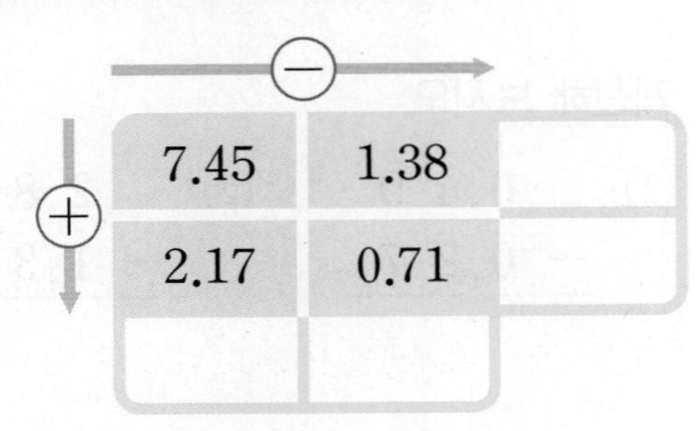

교과 역량 추론, 의사소통 개념 확인 서술형

3 잘못 계산한 곳을 찾아 이유를 쓰고, 바르게 계산해 보시오.

$$\begin{array}{r} 0.5\ 9 \\ -\quad 0.4 \\ \hline 0.5\ 5 \end{array}$$ ⇨ □

이유 |

4 계산 결과가 다른 하나를 찾아 기호를 써 보시오.

㉠ 2.8+0.5
㉡ 4.1−0.7
㉢ 1.8+1.6

( )

5 계산 결과의 크기를 비교하여 ○ 안에 >, =, <를 알맞게 써넣으시오.

0.59+0.7 ○ 4.2−2.63

6 계산 결과가 같은 것끼리 선으로 이어 보시오.

1.57+0.34 •	• 3.04−0.43
0.93+0.68 •	• 6.1−4.19
0.9+1.71 •	• 4.28−2.67

7 〈보기〉에서 두 수를 골라 차가 가장 큰 수가 되는 식을 쓰고 답을 구해 보시오.

〈보기〉
0.9 0.65 0.84

식 |

답 |

8 어느 가게에서 파는 멜론과 수박의 무게를 재었더니 멜론은 4.6 kg, 수박은 7.1 kg이었습니다. 멜론과 수박 중 어느 것의 무게가 몇 kg 더 무겁습니까?

(,)

교과 역량 문제 해결, 정보 처리

9 윤아와 민기가 생각하는 소수의 합을 구해 보시오.

내가 생각하는 소수는 일의 자리 숫자가 1이고, 소수 첫째 자리 숫자가 7인 소수 한 자리 수야.

내가 생각하는 소수는 0.1이 64개인 수야.

윤아 민기

( )

교과서 pick

10 0부터 9까지의 수 중에서 □ 안에 들어갈 수 있는 수를 모두 구해 보시오.

3.□2>6.14−2.57

( )

11 □ 안에 알맞은 수를 구해 보시오.

1.42+□=6.2

( )

12 옥수수가 담긴 바구니의 무게는 1.6 kg입니다. 빈 바구니의 무게가 370 g일 때, 옥수수의 무게는 몇 kg입니까?

( )

교과 역량 문제 해결, 추론

13 □ 안에 알맞은 수를 써넣으시오.

(1)
```
   1 . □
+  □ . 9
---------
   4 . 5
```

(2)
```
   8 . □
-  □ . 8
---------
   2 . 4
```

응용유형 다잡기

개념책 76~77쪽 | 정답 44쪽

1 어떤 수의 $\frac{1}{10}$은 1.26입니다. 어떤 수의 100배는 얼마인지 구해 보시오.

(　　　　　　)

교과서 pick

2 설명하는 소수 세 자리 수를 구해 보시오.

- 7보다 크고 8보다 작습니다.
- 소수 둘째 자리 숫자는 3입니다.
- 0.1이 5개이고, 0.001이 4개인 수입니다.

(　　　　　　)

교과서 pick

3 4장의 카드를 한 번씩 모두 사용하여 소수 두 자리 수를 만들려고 합니다. 만들 수 있는 가장 큰 수와 가장 작은 수의 합을 구해 보시오.

6　2　5　.

(　　　　　　)

4 어떤 수에서 2.8을 빼야 할 것을 잘못하여 더했더니 10.1이 되었습니다. 바르게 계산하면 얼마인지 구해 보시오.

(　　　　　　)

실력 확인 [평가책] 단원 평가 18~23쪽, 서술형 평가 24~25쪽

4 사각형

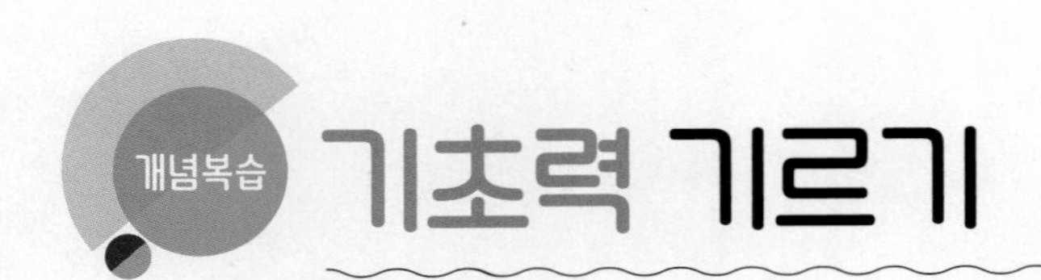

1 수직

(1~2) 직선 가가 다른 직선에 대한 수선이면 ○표, 수선이 아니면 ×표 하시오.

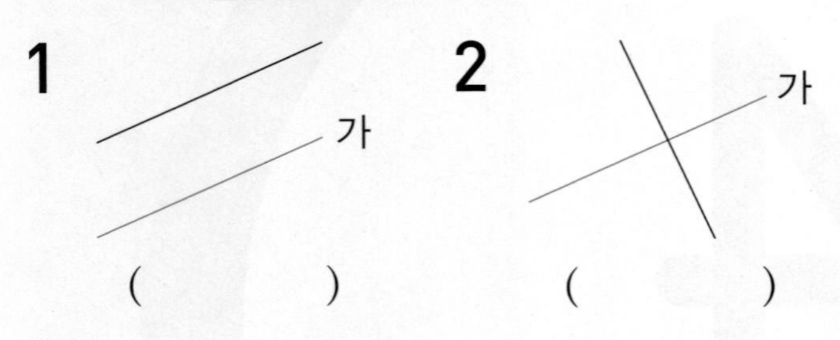

( ) ( )

(3~4) 서로 수직인 변이 있는 도형이면 ○표, 없는 도형이면 ×표 하시오.

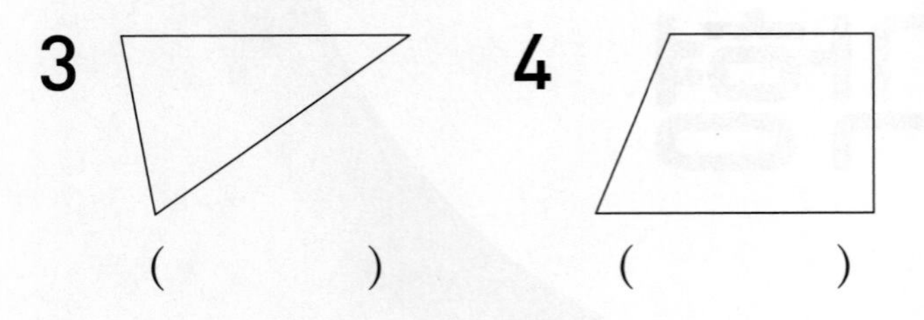

( ) ( )

(5~6) 삼각자와 각도기를 이용하여 주어진 직선에 대한 수선을 그어 보시오.

5

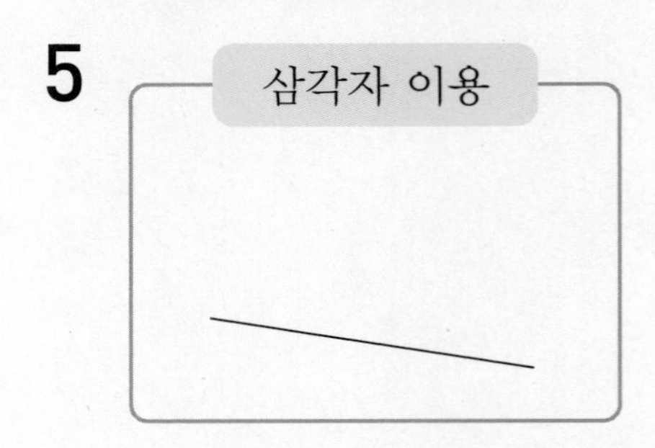

6

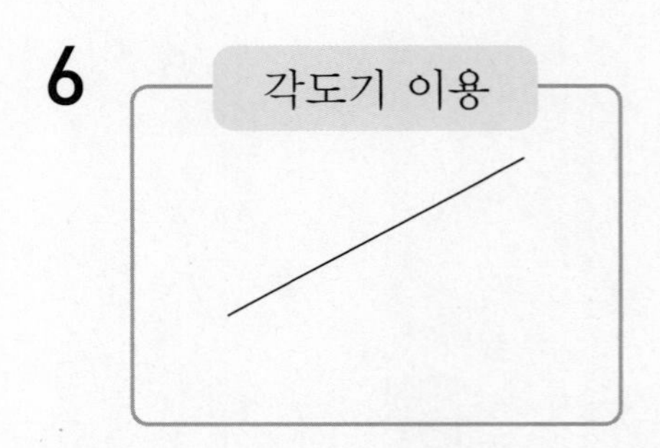

2 평행

(1~2) 두 직선이 서로 평행하면 ○표, 평행하지 않으면 ×표 하시오.

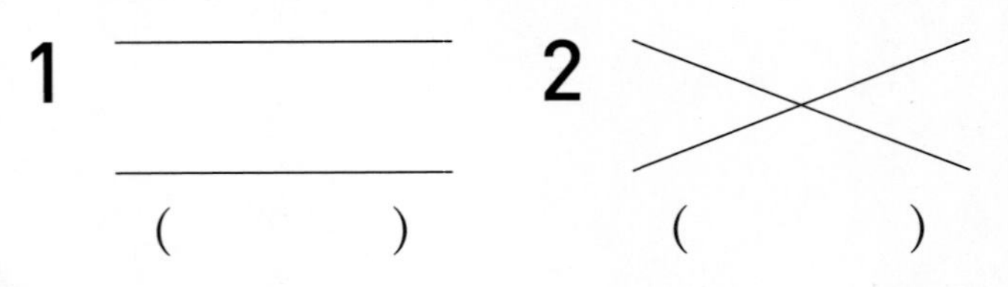

( ) ( )

(3~4) 삼각자를 이용하여 주어진 직선과 평행한 직선을 그어 보시오.

3

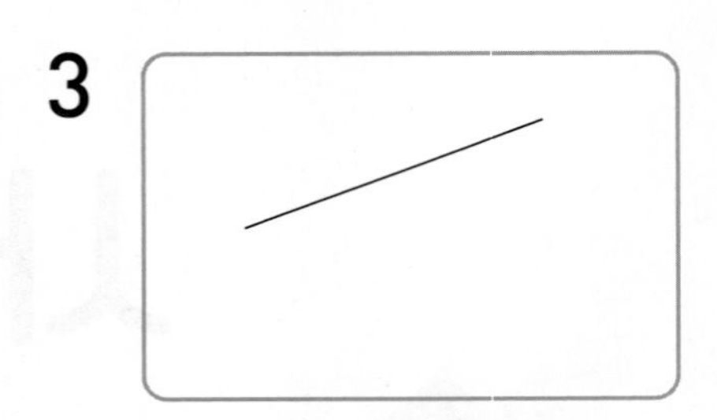

4

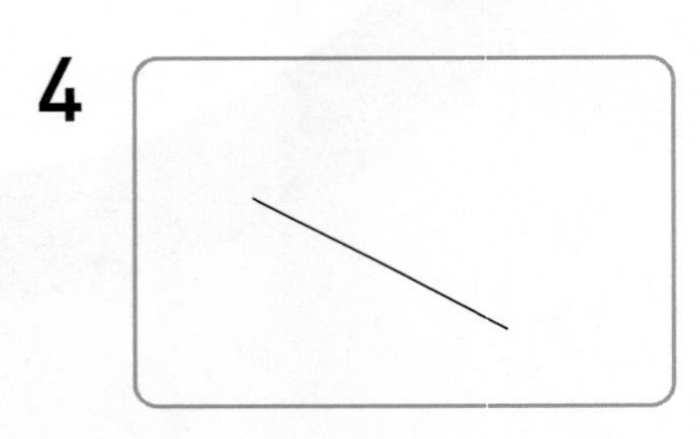

(5~6) 삼각자를 이용하여 점 ㄱ을 지나고 주어진 직선과 평행한 직선을 그어 보시오.

5

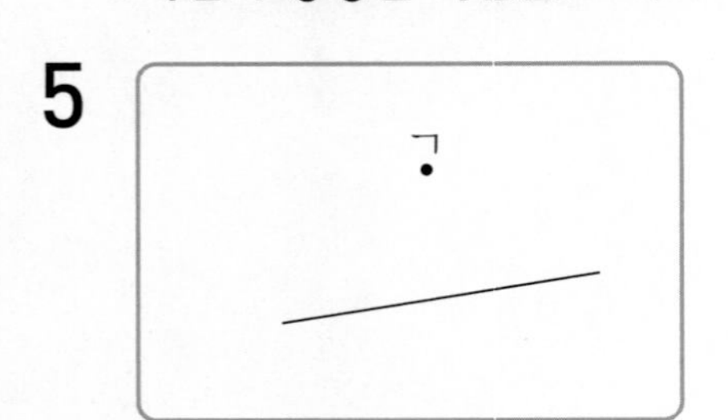

6

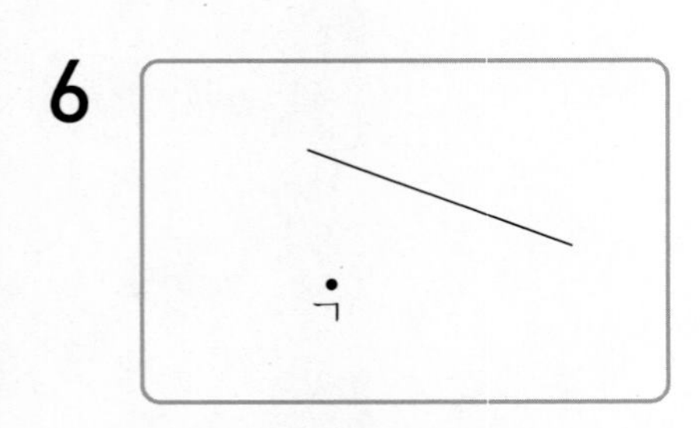

3 평행선 사이의 거리

(1~2) 직선 가와 직선 나는 서로 평행합니다. 평행선 사이의 거리를 구해 보시오.

1

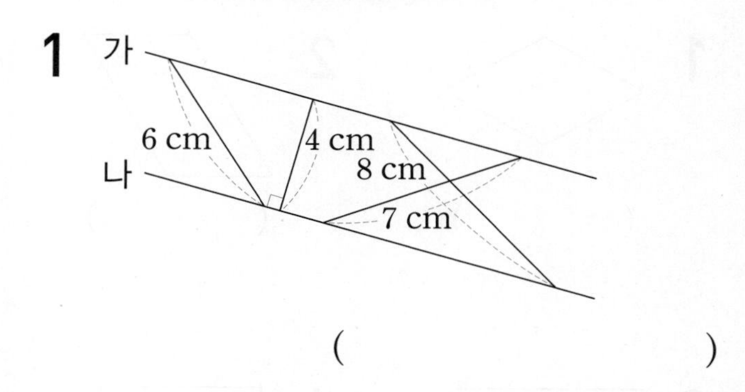

(　　　　　　)

2

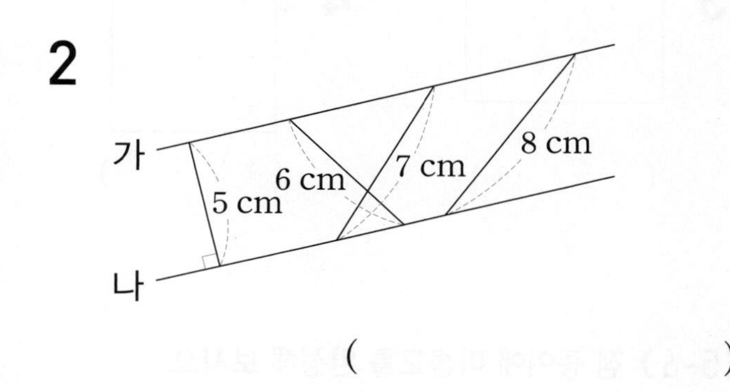

(　　　　　　)

(3~4) 평행선 사이의 거리는 몇 cm인지 재어 보시오.

3

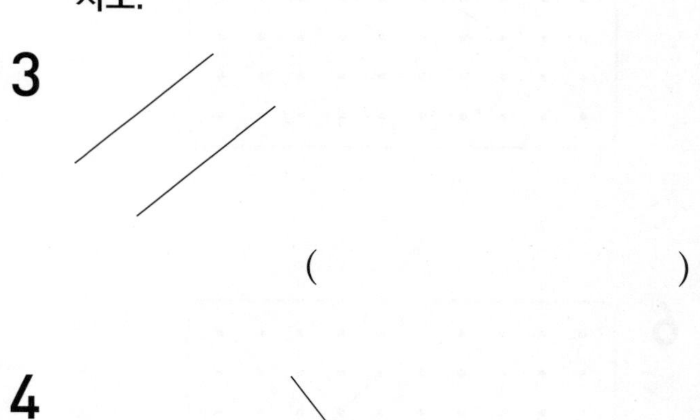

(　　　　　　)

4

(　　　　　　)

4 사다리꼴

(1~4) 사다리꼴이면 ○표, 사다리꼴이 아니면 ×표 하시오.

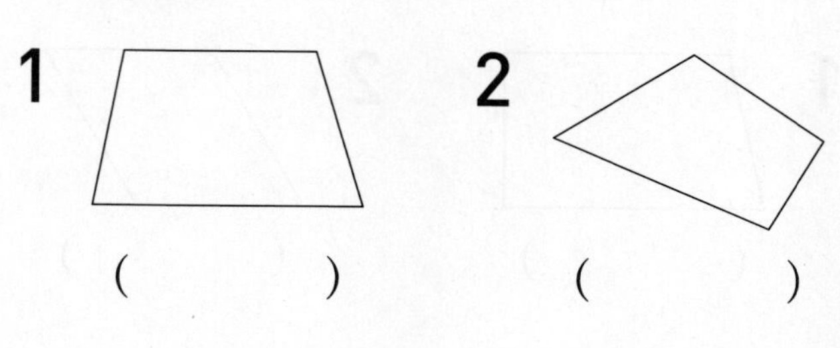

1 (　　　)　**2** (　　　)

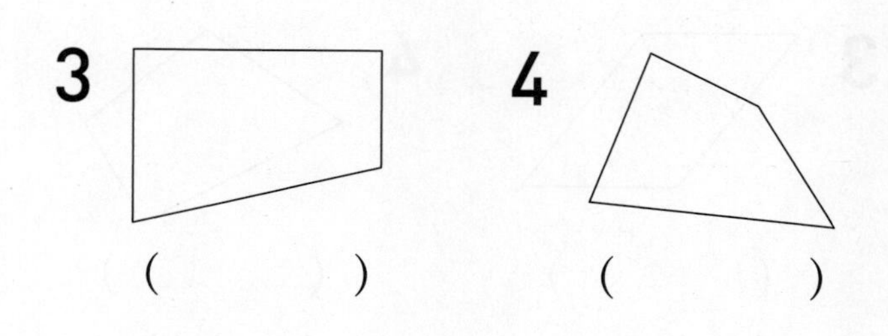

3 (　　　)　**4** (　　　)

(5~6) 점 종이에 사다리꼴을 완성해 보시오.

5

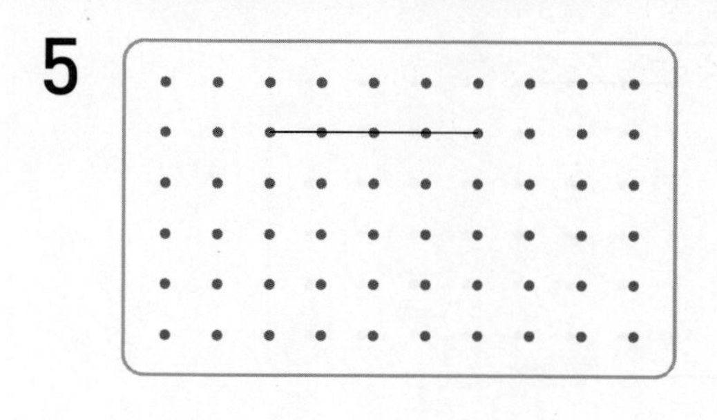

6

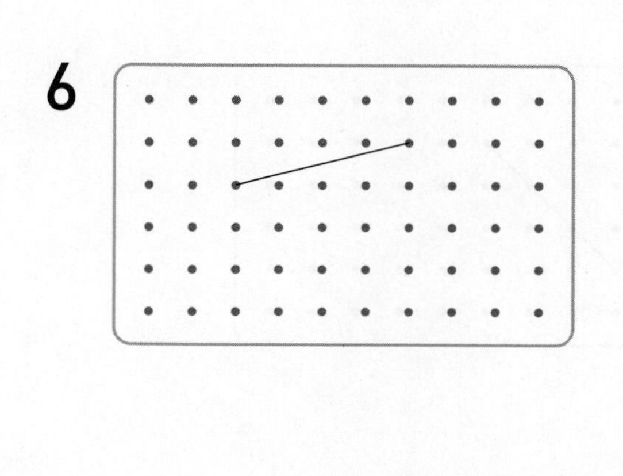

정답 45쪽

5 평행사변형

(1~4) 평행사변형이면 ○표, 평행사변형이 아니면 ╳표 하시오.

1 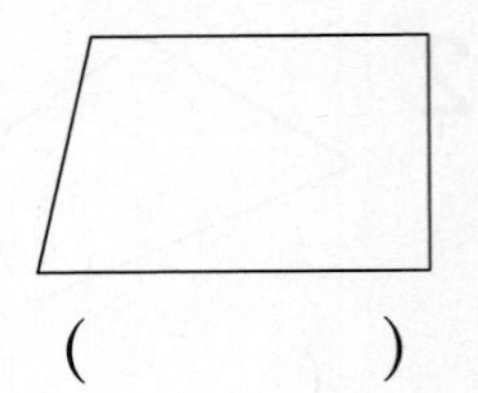

( )

2 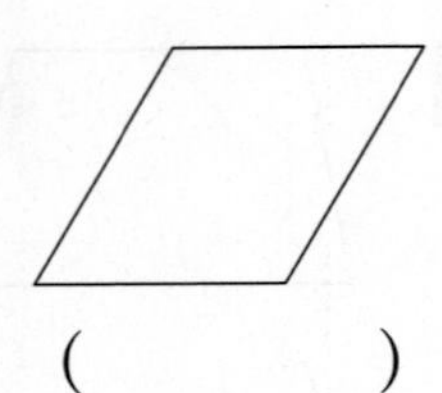

( )

3 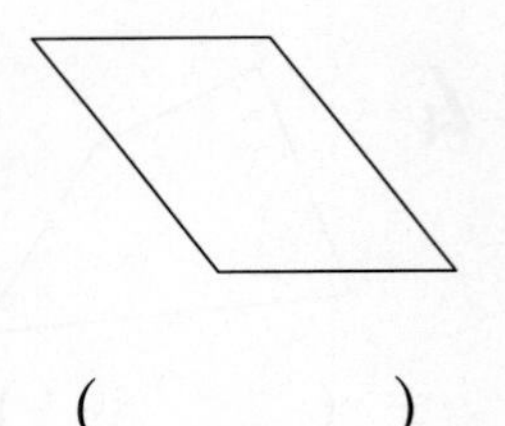

( )

4 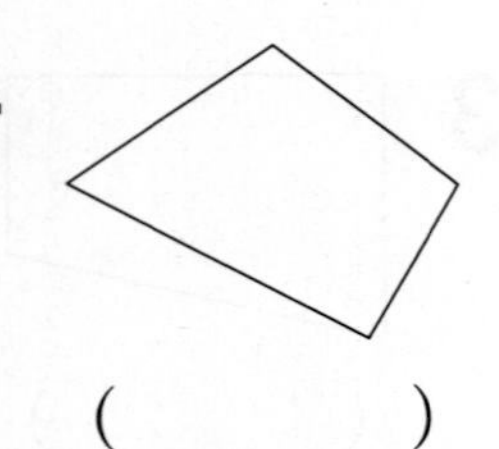

( )

(5~6) 점 종이에 평행사변형을 완성해 보시오.

5 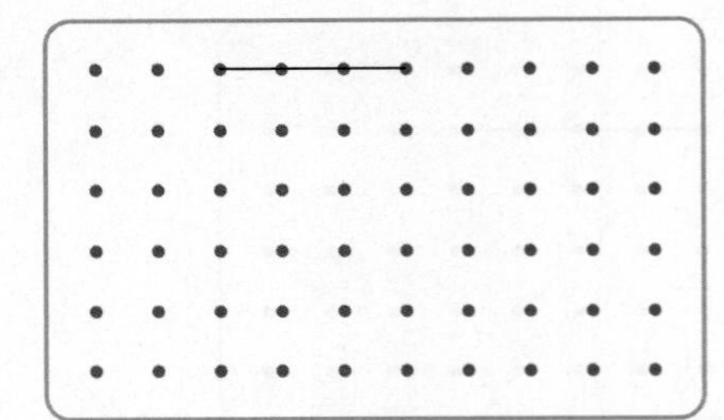

6 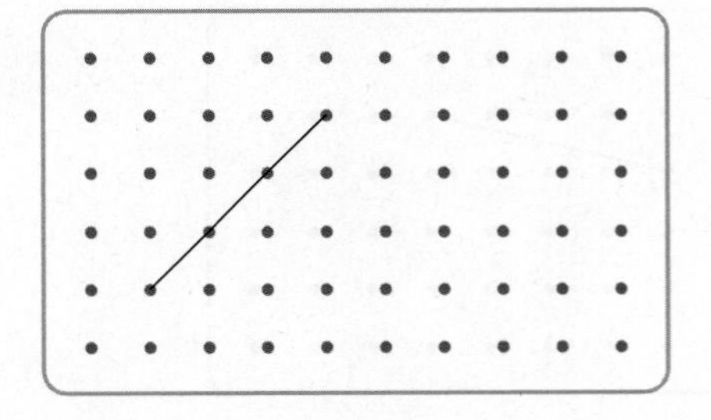

6 마름모

(1~4) 마름모이면 ○표, 마름모가 아니면 ╳표 하시오.

1 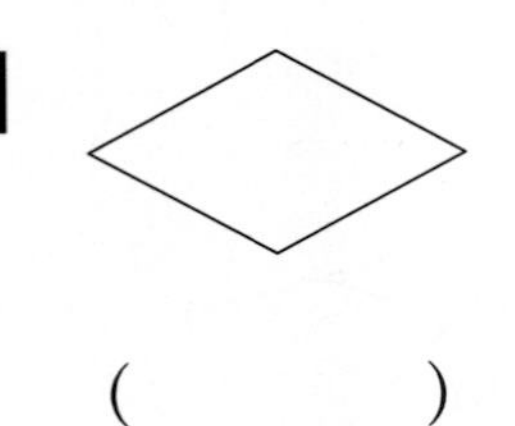

( )

2 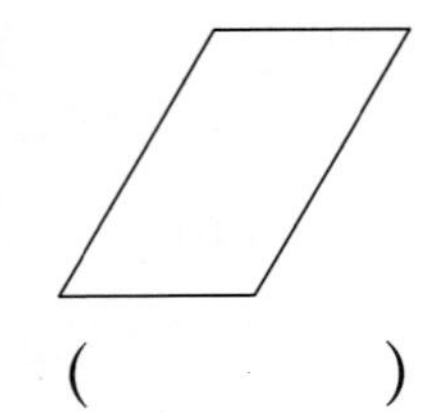

( )

3 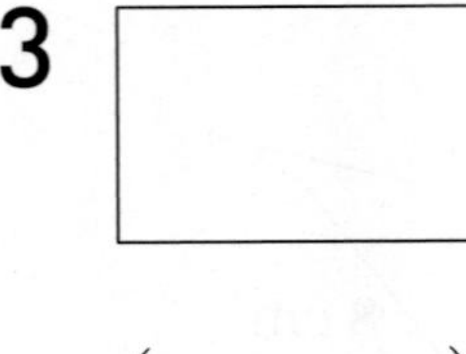

( )

4 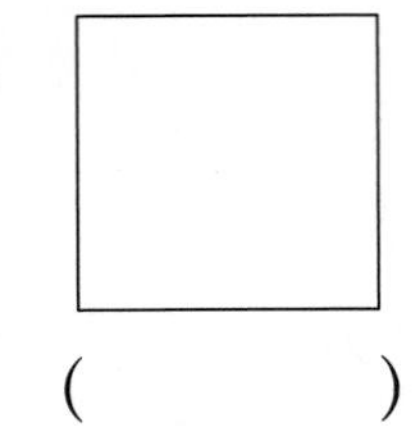

( )

(5~6) 점 종이에 마름모를 완성해 보시오.

5 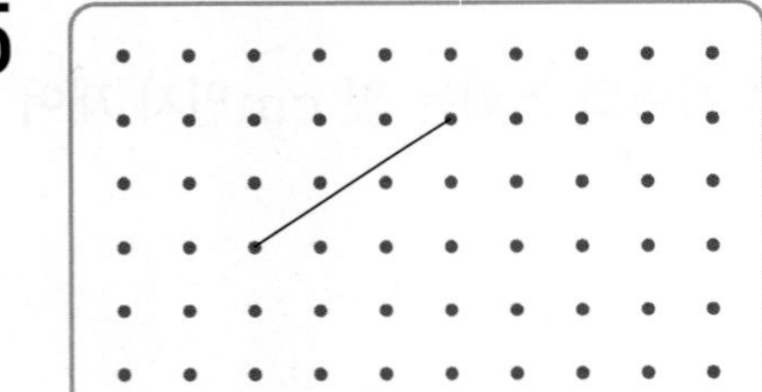

6 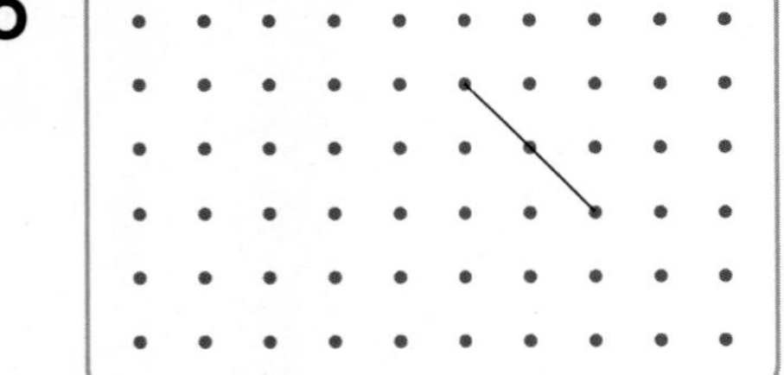

개념책 85~87쪽 | 정답 46쪽

1 수직

1 두 직선이 서로 수직인 것을 모두 찾아 ○표 하시오.

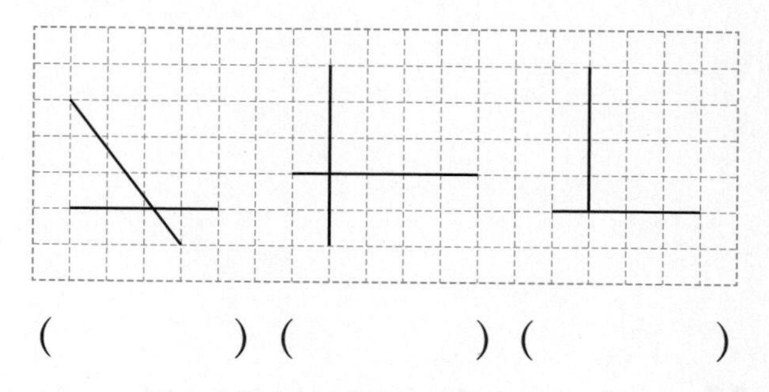

( ) ( ) ( )

2 그림을 보고 □ 안에 알맞게 써넣으시오.

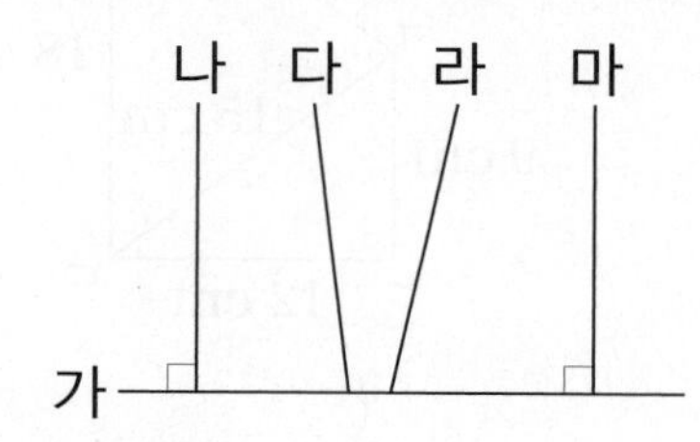

직선 가에 수직인 직선은

직선 □, 직선 □입니다.

3 서로 수직인 변이 있는 도형을 모두 찾아보시오.

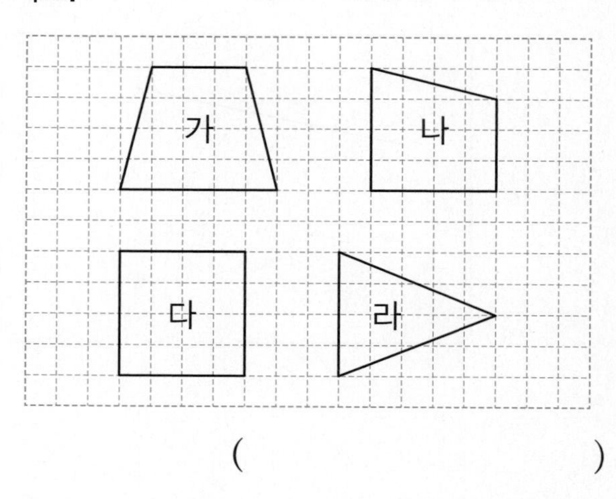

( )

4 삼각자와 각도기를 이용하여 주어진 직선에 대한 수선을 그어 보시오.

(1) 삼각자 이용

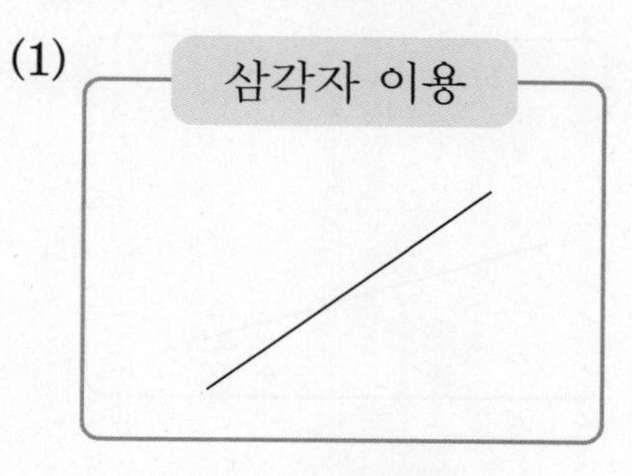

(2) 각도기 이용

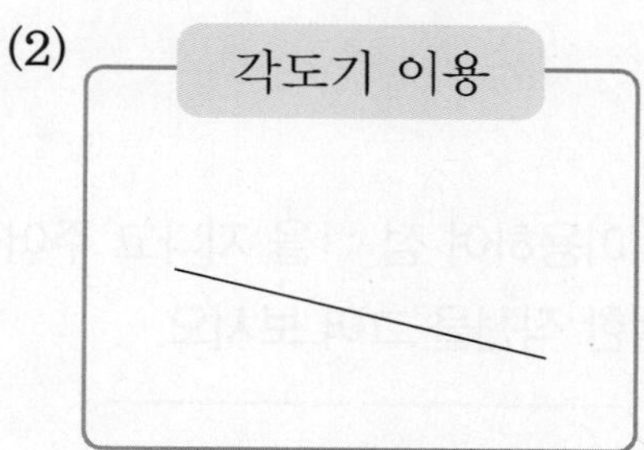

2 평행

5 두 직선이 서로 평행한 것을 모두 찾아 ○표 하시오.

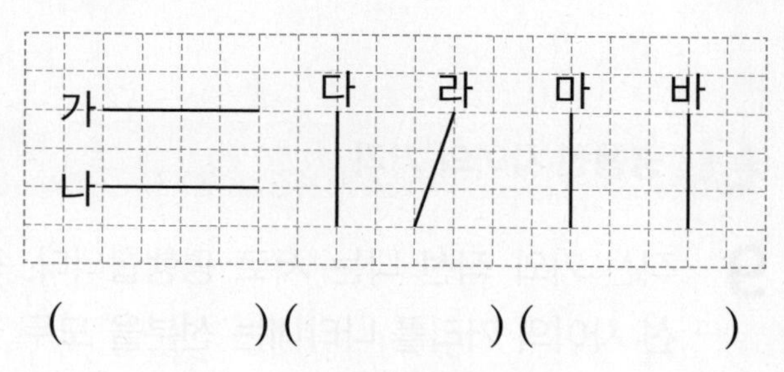

( ) ( ) ( )

6 정사각형에서 변 ㄱㄴ과 평행한 변을 찾아 써 보시오.

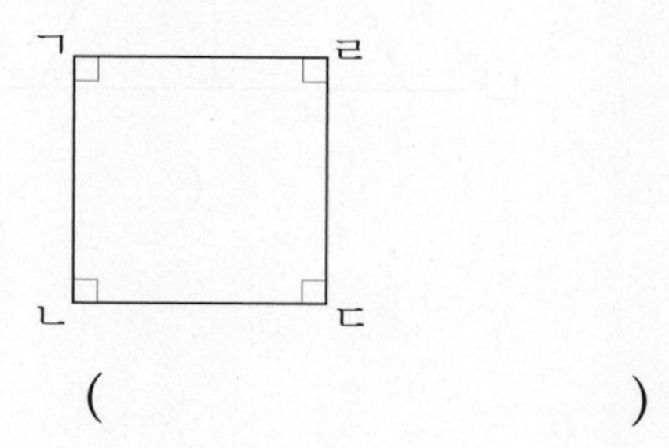

( )

STEP 1 유형복습

기본유형 익히기

7 삼각자를 이용하여 주어진 직선과 평행한 직선을 그어 보시오.

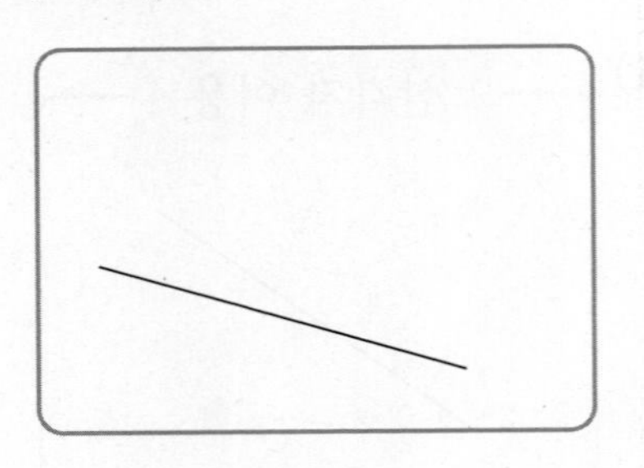

8 삼각자를 이용하여 점 ㄱ을 지나고 주어진 직선과 평행한 직선을 그어 보시오.

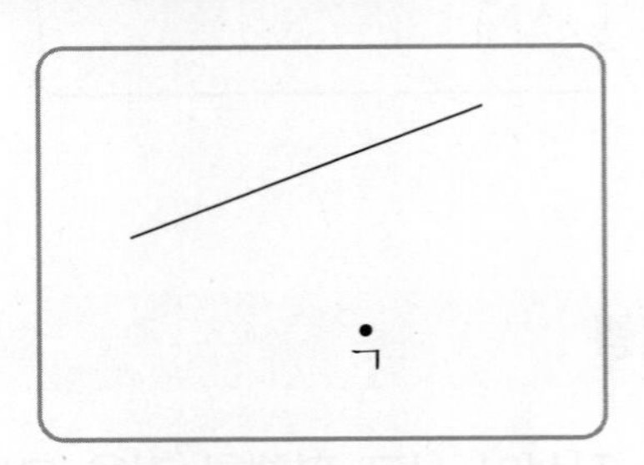

3 평행선 사이의 거리

9 직선 가와 직선 나는 서로 평행합니다. 평행선 사이의 거리를 나타내는 선분을 모두 찾아 번호를 써 보시오.

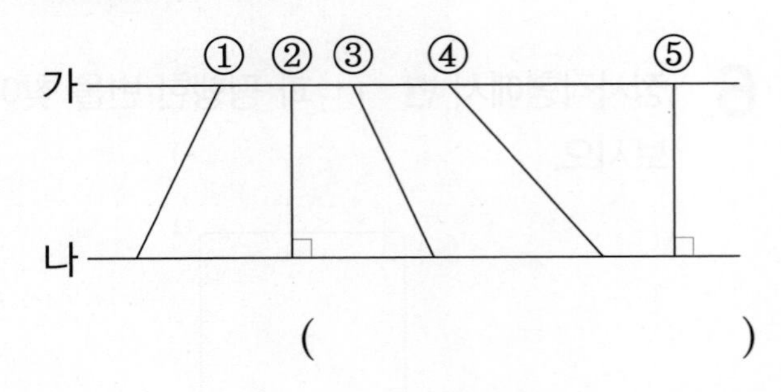

(　　　　　　　　)

10 평행선 사이의 거리는 몇 cm인지 재어 보시오.

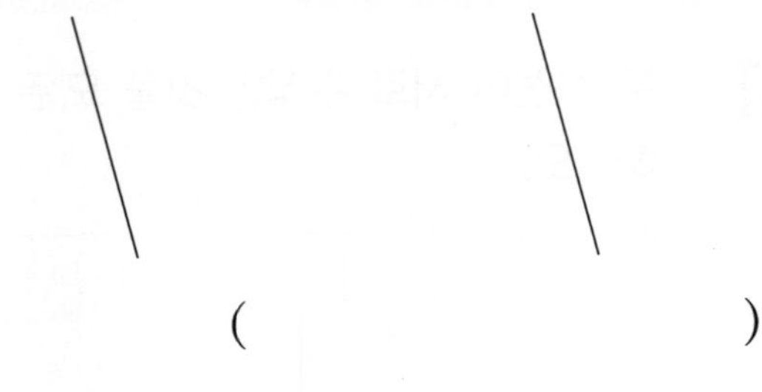

(　　　　　　　　)

11 도형에서 평행선 사이의 거리는 몇 cm입니까?

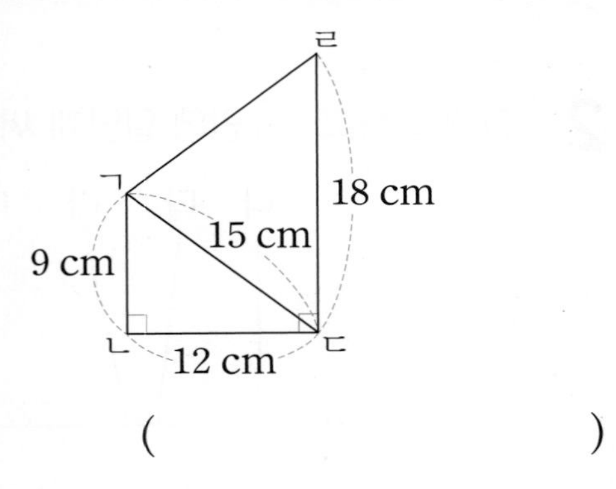

(　　　　　　　　)

12 평행선 사이의 거리가 2 cm가 되도록 주어진 직선과 평행한 직선을 그어 보시오.

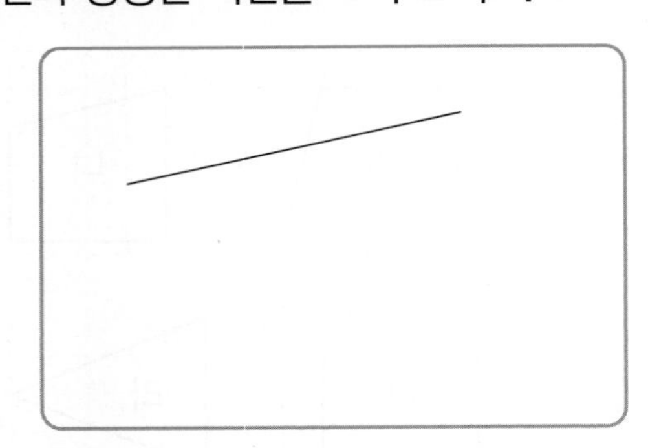

개념책 90쪽 | 정답 46쪽

1 그림을 보고 □ 안에 알맞게 써넣으시오.

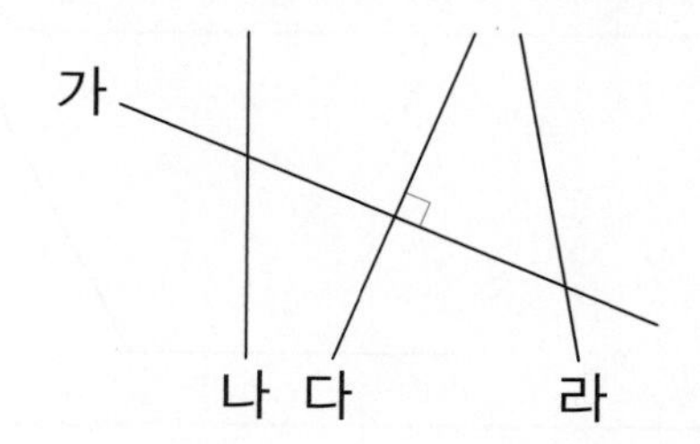

직선 가에 수직인 직선은 직선 □이므로

직선 다는 직선 가에 대한 □입니다.

2 서로 평행한 변이 있는 도형을 모두 찾아보시오.

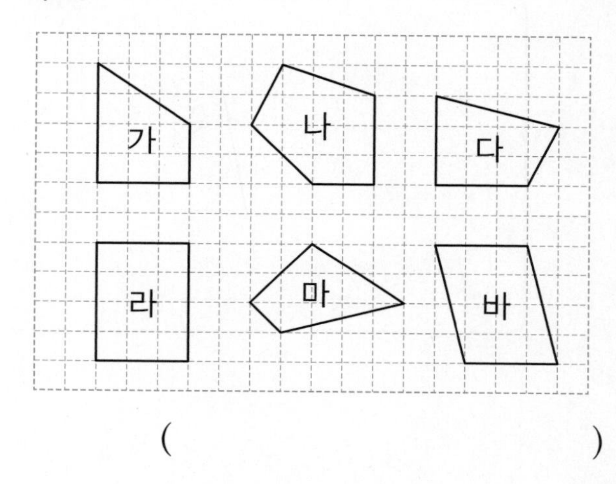

(　　　　　　　　)

3 사각형 ㄱㄴㄷㄹ에서 직선 가에 수직인 변을 찾아 써 보시오.

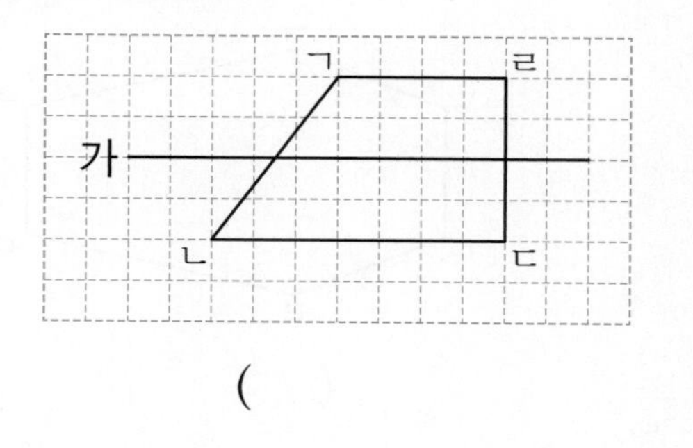

(　　　　　　　　)

교과 역량 의사소통, 정보 처리

4 평행선에 대해 바르게 말한 사람은 누구입니까?

(　　　　　　　　)

5 평행선 사이의 거리는 몇 cm인지 재어 보시오.

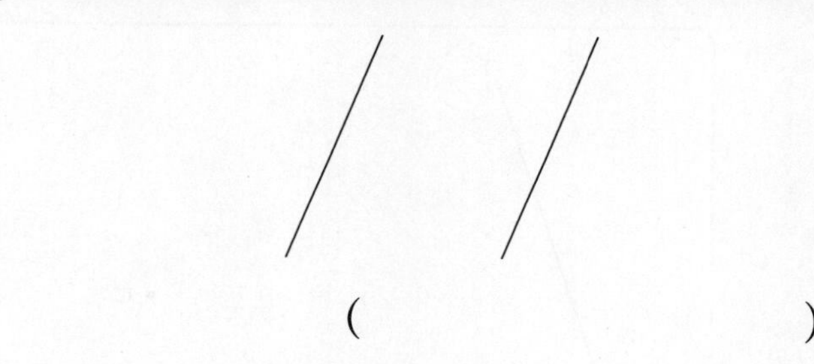

(　　　　　　　　)

교과 역량 추론, 의사소통　　개념 확인 서술형

6 직선 가와 직선 나에 대한 설명이 맞는지 틀린지 쓰고, 그 이유를 써 보시오.

가
나

직선 가와 직선 나는 서로 만나지 않으므로 평행합니다.

답 |

7 도형에서 변 ㄱㄴ과 평행한 변을 모두 찾아 써 보시오.

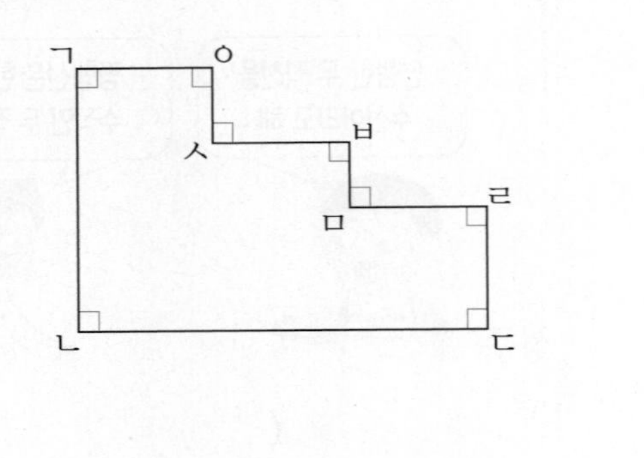

( )

(8~10) 수직인 직선과 평행한 직선을 각각 그어 보고 물음에 답하시오.

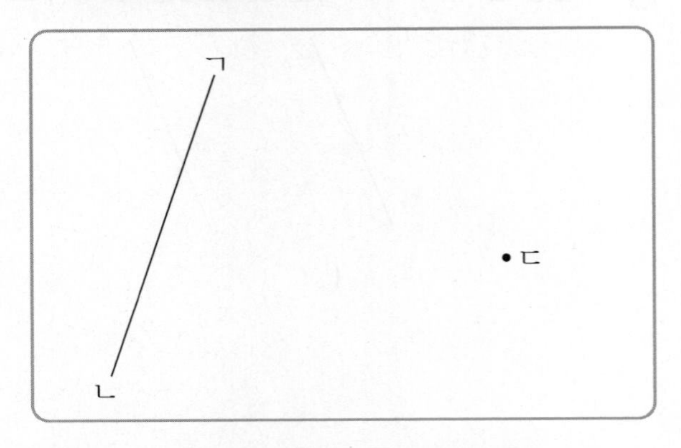

8 점 ㄷ을 지나고 직선 ㄱㄴ에 수직인 직선을 그어 보시오.

9 점 ㄷ을 지나고 직선 ㄱㄴ과 평행한 직선을 그어 보시오.

10 그은 평행선 사이의 거리는 몇 cm입니까?

( )

교과 역량 문제 해결

11 평행선이 두 쌍인 사각형을 그려 보시오.

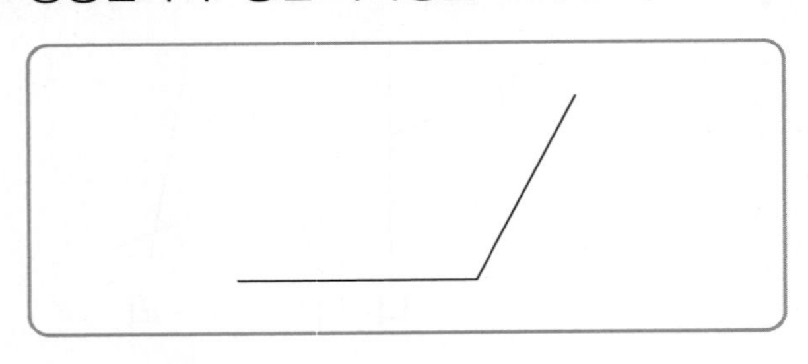

12 평행선 사이의 거리가 3 cm가 되도록 주어진 직선과 평행한 직선을 2개 그어 보시오.

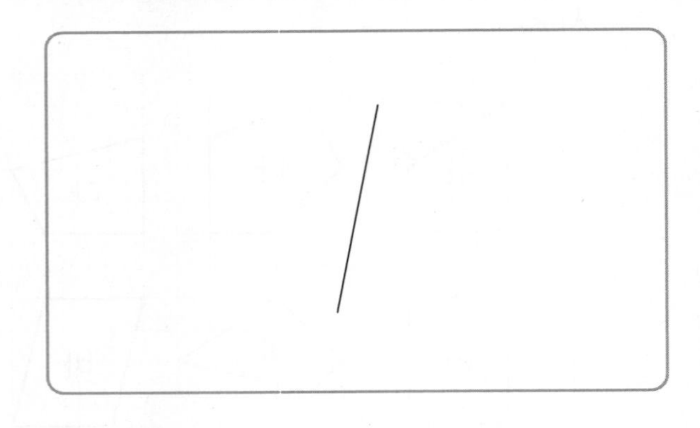

교과서 pick

13 도형에서 평행선을 찾아 평행선 사이의 거리는 몇 cm인지 재어 보시오.

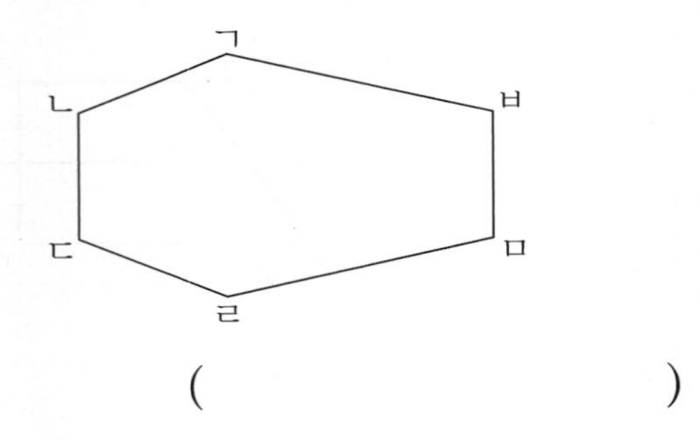

( )

개념책 93~95쪽 | 정답 47쪽

4 사다리꼴

1 사다리꼴을 모두 찾아보시오.

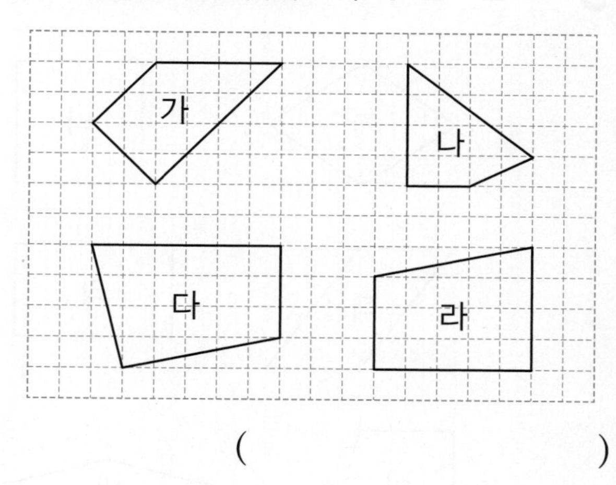

( )

2 사다리꼴을 완성해 보시오.

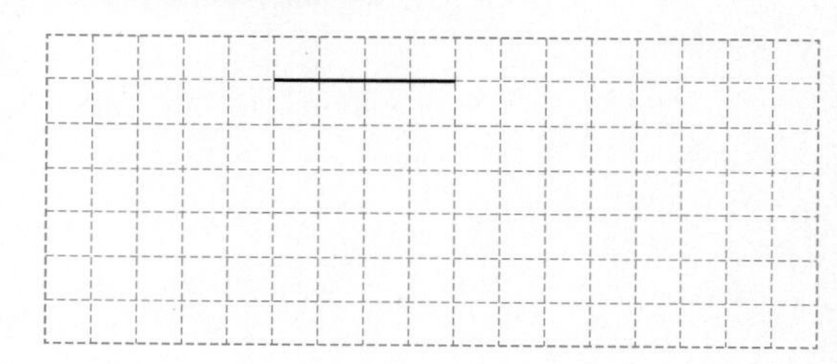

3 직사각형 모양의 종이띠를 선을 따라 잘랐을 때 잘라 낸 사각형 중에서 사다리꼴은 모두 몇 개입니까?

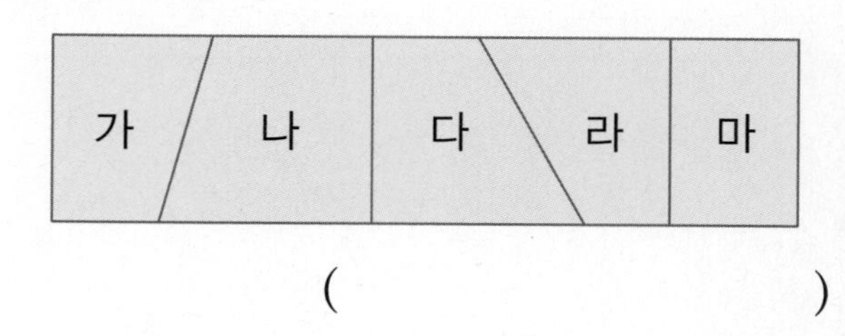

( )

4 점 종이에서 한 꼭짓점만 옮겨서 사다리꼴을 만들어 보시오.

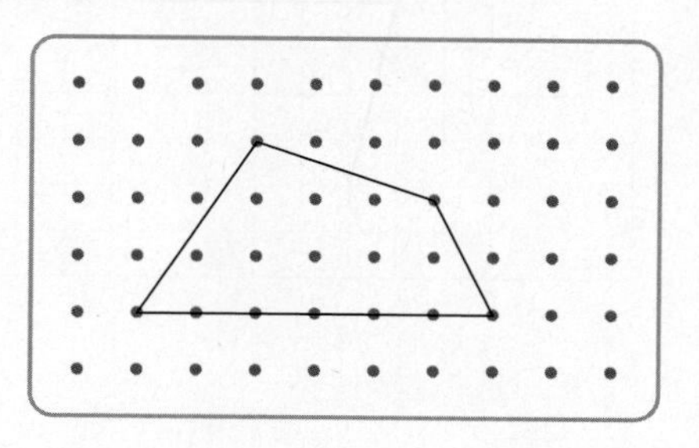

5 평행사변형

5 평행사변형을 모두 찾아보시오.

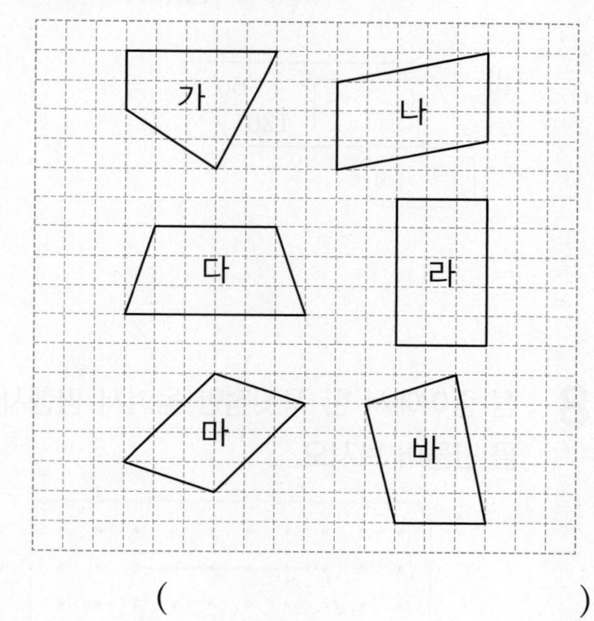

( )

4 단원

6 평행사변형을 완성해 보시오.

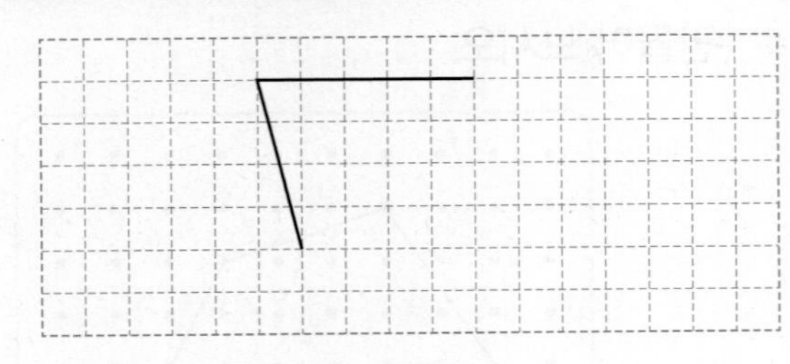

7 평행사변형을 보고 □ 안에 알맞은 수를 써넣으시오.

(1)

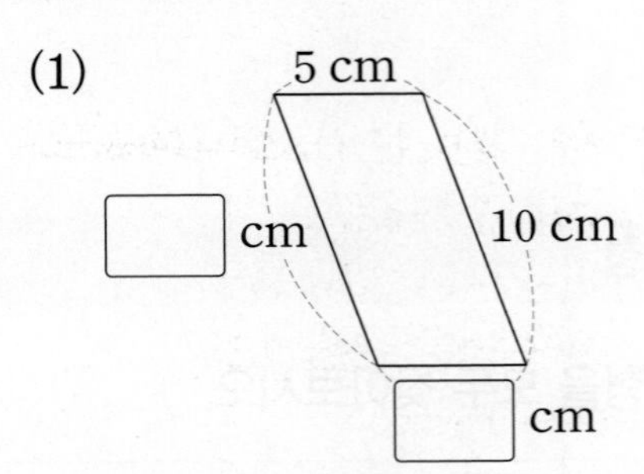

(2)

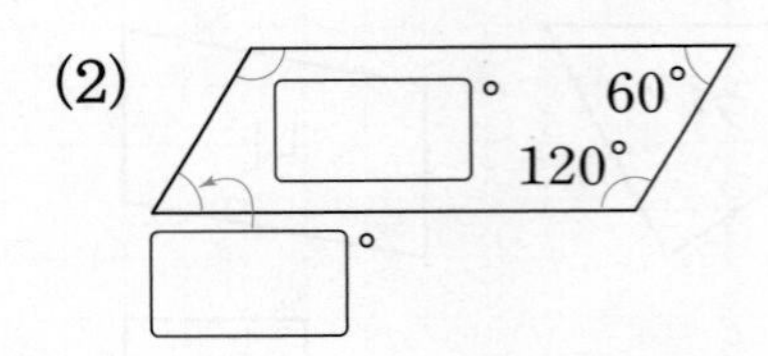

8 점 종이에서 한 꼭짓점만 옮겨서 평행사변형을 만들어 보시오.

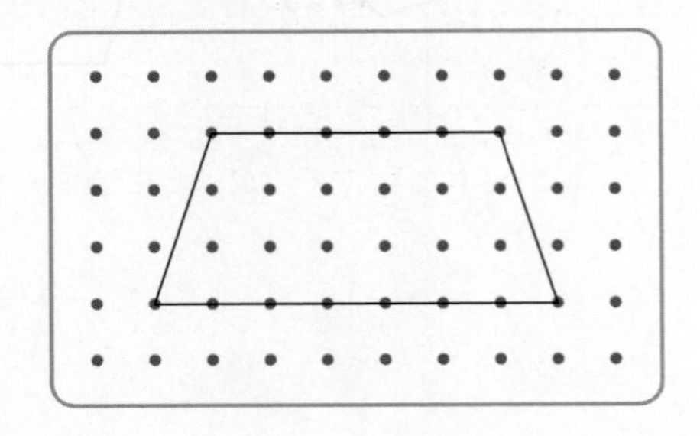

6 마름모

9 마름모를 모두 찾아보시오.

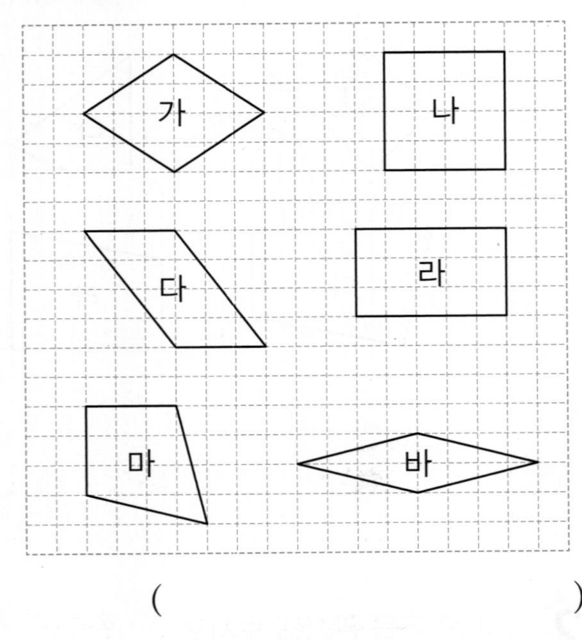

(　　　　　　　　　　　　　　　　)

10 마름모를 완성해 보시오.

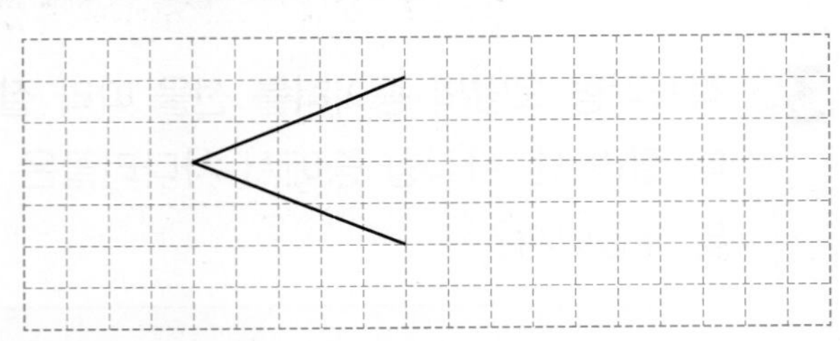

11 마름모를 보고 □ 안에 알맞은 수를 써넣으시오.

(1)

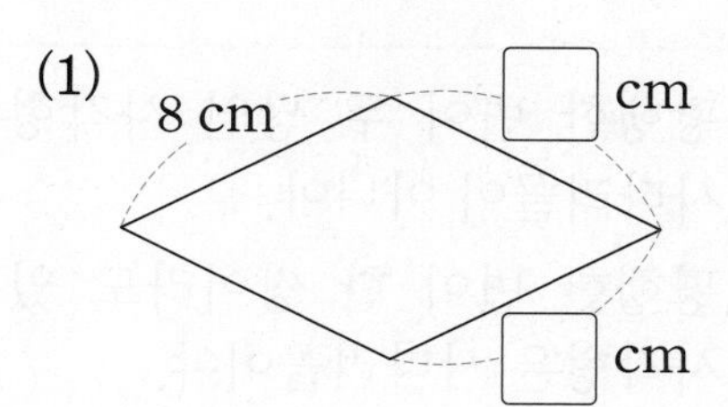

(2)

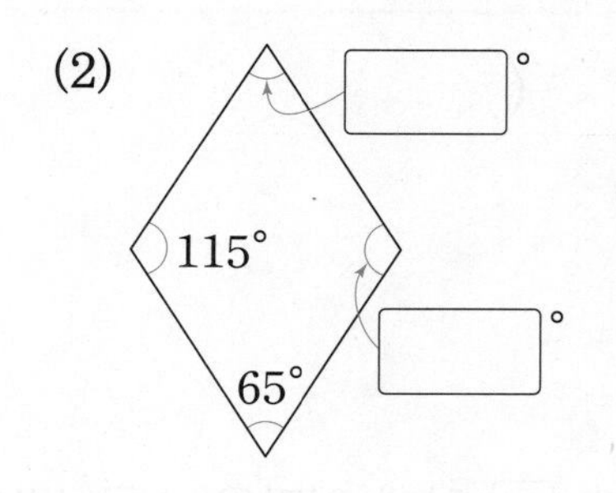

12 점 종이에서 한 꼭짓점만 옮겨서 마름모를 만들어 보시오.

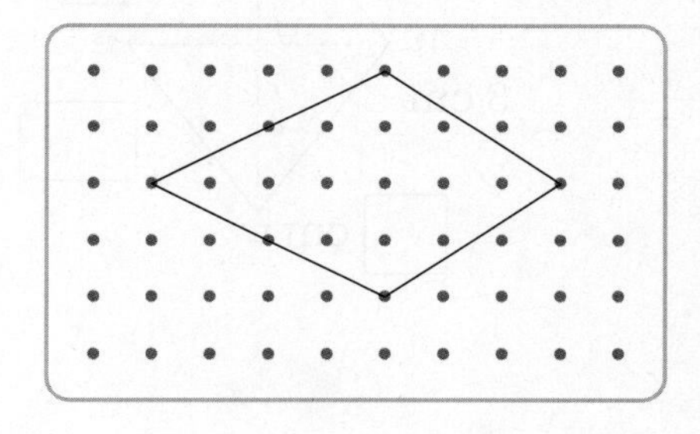

7 여러 가지 사각형

13 직사각형을 보고 □ 안에 알맞은 수를 써넣으시오.

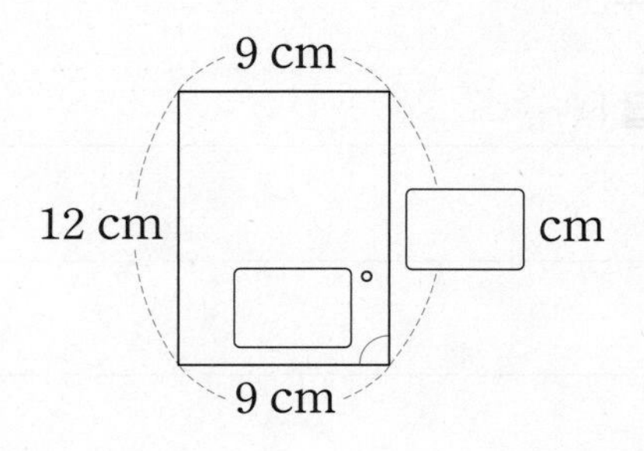

14 정사각형을 보고 □ 안에 알맞은 수를 써넣으시오.

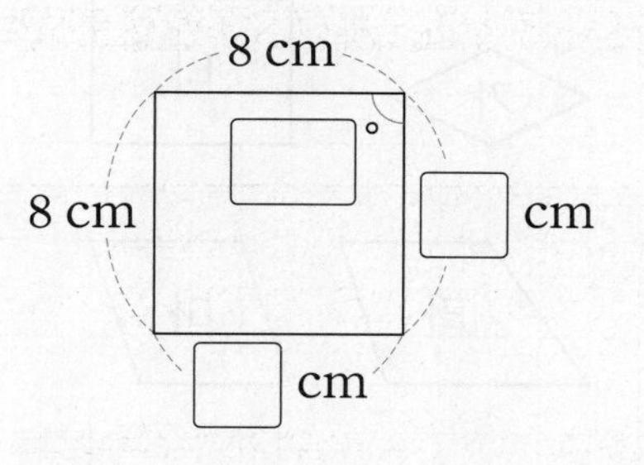

15 직사각형 모양의 종이띠를 선을 따라 잘랐을 때 여러 가지 사각형을 찾아보시오.

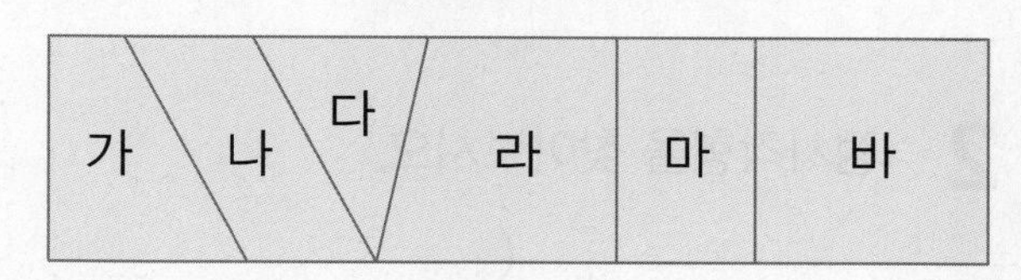

사다리꼴	
평행사변형	
마름모	
직사각형	
정사각형	바

16 사각형의 이름이 될 수 있는 것을 모두 고르시오. (　　　　)

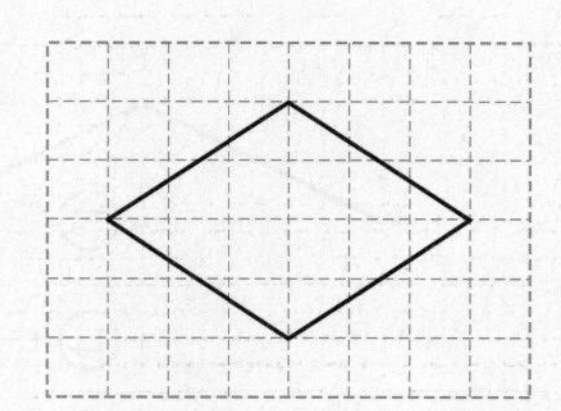

① 사다리꼴　② 평행사변형
③ 직사각형　④ 정사각형
⑤ 마름모

STEP 2 유형복습

실전유형 다지기

(1~3) 도형을 보고 물음에 답하시오.

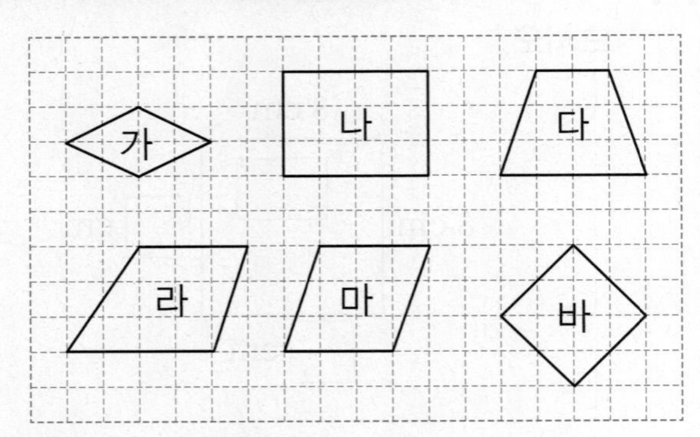

1 직사각형을 모두 찾아보시오.

( )

2 정사각형을 찾아보시오.

( )

3 평행사변형은 모두 몇 개입니까?

( )

4 주어진 선분을 두 변으로 하여 마름모를 그리려고 합니다. 어느 점을 꼭짓점으로 하여야 할지 기호를 써 보시오.

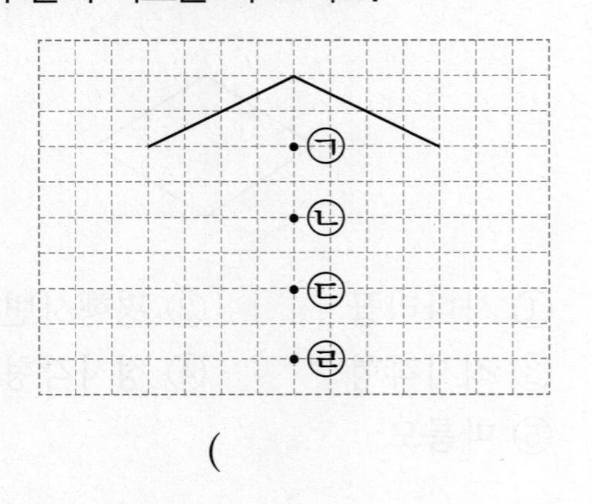

( )

5 사다리꼴에 대해 잘못 말한 사람은 누구입니까?

- 예지: 평행한 변이 두 쌍인 사각형은 사다리꼴이 아니야.
- 승민: 평행한 변이 한 쌍이라도 있는 사각형은 사다리꼴이야.

( )

6 마름모를 보고 □ 안에 알맞은 수를 써넣으시오.

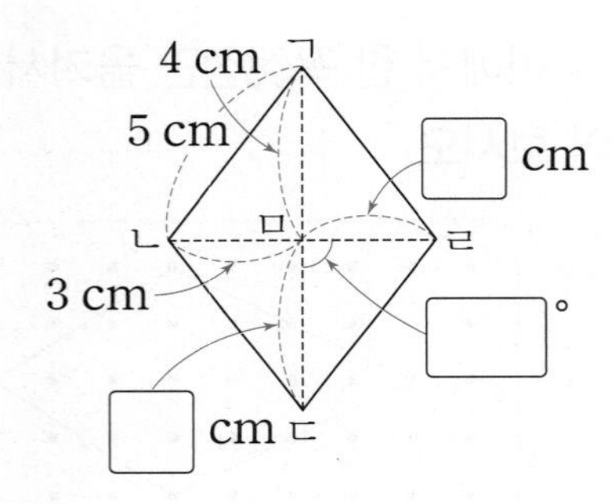

교과 역량 추론, 의사소통

개념 확인 서술형

7 오른쪽 도형은 마름모입니까? 그렇게 생각한 이유를 써 보시오.

답 |

8 도형은 직사각형입니다. 직사각형의 네 변의 길이의 합은 몇 cm입니까?

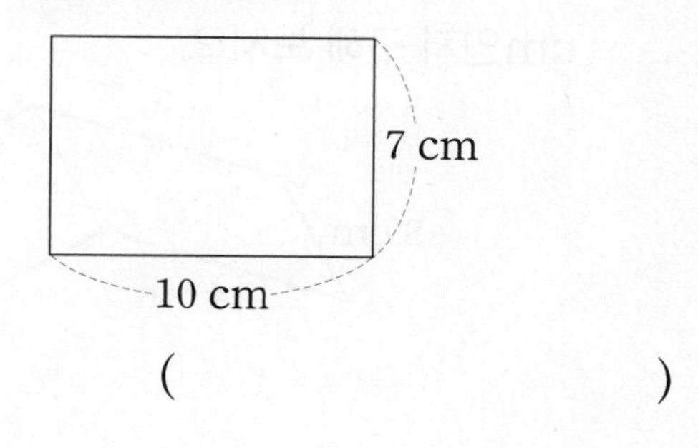

( )

9 그림과 같이 직사각형 모양의 색종이를 접어서 자른 후 빗금 친 부분을 펼쳤을 때 만들어지는 사각형의 이름을 써 보시오.

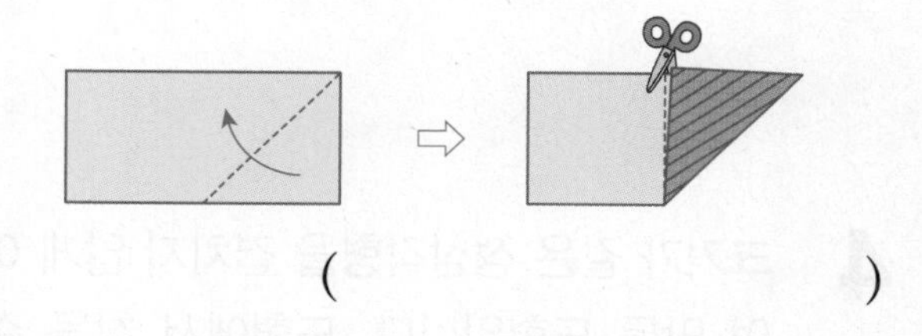

( )

교과 역량 문제 해결

10 네 변의 길이의 합이 28 cm인 마름모의 한 변은 몇 cm입니까?

( )

교과서 pick

11 평행사변형에서 ㉠의 각도를 구해 보시오.

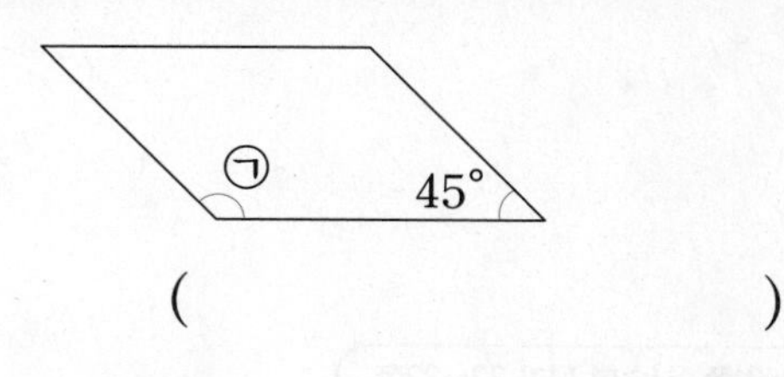

( )

12 그림과 같이 크기가 서로 다른 직사각형 모양의 종이 2장을 겹쳤습니다. 겹쳐진 부분의 사각형의 이름을 써 보시오.

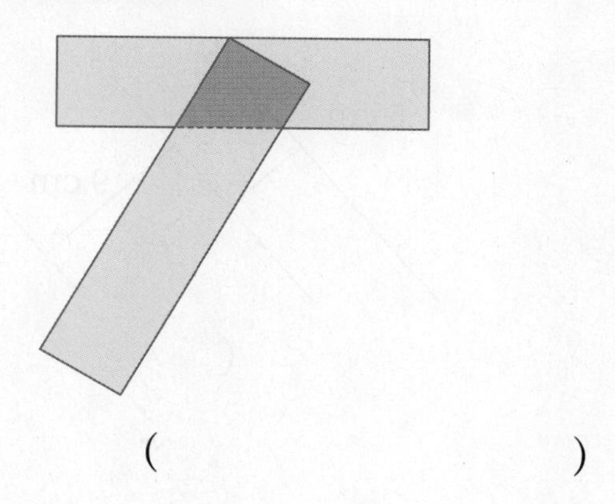

( )

(13~14) 수수깡으로 여러 가지 사각형을 만들려고 합니다. 물음에 답하시오.

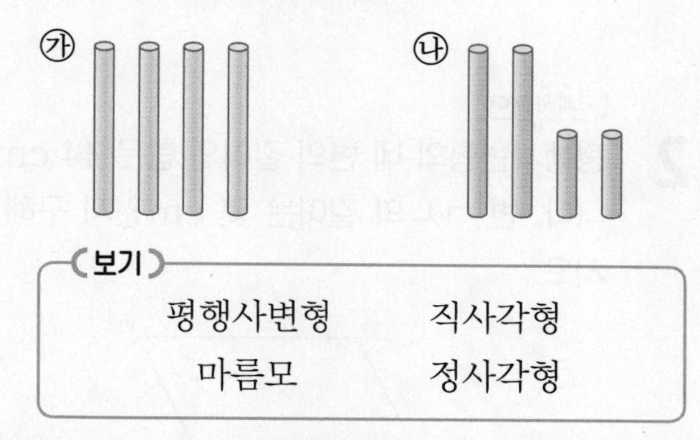

보기

평행사변형	직사각형
마름모	정사각형

13 ㉮의 수수깡으로 만들 수 있는 사각형의 이름을 〈보기〉에서 모두 찾아 써 보시오.

( )

14 ㉯의 수수깡으로 만들 수 있는 사각형의 이름을 〈보기〉에서 모두 찾아 써 보시오.

( )

개념책 102~103쪽 | 정답 48쪽

1 직선 가와 직선 나, 직선 나와 직선 다가 서로 평행합니다. 직선 가와 직선 다 사이의 거리는 몇 cm인지 구해 보시오.

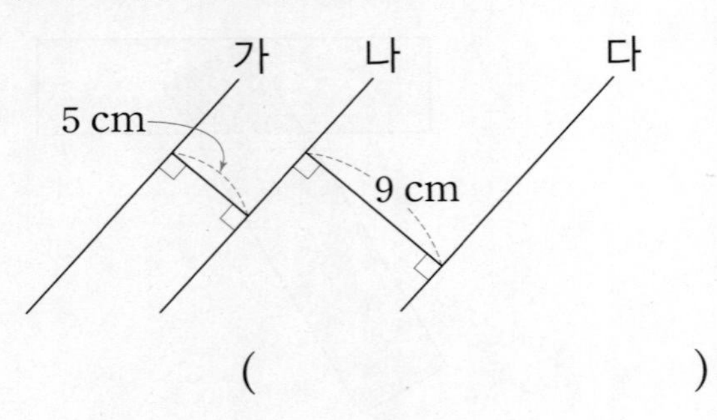

(　　　　　　　　)

교과서 pick

2 평행사변형의 네 변의 길이의 합은 44 cm입니다. 변 ㄱㄴ의 길이는 몇 cm인지 구해 보시오.

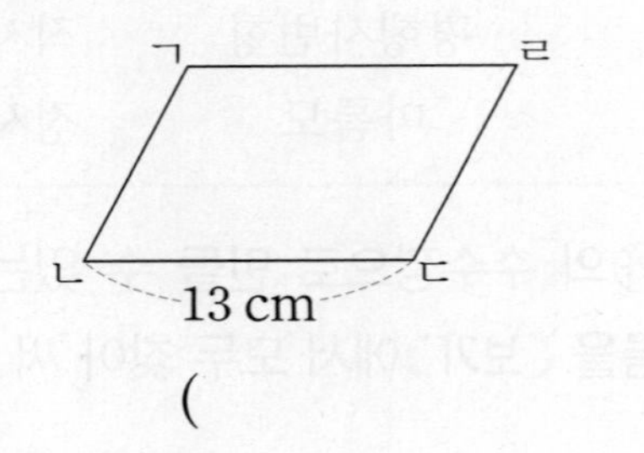

(　　　　　　　　)

교과서 pick

3 평행사변형과 정사각형을 겹치지 않게 이어 붙여 만든 도형입니다. 빨간색 선의 길이는 몇 cm인지 구해 보시오.

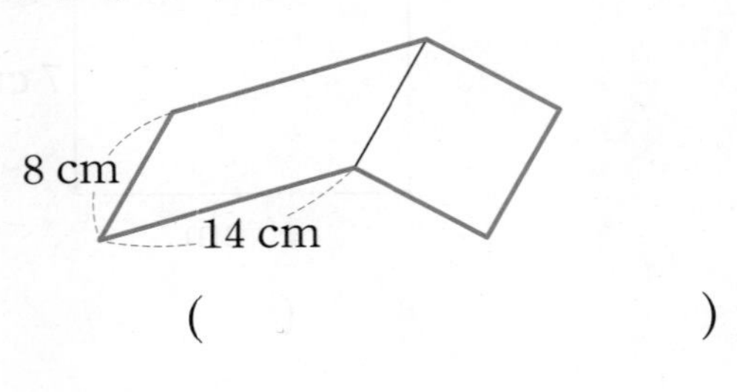

(　　　　　　　　)

4 크기가 같은 정삼각형을 겹치지 않게 이어 붙여 만든 도형입니다. 도형에서 찾을 수 있는 크고 작은 마름모는 모두 몇 개인지 구해 보시오.

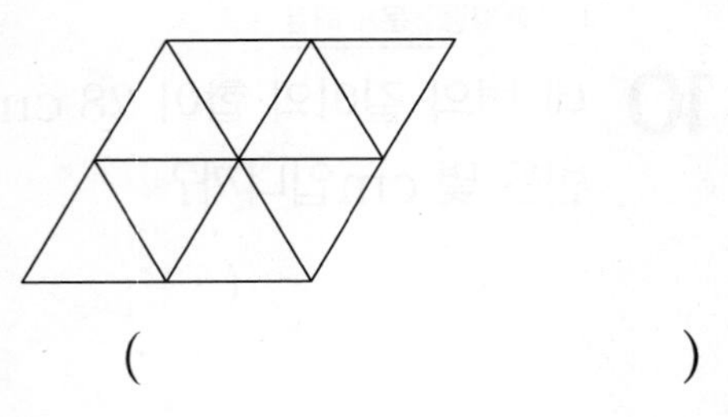

(　　　　　　　　)

실력 확인 [평가책] 단원 평가 26~31쪽, 서술형 평가 32~33쪽

5

꺾은선그래프

개념복습

기초력 기르기

1 꺾은선그래프

(1~4) 복도의 온도를 한 시간마다 조사하여 나타낸 그래프입니다. 물음에 답하시오.

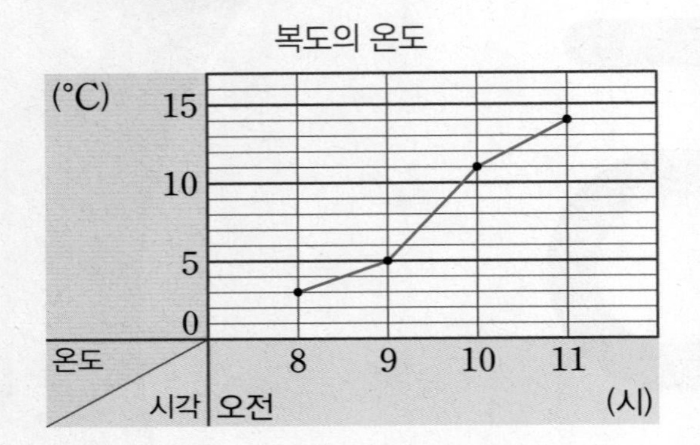

1 위와 같은 그래프를 무슨 그래프라고 합니까?

( )

2 그래프의 가로와 세로는 각각 무엇을 나타냅니까?

가로 ( )

세로 ( )

3 세로 눈금 한 칸은 몇 ℃를 나타냅니까?

( )

4 꺾은선은 무엇을 나타냅니까?

( )

2 꺾은선그래프의 내용

(1~4) 민준이네 학교의 월별 전학생 수를 조사하여 나타낸 꺾은선그래프입니다. 물음에 답하시오.

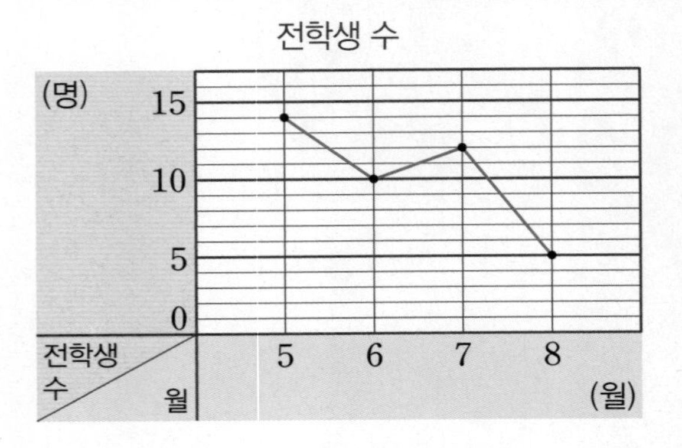

1 6월의 전학생 수는 몇 명입니까?

( )

2 전학생 수가 가장 많은 달은 몇 월입니까?

( )

3 전학생 수가 가장 적은 달은 몇 월입니까?

( )

4 전월에 비해 전학생 수가 가장 많이 줄어든 달은 몇 월입니까?

( )

(5~8) 어느 도서관의 날짜별 책 대여량을 조사하여 나타낸 꺾은선그래프입니다. 물음에 답하시오.

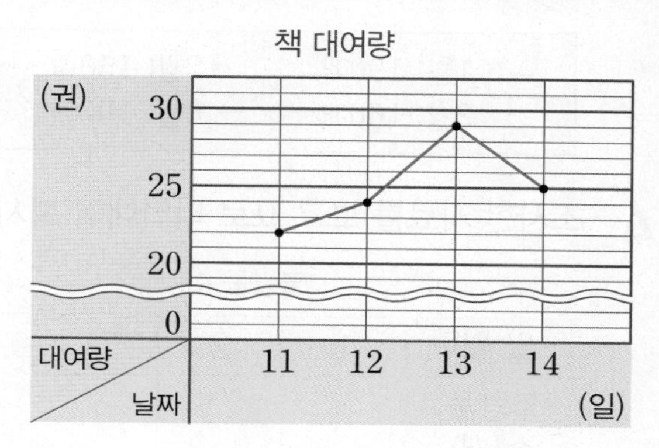

5 12일의 책 대여량은 몇 권입니까?

( )

6 책 대여량이 가장 많은 날은 며칠입니까?

( )

7 책 대여량이 가장 적은 날은 며칠입니까?

( )

8 전날에 비해 책 대여량이 가장 많이 늘어난 날은 며칠입니까?

( )

3 꺾은선그래프로 나타내기

1 양파 뿌리의 길이를 매일 같은 시각에 조사하여 나타낸 표입니다. 표를 보고 꺾은선그래프로 나타내어 보시오.

양파 뿌리의 길이

요일(요일)	월	화	수	목
길이(mm)	4	6	9	12

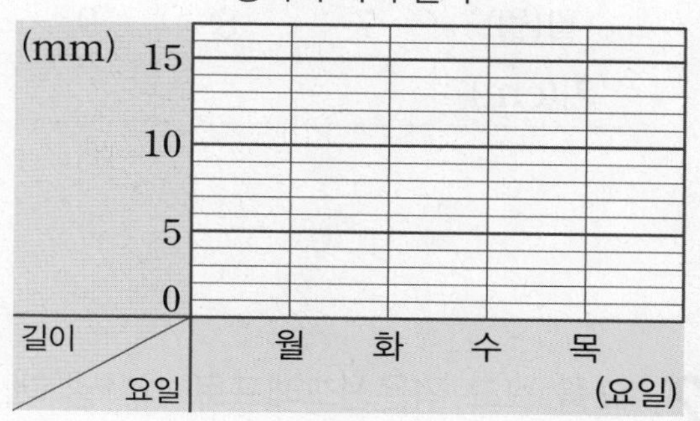

2 윤주의 몸무게를 매월 1일에 조사하여 나타낸 표입니다. 표를 보고 꺾은선그래프로 나타내어 보시오.

윤주의 몸무게

월(월)	5	6	7	8
몸무게(kg)	36.5	36.8	37.2	37.7

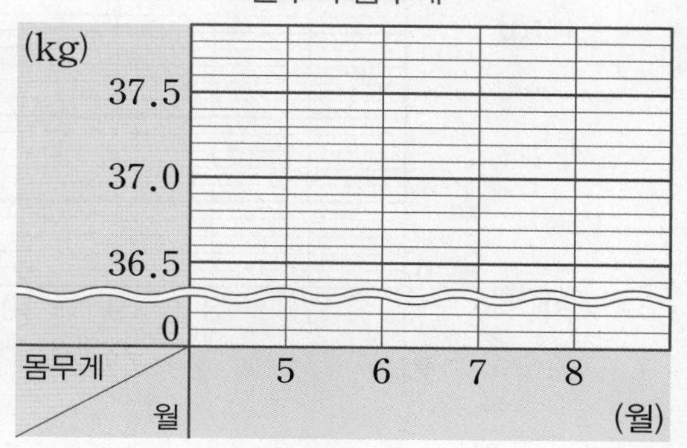

4 자료를 조사하여 꺾은선그래프로 나타내기

(1~3) 국화의 키를 매월 1일에 조사한 자료입니다. 물음에 답하시오.

7월 1일: 10 cm　8월 1일: 22 cm
9월 1일: 28 cm　10월 1일: 30 cm

1 조사한 자료를 보고 표로 나타내어 보시오.

국화의 키

월(월)	7	8	9	10
키(cm)				

2 표를 보고 꺾은선그래프로 나타낼 때, 가로에 월을 나타낸다면 세로에는 무엇을 나타내어야 합니까?

(　　　　　　　　　　)

3 표를 보고 꺾은선그래프로 나타내어 보시오.

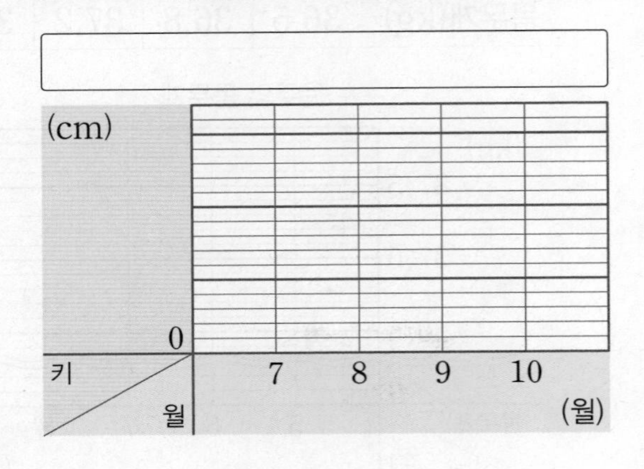

(4~6) 어느 장난감 공장의 월별 불량품 수를 조사한 자료입니다. 물음에 답하시오.

1월: 190개　2월: 150개
3월: 160개　4월: 100개

4 조사한 자료를 보고 표로 나타내어 보시오.

불량품 수

월(월)	1	2	3	4
불량품 수(개)				

5 표를 보고 물결선을 사용한 꺾은선그래프로 나타낼 때, 물결선을 몇 개와 몇 개 사이에 넣는 것이 좋겠습니까?

(　　　　　　　　　　)

6 표를 보고 꺾은선그래프로 나타내어 보시오.

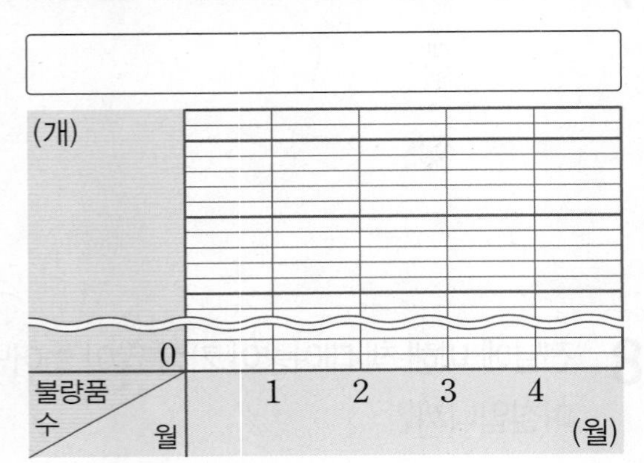

STEP1 유형복습

기본유형 익히기

개념책 111쪽 | 정답 49쪽

1 꺾은선그래프

(1~3) 어느 가게의 요일별 햄버거 판매량을 조사하여 나타낸 꺾은선그래프입니다. 물음에 답하시오.

햄버거 판매량

(개)
150
100
50
0
판매량
요일
월 화 수 목 금 (요일)

1 꺾은선그래프의 가로와 세로는 각각 무엇을 나타냅니까?

가로 (　　　　　　　　　　　　)

세로 (　　　　　　　　　　　　)

2 세로 눈금 한 칸은 몇 개를 나타냅니까?

(　　　　　　　　　　　　)

3 꺾은선은 무엇을 나타냅니까?

(　　　　　　　　　　　　)

4 막대그래프와 꺾은선그래프 중에서 시간에 따른 식물의 키의 변화를 한눈에 알아보기 쉬운 그래프는 어느 것입니까?

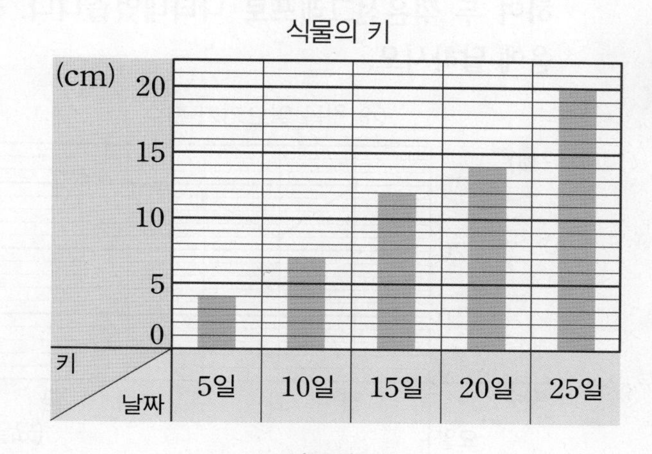

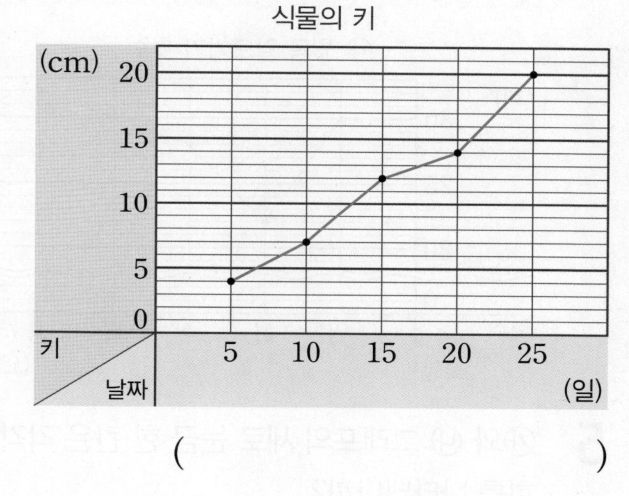

(　　　　　　　　　　　　)

2 꺾은선그래프의 내용

(5~9) 지혜의 요일별 윗몸 일으키기 횟수를 조사하여 두 꺾은선그래프로 나타내었습니다. 물음에 답하시오.

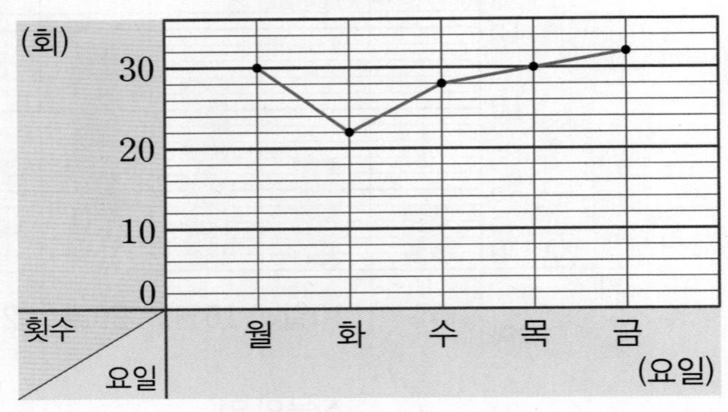

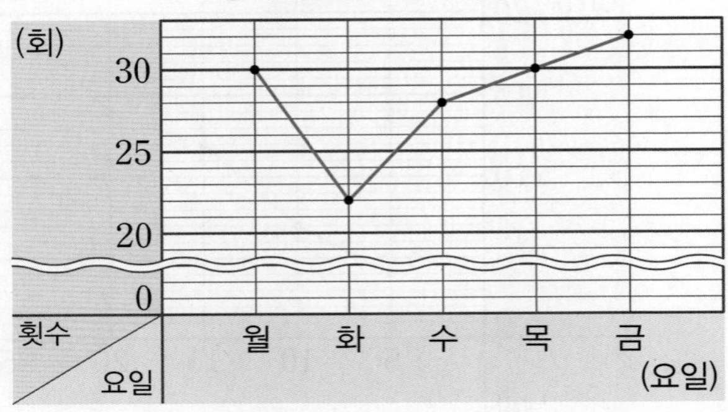

5 ㉮와 ㉯ 그래프의 세로 눈금 한 칸은 각각 몇 회를 나타냅니까?

㉮ 그래프 (　　　　　　)

㉯ 그래프 (　　　　　　)

6 목요일은 수요일보다 윗몸 일으키기를 몇 회 더 많이 했습니까?

(　　　　　　)

7 윗몸 일으키기를 전날에 비해 적게 한 요일은 무슨 요일입니까?

(　　　　　　)

8 윗몸 일으키기 횟수가 전날에 비해 가장 많이 늘어난 요일은 무슨 요일입니까?

(　　　　　　)

9 ㉮와 ㉯ 그래프 중에서 윗몸 일으키기 횟수가 변화하는 모습이 더 잘 나타난 그래프는 어느 것입니까?

(　　　　　　)

3 꺾은선그래프로 나타내기

(10~13) 어느 마을의 월별 강수량을 조사하여 나타낸 표를 보고 꺾은선그래프로 나타내려고 합니다. 물음에 답하시오.

강수량

월(월)	3	4	5	6	7
강수량(mm)	23	18	22	20	27

10 꺾은선그래프의 가로에 월을 나타낸다면 세로에는 무엇을 나타내어야 합니까?

(　　　　　　)

11 세로 눈금 한 칸은 몇 mm로 나타내는 것이 좋겠습니까?

( )

12 물결선을 넣는다면 몇 mm와 몇 mm 사이에 넣는 것이 좋겠습니까?

( )

13 표를 보고 꺾은선그래프로 나타내어 보시오.

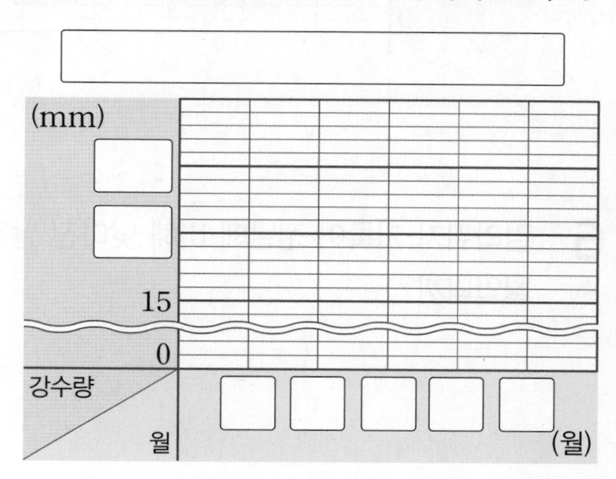

4 자료를 조사하여 꺾은선그래프로 나타내기

(14~17) 선빈이의 요일별 줄넘기 횟수를 조사한 자료입니다. 물음에 답하시오.

월요일: 42회 화요일: 44회 수요일: 47회
목요일: 48회 금요일: 52회

14 조사한 자료를 보고 표로 나타내어 보시오.

요일(요일)					
횟수(회)					

15 표를 보고 물결선을 사용한 꺾은선그래프로 나타낼 때, 물결선을 몇 회와 몇 회 사이에 넣는 것이 좋겠습니까?

( )

16 표를 보고 꺾은선그래프로 나타내어 보시오.

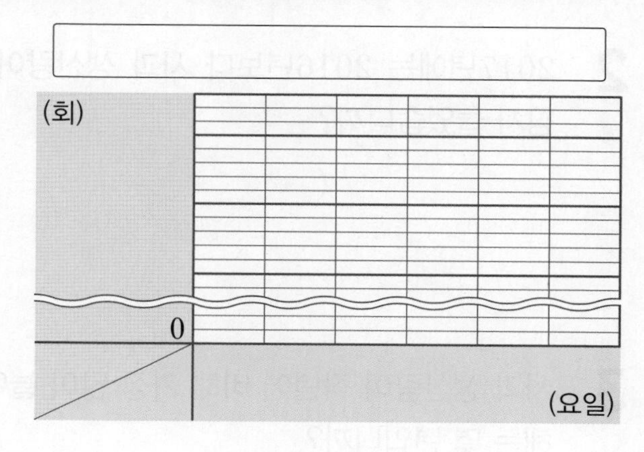

17 줄넘기 횟수가 전날에 비해 가장 많이 늘어난 요일은 무슨 요일입니까?

( )

STEP 2 유형복습

실전유형 다지기

(1~3) 어느 과수원의 연도별 사과 생산량을 조사하여 나타낸 꺾은선그래프입니다. 물음에 답하시오.

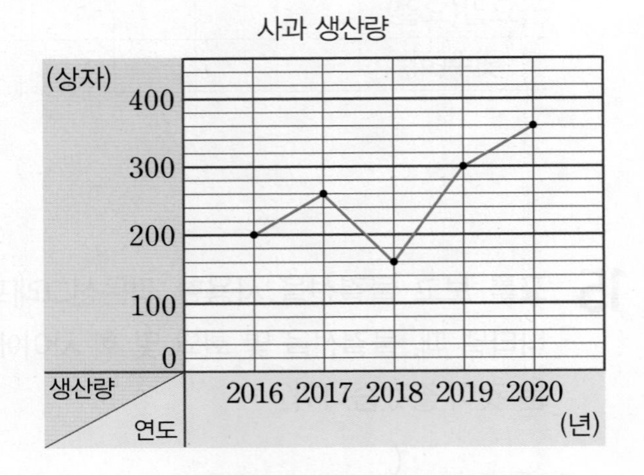

1 세로 눈금 한 칸은 몇 상자를 나타냅니까?

(　　　　　　　)

2 2017년에는 2016년보다 사과 생산량이 몇 상자 늘었습니까?

(　　　　　　　)

3 사과 생산량이 작년에 비해 가장 많이 늘어난 해는 몇 년입니까?

(　　　　　　　)

4 하루 동안 교실의 온도 변화를 나타내기에 알맞은 그래프에 ○표 하시오.

막대그래프　　꺾은선그래프

(5~7) 민우의 날짜별 멀리뛰기 기록을 조사하여 나타낸 표입니다. 물음에 답하시오.

멀리뛰기 기록

날짜(일)	5	6	7	8	9
기록(cm)	121	116	124	128	130

5 표를 보고 물결선을 사용한 꺾은선그래프로 나타내어 보시오.

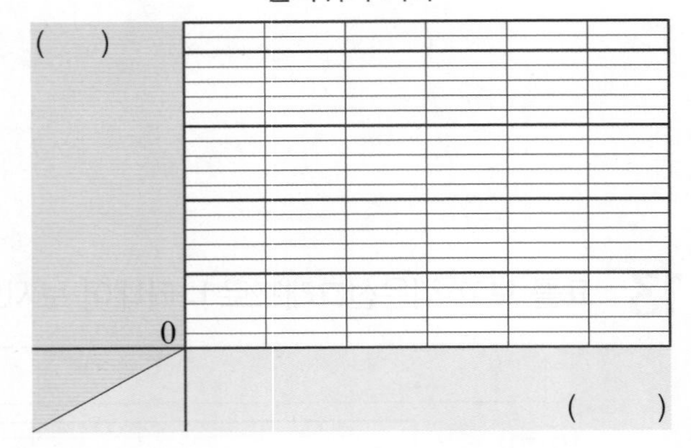

6 멀리뛰기 기록이 전날에 비해 낮아진 날은 며칠입니까?

(　　　　　　　)

7 위 **5**의 꺾은선그래프를 보고 설명한 것입니다. 틀린 것을 찾아 기호를 써 보시오.

㉠ 멀리뛰기 기록이 가장 높은 날은 9일입니다.
㉡ 멀리뛰기 기록이 가장 낮은 날은 6일입니다.
㉢ 멀리뛰기 기록이 전날에 비해 가장 많이 높아진 날은 8일입니다.

(　　　　　　　)

(8~10) 희철이의 키를 매월 1일에 조사하여 나타낸 표와 꺾은선그래프입니다. 물음에 답하시오.

희철이의 키

월(월)	2	3	4	5
키(cm)			136.4	137.0

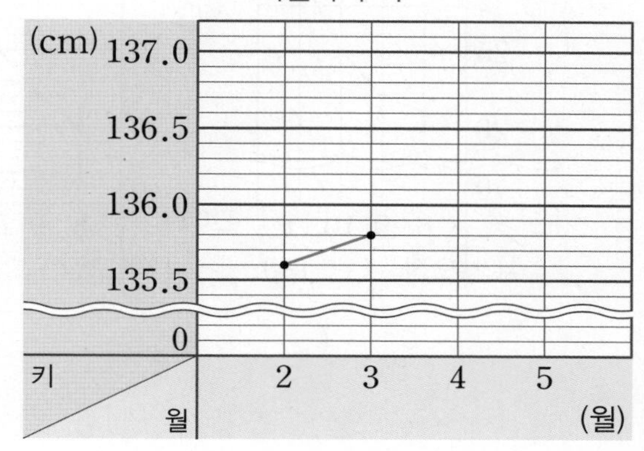

8 표와 꺾은선그래프를 완성해 보시오.

9 조사한 기간 동안 희철이의 키는 몇 cm 자랐습니다까?

( )

교과 역량 추론, 의사소통 서술형

10 6월 1일에는 희철이의 키가 어떻게 될지 예상해 보고, 그렇게 예상한 이유를 써 보시오.

답 |

(11~12) 두 지역의 초등학생 수를 2달마다 조사하여 나타낸 꺾은선그래프입니다. 물음에 답하시오.

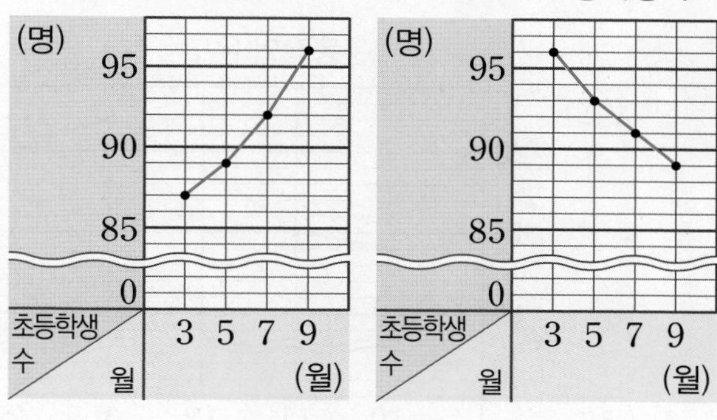

11 시간이 지나면서 초등학생 수의 변화가 더 커지는 지역은 어디입니까?

( )

교과서 pick

12 어린이 도서관을 만든다면 (가) 지역과 (나) 지역 중 어느 지역에 만드는 것이 좋겠습니까?

( )

13 어느 농장의 연도별 감자 수확량을 조사하여 나타낸 꺾은선그래프입니다. 2016년부터 2020년까지 수확한 감자는 모두 몇 kg입니까?

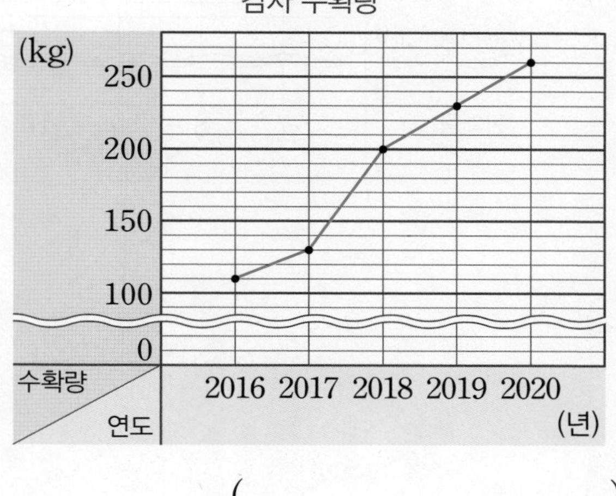

( )

STEP 3 유형복습 응용유형 다잡기

개념책 120~121쪽 | 정답 51쪽

교과서 pick

1 어느 날 운동장의 온도를 조사하여 나타낸 꺾은선그래프입니다. 오전 11시 30분의 운동장의 온도는 몇 ℃였을지 예상해 보시오.

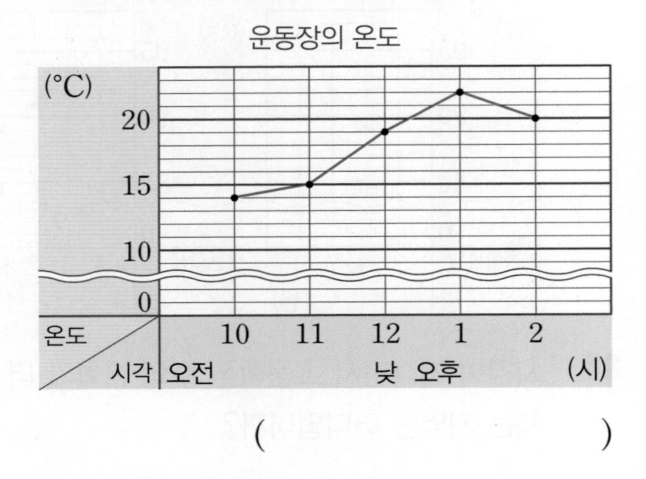

(　　　　　　　　)

2 어느 휴대 전화 판매점의 월별 휴대 전화 판매량을 조사하여 나타낸 꺾은선그래프입니다. 7월부터 10월까지 판매한 휴대 전화가 모두 185대일 때, 꺾은선그래프를 완성해 보시오.

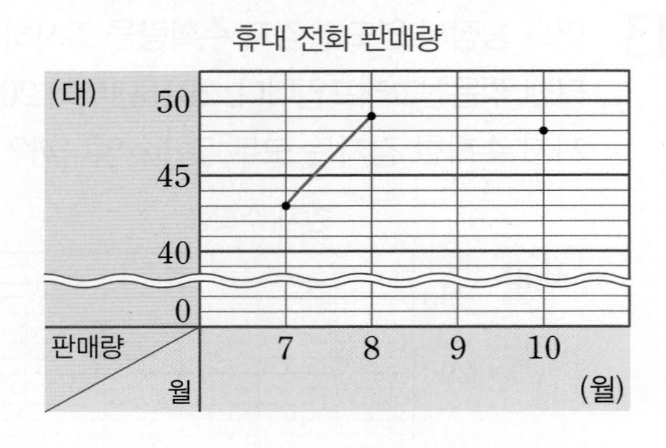

교과서 pick

3 어느 날 시각별 기온과 아이스크림 판매량을 조사하여 나타낸 꺾은선그래프입니다. 기온 변화가 가장 컸을 때, 아이스크림 판매량은 몇 개 늘었는지 구해 보시오.

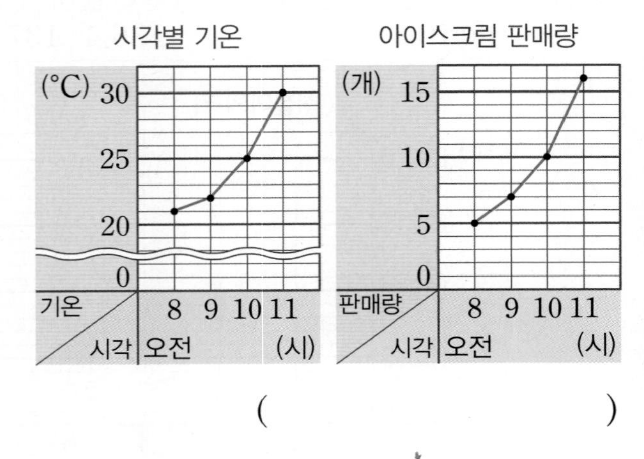

(　　　　　　　　)

4 윤아와 진서의 몸무게를 2달마다 1일에 조사하여 나타낸 꺾은선그래프입니다. 두 사람의 몸무게의 차가 가장 큰 때의 몸무게의 차를 구해 보시오.

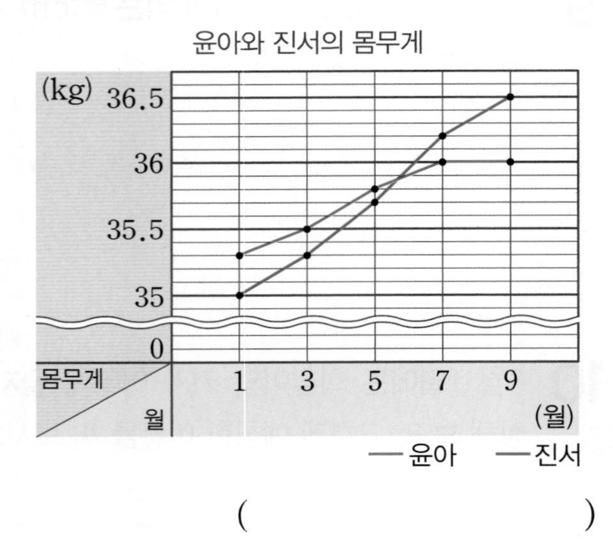

(　　　　　　　　)

실력 확인 [평가책] 단원 평가 34~39쪽, 서술형 평가 40~41쪽

6

다각형

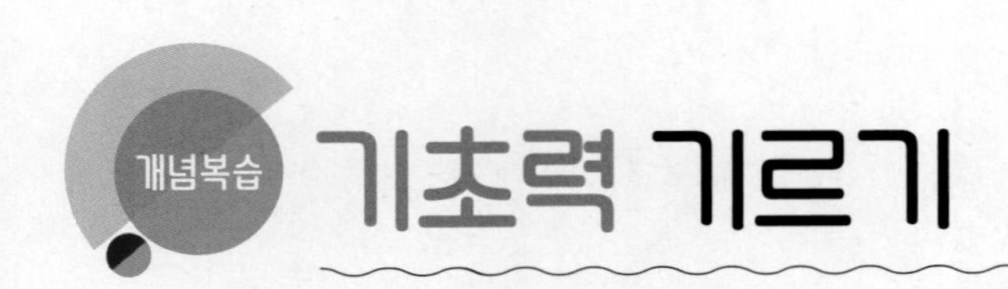

기초력 기르기

1 다각형

(1~3) 다각형의 이름을 써 보시오.

1

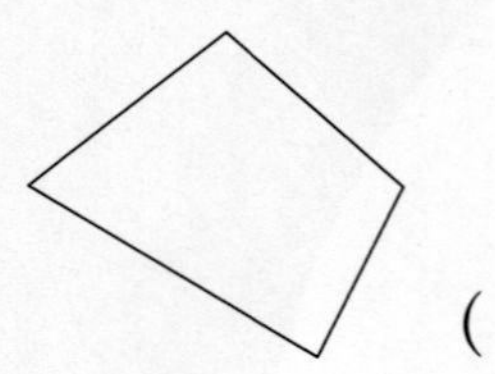

(   )

2

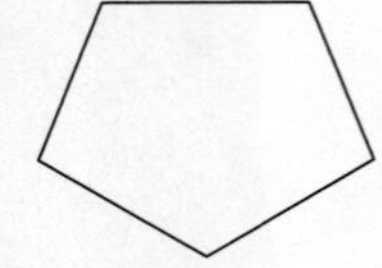

(   )

3

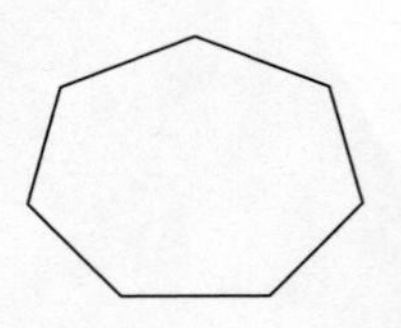

(   )

(4~5) 점 종이에 그려진 선분을 이용하여 다각형을 완성해 보시오.

4

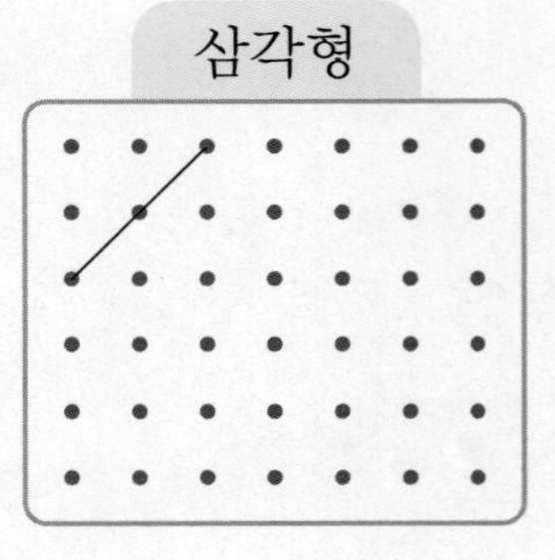

5

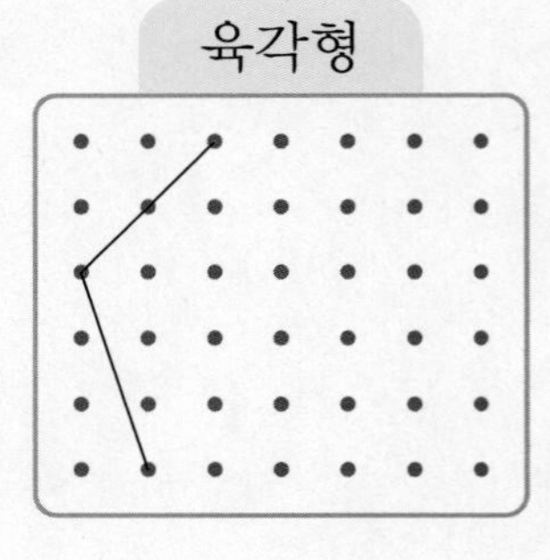

2 정다각형

(1~3) 정다각형의 이름을 써 보시오.

1

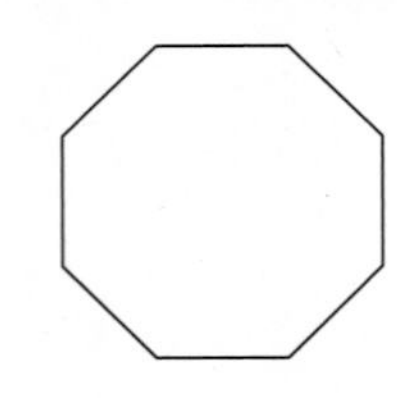

(   )

2

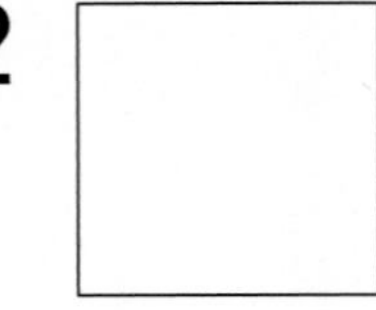

(   )

3

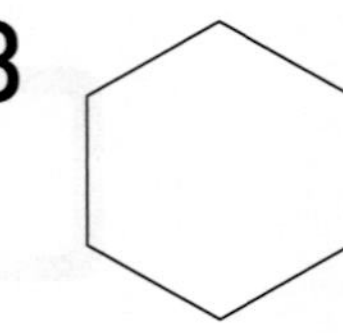

(   )

(4~6) 정다각형을 보고 □ 안에 알맞은 수를 써넣으시오.

4

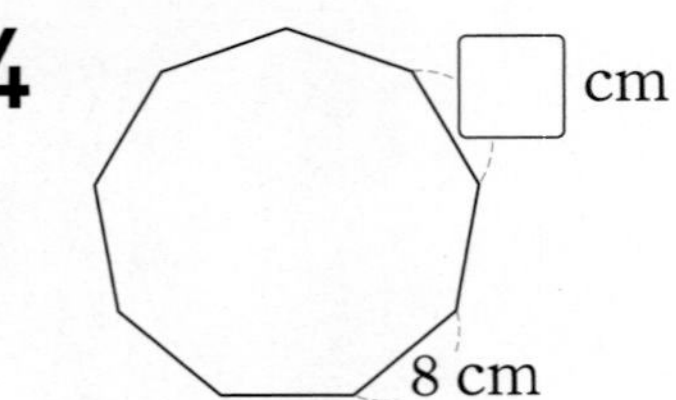

5

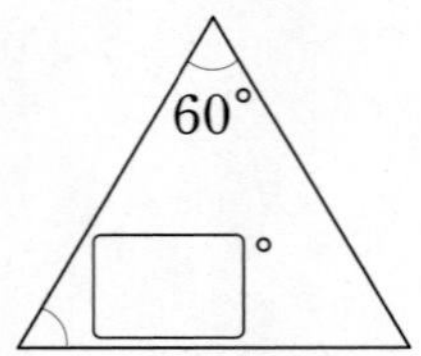

6

정답 51쪽

3 대각선

(1~2) 표시된 꼭짓점에서 그을 수 있는 대각선을 모두 그어 보시오.

1

2

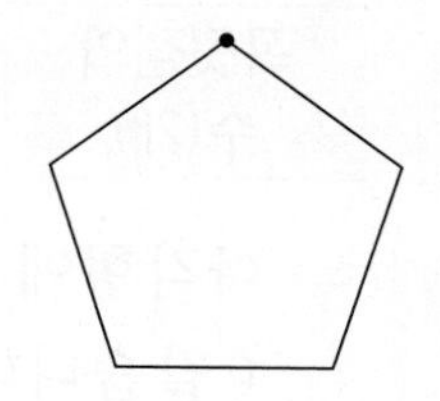

(3~4) □ 안에 알맞은 수를 써넣으시오.

3 평행사변형

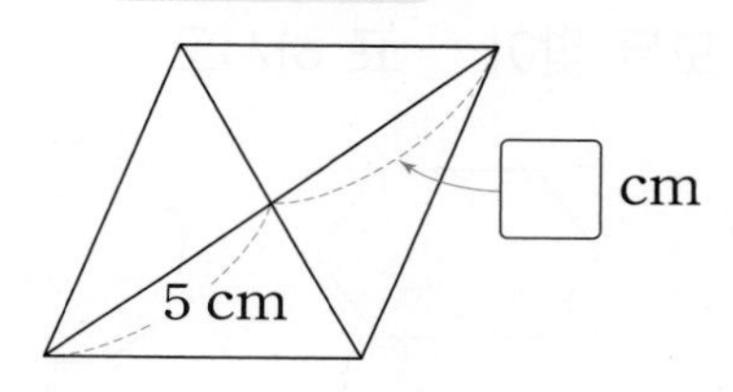

4 마름모

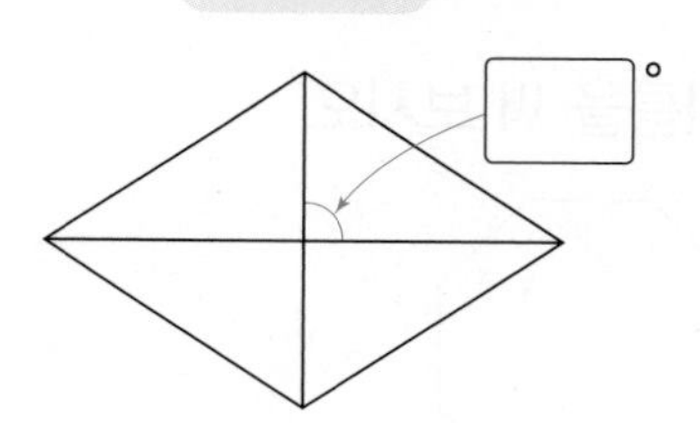

(5~6) 도형에 대각선을 모두 그어 보시오.

5

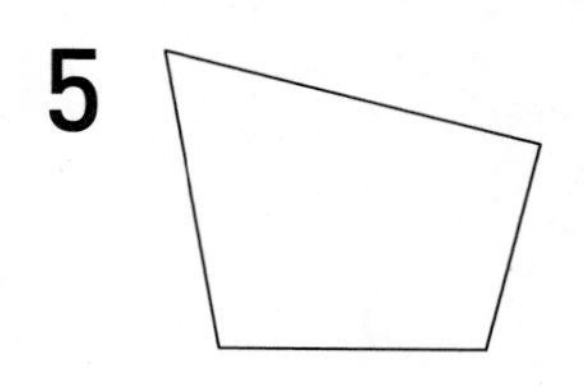

6

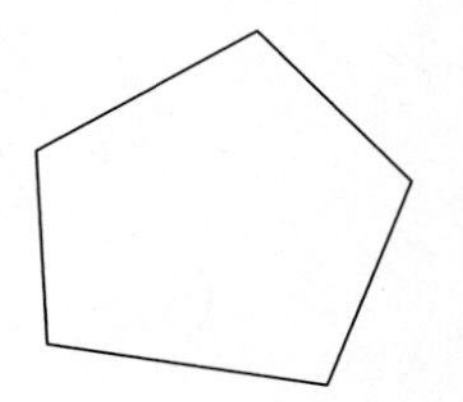

4 모양 만들기와 채우기

(1~3) 모양을 만드는 데 사용한 다각형을 모두 찾아 이름을 써 보시오.

1

(　　　　　　　　　　　　　　　　)

2

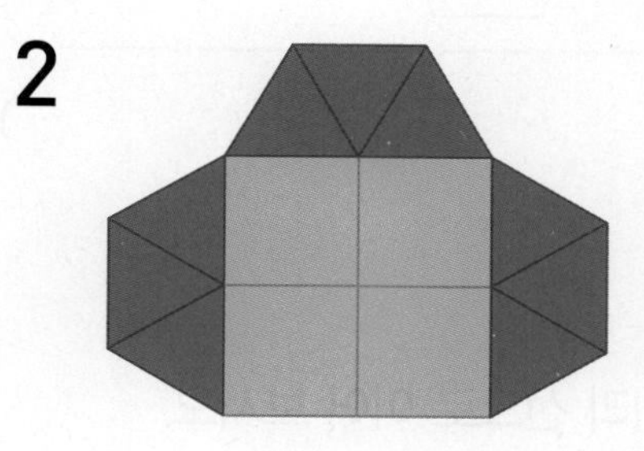

(　　　　　　　　　　　　　　　　)

3

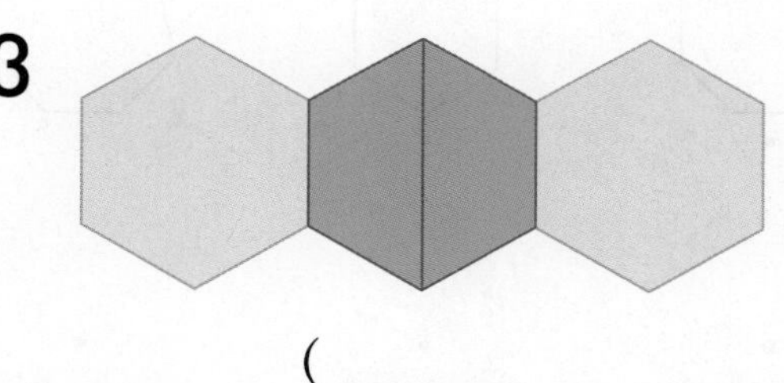

(　　　　　　　　　　　　　　　　)

(4~5) 모양 조각을 사용하여 다음 모양을 채워 보시오. (단, 같은 모양 조각을 여러 번 사용할 수 있습니다.)

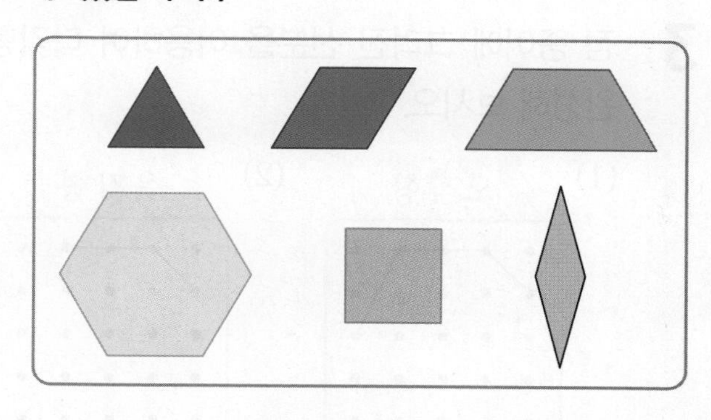

4

5

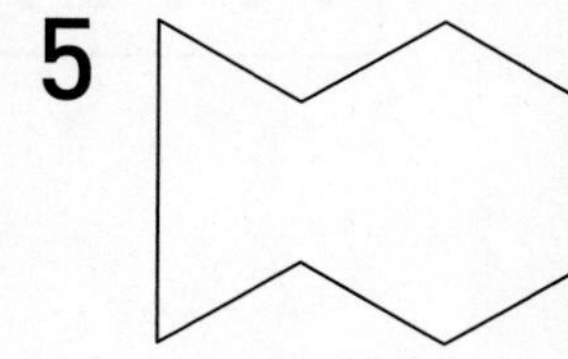

STEP1 유형복습

기본유형 익히기

1 다각형

1 다각형을 모두 찾아보시오.

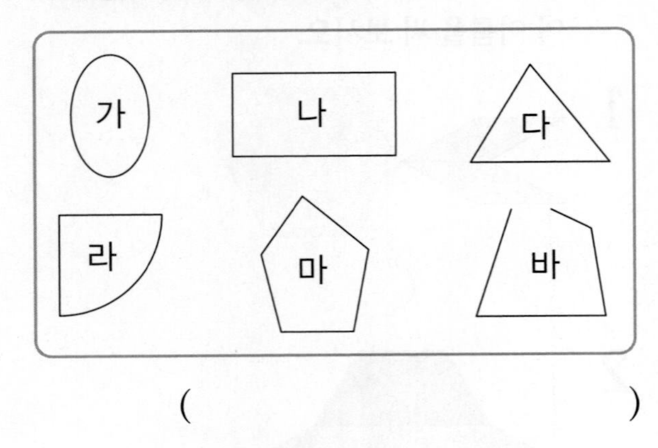

( )

2 관계있는 것끼리 선으로 이어 보시오.

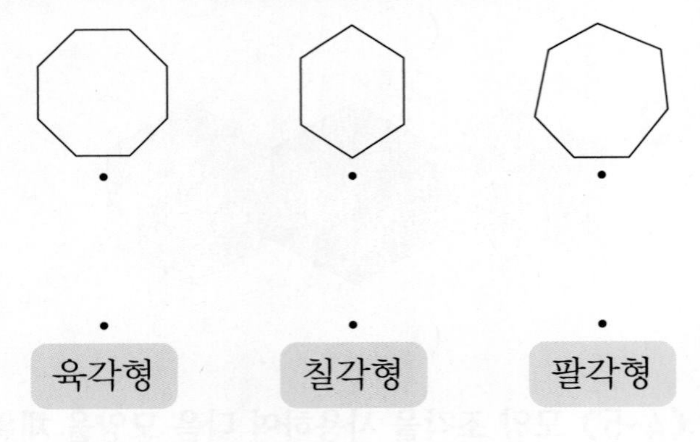

3 점 종이에 그려진 선분을 이용하여 다각형을 완성해 보시오.

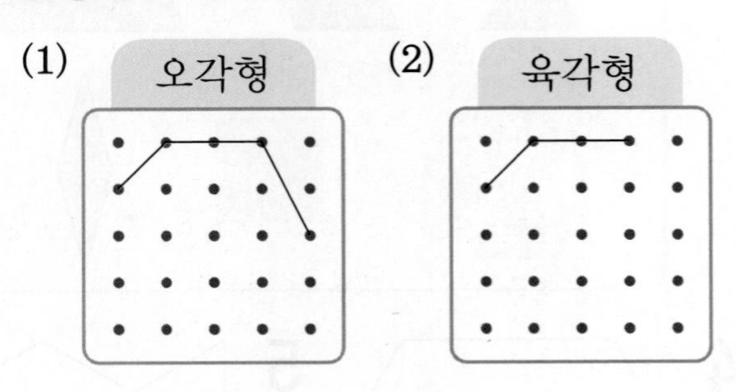

4 표를 완성하고, 알맞은 말에 ○표 하시오.

다각형	오각형	칠각형	십각형
변의 수 (개)			
꼭짓점의 수(개)			

⇨ 다각형에서 변의 수와 꼭짓점의 수는 (같습니다 , 다릅니다).

2 정다각형

5 정다각형을 모두 찾아 ○표 하시오.

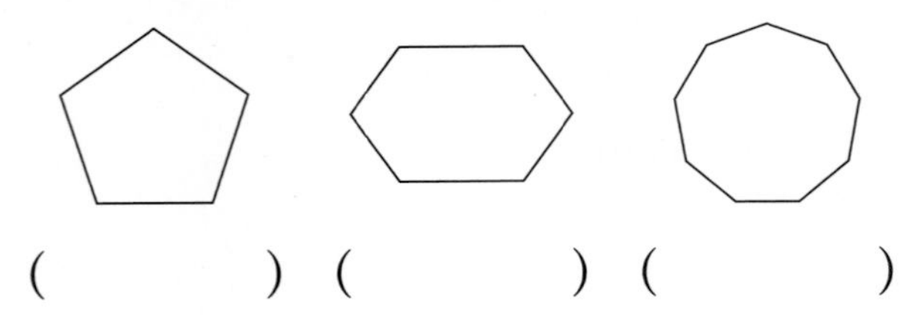

( ) ( ) ( )

6 정다각형의 이름을 써 보시오.

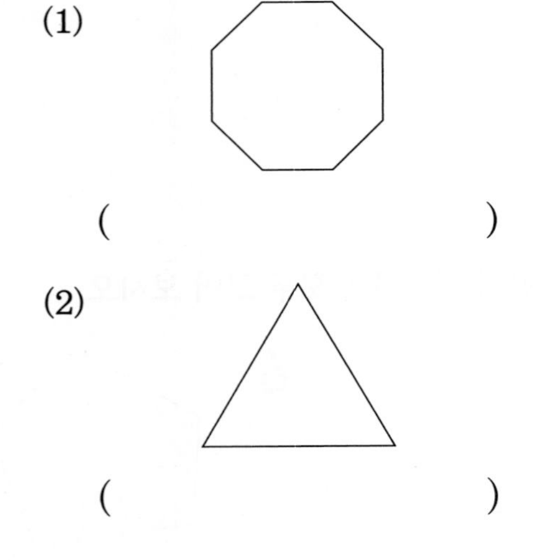

(1) ( )

(2) ( )

7 설명하는 도형의 이름을 써 보시오.

- 선분으로만 둘러싸인 도형입니다.
- 변이 7개이고, 길이가 모두 같습니다.
- 각의 크기가 모두 같습니다.

( )

8 도형은 정다각형입니다. □ 안에 알맞은 수를 써넣으시오.

(1)

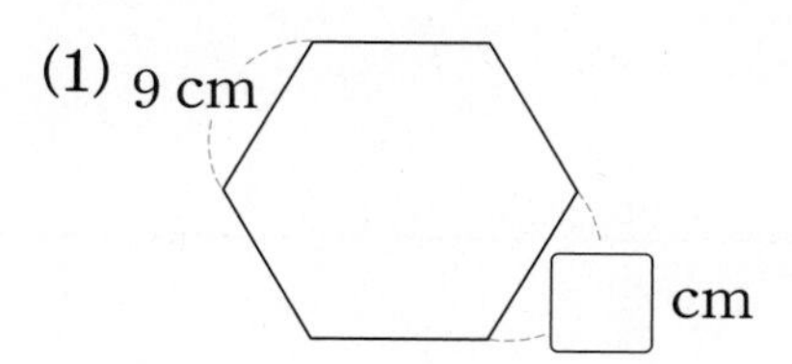

(2)

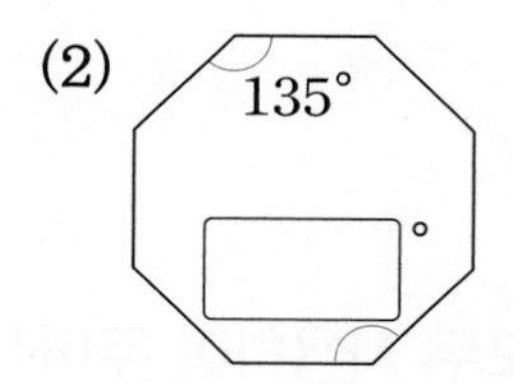

3 대각선

9 사각형 ㄱㄴㄷㄹ에서 대각선을 모두 찾아 써 보시오.

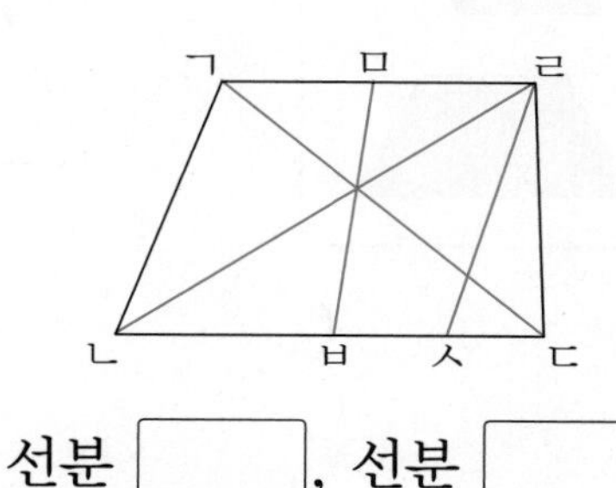

선분 □, 선분 □

10 도형에 대각선을 모두 그어 보고, 대각선의 수를 세어 보시오.

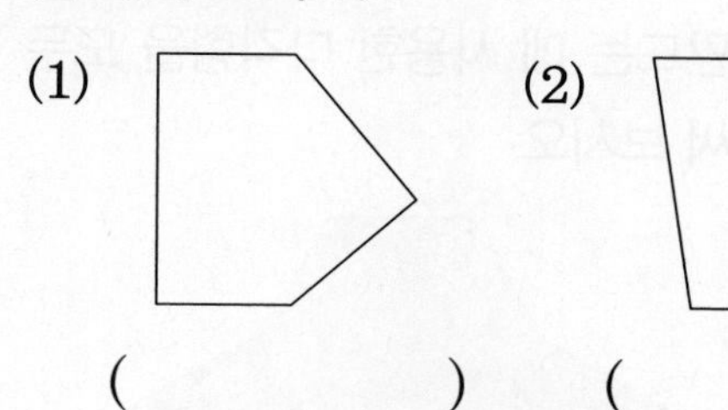

( ) ( )

11 대각선을 그을 수 없는 도형을 찾아 기호를 써 보시오.

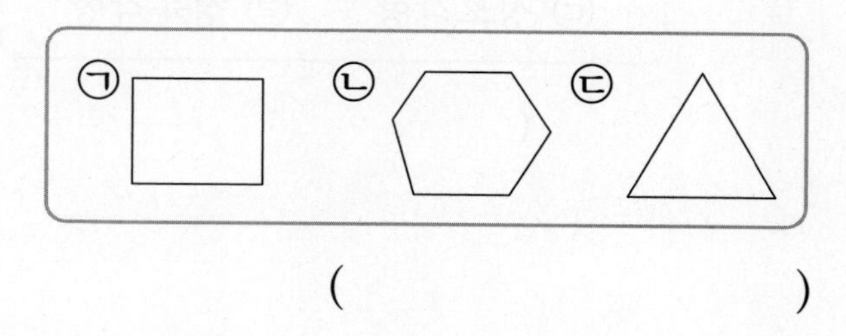

( )

12 사각형을 보고 물음에 답하시오.

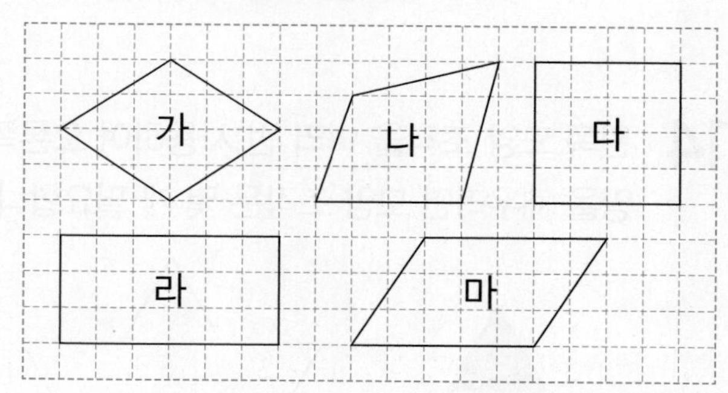

(1) 두 대각선의 길이가 같은 사각형을 모두 찾아보시오.

( )

(2) 두 대각선이 서로 수직으로 만나는 사각형을 모두 찾아보시오.

( )

4 모양 만들기와 채우기

13 모양을 만드는 데 사용한 다각형을 모두 찾아 기호를 써 보시오.

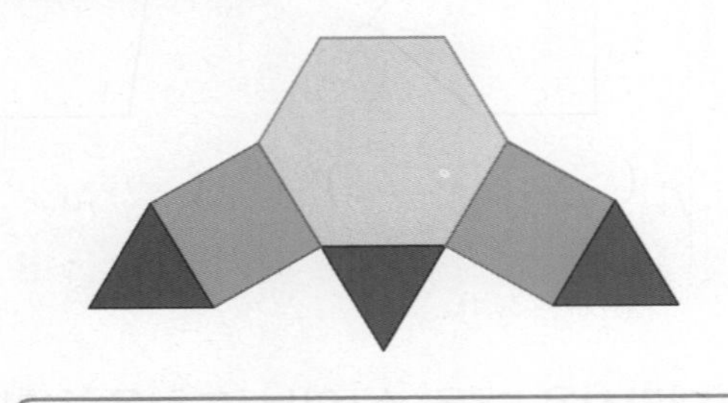

㉠ 정삼각형	㉡ 정사각형
㉢ 정오각형	㉣ 정육각형

(　　　　　　　　)

14 왼쪽 모양 조각을 여러 번 사용하여 오른쪽 모양을 채우려면 모양 조각은 몇 개 필요합니까?

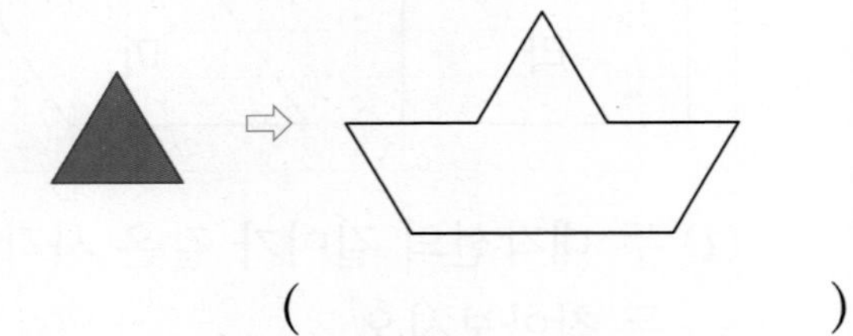

(　　　　　　　　)

15 2가지 모양 조각을 모두 사용하여 사각형을 만들어 보시오. (단, 같은 모양 조각을 여러 번 사용할 수 있습니다.)

16 2가지 모양 조각을 모두 사용하여 주어진 모양을 채우려고 합니다. 　 모양 조각은 몇 개 필요합니까? (단, 같은 모양 조각을 여러 번 사용할 수 있습니다.)

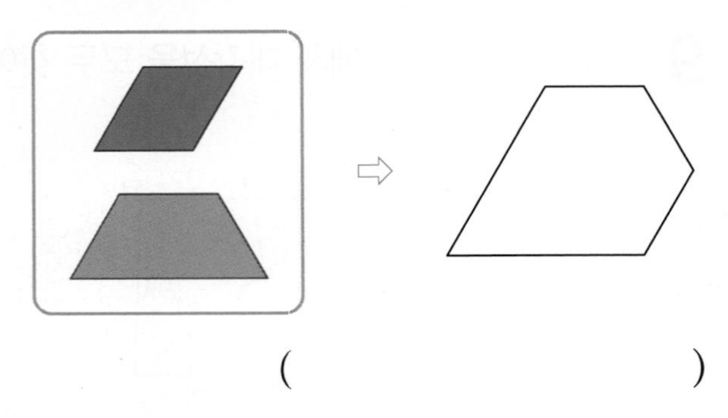

(　　　　　　　　)

개념책 136쪽 | 정답 53쪽

1 모양자에서 다각형 모양을 모두 찾아보시오.

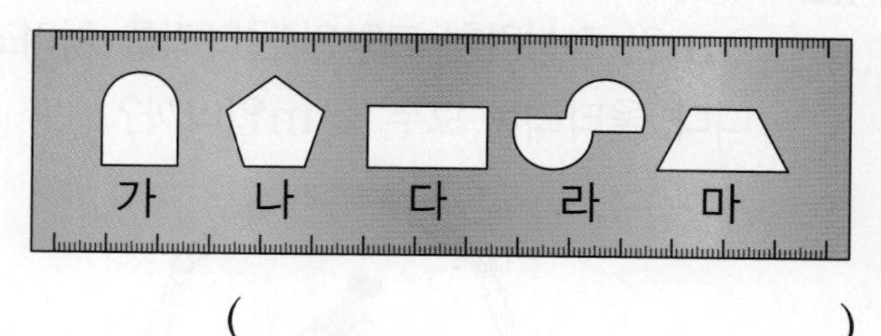

(　　　　　　　　)

(2~3) 다각형을 보고 물음에 답하시오.

가 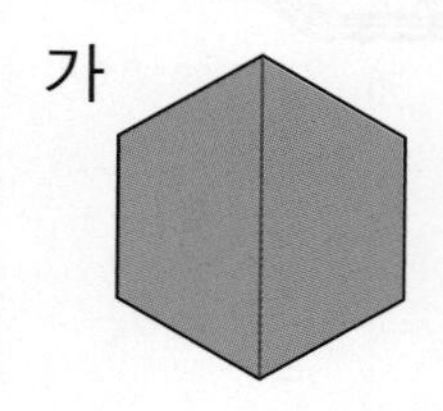

나 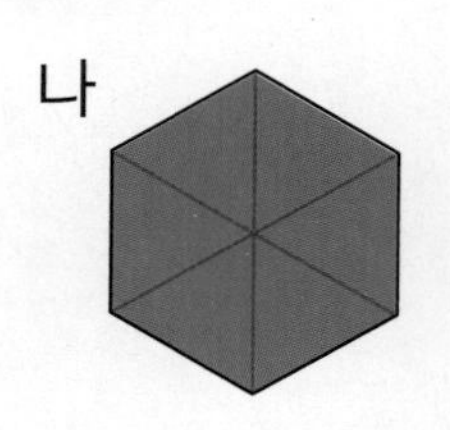

2 모양을 채우고 있는 다각형의 이름과 개수를 각각 써 보시오.

가 (　　　　　,　　　　)
나 (　　　　　,　　　　)

3 모양 채우기 방법을 바르게 설명한 것을 찾아 기호를 써 보시오.

> ㉠ 길이가 서로 다른 변끼리 이어 붙였습니다.
> ㉡ 서로 겹치게 이어 붙였습니다.
> ㉢ 빈틈없이 이어 붙였습니다.

(　　　　　　　　)

4 크기가 다른 정삼각형을 2개 그려 보시오.

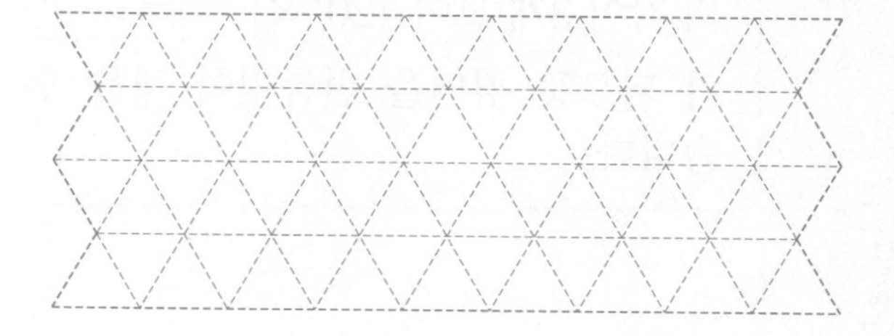

5 2가지 모양 조각을 한 번씩만 모두 사용하여 정삼각형을 만들어 보시오.

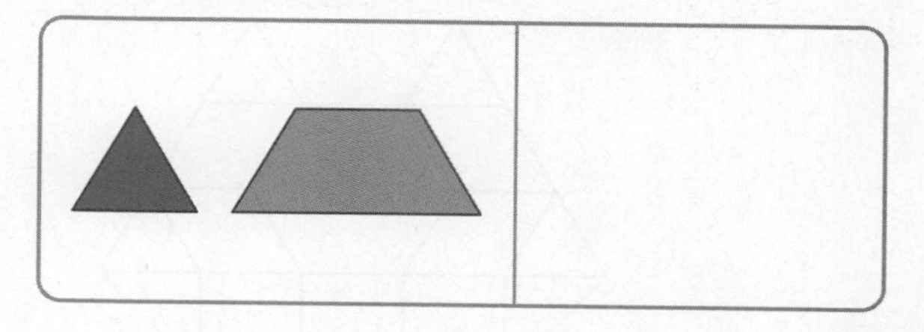

6 두 도형에 대각선을 모두 그어 보고, 대각선의 수를 모두 더하면 몇 개인지 구해 보시오.

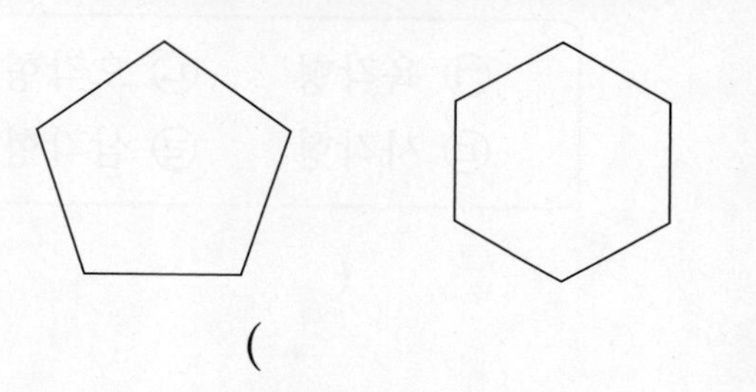

(　　　　　　　　)

교과 역량 추론, 의사소통　　개념 확인 서술형

7 도형이 정다각형인지 아닌지 쓰고, 그 이유를 설명해 보시오.

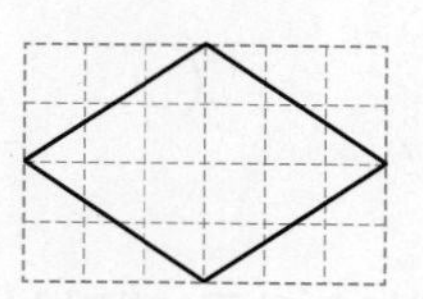

답 |

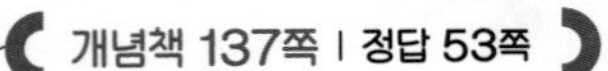

8 정다각형을 모두 찾아 색칠하고, 색칠한 도형의 이름을 모두 써 보시오.

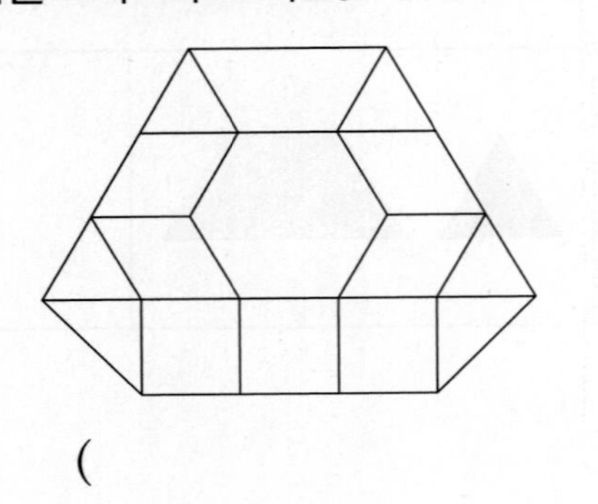

( )

9 대각선을 그을 수 없는 다각형을 찾아 기호를 써 보시오.

㉠ 육각형	㉡ 오각형
㉢ 사각형	㉣ 삼각형

( )

10 마름모 모양의 종이에 대각선을 그었습니다. 두 대각선이 이루는 각도는 몇 도입니까?

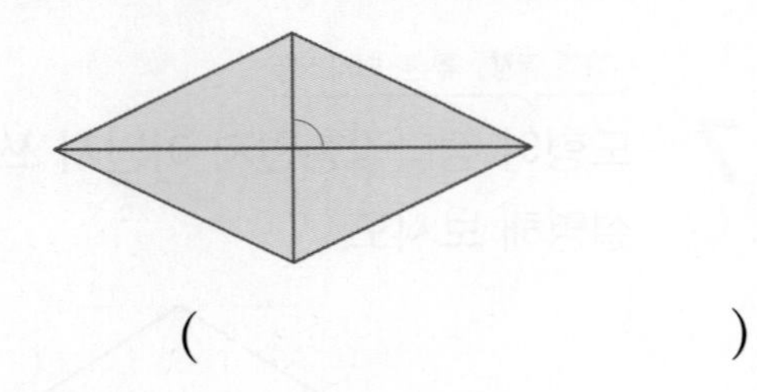

( )

11 한 대각선이 다른 대각선을 똑같이 둘로 나누는 사각형을 모두 찾아보시오.

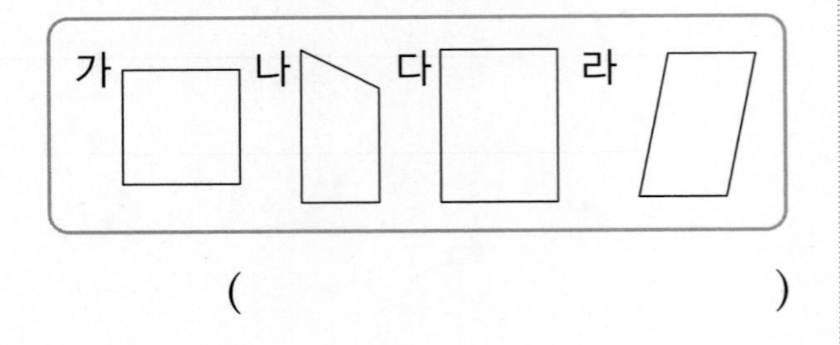

( )

교과서 pick

12 자연사 박물관의 공룡 모형 주변에 한 변이 2 m인 정십각형 모양의 울타리를 치려고 합니다. 울타리는 모두 몇 m입니까?

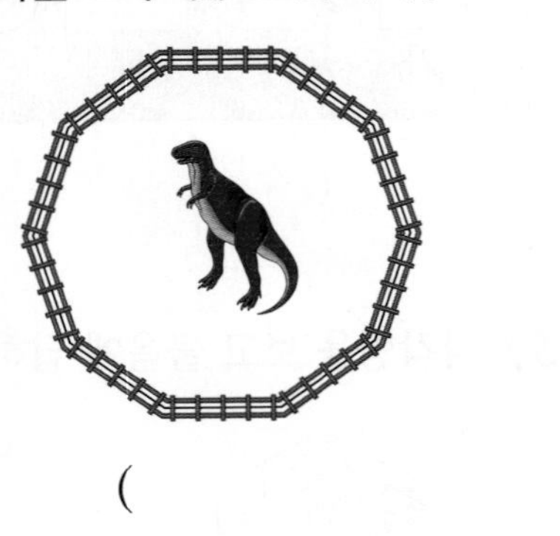

( )

13 정오각형의 한 각의 크기는 108°입니다. 정오각형의 모든 각의 크기의 합은 몇 도입니까?

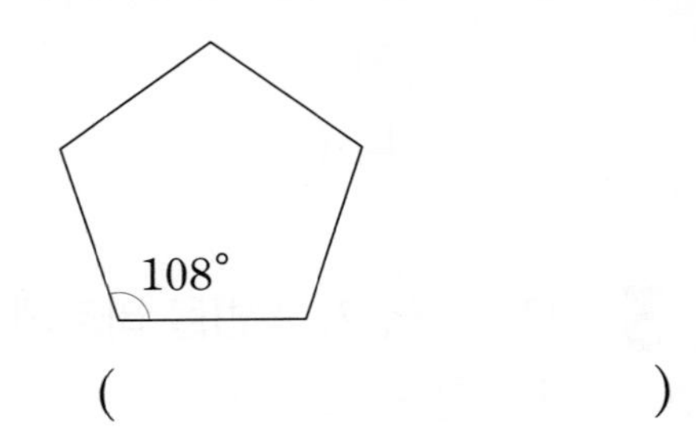

( )

14 정육각형을 겹치지 않게 놓으면 평면을 빈틈없이 채울 수 있습니다. □ 안에 알맞은 수를 써넣으시오.

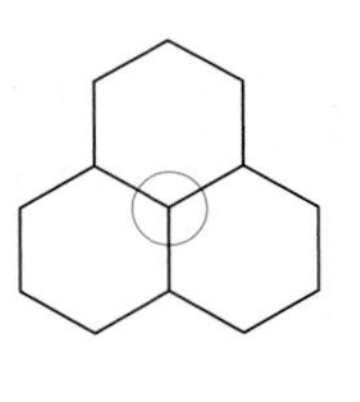

정육각형은 한 꼭짓점을 중심으로 120°의 각이 3개 모여 120°×□=□°가 되므로 평면을 빈틈없이 채울 수 있습니다.

응용유형 다잡기

개념책 138~139쪽 | 정답 53쪽

교과서 pick

1 한 변이 5 cm이고 모든 변의 길이의 합이 45 cm인 정다각형이 있습니다. 이 정다각형의 이름은 무엇인지 구해 보시오.

( )

2 직사각형 ㄱㄴㄷㄹ에서 두 대각선의 길이의 합은 몇 cm인지 구해 보시오.

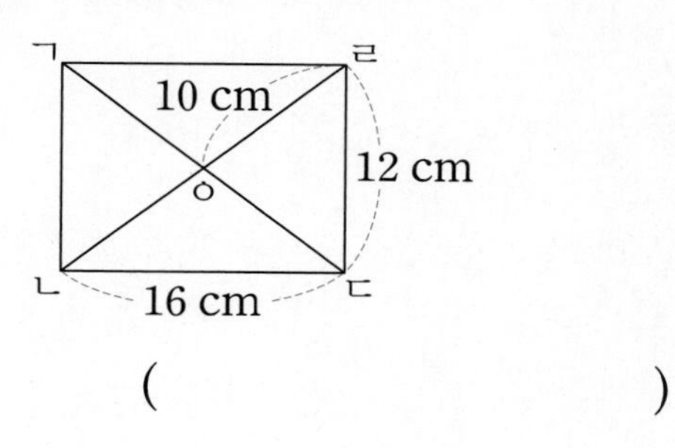

( )

3 오른쪽 마름모 모양 조각을 여러 번 사용하여 주어진 마름모를 채우려고 합니다. 필요한 모양 조각은 모두 몇 개인지 구해 보시오.

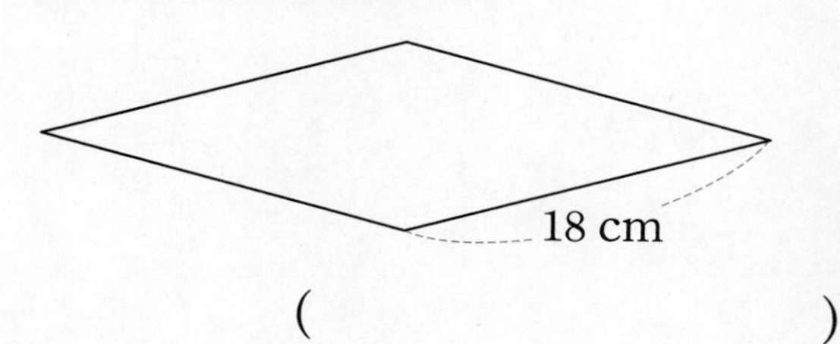

( )

교과서 pick

4 정십각형의 한 각의 크기를 구해 보시오.

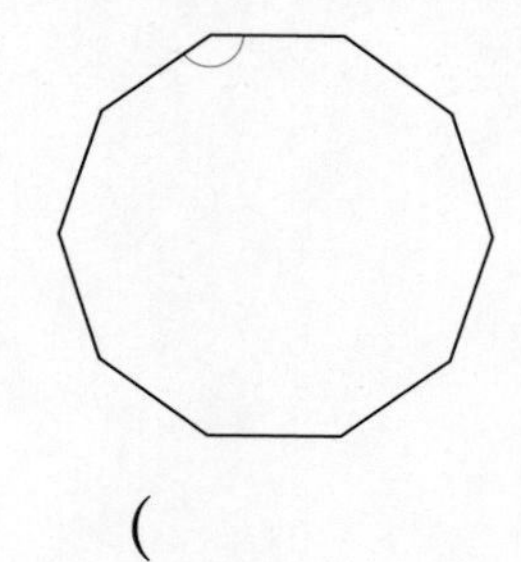

( )

실력 확인 [평가책] 단원 평가 42~47쪽, 서술형 평가 48~49쪽

memo

개념+유형 라이트 평가책

- 단원평가 2회
- 서술형평가
- 학업 성취도평가

초등 수학

4·2

 **책 속의 가접 별책** (특허 제 0557442호)

'평가책'은 복습책에서 쉽게 분리할 수 있도록 제작되었으므로
유통 과정에서 분리될 수 있으나 파본이 아닌 정상 제품입니다.

ABOVE IMAGINATION

우리는 남다른 상상과 혁신으로
교육 문화의 새로운 전형을 만들어
모든 이의 행복한 경험과 성장에 기여한다

개념+유형

라이트

평가책

초등 수학

4·2

● 단원 평가 / 서술형 평가

단원 평가 1회

1. 분수의 덧셈과 뺄셈

점수 | 확인

1 그림을 보고 □ 안에 알맞은 수를 써넣으시오.

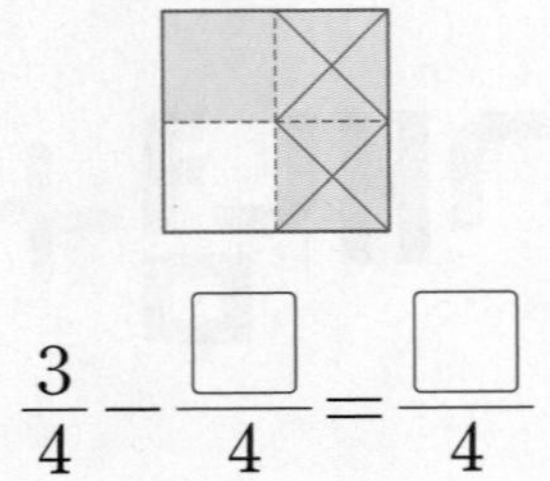

$\frac{3}{4} - \frac{□}{4} = \frac{□}{4}$

2 □ 안에 알맞은 수를 써넣으시오.

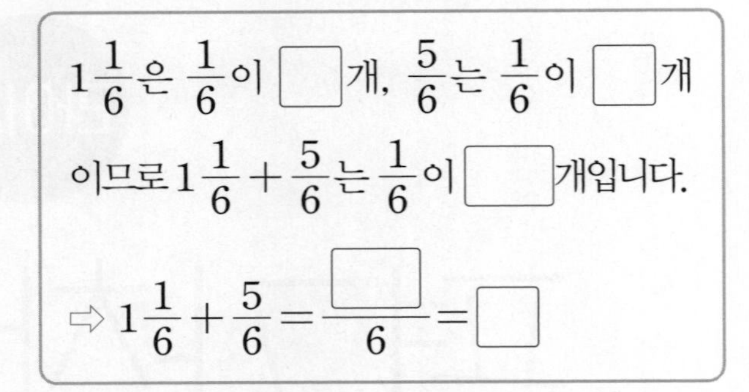

$1\frac{1}{6}$은 $\frac{1}{6}$이 □개, $\frac{5}{6}$는 $\frac{1}{6}$이 □개

이므로 $1\frac{1}{6}+\frac{5}{6}$는 $\frac{1}{6}$이 □개입니다.

⇨ $1\frac{1}{6}+\frac{5}{6}=\frac{□}{6}=□$

(3~4) □ 안에 알맞은 수를 써넣으시오.

3 $\frac{4}{8}+\frac{5}{8}=\frac{□}{8}=□\frac{□}{8}$

4 $1-\frac{3}{10}=\frac{□}{10}-\frac{□}{10}=\frac{□}{10}$

5 빈칸에 알맞은 수를 써넣으시오.

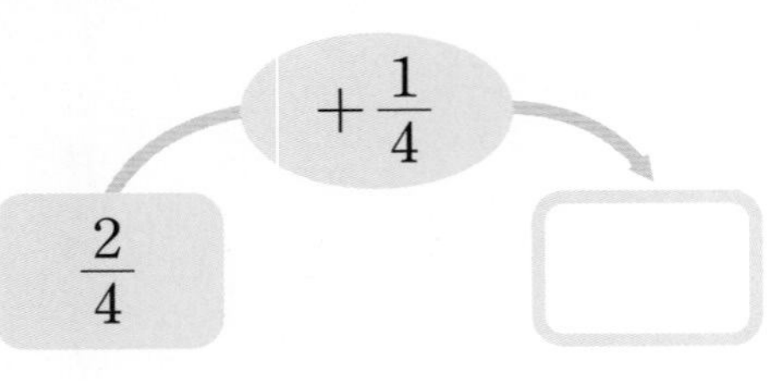

시험에 꼭 나오는 문제

6 두 분수의 차를 구해 보시오.

$1\frac{2}{9}$ $3\frac{5}{9}$

(　　　　　　　　)

7 (보기)와 같은 방법으로 계산해 보시오.

(보기)
$5\frac{1}{3}-3\frac{2}{3}=\frac{16}{3}-\frac{11}{3}=\frac{5}{3}=1\frac{2}{3}$

$3\frac{2}{5}-1\frac{4}{5}$

8 빈칸에 알맞은 수를 써넣으시오.

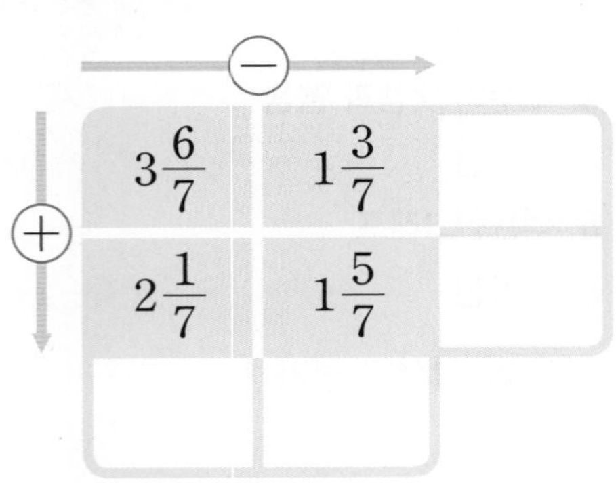

9 바르게 계산한 사람의 이름을 써 보시오.

• 은수: $\frac{5}{6}+\frac{3}{6}=\frac{8}{12}$

• 세호: $\frac{5}{7}-\frac{1}{7}=\frac{4}{7}$

( )

잘 틀리는 문제

10 가장 큰 수와 가장 작은 수의 차를 구해 보시오.

$2\frac{5}{9}$ 　 3 　 $\frac{8}{9}$

( )

11 은정이는 할머니 댁에 갈 때 $\frac{4}{5}$시간 동안 기차를 타고, $\frac{3}{5}$시간 동안 버스를 탔습니다. 기차를 탄 시간은 버스를 탄 시간보다 몇 시간 더 깁니까?

( )

12 찬율이가 가지고 있는 철사는 $\frac{4}{7}$ m이고, 유라가 가지고 있는 철사는 $\frac{5}{7}$ m입니다. 찬율이와 유라가 가지고 있는 철사는 모두 몇 m입니까?

( )

(13~14) 그림을 보고 물음에 답하시오.

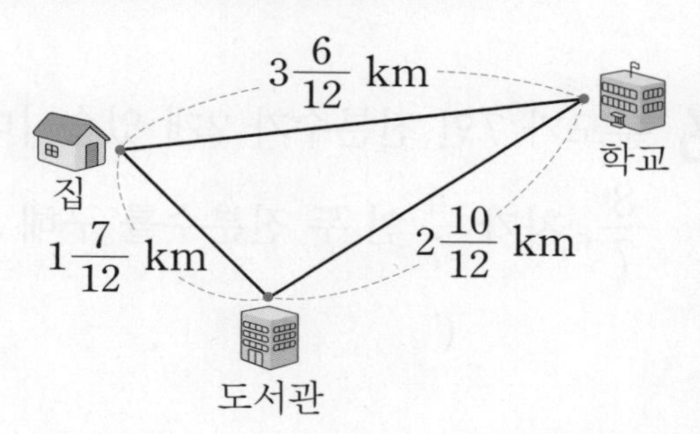

13 집에서 도서관을 지나 학교까지 가는 거리는 몇 km입니까?

( )

시험에 꼭 나오는 문제

14 집에서 학교까지 바로 가는 거리는 집에서 도서관을 지나 학교까지 가는 거리보다 몇 km 더 짧습니까?

( )

15 계산 결과가 가장 작은 것을 찾아 기호를 써 보시오.

㉠ $5-2\frac{1}{8}$	㉡ $3\frac{6}{8}-\frac{11}{8}$
㉢ $2\frac{2}{8}-1\frac{5}{8}$	㉣ $5\frac{3}{8}-\frac{31}{8}$

( )

16 분모가 7인 진분수가 2개 있습니다. 합이 $\frac{8}{7}$, 차가 $\frac{4}{7}$인 두 진분수를 구해 보시오.

(,)

잘 틀리는 문제

17 수 카드 3장 중에서 2장을 뽑아 한 번씩만 사용하여 합이 가장 작은 덧셈식을 만들고, 계산해 보시오.

2 4 7

$\frac{7}{9}+\square\frac{\square}{9}=\square$

서술형 문제

18 $5\frac{4}{10}$보다 $3\frac{3}{10}$만큼 더 작은 수는 얼마인지 풀이 과정을 쓰고 답을 구해 보시오.

풀이 |

답 |

19 주영이는 포도 주스 1 L를 새로 꺼내 어제는 $\frac{2}{5}$ L, 오늘은 $\frac{1}{5}$ L 마셨습니다. 어제와 오늘 마시고 남은 포도 주스는 몇 L인지 풀이 과정을 쓰고 답을 구해 보시오.

풀이 |

답 |

20 찰흙을 수희는 $4\frac{6}{12}$ kg 사용하고, 민재는 수희보다 $1\frac{7}{12}$ kg 더 많이 사용했습니다. 수희와 민재가 사용한 찰흙은 모두 몇 kg인지 풀이 과정을 쓰고 답을 구해 보시오.

풀이 |

답 |

단원 평가 2회

1. 분수의 덧셈과 뺄셈

점수 | 확인

1 계산 결과에 맞게 선으로 이어 보시오.

$\frac{6}{7}-\frac{3}{7}$ $\frac{2}{7}+\frac{5}{7}$

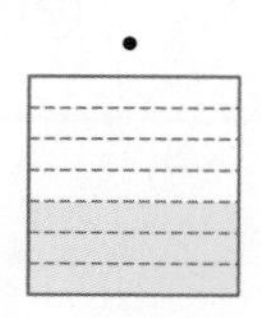
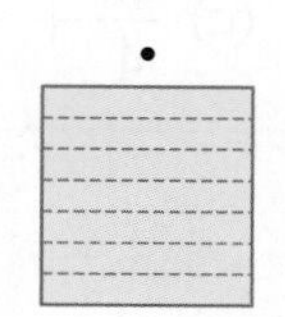

(2~3) 계산해 보시오.

2 $3\frac{7}{9}+1\frac{6}{9}$

3 $6\frac{2}{4}-\frac{19}{4}$

4 설명하는 수를 구해 보시오.

$\frac{5}{7}$보다 $\frac{5}{7}$만큼 더 큰 수

(　　　　　　　　)

5 두 수의 합과 차를 각각 구해 보시오.

$4\frac{1}{8}$　　$2\frac{4}{8}$

합 (　　　　　　　　)

차 (　　　　　　　　)

시험에 꼭 나오는 문제

6 계산 결과의 크기를 비교하여 ◯ 안에 >, =, <를 알맞게 써넣으시오.

$\frac{4}{11}+\frac{2}{11}$ ◯ $1-\frac{5}{11}$

7 계산 결과가 $6\frac{3}{5}$이 아닌 것을 찾아 기호를 써 보시오.

㉠ $3\frac{2}{5}+\frac{16}{5}$

㉡ $\frac{21}{5}+2\frac{1}{5}$

㉢ $2\frac{4}{5}+3\frac{4}{5}$

(　　　　　　　　)

8 두 색 테이프의 길이의 차는 몇 m입니까?

$3\frac{2}{5}$ m

$5\frac{1}{5}$ m

(　　　　　　　　)

시험에 꼭 나오는 문제

9 주스가 2 L, 우유가 $1\frac{3}{8}$ L 있습니다. 주스는 우유보다 몇 L 더 많이 있습니까?

(　　　　　　　　)

10 등산로 입구에서 $5\frac{3}{6}$ km를 올라가서 간식을 먹은 후 $2\frac{4}{6}$ km를 더 올라가니 정상에 오를 수 있었습니다. 등산로 입구에서 정상까지의 거리는 몇 km입니까?

(　　　　　　　　)

11 □ 안에 알맞은 수를 써넣으시오.

$1-\frac{\square}{6}=\frac{5}{6}$

12 계산 결과가 2와 3 사이인 식이 아닌 것을 찾아 기호를 써 보시오.

㉠ $1\frac{1}{5}+1\frac{3}{5}$　　㉡ $2\frac{2}{3}-\frac{1}{3}$

㉢ $\frac{9}{4}+\frac{5}{4}$　　㉣ $3-\frac{5}{6}$

(　　　　　　　　)

잘 틀리는 문제

13 빈칸에 알맞은 수를 써넣으시오.

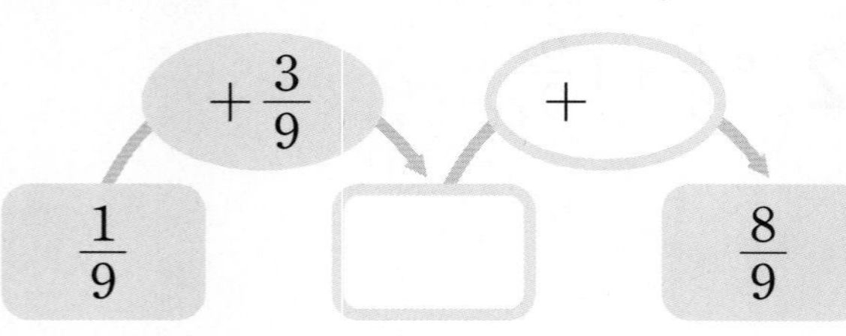

14 진분수 중 2개를 사용하여 차가 가장 큰 뺄셈식을 만들고, 계산해 보시오.

$\frac{4}{11}$　$\frac{2}{11}$　$\frac{9}{11}$　$\frac{5}{11}$　$\frac{7}{11}$

□ − □ = □

15 □ 안에 들어갈 수 있는 자연수는 모두 몇 개입니까?

$$1<\frac{6}{7}+\frac{\square}{7}<2$$

( )

잘 틀리는 문제

16 어떤 수에서 $\frac{3}{10}$을 빼야 할 것을 잘못하여 더했더니 $\frac{7}{10}$이 되었습니다. 바르게 계산하면 얼마입니까?

( )

17 선민이는 밀가루 $4\frac{1}{7}$ kg 중에서 $2\frac{5}{7}$ kg을 사용했고, 우찬이는 밀가루 $3\frac{6}{7}$ kg 중에서 $1\frac{4}{7}$ kg을 사용했습니다. 누구의 밀가루가 몇 kg 더 많이 남았는지 구해 보시오.

(,)

서술형 문제

18 잘못 계산한 곳을 찾아 이유를 쓰고, 바르게 계산해 보시오.

$$\frac{6}{11}+\frac{9}{11}=\frac{6+9}{11+11}=\frac{15}{22}$$

이유 |

바른 계산 |

19 감자 $2\frac{5}{8}$ kg과 당근 $1\frac{4}{8}$ kg을 바구니에 담아 무게를 재었더니 $4\frac{4}{8}$ kg이었습니다. 바구니만의 무게는 몇 kg인지 풀이 과정을 쓰고 답을 구해 보시오.

풀이 |

답 |

20 색 테이프가 $5\frac{1}{3}$ m 있습니다. 상자 한 개를 포장하는 데 색 테이프가 $1\frac{2}{3}$ m 필요합니다. 포장할 수 있는 상자는 몇 개이고, 남는 색 테이프는 몇 m인지 풀이 과정을 쓰고 답을 구해 보시오.

풀이 |

답 | ,

서술형 평가

1. 분수의 덧셈과 뺄셈

점수 | 확인

1 $6\frac{4}{5}-2\frac{2}{5}$를 두 가지 방법으로 계산해 보시오. [5점]

방법 1 |

방법 2 |

2 감자를 두원이는 $\frac{4}{7}$ kg, 은정이는 $\frac{2}{7}$ kg 캤습니다. 두원이와 은정이가 캔 감자는 모두 몇 kg인지 풀이 과정을 쓰고 답을 구해 보시오. [5점]

풀이 |

답 |

3 간장이 $3\frac{1}{3}$ L 있고, 참기름이 $2\frac{2}{3}$ L 있습니다. 간장과 참기름 중에서 어느 것이 몇 L 더 많은지 풀이 과정을 쓰고 답을 구해 보시오. [5점]

풀이 |

답 | ,

4 계산 결과가 더 큰 것의 기호를 쓰려고 합니다. 풀이 과정을 쓰고 답을 구해 보시오. [5점]

㉠ $2\frac{1}{4}+2\frac{1}{4}$ ㉡ $7-1\frac{3}{4}$

풀이 |

답 |

5 어떤 수에서 $4\frac{5}{8}$를 뺐더니 $1\frac{4}{8}$가 되었습니다. 어떤 수는 얼마인지 풀이 과정을 쓰고 답을 구해 보시오. [5점]

풀이 |

답 |

6 길이가 각각 $1\frac{4}{9}$ m와 $1\frac{5}{9}$ m인 색 테이프 2장을 그림과 같이 $\frac{2}{9}$ m만큼 겹쳐서 이어 붙였습니다. 이어 붙인 색 테이프의 전체 길이는 몇 m인지 풀이 과정을 쓰고 답을 구해 보시오. [5점]

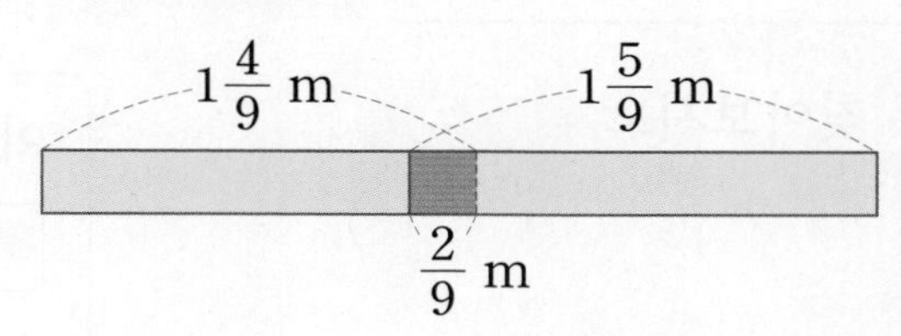

풀이 |

답 |

단원 평가 1회

2. 삼각형

점수 | 확인

(1~2) 삼각형을 보고 물음에 답하시오.

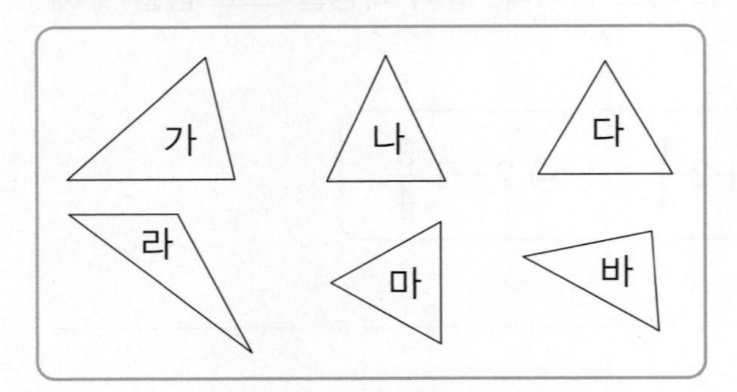

1 이등변삼각형을 모두 찾아보시오.

( )

2 정삼각형을 모두 찾아보시오.

( )

(3~4) 삼각형을 보고 물음에 답하시오.

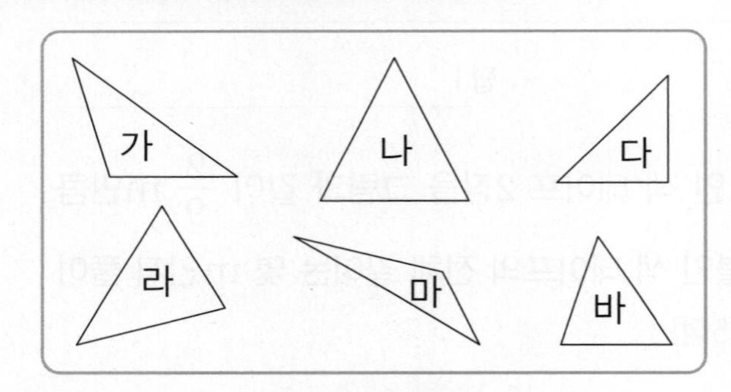

3 예각삼각형을 모두 찾아보시오.

( )

4 둔각삼각형을 모두 찾아보시오.

( )

5 이등변삼각형입니다. □ 안에 알맞은 수를 써넣으시오.

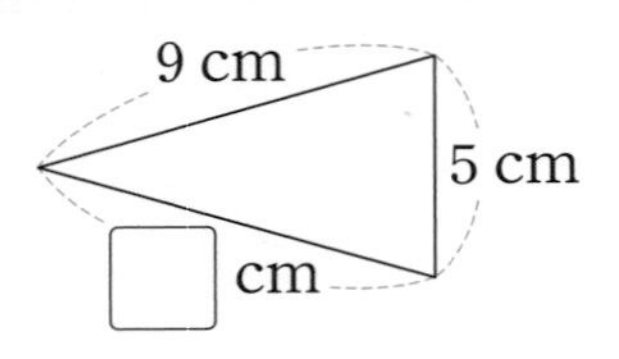

시험에 꼭 나오는 문제

6 정삼각형입니다. □ 안에 알맞은 수를 써넣으시오.

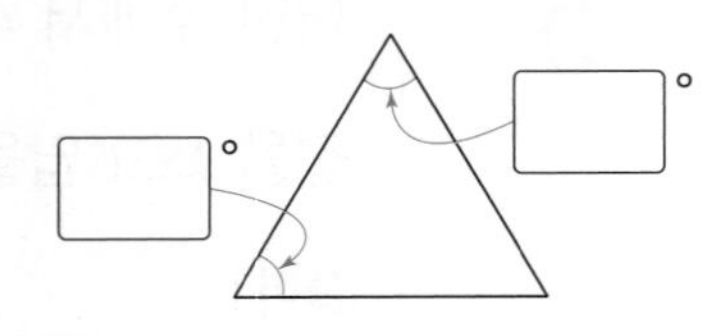

7 삼각형을 보고 □ 안에 알맞은 말을 써넣으시오.

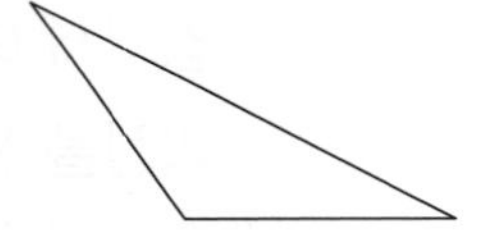

이 삼각형은 두 변의 길이가 같기 때문에 □이고, 둔각이 있기 때문에 □입니다.

8 주어진 선분을 한 변으로 하는 정삼각형을 그려 보시오.

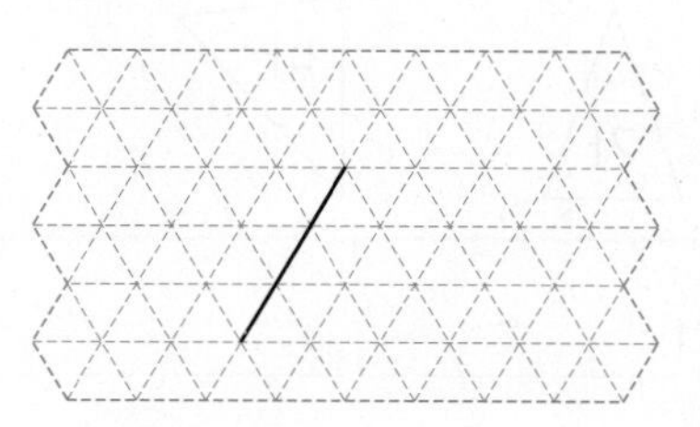

9 주어진 선분을 한 변으로 하는 예각삼각형을 그려 보시오.

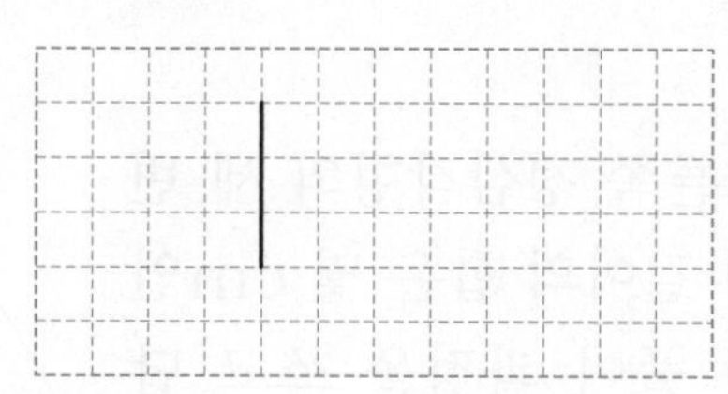

잘 틀리는 문제

10 □ 안에 알맞은 수를 써넣으시오.

- 예각삼각형에서 예각은 □개입니다.
- 둔각삼각형에서 둔각은 □개입니다.

11 삼각형 ㄱㄴㄷ의 꼭짓점 ㄱ을 옮겨 둔각삼각형을 만들려고 합니다. 꼭짓점 ㄱ을 어느 점으로 옮겨야 합니까? (　　　)

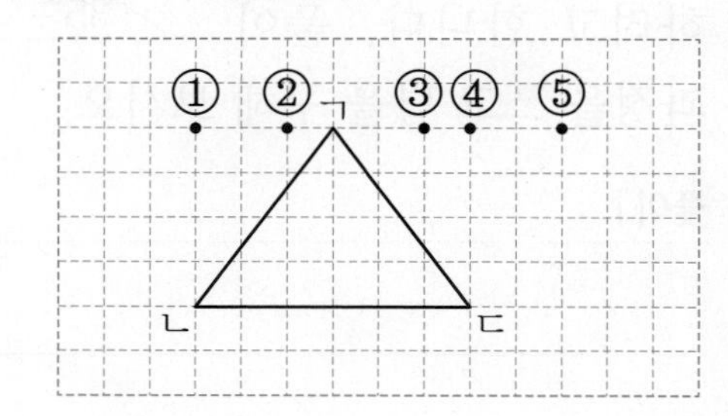

12 도형에 선분을 한 개 그어서 예각삼각형을 2개 만들어 보시오.

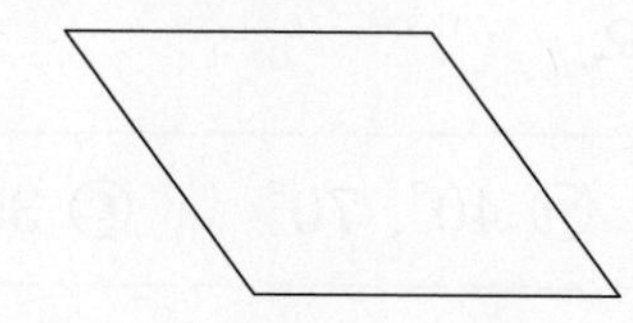

13 이등변삼각형입니다. □ 안에 알맞은 수를 써넣으시오.

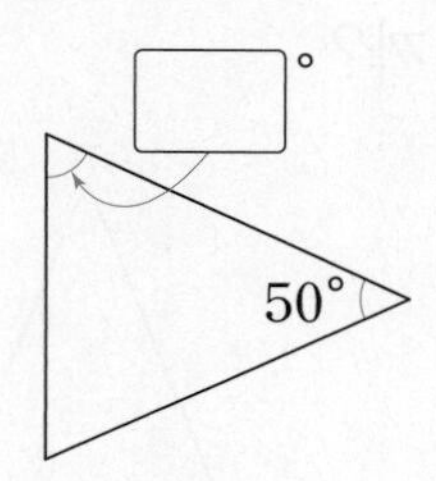

시험에 꼭 나오는 문제

14 왼쪽과 같이 길이가 같은 막대 3개를 변으로 하여 삼각형을 만들었습니다. 만든 삼각형의 이름이 될 수 있는 것을 모두 찾아 ○표 하시오.

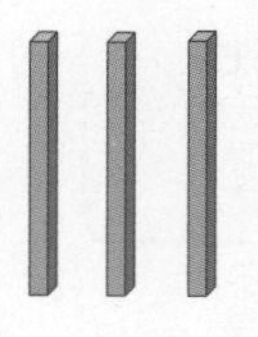

이등변삼각형　　정삼각형
예각삼각형　　직각삼각형
둔각삼각형

15 삼각형의 세 각 중 두 각의 크기를 나타낸 것입니다. 이등변삼각형을 찾아 기호를 써 보시오.

㉠ 40°, 70° ㉡ 35°, 50°

( )

16 이등변삼각형 ㄱㄴㄷ의 세 변의 길이의 합은 22 cm입니다. 변 ㄱㄴ의 길이는 몇 cm입니까?

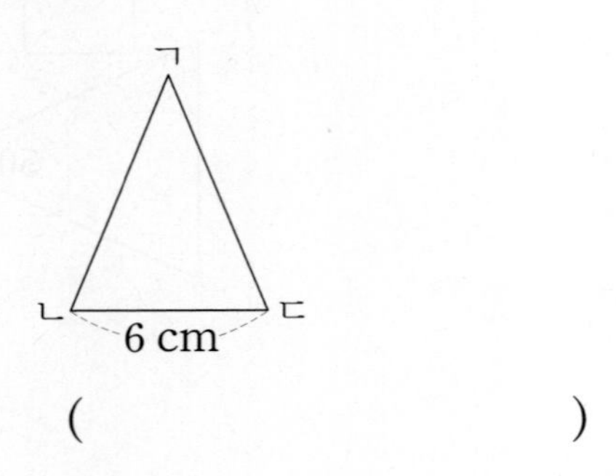

( )

잘 틀리는 문제

17 다음을 모두 만족하는 삼각형의 세 각의 크기를 각각 구해 보시오.

- 이등변삼각형입니다.
- 직각삼각형입니다.

( )

서술형 문제

18 이등변삼각형을 찾고, 그 이유를 써 보시오.

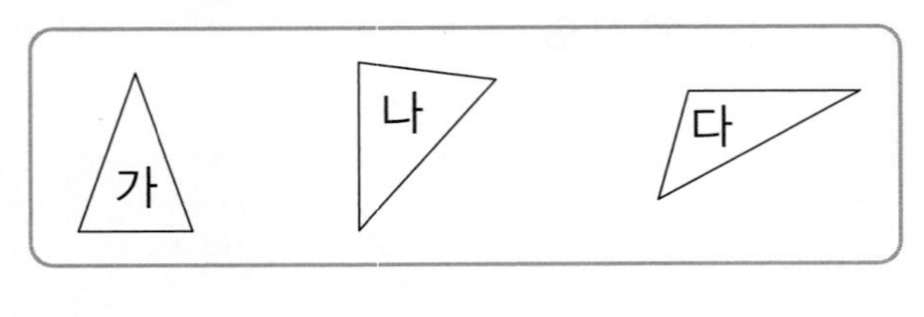

답 |

19 오른쪽 정삼각형의 세 변의 길이의 합은 몇 cm인지 풀이 과정을 쓰고 답을 구해 보시오.

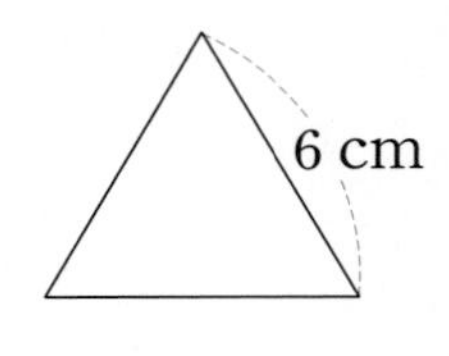

풀이 |

답 |

20 오른쪽 이등변삼각형에서 ㉠의 각도를 구하려고 합니다. 풀이 과정을 쓰고 답을 구해 보시오.

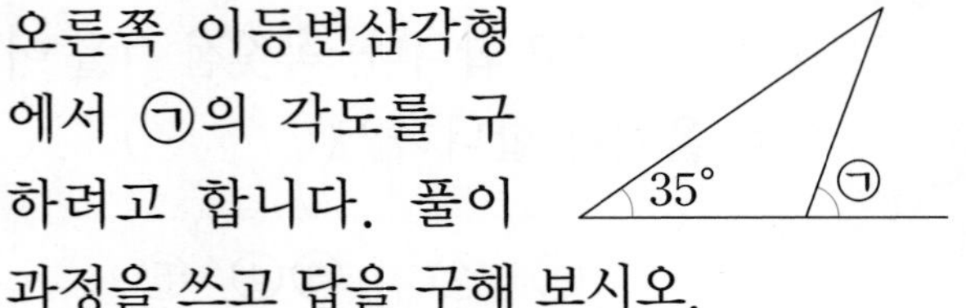

풀이 |

답 |

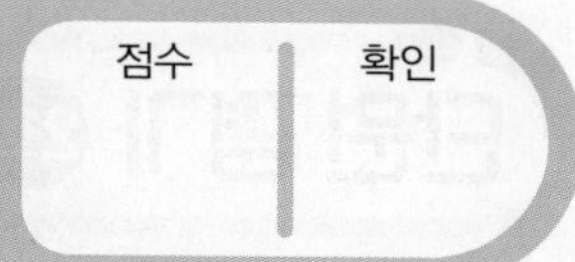

1 이등변삼각형을 찾아보시오.

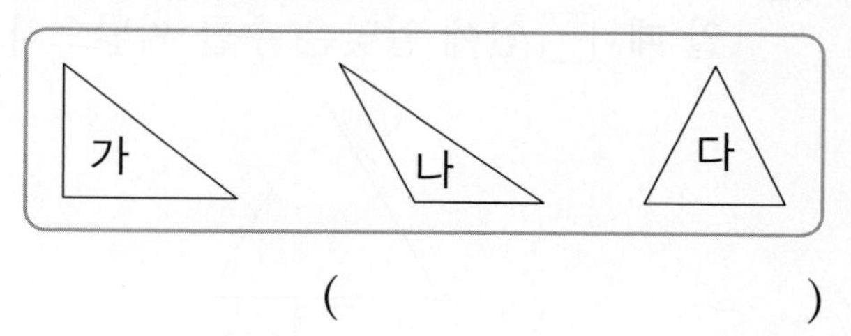

( )

2 예각삼각형을 찾아보시오.

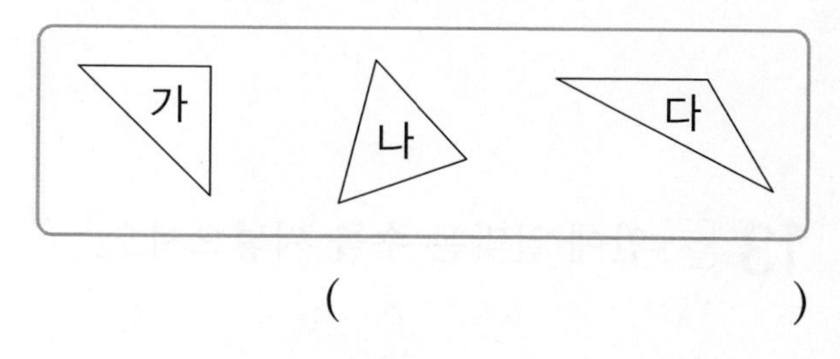

( )

3 정삼각형입니다. □ 안에 알맞은 수를 써넣으시오.

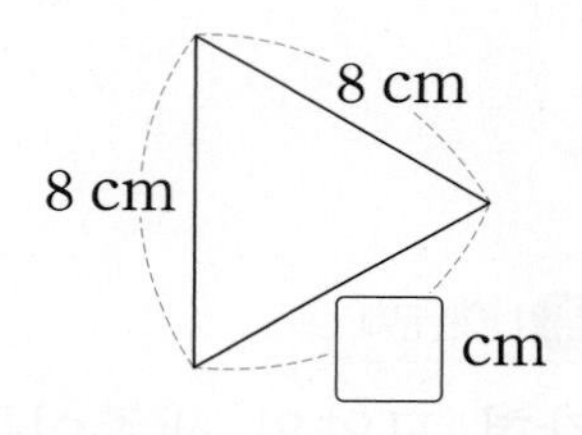

4 삼각형의 세 변의 길이가 다음과 같을 때, 이등변삼각형이 아닌 것을 찾아 기호를 써 보시오.

㉠ 7 cm, 7 cm, 7 cm
㉡ 5 cm, 6 cm, 7 cm
㉢ 9 cm, 6 cm, 9 cm

( )

5 이등변삼각형입니다. □ 안에 알맞은 수를 써넣으시오.

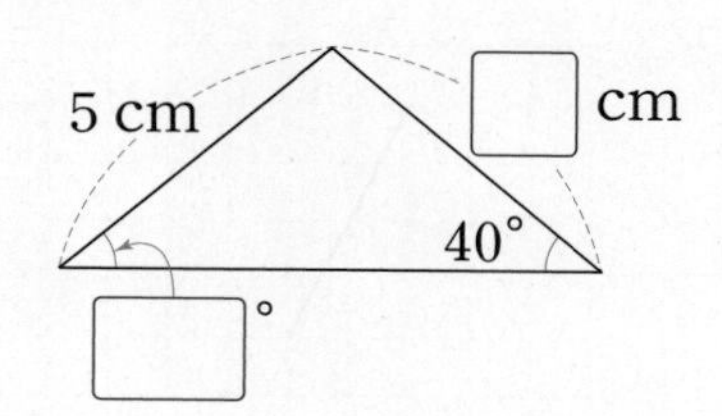

6 이등변삼각형이면서 둔각삼각형인 것을 찾아보시오.

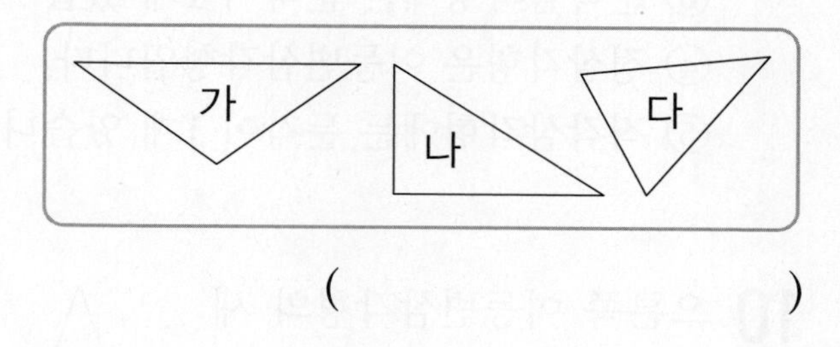

( )

7 주어진 선분을 한 변으로 하는 이등변삼각형을 그려 보시오.

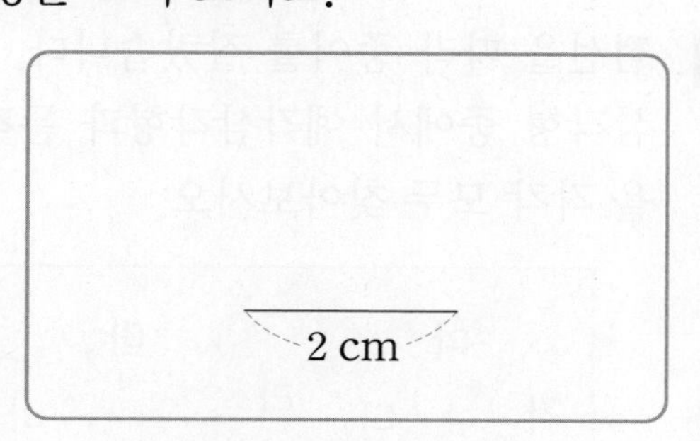

단원 평가 2회

8 주어진 선분을 한 변으로 하는 둔각삼각형을 그려 보시오.

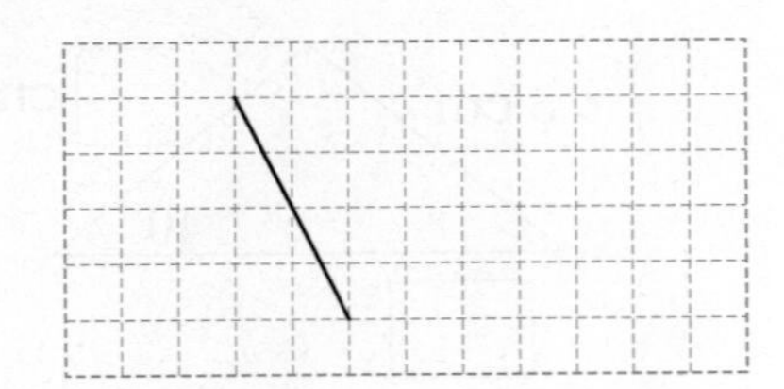

잘 틀리는 문제

9 잘못 설명한 것은 어느 것입니까?

( )

① 정삼각형은 예각삼각형입니다.
② 예각삼각형에는 예각이 3개 있습니다.
③ 둔각삼각형에는 둔각이 1개 있습니다.
④ 정삼각형은 이등변삼각형입니다.
⑤ 직각삼각형에는 둔각이 1개 있습니다.

10 오른쪽 이등변삼각형의 세 변의 길이의 합은 몇 cm입니까?

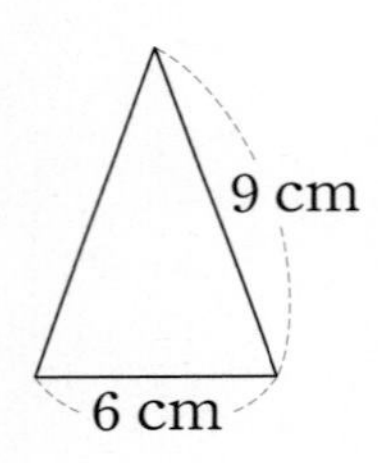

( )

11 점선을 따라 종이를 잘랐습니다. 잘라 낸 삼각형 중에서 예각삼각형과 둔각삼각형을 각각 모두 찾아보시오.

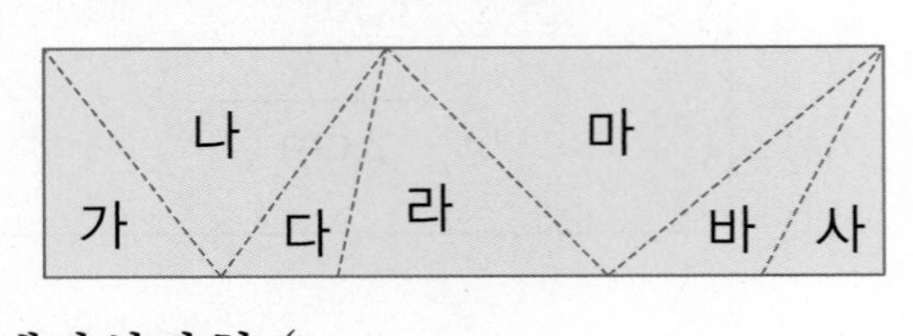

예각삼각형 ( )
둔각삼각형 ( )

12 정삼각형의 세 변의 길이의 합이 33 cm일 때, □ 안에 알맞은 수를 써넣으시오.

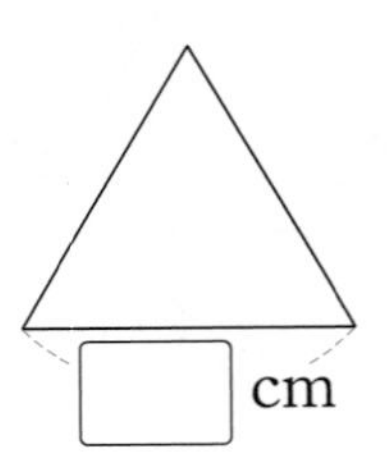

13 □ 안에 알맞은 수를 써넣으시오.

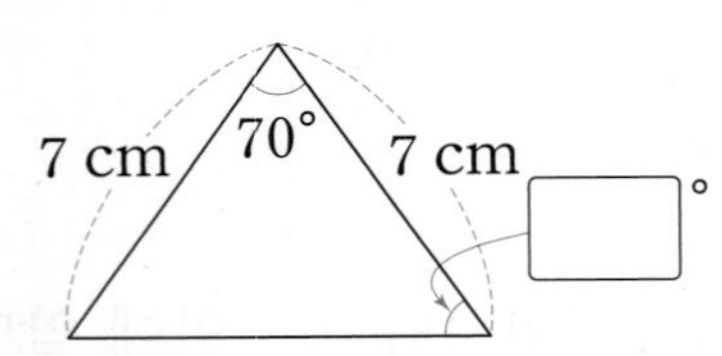

시험에 꼭 나오는 문제

14 정사각형 모양의 색종이를 점선을 따라 반으로 잘랐습니다. 잘라 낸 삼각형의 이름이 될 수 있는 것을 모두 써 보시오.

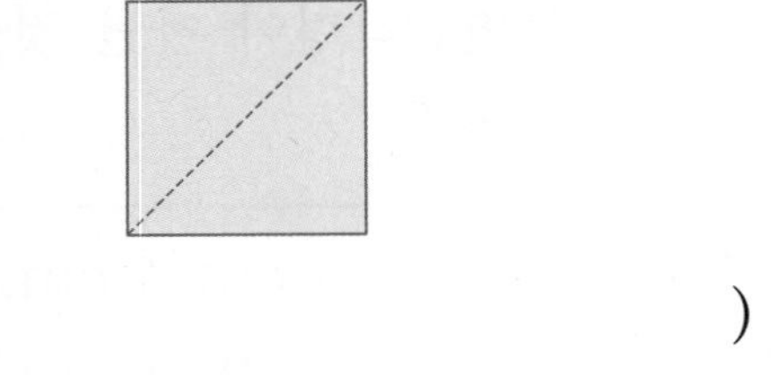

( )

15 삼각형 ㄱㄴㄷ은 정삼각형입니다. □ 안에 알맞은 수를 써넣으시오.

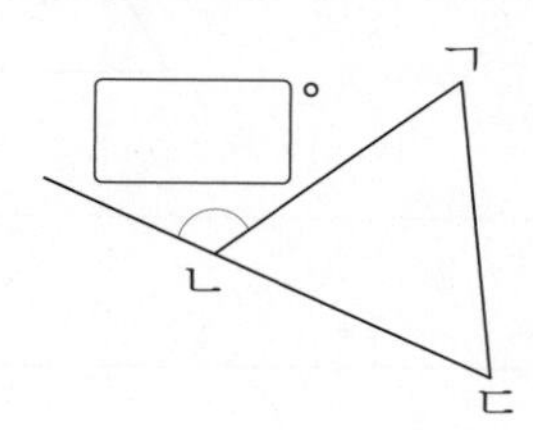

잘 틀리는 문제

16 다음 이등변삼각형과 세 변의 길이의 합이 같은 정삼각형을 만들려고 합니다. 정삼각형의 한 변은 몇 cm로 해야 합니까?

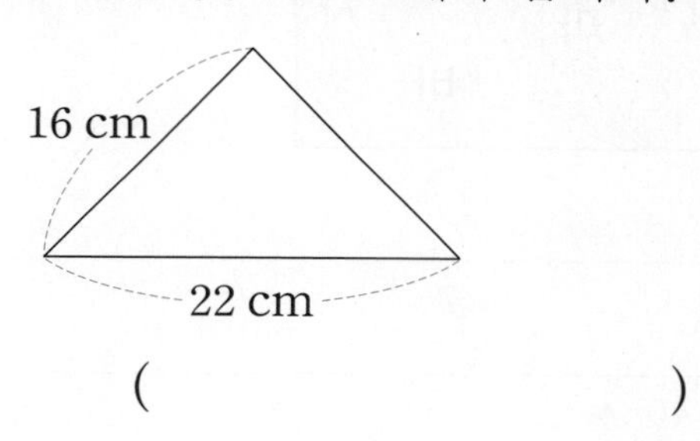

(　　　　　　　　)

17 도형에서 찾을 수 있는 크고 작은 둔각삼각형은 모두 몇 개입니까?

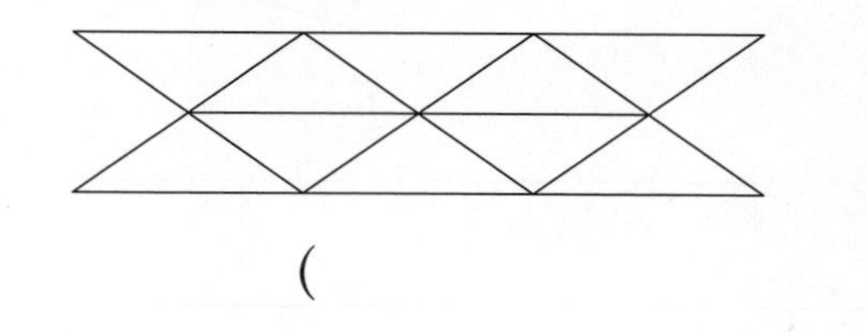

(　　　　　　　　)

서술형 문제

18 오른쪽 도형이 이등변삼각형이 아닌 이유를 써 보시오.

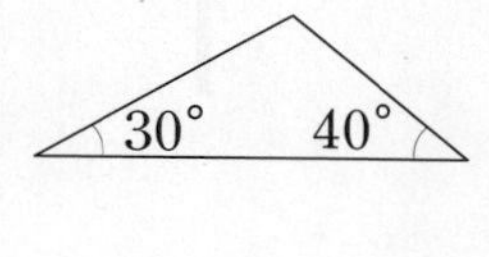

답 |

19 삼각형의 세 각 중 두 각의 크기를 나타낸 것입니다. 둔각삼각형의 기호를 쓰려고 합니다. 풀이 과정을 쓰고 답을 구해 보시오.

㉠ 45°, 85°　　㉡ 35°, 40°

풀이 |

답 |

20 오른쪽 이등변삼각형의 한 각이 65°일 때, ㉠과 ㉡의 각도의 차를 구하려고 합니다. 풀이 과정을 쓰고 답을 구해 보시오.

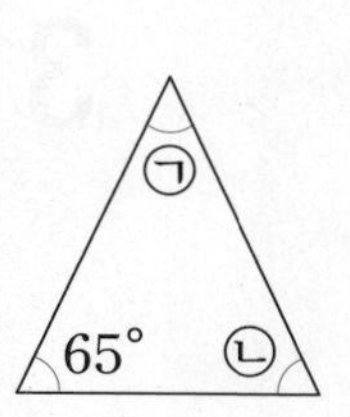

풀이 |

답 |

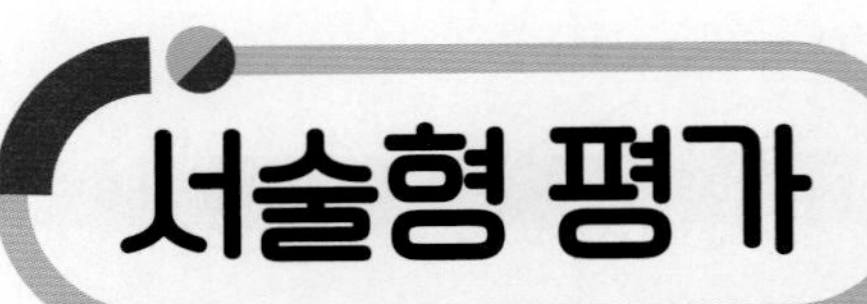

점수 | 확인

1 오른쪽 도형이 정삼각형이라는 것을 알 수 있는 방법을 두 가지 써 보시오. [5점]

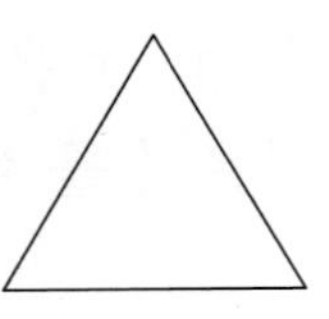

방법 1 |

방법 2 |

2 점선을 따라 종이를 잘랐습니다. 잘라 낸 삼각형 중에서 예각삼각형은 둔각삼각형보다 몇 개 더 많은지 풀이 과정을 쓰고 답을 구해 보시오. [5점]

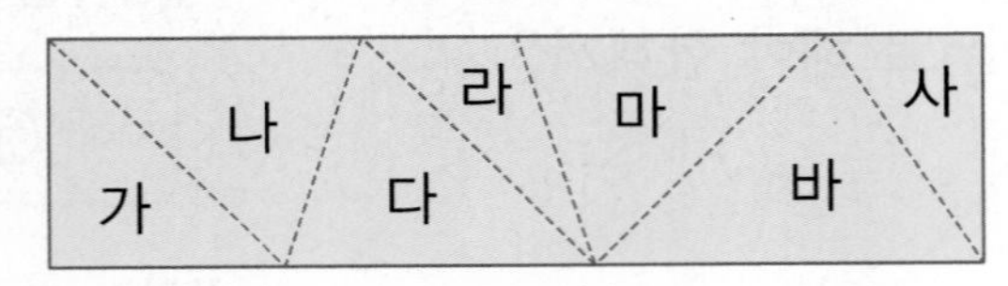

풀이 |

답 |

3 오른쪽 이등변삼각형의 세 변의 길이의 합은 21 cm입니다. □ 안에 알맞은 수는 얼마인지 풀이 과정을 쓰고 답을 구해 보시오. [5점]

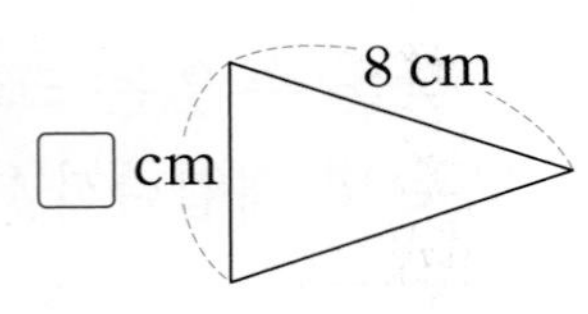

풀이 |

답 |

4 삼각형의 세 각 중 두 각의 크기를 나타낸 것입니다. 이등변삼각형의 기호를 쓰려고 합니다. 풀이 과정을 쓰고 답을 구해 보시오. [5점]

㉠ 65°, 50° ㉡ 40°, 50°

풀이 |

답 |

5 길이가 30 cm인 철사를 남김없이 모두 사용하여 오른쪽과 같은 삼각형을 만들려고 합니다. 한 변을 몇 cm로 해야 하는지 풀이 과정을 쓰고 답을 구해 보시오. [5점]

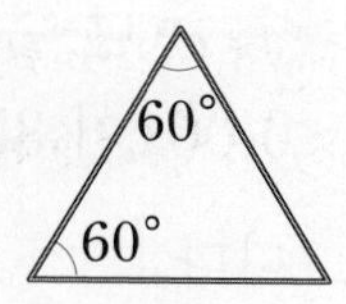

풀이 |

답 |

6 오른쪽 삼각형의 일부가 지워졌습니다. 이 삼각형의 이름이 될 수 있는 것을 모두 쓰려고 합니다. 풀이 과정을 쓰고 답을 구해 보시오. [5점]

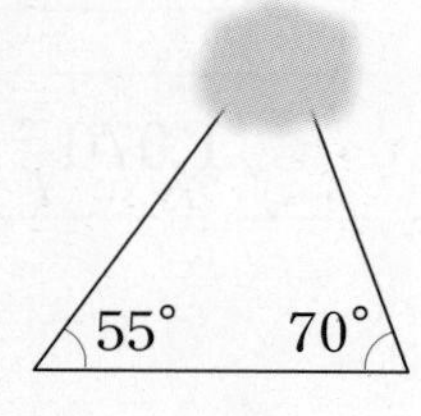

풀이 |

답 |

단원 평가 1회

3. 소수의 덧셈과 뺄셈

점수 | 확인

1 전체 크기가 1인 모눈종이에서 색칠된 부분의 크기를 소수로 나타내어 보시오.

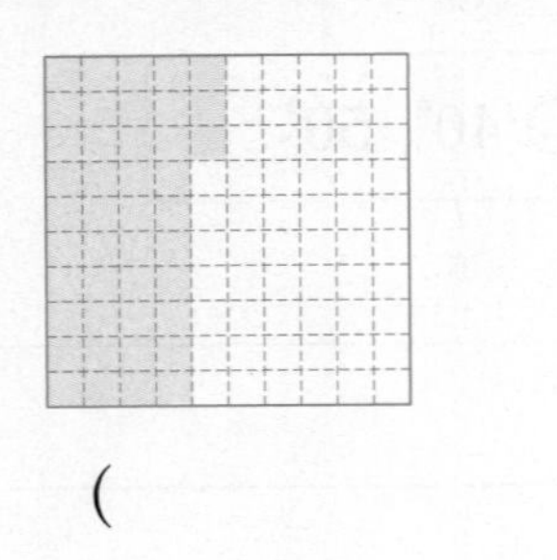

(   )

2 □ 안에 알맞은 수를 써넣으시오.

0.001이 3574개인 수는 □ 입니다.

3 소수에서 생략할 수 있는 0을 찾아 〈보기〉와 같이 나타내어 보시오.

〈보기〉
0.2$\not{0}$ 3.12$\not{0}$

1.070   2.008   0.300

4 소수에서 9가 나타내는 수를 써 보시오.

4.193 ⇨ (   )

5 관계있는 것끼리 선으로 이어 보시오.

	•	영 점 오삼
5.03 •	•	오 점 삼
0.53 •	•	오 점 영삼

6 집에서 학교까지의 거리는 325 m입니다. 집에서 학교까지의 거리는 몇 km인지 소수로 나타내어 보시오.

(   )

7 계산해 보시오.

0.9－0.3

잘 틀리는 문제

8 빈칸에 알맞은 수를 써넣으시오.

$\frac{1}{10}$ ← [1.05 / 2.7] → 10배

정답 58쪽

시험에 꼭 나오는 문제

9 소수 5.094를 바르게 설명한 것을 모두 찾아 기호를 써 보시오.

> ㉠ 오 점 영구사라고 읽습니다.
> ㉡ 0.001이 594개인 수입니다.
> ㉢ 소수 첫째 자리 숫자는 0입니다.
> ㉣ 4는 0.04를 나타냅니다.

(　　　　　　　　)

10 □ 안에 알맞은 수를 써넣으시오.

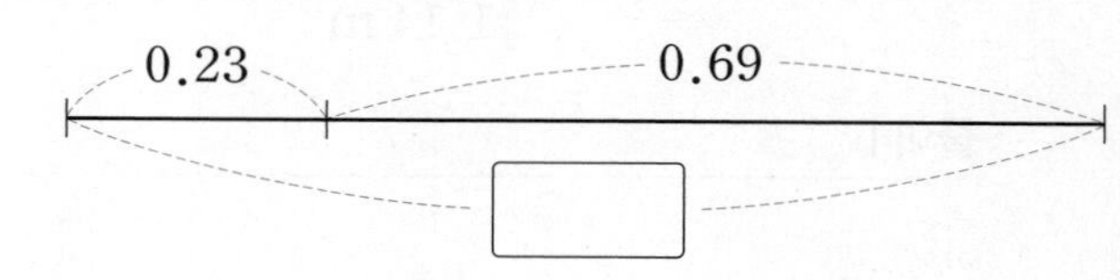

11 빈칸에 알맞은 수를 써넣으시오.

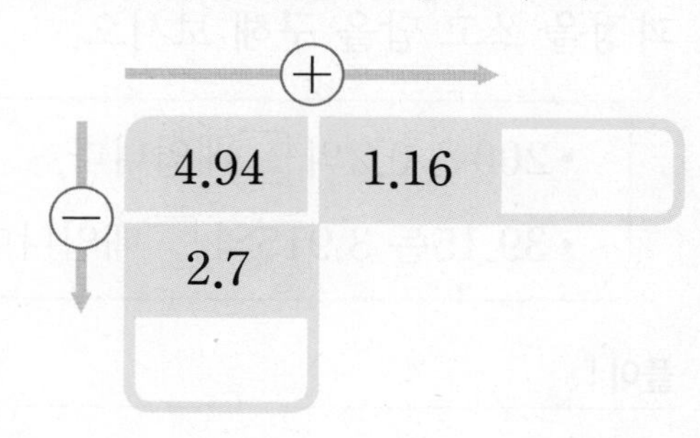

시험에 꼭 나오는 문제

12 계산 결과의 크기를 비교하여 ○ 안에 >, =, <를 알맞게 써넣으시오.

$$1.3+2.5 \bigcirc 9.6-5.94$$

13 선예의 책상은 긴 쪽의 길이가 2.75 m이고, 짧은 쪽의 길이가 0.6 m입니다. 책상의 긴 쪽과 짧은 쪽의 길이의 합은 몇 m입니까?

(　　　　　　　　)

14 아버지께서 페인트 5.2 L 중에서 벽을 칠하는 데 4880 mL를 사용하셨습니다. 남은 페인트는 몇 L입니까?

(　　　　　　　　)

15 ㉠이 나타내는 수는 ㉡이 나타내는 수의 몇 배입니까?

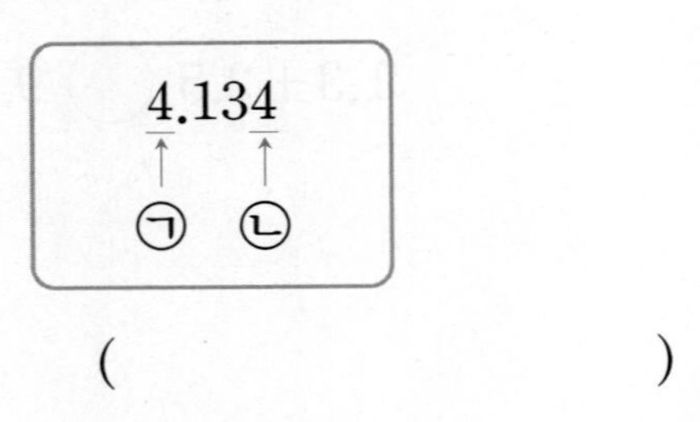

(　　　　　　　　)

16 밀가루가 3 kg 있었습니다. 그중 0.9 kg으로 빵을 만들었고, 0.75 kg으로 과자를 만들었습니다. 빵과 과자를 만들고 남은 밀가루는 몇 kg입니까?

(　　　　　　　　)

잘 틀리는 문제

17 □ 안에 알맞은 수를 써넣으시오.

$$\begin{array}{r} \square.\ 4 \\ +\ 1.\ \square\ 2 \\ \hline 5.\ 3\ \square \end{array}$$

서술형 문제

18 0.5와 0.24의 크기를 잘못 비교하였습니다. 잘못 비교한 이유를 써 보시오.

5는 24보다 작으므로 0.5<0.24입니다.

이유 |

19 삼각형에서 가장 긴 변과 가장 짧은 변의 길이의 차는 몇 m인지 풀이 과정을 쓰고 답을 구해 보시오.

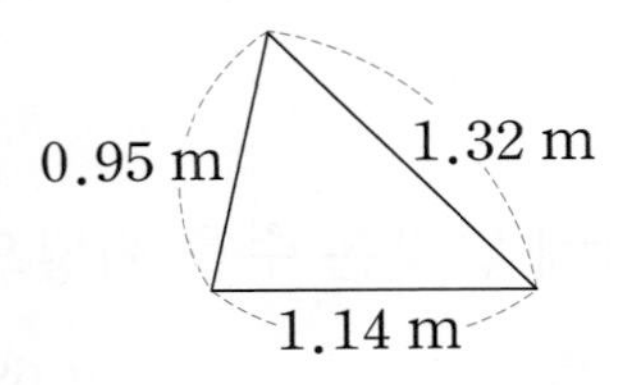

풀이 |

답 |

20 □ 안에 알맞은 수의 합은 얼마인지 풀이 과정을 쓰고 답을 구해 보시오.

- 200은 0.2의 □배입니다.
- 39.15는 3.915의 □배입니다.

풀이 |

답 |

단원 평가 2회

3. 소수의 덧셈과 뺄셈

점수 | 확인

1 소수를 읽어 보시오.

7.105

(　　　　　　　　)

2 1.4와 같은 수를 찾아 써 보시오.

0.4　　4.1　　1.40　　1.04

(　　　　　　　　)

3 다음을 소수로 나타내어 보시오.

10이 2개, $\frac{1}{10}$이 5개, $\frac{1}{100}$이 9개인 수

(　　　　　　　　)

시험에 꼭 나오는 문제

4 두 소수의 크기를 비교하여 ○ 안에 >, =, <를 알맞게 써넣으시오.

4.572 ○ 4.389

5 빈칸에 알맞은 수를 써넣으시오.

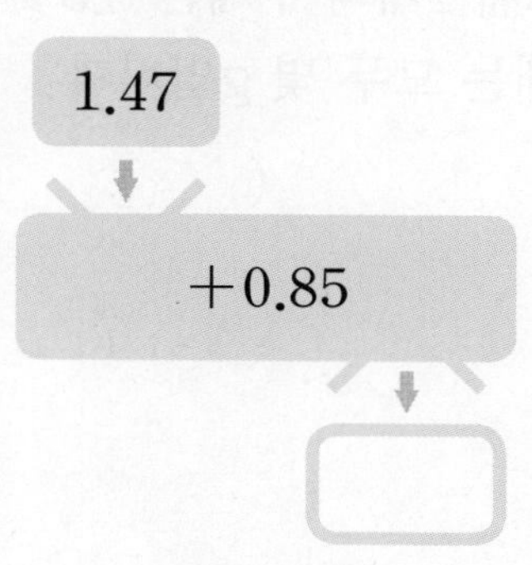

6 두 수의 합과 차를 각각 구해 보시오.

0.3　　0.8

합 (　　　　　　　　)

차 (　　　　　　　　)

7 6.7과 같은 수에 ○표 하시오.

0.67의 100배	67의 $\frac{1}{10}$
(　　)	(　　)

8 6이 나타내는 수가 가장 작은 것은 어느 것입니까? (　　)

① 3.261　　② 5.61

③ 2.46　　④ 6.542

⑤ 0.246

9 지우개 1개의 무게는 8.3 g입니다. 지우개 10개는 모두 몇 g입니까?

( )

잘 틀리는 문제

10 민아네 집에서 주변 건물까지의 거리를 나타낸 것입니다. 민아네 집에서 가장 먼 곳은 어디입니까?

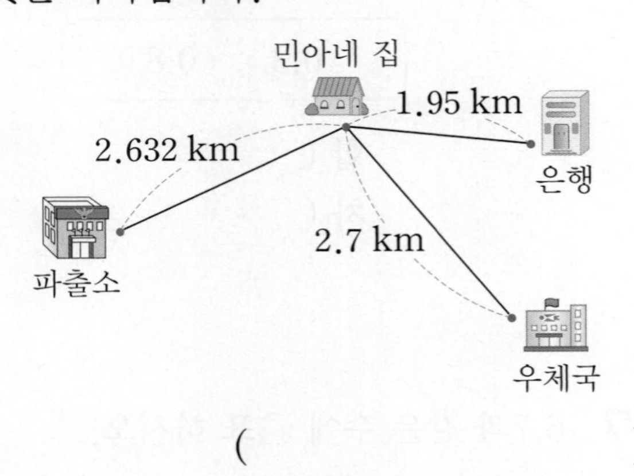

( )

11 성훈이는 과일 가게에서 딸기 2.3 kg과 귤 1.8 kg을 샀습니다. 성훈이가 산 딸기와 귤은 모두 몇 kg입니까?

( )

시험에 꼭 나오는 문제

12 현우는 우유를 1.5 L 사서 0.48 L를 마셨습니다. 현우가 마시고 남은 우유는 몇 L입니까?

( )

13 계산 결과가 큰 것부터 차례대로 기호를 써 보시오.

㉠ $1.52+5.24$	㉡ $4.68+2.45$
㉢ $8.36-1.95$	㉣ $11.26-4.43$

( )

14 두 소수의 차를 구해 보시오.

- 일의 자리 숫자가 3, 소수 첫째 자리 숫자가 9인 소수 한 자리 수
- 0.1이 16개인 수

( )

15 가장 큰 수와 가장 작은 수의 합에서 나머지 수를 뺀 값을 구해 보시오.

4.95　　7.1　　3.57

(　　　　　　)

16 4장의 카드를 한 번씩 모두 사용하여 만들 수 있는 가장 큰 소수 한 자리 수와 가장 작은 소수 두 자리 수의 합을 구해 보시오.

2　5　8　.

(　　　　　　)

잘 틀리는 문제

17 설명하는 소수 두 자리 수를 구해 보시오.

- 소수의 각 자리 숫자는 서로 다릅니다.
- 3보다 크고 4보다 작습니다.
- 소수 첫째 자리 숫자는 3으로 나누어 떨어집니다.
- 이 소수를 10배 하면 소수 첫째 자리 숫자는 6이 됩니다.

(　　　　　　)

서술형 문제

18 잘못 계산한 곳을 찾아 이유를 쓰고, 바르게 계산해 보시오.

$$\begin{array}{r} 0.8 \\ -\ 0.07 \\ \hline 0.1 \end{array} \Rightarrow \square$$

이유 |

19 0부터 9까지의 수 중에서 □ 안에 들어갈 수 있는 수를 모두 구하려고 합니다. 풀이 과정을 쓰고 답을 구해 보시오.

$1.\square > 7.3 - 5.7$

풀이 |

답 |

20 어떤 수에 2.9를 더해야 할 것을 잘못하여 뺐더니 6.3이 되었습니다. 바르게 계산하면 얼마인지 풀이 과정을 쓰고 답을 구해 보시오.

풀이 |

답 |

점수 | 확인

1 1보다 작은 소수 세 자리 수 중에서 소수 첫째 자리 숫자가 7, 소수 둘째 자리 숫자가 1, 소수 셋째 자리 숫자가 5인 수는 얼마인지 풀이 과정을 쓰고 답을 구해 보시오. [5점]

풀이 |

답 |

2 가장 큰 수를 찾아 기호를 쓰려고 합니다. 풀이 과정을 쓰고 답을 구해 보시오. [5점]

㉠ 0.08 ㉡ 2.08 ㉢ 0.802 ㉣ 1.82

풀이 |

답 |

3 병에 주스가 0.86 L 들어 있었습니다. 윤아가 마시고 남은 주스가 0.29 L일 때 윤아가 마신 주스는 몇 L인지 풀이 과정을 쓰고 답을 구해 보시오. [5점]

풀이 |

답 |

4 지유네 집에서 공원까지의 거리는 1.7 km이고 공원에서 수영장까지의 거리는 400 m입니다. 지유네 집에서 공원을 지나 수영장까지의 거리는 몇 km인지 풀이 과정을 쓰고 답을 구해 보시오. [5점]

풀이 |

답 |

5 양동이에 물이 12.5 L 들어 있었습니다. 그중에서 청소하는 데 4.7 L를 사용한 후 양동이에 3.93 L의 물을 더 부었습니다. 지금 양동이에 들어 있는 물은 몇 L인지 풀이 과정을 쓰고 답을 구해 보시오. [5점]

풀이 |

답 |

6 어떤 수의 $\frac{1}{10}$은 0.382입니다. 어떤 수의 10배는 얼마인지 풀이 과정을 쓰고 답을 구해 보시오. [5점]

풀이 |

답 |

단원 평가 1회

4. 사각형

점수 | 확인

(1~2) 그림을 보고 물음에 답하시오.

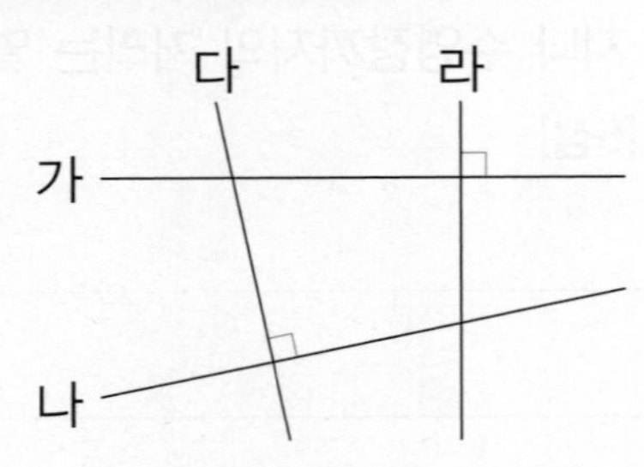

1 직선 가에 수직인 직선을 찾아보시오.

(　　　　　)

2 직선 나에 대한 수선을 찾아보시오.

(　　　　　)

3 삼각자를 이용하여 평행선을 바르게 그은 것을 찾아 기호를 써 보시오.

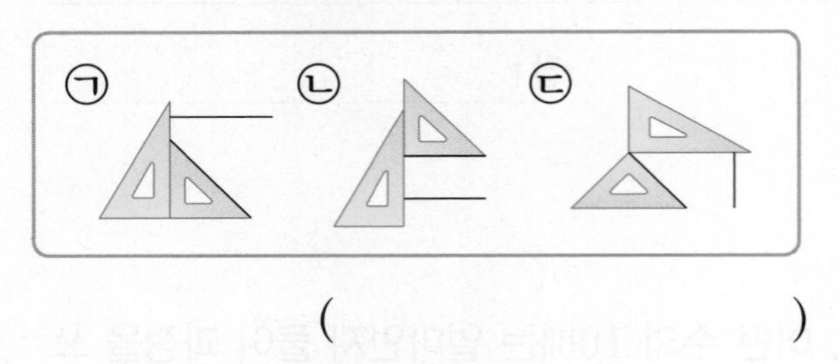

(　　　　　)

4 서로 수직인 선분을 찾아 써 보시오.

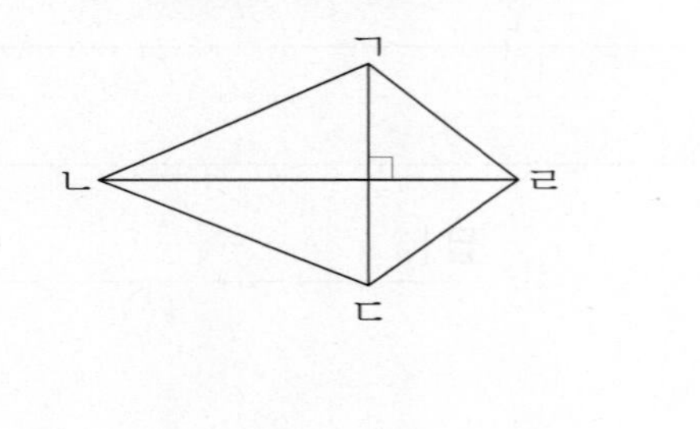

(　　　　　)

5 직선 가와 직선 나는 서로 평행합니다. 평행선 사이의 거리를 나타내는 선분을 모두 찾아 써 보시오.

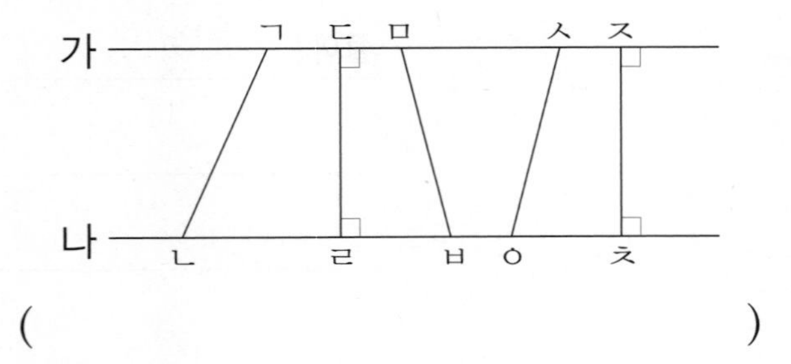

(　　　　　)

시험에 꼭 나오는 문제

6 삼각자를 이용하여 주어진 직선과 평행한 직선을 그어 보시오.

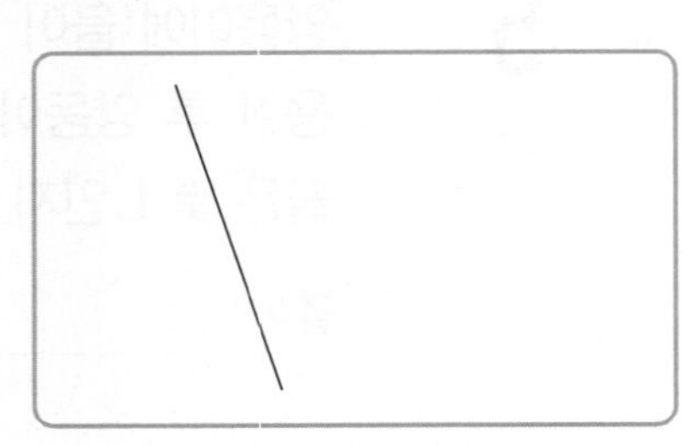

(7~8) 도형을 보고 물음에 답하시오.

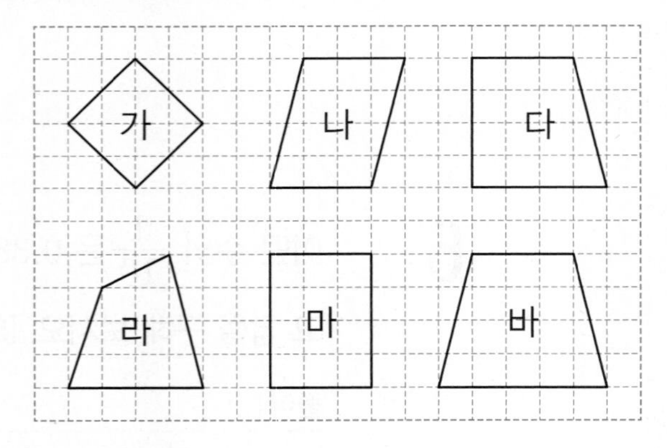

7 사다리꼴이 아닌 것을 찾아보시오.

(　　　　　)

8 평행사변형을 모두 찾아보시오.

(　　　　　)

시험에 꼭 나오는 문제

9 평행사변형을 보고 □ 안에 알맞은 수를 써넣으시오.

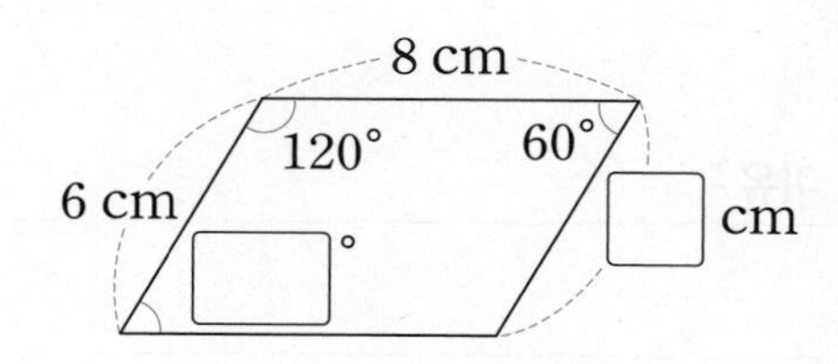

10 직사각형 모양의 종이띠를 선을 따라 잘랐을 때 잘라 낸 사각형 중에서 사다리꼴은 모두 몇 개입니까?

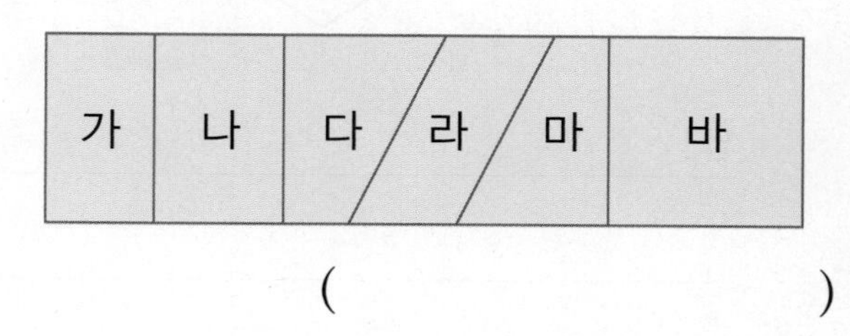

(　　　　　　　　)

11 마름모에 대한 설명으로 틀린 것을 찾아 기호를 써 보시오.

㉠ 마주 보는 두 변의 길이가 같습니다.
㉡ 이웃한 두 각의 크기의 합이 360°입니다.
㉢ 마주 보는 꼭짓점끼리 이은 선분은 서로 수직으로 만납니다.

(　　　　　　　　)

12 점 종이에서 한 꼭짓점만 옮겨서 마름모를 만들어 보시오.

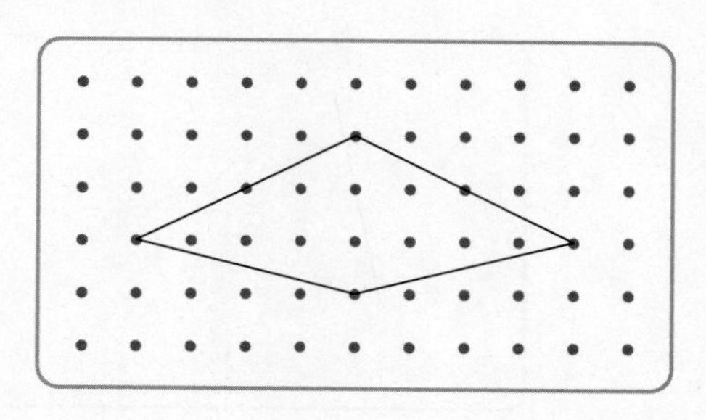

13 평행선 사이의 거리가 1 cm가 되도록 주어진 직선과 평행한 직선을 2개 그어 보시오.

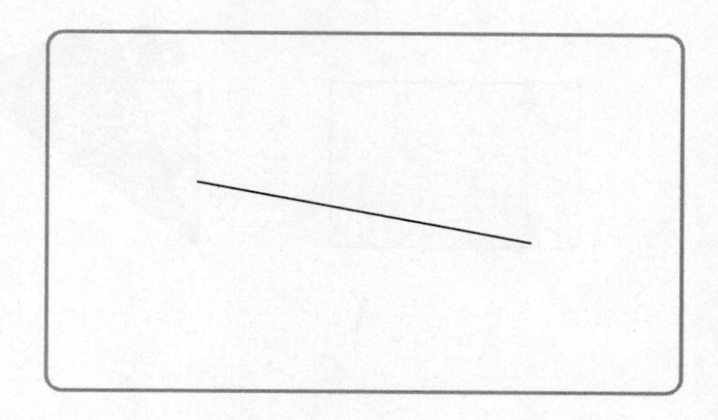

잘 틀리는 문제

14 설명에 알맞은 사각형의 이름을 모두 써 보시오.

- 마주 보는 두 쌍의 변이 서로 평행합니다.
- 네 변의 길이가 모두 같습니다.

(　　　　　　　　)

15 주어진 선분에 수직인 직선과 평행선을 그어 정사각형을 완성해 보시오.

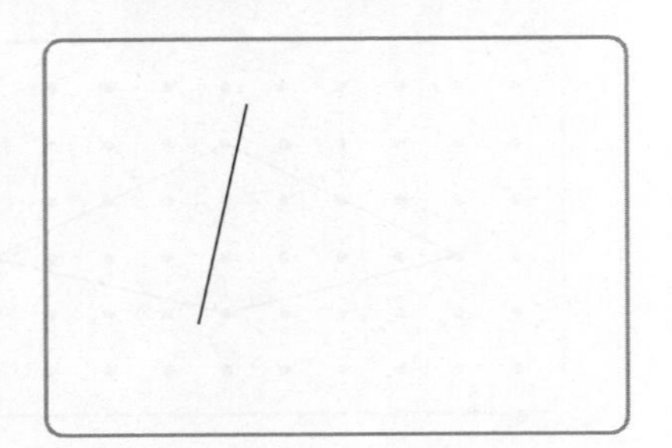

16 그림과 같이 직사각형 모양의 색종이를 접어서 자른 후 빗금 친 부분을 펼쳤을 때 만들어지는 사각형의 이름을 써 보시오.

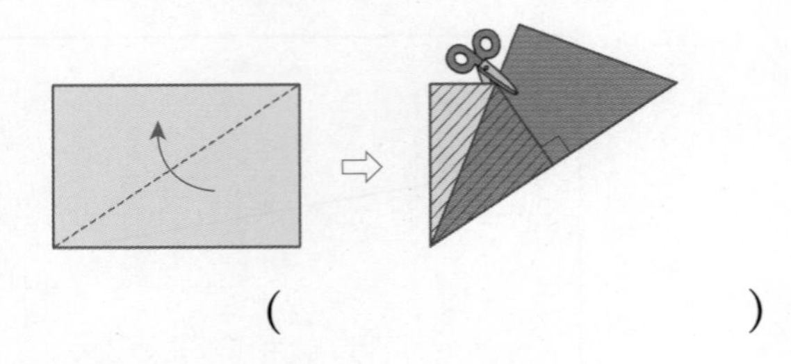

(　　　　　　　　　　)

잘 틀리는 문제

17 준형이는 철사로 다음과 같은 평행사변형을 만들었습니다. 철사를 다시 펴서 남김없이 사용하여 만든 마름모의 한 변은 몇 cm입니까?

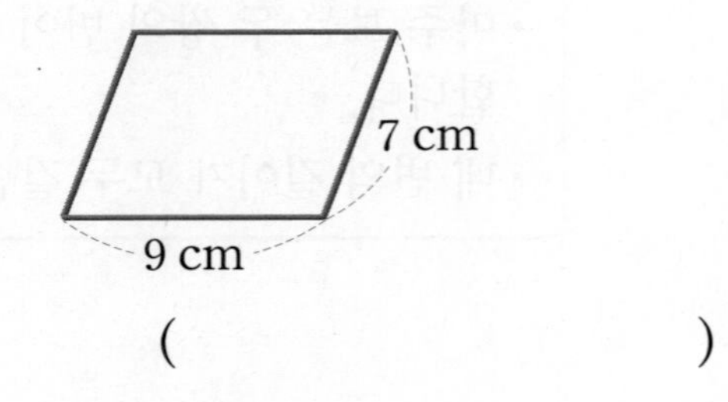

(　　　　　　　　　　)

서술형 문제

18 직선 가와 직선 나가 평행선이 아닌 이유를 써 보시오.

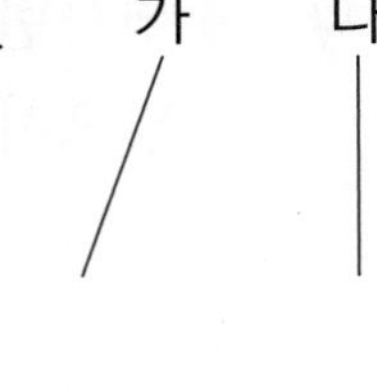

이유 |

19 다음 도형은 정사각형입니까? 그렇게 생각한 이유를 써 보시오.

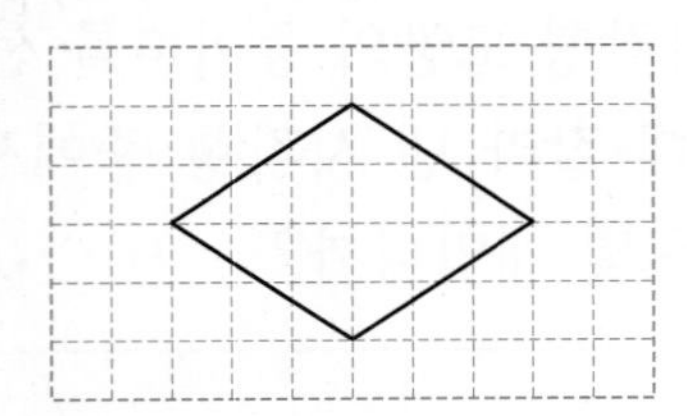

답 |

20 정사각형과 마름모를 겹치지 않게 이어 붙여 만든 도형입니다. 각 ㄱㅂㅁ의 크기는 얼마인지 풀이 과정을 쓰고 답을 구해 보시오.

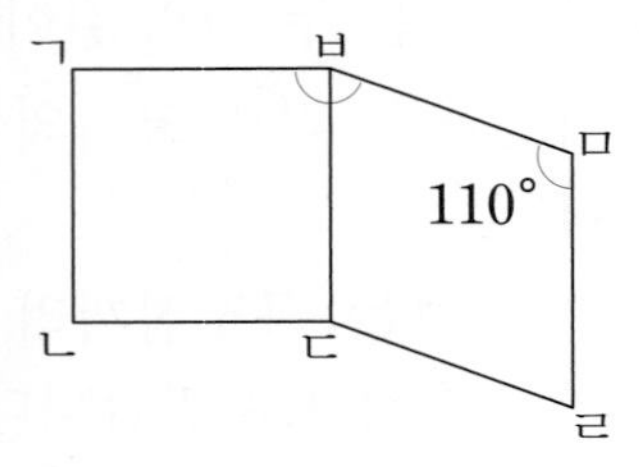

풀이 |

답 |

단원 평가 2회

4. 사각형

점수 확인

1 두 직선이 서로 수직인 것을 찾아 ○표 하시오.

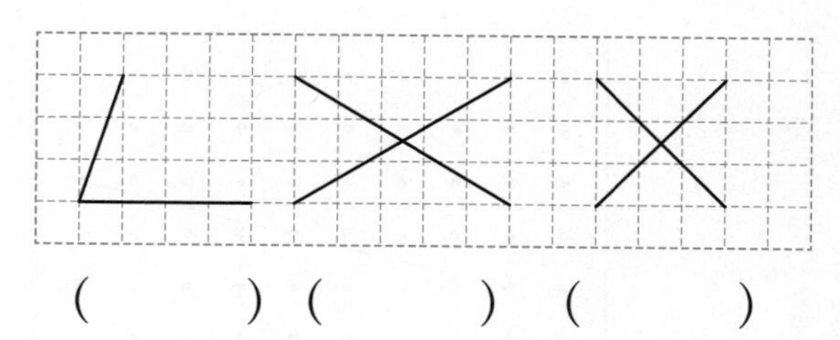

( ) ( ) ( )

2 평행선은 모두 몇 쌍입니까?

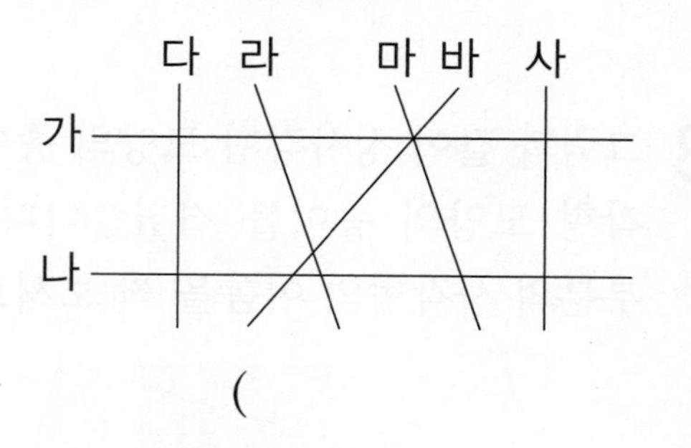

( )

3 삼각자를 이용하여 점 ㄱ을 지나고 주어진 직선과 평행한 직선을 그어 보시오.

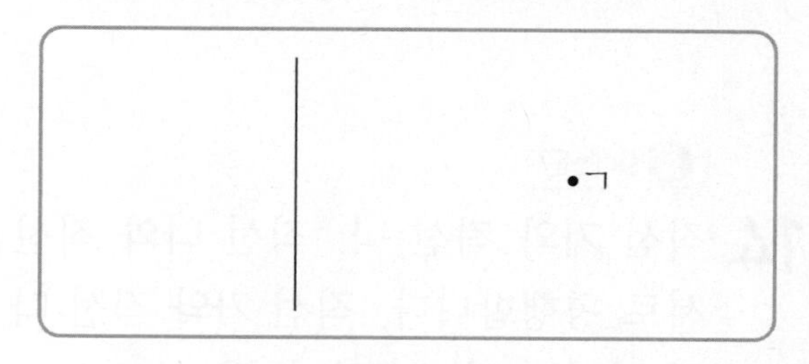

시험에 꼭 나오는 문제

4 평행선 사이의 거리는 몇 cm인지 재어 보시오.

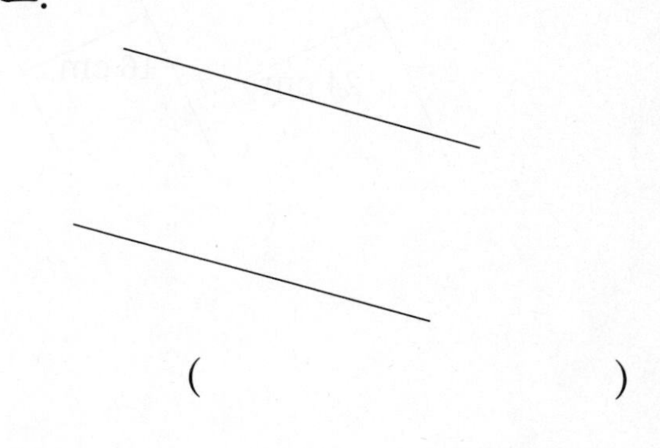

( )

(5~6) 도형을 보고 물음에 답하시오.

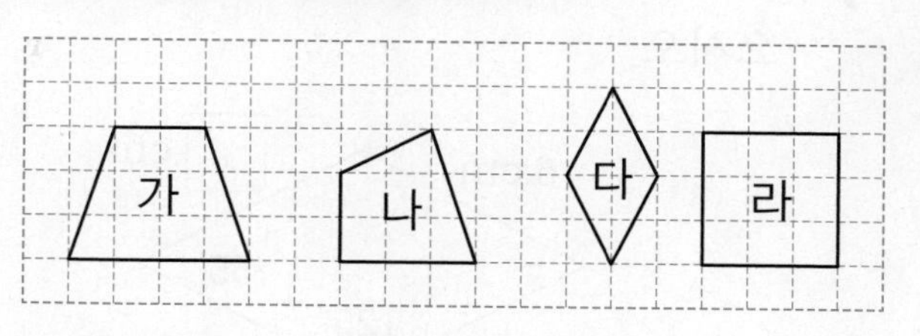

5 사다리꼴을 모두 찾아보시오.

( )

6 마름모는 모두 몇 개입니까?

( )

7 수선과 평행선이 모두 있는 도형을 찾아 기호를 써 보시오.

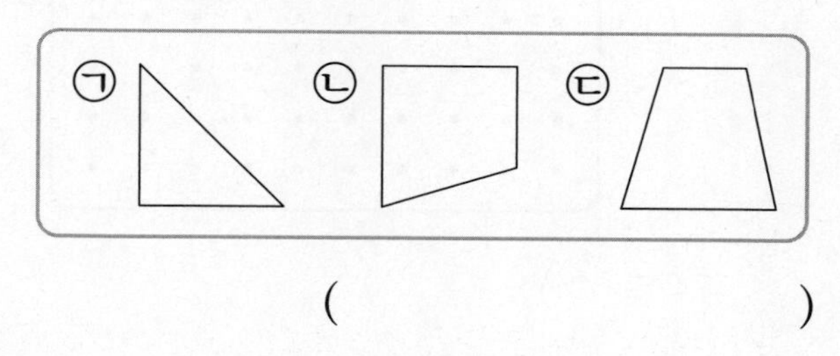

( )

8 설명이 옳은 것을 찾아 기호를 써 보시오.

㉠ 한 직선에 수직인 두 직선은 서로 만나지 않습니다.

㉡ 한 직선과 평행한 직선은 1개입니다.

㉢ 두 직선이 서로 수직으로 만나서 이루는 각의 크기는 60°입니다.

( )

시험에 꼭 나오는 문제

9 마름모를 보고 □ 안에 알맞은 수를 써넣으시오.

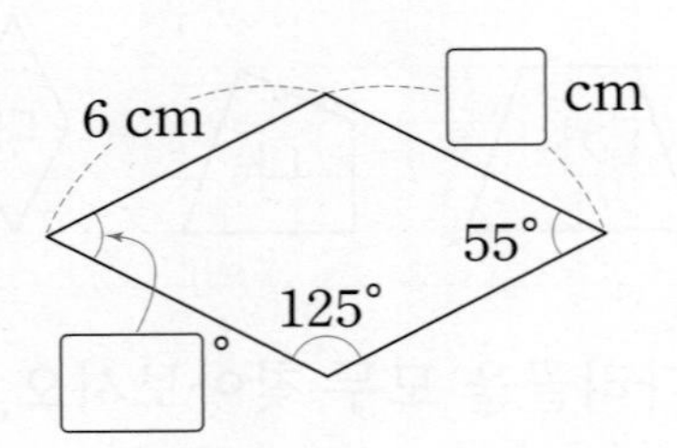

10 다음을 모두 만족하는 도형을 점 종이에 그려 보시오.

- 사각형입니다.
- 마주 보는 두 쌍의 변이 서로 평행합니다.

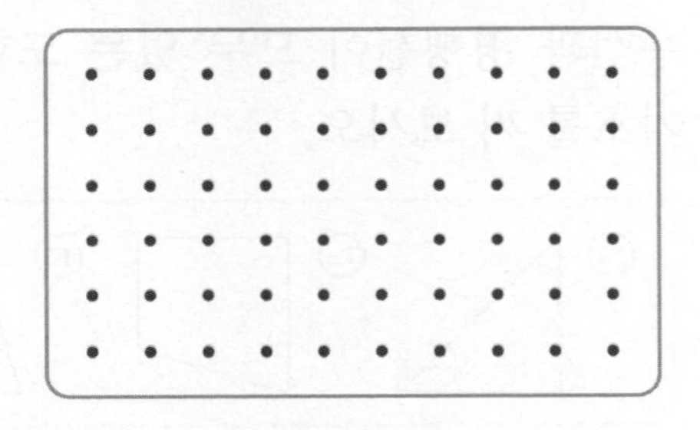

11 직선 가와 직선 나는 서로 수직입니다. ㉠의 각도를 구해 보시오.

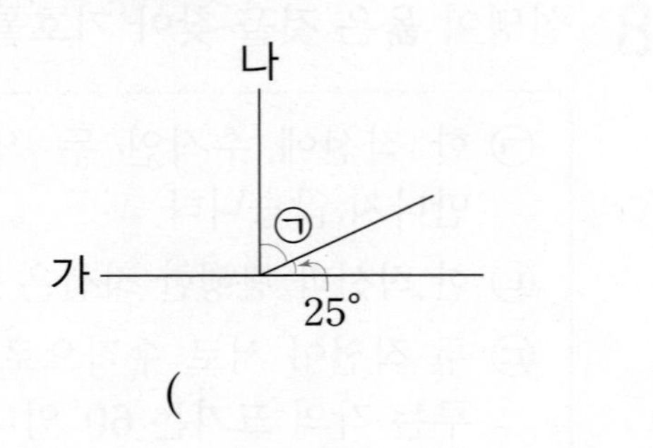

(　　　　　　　)

12 점 종이에서 한 꼭짓점만 옮겨서 사다리꼴을 만들어 보시오.

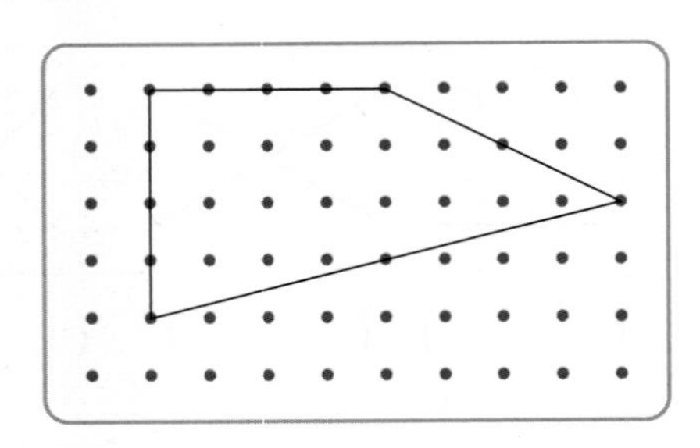

13 그림과 같이 정사각형 모양의 종이와 직사각형 모양의 종이를 겹쳤습니다. 겹쳐진 부분의 사각형의 이름을 써 보시오.

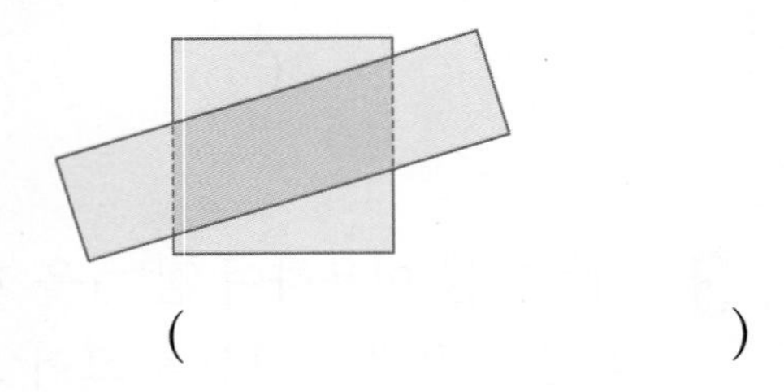

(　　　　　　　)

잘 틀리는 문제

14 직선 가와 직선 나, 직선 나와 직선 다가 서로 평행합니다. 직선 가와 직선 다 사이의 거리는 몇 cm입니까?

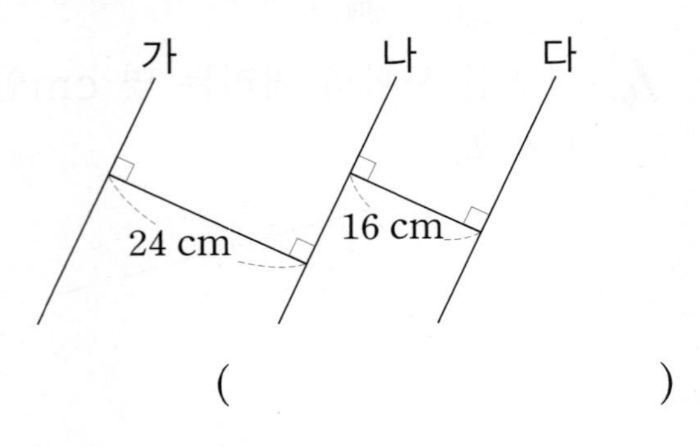

(　　　　　　　)

15 길이가 22 cm인 끈을 모두 사용하여 평행사변형을 만들었습니다. □ 안에 알맞은 수를 써넣으시오.

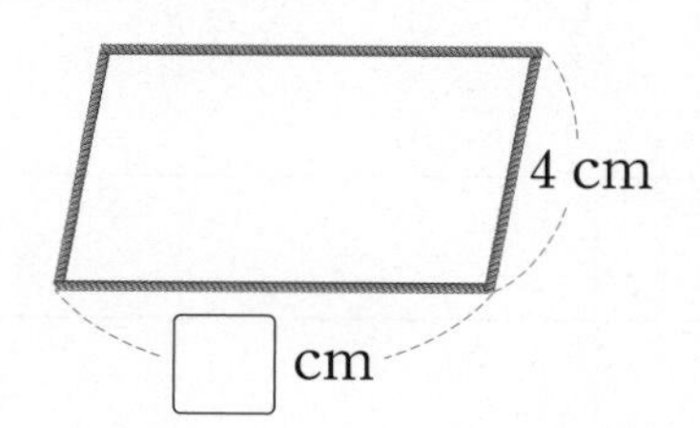

16 마름모 ㄱㄴㄷㄹ에서 각 ㄷㄱㄹ의 크기를 구해 보시오.

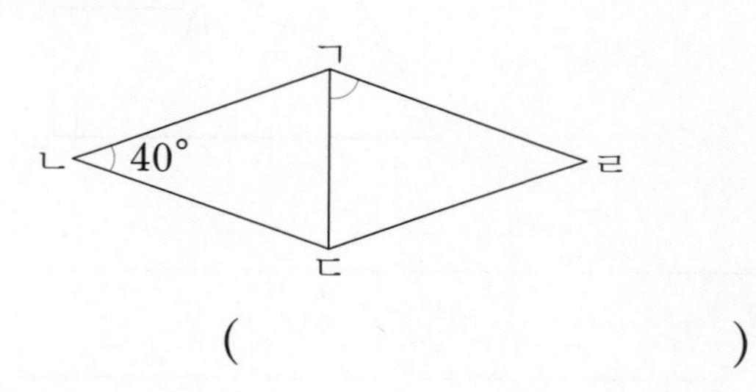

(　　　　　　　　)

잘 틀리는 문제

17 도형에서 찾을 수 있는 크고 작은 사다리꼴은 모두 몇 개입니까?

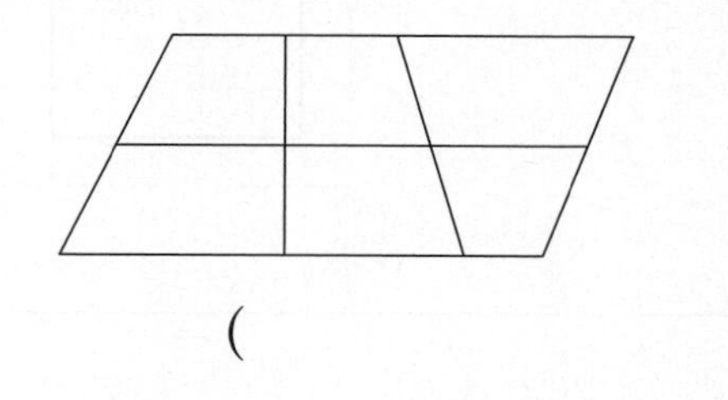

(　　　　　　　　)

서술형 문제

18 마름모와 정사각형의 공통점을 2가지만 써 보시오.

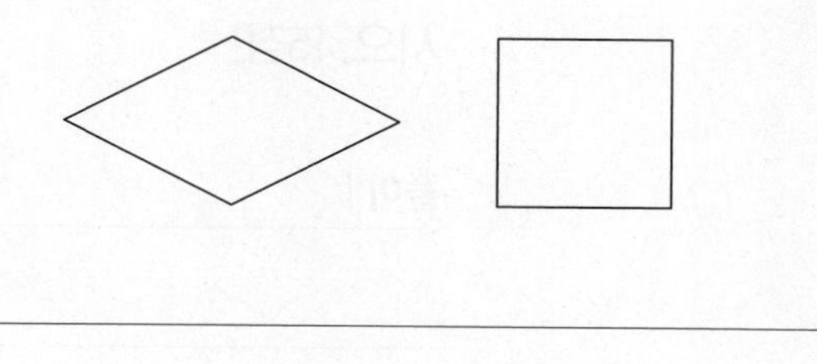

답 |

19 도형에서 변 ㄱㅂ과 변 ㄴㄷ 사이의 거리는 몇 cm인지 풀이 과정을 쓰고 답을 구해 보시오.

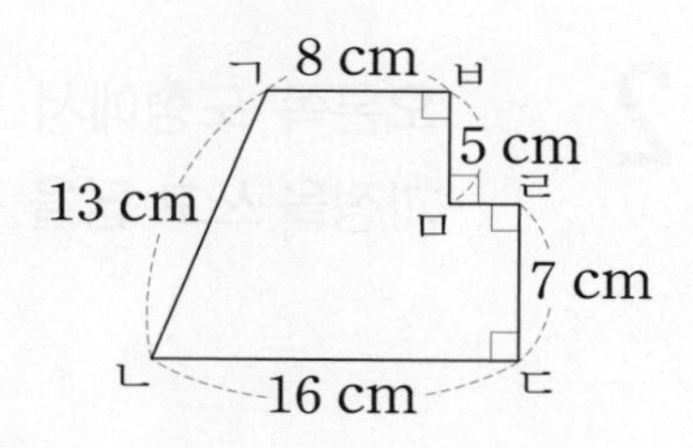

풀이 |

답 |

20 평행사변형 ㄱㄴㄷㄹ에서 변 ㄴㄷ을 길게 늘였습니다. ㉠과 ㉡의 각도의 합은 얼마인지 풀이 과정을 쓰고 답을 구해 보시오.

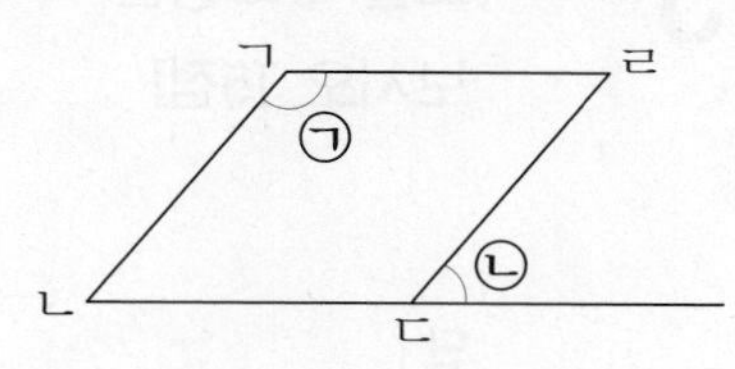

풀이 |

답 |

1 오른쪽 도형에서 변 ㄴㅁ에 대한 수선을 찾아 쓰려고 합니다. 풀이 과정을 쓰고 답을 구해 보시오. [5점]

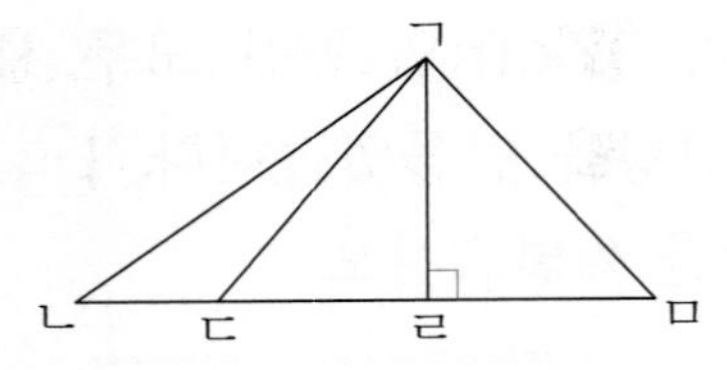

풀이 |

답 |

2 오른쪽 도형에서 평행선은 모두 몇 쌍인지 풀이 과정을 쓰고 답을 구해 보시오. [5점]

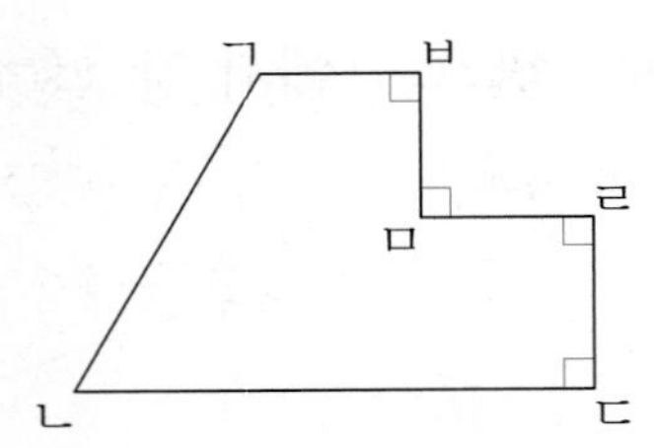

풀이 |

답 |

3 오른쪽 도형은 사다리꼴입니까? 그렇게 생각한 이유를 써 보시오. [5점]

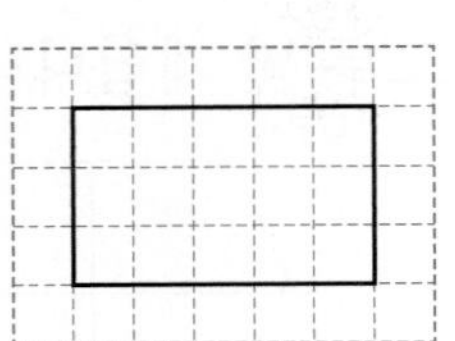

답 |

4 길이가 40 cm인 철사가 있습니다. 이 철사를 겹치지 않게 사용하여 한 변이 7 cm인 마름모를 만들었습니다. 남은 철사는 몇 cm인지 풀이 과정을 쓰고 답을 구해 보시오. [5점]

풀이 |

답 |

5 오른쪽 평행사변형에서 각 ㄱㄷㄹ의 크기는 얼마인지 풀이 과정을 쓰고 답을 구해 보시오. [5점]

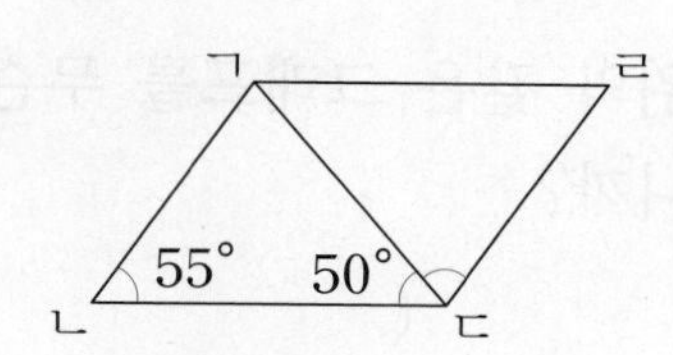

풀이 |

답 |

6 크기가 같은 마름모를 겹치지 않게 이어 붙여 만든 도형입니다. 도형에서 찾을 수 있는 크고 작은 마름모는 모두 몇 개인지 풀이 과정을 쓰고 답을 구해 보시오. [5점]

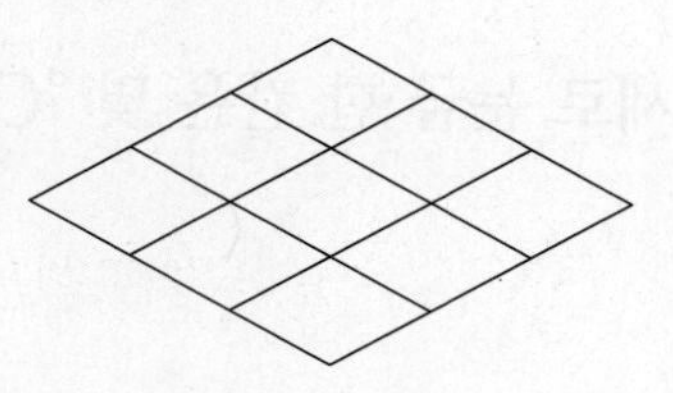

풀이 |

답 |

5. 꺾은선그래프

점수 확인

(1~5) 어느 날 강당의 온도를 한 시간마다 조사하여 나타낸 그래프입니다. 물음에 답하시오.

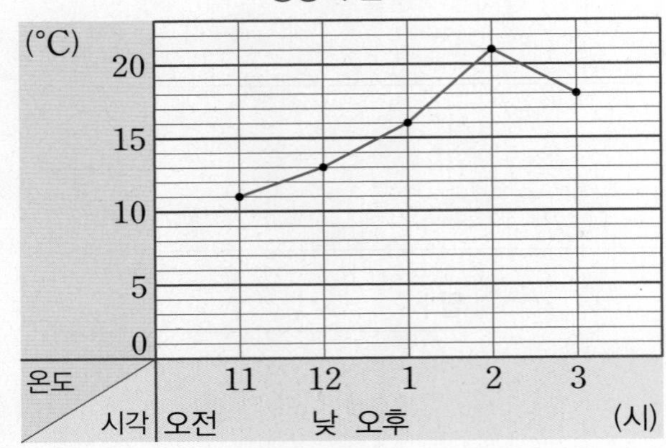

1 위와 같은 그래프를 무슨 그래프라고 합니까?

( )

2 그래프의 가로와 세로는 각각 무엇을 나타냅니까?

가로 ( )
세로 ( )

3 세로 눈금 한 칸은 몇 °C를 나타냅니까?

( )

4 꺾은선은 무엇을 나타냅니까?

( )

5 오후 1시의 강당의 온도는 몇 °C입니까?

( )

(6~9) 예준이의 요일별 오래 매달리기 기록을 조사하여 나타낸 표를 보고 꺾은선그래프로 나타내려고 합니다. 물음에 답하시오.

오래 매달리기 기록

요일(요일)	월	화	수	목	금
기록(초)	3	5	8	13	11

6 꺾은선그래프의 가로에 요일을 나타낸다면 세로에는 무엇을 나타내어야 합니까?

( )

7 세로 눈금 한 칸은 몇 초로 나타내는 것이 좋겠습니까?

( )

8 표를 보고 꺾은선그래프로 나타내어 보시오.

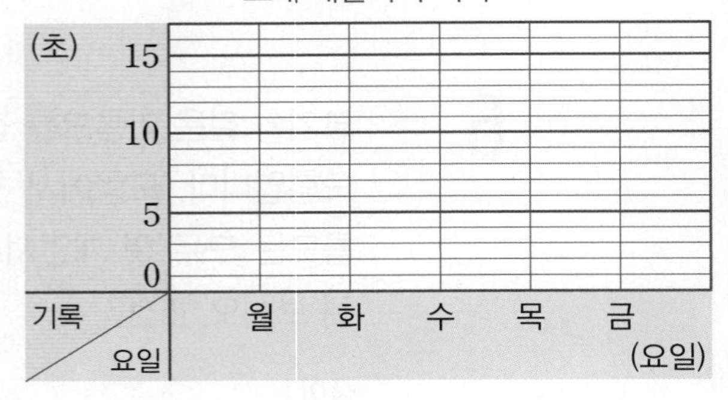

시험에 꼭 나오는 문제

9 오래 매달리기 기록이 가장 높은 요일은 무슨 요일입니까?

( )

(10~13) 현진이의 키를 2달마다 1일에 조사하여 나타낸 표를 보고 꺾은선그래프로 나타내려고 합니다. 물음에 답하시오.

현진이의 키

월(월)	1	3	5	7	9
키(cm)	140.2	140.5	140.7	141.3	141.5

10 세로 눈금 한 칸은 몇 cm로 나타내는 것이 좋겠습니까?

( )

11 물결선을 넣는다면 몇 cm와 몇 cm 사이에 넣는 것이 좋겠습니까?

( )

시험에 꼭 나오는 문제

12 표를 보고 꺾은선그래프로 나타내어 보시오.

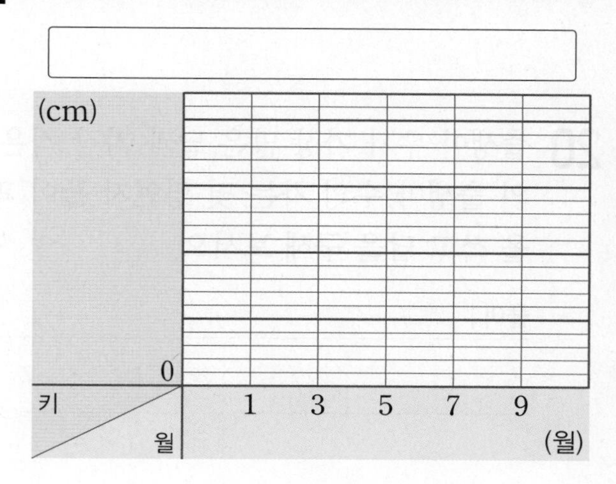

13 11월 1일에는 현진이의 키가 어떻게 될지 예상해 보시오.

( )

(14~16) 어느 연못의 물고기 수를 일주일마다 조사하여 나타낸 표와 꺾은선그래프입니다. 물음에 답하시오.

물고기 수

날짜(일)	1	8	15	22	29
물고기 수(마리)	30			50	46

물고기 수

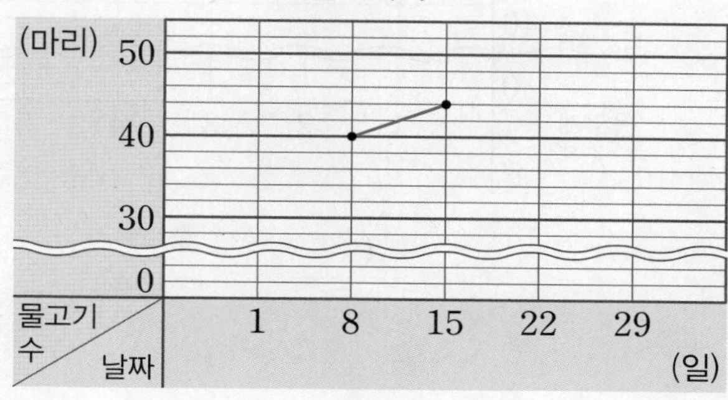

14 표와 꺾은선그래프를 완성해 보시오.

15 22일에는 8일보다 물고기 수가 몇 마리 늘었습니까?

( )

잘 틀리는 문제

16 물고기 수가 일주일 전에 비해 가장 많이 늘어난 날은 며칠입니까?

( )

잘 틀리는 문제

17 수민이의 몸무게를 매월 1일에 조사하여 나타낸 꺾은선그래프입니다. 4월 16일의 수민이의 몸무게는 몇 kg이었을지 예상해 보시오.

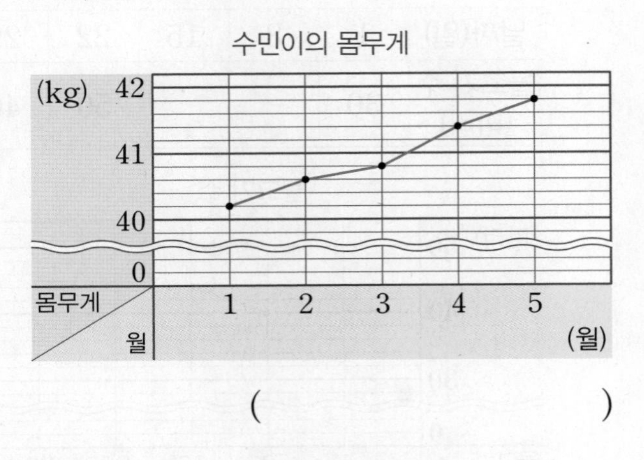

(　　　　　　　　)

18 어느 동물원의 요일별 입장객 수를 조사하여 나타낸 꺾은선그래프입니다. 수요일부터 일요일까지 동물원의 입장객 수가 모두 5390명일 때, 꺾은선그래프를 완성해 보시오.

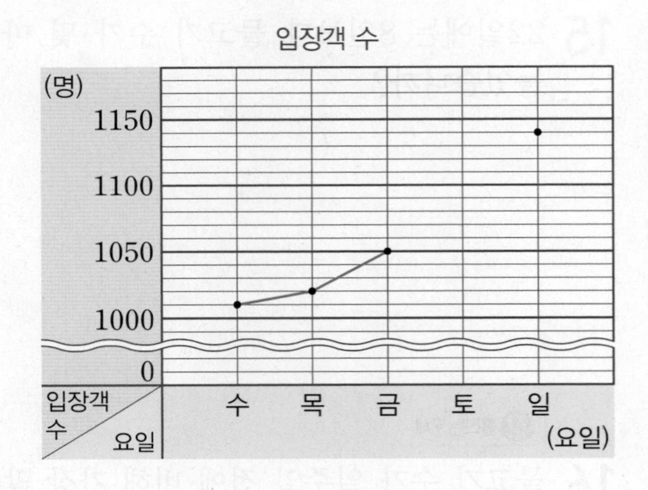

서술형 문제

(19~20) 어느 도시의 월별 출생아 수를 조사하여 나타낸 꺾은선그래프입니다. 물음에 답하시오.

출생아 수

(명)
550
500
0
출생아 수
월
6
7
8
9
10
(월)

19 7월의 출생아 수는 몇 명인지 풀이 과정을 쓰고 답을 구해 보시오.

풀이 |

답 |

20 출생아 수가 가장 많은 달과 가장 적은 달의 출생아 수의 차는 몇 명인지 풀이 과정을 쓰고 답을 구해 보시오.

풀이 |

답 |

단원 평가 2회

5. 꺾은선그래프

점수 확인

(1~3) 콩나물의 키를 매일 같은 시각에 조사하여 나타낸 꺾은선그래프입니다. 물음에 답하시오.

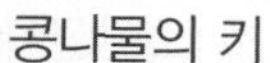

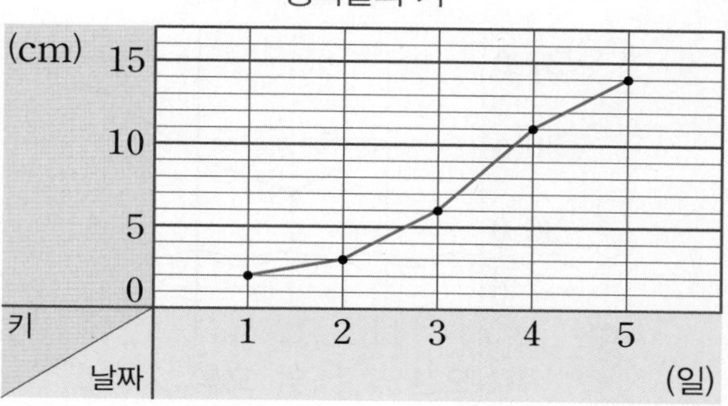

1 꺾은선그래프의 가로와 세로는 각각 무엇을 나타냅니까?

가로 (　　　　　　　　)
세로 (　　　　　　　　)

2 세로 눈금 한 칸은 몇 cm를 나타냅니까?

(　　　　　　　　)

3 콩나물의 키가 11 cm인 날은 며칠입니까?

(　　　　　　　　)

시험에 꼭 나오는 문제

4 어느 가게의 일 년 동안 선풍기 판매량의 변화를 나타내기에 알맞은 그래프에 ○표 하시오.

막대그래프　　꺾은선그래프

(5~6) 지혜의 몸무게를 매월 1일에 재어 두 꺾은선그래프로 나타내었습니다. 물음에 답하시오.

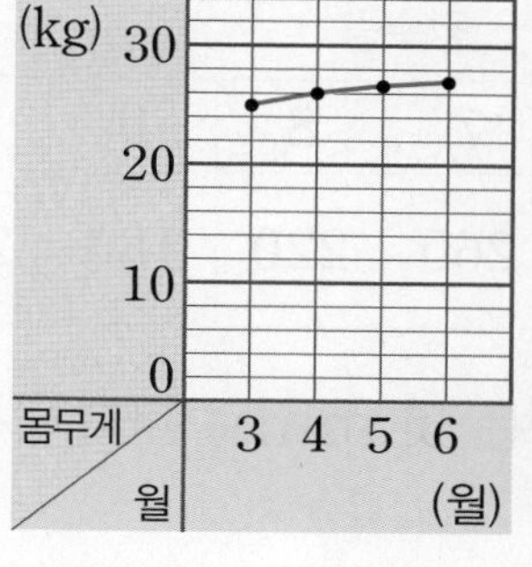

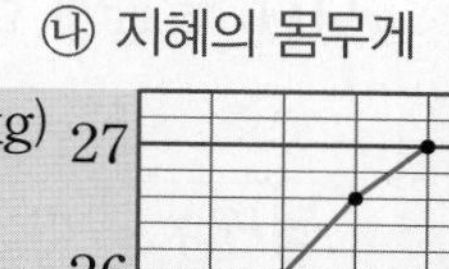

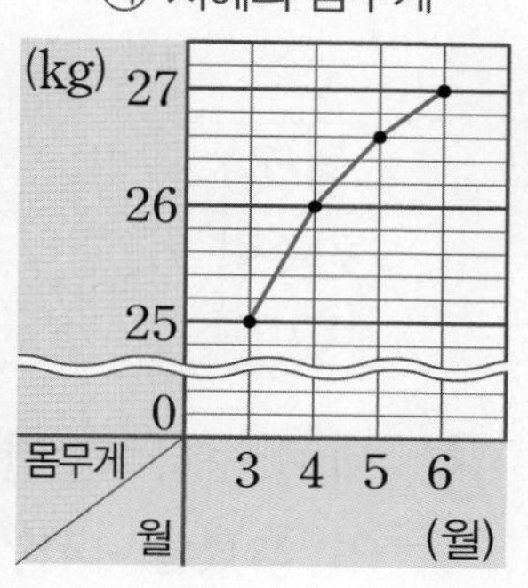

5 ㉮와 ㉯ 그래프의 세로 눈금 한 칸은 각각 몇 kg을 나타냅니까?

㉮ 그래프 (　　　　　　　　)
㉯ 그래프 (　　　　　　　　)

6 ㉮와 ㉯ 그래프 중에서 지혜의 몸무게가 변화하는 모습이 더 잘 나타난 그래프는 어느 것입니까?

(　　　　　　　　)

7 성빈이의 팔 굽혀 펴기 횟수를 나타낸 표를 보고 꺾은선그래프로 나타내어 보시오.

팔 굽혀 펴기 횟수

요일(요일)	월	화	수	목	금
횟수(회)	8	5	11	15	12

팔 굽혀 펴기 횟수

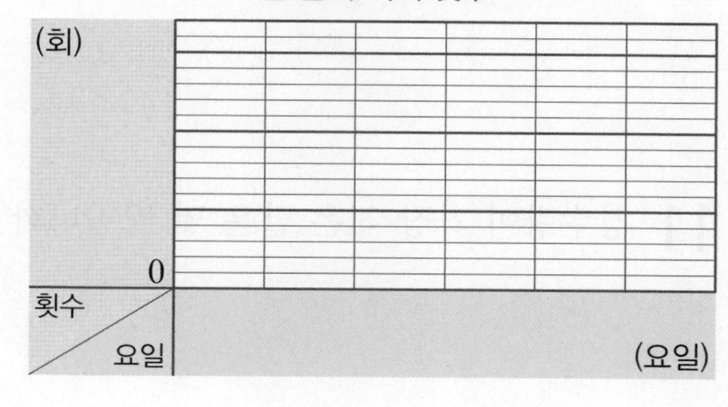

5 단원

(8~11) 어느 지역의 월별 강수량을 조사하여 나타낸 표를 보고 꺾은선그래프로 나타내려고 합니다. 물음에 답하시오.

강수량

월(월)	6	7	8	9	10
강수량 (mm)	160	260	220	180	250

8 세로 눈금 한 칸은 몇 mm로 나타내는 것이 좋겠습니까?

( )

9 물결선을 몇 mm와 몇 mm 사이에 넣는 것이 좋겠습니까?

( )

10 표를 보고 꺾은선그래프로 나타내어 보시오.

(mm)
0
강수량 / 월
(월)

11 강수량이 가장 적은 달은 몇 월입니까?

( )

(12~15) 민선이의 체온을 한 시간마다 조사하여 나타낸 꺾은선그래프입니다. 물음에 답하시오.

민선이의 체온

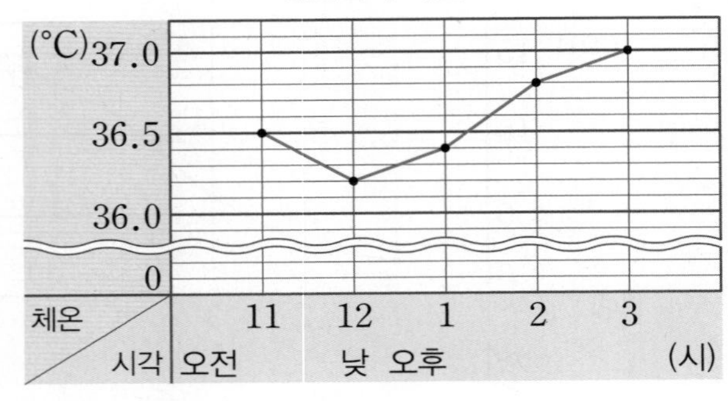

12 오전 11시부터 낮 12시까지 민선이의 체온은 몇 °C 낮아졌습니까?

( )

13 민선이의 체온이 가장 많이 오른 때는 몇 시와 몇 시 사이입니까?

( )

시험에 꼭 나오는 문제

14 오후 1시 30분의 민선이의 체온은 몇 °C였을지 예상해 보시오.

( )

잘 틀리는 문제

15 민선이의 체온이 가장 높은 때와 가장 낮은 때의 체온의 차는 몇 °C입니까?

( )

(16~18) 두 도시의 등록된 자동차 수를 연도별로 조사하여 나타낸 꺾은선그래프입니다. 물음에 답하시오.

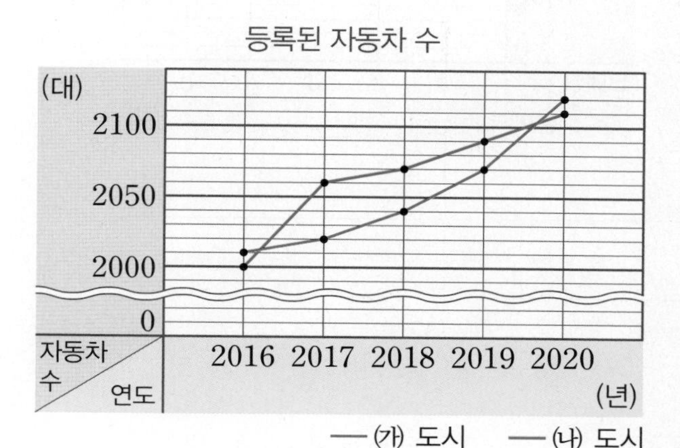

16 등록된 자동차 수가 처음에는 적게 늘어나다가 시간이 지나면서 많이 늘어나는 도시는 어느 도시입니까?

(　　　　　　　　　)

17 ㈏ 도시의 등록된 자동차 수가 가장 많이 변화한 때에 ㈎ 도시의 등록된 자동차 수는 몇 대 늘었습니까?

(　　　　　　　　　)

잘 틀리는 문제

18 두 도시의 등록된 자동차 수의 차가 가장 큰 때의 자동차 수의 차는 몇 대입니까?

(　　　　　　　　　)

서술형 문제

(19~20) 어느 편의점의 요일별 생수 판매량을 조사하여 나타낸 꺾은선그래프입니다. 물음에 답하시오.

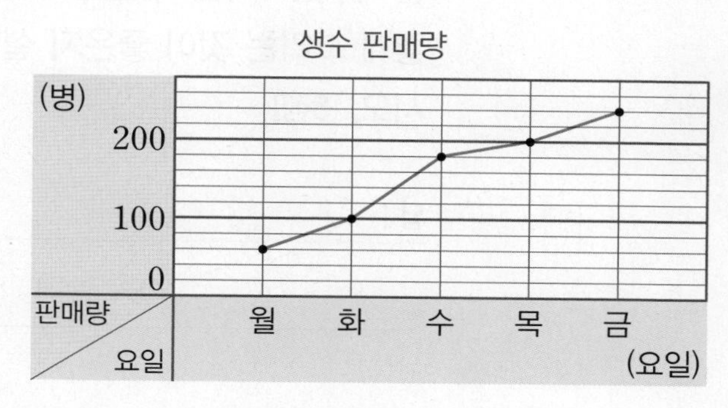

19 생수 판매량이 전날에 비해 가장 많이 늘어난 요일은 무슨 요일인지 풀이 과정을 쓰고 답을 구해 보시오.

풀이 |

답 |

20 이 편의점에서 월요일부터 금요일까지 판매한 생수는 모두 몇 병인지 풀이 과정을 쓰고 답을 구해 보시오.

풀이 |

답 |

점수 | 확인

1 오른쪽 꺾은선그래프에서 점퍼 판매량이 변화하는 모습을 더 뚜렷하게 알 수 있으려면 꺾은선그래프를 어떻게 그리는 것이 좋은지 설명해 보시오. [5점]

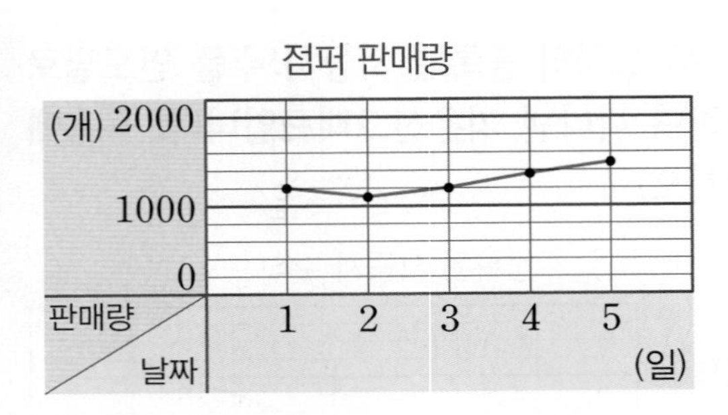

답 |

(2~3) 오른쪽은 민재네 아파트의 연도별 초등학생 수를 조사하여 나타낸 꺾은선그래프입니다. 물음에 답하시오.

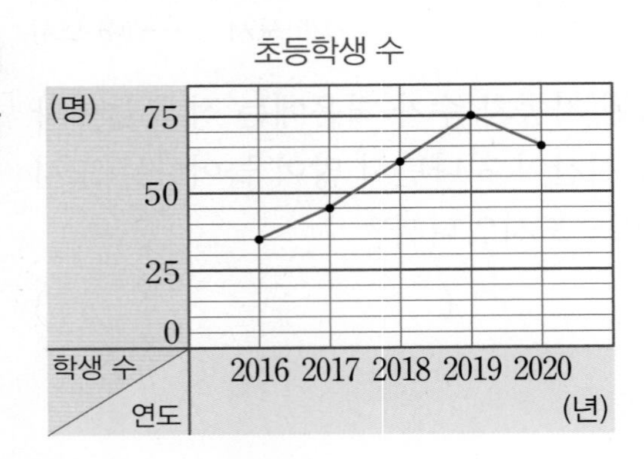

2 2018년에는 2017년보다 초등학생이 몇 명 늘었는지 풀이 과정을 쓰고 답을 구해 보시오. [5점]

풀이 |

답 |

3 초등학생 수가 가장 많은 해와 가장 적은 해의 초등학생 수의 차는 몇 명인지 풀이 과정을 쓰고 답을 구해 보시오. [5점]

풀이 |

답 |

4 오른쪽은 어느 날 연못의 수면 온도를 한 시간마다 조사하여 나타낸 꺾은선그래프입니다. 오후 2시 30분의 연못의 수면 온도는 몇 ℃였을지 예상해 보고, 그 이유를 써 보시오. [5점]

연못의 수면 온도

(℃)
10
5
0
온도
시각 오후
1 2 3 4 5
(시)

답 |

5 오른쪽은 어느 문구점의 날짜별 지우개 판매량을 조사하여 나타낸 꺾은선그래프입니다. 12일부터 14일까지 판매한 지우개는 모두 몇 개인지 풀이 과정을 쓰고 답을 구해 보시오. [5점]

지우개 판매량

(개)
110
100
0
판매량
날짜
10 11 12 13 14
(일)

풀이 |

답 |

6 오른쪽은 선주와 준영이의 요일별 턱걸이 횟수를 조사하여 나타낸 꺾은선그래프입니다. 두 사람의 턱걸이 횟수의 차가 가장 큰 때의 횟수의 차는 몇 회인지 풀이 과정을 쓰고 답을 구해 보시오. [5점]

턱걸이 횟수

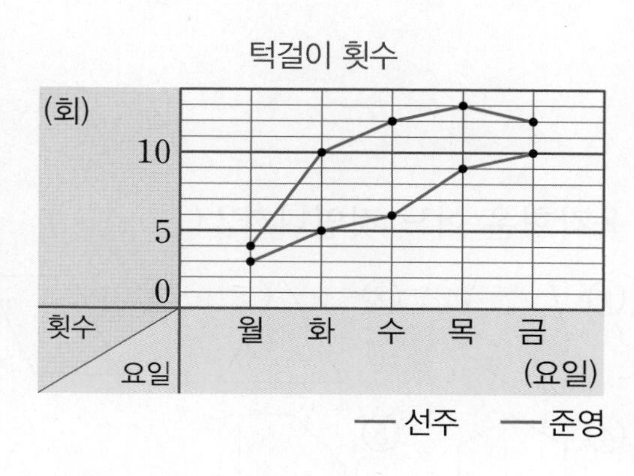

풀이 |

답 |

단원 평가 1회

6. 다각형

점수 | 확인

(1~3) 도형을 보고 물음에 답하시오.

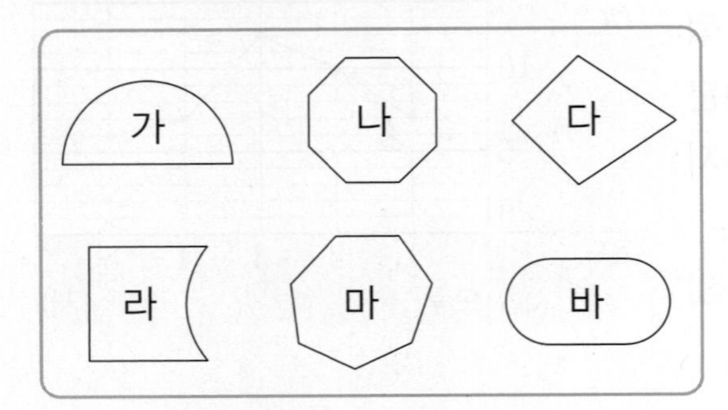

1 다각형을 모두 찾아보시오.

( )

2 정다각형을 찾아보시오.

( )

3 도형 마의 이름을 써 보시오.

( )

4 육각형은 어느 것입니까? ( )

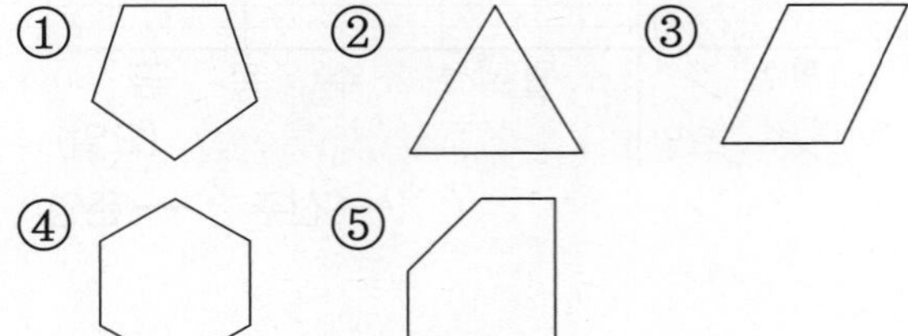

시험에 꼭 나오는 문제

5 정다각형을 찾고, 이름을 써 보시오.

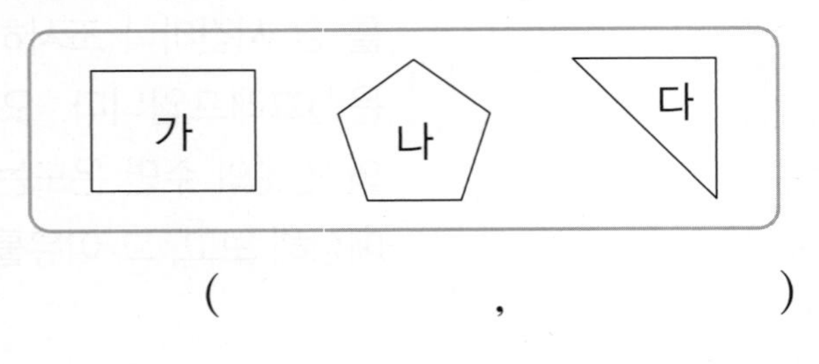

(,)

6 점 종이에 그려진 선분을 이용하여 오각형을 완성해 보시오.

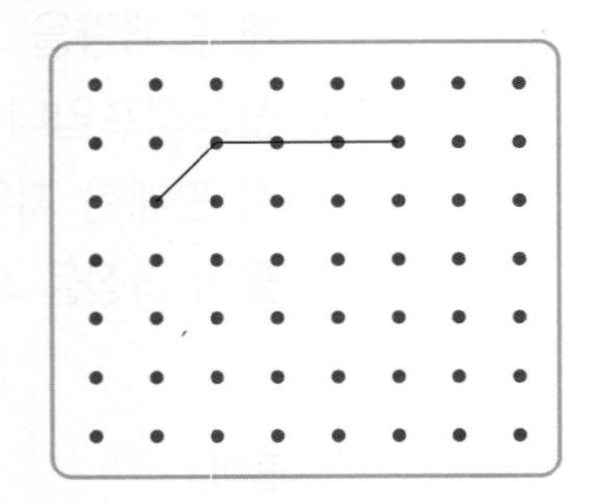

7 오른쪽 모양을 만드는 데 사용한 다각형을 모두 찾아 기호를 써 보시오.

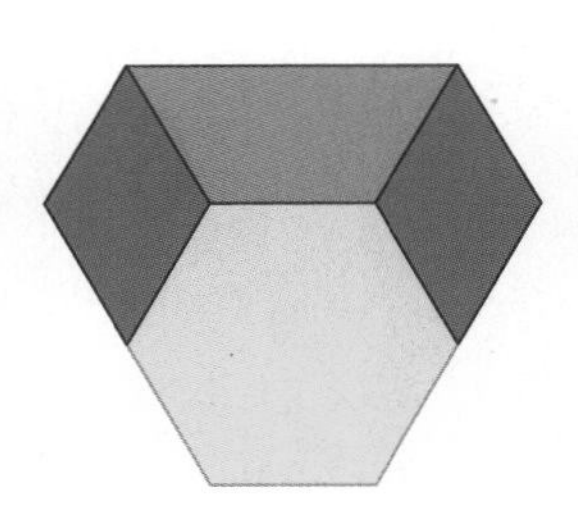

㉠ 삼각형 ㉡ 사각형
㉢ 오각형 ㉣ 육각형

( )

8 정육각형입니다. □ 안에 알맞은 수를 써넣으시오.

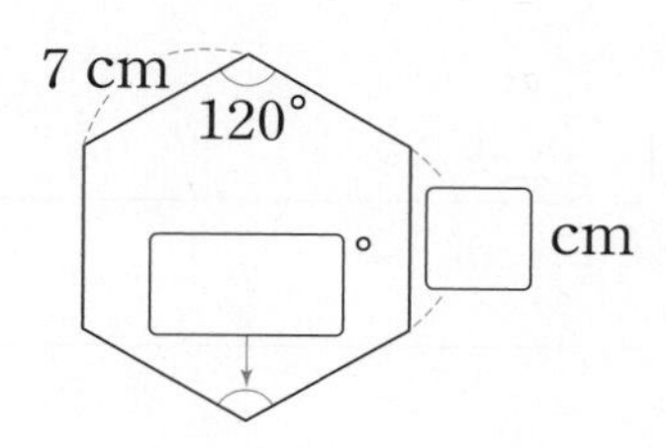

9 대각선의 수가 많은 것부터 차례대로 써 보시오.

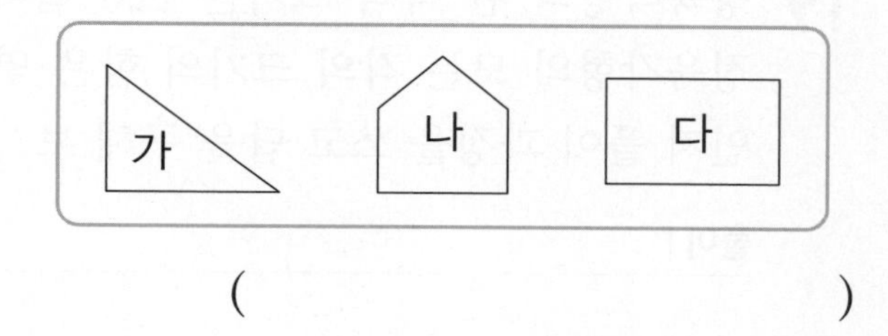

(　　　　　　　　)

시험에 꼭 나오는 문제

10 두 대각선이 서로 수직으로 만나는 사각형을 모두 찾아보시오.

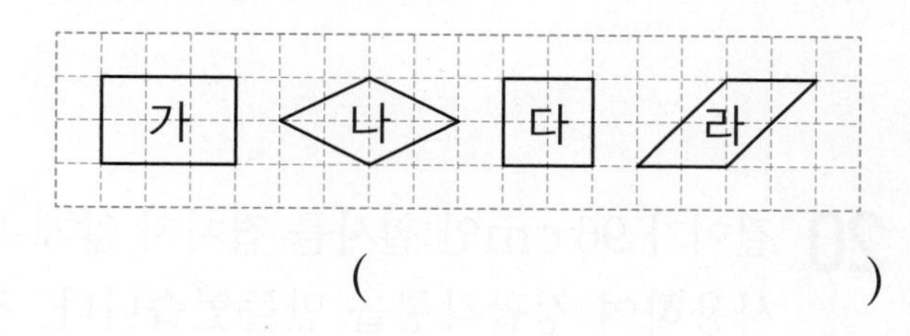

(　　　　　　　　)

11 삼각형과 정구각형의 변의 수의 합은 몇 개입니까?

(　　　　　　　　)

(12~13) 모양 조각을 보고 물음에 답하시오.

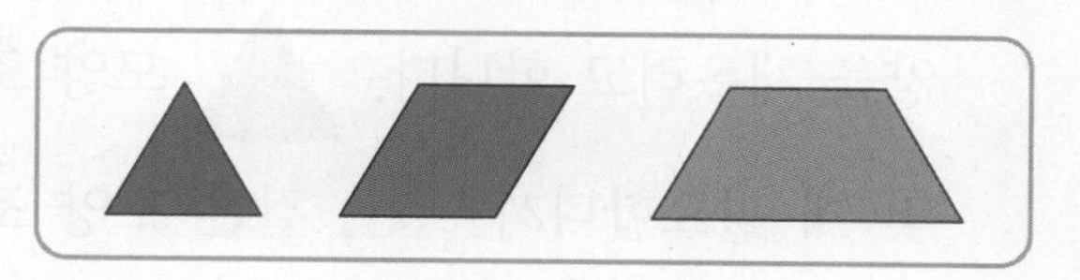

12 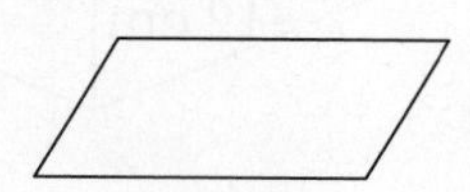 모양 조각을 사용하여 다음 모양을 채우려고 합니다. 필요한 모양 조각은 몇 개입니까?

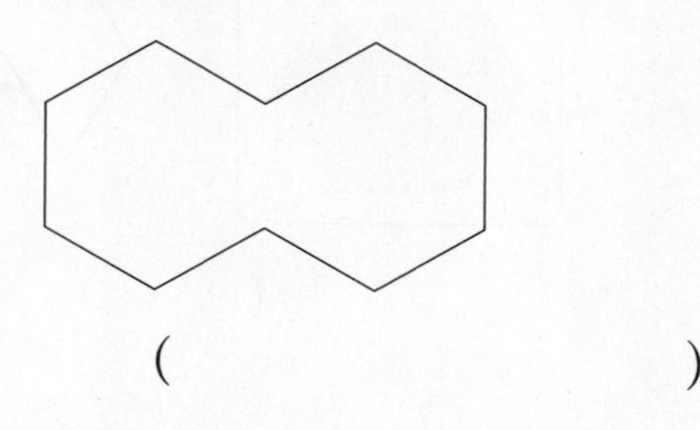

(　　　　　　　　)

13 2가지 모양 조각을 사용하여 평행사변형을 채워 보시오.

잘 틀리는 문제

14 도형에 그을 수 있는 대각선은 모두 몇 개입니까?

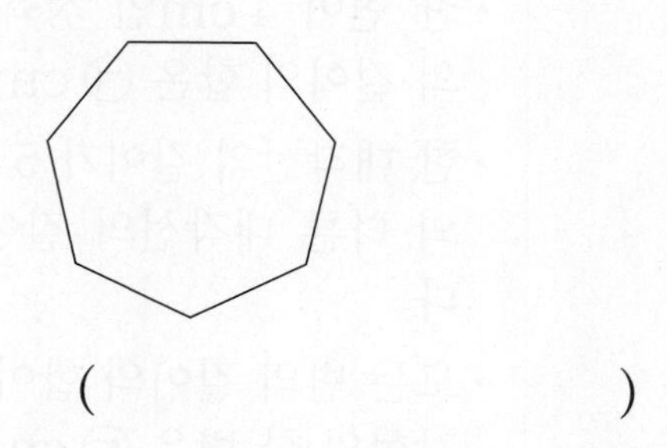

(　　　　　　　　)

15 왼쪽 모양 조각을 모두 사용하여 주어진 모양을 채우려고 합니다. ▲ 모양 조각은 몇 개 필요합니까? (단, 같은 모양 조각을 여러 번 사용할 수 있습니다.)

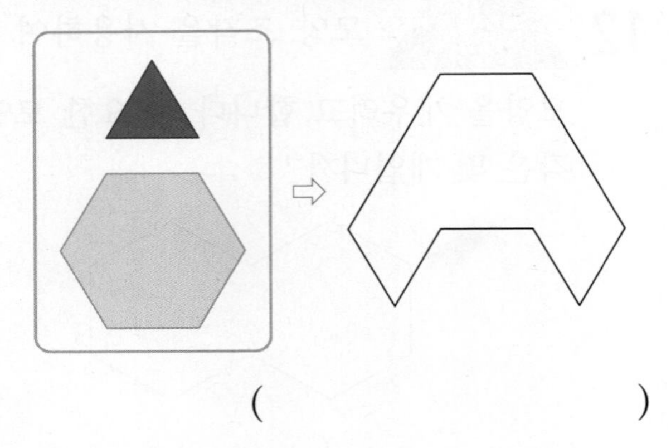

( )

16 도형은 마름모입니다. 두 대각선의 길이의 합은 몇 cm입니까?

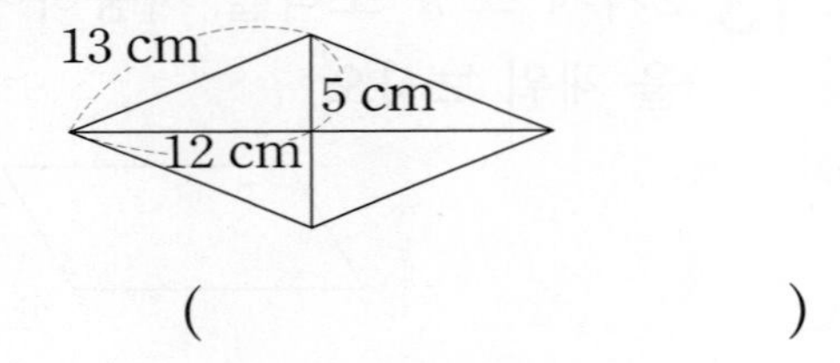

( )

잘 틀리는 문제

17 ㉠+㉡+㉢의 값을 구해 보시오.

- 한 변이 4 cm인 정육각형의 모든 변의 길이의 합은 ㉠ cm입니다.
- 한 대각선의 길이가 5 cm인 정사각형의 다른 대각선의 길이는 ㉡ cm입니다.
- 모든 변의 길이의 합이 30 cm인 정오각형의 한 변은 ㉢ cm입니다.

( )

서술형 문제

18 오른쪽 도형은 다각형이 아닙니다. 그 이유를 써 보시오.

이유 |

19 정육각형의 한 각의 크기는 120°입니다. 정육각형의 모든 각의 크기의 합은 몇 도인지 풀이 과정을 쓰고 답을 구해 보시오.

풀이 |

답 |

20 길이가 96 cm인 철사를 겹치지 않게 모두 사용하여 정팔각형을 만들었습니다. 정팔각형의 한 변은 몇 cm인지 풀이 과정을 쓰고 답을 구해 보시오.

풀이 |

답 |

점수 확인

1 다음 중 다각형이 아닌 것을 모두 고르시오. (   )

①  ② 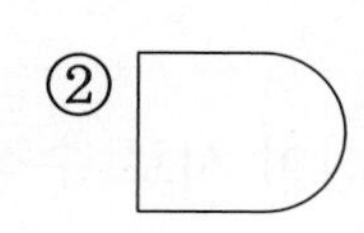 ③ 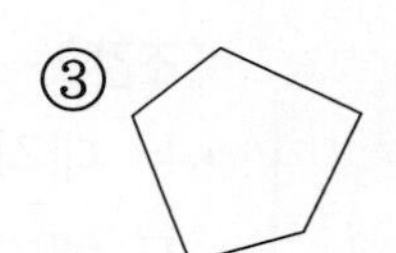

④ 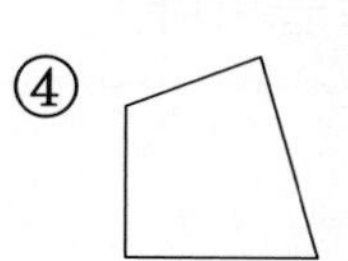 ⑤ 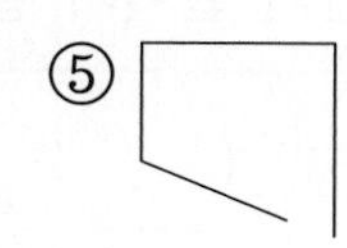

2 변이 6개인 정다각형의 이름을 써 보시오.

(   )

3 오른쪽 안전 표지판에서 빨간색 선으로 표시한 다각형의 이름을 써 보시오.

(   )

4 도형에서 한 꼭짓점에서 그을 수 있는 대각선은 몇 개입니까?

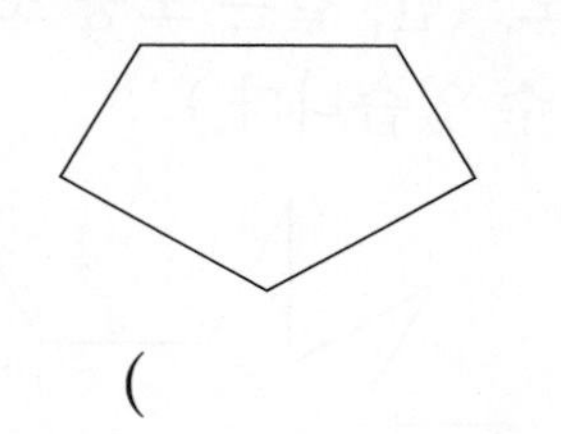

(   )

5 오른쪽은 다각형을 사용하여 육각형을 채운 것입니다. 모양 채우기 방법을 바르게 설명한 사람은 누구입니까?

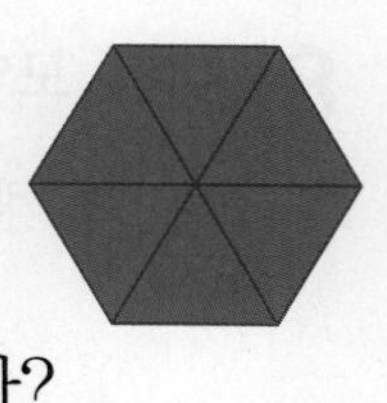

- 소라: 길이가 서로 같은 변끼리 이어 붙였습니다.
- 승현: 서로 겹치게 이어 붙였습니다.

(   )

잘 틀리는 문제

6 다음 중 다각형 ㄱㄴㄷㄹㅁㅂㅇ의 대각선이 아닌 것은 어느 것입니까? (   )

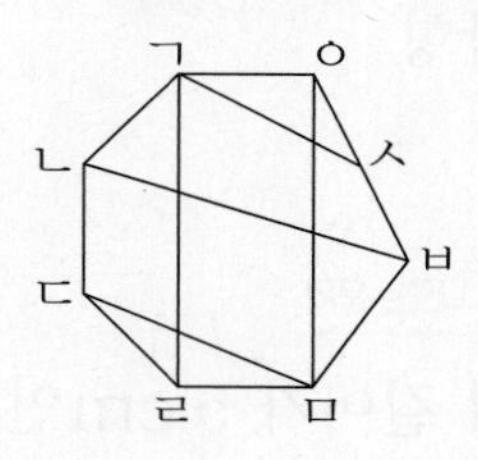

① 선분 ㄱㄹ ② 선분 ㄱㅅ
③ 선분 ㄴㅂ ④ 선분 ㄷㅁ
⑤ 선분 ㅁㅇ

7 팔각형의 꼭짓점의 수와 정십각형의 변의 수의 합은 몇 개입니까?

(   )

단원 평가 2회

8 다음 모양을 채우려면 ▱ 모양 조각은 몇 개 필요합니까?

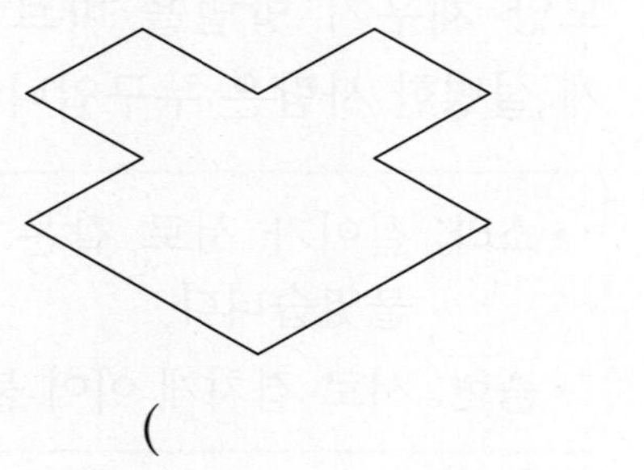

(　　　　　　)

9 대각선을 그을 수 없는 도형은 어느 것입니까? (　　　)

① 구각형　② 팔각형
③ 육각형　④ 오각형
⑤ 삼각형

시험에 꼭 나오는 문제

10 한 변의 길이가 5 cm인 정칠각형의 모든 변의 길이의 합은 몇 cm입니까?

(　　　　　　)

11 다음 중 옳은 것을 모두 고르시오.

(　　　　　　)

① 꼭짓점이 7개인 다각형은 칠각형입니다.
② 마름모는 정다각형입니다.
③ 다각형에서 서로 이웃한 두 꼭짓점을 이은 선분이 대각선입니다.
④ 삼각형의 대각선은 1개입니다.
⑤ 직사각형은 두 대각선의 길이가 같습니다.

12 〈조건〉을 모두 만족하는 사각형의 이름을 써 보시오.

〈조건〉
- 두 대각선이 서로 수직으로 만납니다.
- 두 대각선의 길이가 같습니다.

(　　　　　　)

〈13~14〉 모양 조각을 보고 물음에 답하시오.

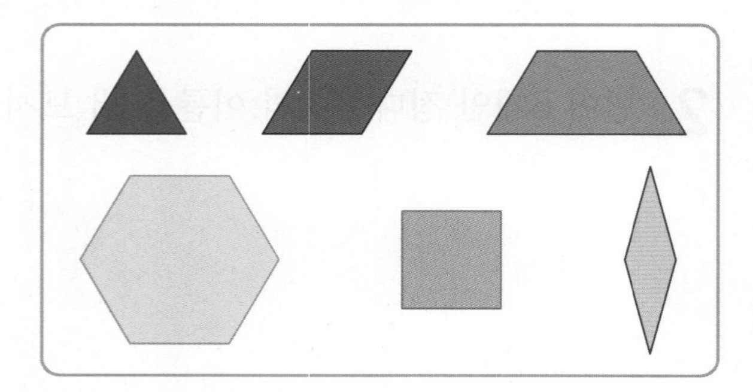

13 ▲, ▱, ⏢ 모양 조각을 모두 사용하여 정육각형을 만들어 보시오.

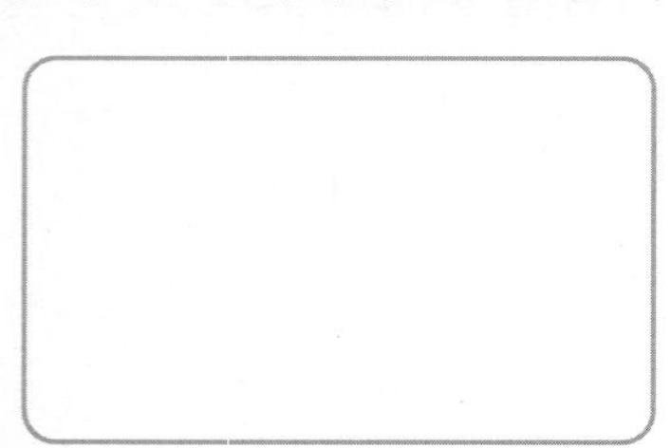

14 모양 조각을 사용하여 다음 모양을 채워 보시오. (단, 같은 모양 조각을 여러 번 사용할 수 있습니다.)

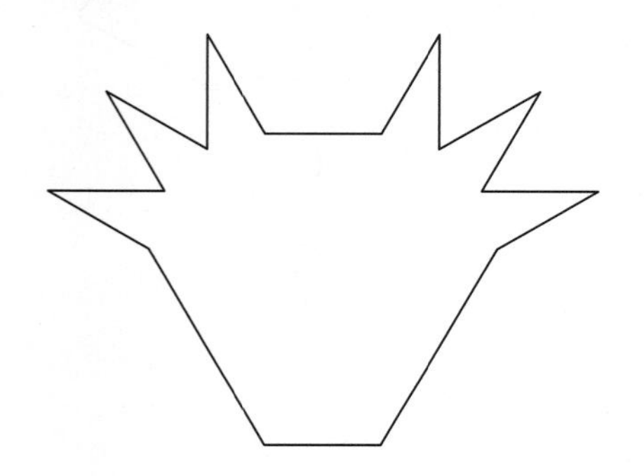

시험에 꼭 나오는 문제

15 길이가 42 cm인 끈을 겹치지 않게 모두 사용하여 한 변이 7 cm인 정다각형을 만들었습니다. 이 정다각형의 대각선은 모두 몇 개입니까?

( )

16 직사각형 ㄱㄴㄷㄹ의 두 대각선의 길이의 합은 30 cm입니다. 삼각형 ㄱㄷㄹ의 세 변의 길이의 합은 몇 cm입니까?

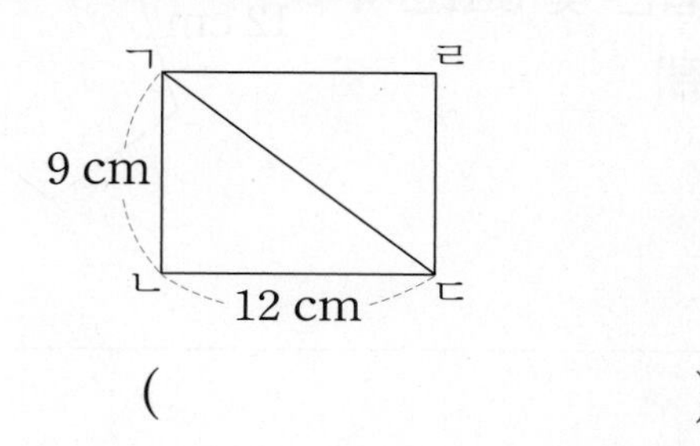

( )

잘 틀리는 문제

17 직사각형 모양의 꽃밭과 정육각형 모양의 꽃밭이 있습니다. 두 꽃밭의 둘레가 같을 때, □ 안에 알맞은 수는 얼마입니까?

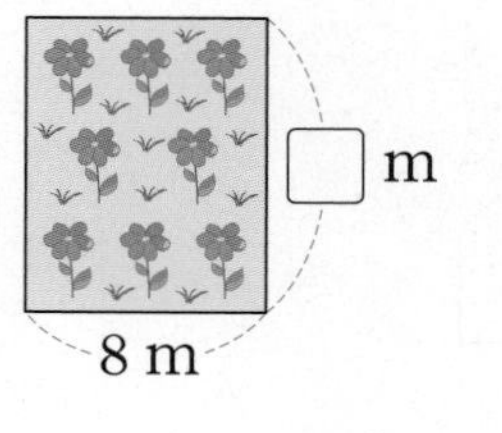

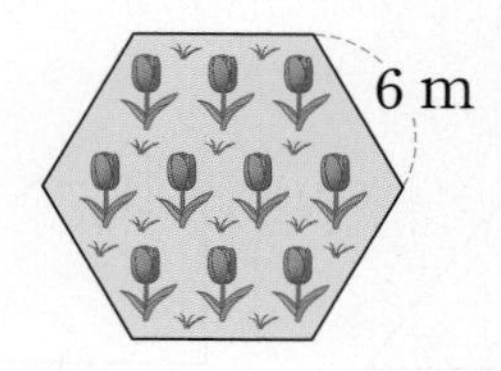

( )

서술형 문제

18 오른쪽 도형은 정다각형이 아닙니다. 그 이유를 써 보시오.

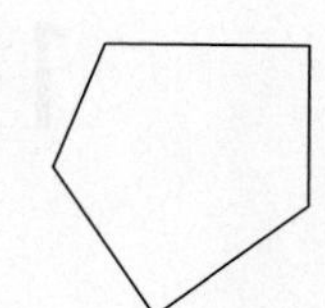

이유 |

19 오른쪽 정사각형 ㄱㄴㄷㄹ에서 두 대각선의 길이의 합은 몇 cm인지 풀이 과정을 쓰고 답을 구해 보시오.

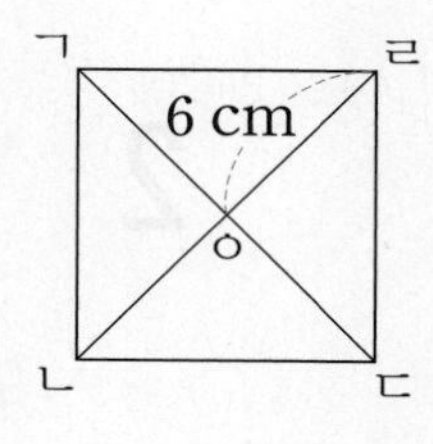

풀이 |

답 |

20 정오각형의 한 각의 크기는 몇 도인지 풀이 과정을 쓰고 답을 구해 보시오.

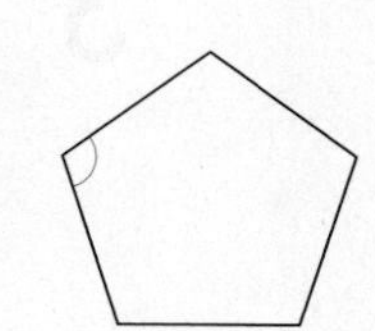

풀이 |

답 |

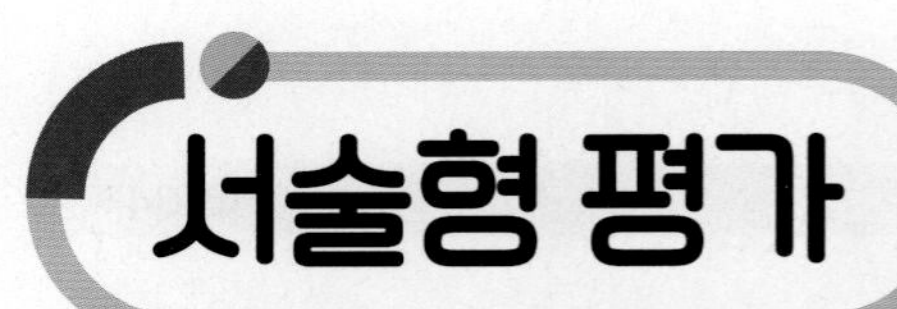

6. 다각형

점수 | 확인

1 다각형이 아닌 것을 모두 찾고, 그 이유를 써 보시오. [5점]

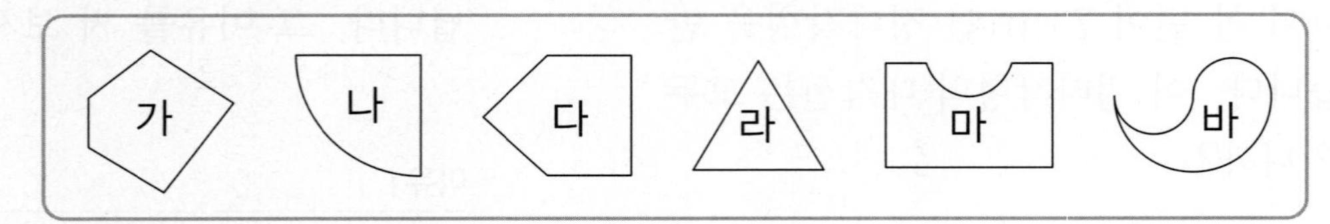

답 |

2 오른쪽 정오각형의 모든 변의 길이의 합은 몇 cm인지 풀이 과정을 쓰고 답을 구해 보시오. [5점]

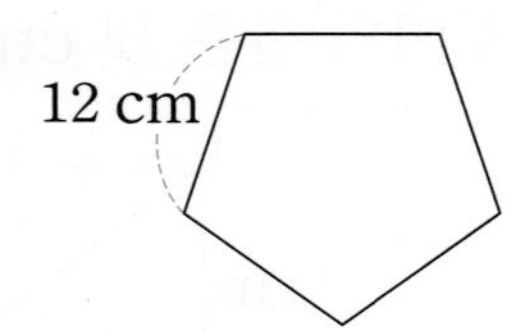

풀이 |

답 |

3 세 도형에 그을 수 있는 대각선은 모두 몇 개인지 풀이 과정을 쓰고 답을 구해 보시오. [5점]

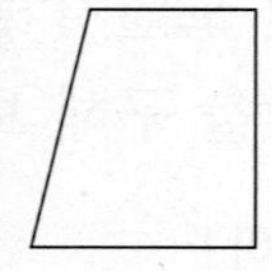
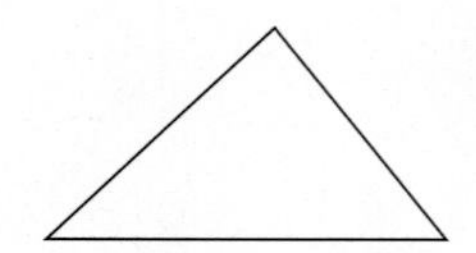
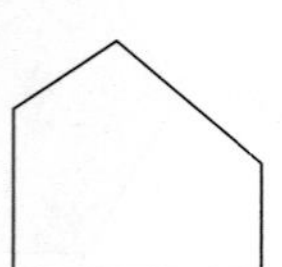

풀이 |

답 |

4 오른쪽과 같은 모양을 ▲ 모양 조각으로만 채우면 ㉠개, ⏢ 모양 조각으로만 채우면 ㉡개가 필요합니다. ㉠－㉡의 값은 얼마인지 풀이 과정을 쓰고 답을 구해 보시오. [5점]

풀이 |

답 |

5 사각형 ㄱㄴㄷㄹ은 직사각형입니다. 삼각형 ㄱㄴㅇ의 세 변의 길이의 합은 몇 cm인지 풀이 과정을 쓰고 답을 구해 보시오. [5점]

ㄱ ㄹ ㅇ 10 cm 26 cm ㄴ ㄷ 24 cm

풀이 |

답 |

6 정팔각형의 한 각의 크기는 몇 도인지 풀이 과정을 쓰고 답을 구해 보시오. [5점]

풀이 |

답 |

학업 성취도 평가

1. 분수의 덧셈과 뺄셈 ~ 6. 다각형

점수 | 확인

3. 소수의 덧셈과 뺄셈

1 ㉠에 알맞은 소수를 쓰고 읽어 보시오.

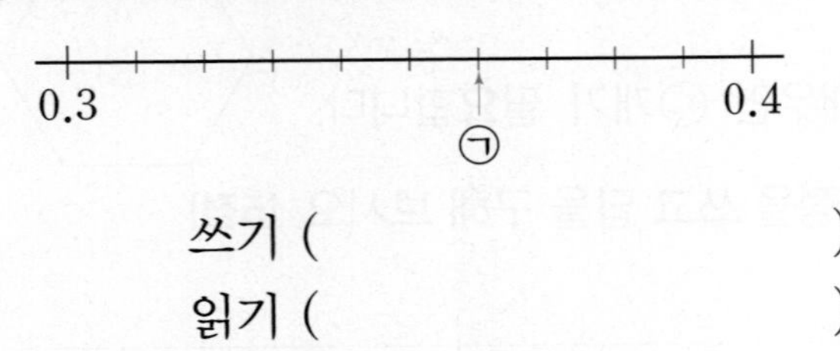

쓰기 ( )

읽기 ( )

4. 사각형

2 사다리꼴을 완성해 보시오.

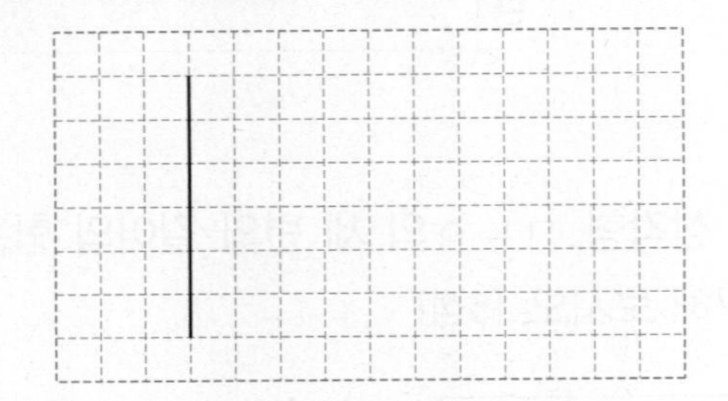

4. 사각형

3 도형에서 변 ㄴㄷ에 수직인 선분을 찾아 써 보시오.

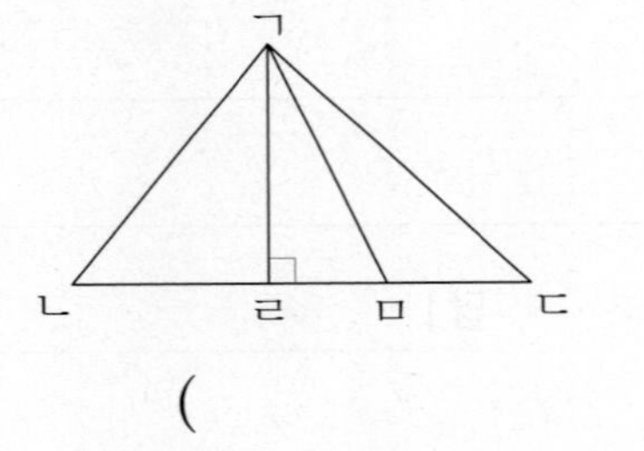

( )

6. 다각형

4 칠각형을 찾아 ○표 하시오.

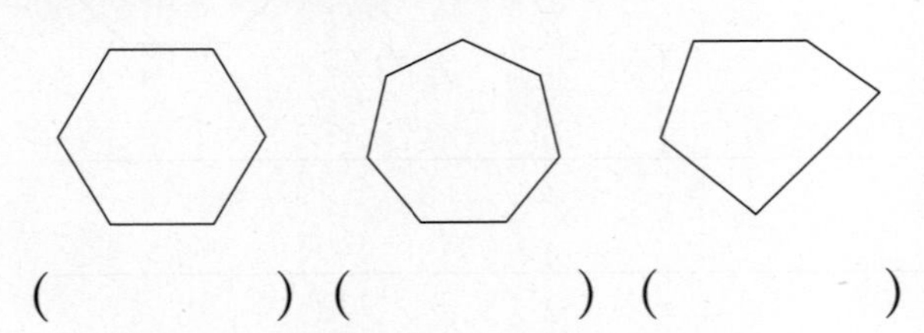

( ) ( ) ( )

1. 분수의 덧셈과 뺄셈

5 □ 안에 알맞은 대분수를 써넣으시오.

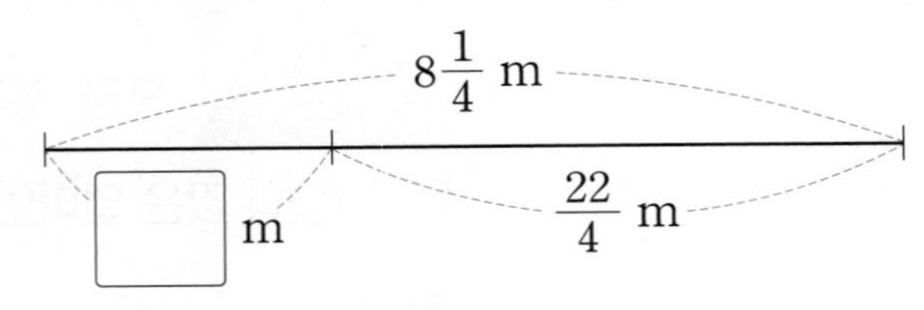

3. 소수의 덧셈과 뺄셈

6 잘못 계산한 곳을 찾아 바르게 계산해 보시오.

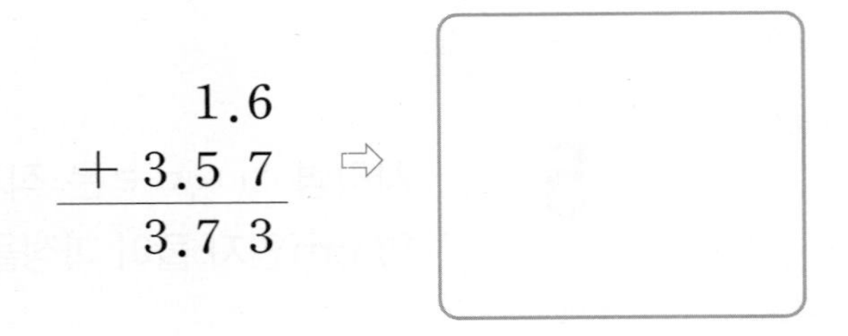

2. 삼각형

7 정삼각형입니다. □ 안에 알맞은 수를 써넣으시오.

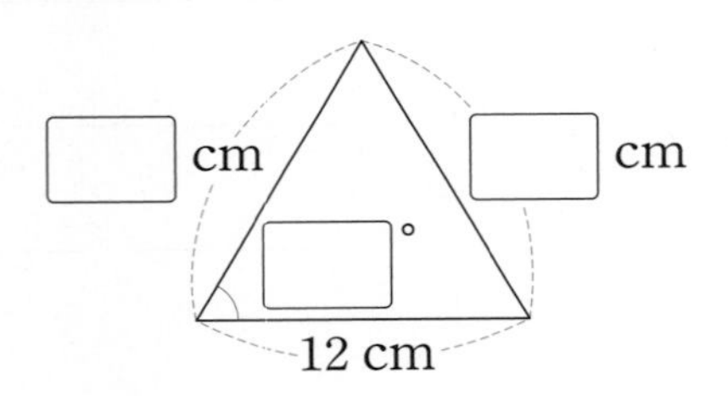

2. 삼각형

8 오른쪽 삼각형의 이름이 될 수 있는 것을 모두 찾아 ○표 하시오.

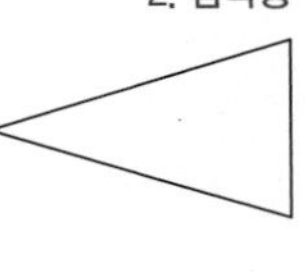

이등변삼각형	정삼각형	
예각삼각형	직각삼각형	둔각삼각형

(9~10) 어느 도시의 연도별 초등학생 수를 조사하여 나타낸 꺾은선그래프입니다. 물음에 답하시오.

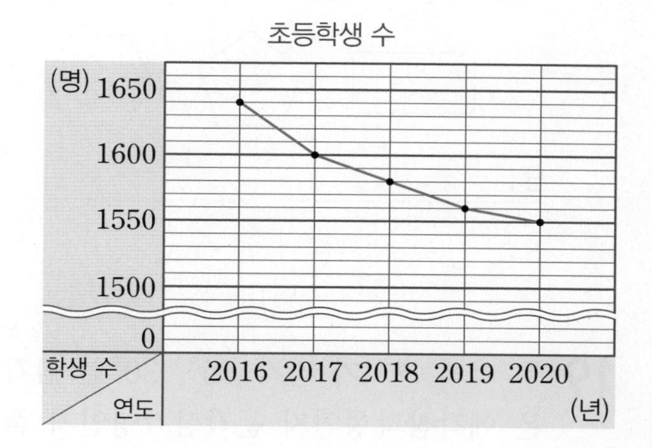

5. 꺾은선그래프

9 2019년에는 2018년보다 초등학생이 몇 명 줄었습니까?

( )

5. 꺾은선그래프

10 초등학생 수가 전년에 비해 가장 많이 줄어든 해는 몇 년입니까?

( )

1. 분수의 덧셈과 뺄셈

11 계산 결과가 1과 2 사이인 식을 찾아 ○표 하시오.

$\frac{4}{7}+\frac{2}{7}$	$3-\frac{3}{5}$	$\frac{5}{9}+\frac{7}{9}$

2. 삼각형

12 가는 정삼각형이고, 나는 이등변삼각형입니다. 두 삼각형의 모든 변의 길이의 합은 몇 cm입니까?

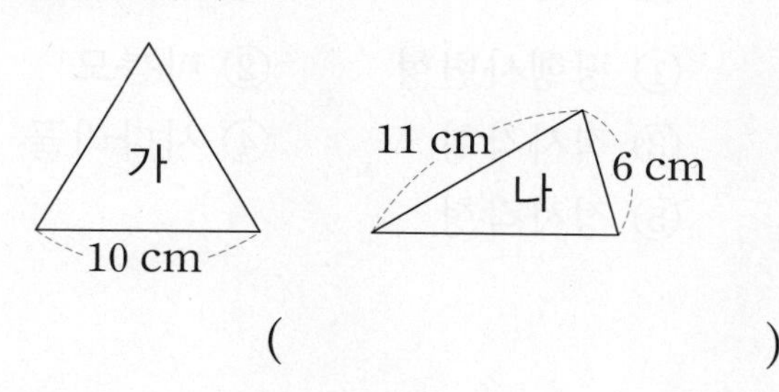

( )

5. 꺾은선그래프

13 어느 문방구의 지우개 판매량을 조사하여 나타낸 꺾은선그래프입니다. 지우개를 가장 많이 판 날은 가장 적게 판 날보다 몇 개 더 많이 팔았습니까?

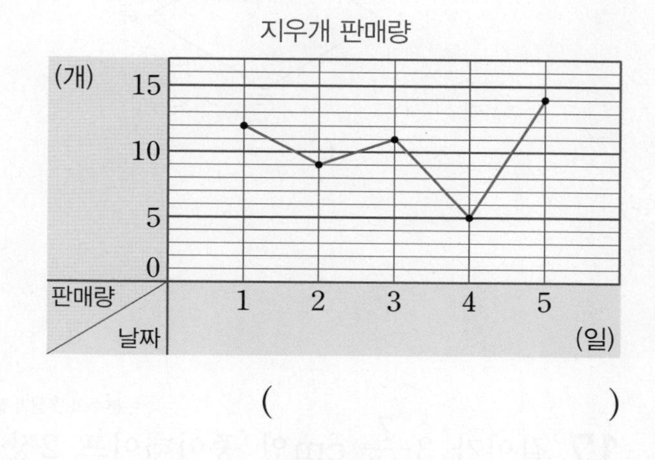

( )

3. 소수의 덧셈과 뺄셈

14 두 소수의 차를 구해 보시오.

- 0.1이 19개, 0.01이 32개인 수
- 0.1이 3개, 0.01이 5개인 수

( )

학업 성취도 평가

6. 다각형

15 두 대각선의 길이가 같고, 한 대각선이 다른 대각선을 똑같이 둘로 나누는 사각형을 모두 고르시오. (　　　)

① 평행사변형　② 마름모
③ 직사각형　④ 사다리꼴
⑤ 정사각형

4. 사각형

16 마름모에서 각 ㄴㄷㄹ과 각 ㄱㄴㄷ의 크기의 차를 구해 보시오.

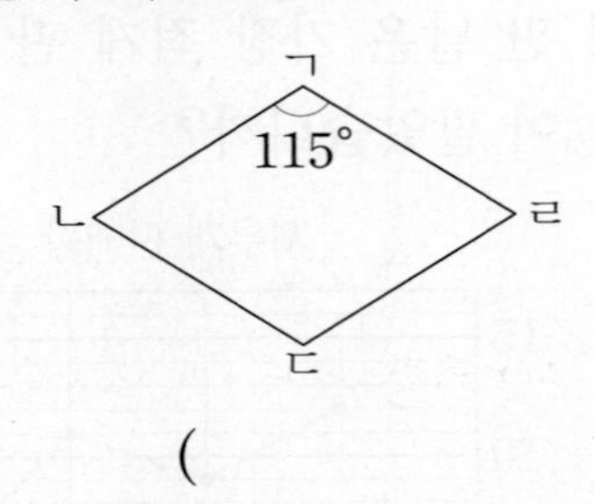

(　　　　　　)

1. 분수의 덧셈과 뺄셈

17 길이가 $3\frac{7}{10}$ cm인 종이테이프 2장을 $\frac{5}{10}$ cm만큼 겹쳐서 이어 붙였습니다. 이어 붙인 종이테이프의 전체 길이는 몇 cm입니까?

(　　　　　　)

서술형 문제

6. 다각형

18 다각형을 보고 꼭짓점의 수와 한 꼭짓점에서 그을 수 있는 대각선의 수 사이의 관계를 써 보시오.

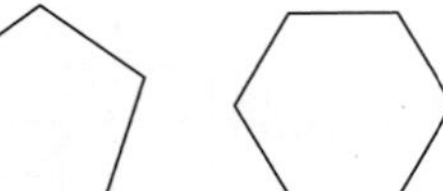

답 |

2. 삼각형

19 두 각의 크기가 각각 45°, 30°인 삼각형은 예각삼각형인지 둔각삼각형인지 풀이 과정을 쓰고 답을 구해 보시오.

풀이 |

답 |

4. 사각형

20 사다리꼴 ㄱㄴㄷㄹ에서 변 ㄱㄴ과 평행한 선분 ㄹㅁ을 그었을 때, 사각형 ㄱㄴㅁㄹ의 네 변의 길이의 합은 몇 cm인지 풀이 과정을 쓰고 답을 구해 보시오.

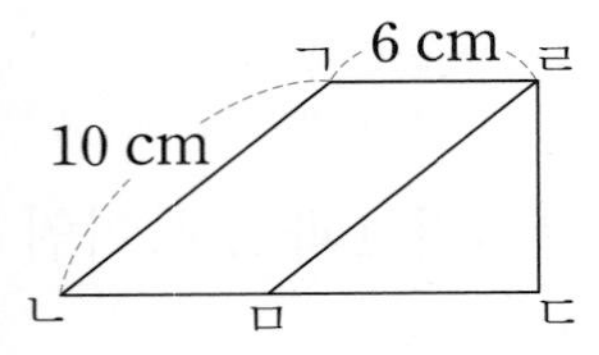

풀이 |

답 |

✣ 개념·플러스·유형·시리즈 개념과 유형이 하나로! 가장 효과적인 수학 공부 방법을 제시합니다.

대표전화 1544-0554
주소 서울특별시 구로구 디지털로33길 48 대륭포스트타워 7차 20층